简明随机过程

白晓东 编著

科学出版社

北京

内 容 简 介

本书主要介绍了现代随机过程理论中一些经典的理论,内容包括预备知识、随机过程的基本概念、泊松过程、布朗运动、马尔可夫链、更新过程、鞅与停时、随机积分与随机微分方程以及它们在破产理论和金融衍生产品定价方面的应用. 本书选材精简实用,内容安排得当,论述简洁明了,语言自然流畅,具有很好的可读性. 此外,每小节之后基本都配有精选的练习题,便于读者掌握和巩固知识,每章还配有电子课件,扫描二维码即可学习.

本书可作为高等院校数学、统计、经济、金融、管理以及理工科各相关专业的高年级本科生学习随机过程的教材或教学参考书,也可作为有关专业硕士研究生的教材和教学参考书,对广大从事与随机现象相关工作的科技工作者也具有参考价值.

图书在版编目(CIP)数据

简明随机过程/白晓东编著. —北京:科学出版社,2023.3
ISBN 978-7-03-075082-2

Ⅰ. ①简⋯ Ⅱ. ①白⋯ Ⅲ. ①随机过程–高等学校–教材 Ⅳ. ①O211.6

中国国家版本馆 CIP 数据核字(2023)第 037826 号

责任编辑:张中兴 梁 清 孙翠勤 / 责任校对:杨聪敏
责任印制:张 伟 / 封面设计:蓝正设计

科学出版社 出版
北京东黄城根北街 16 号
邮政编码:100717
http://www.sciencep.com

北京科印技术咨询服务有限公司数码印刷分部印刷
科学出版社发行 各地新华书店经销

*

2023 年 3 月第 一 版 开本:720 × 1000 1/16
2024 年 8 月第三次印刷 印张:14 1/2
字数:292 000
定价:**59.00 元**
(如有印装质量问题,我社负责调换)

PREFACE / 前言

随机过程是一族随机事件动态关系的定量描述. 作为概率论的延伸和发展, 随机过程论与数学、物理等许多学科的分支有着密切的联系, 并已广泛应用于物理、化学、生物、气象、天文、经济、金融、运筹决策、安全科学、人口理论、可靠性及计算机科学等诸多领域, 已经成为自然科学、工程科学和社会科学各领域研究随机现象的重要工具.

目前, 国内外有关随机过程的教材已有很多, 其中一些需要读者具备实变函数、泛函分析和高等概率论的基础知识, 主要阅读对象是数学系概率论与数理统计专业和要求较高的统计学专业的学生; 另一些则只需读者具备高等数学、线性代数和初等概率统计的知识, 主要阅读对象是侧重应用的统计学类各专业和其他理工科及经管类相关专业的学生. 随着我国招生制度的变化, 大部分高校的统计学及其相关专业的培养目标逐步转为复合应用型人才的培养. 在人才培养过程中, 既强调具备一定的理论基础, 又强调应用能力的提高. 显然那些需要过多数学基础准备, 讲述过于抽象的教材和重点放在直观理解、叙述不严谨的教材都已经不能适应这一变化.

为适应培养要求的转变, 满足更多专业学生的学习需求, 本书在借鉴国内外相关优秀教材的基础上, 着重突出三个特色. 第一是内容精简实用. 本书在保留了几类常用的经典随机过程的基础上, 力求讲清楚最基本的概念、性质和方法, 去掉过于专业化的讨论, 使得绝大多数内容能够在课程规定的学时内完成. 第二是内容的安排上, 尽量在保持理论体系的同时将难点分散; 同时, 兼顾不同专业讲授时内容选择的需要. 如: 我们在 2.1 节讲完随机过程的基本概念之后, 2.2 节、2.3 节就安排了两类重要的平稳独立增量过程——泊松过程和布朗运动. 目的是, 一方面让学生尽快感受具体随机过程的研究方法; 另一方面将难点分散, 便于学生掌握. 再如: 我们在第 7 章专门安排了随机过程在保险和金融中的两个应用, 便于需要这部分知识的专业去选学. 其实, 7.1 节破产理论, 在讲完第 4 章更新过程之后就可以选学了. 第三是力求增强可读性. 教材的可读性体现在不能让读者感到冗繁与艰涩. 诚然, 上述种种是本教材努力追求的.

本书主要介绍了以下内容. 第 1 章总结复习概率论的相关知识, 并逐步对接到现代随机过程的表述方式上来, 起到承上启下的作用. 熟悉高等概率论的读者可以直接跳过本章, 进入下一章的学习. 第 2 章介绍了随机过程的基本概念, 同时较为系统地介绍了两类重要的平稳独立增量过程——泊松过程和布朗运动. 第 3 章介绍了离散时间马尔可夫链的概念、性质、状态的分类、状态空间的分解、极限定理、平稳分布以及连续时间马尔可夫链的概念和基本性质. 第 4 章介绍了更新过程的概念、性质、更新方程、更新定理以及更新过程的几个推广. 第 5 章介绍了鞅与停时的基础知识以及它们简单的应用. 第 6 章介绍了伊藤积分的概念和性质、伊藤积分过程、伊藤公式以及随机微分方程. 第 7 章介绍了随机过程在破产理论和金融衍生产品定价方面的应用. 学习本书的内容, 读者只需要具备高等数学、线性代数和初等概率论的基础知识就即可. 此外, 本书在每小节之后基本都配备了一定数量的习题, 目的是通过这些习题的演练, 希望读者尽快掌握相应章节的基本理论和方法. 同时每一章配有电子课件, 扫描二维码即可学习.

本书可作为高等院校数学、统计、经济、金融、管理以及理工科各相关专业的高年级本科生学习随机过程的教材或教学参考书, 也可作为有关专业硕士研究生的教材和教学参考书, 对广大从事与随机现象相关工作的科技工作者也具有参考价值.

本书在写作过程中参考了国内外许多优秀的教材和论著, 在此向他们表示感谢和敬意. 本书能够及时出版, 还要感谢科学出版社张中兴和梁清两位编辑的大力支持和帮助. 本书内容在大连民族大学统计学专业、数学与应用数学专业以及信息与计算科学专业讲授多次, 感谢同学们对课程内容的浓厚兴趣和热烈讨论, 以及对一些打印错误的纠正.

白晓东

baixd_dlnu@163.com

2022 年 8 月

CONTENTS / 目录

第1章 预备知识

1.1 概率及其基本性质

1.1.1 概率空间

在概率论中, 通常把按照一定的想法去做的事情称为试验. 一个试验, 若它的结果预先无法确定, 则称之为**随机试验**, 简称为**试验**. 试验的每个可能结果称为**样本点**, 样本点的集合称为**样本空间**. 在本书中, 用 Ω 表示样本空间, 用 ω 表示样本点, 于是

$$\Omega = \{\omega \mid \omega \text{ 是试验的样本点}\}.$$

样本空间 Ω 中的样本点 ω 也称为**基本事件**. 样本空间的子集, 也即由基本事件构成的集合称为**事件**, 通常用大写英文字母 A, B, C 等表示. 样本空间 Ω 称为**必然事件**, 空集 $\varnothing$ 称为**不可能事件**. 由样本空间 Ω 中的若干子集构成的集合称为 Ω 的**集类**, 用花写的字母 $\mathcal{A}, \mathcal{B}, \mathcal{C}$ 等表示. 显然, 样本空间 Ω 的集类就是由一些事件构成的集合.

在实际问题中, 人们通常不是对样本空间的所有子集都感兴趣, 而是只关心某些事件及其发生的可能性大小. 为了方便地在人们感兴趣的事件上定义概率, 我们引入如下概念.

定义 1.1 设 $\mathcal{F}$ 是样本空间 Ω 的集类. 如果满足

(1) $\Omega \in \mathcal{F}$;

(2) 若 $A \in \mathcal{F}$, 则对立事件 $A^c = \Omega - A \in \mathcal{F}$;

(3) 若 $A_n \in \mathcal{F}, n = 1, 2, \cdots$, 则 $\bigcup_{n=1}^{\infty} A_n \in \mathcal{F}$,

则称 $\mathcal{F}$ 为样本空间 Ω 的一个 σ **域** (或 σ **代数**). 将 $(\Omega, \mathcal{F})$ 称为**可测空间**. $\mathcal{F}$ 中的元素便是人们感兴趣的事件.

容易验证, 若 $\mathcal{F}$ 是样本空间 Ω 的一个 σ 域, 则有 (1) $\varnothing \in \mathcal{F}$; (2) 若 $A, B \in \mathcal{F}$, 则 $A - B \in \mathcal{F}$; (3) 若 $A_n \in \mathcal{F}, n \in \mathbb{N}^+$, 则 $\bigcap_{n=1}^{\infty} A_n \in \mathcal{F}$.

定义 1.2 设 $\mathcal{A}$ 为样本空间 Ω 的集类, 称一切包含 $\mathcal{A}$ 的 σ 域的交集为**由 $\mathcal{A}$ 生成的 σ 域**, 或称为**包含 $\mathcal{A}$ 的最小 σ 域**, 记为 $\sigma(\mathcal{A})$.

例 1.1 容易看出, 样本空间 Ω 的集类 $\mathcal{A}_0 = \{\varnothing, \Omega\}$, $\mathcal{A}_1 = \{\varnothing, A, A^c, \Omega\}$ 和 $\mathcal{A}_2 = \{A : A \subseteq \Omega\}$ 都是 σ 域, 而集类 $\mathcal{C} = \{\varnothing, A, \Omega\}$ 不是 σ 域. 由 $\mathcal{C}$ 生成的 σ 域为 $\sigma(\mathcal{C}) = \{\varnothing, A, A^c, \Omega\}$.

定义 1.3 设 $\Omega = \mathbb{R}$, 集类 $\mathcal{A} = \{(-\infty, x) : x \in \mathbb{R}\}$, 则称由 $\mathcal{A}$ 生成的最小 σ 域 $\sigma(\mathcal{A})$ 为 $\mathbb{R}$ 上的 **Borel σ 域**, 记为 $\mathcal{B}(\mathbb{R})$. $\mathcal{B}(\mathbb{R})$ 中的元素称为 **Borel 集合**. 类似地, 可定义 $\mathbb{R}^n$ 上的 Borel σ 域 $\mathcal{B}(\mathbb{R}^n)$.

定义 1.4 设 $(\Omega, \mathcal{F})$ 是一个可测空间, $P(\cdot)$ 是一个定义在 $\mathcal{F}$ 上的集函数. 如果 $P(\cdot)$ 满足以下条件:

(1) **非负性** $P(A) \geqslant 0, \forall A \in \mathcal{F}$;

(2) **完全性** $P(\Omega) = 1$;

(3) **可列可加性** 对两两互不相容的事件 $A_i \in \mathcal{F}, i = 1, 2, \cdots$ (即当 $i \neq j$ 时, $A_i \cap A_j = \varnothing$), 有

$$P\left(\bigcup_{i=1}^{\infty} A_i\right) = \sum_{i=1}^{\infty} P(A_i),$$

那么称 P 是 $(\Omega, \mathcal{F})$ 上的一个**概率测度**, 简称**概率**. 称 $(\Omega, \mathcal{F}, P)$ 为**概率空间**. 称 $P(A)$ 为事件 A 的概率. 本书约定概率为零的事件的任何子集都属于 $\mathcal{F}$. 满足这样约定的概率空间通常称为**完备的概率空间**.

概率具有如下基本性质:

(1) $P(\varnothing) = 0$, $P(A^c) = 1 - P(A), \forall A \in \mathcal{F}$.

(2) **有限可加性** 如果 $A_i \in \mathcal{F}, i = 1, 2, \cdots, n$, 且两两互不相容, 那么

$$P\left(\bigcup_{i=1}^{n} A_i\right) = \sum_{i=1}^{n} P(A_i).$$

(3) **单调性** 如果 $A, B \in \mathcal{F}$, 且 $A \subseteq B$, 那么 $P(A) \leqslant P(B)$.

(4) **进出公式** 如果 $A_i \in \mathcal{F}, i = 1, 2, \cdots, n$, 那么

$$P\left(\bigcup_{i=1}^{n} A_i\right) = \sum_{i=1}^{n} P(A_i) - \sum_{1 \leqslant i < j \leqslant n} P(A_i A_j)$$
$$+ \sum_{1 \leqslant i < j < k \leqslant n} P(A_i A_j A_k) - \cdots + (-1)^{n+1} P(A_1 A_2 \cdots A_n).$$

(5) 次可列可加性 如果 $A_i \in \mathcal{F}, i \geqslant 1$, 那么

$$P\left(\bigcup_{i=1}^{\infty} A_i\right) \leqslant \sum_{i=1}^{\infty} P(A_i).$$

1.1.2 概率连续性

下面介绍概率的连续性. 为此引入事件序列的极限.

定义 1.5 若一个事件序列 $\{A_n, n \geqslant 1\} \subseteq \mathcal{F}$ 满足 $A_n \subseteq A_{n+1}$ (或 $(A_n \supseteq A_{n+1})$), $n \geqslant 1$, 则称该事件序列 $\{A_n, n \geqslant 1\}$ 为**单调递增事件序列** (或**单调递减事件序列**). 若 $\{A_n, n \geqslant 1\}$ 是一个单调递增事件序列, 则定义 $\lim_{n \to \infty} A_n = \bigcup_{n=1}^{\infty} A_n$. 若 $\{A_n, n \geqslant 1\}$ 是一个单调递减事件序列, 则定义 $\lim_{n \to \infty} A_n = \bigcap_{n=1}^{\infty} A_n$. 若 $\{A_n, n \geqslant 1\}$ 是一个事件序列, 则定义 $\limsup_{n \to \infty} A_n = \bigcap_{n=1}^{\infty} \bigcup_{i=n}^{\infty} A_i$.

定理 1.1 如果 $\{A_n, n \geqslant 1\}$ 是一个单调递增 (或单调递减) 事件序列, 那么

$$\lim_{n \to \infty} P(A_n) = P\left(\lim_{n \to \infty} A_n\right).$$

证明 设 $\{A_n, n \geqslant 1\}$ 是一个单调递增事件序列, 并令

$$B_1 = A_1, \quad B_n = A_n - A_{n-1}, \quad n \geqslant 2.$$

显然 $\{B_n, n \geqslant 1\}$ 两两互不相容, 而且对于每个 $n \geqslant 1$, 有 $\bigcup_{k=1}^{n} A_k = \bigcup_{k=1}^{n} B_k$, 从而 $\bigcup_{n=1}^{\infty} A_n = \bigcup_{n=1}^{\infty} B_n$. 于是得到

$$P\left(\lim_{n \to \infty} A_n\right) = P\left(\bigcup_{n=1}^{\infty} A_n\right) = P\left(\bigcup_{n=1}^{\infty} B_n\right) = \sum_{n=1}^{\infty} P(B_n)$$

$$= \lim_{n \to \infty} \sum_{k=1}^{n} P(B_k) = \lim_{n \to \infty} P\left(\bigcup_{k=1}^{n} B_k\right)$$

$$= \lim_{n \to \infty} P\left(\bigcup_{k=1}^{n} A_k\right) = \lim_{n \to \infty} P(A_n).$$

另一种情况的证明, 留给读者练习. □

下面介绍 Borel-Cantelli 引理, 这是一个常用的一般事件序列的极限性质.

定理 1.2 如果 $\{A_n, n \geqslant 1\}$ 是一个事件序列, 且满足 $\sum_{n=1}^{\infty} P(A_n) < \infty$, 那么

$$P\left(\limsup_{n \to \infty} A_n\right) = 0.$$

证明　显然 $\bigcup_{k=n}^{\infty} A_k, n = 1, 2, \cdots$ 是关于 n 的单调减事件序列. 根据性质 (5) 和定理 1.1 得

$$0 \leqslant P\left(\bigcap_{n=1}^{\infty} \bigcup_{k=n}^{\infty} A_k\right) = P\left(\lim_{n \to \infty} \bigcup_{k=n}^{\infty} A_k\right)$$

$$= \lim_{n \to \infty} P\left(\bigcup_{k=n}^{\infty} A_k\right) \leqslant \lim_{n \to \infty} \sum_{k=n}^{\infty} P(A_k) = 0. \quad \square$$

事件的独立性是事件间的一种重要关系. 下面介绍事件的独立性概念.

定义 1.6　如果两个事件 $A, B \in \mathcal{F}$ 满足 $P(AB) = P(A)P(B)$, 那么称 A, B **相互独立**. 如果三个事件 $A, B, C \in \mathcal{F}$ 满足

$$P(AB) = P(A)P(B), \quad P(AC) = P(A)P(C), \quad P(BC) = P(B)P(C)$$

和

$$P(ABC) = P(A)P(B)P(C),$$

那么称 A, B, C **相互独立**. 一般地, 如果 n 个事件 $A_1, A_2, \cdots, A_n \in \mathcal{F}$ 满足对于其中任意 k 个事件 $A_{i_1}, A_{i_2}, \cdots, A_{i_k}, 1 \leqslant i_1 < i_2 < \cdots < i_k \leqslant n$, 都有

$$P(A_{i_1} A_{i_2} \cdots A_{i_k}) = P(A_{i_1})P(A_{i_2}) \cdots P(A_{i_k}),$$

那么称 $A_1, A_2, \cdots, A_n$ **相互独立**. 对于一列事件 $A_1, A_2, \cdots, A_n, \cdots \in \mathcal{F}$ 而言, 如果从它们中任取有限个事件均相互独立, 那么称这一事件序列**相互独立**.

容易看出, 如果事件 $A_1, A_2, \cdots, A_n$ 相互独立, 且令 $\mathcal{F}_1 = \sigma(A_k, 1 \leqslant k \leqslant m)$, $\mathcal{F}_2 = \sigma(A_k, m+1 \leqslant k \leqslant n)$, 那么对于 $B_1 \in \mathcal{F}_1$ 和 $B_2 \in \mathcal{F}_2$, 有 B_1 和 B_2 相互独立.

下面, 介绍一个关于独立事件序列的极限性质.

定理 1.3　如果事件序列 $A_1, A_2, \cdots, A_n, \cdots$ 相互独立, 且 $\sum_{n=1}^{\infty} P(A_n) = \infty$, 那么

$$P\left(\limsup_{n \to \infty} A_n\right) = 1.$$

证明　容易知道, 对于 $x \geqslant 0$, 有 $1 - x \leqslant \mathrm{e}^{-x}$ 成立. 由此可得

$$P\left(\bigcap_{i=n}^{\infty} A_i^c\right) = \prod_{i=n}^{\infty} P(A_i^c) = \prod_{i=n}^{\infty} \left(1 - P(A_i)\right) \leqslant \prod_{i=n}^{\infty} \exp\left(-P(A_i)\right)$$

$$= \exp\left(-\sum_{i=n}^{\infty} P(A_i)\right) = 0.$$

从而得到

$$P\Big(\limsup_{n\to\infty} A_n\Big) = \lim_{n\to\infty} P\Big(\bigcup_{i=n}^{\infty} A_i\Big) = \lim_{n\to\infty}\Big[1 - P\Big(\bigcap_{i=n}^{\infty} A_i^c\Big)\Big] = 1. \quad \square$$

1.1.3 条件概率及相关公式

条件概率是概率论中的重要概念, 用途广泛. 下面介绍这个概念.

定义 1.7 设 A 是一个事件, 且 $P(A) > 0$, 则称 $P(AB)/P(A)$ 为事件 A 发生下事件 B 的**条件概率**, 记为 $P(B|A)$, 即

$$P(B|A) = \frac{P(AB)}{P(A)}.$$

由条件概率的定义, 易得 $P(AB) = P(B|A)P(A)$, 这称为**乘法公式**. 进一步, 可得更一般的乘法公式

$$P(A_1A_2\cdots A_n) = P(A_1)P(A_2|A_1)\cdots P(A_n|A_1A_2\cdots A_{n-1}).$$

如果事件 $A_1, A_2, \cdots$ 两两互不相容, 且 $\bigcup_n A_n = \Omega$, 那么称 $\{A_n\}$ 为 Ω 的一个**分割**. 借助于条件概率的概念, 容易得到下列全概率公式和贝叶斯公式.

全概率公式 如果事件 $\{A_n\} \subseteq \mathcal{F}$ 为 Ω 的一个分割, 且 $P(A_n) > 0$, 那么对于 $\forall B \in \mathcal{F}$,

$$P(B) = \sum_n P(A_n)P(B|A_n).$$

贝叶斯公式 如果事件 $\{A_n\} \subseteq \mathcal{F}$ 为 Ω 的一个分割, 且 $P(A_n) > 0$, 那么对于事件 $P(A) > 0$,

$$P(A_n|A) = \frac{P(A_n)P(A|A_n)}{\sum_k P(A_k)P(A|A_k)}.$$

容易看出, 如果记 $P_A(\cdot) = P(\cdot|A)$, 那么 $P_A(\cdot)$ 也是可测空间 $(\Omega, \mathcal{F})$ 上的一个概率测度, 从而 $(\Omega, \mathcal{F}, P_A(\cdot))$ 也构成概率空间, 而且对于任意的 $A, B, C \in \mathcal{F}$, 当 $P(AB) > 0$ 时, 有 $P_A(C|B) = P(C|AB)$. 类似地, 全概率公式也成立, 即如果 $\{B_n\}$ 是 Ω 的一个分割, 那么对于 $C \in \mathcal{F}$, 有

$$P_A(C) = \sum_n P_A(B_n)P_A(C|B_n),$$

也即

$$P(C|A) = \sum_n P(B_n|A)P(C|AB_n).$$

习 题 1.1

1. 设样本空间 $\Omega = \{\omega_1, \omega_2, \omega_3\}$, 集类 $\mathcal{A} = \{\{\omega_1\}, \{\omega_2\}\}$, 试写出 $\sigma(\mathcal{A})$ 中的全部元素.

2. 设 $\mathcal{F}$ 是样本空间 Ω 的一个 σ 域, 试证明:

(1) $\varnothing \in \mathcal{F}$;

(2) 若 $A, B \in \mathcal{F}$, 则 $A - B \in \mathcal{F}$;

(3) 若 $A_n \in \mathcal{F}, n \in \mathbb{N}^+$, 则对于任意 $n \geqslant 1$, 有 $\bigcup_{k=1}^{n} A_k \in \mathcal{F}$; $\bigcap_{k=1}^{n} A_k \in \mathcal{F}$, 以及 $\bigcap_{n=1}^{\infty} A_n \in \mathcal{F}$.

3. 试证明: 概率的基本性质 (1)~(5).

4. 设 $\{A_n, n \geqslant 1\}$ 是一个单调递减的事件序列, 试证明:

$$\lim_{n \to \infty} P(A_n) = P\left(\lim_{n \to \infty} A_n \right).$$

5. 设 $(\Omega, \mathcal{F}, P)$ 为一个概率空间, $A, B, C \in \mathcal{F}$, 且 $P(AB) > 0$, 试证明: $P(C|AB) = P(C|A)$ 与 $P(BC|A) = P(B|A)P(C|A)$ 等价.

1.2 随机变量及其数字特征

1.2.1 随机变量及其分布

定义 1.8 设 $(\Omega, \mathcal{F}, P)$ 是一个概率空间, X 是定义在 Ω 上取值于实数集 $\mathbb{R}$ 的函数. 如果对于任意实数 $x \in \mathbb{R}$, $\{\omega : X(\omega) \leqslant x\} \in \mathcal{F}$, 那么称 $X(\omega)$ 是概率空间 $(\Omega, \mathcal{F}, P)$ 上的**随机变量**, 简称为随机变量. 函数

$$F(x) = P(\{\omega : X(\omega) \leqslant x\}), \quad -\infty < x < \infty$$

称为随机变量 X 的**分布函数**.

上述定义中样本点 ω 的集合 $\{\omega : X(\omega) \leqslant x\}$ 是一个事件, 一般简记为 $\{X \leqslant x\}$ 或 $\{X \in (-\infty, x]\}$. 容易验证, 对于任意实数 x, $\{X \leqslant x\}$, $\{X \geqslant x\}$, $\{X < x\}$ 和 $\{X > x\}$ 中只要有一个属于 σ 域 $\mathcal{F}$, 那么其余的就都属于 $\mathcal{F}$; 而且对于两个随机变量 X 和 Y 而言, $\{X < Y\}$, $\{X \leqslant Y\}$, $\{X = Y\}$ 和 $\{X \neq Y\}$ 也都属于 $\mathcal{F}$. 给定随机变量 X, 称包含所有形如 $\{X \leqslant x\}, x \in \mathbb{R}$ 的最小 σ 域为**由随机变量 X 生成的 σ 域** (或代数), 记为 $\sigma(X)$. 类似地, 称包含所有形如 $\{X_1 \leqslant x_1, X_2 \leqslant x_2, \cdots, X_n \leqslant x_n\}, (x_1, \cdots, x_n)^{\mathrm{T}} \in \mathbb{R}^n$ 的最小 σ 域为由**随机变量 $X_1, X_2, \cdots, X_n$ 生成的 σ 域** (或代数), 记为 $\sigma(X_1, X_2, \cdots, X_n)$.

设 X 和 Y 是同一个概率空间 $(\Omega, \mathcal{F}, P)$ 上的两个随机变量, 若 $P(\{X \neq Y\}) = 0$ 成立, 则称它们是**几乎必然相等**, 记为 $X = Y$ a.s.. 几乎必然的概念在概率论中经常遇到, 下面给出它的定义.

定义 1.9 设 Υ 表示样本空间 Ω 中某些样本点 ω 所具有的性质. 如果使得 Υ 不成立的样本点 ω 的集合的概率是零, 或者说, 使得 Υ 成立的样本点 ω 的集合的概率是 1, 那么称该性质 Υ 在样本空间 Ω 中**几乎必然**或**以概率 1** 成立, 记为 a.s. 或 w.p.1.

例如, 对于随机序列 $\{X_n, n \geqslant 1\}$ 和随机变量 X 而言, 如果 $P\Big(\lim\limits_{n\to\infty} X_n = X\Big) = 1$, 那么称 X_n 几乎必然收敛到 X 或以概率 1 收敛到 X, 记作 $X_n \to X$ a.s. 或 $X_n \to X$ w.p.1.

常用的随机变量有两种类型: 离散型随机变量和连续型随机变量.

定义 1.10 若随机变量 X 的可能取值构成一个有限集或可列集, 则称 X 是一个**离散型随机变量**. 若随机变量 X 的可能取值充满数轴上的一个区间 (a, b), 则称其为**连续型随机变量**, 其中 a 可以是 $-\infty$, b 可以是 ∞.

如果一个离散型随机变量 X 的所有可能的取值是 $x_1, x_2, \cdots, x_n, \cdots$, 那么 X 取 x_i 的概率

$$p_i = P(\{X = x_i\}), \quad i = 1, 2, \cdots, n, \cdots$$

称为**概率分布列**或简称**分布列**, 其分布函数为

$$F(x) = \sum_{x_k \leqslant x} p_k.$$

如果 $F(x)$ 为连续型随机变量 X 的分布函数, 且存在实数轴上的一个非负可积函数 $f(x)$, 使得

$$F(x) = \int_{-\infty}^{x} f(t)\mathrm{d}t, \quad \forall x \in \mathbb{R},$$

那么称非负可积函数 $f(x)$ 为 X 的**概率密度函数**, 简称为**密度函数**或**密度**.

从密度函数的定义可知, 密度函数 $f(x)$ 的值虽然不是概率, 但是乘以微分 $\mathrm{d}x$ 就可得小区间 $(x, x + \mathrm{d}x)$ 上概率的近似值, 即

$$f(x)\mathrm{d}x \approx P(x < X < x + \mathrm{d}x).$$

上式左边的式子称为**概率微元**. 将概率微元累积起来就得到 X 在 (a, b) 上取值的积分, 此积分值就是 X 在 (a, b) 上取值的概率, 即

$$\int_{a}^{b} f(x)\mathrm{d}x = P(a < X < b).$$

这种求概率的方法称为**概率微元法**, 在实际应用中经常使用.

离散型随机变量的典型分布有二项分布、泊松分布、几何分布; 连续型随机变量的典型分布有均匀分布、正态分布、指数分布. 下面回顾这些常用的分布函数.

1. 离散型随机变量的典型分布

二项分布　设 $0 < p < 1, n \geqslant 1$. 若随机变量 X 的分布列为

$$P(X = k) = \mathrm{C}_n^k p^k (1-p)^{n-k}, \quad 0 \leqslant k \leqslant n,$$

则称 X 的分布函数为参数是 (n, p) 的**二项分布**, 简记为 $X \sim B(n, p)$.

泊松分布　设 $\lambda > 0$. 若随机变量 X 的分布列为

$$P(X = k) = \frac{\lambda^k}{k!} \mathrm{e}^{-\lambda}, \quad k = 0, 1, 2, \cdots,$$

则称 X 的分布函数为参数是 λ 的**泊松分布**, 简记为 $X \sim P(\lambda)$.

几何分布　设 $0 < p < 1$. 若随机变量 X 的分布列为

$$P(X = k) = (1-p)^{k-1} p, \quad k = 1, 2, \cdots,$$

则称 X 的分布函数为参数是 p 的**几何分布**, 简记为 $X \sim G(p)$.

2. 连续型随机变量的典型分布

均匀分布　设 $a < b$. 若随机变量 X 的概率密度函数为

$$f(x) = \begin{cases} \dfrac{1}{b-a}, & a < x < b, \\ 0, & \text{其他}, \end{cases}$$

则称 X 的分布函数为 (a, b) 上的**均匀分布**, 简记为 $X \sim U(a, b)$.

正态分布　设 $\mu \in \mathbb{R}, \sigma > 0$. 若随机变量 X 的概率密度函数为

$$f(x) = \frac{1}{\sqrt{2\pi}\sigma} \exp\left\{ -\frac{(x-\mu)^2}{2\sigma^2} \right\},$$

则称 X 的分布函数为参数是 (μ, σ^2) 的**正态分布**, 简记为 $X \sim N(\mu, \sigma^2)$.

指数分布　设 $\lambda > 0$. 若随机变量 X 的概率密度函数为

$$f(x) = \begin{cases} \lambda \mathrm{e}^{-\lambda x}, & x \geqslant 0, \\ 0, & x < 0, \end{cases}$$

则称 X 的分布函数为参数是 λ 的**指数分布**, 简记为 $X \sim \mathrm{Exp}(\lambda)$.

定义 1.11 如果 $X_1, X_2, \cdots, X_n$ 是概率空间 $(\Omega, \mathcal{F}, P)$ 上的 n 个随机变量, 那么称 $\boldsymbol{X} = (X_1, X_2, \cdots, X_n)^{\mathrm{T}}$ 是 n **维随机向 (变) 量**. 称 $\mathbb{R}^n$ 上的 n 元函数

$$F(\boldsymbol{x}) = F(x_1, x_2, \cdots, x_n) = P(X_1 \leqslant x_1, X_2 \leqslant x_2, \cdots, X_n \leqslant x_n)$$

为 $\boldsymbol{X}$ 的 n **维联合分布函数**或 n **维分布函数**.

随机向量也含有离散型和连续型两类. 一般地, 如果 $F(\boldsymbol{x})$ 为随机向量 $\boldsymbol{X}$ 的分布函数, 且存在 $\mathbb{R}^n$ 上的非负函数 $f(\boldsymbol{x}) = f(x_1, x_2, \cdots, x_n)$, 使得

$$F(\boldsymbol{x}) = \int_{-\infty}^{x_1} \cdots \int_{-\infty}^{x_n} f(s_1, s_2, \cdots, s_n) \mathrm{d}s_n \cdots \mathrm{d}s_1$$

成立, 则称 $\boldsymbol{X}$ 是连续型随机向量, 称函数 $f(\boldsymbol{x})$ 为 $\boldsymbol{X}$ 的**联合概率密度函数**, 简称为**联合密度函数**或**联合密度**.

最重要的 n 维连续分布函数是 n 维正态分布函数. 设 $\boldsymbol{\mu} = (\mu_1, \mu_2, \cdots, \mu_n)^{\mathrm{T}}$, $\boldsymbol{\Sigma}$ 是 n 阶正定矩阵, 其行列式为 $|\boldsymbol{\Sigma}|$. 如果 n 维随机向量 $\boldsymbol{X}$ 的联合密度函数为

$$f(\boldsymbol{x}) = (2\pi)^{-n/2} |\boldsymbol{\Sigma}|^{-1/2} \exp\left[-\frac{1}{2}(\boldsymbol{x} - \boldsymbol{\mu})^{\mathrm{T}} \boldsymbol{\Sigma}^{-1}(\boldsymbol{x} - \boldsymbol{\mu}) \right],$$

其中 $\boldsymbol{x} = (x_1, x_2, \cdots, x_n)^{\mathrm{T}}$, 那么称 $\boldsymbol{X}$ 的分布为 n **维正态分布**, 简记为 $\boldsymbol{X} \sim N(\boldsymbol{\mu}, \boldsymbol{\Sigma})$.

后面章节里要经常用到随机向量联合密度的变换公式, 下面以二维随机向量的联合密度为例阐述之.

定理 1.4 设二维随机向量 (X, Y) 的联合密度函数为 $f(x, y)$, 且函数组

$$\begin{cases} u = g_1(x, y), \\ v = g_2(x, y) \end{cases}$$

有连续偏导数, 并存在唯一的反函数

$$\begin{cases} x = x(u, v), \\ y = y(u, v). \end{cases}$$

其变换的雅可比行列式

$$J = \frac{\partial(x, y)}{\partial(u, v)} = \begin{vmatrix} \dfrac{\partial x}{\partial u} & \dfrac{\partial y}{\partial u} \\ \dfrac{\partial x}{\partial v} & \dfrac{\partial y}{\partial v} \end{vmatrix} \neq 0.$$

如果

$$\begin{cases} U = g_1(X, Y), \\ V = g_2(X, Y), \end{cases}$$

那么 (U, V) 的联合密度函数为

$$g(u, v) = f(x(u, v), y(u, v))|J|.$$

定理 1.4 本质上就是二重积分的变量变换法, 其证明可以参考一般的数学分析教科书.

1.2.2 黎曼–斯蒂尔切斯积分

在初等概率论中一般只讨论离散型和连续型的随机变量, 然而客观存在的随机变量远不止这两类. 事实上, 根据勒贝格分解定理可知, 还存在奇异型的随机变量, 而且任何随机变量的分布都是离散型、连续型和奇异型随机变量分布的混合. 在这里为了避开一般测度论的论述, 同时又能够将离散型和连续型随机变量的数字特征统一表述, 我们引入黎曼–斯蒂尔切斯积分.

设 $G(x)$ 为 $(-\infty, \infty)$ 上单调不减右连续函数, $h(x)$ 为 $(-\infty, \infty)$ 上的单值实函数. 对于任意给定的两个数 a, b, 且 $a < b$, 我们可以如微积分中定义定积分那样定义 $h(x)$ 关于 $G(x)$ 的黎曼–斯蒂尔切斯积分.

定义 1.12　将 $[a, b]$ 作任意分划: $a = x_0 < x_1 < x_2 < \cdots < x_{i-1} < x_i < \cdots < x_n = b$, 在分划所得的每个小区间 $[x_{i-1}, x_i]$ 中任意取点 ξ_i, 作积分和式

$$\sum_{i=1}^{n} h(\xi_i)\Delta G(x_i) = \sum_{i=1}^{n} h(\xi_i)[G(x_i) - G(x_{i-1})].$$

记 $\lambda = \max_{1 \leqslant i \leqslant n} \Delta x_i = \max_{1 \leqslant i \leqslant n}(x_i - x_{i-1})$. 若极限

$$I = \lim_{\lambda \to 0} \sum_{i=1}^{n} h(\xi_i)\Delta G(x_i)$$

存在, 且不依赖于分划和取点, 那么我们称极限 I 为 $h(x)$ 关于 $G(x)$ 在 $[a, b]$ 上的**黎曼–斯蒂尔切斯积分**, 简称 R–S 积分, 记为

$$\int_a^b h(x)\mathrm{d}G(x) \quad \text{或} \quad \int_a^b h(x)G(\mathrm{d}x). \tag{1.1}$$

类似地, 我们可以定义多元函数的 R–S 积分.

此外, 我们还可以定义无穷区间上的 R–S 积分. 一般地, 若极限

$$\lim_{b \to +\infty} \int_a^b h(x)\mathrm{d}G(x)$$

存在, 则称该极限为 $h(x)$ 关于 $G(x)$ 在 $[a, +\infty)$ 上的 R–S 积分, 记为

$$\int_a^{+\infty} h(x)\mathrm{d}G(x) \quad \text{或} \quad \int_a^{+\infty} h(x)G(\mathrm{d}x).$$

类似地, 可以定义 $h(x)$ 关于 $G(x)$ 在 $(-\infty, b]$ 上的 R–S 积分

$$\int_{-\infty}^b h(x)\mathrm{d}G(x) = \lim_{a \to -\infty} \int_a^b h(x)\mathrm{d}G(x)$$

和 $h(x)$ 关于 $G(x)$ 在 $(-\infty, +\infty)$ 上的 R–S 积分

$$\int_{-\infty}^{+\infty} h(x)\mathrm{d}G(x) = \lim_{a \to -\infty,\, b \to +\infty} \int_a^b h(x)\mathrm{d}G(x).$$

由定义 1.12 知, 当 $G(x) = x$ 时, (1.1) 式便是定积分 (即黎曼积分) $\int_a^b h(x)\mathrm{d}x$; 当 $G'(x) = g(x)$ 时, (1.1) 式便是定积分 $\int_a^b h(x)g(x)\mathrm{d}x$. 一般来讲, 当函数 $h(x)$ 连续且函数 $G(x)$ 单调不减右连续时, R–S 积分存在. 可见, R–S 积分是定积分的一种推广, 其许多性质与定积分的性质类似. 它们最大的不同之处是, 由于 $G(x)$ 在某些点上的跃度可以大于零, 所以在这些点上的积分就可能不是零. 因此, 通常情况下, 我们在半开区间 $(a, b]$ 上考虑 R–S 积分. 具体地, 若 $G(x)$ 是右连续递增的阶梯函数, 即存在 $\{x_n\} \subset (a, b]$, 使

$$G(x) = \sum_{x_n \leqslant x} [G(x_n) - G(x_n-)],$$

则由 R–S 积分的定义可算出

$$\int_a^b h(x)\mathrm{d}G(x) = \sum_n h(x_n)[G(x_n) - G(x_n-)].$$

特别地, 对于单点集 $\{x_0\}$, 我们有

$$\int_{\{x_0\}} h(x)\mathrm{d}G(x) = h(x_0)[G(x_0) - G(x_0-)].$$

下面给出 R–S 积分常用的性质.

(1) 若 $h(x) \geqslant 0$, 且 $a < b$, 则

$$\int_a^b h(x)\mathrm{d}G(x) \geqslant 0.$$

(2) 若 $a < c < b$, 则有

$$\int_a^b h(x)\mathrm{d}G(x) = \int_a^c h(x)\mathrm{d}G(x) + \int_c^b h(x)\mathrm{d}G(x).$$

(3) 若 $h_k(x), k = 1, 2$ 是两个函数, 且 $c_i, i = 1, 2$ 是两个任意常数, 则

$$\int_a^b [c_1 h_1(x) + c_2 h_2(x)]\mathrm{d}G(x) = c_1 \int_a^b h_1(x)\mathrm{d}G(x) + c_2 \int_a^b h_2(x)\mathrm{d}G(x).$$

(4) 若 $G_k(x), k = 1, 2$, 是两个右连续递增函数, 且 $c_i, i = 1, 2$, 是两个大于零的任意常数, 则

$$\int_a^b h(x)\mathrm{d}[c_1 G_1(x) + c_2 G_2(x)] = c_1 \int_a^b h(x)\mathrm{d}G_1(x) + c_2 \int_a^b h(x)\mathrm{d}G_2(x).$$

例 1.2　设 $F(x)$ 为随机变量 X 的分布函数, 则

$$\int_a^b \mathrm{d}F(x) = F(b) - F(a) = P(a < X \leqslant b).$$

进一步, 若 X 为离散型随机变量, 其分布列为 $P(X = x_i) = p_i, i = 1, 2, \cdots$, 则

$$F(x) = \sum_{x_i \leqslant x} p_i = \sum_{x_i \leqslant x} [F(x_i) - F(x_i-)]$$

是一个跳跃型分布函数. 因此, $h(x)$ 关于 $F(x)$ 的 R–S 积分为

$$\int_{-\infty}^{+\infty} h(x)\mathrm{d}F(x) = \sum_{n=1}^{\infty} h(x_n)[F(x_i) - F(x_i-)] = \sum_{n=1}^{\infty} h(x_n)p_n.$$

若 X 为连续型随机变量, 其密度函数为 $\mathrm{d}F(x)/\mathrm{d}x = f(x)$, 则 $h(x)$ 关于 $F(x)$ 的 R–S 积分为

$$\int_{-\infty}^{+\infty} h(x)\mathrm{d}F(x) = \int_{-\infty}^{+\infty} h(x)f(x)\mathrm{d}x.$$

1.2.3 数字特征

借助于 R–S 积分, 可以统一表示离散型和连续型随机变量的数字特征.

数学期望 设随机变量 X 具有分布函数 $F(x)$. 若 $\int_{-\infty}^{+\infty} |x| \mathrm{d}F(x)$ 存在, 则称

$$E(X) = \int_{-\infty}^{+\infty} x \mathrm{d}F(x)$$

为随机变量 X 的**数学期望** (或均值).

显然, 如果 X 是一个离散型随机变量, 且 $P(X = x_i) = p_i, i \geqslant 1$, 那么

$$E(X) = \sum_{n=1}^{\infty} x_n p_n.$$

如果 X 是一个连续型随机变量, 且 $f(x)$ 为它的概率密度函数, 那么

$$E(X) = \int_{-\infty}^{+\infty} x f(x) \mathrm{d}x.$$

数学期望反映了随机变量平均取值的情况. 根据 R–S 积分的性质, 易得数学期望具有下列性质.

性质 1 如果 $X_i, 1 \leqslant i \leqslant n$, 为 n 个随机变量, $c_i, 1 \leqslant i \leqslant n$, 为 n 个常数, 那么

$$E\left(\sum_{k=1}^{n} c_k X_k \right) = \sum_{k=1}^{n} c_k E(X_k).$$

性质 2 如果 X 的分布函数为 $F(x)$, $h(x)$ 为 x 的函数[①], 且 $E|h(X)|$ 存在, 那么

$$E[h(X)] = \int_{-\infty}^{+\infty} h(x) \mathrm{d}F(x).$$

方差 设 X 是一个随机变量, 则称

$$\mathrm{Var}(X) = E(X - E(X))^2$$

为随机变量 X 的**方差**. 随机变量的方差刻画了随机变量取值的集中或分散程度. 显然 $\mathrm{Var}(X)$ 也等于 $E(X^2) - (E(X))^2$.

矩 设 X 为一个随机变量, 如果 $E|X|^k < \infty$, 那么称

$$\mu_k = E(X^k) = \int_{-\infty}^{+\infty} x^k \mathrm{d}F(x), \quad k \geqslant 1$$

---

① 这里的函数指的是实变函数中的可测函数.

为随机变量 X 的 k 阶原点矩. 称

$$\nu_k = \mathrm{E}(X - \mathrm{E}(X))^k$$

为 X 的 k 阶中心矩.

协方差   设 X, Y 是两个随机变量, 则称

$$\mathrm{Cov}(X, Y) = \mathrm{E}[(X - \mathrm{E}(X))(Y - \mathrm{E}(Y))] = \mathrm{E}(XY) - \mathrm{E}(X)\mathrm{E}(Y)$$

为随机变量 X, Y 的**协方差**. 如果两个随机变量的协方差为零, 那么我们称这两个随机变量为**不相关的**.

随机变量的方差和协方差之间具有如下重要的性质.

性质 3   若 $a_i, 1 \leqslant i \leqslant n$, 为 n 个常数, $X_i, 1 \leqslant i \leqslant n$, 为 n 个随机变量, 那么

$$\mathrm{Var}\left(\sum_{k=1}^{n} a_k X_k\right) = \sum_{k=1}^{n} a_k^2 \mathrm{Var}(X_k) + 2\sum_{i<j} a_i a_j \mathrm{Cov}(X_i, X_j).$$

特别地, 若 $X_1, X_2, \cdots, X_n$ 相互独立, 则 $\mathrm{Cov}(X_i, X_j) = 0, i \neq j$, 从而有

$$\mathrm{Var}\left(\sum_{k=1}^{n} X_k\right) = \sum_{k=1}^{n} \mathrm{Var}(X_k).$$

性质 4   若随机变量 X, Y 的二阶矩存在, 则

$$|\mathrm{E}(XY)|^2 \leqslant \mathrm{E}(X)^2 \mathrm{E}(Y)^2,$$

从而

$$|\mathrm{Cov}(X, Y)|^2 \leqslant \mathrm{Var}(X)\mathrm{Var}(Y).$$

相关系数   如果 X, Y 是两个随机变量, 且 $0 < \mathrm{Var}(X) < \infty, 0 < \mathrm{Var}(Y) < \infty$, 则称

$$\rho(X, Y) = \frac{\mathrm{Cov}(X, Y)}{\sqrt{\mathrm{Var}(X)}\sqrt{\mathrm{Var}(Y)}}$$

为随机变量 X, Y 的**相关系数**. 随机变量 X, Y 的相关系数 $\rho(X, Y)$ 刻画了 X, Y 之间的线性关系的强弱程度. 可以证明, $|\rho(X, Y)| \leqslant 1$, 并且 $\rho(X, Y) = \pm 1$ 当且仅当

$$P\left(\frac{Y - \mathrm{E}(Y)}{\sqrt{\mathrm{Var}(Y)}} = \pm\frac{X - \mathrm{E}(X)}{\sqrt{\mathrm{Var}(X)}}\right) = 1,$$

就是说, $\rho(X, Y) = \pm 1$ 意味着随机变量 X, Y 分别以概率 1 在直线 $Y = \mathrm{E}(Y) \pm \sqrt{\mathrm{Var}(Y)}(X - \mathrm{E}(X))/\sqrt{\mathrm{Var}(X)}$ 上取值.

1.2.4 矩母函数与特征函数

矩母函数 设 X 为一个随机变量, 其分布函数为 $F(x)$. 如果下述积分存在, 那么称

$$\psi(t) = \mathrm{E}(\mathrm{e}^{tX}) = \int_{-\infty}^{+\infty} \mathrm{e}^{tx}\mathrm{d}F(x)$$

为随机变量 X 的**矩母函数**.

一般地, 一个随机变量的分布函数与其矩母函数是一一对应的, 因此, 可通过分析矩母函数来研究随机变量的性质. 逐次求矩母函数在原点处的导数, 我们得到如下关系:

$$\mathrm{E}(X^n) = \psi^n(0).$$

当矩母函数存在时, 利用矩母函数来刻画随机变量的概率分布是方便的, 但是当矩母函数不存在时, 通常应用下面的特征函数来研究随机变量概率分布的性质.

特征函数 设 X 为一个随机变量, 其分布函数为 $F(x)$. 称

$$\varphi(t) = \mathrm{E}(\mathrm{e}^{\mathrm{i}tX}) = \int_{-\infty}^{+\infty} \mathrm{e}^{\mathrm{i}tx}\mathrm{d}F(x)$$

为随机变量 X 的**特征函数**, 其中 i 是虚数单位, 即 $\mathrm{i}^2 = -1$. 如果 $F(x)$ 的概率密度函数是 $f(x)$, 那么此时的特征函数

$$\varphi(t) = \int_{-\infty}^{+\infty} \mathrm{e}^{\mathrm{i}tx}f(x)\mathrm{d}x.$$

随机变量的特征函数与分布函数也是一一对应的. 由特征函数的定义, 不难得到如下性质:

性质 1 $|\varphi(t)| \leqslant \varphi(0) = 1$, 且 $\varphi(t)$ 在 $\mathbb{R}$ 上一致连续.

性质 2 $\varphi(-t) = \overline{\varphi(t)}$, 其中 $\overline{\varphi(t)}$ 表示 $\varphi(t)$ 的共轭.

性质 3 设随机变量 $X_1, X_2, \cdots, X_n$ 相互独立, 且它们的特征函数分别为 $\varphi_{X_1}(t)$, $\varphi_{X_2}(t), \cdots, \varphi_{X_n}(t)$, 则 $\sum_{i=1}^{n} X_i$ 的特征函数是 $\prod_{i=1}^{n} \varphi_{X_i}(t)$.

性质 4 若 $\mathrm{E}(X^n)$ 存在, 则当 $1 \leqslant k \leqslant n$ 时, $\varphi^{(k)}(0) = \mathrm{i}^k \mathrm{E}(X^k)$.

性质 5 若随机变量 X 和 Y 的特征函数分别为 $\varphi_X(t)$ 和 $\varphi_Y(t)$, a, b 是两个常数, 且 $Y = aX + b$, 则 $\varphi_Y(t) = \mathrm{e}^{\mathrm{i}bt}\varphi_X(at)$.

性质 6 若 $\varphi_1, \varphi_2, \cdots$ 是一列特征函数, $\pi_1, \pi_2, \cdots$ 是一个概率分布律, 则 $\sum_{n=1}^{\infty} \pi_n \varphi_n$ 仍是特征函数.

性质 7 若 $\varphi_1, \varphi_2, \cdots, \varphi_n$ 是 n 个特征函数, 则 $\prod_{i=1}^{n} \varphi_i$ 还是一个特征函数. 对于一个随机向量 $\boldsymbol{X}$, 我们也可以类似于一元随机变量定义它的特征函数.

定义 1.13 设 $\boldsymbol{X} = (X_1, X_2, \cdots, X_n)^{\mathrm{T}}$ 为一个随机向量, 其联合分布函数为 $F(x_1, x_2, \cdots, x_n)$, 则称

$$\phi(t_1, t_2, \cdots, t_n) = \int_{-\infty}^{+\infty} \cdots \int_{-\infty}^{+\infty} \mathrm{e}^{\mathrm{i}(t_1 x_1 + t_2 x_2 + \cdots + t_n x_n)} \mathrm{d}F(x_1, x_2, \cdots, x_n)$$

为随机向量 $\boldsymbol{X}$ 的**特征函数**.

随机向量特征函数与一元随机变量特征函数的许多性质一样, 比如: 随机向量的联合分布函数也是由其特征函数唯一决定的. 我们可以借助于该性质, 利用特征函数的运算技巧方便地研究随机向量的一些性质.

性质 8 设随机变量 X 服从正态分布 $N(\mu, \sigma^2)$, 则其特征函数为

$$\varphi(t) = \exp\left(\mathrm{i}\mu t - \frac{\sigma^2 t^2}{2}\right).$$

设随机向量 $\boldsymbol{X}$ 服从 n 维正态分布 $N(\boldsymbol{\mu}, \boldsymbol{\Sigma})$, 则其特征函数为

$$\varphi(\boldsymbol{t}) = \exp\left\{\mathrm{i}\boldsymbol{t}^{\mathrm{T}}\boldsymbol{\mu} - \frac{1}{2}\boldsymbol{t}^{\mathrm{T}}\boldsymbol{\Sigma}\boldsymbol{t}\right\},$$

其中, $\boldsymbol{t} = (t_1, t_2, \cdots, t_n)^{\mathrm{T}}$.

例 1.3 设 $\boldsymbol{X} = (X_1, X_2, \cdots, X_n)^{\mathrm{T}}$ 是一个 n 维随机向量, 则 $\boldsymbol{X}$ 服从 n 维正态分布的充要条件是它的任一线性组合 $\boldsymbol{a}^{\mathrm{T}}\boldsymbol{X} = a_1 X_1 + a_2 X_2 + \cdots + a_n X_n$ 均服从一维正态分布, 其中 $\boldsymbol{a} = (a_1, a_2, \cdots, a_n)^{\mathrm{T}}$ 为常数向量.

证明 必要性是显然的, 只证充分性. 记 $\mathrm{E}(\boldsymbol{X}) = \boldsymbol{\mu}$, $\mathrm{Var}(\boldsymbol{X}) = \boldsymbol{\Sigma}$, 则对于任一常数向量 $\boldsymbol{a}$, 有 $\boldsymbol{a}^{\mathrm{T}}\boldsymbol{X} \sim N(\boldsymbol{a}^{\mathrm{T}}\boldsymbol{\mu}, \boldsymbol{a}^{\mathrm{T}}\boldsymbol{\Sigma}\boldsymbol{a})$. 再由一维正态分布的特征函数得 $\boldsymbol{a}^{\mathrm{T}}\boldsymbol{X}$ 的特征函数为

$$\varphi_{\boldsymbol{a}^{\mathrm{T}}\boldsymbol{X}}(u) = \exp\left\{\mathrm{i}u\boldsymbol{a}^{\mathrm{T}}\boldsymbol{\mu} - \frac{u^2}{2}\boldsymbol{a}^{\mathrm{T}}\boldsymbol{\Sigma}\boldsymbol{a}\right\}.$$

取 $u = 1$, 并将 $\boldsymbol{a}$ 记为 $\boldsymbol{t}$, 得

$$\varphi_{\boldsymbol{t}^{\mathrm{T}}\boldsymbol{X}}(1) = \exp\left\{\mathrm{i}\boldsymbol{t}^{\mathrm{T}}\boldsymbol{\mu} - \frac{1}{2}\boldsymbol{t}^{\mathrm{T}}\boldsymbol{\Sigma}\boldsymbol{t}\right\},$$

$\boldsymbol{X}$ 的特征函数为

$$\varphi_{\boldsymbol{X}}(\boldsymbol{t}) = \mathrm{E}(\mathrm{e}^{\mathrm{i}\boldsymbol{t}^{\mathrm{T}}\boldsymbol{X}}) = \varphi_{\boldsymbol{t}^{\mathrm{T}}\boldsymbol{X}}(1),$$

故 $\boldsymbol{X}$ 服从 n 维正态分布 $N(\boldsymbol{\mu}, \boldsymbol{\Sigma})$. $\square$

习 题 1.2

1. 设 X, Y 是概率空间 $(\Omega, \mathcal{F}, P)$ 上的两个随机变量, 证明:

(1) 对于任意实数 x, $\{X \leqslant x\}, \{X \geqslant x\}, \{X < x\}$ 和 $\{X > x\}$ 中只要有一个属于 σ 域 $\mathcal{F}$, 那么其余也都属于 $\mathcal{F}$;

(2) $\{X < Y\}, \{X \leqslant Y\}, \{X = Y\}$ 和 $\{X \neq Y\}$ 都属于 $\mathcal{F}$.

2. 已知 X 为一个取非负整数值的随机变量, 试证明:

$$\mathrm{E}X = \sum_{n=1}^{\infty} P(X \geqslant n) = \sum_{n=0}^{\infty} P(X > n).$$

3. 已知 X 为一个非负随机变量, 且具有分布函数 $F(x)$, 试证明:

$$\mathrm{E}X = \int_0^{\infty} \overline{F}(x)\mathrm{d}x \quad \text{和} \quad \mathrm{E}X^n = \int_0^{\infty} nx^{n-1}\overline{F}(x)\mathrm{d}x, \quad n \geqslant 1,$$

其中, $\overline{F}(x) = 1 - F(x)$.

4. (1) 若 X 是一连续型随机变量, 其分布函数为 $F(x)$, 证明: $Y = F(X)$ 是 $[0,1]$ 上具有均匀分布的随机变量.

(2) 若 U 是 $[0,1]$ 上具有均匀分布的随机变量, $F(x)$ 是一给定的分布函数, 则 $Y = F^{-1}(U)$ 的分布函数为 $F(x)$, 其中 F^{-1} 为 F 的反函数.

5. 设 $Z_1, Z_2, \cdots, Z_n$ 是独立同分布、非负的随机变量, 密度函数为 $f(z)$, 它们相应的次序统计量为 $Z_{(1)} \leqslant Z_{(2)} \leqslant \cdots \leqslant Z_{(n)}$, 请写出次序统计量 $Z_{(1)}, Z_{(2)}, \cdots, Z_{(n)}$ 的联合概率密度.

6. 试证明: 随机变量的特征函数的性质 (1)~(5).

7. 设 $X_i, i = 1, 2, \cdots, n$, 是 n 个独立随机变量, 且分别服从参数为 λ_i 的泊松分布. 试证明: 随机变量 $Y = X_1 + X_2 + \cdots + X_n$ 服从参数为 $\lambda_1 + \lambda_2 + \cdots + \lambda_n$ 的泊松分布.

8. 试证明: 如果 n 维随机向量 $\boldsymbol{X} \sim N(\boldsymbol{\mu}, \boldsymbol{\Sigma})$, 那么 $\boldsymbol{A}_{mn}\boldsymbol{X} + \boldsymbol{b} \sim N(\boldsymbol{A}_{mn}\boldsymbol{\mu} + \boldsymbol{b}, \boldsymbol{A}_{mn}\boldsymbol{\Sigma}\boldsymbol{A}_{mn}^{\mathrm{T}})$, 其中 $\boldsymbol{A}_{mn}$ 表示一个 $m \times n$ 阶矩阵, $\boldsymbol{b}$ 为一个 m 维向量.

1.3 条件数学期望

1.3.1 条件数学期望的概念

条件数学期望是概率论的基本概念之一, 也是处理随机过程的基本工具之一. 为了避免引入过多抽象的概念, 我们先介绍离散型随机变量和连续型随机变量的条件数学期望的概念, 然后介绍较为一般情形下的概念.

1. 离散型随机变量的条件数学期望

设 (X, Y) 为二元离散型随机变量, 其联合分布律为

$$P(X = x_i, Y = y_j) = p_{ij} \geqslant 0, \quad i, j \geqslant 1,$$

其中 $\sum_{i=1}^{\infty} \sum_{j}^{\infty} p_{ij} = 1$. 如果 $P(Y = y_j) = \sum_i p_{ij} \triangleq p_{\cdot j} > 0$, 那么称

$$P(X = x_i | Y = y_j) = \frac{P(X = x_i,\ Y = y_j)}{P(Y = y_j)} = \frac{p_{ij}}{p_{\cdot j}}, \quad i \geqslant 1,$$

为给定 $\{Y = y_j\}$ 时, X 的**条件分布律**. 称

$$\mathrm{E}(X | Y = y_j) = \sum_{i=1}^{\infty} x_i P(X = x_i | Y = y_j)$$

为给定 $\{Y = y_j\}$ 时, X 的**条件数学期望**. 显然, $\mathrm{E}(X|Y = y_j)$ 由事件 $\{Y = y_j\}$ 唯一确定, 于是引入一个随机变量, 记为 $\mathrm{E}(X|Y)$, 满足当 $\omega \in \{Y = y_j\}$ 时,

$$\mathrm{E}(X|Y)(\omega) = \mathrm{E}(X|Y = y_j).$$

我们称这个随机变量 $\mathrm{E}(X|Y)$ 为随机变量 X 关于随机变量 Y 的**条件数学期望**.

从上述条件数学期望的概念可见, 条件数学期望是一个随机变量, 因此, 条件数学期望也可求数学期望. 下面我们来求条件数学期望的数学期望.

$$\mathrm{E}[\mathrm{E}(X|Y)] = \sum_{j=1}^{\infty} \mathrm{E}(X|Y = y_j) P(Y = y_j) = \sum_{j=1}^{\infty} \sum_{i=1}^{\infty} x_i P(X = x_i | Y = y_j) P(Y = y_j)$$

$$= \sum_{j=1}^{\infty} \sum_{i=1}^{\infty} x_i P(X = x_i,\ Y = y_j) = \sum_{i=1}^{\infty} x_i \sum_{j=1}^{\infty} P(X = x_i,\ Y = y_j)$$

$$= \sum_{i=1}^{\infty} x_i P(X = x_i) = \mathrm{E}X. \tag{1.2}$$

2. 连续型随机变量的条件数学期望

设 $(X,\ Y)$ 为二元连续型随机变量, 且联合概率密度为 $f(x,\ y)$, Y 的**边缘概率密度函数**为

$$f_Y(y) = \int_{-\infty}^{+\infty} f(x,\ y)\mathrm{d}x.$$

如果 $f_Y(y) > 0$, $\mathrm{E}|X| < \infty$, 那么给定 $\{Y = y\}$ 条件下, X 的**条件概率密度函数**为

$$f(x|y) = \frac{f(x,\ y)}{f_Y(y)};$$

给定 $\{Y = y\}$ 条件下, X 的**条件分布函数**为

$$F(x|y) = P(X \leqslant x | Y = y) = \int_{-\infty}^{x} f(u|y)\mathrm{d}u = \int_{-\infty}^{x} \frac{f(u,\ y)}{f_Y(y)}\mathrm{d}u;$$

给定 $\{Y = y\}$ 条件下, X 的**条件数学期望**为

$$\mathrm{E}(X|Y = y) = \int_{-\infty}^{+\infty} xf(x|y)\mathrm{d}x = \int_{-\infty}^{+\infty} x\frac{f(x,\ y)}{f_Y(y)}\mathrm{d}x.$$

由上式可见, 事件 $\{Y = y\}$ 唯一确定值 $\mathrm{E}(X|Y = y)$. 于是引入随机变量 $\mathrm{E}(X|Y)$, 满足当 $\omega \in \{Y = y\}$ 时,

$$\mathrm{E}(X|Y)(\omega) = \mathrm{E}(X|Y = y).$$

我们称这个随机变量 $\mathrm{E}(X|Y)$ 为随机变量 X 关于随机变量 Y 的**条件数学期望**.

令 B 属于 Borel σ 域 $\mathcal{B}$, 且 $P(Y \in B) > 0$, 则在 $\{Y \in B\}$ 下, X 的条件分布函数为

$$F(x|Y \in B) = P(X \leqslant x|Y \in B) = \frac{P(X \leqslant x, Y \in B)}{P(Y \in B)} = \int_{-\infty}^{x} \frac{\int_{y \in B} f(x,\ y)\mathrm{d}y}{P(Y \in B)}\mathrm{d}x,$$

于是, 在 $\{Y \in B\}$ 下, X 的条件概率密度函数为

$$f(x|B) = \frac{\int_{y \in B} f(x,\ y)\mathrm{d}y}{P(Y \in B)},$$

从而, 在 $\{Y \in B\}$ 下, X 的条件数学期望定义为

$$\mathrm{E}(X|Y \in B) = \int_{-\infty}^{+\infty} xf(x|B)\mathrm{d}x.$$

进一步,

$$\begin{aligned}
\mathrm{E}(X|Y \in B) &= \int_{-\infty}^{+\infty} \int_{y \in B} x\frac{f(x,\ y)}{P(Y \in B)}\mathrm{d}y\mathrm{d}x \\
&= \frac{1}{P(Y \in B)} \int_{y \in B} \int_{-\infty}^{+\infty} xf(x,\ y)\mathrm{d}x\mathrm{d}y \\
&= \frac{1}{P(Y \in B)} \int_{y \in B} \left(\int_{-\infty}^{+\infty} x\frac{f(x,\ y)}{f_Y(y)}\mathrm{d}x \right) f_Y(y)\mathrm{d}y \\
&= \frac{1}{P(Y \in B)} \int_{y \in B} \mathrm{E}(X|Y = y)f_Y(y)\mathrm{d}y \\
&= \frac{\mathrm{E}[\mathrm{E}(X|Y)\mathbf{1}_{\{Y \in B\}}]}{P(Y \in B)},
\end{aligned} \tag{1.3}$$

其中 $\mathbf{1}_{\{Y \in B\}}$ 是事件 $\{Y \in B\}$ 的示性函数, 即

$$\mathbf{1}_{\{Y \in B\}}(\omega) = \begin{cases} 1, & \omega \in \{Y \in B\}, \\ 0, & \omega \notin \{Y \in B\}. \end{cases}$$

当 $B = (-\infty, +\infty)$ 时, $\{Y \in B\} = \Omega$, 于是由 (1.3) 得

$$\mathrm{E}X = \mathrm{E}[\mathrm{E}(X|Y)]. \tag{1.4}$$

公式 (1.2) 和 (1.4) 称为**重期望公式**, 它是概率论中较为深刻的一个结论, 具有广泛应用.

3. 一般随机变量的条件数学期望

根据离散型随机变量和连续型随机变量的条件数学期望的概念, 进一步抽象, 给出一般随机变量的条件数学期望的定义.

定义 1.14　设 (X, Y) 是概率空间 $(\Omega, \mathcal{F}, P)$ 上的二元随机变量. 如果随机变量 $\mathrm{E}(X|Y)$ 满足

(1) $\mathrm{E}(X|Y)$ 是随机变量 Y 的函数, 且当 $Y = y$ 时, 它的取值为 $\mathrm{E}(X|Y = y)$;

(2) 对于任意 $B \in \mathcal{B}$, 有 $\mathrm{E}[\mathrm{E}(X|Y)|Y \in B] = \mathrm{E}(X|Y \in B)$,

那么称随机变量 $\mathrm{E}(X|Y)$ 为 X 关于 Y 的**条件数学期望**.

由定义中的 (1) 知, $\mathrm{E}(X|Y)$ 是随机变量 Y 的函数. 它的数学期望为

$$\mathrm{E}[\mathrm{E}(X|Y)] = \int_{\mathbb{R}} \mathrm{E}(X|Y = y)\mathrm{d}P(Y \leqslant y).$$

另一方面由 (2) 知, 当取 $B = \mathbb{R}$ 时, 有

$$\mathrm{E}X = \mathrm{E}(X|Y \in \mathbb{R}) = \mathrm{E}[\mathrm{E}(X|Y)|Y \in \mathbb{R}] = \mathrm{E}[\mathrm{E}(X|Y)]. \tag{1.5}$$

可见, (1.2), (1.4) 和 (1.5) 一致, 而且

$$\mathrm{E}X = \int_{\mathbb{R}} \mathrm{E}(X|Y = y)\mathrm{d}P(Y \leqslant y). \tag{1.6}$$

上式可看作数学期望形式的全概率公式.

由上面条件数学期望的概念可以给出条件概率的定义. $\forall B \in \mathcal{B}$, 显然 $P(B) = \mathrm{E}(\mathbf{1}_B(\omega))$. 一般地, 我们称

$$P(B|Y) = \mathrm{E}(\mathbf{1}_B(\omega)|Y)$$

为**事件 B 关于随机变量 Y 的条件概率**. 由此定义可见, $P(B|Y)$ 是随机变量且是 Y 的函数. 对于 $\forall x \in \mathbb{R}$, 称

$$F(x|Y) = P(X \leqslant x|Y) = \mathrm{E}(\mathbf{1}_{\{X \leqslant x\}}|Y)$$

为 **X 关于 Y 的条件分布函数**. 从这些定义可见, 条件概率和条件分布函数均可用数学期望的概念及性质来处理. 根据 (1.6), 对 $\forall A \in \mathcal{F}$, 有

$$P(A) = \mathrm{E}\mathbf{1}_A = \int_{\mathbb{R}} \mathrm{E}(\mathbf{1}_A|Y=y)\mathrm{d}P(Y \leqslant y) = \int_{\mathbb{R}} P(A|Y=y)\mathrm{d}P(Y \leqslant y). \quad (1.7)$$

需要指出的是, 在定义 1.14 中, 将随机变量 Y 替换成随机向量 $\boldsymbol{Y}$ 后就得到随机变量 X 关于随机向量 $\boldsymbol{Y}$ 的条件数学期望. 在理论分析中, 还会用到下面更抽象的条件数学期望的定义.

定义 1.15 设 X 为概率空间 $(\Omega, \mathcal{F}, P)$ 上积分存在的随机变量, $\mathcal{G} \,(\subset \mathcal{F})$ 为 $\mathcal{F}$ 的子 σ 域. 称 $\mathrm{E}(X|\mathcal{G})$ 为 **X 关于 $\mathcal{G}$ 的条件数学期望**, 如果

(1) $\mathrm{E}(X|\mathcal{G})$ 是 $(\Omega, \mathcal{G}, P)$ 上积分存在的随机变量;

(2) 对于 $\forall A \in \mathcal{G}$, 有

$$\int_A \mathrm{E}(X|\mathcal{G})\mathrm{d}P = \int_A X\mathrm{d}P.$$

特别地, 称 $P(A|\mathcal{G}) = \mathrm{E}(\mathbf{1}_A|\mathcal{G})$ 为**事件 A 关于 $\mathcal{G}$ 的条件概率**; 对于 $\forall x \in \mathbb{R}$, 称

$$F(x|\mathcal{G}) = P(X \leqslant x|\mathcal{G}) = \mathrm{E}(\mathbf{1}_{\{X \leqslant x\}}|\mathcal{G})$$

为 **X 关于 $\mathcal{G}$ 的条件分布函数**.

1.3.2 条件数学期望的性质

下面列出条件数学期望的基本性质, 重点是在理解这些性质的基础上, 能够将它们灵活地应用于处理随机过程的相关问题中, 至于这些性质的证明, 我们在这里略去, 感兴趣的读者请参考有关文献.

设 X, Y 是两个随机变量, $\boldsymbol{Z}$ 是一个随机向量, $f(x), g(x)$ 是两个实函数, 且 $\mathrm{E}|X| < \infty, \mathrm{E}|Y| < \infty, \mathrm{E}|g(X)| < \infty, \mathrm{E}|g(X)f(\boldsymbol{Z})| < \infty$, 则有

(1) $\mathrm{E}[\mathrm{E}(X|\boldsymbol{Z})] = \mathrm{E}X$;

(2) 当 X 与 $\boldsymbol{Z}$ 相互独立时, 有 $\mathrm{E}(X|\boldsymbol{Z}) = \mathrm{E}X$, a.s.;

(3) 对于常数 a, b, 有 $\mathrm{E}(aX + bY|\boldsymbol{Z}) = a\mathrm{E}(X|\boldsymbol{Z}) + b\mathrm{E}(Y|\boldsymbol{Z})$, a.s.;

(4) 当 $(X, \boldsymbol{Z})$ 与 Y 独立时, 有 $\mathrm{E}(XY|\boldsymbol{Z}) = (\mathrm{E}Y)\mathrm{E}(X|\boldsymbol{Z})$, a.s.;

(5) $\mathrm{E}[g(X)f(\boldsymbol{Z})|\boldsymbol{Z}] = f(\boldsymbol{Z})\mathrm{E}[g(X)|\boldsymbol{Z}]$, a.s.; 特别地, $\mathrm{E}(X|X) = X$, a.s.;

(6) 若 X, Y 独立, 且函数 $h(x,y)$ 满足 $\mathrm{E}(|h(X,Y)|) < \infty$, 则

$$\mathrm{E}[h(X,Y)|Y] = \mathrm{E}[h(X,y)]|_{y=Y}, \text{ a.s.},$$

这里 $\mathrm{E}[h(X,y)]|_{y=Y}$ 的含义是先将 y 视为常数, 求得数学期望 $\mathrm{E}[h(X,y)]$ 后再将随机变量 Y 代入到 y 的位置;

(7) 如果 $\mathrm{E}|f(X)| < \infty, P(A) > 0$, 那么

$$\mathrm{E}(f(X)|A) = \frac{\mathrm{E}[f(X)\mathbf{1}_A]}{P(A)},$$

其中 $\mathbf{1}_A$ 是事件 A 的示性函数;

(8) 若 $\mathcal{F}_1, \mathcal{F}_2$ 是 $\mathcal{F}$ 的两个子 σ 域, 且 $\mathcal{F}_1 \subset \mathcal{F}_2$, 则

$$\mathrm{E}[\mathrm{E}(X|\mathcal{F}_1)|\mathcal{F}_2] = \mathrm{E}[\mathrm{E}(X|\mathcal{F}_2)|\mathcal{F}_1] = \mathrm{E}(X|\mathcal{F}_1), \text{ a.s.}$$

例 1.4 设 $X_1, X_2, \cdots$ 为一列独立同分布的随机变量, 随机变量 N 只取正整数值, 且 N 与 $\{X_n\}$ 独立, 证明:

$$\mathrm{E}\left(\sum_{i=1}^{N} X_i\right) = \mathrm{E}(X_1)\mathrm{E}(N).$$

证明

$$\mathrm{E}\left(\sum_{i=1}^{N} X_i\right) = \mathrm{E}\left[\mathrm{E}\left(\sum_{i=1}^{N} X_i \Big| N\right)\right] = \sum_{n=1}^{\infty} \mathrm{E}\left(\sum_{i=1}^{N} X_i \Big| N=n\right) P(N=n)$$

$$= \sum_{n=1}^{\infty} \mathrm{E}\left(\sum_{i=1}^{n} X_i\right) P(N=n) = \sum_{n=1}^{\infty} n\mathrm{E}(X_1) P(N=n)$$

$$= \mathrm{E}(X_1) \sum_{n=1}^{\infty} n P(N=n)$$

$$= \mathrm{E}(X_1)\mathrm{E}(N). \quad \square$$

习 题 1.3

1. 已知二维随机变量 (X, Y) 的联合分布律如表 1.1, 试求 $\mathrm{E}(X|Y)$ 的分布律.

表 1.1

Y \ X	1	2	3	$p_{\cdot j}$
1	2/27	4/27	1/27	7/27
2	5/27	7/27	3/27	15/27
3	1/27	2/27	2/27	5/27
$p_{i\cdot}$	8/27	13/27	6/27	

2. 设 (X, Y) 是二维正态分布, 其联合概率密度函数为

$$f(x,y) = \frac{1}{2\pi\sigma_1\sigma_2(1-\rho^2)^{\frac{1}{2}}} \exp\left\{ -\frac{1}{2(1-\rho^2)} \left[\frac{(x-\mu_1)^2}{\sigma_1^2} \right.\right.$$

$$\left.\left. -2\rho\frac{(x-\mu_1)(y-\mu_2)}{\sigma_1\sigma_2} + \frac{(x-\mu_2)^2}{\sigma_2^2} \right] \right\}$$

试求 $\mathrm{E}(Y|X=x)$, 进而求 $\mathrm{E}(Y|X)$.

3. 设 $X \sim N(\mu,\ \sigma^2)$, 求 X 在 $\{X \geqslant 0\}$ 下的条件概率密度函数, 以及当 $\mu = 2, \sigma = 1$ 时的 $\mathrm{E}(X|X \geqslant 0)$.

4. 设 X, Y 独立同分布, 均是参数为 $\lambda = 1$ 的指数分布, 令 $U = X + Y$, $V = X/Y$, 试求 $(U,\ V)$ 的联合概率密度及其边缘概率密度.

5. 设 X, Y 独立, $X \sim B(n,p)$, $Y \sim N(\mu,\ \sigma^2)$. 试求 $Z = X + Y$ 的概率密度函数.

6. 设事件 A, B, C, 试证明:

(1) $\mathrm{E}\mathbf{1}_A = \mathrm{E}\big[\mathrm{E}(\mathbf{1}_A|\mathbf{1}_B)\big]$;

(2) $\mathrm{E}[\mathbf{1}_A|\mathbf{1}_B] = \mathrm{E}\big[\mathrm{E}(\mathbf{1}_A|\mathbf{1}_B,\mathbf{1}_C)|\mathbf{1}_B\big]$;

(3) $\mathrm{E}[\mathbf{1}_A|\mathbf{1}_B] = \mathrm{E}\big[\mathrm{E}(\mathbf{1}_A|\mathbf{1}_B)|\mathbf{1}_B,\mathbf{1}_C\big]$.

7. 设 X 与 Y 是概率空间 $(\Omega, \mathcal{F}, P)$ 上两个随机变量, 定义条件方差 $\mathrm{Var}(X|Y) = \mathrm{E}\big[(X - \mathrm{E}(X|Y))^2|Y\big]$, 证明:

$$\mathrm{Var}(X) = \mathrm{E}\big[\mathrm{Var}(X|Y)\big] + \mathrm{Var}\big[\mathrm{E}(X|Y)\big].$$

8. 设 X, Y, Z 是概率空间 $(\Omega, \mathcal{F}, P)$ 上三个随机变量, 且 $\mathrm{E}|X| < \infty$, 证明:

$$\mathrm{E}\big[\mathrm{E}(X|Y,Z)|Y\big] = \mathrm{E}(X|Y) = \mathrm{E}[\mathrm{E}(X|Y)|Y,Z].$$

9. 设 N_1, N_2, N_3 相互独立, 且 N_i 是参数为 $\lambda_i\ (i = 1, 2, 3)$ 的泊松分布. 记 $X = N_1 + N_3$, $Y = N_2 + N_3$.

(1) 求 $P(N_1 + N_2 = n), n \in \mathbb{N}$;

(2) 求 $P(N_1 = k|N_1 + N_2 = n),\ 0 \leqslant k \leqslant n$;

(3) 证明: $N_1 + N_2$ 与 N_3 独立;

(4) 求 $\mathrm{E}(N_1|N_1 + N_2)$ 以及 $\mathrm{E}(N_1 + N_2|N_1)$;

(5) 求 (X,Y) 的联合分布律.

1.4　常用的极限定理

本节回顾几个概率论中常用的重要极限定理. 这些极限定理将在本书后面的章节里不断使用. 由于这些定理的严格证明需要用到测度论的知识, 所以本书只阐述这些定理的内容, 而略去它们的证明. 感兴趣的读者可从高等概率论的课程中获得这方面的知识.

定理 1.5 (强大数律)　设 $\{X_n, n \geqslant 1\}$ 是一列独立同分布 (简记为 i.i.d.) 随机变量, 且 $\mu = \mathrm{E}X_1$, 则

$$\frac{1}{n} \sum_{i=1}^{n} X_i \to \mu, \quad \text{a.s.}$$

定理 1.6 (中心极限定律)　设 $\{X_n, n \geqslant 1\}$ 是一列 i.i.d. 随机变量, 且 $\mu = \mathrm{E}X_1, \sigma^2 = \mathrm{Var}(X_1) < \infty$. 如果分别记其样本均值和样本方差为

$$\overline{X}_n = \frac{1}{n} \sum_{k=1}^{n} X_k, \quad \hat{\sigma}^2 = \frac{1}{n-1} \sum_{k=1}^{n} (X_k - \overline{X}_n)^2,$$

那么对 $\forall\, x \in \mathbb{R}$, 当 $x_n \to x, n \to \infty$ 时, 有

$$\lim_{n \to \infty} P\left\{ \frac{\overline{X}_n - \mu}{\sigma/\sqrt{n}} \leqslant x_n \right\} = \lim_{n \to \infty} P\left\{ \frac{\overline{X}_n - \mu}{\hat{\sigma}/\sqrt{n}} \leqslant x_n \right\} = \Phi(x),$$

其中, $\Phi(x)$ 是标准正态分布的分布函数.

定理 1.7 (控制收敛定理)　设 $L^p(\Omega), p \geqslant 1$, 表示样本空间 Ω 上 p 阶绝对矩有限 (即 $\mathrm{E}|X|^p < \infty$) 的随机变量的全体. 如果随机序列 $\{X_n, n \geqslant 1\} \subset L^p(\Omega)$ 几乎必然收敛, 而且存在 $L^p(\Omega)$ 中的一个非负随机变量 Y, 使得 $|X_n| \leqslant Y$, 那么存在随机变量 $X \in L^p(\Omega)$, 使得

$$\lim_{n \to \infty} X_n = X, \quad \text{a.s.} \quad \text{且} \quad \lim_{n \to \infty} \mathrm{E}|X_n - X|^p = 0.$$

定理 1.8 (单调收敛定理)　设 $\{X_n, n \geqslant 1\}$ 是一个非负单调递增随机变量序列, 即 $0 \leqslant X_1 \leqslant X_2 \leqslant \cdots$, 且 $\lim\limits_{n \to \infty} X_n = X$, a.s., 则

$$\lim_{n \to \infty} \mathrm{E}(X_n) = \mathrm{E}(X).$$

进而, 对于非负随机序列 $\{Y_n, n \geqslant 1\}$, 有

$$\mathrm{E}\left(\sum_{n=1}^{\infty} Y_n \right) = \sum_{n=1}^{\infty} \mathrm{E}(Y_n).$$

定理 1.9 (Fatou 引理)　设 $\{X_n, n \geqslant 1\}$ 是一个随机变量序列, Y, Z 为可积随机变量, 则

(1) 若 $X_n \geqslant Z, n \geqslant n_0$, 则

$$\mathrm{E}\left(\liminf_{n \to \infty} X_n \right) \leqslant \liminf_{n \to \infty} \mathrm{E}X_n.$$

(2) 若 $X_n \leqslant Y, n \geqslant n_0$, 则

$$\mathrm{E}\Big(\limsup_{n\to\infty} X_n\Big) \geqslant \limsup_{n\to\infty} \mathrm{E}(X_n).$$

例 1.5 设非负随机变量 X 的数学期望为 μ. 对于任意固定的正整数 n, 定义随机变量

$$X_n = \begin{cases} X, & \text{当 } X \leqslant n \text{ 时,} \\ n, & \text{当 } X > n \text{ 时,} \end{cases}$$

则当 $n \to \infty$ 时, $\mathrm{E}(X_n) \to \mu$.

证明 由题意可知, 随机序列 $\{X_n\}$ 单调上升趋于随机变量 X. 于是使用单调收敛定理可得

$$\lim_{n\to\infty} \mathrm{E}(X_n) = \mathrm{E}\Big(\lim_{n\to\infty} X_n\Big) = \mathrm{E}(X). \quad \square$$

第2章 随机过程初步

Chapter 2

第2章课件

2.1 随机过程的基本概念

2.1.1 随机过程的定义

在实际问题中, 许多现象是随着时间的推移而变化的. 这些现象一般被称为过程. 比如: 在直线上运动的一个质点, 它的位置随着时间的变化而变化. 在数学上, 质点的位置可表示为时间 t 的函数 $S(t)$. 一般地, 如果质点是在一个确定的力的作用下运动的, 那么表示质点运动过程的函数 $S(t)$ 也是确定的. 但是如果质点是在一个随机的力的作用下运动变化的, 那么表示质点的运动过程也是随机的, 即在时刻 t 质点的位置 $S(t)$ 不再是一个确定的数, 而是一个随机变量. 于是, 我们就得到了一个由无穷多个随机变量构成的随机变量族 $\{S(t), t \geqslant 0\}$, 它描述了质点的随机运动过程. 再比如: 在某 "服务站" 中, 我们对到来的 "顾客" 逐个进行服务. 如果用 $N(t)$ 表示从开工到时刻 t 累计到来的 "顾客" 数, 那么 $\{N(t), 0 \leqslant t \leqslant c\}$ 就是一族随时间变化的随机变量, 它描述了 "顾客" 到来数的累积过程. 如果 "服务站" 改为电话交换站, "顾客" 改为接到的呼叫, 那么 $\{N(t), 0 \leqslant t \leqslant c\}$ 描述了在 $[0, c]$ 时间区间内呼叫数的累积过程. 如果 "服务站" 改为保险公司, "顾客" 改为理赔, 那么 $\{N(t), 0 \leqslant t \leqslant c\}$ 描述了在时间区间 $[0, c]$ 内理赔数的累积过程. 像这样, 描述随着时间的推移而变化的随机运动过程称为随机过程. 下面给出随机过程的数学定义.

定义 2.1 设 T 为一指标集或参数集. 如果对于每一个参数 $t \in T$, 总对应概率空间 $(\Omega, \mathcal{F}, P)$ 中一个随机变量 $X(t)$, 那么我们称随机变量族 $\{X(t), t \in T\}$ 为概率空间 $(\Omega, \mathcal{F}, P)$ 上的一个**随机过程**, 简记为 X_T, 或 $X(t)$, 或 X_t.

随机过程的指标集 T 可以是任意集合, 不过通常取为实数集的子集, 表示时间. 当 T 为集合 $\mathbb{N}_0 = \{0, 1, 2, \cdots\}$ 或 $\mathbb{Z} = \{\cdots, -2, -1, 0, 1, 2, \cdots\}$ 等可列集合时, 随机过程 X_T 称为**离散时间 (或参数) 随机过程**. 离散时间随机过程也称为随机序列. 当 $T = [a, b]$ (a, b 可以为无穷大) 等实数集的连续子区间时, 随机过程 X_T 称为**连续时间 (或参数) 随机过程**.

从映射的观点来看, 一个概率空间 $(\Omega, \mathcal{F}, P)$ 中的指标集为 T 的随机过程 X_T 其实就是一个定义在 $T \times \Omega$ 上的二元单值函数, $X(t, \omega) : T \times \Omega \to \mathbb{R}$. 固定指标 $t_0 \in T$, $X(t_0, \omega)$ 就是概率空间 $(\Omega, \mathcal{F}, P)$ 中的一个随机变量. 固定样本点 $\omega_0 \in \Omega$, $X(t, \omega_0)$ 是定义在指标集 T 上的普通函数. 我们称这个函数 $X(t, \omega_0)$ 为随机过程 X_T 的**样本函数** (或**一条轨道**, 或**一次实现**). 在使用中, 习惯上将记号 $X(t, \omega)$ 写成 $X_t(\omega)$ 或 $X(t)$ 或简记为 X_t.

一个随机过程 $X_T = \{X(t), t \in T\}$ 可能取到的值的全体所构成的集合称为该随机过程的**状态空间**, 记为 S. S 中元素称为随机过程的**状态**. 当 S 为可列集合时, 称 X_T 为**离散状态的随机过程**. 此时, 每个随机变量 X_t 都是离散型随机变量. 当 X_T 不是离散状态时, 称 X_T 为**连续状态的随机过程**.

随机过程的指标集 T 也可以是 $n(n \geqslant 2)$ 维集合, 我们称这样的随机过程为**随机场**. 例如: 在分析空间区域 V 中的一质点受某随机力作用的运动过程中, 用 $X(x, y, z, t)$ 记时刻 t 在坐标为 (x, y, z) 的点处受到的随机力的大小, 那么 $\{X(x, y, z, t), (x, y, z) \in V, t \geqslant 0\}$ 是一个具有四维指标集的随机过程, 也即为一个随机场. 同样地, 随机过程 X_T 的状态空间 S 也可以是 $n(n \geqslant 2)$ 维空间 $\mathbb{R}^n$ 的子集, 即对于每个指标 $t \in T$, $X(t) = (X_1(t), X_2(t), \cdots, X_n(t))$ 是一个 n 维随机变量. 此时, 我们称 $X_T = \{(X_1(t), X_2(t), \cdots, X_n(t)), t \in T\}$ 为 n 维随机过程. 在本书中, 我们主要研究指标集和状态空间都是一维的随机过程.

2.1.2 有限维联合分布函数族和数字特征

我们知道, 随机变量的统计性质完全由其分布函数决定, 随机向量的统计性质也完全由其联合分布函数决定. 而对于随机过程来讲, 由于其含有无穷多个随机变量, 因此它的统计性质是由全部可能的有限维联合分布函数决定的.

定义 2.2 设 $X_T = \{X_t, t \in T\}$ 是概率空间 $(\Omega, \mathcal{F}, P)$ 上的一个随机过程. 对任意的正整数 $n \geqslant 1$, 在指标集 T 中任意取 n 个指标 $t_1, t_2, \cdots, t_n$, 称

$$F_{t_1, t_2, \cdots, t_n}(x_1, x_2, \cdots, x_n) = P(X_{t_1} \leqslant x_1, X_{t_2} \leqslant x_2, \cdots, X_{t_n} \leqslant x_n)$$

为随机过程 X_T 的一个**有限维联合分布函数** (或 n **维联合分布函数**). 称随机过程 X_T 的所有有限维联合分布函数的全体所构成的集合

$$\{F_{t_1, t_2, \cdots, t_n}(x_1, x_2, \cdots, x_n) : t_1, t_2, \cdots, t_n \in T, n \geqslant 1\}$$

为随机过程 X_T 的**有限维联合分布函数族**. 一般来讲, 随机过程的分布就是指它的有限维联合分布函数族.

容易验证, 随机过程的有限维联合分布函数族具有下述两个性质.

(1) **对称性**   对 $(1, 2, \cdots, n)$ 的任一排列 $(i_1, i_2, \cdots, i_n)$, 有

$$F_{t_{i_1}, t_{i_2}, \cdots, t_{i_n}}(x_{i_1}, x_{i_2}, \cdots, x_{i_n}) = F_{t_1, t_2, \cdots, t_n}(x_1, x_2, \cdots, x_n).$$

(2) **相容性**   对于 $m < n$, 有

$$F_{t_1, \cdots, t_m, t_{m+1}, \cdots, t_n}(x_1, \cdots, x_m, \infty, \cdots, \infty) = F_{t_1, t_2, \cdots, t_m}(x_1, x_2, \cdots, x_m).$$

反之, 具有对称性和相容性的有限维联合分布函数族一定是某个随机过程的有限维联合分布函数族, 这就是下面的科尔莫戈罗夫定理, 证明从略.

定理 2.1   设分布函数族 $\{F_{t_1, t_2, \cdots, t_n}(x_1, x_2, \cdots, x_n) : t_1, t_2, \cdots, t_n \in T, n \geqslant 1\}$ 满足对称性和相容性, 则必存在一个随机过程 $X_T = \{X_t, t \in T\}$, 使得分布函数族 $\{F_{t_1, t_2, \cdots, t_n}(x_1, x_2, \cdots, x_n) : t_1, t_2, \cdots, t_n \in T, n \geqslant 1\}$ 是该随机过程 $X_T = \{X_t, t \in T\}$ 的有限维联合分布函数族.

科尔莫戈罗夫定理说明, 随机过程的统计性质完全由其有限维联合分布函数族决定, 不过在实际应用中随机过程的有限维联合分布函数族一般很难求出, 其意义通常停留在理论推导层面. 在大部分实际问题中, 我们都可以借助随机过程的一些数字特征来刻画其统计特性. 下面我们介绍随机过程的数字特征.

定义 2.3   设 $X_T = \{X_t, t \in T\}$ 是概率空间 $(\Omega, \mathcal{F}, P)$ 上的一个随机过程. 如果对于 $\forall t \in T$, $\mathrm{E}(X_t)$ 都存在, 那么我们称 $\mu(t) = \mathrm{E}(X_t), t \in T$, 为随机过程 X_T 的**均值函数**. 如果对于 $\forall t \in T$, $\mathrm{E}(X_t^2)$ 都存在, 那么我们称随机过程 X_T 为**二阶矩过程**. 进一步, 我们称函数

$$\gamma(t_1, t_2) = \mathrm{Cov}(X_{t_1}, X_{t_2}) = \mathrm{E}[(X_{t_1} - \mu(t_1))(X_{t_2} - \mu(t_2))], \quad t_1, t_2 \in T$$

为随机过程 X_T 的 **(自) 协方差函数**. 称 $\mathrm{Var}(X_t) = \gamma(t, t)$, $t \in T$ 为随机过程 X_T 的**方差函数**. 称 $\mathrm{R}(t_1, t_2) = \mathrm{E}(X_{t_1} X_{t_2}), t_1, t_2 \in T$, 为随机过程 X_T 的 **(自) 相关函数**. 显然,

$$\gamma(t_1, t_2) = \mathrm{R}(t_1, t_2) - \mu(t_1)\mu(t_2), \quad t_1, t_2 \in T.$$

称

$$\rho(t_1, t_2) = \frac{\mathrm{Cov}(X_{t_1}, X_{t_2})}{\sqrt{\mathrm{Var}(X_{t_1})}\sqrt{\mathrm{Var}(X_{t_2})}}, \quad t_1, t_2 \in T,$$

为随机过程 X_T 的 **(自) 相关系数**. 称 $\varphi(a, t) = \mathrm{E}[e^{iaX(t)}]$ 为随机过程 X_T 的**特征函数**.

例 2.1 设 $X_T = \{X_t, t \in T\}$ 是概率空间 $(\Omega, \mathcal{F}, P)$ 上的一个随机过程. 如果它的一切有限维联合分布函数都是多元正态分布, 那么该随机过程 X_T 称为**正态过程** (或**高斯过程**). 正态过程是在实际应用中最常用到的随机过程之一, 它的分布由它的均值函数和协方差函数完全决定. 假设 $X_t = Y + tZ, c \leqslant t \leqslant d$, 其中随机变量 Y 和 Z 相互独立且服从标准正态分布 $N(0,1)$, 则由例 1.3 容易看出 $\{X_t, c \leqslant t \leqslant d\}$ 是一个正态过程. 它的均值函数和协方差函数分别为

$$\mu(t) = \mathrm{E}(X_t) = \mathrm{E}(Y + tZ) = 0$$

和

$$\gamma(t_1, t_2) = \mathrm{E}(X_{t_1} X_{t_2}) = \mathrm{E}[(Y + t_1 Z)(Y + t_2 Z)] = 1 + t_1 t_2.$$

下面我们介绍几类重要的随机过程.

2.1.3 平稳过程

平稳过程是从社会实践和科学研究中抽象出的一类重要的随机过程, 是许多概率和统计模型推理的基础. 平稳过程根据条件要求不同又分为严平稳过程和宽平稳过程. 下面我们分别介绍它们.

定义 2.4 设 $X_T = \{X_t, t \in T\}$ 是概率空间 $(\Omega, \mathcal{F}, P)$ 上的一个随机过程. 如果 X_T 的一切有限维联合分布函数对时间的推移保持不变, 即对任意的正整数 $n \geqslant 1$, 在指标集 T 中任意取 n 个指标 $t_1, t_2, \cdots, t_n$, 以及任意正数 h, 都有 $(X_{t_1}, X_{t_2}, \cdots, X_{t_n})$ 与 $(X_{t_1+h}, X_{t_2+h}, \cdots, X_{t_n+h})$ 的联合分布函数相同, 那么我们称随机过程 X_T 是**严平稳过程**.

在严平稳的条件之下, 随机过程的一切统计性质将对时间的推移保持不变. 然而, 严平稳的条件过于严格, 在实际应用中很难得到验证. 事实上, 我们一般都是通过随机过程的低阶矩来研究它的统计性质的, 因此, 要求它的低阶矩对时间的推移保持不变更为符合实际, 也更易于验证. 于是, 引入所谓宽平稳过程, 亦称为二阶矩平稳过程.

定义 2.5 设 $X_T = \{X_t, t \in T\}$ 是概率空间 $(\Omega, \mathcal{F}, P)$ 上的一个二阶矩过程. 如果 X_T 的期望函数是常数, 协方差函数只依赖于时间间隔, 即

$$\mathrm{E}(X_t) = \mu, \ \gamma(t, t+s) = \gamma(0, s), \quad \forall t, s \in T,$$

那么我们称随机过程 X_T 是**宽平稳过程**.

由于宽平稳过程要求协方差函数仅依赖于时间间隔, 所以 $\gamma(t, t+s)$ 可视为 s 的函数, 记为 $\gamma(s)$. 容易验证, 对于 $\forall t \in T$, 有 $\gamma(0) = \mathrm{Var}(X_t)$, 且 $\gamma(-t) = \gamma(t)$.

从定义可知, 严平稳过程与宽平稳过程既有区别又有联系. 一方面, 由于严平稳过程并未要求二阶矩有限, 因此, 严平稳过程未必是宽平稳过程, 但是当严平稳过程的二阶矩有限时, 它就一定是宽平稳过程. 另一方面, 宽平稳过程也不一定是严平稳过程. 但对于正态过程而言, 宽平稳过程与严平稳过程是一致的. 今后, 我们也称宽平稳过程为平稳过程, 而且如果不做特殊说明, 那么平稳过程指的就是宽平稳过程.

例 2.2　已知 U 是服从区间 $(0,T)$ 上均匀分布的随机变量, $f(t)$ 是周期为 T 的周期波, 证明: 随机过程 $X_t = f(t+U)$ 为平稳过程.

证明　由题意知, 随机变量 U 的密度函数为

$$p(u) = \begin{cases} 1/T, & \text{当 } 0 < u < T \text{ 时}, \\ 0, & \text{其他}. \end{cases}$$

于是,

$$\mathrm{E}(X_t) = \int_{-\infty}^{\infty} f(t+u)p(u)\mathrm{d}u = \int_0^T f(t+u)\frac{1}{T}\mathrm{d}u$$

作变换 $s = t + u$, 得

$$\mathrm{E}(X_t) = \frac{1}{T}\int_t^{t+T} f(s)\mathrm{d}s = \frac{1}{T}\int_0^T f(s)\mathrm{d}s \equiv \mu.$$

对于任意 t, s, 有

$$\gamma(t,t+s) = \mathrm{E}[(X_t - \mu)(X_{t+s} - \mu)] = \frac{1}{T}\int_0^T [f(t+u) - \mu][f(t+s+u) - \mu]\mathrm{d}u.$$

令 $v = t + u$, 得

$$\begin{aligned} \gamma(t,t+s) &= \frac{1}{T}\int_t^{t+T} [f(v) - \mu][f(s+v) - \mu]\mathrm{d}v \\ &= \frac{1}{T}\int_0^T [f(v) - \mu][f(s+v) - \mu]\mathrm{d}v, \end{aligned}$$

可见 $\gamma(t,t+s)$ 仅是 s 的函数. 综上可知, $X_t = f(t+U)$ 为平稳过程.　□

2.1.4　独立平稳增量过程

独立平稳增量过程是一类常见的重要随机过程. 本章后面所要讨论的泊松过程和布朗运动就是两种简单而又重要的独立平稳增量过程. 下面, 我们介绍这类过程.

定义 2.6 设 $X_T = \{X_t, t \in T\}$ 是概率空间 $(\Omega, \mathcal{F}, P)$ 上的一个随机过程. 如果对任何 $t_1, t_2, \cdots, t_n \in T$, $t_1 < t_2 < \cdots < t_n$, 随机变量

$$X_{t_2} - X_{t_1}, X_{t_3} - X_{t_2}, \cdots, X_{t_n} - X_{t_{n-1}}$$

是相互独立的, 那么称该随机过程 X_T 为**独立增量过程**. 如果对于一切 t, $s \in T$, $s < t$, 都有增量 $X_t - X_s$ 的分布仅依赖于 $t - s$, 那么称随机过程 X_T 为**平稳增量过程**. 同时具有独立增量和平稳增量的随机过程, 称为**独立平稳增量过程**.

定理 2.2 如果 $X_0 = 0$, 那么独立增量过程 X_t 为平稳增量过程的充分必要条件是其特征函数具有可乘性:

$$\varphi(a, t + s) = \varphi(a, t)\varphi(a, s), \quad t, s \geqslant 0.$$

证明 **必要性** 如果独立增量过程 X_t 为平稳增量过程, 那么

$$\varphi(a, t + s) = \mathrm{E}[e^{iaX_{t+s}}] = \mathrm{E}[e^{ia(X_{t+s} - X_t) + iaX_t}] = \mathrm{E}[e^{ia(X_{t+s} - X_t)}]\mathrm{E}(e^{iaX_t})$$
$$= \mathrm{E}[e^{iaX_s}]\mathrm{E}(e^{iaX_t}) = \varphi(a, s)\varphi(a, t).$$

充分性 应用独立增量性和充分性条件得

$$\varphi(a, t)\varphi(a, s) = \varphi(a, t + s) = \mathrm{E}[e^{ia(X_{t+s} - X_t)}]\mathrm{E}(e^{iaX_t}) = \mathrm{E}[e^{ia(X_{t+s} - X_t)}]\varphi(a, t),$$

于是

$$\mathrm{E}[e^{ia(X_{t+s} - X_t)}] = \mathrm{E}(e^{iaX_s}),$$

从而 $X_{t+s} - X_t$ 与 X_s 具有相同的分布, 也即 $X_{t+s} - X_t$ 的分布仅与 s 有关, 而与 t 无关. 因此, 充分性得证. □

例 2.3 设 $X_\mathbb{N} = \{X_n, n \in \mathbb{N}\}$ 是一个离散时间的独立增量过程. 令

$$Z_n = \begin{cases} X_0, & \text{当 } n = 0 \text{ 时}, \\ X_n - X_{n-1}, & \text{当 } n \geqslant 1 \text{ 时}, \end{cases}$$

则 $\{Z_n, n \geqslant 0\}$ 是一列独立的随机变量. 可见, 离散时间的独立增量过程就是独立随机变量的部分和. 进一步, 如果 $X_\mathbb{N}$ 还是平稳增量的随机过程, 那么 $\{Z_n, n \geqslant 0\}$ 就是一列独立同分布的随机变量.

例 2.4 设在独立重复试验中, 每次试验时事件 A 发生的概率是 p, $0 < p < 1$. N_n 表示直到第 n 次试验为止事件 A 发生的次数, 则 $\{N_n, n \geqslant 1\}$ 为独立平稳增量过程.

证明　任给 m 个正整数 $n_1 < n_2 < \cdots < n_m$, $N_{n_{i+1}} - N_{n_i}, 1 \leqslant i \leqslant m-1$ 表示从第 $n_i + 1$ 次试验到第 n_{i+1} 次试验中事件 A 发生的次数, 从而

$$N_{n_2} - N_{n_1}, \quad N_{n_3} - N_{n_2}, \quad \cdots, \quad N_{n_m} - N_{n_{m-1}}$$

相互独立. 又对于任意的正整数 l,

$$P(N_{n+l} - N_n = k) = C_l^k p^k (1-p)^{l-k}, \quad 0 \leqslant k \leqslant l, \ n = 1, 2, \cdots,$$

即 $N_{n+l} - N_n \sim B(l, p)$, 其中 $B(l, p)$ 表示参数为 (l, p) 的二项分布. 因此 $\{N_n, n \geqslant 1\}$ 为独立平稳增量过程. 我们称该过程为二项过程. □

2.1.5　马尔可夫过程

马尔可夫过程是一个自然科学领域和社会科学领域经常遇到的重要随机过程, 其定义如下.

定义 2.7　设 $X_T = \{X_t, t \in T\}$ 是概率空间 $(\Omega, \mathcal{F}, P)$ 上的一个随机过程. 如果对于任意给定的正整数 n, 以及指标 $t_1 < t_2 < \cdots < t_n < t$, 状态 $x_1, x_2, \cdots, x_n$, 集合 $A \subseteq \mathbb{R}$, 总有

$$P\big(X_t \in A | X_{t_1} = x_1, X_{t_2} = x_2, \cdots, X_{t_n} = x_n\big) = P\big(X_t \in A | X_{t_n} = x_n\big),$$

那么称此过程为**马尔可夫过程**, 简称**马氏过程**.

上述定义可以粗略地理解为, 对于一个马氏过程 X_t 而言, 如果已知现在时刻 t_n 的状态 X_{t_n}, 那么将来时刻 $t(> t_n)$ 的状态 X_t 的取值概率与过去时刻 $s(< t_n)$ 的状态 X_s 无关. 更简单地说, 对于马氏过程来讲, 已知现在、将来与过去无关. 这种性质被称为马尔可夫性或马氏性.

一般地, 我们称状态空间是可列集合的马尔可夫过程为马尔可夫链. 在本书第 3 章中, 我们将专门讨论这种特殊的马尔可夫过程. 本章后两节将要讨论的泊松过程和布朗运动都是较为简单的马氏过程.

习　题　2.1

1. 设随机过程 $\{X_t, t \in T\}$ 的均值函数和协方差函数分别为 $\mu(t)$ 和 $\gamma(s, t)$, 而 $h(t), t \in T$, 是一个非随机的普通函数. 试求随机过程 $\{\eta_t = X_t + h(t), \ t \in T\}$ 的均值函数和协方差函数.

2. 设 $Z_T = \{Z_t, t \in T\}$ 是一个二阶矩过程, 试证: 它是宽平稳过程的充分必要条件是其均值函数 $\mathrm{E}(Z_t)$ 和相关函数 $\mathrm{R}(t, t + s)$ 都与 t 无关.

3. 设 $\xi_T = \{\xi_t, t \in T\}$ 是一个随机过程. 对于 $\forall x \in \mathbb{R}$, 定义

$$\eta_t = \begin{cases} 1, & \text{当 } \xi_t \leqslant x \text{ 时}, \\ 0, & \text{当 } \xi_t > x \text{ 时}. \end{cases}$$

试证明随机过程 $\{\eta_t, t \in T\}$ 的均值函数和相关函数分别为随机过程 ξ_T 的一维和二维分布函数.

4. 已知随机过程 $\{X_t, t \in T\}$ 的协方差函数为 $\gamma(s, t)$. 试证明:

(1) **对称性** $\gamma(s, t) = \gamma(t, s)$, $t, s \in T$;

(2) **非负定性** 对于任意给定的正整数 $n \geqslant 1$, 任取 $t_1, t_2, \cdots, t_n \in T$ 和 $a_1, a_2, \cdots, a_n \in \mathbb{R}$, 有

$$\sum_{i=1}^{n} \sum_{j=1}^{n} a_i a_j \gamma(t_i, t_j) \geqslant 0.$$

5. 设 X_1 和 X_2 是独立同分布的两个随机变量, 且都服从均值为 0、方差为 σ^2 的正态分布. 令 $Z_t = X_1 \cos\theta t + X_2 \sin\theta t$, $t \in T$, 其中 θ 为一个实常数, 试求随机过程 $\{Z_t, t \in T\}$ 的均值函数和协方差函数, 并判断该过程是否是宽平稳的.

6. 设 $Y_t = \sin(Ut)$, 其中, U 是服从 $(0, 2\pi)$ 上的均匀分布的随机变量. 证明: $\{Y_t, t = 1, 2, \cdots\}$ 是宽平稳过程但不是严平稳过程; 而 $\{Y_t, t \geqslant 0\}$ 既非严平稳过程也非宽平稳过程.

7. 证明: 一个正态过程是严平稳的充分必要条件是它是宽平稳的.

8. 设 $\{X_t, t \geqslant 0\}$ 为零均值独立平稳增量的正态过程, 且 $X_0 = 0$, 试写出该过程的有限维分布族.

2.2 泊松过程

本节我们介绍一类常用的计数过程——泊松过程. 首先, 我们描述一下计数过程. **计数过程**又称**点过程**, 简单来讲就是取值为非负整数值的随机过程. 具体地, 如果我们用 $N(t)$ 表示某事件在时间段 $[0, t]$ 内发生的次数, 那么 $\{N(t), t \geqslant 0\}$ 显然是一个计数过程, 它具有如下特点:

(1) 对于 $\forall t \geqslant 0$, $N(t)$ 是取非负整数值的随机变量;

(2) 对于任意的 $t_2 > t_1 \geqslant 0$, $N(t_2) \geqslant N(t_1)$;

(3) 对于任意的 $t_2 > t_1 \geqslant 0$, $N(t_2) - N(t_1)$ 是时间段 $(t_1, t_2]$ 内的事件发生次数;

(4) $\{N(t), t \geqslant 0\}$ 的样本函数是单调不减右连续的阶梯函数.

计数过程在实际中应用广泛, 一般来讲, 如果我们研究某随机事件的发生次数, 那么就可以考虑用计数过程来描述. 比如, $N(t)$ 可以表示在时间段 $[0, t]$ 内某人收到的手机短信条数; 也可以表示在 $[0, t]$ 内股票市场上买卖成交的次数; 也可以表示在 $[0, t]$ 内某保险公司接到的理赔个数等等. 下面, 我们介绍一类独立平稳增量的计数过程.

2.2.1 泊松过程的概念

定义 2.8 随机过程 $N_T = \{N(t), t \geqslant 0\}$ 称为参数 (或强度) 为 λ 的**时齐泊松过程**, 如果

(1) N_T 是一个计数过程, 且 $N(0) = 0$;

(2) N_T 是一个独立增量过程, 即对于任意给定的 $0 \leqslant t_1 < t_2 < \cdots < t_n$, 有

$$N(t_1), N(t_2) - N(t_1), \cdots, N(t_n) - N(t_{n-1})$$

相互独立;

(3) N_T 是一个平稳增量过程, 即对于任意给定的 $t, s \geqslant 0$ 以及 $n \in \mathbb{N}$, 有

$$P(N(t + s) - N(s) = n) = P(N(t) = n);$$

(4) 对于任意给定 $t > 0$ 和充分小的正数 h, 有

$$P(N(t + h) - N(t) = 1) = \lambda h + o(h), \quad h \to 0 \tag{2.1}$$

和

$$P(N(t + h) - N(t) \geqslant 2) = o(h), \quad h \to 0, \tag{2.2}$$

其中, $\lambda > 0$ 是常数, $o(h)$ 是 h 的高阶无穷小量.

时齐泊松过程简称为**泊松过程**, 它是一种简单实用的计数过程. 如果用 $N(t)$ 表示某放射物在 t 秒内放射出的 α 粒子数, 那么显然 $\{N(t), t \geqslant 0\}$ 是一个计数过程. 进一步, 如果它还是一个独立平稳增量过程, 且在很短的时间间隔 h 内放射 1 个 α 粒子的概率与 h 成正比, 放射 2 个以上 α 粒子的概率是 h 的高阶无穷小量, 即在非常短的时间间隔内, 放射 2 个以上 α 粒子的概率可以忽略不计, 那么 $\{N(t), t \geqslant 0\}$ 是一个泊松过程. 尽管我们知道泊松过程 $\{N(t), t \geqslant 0\}$ 在很短的时间间隔 h 内放射 1 个 α 粒子的概率与 h 成正比, 但是我们并不知道这个比例系数是多少. 更一般地, 在时间段 $(s, s + t]$ 内放射 k 个 α 粒子的概率是多少呢? 为此, 我们给出下面的定理.

定理 2.3 设 $\{N(t), t \geqslant 0\}$ 是一个参数为 λ 的泊松过程, 则对于任意给定的 $t, s \geqslant 0$, $N(t + s) - N(s)$ 服从参数为 λt 的泊松分布, 即

$$P(N(t + s) - N(s) = k) = \frac{(\lambda t)^k}{k!} e^{-\lambda t}, \quad k \in \mathbb{N}. \tag{2.3}$$

证明 为了书写方便, 我们记 $p_n(t) = P(N(t) = n)$, 则由平稳增量性, 得 $p_n(t) = P(N(t + s) - N(s) = n)$. 当 $n = 0$ 时, 根据独立增量性以及 (2.1) 和 (2.2), 对 $h > 0$ 有

$$p_0(t + h) = P(N(t + h) = 0) = P(N(t) = 0, N(t + h) - N(t) = 0)$$
$$= P(N(t) = 0)P(N(t + h) - N(t) = 0)$$

$$= p_0(t)[1 - P(N(t+h) - N(t) \geqslant 1)] = p_0(t)[1 - \lambda h - o(h)].$$

将上式变形, 并两边同时除以正数 h, 然后令 $h \to 0$, 得

$$\lim_{h \to 0} \frac{p_0(t+h) - p_0(t)}{h} = -\left(\lambda p_0(t) + \lim_{h \to 0} \frac{o(h)}{h} \right) = -\lambda p_0(t),$$

从而得到

$$\frac{\mathrm{d}p_0(t)}{\mathrm{d}t} = -\lambda p_0(t).$$

上式是一阶线性常系数微分方程. 结合初始条件 $p_0(0) = P(N(0) = 0) = 1$, 解得

$$p_0(t) = \mathrm{e}^{-\lambda t}.$$

当 $n \geqslant 1$ 时, 由全概率公式、独立平稳增量性、(2.1) 和 (2.2) 得

$$p_n(t+h) = P(N(t+h) = n) = \sum_{k=0}^{n} P(N(t) = n-k, \ N(t+h) - N(t) = k)$$

$$= P(N(t) = n, \ N(t+h) - N(t) = 0)$$

$$+ P(N(t) = n-1, \ N(t+h) - N(t) = 1)$$

$$+ \sum_{k=2}^{n} P(N(t) = n-k, \ N(t+h) - N(t) = k)$$

$$= p_n(t)p_0(h) + p_{n-1}(t)p_1(h)$$

$$+ \sum_{k=2}^{n} P(N(t) = n-k)P(N(t+h) - N(t) = k)$$

$$= p_n(t)p_0(h) + p_{n-1}(t)(1 - p_0(h) - o(h)) + o(h)$$

$$= p_n(t)\mathrm{e}^{-\lambda h} + p_{n-1}(t)(1 - \mathrm{e}^{-\lambda h}) + o(h).$$

由上式得

$$\frac{p_n(t+h) - p_n(t)}{h} = p_n(t)\frac{\mathrm{e}^{-\lambda h} - 1}{h} + p_{n-1}(t)\frac{1 - \mathrm{e}^{-\lambda h}}{h} + \frac{o(h)}{h}.$$

上式两边, 令 $h \to 0$, 得

$$\frac{\mathrm{d}p_n(t)}{\mathrm{d}t} = \lambda p_{n-1}(t) - \lambda p_n(t), \tag{2.4}$$

而且满足初值条件: $p_0(0) = 1$, $p_k(0) = 0$, $k \geqslant 1$. (2.4) 两边乘以 $\mathrm{e}^{\lambda t}$, 得

$$\frac{\mathrm{d}}{\mathrm{d}t}[\mathrm{e}^{\lambda t}p_n(t)] = \lambda\mathrm{e}^{\lambda t}p_{n-1}(t).$$

当 $n = 1$ 时,

$$\frac{\mathrm{d}}{\mathrm{d}t}[\mathrm{e}^{\lambda t}p_1(t)] = \lambda.$$

结合初始条件 $p_1(0) = 0$, 可得

$$p_1(t) = \lambda t e^{-\lambda t}.$$

最后, 由数学归纳法得

$$p_n(t) = \frac{(\lambda t)^n}{n!}\mathrm{e}^{-\lambda t}. \quad \square$$

从定理 2.3 容易看出, 如果 $\{N(t),\ t \geqslant 0\}$ 是强度为 λ 的泊松过程, 则

$$\mathrm{E}[N(t)] = \lambda t, \quad \mathrm{Var}[N(t)] = \lambda t.$$

从而

$$\lambda = \frac{\mathrm{E}[N(t)]}{t}.$$

这表明泊松过程的强度 λ 可理解为单位时间内事件发生的平均数. λ 越大, 单位时间内平均发生的事件次数越多. 在实际应用中, 我们也经常使用时齐泊松过程的另一个定义.

定义 2.9   随机过程 $N_T = \{N(t),\ t \geqslant 0\}$ 称为参数 (或强度) 为 λ 的**时齐泊松过程**, 如果

(1) N_T 是一个具有独立增量的计数过程, 且 $N(0) = 0$;

(2) 对于任意给定的 $t, s \geqslant 0$, $N(t+s) - N(s)$ 服从参数为 λt 的泊松分布.

根据定理 2.3, 容易证明定义 2.8 与定义 2.9 相互等价.

例 2.5   某证券交易所开盘后, 股票买卖的依次成交构成一个泊松过程. 如果每 10 分钟平均有 12 万次买卖成交, 计算该泊松过程的强度 λ 和 1 秒内成交 100 次的概率.

解   设 $\{N(t),\ t \geqslant 0\}$ 是符合题意的泊松过程. 由题意知, 股票买卖平均每 1 秒内成交 200 次, 因此,

$$\lambda = \mathrm{E}[N(t+1) - N(t)] = 200.$$

即泊松过程的强度 $\lambda = 200$次/秒. 1 秒内成交 100 次的概率为

$$P(N(t+1) - N(t) = 100) = P(N(1) = 100) = \frac{200^{100}}{100!} e^{-200} = 1.88 \times 10^{-15}.$$

例 2.6 设 $\{N(t), t \geqslant 0\}$ 是一个强度为 λ 的泊松过程, 表示到时刻 t 为止某事件 A 发生的次数. 如果每次事件发生时, 能够以概率 p 独立地被记录下来, 并以 $S(t)$ 表示到时刻 t 为止被记录下来的事件总数, 则 $\{S(t), t \geqslant 0\}$ 是一个强度为 λp 的泊松过程.

证明 由于事件 A 发生的次数服从泊松过程, 而且每次事件发生时, 对它的记录和不记录都与其他的事件能否被记录独立, 因此 $\{S(t), t \geqslant 0\}$ 是具有独立增量的点过程. 又因为对于任意给定的 $t, s \geqslant 0$,

$$P\big(S(t+s) - S(s) = n\big) = \sum_{i=0}^{\infty} P\big(S(t+s) - S(s) = n, \ N(t+s) - N(s) = n+i\big)$$

$$= \sum_{i=0}^{\infty} P\big(S(t+s) - S(s) = n \big| N(t+s) - N(s) = n+i\big)$$

$$\times P\big(N(t+s) - N(s) = n+i\big)$$

$$= \sum_{i=0}^{\infty} C_{n+i}^{n} p^{n} (1-p)^{i} \frac{(\lambda t)^{n+i}}{(n+i)!} e^{-\lambda t}$$

$$= e^{-\lambda t} \sum_{i=0}^{\infty} \frac{(\lambda p t)^{n} [\lambda(1-p)t]^{i}}{n! i!}$$

$$= e^{-\lambda t} \frac{(\lambda p t)^{n}}{n!} \sum_{i=0}^{\infty} \frac{[\lambda(1-p)t]^{i}}{i!} = \frac{(\lambda p t)^{n}}{n!} e^{-\lambda p t},$$

所以, $\{S(t), t \geqslant 0\}$ 是一个强度为 λp 的泊松过程. $\square$

2.2.2 指数流与泊松过程

定义 2.10 如果概率空间 $(\Omega, \mathcal{F}, P)$ 中的一个随机序列 $\{S_n, \ n \geqslant 0\}$ 满足

$$0 = S_0 < S_1 < S_2 < \cdots < S_n < \cdots, \quad S_n \to \infty,$$

那么我们称之为一个**事件流**. 令 $X_n = S_n - S_{n-1}$, $n \geqslant 1$, 如果 X_n, $n \geqslant 1$, 独立同分布, 且都服从参数为 λ 的指数分布, 那么我们称事件流 $\{S_n, \ n \geqslant 0\}$ 为强度为 λ 的**指数流**. 对于一个事件流 $\{S_n, \ n \geqslant 0\}$ 而言, 我们称在时间段 $(0, \ t]$ 内出现的 S_n 的个数, 即

$$N(t) = \sup_{n \geqslant 0} \{n : \ S_n \leqslant t\}$$

为**事件流** $\{S_n\}$ **的计数过程**.

由上述定义可知, 事件 $\{N(t) \geqslant k\}$ 和 $\{S_k \leqslant t\}$ 都表示时间段 $(0, t]$ 内至少出现 k 个 S_n, 因此

$$\{N(t) \geqslant k\} = \{S_k \leqslant t\}. \tag{2.5}$$

事件 $\{N(t) = k\}$ 和 $\{S_k \leqslant t < S_{k+1}\}$ 都表示时间段 $(0, t]$ 内恰有 k 个 S_n, 因而

$$\{N(t) = k\} = \{S_k \leqslant t < S_{k+1}\}. \tag{2.6}$$

下面, 我们研究指数流与泊松过程的关系.

定理 2.4　设 $\{S_n,\ n \geqslant 0\}$ 为概率空间 $(\Omega, \mathcal{F}, P)$ 中的一个事件流, 则 $\{S_n, n \geqslant 0\}$ 是强度为 λ 的指数流的充分必要条件是对于每个 $n \geqslant 1$, $(S_1, S_2, \cdots, S_n)$ 的联合概率密度函数为

$$f(s_1, s_2, \cdots, s_n) = \lambda^n e^{-\lambda s_n} I_{\{0 < s_1 < \cdots < s_n\}},$$

其中 $I_{\{0 < s_1 < \cdots < s_n\}}$ 表示 $A = \{(s_1, s_2, \cdots, s_n) : 0 < s_1 < \cdots < s_n\}$ 的示性函数, 即

$$I_{\{0 < s_1 < \cdots < s_n\}} = \begin{cases} 1, & \text{当 } (s_1, s_2, \cdots, s_n) \in A \text{ 时}, \\ 0, & \text{当 } (s_1, s_2, \cdots, s_n) \notin A \text{ 时}. \end{cases}$$

证明　**必要性**　由于 $X_n = S_n - S_{n-1}$, $n \geqslant 1$ 独立同分布, 且 $X_n \sim \mathrm{Exp}(\lambda)$, 所以

$$P(S_1 \leqslant s_1,\ S_2 \leqslant s_2,\ \cdots,\ S_n \leqslant s_n) = \int \cdots \int\limits_{D_1} \lambda^n e^{-\lambda(t_1 + t_2 + \cdots + t_n)} \mathrm{d}t_1 \cdots \mathrm{d}t_n,$$

其中 $D_1 = \{(t_1, t_2, \cdots, t_n) : t_i > 0, 1 \leqslant i \leqslant n, t_1 \leqslant s_1, t_1 + t_2 \leqslant s_2, \cdots, t_1 + t_2 + \cdots + t_n \leqslant s_n\}$. 作变换

$$\begin{cases} w_1 = t_1, \\ w_2 = t_1 + t_2, \\ \cdots\cdots \\ w_n = t_1 + t_2 + \cdots + t_n. \end{cases} \tag{2.7}$$

可以得到

$$P(S_1 \leqslant s_1,\ S_2 \leqslant s_2,\ \cdots,\ S_n \leqslant s_n)$$

$$= \int \cdots \int_{D_2} \lambda^n e^{-\lambda w_n} dw_1 \cdots dw_n$$

$$= \int_{-\infty}^{s_1} \int_{-\infty}^{s_2} \cdots \int_{-\infty}^{s_n} \lambda^n e^{-\lambda w_n} I_{\{0 < w_1 < \cdots < w_n\}} dw_1 \cdots dw_n,$$

其中 $D_2 = \{(w_1, w_2, \cdots, w_n) : 0 < w_1 < \cdots < w_n, w_i \leqslant s_i, 1 \leqslant i \leqslant n\}$. 于是, 必要性得证.

充分性 根据 $(S_1, S_2, \cdots, S_n)$ 的联合概率密度函数和 (2.7) 的逆变换, 得 $(X_1, X_2, \cdots, X_n)$ 的联合概率密度函数

$$g(t_1, t_2, \cdots, t_n) = \begin{cases} \lambda^n e^{-\lambda(t_1 + t_2 + \cdots + t_n)}, & t_i \geqslant 0, 1 \leqslant i \leqslant n, \\ 0, & \text{其他.} \end{cases}$$

由上式可得, 向量 $(X_1, X_2, \cdots, X_n)$ 的每个分量 $X_i, 1 \leqslant i \leqslant n$, 的边缘概率密度函数为

$$g_i(t_i) = \begin{cases} \lambda e^{-\lambda t_i}, & t_i \geqslant 0, \\ 0, & \text{其他.} \end{cases}$$

从而,

$$g(t_1, t_2, \cdots, t_n) = \prod_{i=1}^{n} g_i(t_i).$$

因此, X_n, $n \geqslant 1$, 独立同指数分布. 充分性得证. □

定理 2.5 设 $\{S_n, n \geqslant 0\}$ 为概率空间 $(\Omega, \mathcal{F}, P)$ 中的一个事件流, $N(t)$ 为其计数过程, 则 $\{S_n, n \geqslant 0\}$ 是强度为 λ 的指数流的充分必要条件是 $N(t)$ 是强度为 λ 的泊松过程.

证明 **必要性** 根据定理 2.4, 由数学归纳法得 $(S_1, S_2, \cdots, S_n)$ 的联合概率密度函数

$$P(S_n \leqslant t) = 1 - e^{-\lambda t} \sum_{k=1}^{n} \frac{(\lambda t)^{k-1}}{(k-1)!}, \quad t \geqslant 0.$$

从而得 S_n 的密度函数

$$f_{S_n}(t) = \begin{cases} \dfrac{\lambda(\lambda t)^{n-1}}{(n-1)!} e^{-\lambda t}, & t \geqslant 0, \\ 0, & \text{其他,} \end{cases}$$

且

$$P(N(t) = n) = P(S_n \leqslant t < S_{n+1}) = P(S_n \leqslant t) - P(S_{n+1} \leqslant t) = \frac{(\lambda t)^n}{n!} e^{-\lambda t}.$$

首先证明对于 $s, t \geqslant 0$, $N(t+s) - N(s)$ 服从参数为 λt 的泊松分布. 当 $n \geqslant 1$ 时, 由全概率公式和 (2.6) 得

$$P\big(N(s+t) - N(s) = n\big)$$

$$= \sum_{k=0}^{\infty} P(N(s) = k, N(s+t) = k+n)$$

$$= \sum_{k=0}^{\infty} P(S_k \leqslant s < S_{k+1}, \ S_{k+n} \leqslant s+t < S_{k+n+1}). \tag{2.8}$$

在上式第二个等号右端的式子中, 当 $k = 0$ 时, 由 $X_1, X_2, \cdots, X_n$ 独立同指数分布, 以及 (1.7) 式得

$$P(s < S_1, \ S_n \leqslant s+t < S_{n+1})$$

$$= \int_s^{s+t} P\bigg(\sum_{i=2}^{n} X_i \leqslant s+t-v < \sum_{i=2}^{n+1} X_i \Big| X_1 = v \bigg) \lambda e^{-\lambda v} dv$$

$$= \int_s^{s+t} P(S_{n-1} \leqslant s+t-v < S_n) \lambda e^{-\lambda v} dv$$

$$= \int_s^{s+t} P(N(s+t-v) = n-1) \lambda e^{-\lambda v} dv$$

$$= \int_s^{s+t} \frac{\lambda^{(n-1)} (s+t-v)^{(n-1)}}{(n-1)!} e^{-\lambda(s+t-v)} \lambda e^{-\lambda v} dv$$

$$= \frac{(\lambda t)^n}{n!} e^{-\lambda(s+t)}. \tag{2.9}$$

当 $k \geqslant 1$ 时, 再由 $X_1, X_2, \cdots, X_n$ 独立同分布, 以及 (1.7) 和 (2.9) 式得

$$P(S_k \leqslant s < S_{k+1}, \ S_{k+n} \leqslant s+t < S_{k+n+1})$$

$$= \int_0^s P\bigg(S_k \leqslant s < S_k + X_{k+1}, S_k + \sum_{i=1}^{n} X_{k+i} \leqslant s+t < S_k$$

$$+ \sum_{i=1}^{n+1} X_{k+i} \Big| S_k = u \bigg) dP(S_k \leqslant u)$$

$$= \int_0^s P\left(s-u < X_{k+1}, \sum_{i=1}^n X_{k+i} \leqslant s+t-u < \sum_{i=1}^{n+1} X_{k+i} \,\Big|\, S_k = u\right) \mathrm{d}P(S_k \leqslant u)$$

$$= \int_0^s P(s-u < S_1, S_n \leqslant s+t-u < S_{n+1}) \mathrm{d}P(S_k \leqslant u)$$

$$= \int_0^s \frac{(\lambda t)^n}{n!} \mathrm{e}^{-\lambda(s+t-u)} f_{S_k}(u)\mathrm{d}u = \int_0^s \frac{(\lambda t)^n}{n!} \mathrm{e}^{-\lambda(s+t-u)} \frac{\lambda(\lambda u)^{k-1}}{(k-1)!} \mathrm{e}^{-\lambda u}\mathrm{d}u$$

$$= \frac{(\lambda t)^n}{n!} \mathrm{e}^{-\lambda(s+t)} \frac{(\lambda s)^k}{k!}, \tag{2.10}$$

将 (2.9) 与 (2.10) 代入 (2.8) 得

$$P\big(N(s+t) - N(s) = n\big) = \frac{(\lambda t)^n}{n!} \mathrm{e}^{-\lambda(s+t)} \sum_{k=0}^{\infty} \frac{(\lambda s)^k}{k!}$$

$$= \frac{(\lambda t)^n}{n!} \mathrm{e}^{-\lambda(s+t)} \mathrm{e}^{\lambda s} = \frac{(\lambda t)^n}{n!} \mathrm{e}^{-\lambda t}.$$

当 $n = 0$ 时, 上式也成立, 其证明类似.

其次, 证明计数过程 $N(t)$ 增量独立. 为此, 只需证明对于 $s, t \geqslant 0$, $N(s)$ 与 $N(t+s) - N(s)$ 相互独立. 对于任意非负整数 $k, n \geqslant 0$, 类似于 (2.10) 得

$$P(N(s) = k, N(s+t) - N(s) = n) = P(N(s) = k, N(s+t) = n+k)$$

$$= P(S_k \leqslant s < S_{k+1}, \ S_{k+n} \leqslant s+t < S_{k+n+1})$$

$$= \frac{(\lambda t)^n}{n!} \mathrm{e}^{-\lambda t} \frac{(\lambda s)^k}{k!} \mathrm{e}^{-\lambda s}$$

$$= P(N(s) = k)P(N(s+t) - N(s) = n).$$

因此, 由定义 2.9, 得到计数过程 $N(t)$ 是参数为 λ 的泊松过程.

充分性 只需求 $(S_1, S_2, \cdots, S_n)$ 的联合概率密度函数. 对任意给定正整数 n, 取 n 个正数 $s_1 < s_2 < \cdots < s_n$, 以及充分小正数 $h_1, h_2, \cdots, h_n$, 考察

$$P\Big(s_1 < S_1 \leqslant s_1 + h_1 < s_2 < S_2 \leqslant s_2 + h_2 < \cdots < s_n < S_n \leqslant s_n + h_n\Big)$$

$$= P\Big(N(s_1) = 0, N(s_1 + h_1) - N(s_1) = 1, N(s_2) - N(s_1 + h_1) = 0,$$

$$N(s_2 + h_2) - N(s_2) = 1, \cdots, N(s_n) - N(s_{n-1} + h_{n-1}) = 0, N(s_n + h_n)$$

$$- N(s_n) = 1\Big)$$

$$= P(N(s_1) = 0)P(N(h_1) = 1)P(N(s_2 - s_1 - h_1) = 0)P(N(h_2) = 1)\cdots$$

$$P(N(s_n - s_{n-1} - h_{n-1}) = 0)P\big(N(h_n) = 1\big)$$
$$= e^{-\lambda s_1}(\lambda h_1 + o(h_1))e^{-\lambda(s_2 - s_1 - h_1)}(\lambda h_2 + o(h_2))\cdots$$
$$\times e^{-\lambda(s_n - s_{n-1} - h_{n-1})}(\lambda h_n + o(h_n))$$
$$= \lambda^n e^{-\lambda s_n + \lambda(h_1 + h_2 + \cdots + h_{n-1})}h_1 h_2 \cdots h_n + o(h_1 h_2 \cdots h_n).$$

令 $h_1, h_2, \cdots, h_n \to 0$, 便得到 $(S_1, S_2, \cdots, S_n)$ 在约束条件 $0 < s_1 < s_2 < \cdots < s_n$ 下的联合密度函数为 $\lambda^n e^{-\lambda s_n}$. 再由定理 2.4, 充分性得证.　□

现在, 我们讨论泊松过程的样本函数. 对于泊松过程 $\{N(t), t \geqslant 0\}$ 来讲, 其样本函数显然是单调不减的, 而且由 (2.6) 式可知, 它还是跳跃函数, 即当 $S_k \leqslant t < S_{k+1}$ 时, $N(t) = k$ 是常数, 而仅在 $t = S_k, k = 1, 2, \cdots$ 处跳跃 (见图 2.1). 定理 2.5 说明, 泊松过程就是指数流的计数过程, 即 $X_n = S_n - S_{n-1}$, $n \geqslant 1$, 独立同指数分布. 这就为泊松过程的模拟和统计检验提供了理论依据和实现方法.

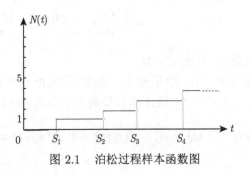

图 2.1　泊松过程样本函数图

2.2.3　指数流的条件分布

设 $\{N(t), t \geqslant 0\}$ 是一个泊松过程, 可以表示一个保险公司的理赔到达过程, 它描述到时间 t 为止理赔到达数. 用 $S_n, n \geqslant 0$ 表示第 n 个理赔的到达时刻. 由定理 2.5 知, $\{S_n, n \geqslant 0\}$ 是一个指数流. 假设到时间 t 为止理赔到达数为 1, 即 $N(t) = 1$, 那么第 1 个理赔的到达时刻 S_1 有什么样的分布呢?

观察到, 对于 $\forall s \in (0, t)$, 有

$$P(S_1 \leqslant s | N(t) = 1) = P(N(s) \geqslant 1 | N(t) = 1) = \frac{P(N(s) \geqslant 1, \ N(t) = 1)}{P(N(t) = 1)}$$
$$= \frac{P(N(s) = 1, \ N(t) - N(s) = 0)}{P(N(t) = 1)}$$
$$= \frac{\lambda s e^{-\lambda s} e^{-\lambda(t-s)}}{\lambda t e^{-\lambda t}} = \frac{s}{t}.$$

可见, 已知 $(0, t]$ 内有一个理赔到达的条件下, 到达时刻 S_1 服从 $[0, t]$ 上的均匀分布. 更一般地, 如果在 $(0, t]$ 内有 n 个理赔到达的条件下, 各个到达时刻 $(S_1, S_2, \cdots, S_n)$ 的联合分布函数如何呢? 我们有如下定理.

定理 2.6 设 $\{N(t), t \geqslant 0\}$ 是一个泊松过程, 则在 $N(t) = n$ 的条件下, 相继理赔到达时刻 $(S_1, S_2, \cdots, S_n)$ 的联合条件概率密度为

$$f(t_1, t_2, \cdots, t_n) = \begin{cases} \dfrac{n!}{t^n}, & 0 < t_1 < t_2 < \cdots < t_n \leqslant t, \\ 0, & \text{其他.} \end{cases}$$

证明 在 $[0, t]$ 内任意插入 n 个分点: $0 = t_0 < t_1 < t_2 < \cdots < t_n < t_{n+1} = t$, 取充分小的 $h_i, 1 \leqslant i \leqslant n$, 使得

$$t_0 < t_1 < t_1 + h_1 < t_2 < t_2 + h_2 < \cdots < t_n < t_n + h_n < t_{n+1},$$

则

$$P(t_1 < S_1 \leqslant t_1 + h_1, t_2 < S_2 \leqslant t_2 + h_2, \cdots, t_n < S_n \leqslant t_n + h_n | N(t) = n)$$
$$= \frac{P(N(t_1) - N(t_0) = 0, N(t_i + h_i) - N(t_i) = 1, N(t_{i+1}) - N(t_i + h_i) = 0, 1 \leqslant i \leqslant n)}{P(N(t) = n)}$$
$$= \frac{e^{-\lambda t_1} \lambda h_1 e^{-\lambda h_1} e^{-\lambda(t_2 - t_1 - h_1)} \lambda h_2 e^{-\lambda h_2} e^{-\lambda(t_3 - t_2 - h_2)} \cdots \lambda h_n e^{-\lambda h_n} e^{-\lambda(t_{n+1} - t_n - h_n)}}{\dfrac{(\lambda t)^n}{n!} e^{-\lambda t}}$$
$$= \frac{n!}{t^n} h_1 h_2 \cdots h_n.$$

从而

$$\frac{P(t_1 < S_1 \leqslant t_1 + h_1, t_2 < S_2 \leqslant t_2 + h_2, \cdots, t_n < S_n \leqslant t_n + h_n | N(t) = n)}{h_1 h_2 \cdots h_n} = \frac{n!}{t^n}.$$

所以

$$f(t_1, t_2, \cdots, t_n) = \begin{cases} \dfrac{n!}{t^n}, & 0 < t_1 < t_2 < \cdots < t_n \leqslant t, \\ 0, & \text{其他.} \end{cases} \qquad \square$$

可见, 对于一个泊松过程 $\{N(t), t \geqslant 0\}$ 而言, 在 $N(t) = n$ 的条件下, 到达时刻 $(S_1, S_2, \cdots, S_n)$ 的联合条件概率密度恰恰是 $[0, t]$ 上独立同均匀分布的随机变量 $U_i, 1 \leqslant i \leqslant n,$ 的次序统计量 $U_{(1)}, U_{(2)}, \cdots, U_{(n)}$ 的联合概率密度.

例 2.7 设到达火车站的顾客数服从参数为 λ 的泊松过程 $\{N(t),\ t \geqslant 0\}$, 且火车 t 时刻离开车站, 试求在 $[0,\ t]$ 到达车站的顾客等待时间总和的期望值.

解 设第 k 个顾客到达火车站的时刻为 T_k, 则 $[0,\ t]$ 内到达车站的顾客等待时间总和为

$$T(t) = \sum_{k=1}^{N(t)} (t - T_k).$$

记 $U_1, U_2, \cdots, U_n$ 为 $[0,\ t]$ 上独立同均匀分布的随机变量, 则由条件数学期望的性质和定理 2.6 得

$$\mathrm{E}[T(t)] = \mathrm{E}\big[\mathrm{E}[T(t)|N(t)]\big] = \sum_{n=0}^{\infty} P(N(t) = n)\mathrm{E}\bigg[\sum_{k=1}^{N(t)} (t - T_k)\Big|N(t) = n\bigg]$$

$$= \sum_{n=0}^{\infty} P(N(t) = n)\bigg\{nt - \mathrm{E}\bigg[\sum_{k=1}^{n} T_k \Big|N(t) = n\bigg]\bigg\}$$

$$= \sum_{n=0}^{\infty} P(N(t) = n)\bigg\{nt - \mathrm{E}\bigg[\sum_{k=1}^{n} U_{(k)}\bigg]\bigg\}$$

$$= \sum_{n=0}^{\infty} P(N(t) = n)\bigg\{nt - \mathrm{E}\bigg[\sum_{k=1}^{n} U_k\bigg]\bigg\}$$

$$= \sum_{n=0}^{\infty} P(N(t) = n)\bigg(nt - \frac{nt}{2}\bigg) = \frac{t}{2}\mathrm{E}[N(t)] = \frac{\lambda}{2}t^2.$$

例 2.8 已知某系统在 $[0,\ t]$ 内受到的外来冲击数 $N(t)$ 形成一个参数为 λ 的泊松过程, 而且第 i 次冲击带来的损失为 R_i. 如果 $\{R_i, i \geqslant 1\}$ 独立同分布, 且与 $\{N(t), t \geqslant 0\}$ 独立, 同时损失随时间按负指数衰减, 即 $t = 0$ 时损失为 D, 在 t 时刻损失就为 $De^{-\alpha t}$, $\alpha > 0$, 那么在损失是可加的情况下, 求到 t 时刻为止该系统的平均损失.

解 设到 t 时刻为止该系统的损失为 $R(t)$, T_k 为第 k 次冲击到达的时刻, 则

$$R(t) = \sum_{k=1}^{N(t)} R_k e^{-\alpha(t - T_k)}.$$

由于 $\{R_i, i \geqslant 1\}$ 独立同分布, 且与 $\{N(t), t \geqslant 0\}$ 独立, 所以

$$\mathrm{E}[R(t)|N(t) = n] = \mathrm{E}\bigg[\sum_{k=1}^{N(t)} R_k e^{-\alpha(t - T_k)}\Big|N(t) = n\bigg] = \mathrm{E}\bigg[\sum_{k=1}^{n} R_k e^{-\alpha(t - T_k)}\Big|N(t) = n\bigg]$$

$$=\sum_{k=1}^{n}\mathrm{E}\big[R_k|N(t)=n\big]\mathrm{E}\big[\mathrm{e}^{-\alpha(t-T_k)}\big|N(t)=n\big]$$

$$=\mathrm{E}(R_1\mathrm{e}^{-\alpha t})\sum_{k=1}^{n}\mathrm{E}\big[\mathrm{e}^{\alpha T_k}\big|N(t)=n\big]$$

记 $U_1,U_2,\cdots,U_n$ 为 $[0,\ t]$ 上独立同均匀分布的随机变量, 则由定理 2.6 得

$$\mathrm{E}\bigg[\sum_{k=1}^{n}\mathrm{e}^{\alpha T_k}\bigg|N(t)=n\bigg]=\mathrm{E}\bigg[\sum_{k=1}^{n}\mathrm{e}^{\alpha U_{(k)}}\bigg]=\mathrm{E}\bigg[\sum_{k=1}^{n}\mathrm{e}^{\alpha U_k}\bigg]=n\int_0^t\mathrm{e}^{\alpha x}\frac{1}{t}\mathrm{d}x$$

$$=\frac{n}{\alpha t}\big(\mathrm{e}^{\alpha t}-1\big).$$

于是,

$$\mathrm{E}[R(t)|N(t)=n]=\frac{n}{\alpha t}\big(1-\mathrm{e}^{-\alpha t}\big)\mathrm{E}(R_1).$$

根据条件数学期望性质得到

$$\mathrm{E}[R(t)]=\mathrm{E}\big[\mathrm{E}[R(t)|N(t)]\big]=\sum_{n=0}^{\infty}\mathrm{E}[R(t)|N(t)=n]P(N(t)=n)$$

$$=\frac{\big(1-\mathrm{e}^{-\alpha t}\big)\mathrm{E}(R_1)}{\alpha t}\sum_{n=0}^{\infty}nP(N(t)=n)=\frac{\big(1-\mathrm{e}^{-\alpha t}\big)\mathrm{E}(R_1)}{\alpha t}\mathrm{E}[N(t)]$$

$$=\frac{\lambda\mathrm{E}(R_1)}{\alpha}\big(1-\mathrm{e}^{-\alpha t}\big).$$

2.2.4 剩余寿命与年龄

设 $\{S_n,\ n\geqslant 0\}$ 是概率空间 $(\Omega,\mathcal{F},P)$ 中的一个事件流, 可以用来描述某部件的一系列更换时刻, 如: S_n 表示第 n 次更换时刻. 注意, 某部件一旦失效, 立刻被换上同型号的备用部件继续工作, 且更换部件所用时间不计. 可以看出, $X_n=S_n-S_{n-1},\ n\geqslant 1$, 表示第 n 个部件的使用寿命. 如果 $\{N(t),t\geqslant 0\}$ 为事件流 $\{S_n,\ n\geqslant 0\}$ 的计数过程, 表示 $[0,\ t]$ 内更换的部件数, 那么 $S_{N(t)}$ 表示在 t 时刻前最后一次更换时刻, 而 $S_{N(t)+1}$ 表示在 t 时刻后首次更换时刻. 显然, $S_{N(t)}$ 和 $S_{N(t)+1}$ 的下标 $N(t)$ 和 $N(t)+1$ 都是随机变量. 令

$$R(t)=S_{N(t)+1}-t,\quad A(t)=t-S_{N(t)}.$$

作 $R(t)$ 和 $A(t)$ 的示意图 (见图 2.2).

可见, $R(t)$ 表示观察者在 t 时刻所观察到的正在工作的部件的**剩余寿命**, 而 $A(t)$ 表示正在工作的部件的工作时间, 称为**年龄**. 此外, 还可以有别的解释: 若 S_n

表示第 n 辆公交车到站的时刻, 而某乘客在 t 时刻到站, 则 $R(t)$ 表示该乘客等待上车的等待时间. 下面讨论 $R(t)$ 和 $A(t)$ 的分布函数及它们的关系.

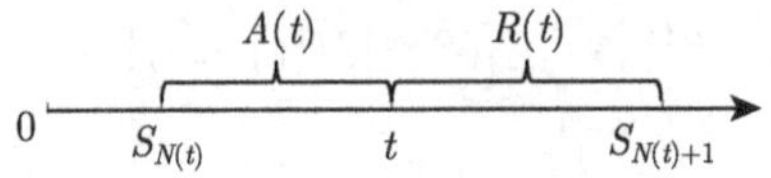

图 2.2　$R(t)$ 和 $A(t)$ 的示意图

定理 2.7　如果上述事件流 $\{S_n,\ n \geqslant 0\}$ 的计数过程 $\{N(t), t \geqslant 0\}$ 是强度为 λ 的泊松过程, 那么下列结果成立.

(1) $R(t)$ 服从参数为 λ 的指数分布, 即

$$P(R(t) \leqslant x) = \begin{cases} 1 - \mathrm{e}^{-\lambda x}, & x \geqslant 0, \\ 0, & \text{其他.} \end{cases}$$

(2) $A(t)$ 服从截尾指数分布, 即

$$P(A(t) \leqslant x) = \begin{cases} 1 - \mathrm{e}^{-\lambda x}, & 0 \leqslant x < t, \\ 1, & x \geqslant t. \end{cases}$$

(3) $R(t)$ 和 $A(t)$ 相互独立.

证明　(1) 任意给定 $x \geqslant 0$, 注意到事件

$$\{R(t) > x\} = \{N(t+x) - N(t) = 0\},$$

因此得

$$P(R(t) > x) = P(N(t+x) - N(t) = 0) = \mathrm{e}^{-\lambda x}.$$

由此证得 (1).

(2) 当 $0 \leqslant x < t$ 时, 由事件关系 $\{A(t) > x\} = \{N(t) - N(t-x) = 0\}$, 得

$$P(A(t) > x) = P(N(t) - N(t-x) = 0) = \mathrm{e}^{-\lambda x}.$$

当 $x \geqslant t$ 时, 由于 $A(t) \leqslant t$, 所以 $P(A(t) \leqslant x) = 1$. 证得 (2).

(3) 既然对 $\forall x, z \geqslant 0$, 有随机变量 $N(t+x) - N(t)$ 与 $N(t) - N(t-z)$ 独立, 那么 $R(t)$ 和 $A(t)$ 相互独立. □

从定理 2.6 可见, 剩余寿命 $R(t)$ 与每个部件的使用寿命 X_n 同指数分布. 这个性质其实是由指数分布的无记忆性决定的. 另外, 如果部件更换时刻的事件流

$\{S_n,\ n \geqslant 0\}$ 的计数过程 $\{N(t), t \geqslant 0\}$ 是强度为 λ 的泊松过程, 那么 t 时刻服役的部件的使用寿命为 $X(t) = A(t) + R(t)$. 由此得 $\mathrm{E}[X(t)] = \mathrm{E}[A(t)] + \mathrm{E}[R(t)] > \lambda^{-1}$. 可见, t 时刻服役的部件的使用寿命要比同型号备用部件的平均使用寿命 $\mathrm{E}(X_1) = \lambda^{-1}$ 长.

例 2.9 某公交车总站每 6 分钟发出一辆开往 A 站的公交车. 由于随机因素的干扰, 汽车到达 A 站时, 两车之间的间隔时间成为独立同指数分布的随机变量. 如果乘客甲等可能地到达车站候车, 那么计算

(1) 乘客甲在公交车总站候车时的平均候车时间;

(2) 乘客甲在 A 站候车时的平均候车时间.

解 (1) 设 Y 表示乘客甲到达公交总站的候车时间. 由于总站每 6 分钟发出一辆车, 所以 Y 在每个时间间隔 $(0,\ 6]$ 中服从均匀分布, 从而平均候车时间为 3 分钟.

(2) 根据题意, 公交车按照强度为 λ 的泊松过程 $\{N(t), t \geqslant 0\}$ 到达 A 站. 由于公交车都经过 A 站, 所以平均每 6 分钟停靠一辆, 从而 $\mathrm{E}[N(6)] = 6\lambda = 1$, 即 $\lambda = 1/6$. 于是, 在 t 时到达的乘客的候车时间就是剩余寿命 $R(t)$ 服从 $P(\lambda), \lambda = 1/6$. 因此, 平均候车时间 $\mathrm{E}[R(t)] = 1/\lambda = 6$ (分钟).

例 2.9 表明, 在公交总站候车时间要比在其他站点候车时间短, 这也符合生活经验. 事实上, 在离开总站较远的站点候车的时间会更长些, 因此, 市内公交车的始发站和终点站距离不宜太远, 否则会延长乘客的平均候车时间, 降低公交车的平均利用率.

2.2.5 泊松过程常见的推广

复合泊松过程是泊松过程的一类重要推广, 在实际问题中常常遇到.

1. 复合泊松过程

定义 2.11 称随机过程 $\{X(t), t \geqslant 0\}$ 为**复合泊松过程**, 如果满足

$$X(t) = \sum_{k=1}^{N(t)} Y_k, \quad t \geqslant 0,$$

其中 $\{N(t), t \geqslant 0\}$ 是一个泊松过程, $\{Y_i, i \geqslant 1\}$ 是一列独立同分布的随机变量, 且与 $\{N(t), t \geqslant 0\}$ 独立.

从定义来看, 复合泊松过程不一定是计数过程, 而是能够描述更为广泛事件的一类过程.

例 2.10 设 $\{N(t), t \geqslant 0\}$ 是一个泊松过程, 用 $N(t)$ 表示 $[0, t]$ 内到达的粒子数, $Y_i, i = 1, 2, \cdots$, 表示第 i 个粒子所携带的能量, 则 $X(t) = \sum_{k=1}^{N(t)} Y_k$ 可

表示 $[0, t]$ 内到达粒子的总能量. 一般来说, 粒子所携带的能量彼此独立, 且与 $\{N(t), t \geqslant 0\}$ 独立, 因而 $\{X(t), t \geqslant 0\}$ 为一个复合泊松过程.

例 2.11　保险公司接到的索赔次数服从一个泊松过程 $\{N(t), t \geqslant 0\}$, 每次要求赔付的金额 $Z_i, i = 1, 2, \cdots$ 独立同分布, 且每次的索赔额与它发生的时刻相互独立, 则 $[0, t]$ 时间内保险公司需要赔付的总金额 $S(t) = \sum_{k=1}^{N(t)} Z_k, t \geqslant 0$, 形成一个复合泊松过程.

定理 2.8　设 $\{N(t), t \geqslant 0\}$ 是一个参数为 λ 的泊松过程, 且 $\{X(t) = \sum_{k=1}^{N(t)} Y_k, t \geqslant 0\}$ 是一个复合泊松过程, 则 $\{X(t), t \geqslant 0\}$ 是独立平稳增量过程.

证明　对于 $t, s \geqslant 0$, 以及任意有界函数 f, g,

$$E[f(X(t))g(X(s+t) - X(t))]$$

$$= E\left\{ E\left[f\left(\sum_{k=1}^{N(t)} Y_k \right) g\left(\sum_{k=N(t)+1}^{N(t+s)} Y_k \right) \middle| N(t), N(s+t) \right] \right\}$$

$$= \sum_{j=0}^{\infty} \sum_{i=0}^{\infty} E\left[f\left(\sum_{k=1}^{i} Y_k \right) g\left(\sum_{k=i+1}^{i+j} Y_k \right) \middle| N(t) = i, N(s+t) = i+j \right]$$

$$\times P(N(t) = i, N(s+t) = i+j)$$

$$= \sum_{j=0}^{\infty} \sum_{i=0}^{\infty} E\left[f\left(\sum_{k=1}^{i} Y_k \right) g\left(\sum_{k=i+1}^{i+j} Y_k \right) \right] P(N(t) = i, N(s+t) - N(t) = j)$$

$$= \sum_{j=0}^{\infty} \sum_{i=0}^{\infty} E\left[f\left(\sum_{k=1}^{i} Y_k \right) \right] E\left[g\left(\sum_{k=i+1}^{i+j} Y_k \right) \right] P(N(t) = i) P(N(s+t) - N(t) = j)$$

$$= \sum_{j=0}^{\infty} \sum_{i=0}^{\infty} E\left[f\left(\sum_{k=1}^{i} Y_k \right) \right] E\left[g\left(\sum_{k=1}^{j} Y_k \right) \right] P(N(t) = i) P(N(s) = j)$$

$$= \left\{ \sum_{i=0}^{\infty} E\left[f\left(\sum_{k=1}^{i} Y_k \right) \right] P(N(t) = i) \right\} \left\{ \sum_{j=0}^{\infty} E\left[g\left(\sum_{k=1}^{j} Y_k \right) \right] P(N(s) = j) \right\}$$

$$= E[f(X(t))] E[g(X(s))].$$

当 $f \equiv 1$ 时, 由上式得

$$E[g(X(s+t) - X(t))] = E[g(X(s))]. \tag{2.11}$$

于是,

$$E[f(X(t))g(X(s+t) - X(t))] = E[f(X(t))] E[g(X(s+t) - X(t))]. \tag{2.12}$$

分别取 $f(z) = \mathbf{1}_{(-\infty,x]}(z), g(z) = \mathbf{1}_{(-\infty,x]}(z)$, 则由 (2.11) 得到 $X(t)$ 具有平稳增量性, 再由 (2.12) 得到 $X(t)$ 与 $X(s+t) - X(t)$ 独立. 类似地, 可以证明对于 $0 = t_0 < t_1 < t_2 < \cdots < t_n, X(t_1) - X(t_0), X(t_2) - X(t_1), \cdots, X(t_n) - X(t_{n-1})$ 相互独立. 证毕. □

定理 2.9 设 $\{N(t), t \geqslant 0\}$ 是一个参数为 λ 的泊松过程, 且 $\{X(t) = \sum_{k=1}^{N(t)} Y_k, t \geqslant 0\}$ 是一个复合泊松过程. 如果 $E(Y_i^2) < +\infty$, 则

$$E[X(t)] = \lambda t E(Y_1), \quad \text{Var}[X(t)] = \lambda t E(Y_1^2).$$

证明 为了求 $X(t)$ 的矩, 我们首先求它的矩母函数. 根据条件数学期望的性质, 有

$$\psi_t(u) = E[e^{uX(t)}] = E\big[E[e^{uX(t)}|N(t)]\big] = \sum_{n=0}^{\infty} P(N(t) = n) E\big[e^{uX(t)}\big|N(t) = n\big]$$

$$= \sum_{n=0}^{\infty} e^{-\lambda t} \frac{(\lambda t)^n}{n!} E(e^{u \sum_{k=1}^{n} Y_k}) = \sum_{n=0}^{\infty} e^{-\lambda t} \frac{(\lambda t)^n}{n!} \big[E(e^{uY_1})\big]^n$$

$$= \exp\big\{\lambda t \big[E(e^{uY_1}) - 1\big]\big\}.$$

上式两边关于 u 求导, 并令 $u = 0$ 得

$$E[X(t)] = \frac{\mathrm{d}}{\mathrm{d}u}\big[\psi_t(u)\big]\big|_{u=0} = \lambda t E(Y_1)$$

和

$$\text{Var}[X(t)] = E[X^2(t)] - \big(E[X(t)]\big)^2$$

$$= \frac{\mathrm{d}^2}{\mathrm{d}u^2}\big[\psi_t(u)\big]\big|_{u=0} - \left(\frac{\mathrm{d}}{\mathrm{d}u}\big[\psi_t(u)\big]\big|_{u=0}\right)^2 = \lambda t E Y_1^2. \quad \square$$

例 2.12 在例 2.11 的模型中, 设保险公司接到的索赔要求是强度为每月 2 次的泊松过程. 每次赔付服从均值为 10000 元的指数分布, 则一年中保险公司平均的赔付额是多少?

解 根据定理 2.9 得 $E[S(12)] = 2 \times 12 \times 10000 = 240000$ (元).

2. 条件泊松过程

泊松过程的强度 λ 是一个常数, 它表示单位时间内事件的平均发生率. 有时 λ 可能为一个随机变量, 为了研究方便, 我们引入条件泊松过程的概念.

定义 2.12   设随机变量 $\Lambda > 0$. 如果在 $\Lambda = \lambda$ 的条件下, 计数过程 $\{M(t), t \geqslant 0\}$ 是参数为 λ 的泊松过程, 则称 $\{M(t), t \geqslant 0\}$ 为关于随机变量 Λ 的**条件泊松过程**.

如果随机变量 Λ 的分布函数是 $G(x)$, 那么条件泊松过程 $\{M(t), t \geqslant 0\}$ 的增量分布如下:

$$
\begin{aligned}
P\big(M(t+s) - M(s) = n\big) &= \mathrm{E}\big[\mathrm{E}[\mathbf{1}_{\{M(t+s)-M(s)=n\}}|\Lambda]\big] \\
&= \int_0^\infty P\big(M(t+s) - M(s) = n|\Lambda = \lambda\big) G(\mathrm{d}\lambda) \\
&= \int_0^\infty \mathrm{e}^{-\lambda t} \frac{(\lambda t)^n}{n!} G(\mathrm{d}\lambda).
\end{aligned}
$$

下面给出条件泊松过程的数学期望和方差的计算公式.

定理 2.10   设 $\{M(t), t \geqslant 0\}$ 为关于随机变量 Λ 的条件泊松过程, 且 $\mathrm{E}(\Lambda^2) < \infty$, 则

(i) $\mathrm{E}[M(t)] = t\mathrm{E}(\Lambda)$;

(ii) $\mathrm{Var}[M(t)] = t^2 \mathrm{Var}(\Lambda) + t\mathrm{E}(\Lambda)$.

证明   (i) $\mathrm{E}[M(t)] = \mathrm{E}\big[\mathrm{E}[M(t)|\Lambda]\big] = \mathrm{E}(t\Lambda) = t\mathrm{E}(\Lambda)$;

(ii) $\mathrm{Var}[M(t)] = \mathrm{E}[M^2(t)] - [\mathrm{E}M(t)]^2 = \mathrm{E}\big[\mathrm{E}[M^2(t)|\Lambda]\big] - (t\mathrm{E}\Lambda)^2$

$$
\begin{aligned}
&= \mathrm{E}\big[(\Lambda t)^2 + \Lambda t\big] - t^2(\mathrm{E}\Lambda)^2 \\
&= t^2\mathrm{Var}(\Lambda) + t\mathrm{E}\Lambda. \quad \square
\end{aligned}
$$

例 2.13   设某汽车保险产品的理赔受天气影响有两种可能 λ_1 和 λ_2, 而且 $P(\Lambda = \lambda_1) = p$, $P(\Lambda = \lambda_2) = 1 - p$, $0 < p < 1$, 为已知, 且到时刻 t 为止的理赔次数是一个条件泊松过程. 如果到时刻 t 为止已经接到了 n 次理赔, 那么

(i) 求下一次理赔在 $t + s$ 之前不会到来的概率;

(ii) 求理赔受到天气影响为 λ_1 的概率.

解   (i) 设 $\{M(t), t \geqslant 0\}$ 为关于随机变量 Λ 的条件泊松过程. 根据题意得

$$
\begin{aligned}
&P\big((t, \ t+s) \text{ 内无事故}|M(t) = n\big) \\
&= \frac{P\big(\{(t, \ t+s) \text{ 内无事故}\} \cap \{M(t) = n\}\big)}{P(M(t) = n)} \\
&= \frac{\mathrm{E}\big[P\big(\{(t, \ t+s) \text{ 内无事故}\} \cap \{M(t) = n\}|\Lambda\big)\big]}{P(M(t) = n)} \\
&= \frac{\sum_{k=1}^2 P(\Lambda = \lambda_k) P\big(M(t) = n, M(t+s) - M(t) = 0|\Lambda = \lambda_k\big)}{\sum_{k=1}^2 P(\Lambda = \lambda_k) P\big(M(t) = n|\Lambda = \lambda_k\big)}
\end{aligned}
$$

$$= \frac{p(\lambda_1 t)^n \mathrm{e}^{-\lambda_1(t+s)} + (1-p)(\lambda_2 t)^n \mathrm{e}^{-\lambda_2(t+s)}}{p(\lambda_1 t)^n \mathrm{e}^{-\lambda_1 t} + (1-p)(\lambda_2 t)^n \mathrm{e}^{-\lambda_2 t}}$$

$$= \frac{p\lambda_1^n \mathrm{e}^{-\lambda_1(t+s)} + (1-p)\lambda_2^n \mathrm{e}^{-\lambda_2(t+s)}}{p\lambda_1^n \mathrm{e}^{-\lambda_1 t} + (1-p)\lambda_2^n \mathrm{e}^{-\lambda_2 t}}.$$

(ii) $P\big(\Lambda = \lambda_1 \big| M(t) = n\big) = \dfrac{P(\{\Lambda = \lambda_1\} \cap \{M(t) = n\})}{P(M(t) = n)}$

$$= \frac{P(M(t) = n | \Lambda = \lambda_1) P(\Lambda = \lambda_1)}{\sum_{k=1}^{2} P(\Lambda = \lambda_k) P\big(M(t) = n | \Lambda = \lambda_k\big)}$$

$$= \frac{p\mathrm{e}^{-\lambda_1 t}(\lambda_1 t)^n}{p(\lambda_1 t)^n \mathrm{e}^{-\lambda_1 t} + (1-p)(\lambda_2 t)^n \mathrm{e}^{-\lambda_2 t}}$$

$$= \frac{p\mathrm{e}^{-\lambda_1 t}\lambda_1^n}{p\lambda_1^n \mathrm{e}^{-\lambda_1 t} + (1-p)\lambda_2^n \mathrm{e}^{-\lambda_2 t}}.$$

3. 非时齐泊松过程

我们知道, 泊松过程的强度 λ 为常数. 这表明如果某事件发生的次数为泊松过程 $\{N(t), t \geqslant 0\}$, 那么该事件单位时间内平均发生 λ 次. 不过, 在许多实际问题中, 泊松过程的强度 λ 并不是常数, 而可能随着时间 t 的变化而变化. 例如研究机器某个部件的故障率时, 由于部件使用年限的变化, 出现故障可能性也会随之变化; 某段公路上的汽车流, 在上下班高峰时间强度会大些, 其他时间强度会小些; 昆虫产卵的平均数会随季节和虫龄变化而变化等等. 在这些情况下, 如果继续使用泊松过程来描述, 就不合适了. 于是, 我们将泊松过程推广为下列的非时齐泊松过程.

定义 2.13 随机过程 $N_T = \{N(t), t \geqslant 0\}$ 称为具有强度函数 $\lambda(t) > 0$ 的**非时齐泊松过程**, 如果

(1) N_T 是一个计数过程, 且 $N(0) = 0$;

(2) N_T 是一个独立增量过程;

(3) 对于任意给定 $t \geqslant 0$ 和正数 h, 有

$$P(N(t+h) - N(t) = 1) = \lambda(t)h + o(h), \quad h \to 0$$

和

$$P(N(t+h) - N(t) \geqslant 2) = o(h), \quad h \to 0,$$

其中, $o(h)$ 是 h 的高阶无穷小量.

从定义 2.13 出发, 仿照定理 2.3 的证明, 可以得到如下有用的定理.

定理 2.11 如果 $\{N(t), t \geqslant 0\}$ 是强度函数为 $\lambda(t)$ 的非时齐泊松过程, 那么对于任意的 $s, t \geqslant 0$,

$$P(N(s+t) - N(s) = n) = \frac{[m(s+t) - m(s)]^n}{n!} \exp\left\{ -[m(s+t) - m(s)] \right\}, \ n \geqslant 0,$$

其中,

$$m(t) = \int_0^t \lambda(u) \mathrm{d}u,$$

称为非时齐泊松过程的均值函数.

定理 2.11 的证明留作练习. 从定理 2.11 来看, 当 $\lambda(t) \equiv \lambda$, 即强度函数为常数时, 非时齐泊松过程就是时齐泊松过程, 即普通的泊松过程. 在实际应用中, 如果强度函数 $\lambda(t)$ 变化缓慢时, 在较短的时间内可以用强度函数 $\lambda(t)$ 在这段时间内的平均值代替 $\lambda(t)$, 即在短时间内可以将非时齐泊松过程当作时齐泊松过程. 例如: 在短时间 $(s, \ s + \Delta s]$ 内可以将部件的故障率视为时齐泊松过程. 此时, 强度 λ 是原非时齐泊松过程强度函数 $\lambda(t)$ 在 $(s, \ s + \Delta s]$ 上的平均

$$\lambda = \frac{1}{\Delta t} \int_s^{s+\Delta} \lambda(u) \mathrm{d}u.$$

对随机过程 $N_T = \{N(t), \ t \geqslant 0\}$ 作如下假设.

(3)' 对任意实数 $t, s \geqslant 0$, $N(t+s) - N(t)$ 为具有参数

$$m(t+s) - m(t) = \int_t^{t+s} \lambda(u) \mathrm{d}u$$

的泊松分布.

在定义 2.13 中, 保留条件 (1) 和 (2), 而将条件 (3) 替换为条件 (3)', 就得到非时齐泊松过程的一个等价定义. 等价性证明留作练习.

时齐泊松过程与非时齐泊松过程之间可以实现转换. 用 $m^{-1}(t)$ 来记 $m(t)$ 的反函数, 则有如下定理.

定理 2.12 设 $\{N(t), t \geqslant 0\}$ 是强度函数为 $\lambda(t)$ 的非时齐泊松过程, 且均值函数为 $m(t)$, 则 $\{N(m^{-1}(t)), t \geqslant 0\}$ 是强度为 1 的时齐泊松过程. 反之, 如果 $\{N(t), t \geqslant 0\}$ 是强度为 1 的时齐泊松过程, 那么 $\{N(u(t)), t \geqslant 0\}$ 为强度函数为 $v(t)$ 的非时齐泊松过程, 其中 $u(t) = \int_0^t v(s) \mathrm{d}s, \ v(t) > 0, \ t \geqslant 0$.

证明 由非时齐泊松过程的定义知, $\lambda(t) > 0$, 因此 $m(t) > 0$ 严格单调递增, 从而 $m^{-1}(t) > 0$ 严格单调递增. 再由定义 2.13 中的 (1) 和 (2), 易知 $\{N(m^{-1}(t)), t \geq 0\}$ 也满足条件 (1) 和 (2). 下面验证满足条件 (3).

记 $s = m^{-1}(t), s + h' = m^{-1}(t+h)$, 则 $t = m(s), t + h = m(s+h')$. 由此得

$$h = m(s+h') - m(s) = \int_s^{s+h'} \lambda(u)\mathrm{d}u = \lambda(s)h' + o(h'), \quad h' \to 0.$$

于是

$$\lim_{h \to 0^+} \frac{P(N(m^{-1}(t+h)) - N(m^{-1}(t)) = 1)}{h}$$

$$= \lim_{h' \to 0^+} \frac{P(N(s+h') - N(s) = 1)}{\lambda(s)h' + o(h')}$$

$$= \lim_{h' \to 0^+} \frac{\lambda(s)h' + o(h')}{\lambda(s)h' + o(h')} = 1,$$

从而

$$P(N(m^{-1}(t+h)) - N(m^{-1}(t)) = 1) = h + o(h), \quad h \to 0.$$

同样可证

$$P(N(m^{-1}(t+h)) - N(m^{-1}(t)) \geq 2) = o(h), \quad h \to 0.$$

因此, $\{N(m^{-1}(t)), t \geq 0\}$ 是强度为 1 的时齐泊松过程. 用类似方法可证得定理的后半部分. $\square$

例2.14 设 $\{N(t), t \geq 0\}$ 是强度函数为 $\lambda(t)$ 的非时齐泊松过程. 记 $N^*(t) = N(t+a) - N(a)$, $t \geq 0$, a 是一个固定的正数, 则 $\{N^*(t), t \geq 0\}$ 是一个强度函数为 $\lambda(t+a)$ 的非时齐泊松过程.

证明 只需验证定义 3.13 中的 (3):

$$P(N^*(t+h) - N^*(t) = 1) = P(N(t+h+a) - N(t+a) = 1)$$

$$= \lambda(t+a)h + o(h);$$

$$P(N^*(t+h) - N^*(t) \geq 2) = P(N(t+h+a) - N(t+a) \geq 2) = o(h). \quad \square$$

例 2.15　已知一大型机床的某部件的使用期限是 10 年, 在前 5 年内它平均 2.5 年需要维修一次, 后 5 年平均 2 年需维修一次. 求它在使用期内只维修过 1 次的概率.

解　该部件在 10 年使用期内维修的次数构成了一个非时齐泊松过程, 其强度函数为

$$\lambda(t) = \begin{cases} 1/2.5, & 0 \leqslant t \leqslant 5, \\ 1/2, & 5 \leqslant t \leqslant 10. \end{cases}$$

从而均值函数为

$$m(10) = \int_0^{10} \lambda(t)\mathrm{d}t = \int_0^5 \frac{1}{2.5}\mathrm{d}t + \int_5^{10} \frac{1}{2}\mathrm{d}t = 4.5.$$

因此得

$$P(N(10) - N(0) = 1) = 4.5 \cdot \mathrm{e}^{-4.5} = \frac{9}{2}\mathrm{e}^{-\frac{9}{2}}.$$

习　题　2.2

1. 设 $\{N(t),\ t \geqslant 0\}$ 是一个泊松过程, $f(t)$ 是 $[0,\infty)$ 上的有界函数. 试判断对于任意 $0 = t_0 < t_1 < \cdots < t_n$, 等式

$$\mathrm{E}\bigg(\prod_{i=1}^n f(N(t_i) - N(t_{i-1}))\bigg) = \prod_{i=1}^n \mathrm{E}[f(N(t_i) - N(t_{i-1}))]$$

是否成立.

2. 设 $\{N(t), t \geqslant 0\}$ 是一个泊松过程, 证明: 对于 $\forall\, 0 \leqslant s < t$, 有

$$P(N(s) = k | N(t) = n) = \mathrm{C}_n^k \left(\frac{s}{t}\right)^k \left(1 - \frac{s}{t}\right)^{n-k}, \quad 0 \leqslant k \leqslant n.$$

3. 设 $\{N(t), t \geqslant 0\}$ 是强度为 $\lambda = 3$ 的泊松过程. 试求:

(1) $P(N(1) \leqslant 3)$;

(2) $P(N(1) = 1,\ N(3) = 2)$;

(3) $P(N(1) \geqslant 2 | N(1) \geqslant 1)$.

4. 设 $N_1(t), N_2(t)$ 是两个独立的泊松过程, 且它们的强度分别为 λ_1, λ_2, 试证: 随机过程 $X(t) = N_1(t) + N_2(t)$ 是强度为 $\lambda_1 + \lambda_2$ 的泊松过程; 而随机过程 $Y(t) = N_1(t) - N_2(t)$ 不是泊松过程.

5. 设 $\{N_i(t), t \geqslant 0\}, i = 1, 2, \cdots, n$, 是 n 个相互独立的泊松过程, 参数分别为 $\lambda_i, i = 1$, $2, \cdots, n$. 记 $N(t) = N_1(t) + N_2(t) + \cdots + N_n(t)$, T 为 n 个过程中第一个事件发生的时刻.

(1) 求 T 的分布.

(2) 证明: $\{N(t), t \geqslant 0\}$ 是参数为 $\lambda_1 + \cdots + \lambda_n$ 的泊松过程.

(3) 求当 n 个过程中, 只有一个事件发生时, 它是属于 $\{N_1(t), t \geqslant 0\}$ 的概率.

6. 设 $\{N(t), t \geqslant 0\}$ 是强度为 λ 的泊松过程, $S_n, n = 1, 2, \cdots$, 为该计数过程所描述的事件中, 第 n 个事件发生的时刻.

(1) 试求 S_n 的分布函数.

(2) 证明: $\sum_{n=1}^{\infty} P(S_n \leqslant t) = \lambda t, t \geqslant 0$.

(3) 求 $\mathrm{E}[N(t)N(t+s)], \quad s > 0$.

7. 一队同学顺次等候体检. 设每人体检所需要的时间服从均值为 2 分钟的指数分布并且与其他人所需时间是相互独立的, 则 1 小时内平均有多少同学接受过体检, 在 1 小时内最多有 40 名同学接受过体检的概率是多少? (假设医生不会有休息时间)

8. 在某公共汽车起点站有两路公交车. 乘客乘坐 1, 2 路公交车的人数分别服从强度为 λ_1, λ_2 的泊松过程. 1 路公交车有 N_1 人乘坐后就出发; 2 路公交车有 N_2 人乘坐后就出发. 设在 0 时刻两路公交车同时开始等候乘客到来.

(1) 求 1 路公交车比 2 路公交车早出发的概率表达式;

(2) 当 $N_1 = N_2, \lambda_1 = \lambda_2$ 时, 计算上述概率.

9. 设 $[0, t]$ 时间内某系统受到冲击的次数 $N(t)$ 形成参数为 λ 的泊松过程. 每次冲击造成的损害 $Y_i, i = 1, 2, \cdots, n$, 独立同指数分布, 均值为 μ. 设损害会积累, 当总损害超过一定极限 A 时, 系统将终止运行. 以 T 记系统运行的时间 (寿命), 试求系统的平均寿命 $\mathrm{E}(T)$.

10. 设每天过某路口的车辆数为早上七点整至八点整、十一点整至十二点整为平均每分钟两辆; 其他时间平均每分钟一辆. 则早上七点半至十一点二十平均有多少辆汽车经过此路口? 这段时间经过路口的车辆超过 500 辆的概率是多少?

11. 某市图书馆按照均值为 $m(t), t \geqslant 0$ 的非时齐泊松过程每次借出一本书. 每本书在馆外流通的时间是相互独立的, 有共同的分布函数 $F(t)$. 用 $X(t)$ 表示 t 时刻在馆外的图书本数, 试计算: $\mathrm{E}[X(t)]$ 和 $\mathrm{Var}(X(t))$.

12. 设非时齐泊松过程 $\{N(t), t \geqslant 0\}$ 具有强度函数 $\lambda(t) > 0$ 以及 $m(t) = \mathrm{E}[N(t)] > 0, t > 0$, 则

(1) $f(s) = \dfrac{\lambda(s)}{m(t)}$, $s \in [0, t]$ 是概率密度函数;

(2) 如果 $X_1, X_2, \cdots, X_n$ 是来自总体密度为 $f(s)$ 的随机变量, 那么其次序统计量 $(X_{(1)}, X_{(2)}, \cdots, X_{(n)})$ 具有密度

$$
g(x_1, x_2, \cdots, x_n) = \begin{cases} n! \prod_{i=1}^{n} f(x_i), & 0 < x_1 < x_2 < \cdots < x_n < t, \\ 0, & \text{其他}; \end{cases}
$$

(3) 在条件 $N(t) = n$ 下, $[0, t]$ 内依次到达的时刻 $(S_1, S_2, \cdots, S_n)$ 与 $(X_{(1)}, X_{(2)}, \cdots, X_{(n)})$ 同分布.

2.3　布　朗　运　动

布朗运动最初是由英国生物学家布朗根据观察到悬浮在液体中的微小花粉做不规则的运动而提出的, 其后许多科学家在不同领域都发现了类似现象. 爱因斯坦在 1905 年首次对此类现象作了理论上的量化分析, 从物理角度解释了这种现象. 布朗运动精确的数学描述却是由维纳在 1918 年给出的. 维纳深入研究了布朗运动轨道的性质, 提出在布朗运动空间上定义测度与积分, 使得布朗运动的研究不断深入, 并逐渐渗透到其他科学领域, 应用前景非常广阔. 如今布朗运动与泊松过程一起已经成为随机过程的两大基石. 下面我们介绍布朗运动的概念和简单性质, 更为复杂的性质, 会在后面的章节陆续介绍.

2.3.1　布朗运动的概念

定义 2.14　如果随机过程 $\{B(t), t \geqslant 0\}$ 满足

(1) **独立增量性**　$\forall\, t > s \geqslant 0, B(t) - B(s)$ 与过去独立, 即与 $B(u), 0 \leqslant u \leqslant s$ 或与 $\mathcal{F}_s = \sigma(B(u), 0 \leqslant u \leqslant s)$ 独立;

(2) **正态增量性**　$\forall\, t > s \geqslant 0, B(t) - B(s) \sim N(0, \sigma^2(t-s))$, 即 $B(t) - B(s)$ 服从均值为 0、方差为 $\sigma^2(t-s)$ 的正态分布;

(3) **轨道连续性**　它的样本轨道是关于 t 的连续函数,

那么我们称之为**布朗运动**或**维纳过程**, 简记为 $B(t)$ 或 B_t.

当 $\sigma^2 = 1$ 时, 称这样的布朗运动为**标准布朗运动**, 以后我们主要研究标准布朗运动, 因而如果不作特别说明, 我们以后谈到的布朗运动都指的是标准布朗运动. 由定义中的 (1) 和 (2) 两条可以推导出 (3) (证明过程可参见文献 (Kannan, 1979)), 所以只需要满足定义中的 (1) 和 (2) 两条就可以判定为布朗运动. 但是, 为了避免繁琐的证明和应用的方便, 一般将所述的 (3) 放到定义中.

定义中没有规定布朗运动的起始位置. 如果 $B(0) = x$, 那么我们说布朗运动的起始位置为 x. 对于固定的 $s \geqslant 0$, 令 $W(t) = B(t+s) - B(s)$, 则 $\{W(t), t \geqslant 0\}$ 为起始位置为零的布朗运动. 根据正态增量性, 对于起始位置为 x 的布朗运动 $\{B(t), t \geqslant 0\}$ 而言, $B(t)$ 服从正态分布 $N(x, t)$. 一般地, 如果 $B(s) = x$, 那么在 $B(s) = x$ 的条件下, $B(t+s)$ 的分布仍为正态分布 $N(x, t)$. 从而

$$P(B(t+s) > x | B(s) = x) = P(B(t+s) \leqslant x | B(s) = x) = \frac{1}{2}.$$

这表明, 给定初始条件 $B(s) = x$, 对于任意的 $t > 0$, 布朗运动在 $s + t$ 时刻的位置高于或低于初始位置的概率相等, 均为 1/2, 此即布朗运动的对称性.

下面的定理给出了标准布朗运动有限维分布的概率密度.

定理 2.13 设 $\{B(t), t \geqslant 0\}$ 是一个布朗运动, 且 $B(0) = 0$, 则对于任意给定的正整数 n, 以及任取的 $0 < t_1 < t_2 < \cdots < t_n$, $(B(t_1), B(t_2), \cdots, B(t_n))$ 的联合概率密度函数为

$$f(\boldsymbol{x};\ \boldsymbol{t}) = \prod_{i=1}^{n} p(x_i - x_{i-1};\ t_i - t_{i-1}),$$

其中, $\boldsymbol{x} = (x_1, x_2, \cdots, x_n)$, $\boldsymbol{t} = (t_1, t_2, \cdots, t_n)$, $x_0 = 0$, $t_0 = 0$, $p(x;\ t) = \dfrac{1}{\sqrt{2\pi t}} \exp\left\{ -\dfrac{x^2}{2t} \right\}$.

证明 记 $Z_k = B(t_k) - B(t_{k-1})$, $1 \leqslant k \leqslant n$, 则根据布朗运动的独立增量性和正态增量性知, $Z_1, Z_2, \cdots, Z_n$ 相互独立, 且 $Z_k \sim N(0,\ t_k - t_{k-1})$. 从而, Z_k, $1 \leqslant k \leqslant n$, 的联合概率密度为

$$h(\boldsymbol{z};\ \boldsymbol{t}) = \prod_{k=1}^{n} \frac{1}{\sqrt{2\pi(t_k - t_{k-1})}} \exp\left\{ -\frac{z_k^2}{2(t_k - t_{k-1})} \right\},$$

其中, $\boldsymbol{z} = (z_1, z_2, \cdots, z_n)$. 由于 $B(t_m) = \sum_{i=1}^{m} Z_i$, $1 \leqslant m \leqslant n$, 利用定理 1.4 的一般形式, 得 $(B(t_1), B(t_2), \cdots, B(t_n))$ 的联合概率密度函数为

$$f(\boldsymbol{x},\ \boldsymbol{t}) = h(\boldsymbol{z};\ \boldsymbol{t})|\boldsymbol{J}|,$$

其中

$$\boldsymbol{J} = \begin{pmatrix} 1 & 0 & 0 & \cdots & 0 & 0 \\ -1 & 1 & 0 & \cdots & 0 & 0 \\ 0 & -1 & 1 & \cdots & 0 & 0 \\ \vdots & \vdots & \vdots & & \vdots & \vdots \\ 0 & 0 & 0 & \cdots & -1 & 1 \end{pmatrix},$$

所以

$$\begin{aligned} f(\boldsymbol{x};\ \boldsymbol{t}) &= \prod_{k=1}^{n} \frac{1}{\sqrt{2\pi(t_k - t_{k-1})}} \exp\left\{ -\frac{(x_k - x_{k-1})^2}{2(t_k - t_{k-1})} \right\} \\ &= \prod_{k=1}^{n} p(x_k - x_{k-1};\ t_k - t_{k-1}). \quad \square \end{aligned}$$

例 2.16 设 $\{B(t), t \geqslant 0\}$ 是一个布朗运动, 且 $B(0) = 0$, 试求: (1) $P(B(2) \leqslant 0)$; (2) $P(B(t) \leqslant 0,\ t = 0, 1, 2)$.

解　(1) 根据题意知, $B(2)$ 是一个期望为 0、方差为 2 的正态分布随机变量, 所以

$$P(B(2) \leqslant 0) = 1/2.$$

(2) 设 $\Phi(x), \phi(x)$ 分别是标准正态分布函数和其密度函数, 则

$$
\begin{aligned}
& P(B(t) \leqslant 0,\ t = 0, 1, 2) \\
= &\, P(B(0) \leqslant 0, B(1) \leqslant 0, B(2) \leqslant 0) \\
= &\, P(B(1) \leqslant 0, B(2) \leqslant 0) \\
= &\, \int_{-\infty}^{0} \int_{-\infty}^{0} \frac{1}{\sqrt{2\pi}} \exp\left\{ -\frac{x_1^2}{2} \right\} \frac{1}{\sqrt{2\pi}} \exp\left\{ -\frac{(x_2 - x_1)^2}{2} \right\} \mathrm{d}x_1 \mathrm{d}x_2 \\
= &\, \frac{1}{\sqrt{2\pi}} \int_{-\infty}^{0} \exp\left\{ -\frac{x_1^2}{2} \right\} \mathrm{d}x_1 \frac{1}{\sqrt{2\pi}} \int_{-\infty}^{-x_1} \exp\left\{ -\frac{u^2}{2} \right\} \mathrm{d}u \\
= &\, \int_{-\infty}^{0} \Phi(-x_1) \phi(x_1) \mathrm{d}x_1 = \int_{0}^{\infty} \Phi(x_1) \phi(-x_1) \mathrm{d}x_1 \\
= &\, \int_{0}^{\infty} \Phi(x_1) \mathrm{d}\Phi(x_1) = \frac{3}{8}.
\end{aligned}
$$

回顾正态过程的定义, 并结合定理 2.13, 我们有如下布朗运动与正态过程的关系.

定理 2.14　一个起始位置为零的随机过程 $\{B(t), t \geqslant 0\}$ 是一个布朗运动的充分必要条件是它为一个轨道连续的正态过程, 且满足

$$\mathrm{E}[B(t)] = 0, \quad \mathrm{E}[B(t)B(s)] = s, \quad t \geqslant s \geqslant 0. \tag{2.13}$$

证明　**先证必要性**　由定理 2.13 知, $\{B(t), t \geqslant 0\}$ 是正态过程, 且显然轨道连续, $\mathrm{E}[B(t)] = 0$. 对于任意 $t \geqslant s \geqslant 0$,

$$
\begin{aligned}
\mathrm{E}[B(t)B(s)] &= \mathrm{E}[(B(t) - B(s) + B(s))B(s)] \\
&= \mathrm{E}[(B(t) - B(s))B(s)] + \mathrm{E}[B^2(s)] \\
&= \mathrm{E}[B(t) - B(s)]\mathrm{E}[B(s)] + s = s.
\end{aligned}
$$

必要性得证.

再证充分性　由 (2.13) 得, 对于任意 $t \geqslant s \geqslant 0$,

$$\mathrm{E}[B(t) - B(s)] = \mathrm{E}[B(t)] - \mathrm{E}[B(s)] = 0,$$

$$\mathrm{E}[B(t) - B(s)]^2 = \mathrm{E}[B(t)^2] + \mathrm{E}[B(s)^2] - 2\mathrm{E}[B(t)B(s)] = t + s - 2s = t - s.$$

对于任意 $0 \leqslant t_1 < t_2 \leqslant t_3 < t_4$,

$$\mathrm{E}[B(t_2) - B(t_1)][B(t_4) - B(t_3)]$$
$$= \mathrm{E}[B(t_2)B(t_4)] - \mathrm{E}[B(t_2)B(t_3)] - \mathrm{E}[B(t_1)B(t_4)] + \mathrm{E}[B(t_1)B(t_3)]$$
$$= t_2 - t_2 - t_1 + t_1 = 0.$$

上式说明, $B(t_2) - B(t_1)$ 与 $B(t_4) - B(t_3)$ 独立, 且 $B(t) - B(s) \sim N(0, \ t-s)$, 即 $\{B(t), t \geqslant 0\}$ 具有独立增量性和正态增量性, 且 $\sigma^2 = 1$, 故它是布朗运动. $\square$

例 2.17 设 $\{B(t), t \geqslant 0\}$ 是一个布朗运动, 且 $B(0) = 0$, 试证明下列过程均为布朗运动:

(1) $\{B(t+a) - B(a), t \geqslant 0\}, \forall a \geqslant 0$;   (2) $\left\{\dfrac{1}{\sqrt{\lambda}}B(\lambda t), t \geqslant 0\right\}, \forall \lambda > 0$.

证明 只证 (1), (2) 的证明完全类似, 留作练习. 因为 $\{B(t), t \geqslant 0\}$ 是一个布朗运动, 所以 $\{B(t+a) - B(a), t \geqslant 0\}$ 是一个正态过程, 且 $B(0+a) - B(a) = 0$. 又因为

$$\mathrm{E}[B(t+a) - B(a)] = \mathrm{E}[B(t+a)] - \mathrm{E}[B(a)] = 0, \quad \forall t > 0;$$

且

$$\mathrm{E}[B(t+a) - B(a)][B(s+a) - B(a)] = s + a - a - a + a = s, \quad \forall t > s \geqslant 0,$$

所以根据定理 2.14, $\{B(t+a) - B(a), t \geqslant 0\}$ 是一个布朗运动. $\square$

2.3.2 首中时

在本小节里, 我们将讨论首中时的分布.

定义 2.15 设 $\{B(t), t \geqslant 0\}$ 是布朗运动, 且 $B(0) = 0$. 任意给定 $a \in \mathbb{R}$, 称

$$T_a = \inf\{t | t \geqslant 0, B(t) = a\}$$

为 a 的**首中时**或**首达时**, 表示首次击中 a 的时间.

下面, 我们讨论首中时的分布 $P(T_a \leqslant t)$. $\forall t > 0$, 令

$$M_t = \sup_{0 \leqslant s \leqslant t} B(s)$$

表示布朗运动 $B(t)$ 在 $[0, \ t]$ 内的最大值, 则对于任意给定的 $a > 0$, 事件 $\{T_a \leqslant t\}$ 与 $\{M_t \geqslant a\}$ 都表示质点在时间段 $[0, \ t]$ 内到达过 a, 所以

$$\{T_a \leqslant t\} = \{M_t \geqslant a\}.$$

从而

$$P(T_a \leqslant t) = P(M_t \geqslant a).$$

根据布朗运动的对称性知, 在 $T_a \leqslant t$ 的条件下, 即事件 $\{T_a = a\}$ 发生之下, 事件 $\{B(t) \geqslant a\}$ 与 $\{B(t) \leqslant a\}$ 等可能发生 (如图 2.3), 即

$$P(B(t) \geqslant a | T_a \leqslant t) = P(B(t) < a | T_a \leqslant t) = \frac{1}{2}.$$

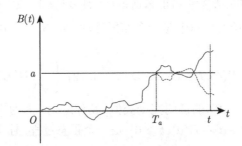

图 2.3　布朗运动的对称性

注意到, $\{B(t) \geqslant a\} \subseteq \{M_t \geqslant a\} = \{T_a \leqslant t\}$, 我们有

$$P(B(t) \geqslant a) = P(B(t) \geqslant a,\ T_a \leqslant t) = P(B(t) \geqslant a | T_a \leqslant t) P(T_a \leqslant t)$$

$$= \frac{1}{2} P(T_a \leqslant t).$$

于是,

$$P(T_a \leqslant t) = \frac{2}{\sqrt{2\pi t}} \int_a^{+\infty} \mathrm{e}^{-\frac{x^2}{2t}} \mathrm{d}x = \sqrt{\frac{2}{\pi}} \int_{a/\sqrt{t}}^{+\infty} \mathrm{e}^{-\frac{x^2}{2}} \mathrm{d}x = 2\left(1 - \Phi\left(\frac{a}{\sqrt{t}}\right)\right),$$

其中, $\Phi(x)$ 为标准正态分布函数. 当 $a < 0$ 时, 由布朗运动的对称性知, $P(T_a \leqslant t) = P(T_{-a} \leqslant t)$. 所以对于任意实数 a,

$$P(T_a \leqslant t) = P(T_{|a|} \leqslant t) = 2[1 - \Phi(|a|/\sqrt{t})]. \tag{2.14}$$

利用 (2.14), 我们能够得到首中时的两个重要性质:

(1) 对于 $\forall a$, 布朗运动最终到达 a 的概率为 1, 即 $P(T_a < \infty) = 1$;

(2) 布朗运动到达 a 的平均时间是无穷大, 即 $\mathrm{E}T_a = +\infty$.

证明　(1) 根据 (2.14), 得

$$P(T_a < \infty) = \lim_{t \to \infty} P(T_a \leqslant t) = 2[1 - \Phi(0)] = 1.$$

(2) 根据 (2.14) 并交换积分次序, 得

$$
\mathrm{E}(T_a) = \int_0^\infty P(T_a > t)\mathrm{d}t = \frac{2}{\sqrt{2\pi}} \int_0^\infty \int_0^{|a|/\sqrt{t}} \mathrm{e}^{-\frac{x^2}{2}} \mathrm{d}x \mathrm{d}t
$$

$$
= \frac{2}{\sqrt{2\pi}} \int_0^\infty \left(\int_0^{a^2/x^2} \mathrm{d}t \right) \mathrm{e}^{-\frac{x^2}{2}} \mathrm{d}x = \frac{2a^2}{\sqrt{2\pi}} \int_0^\infty \frac{1}{x^2} \mathrm{e}^{-\frac{x^2}{2}} \mathrm{d}x
$$

$$
\geqslant \frac{2a^2}{\sqrt{2\pi}} \int_0^1 \frac{1}{x^2} \mathrm{e}^{-\frac{x^2}{2}} \mathrm{d}x \geqslant \frac{2a^2 \mathrm{e}^{-\frac{1}{2}}}{\sqrt{2\pi}} \int_0^1 \frac{1}{x^2} \mathrm{d}x = +\infty. \quad \square
$$

2.3.3 反正弦律

设 $Z(a,\ a+b]$ 表示作布朗运动的质点在时间段 $(a,\ a+b]$ 内访问 0 的次数, 则事件 $\{Z(a,\ a+b] \geqslant 1\}$ 表示作布朗运动的质点在时间段 $(a,\ a+b]$ 内访问过 0 至少一次. 对于起点为 0 的标准布朗运动 $\{B(t),\ t \geqslant 0\}$ 来讲, 我们有

$$
P\big(Z(a,\ a+b] \geqslant 1 \big| B(a) = x\big) = P\big(Z(0,\ b] \geqslant 1 \big| B(0) = x\big),
$$

而且

$$
P\big(Z(0,\ b] \geqslant 1 \big| B(0) = x\big) = P\big(T_{-x} \leqslant b \big| B(0) = 0\big) = P\big(T_{-x} \leqslant b\big).
$$

再注意到 T_{-x} 与 T_x 同分布, 以及 (2.14), 我们得

$$
P\big(Z(a,\ a+b] \geqslant 1 \big| B(a) = x\big) = P(T_x \leqslant b) = 2P(B(b) \geqslant |x|).
$$

现在, 我们根据 (1.7) 和 $B(a) \sim N(0,\ a)$, 得到

$$
P\big(Z(a,\ a+b] \geqslant 1\big) = \frac{1}{\sqrt{2\pi a}} \int_{-\infty}^\infty P\big(Z(a,\ a+b] \geqslant 1 \big| B(a) = x\big) \mathrm{e}^{-x^2/(2a)} \mathrm{d}x
$$

$$
= \frac{2}{\sqrt{2\pi a}} \int_{-\infty}^\infty P(B(b) \geqslant |x|) \mathrm{e}^{-x^2/(2a)} \mathrm{d}x
$$

$$
= \frac{2}{\pi\sqrt{ab}} \int_0^{+\infty} \left(\int_x^\infty \mathrm{e}^{-y^2/(2b)} \mathrm{d}y \right) \mathrm{e}^{-x^2/(2a)} \mathrm{d}x.
$$

作变换

$$
\begin{cases}
x = \sqrt{2a}\, r \cos\theta, \\
y = \sqrt{2b}\, r \sin\theta,
\end{cases}
$$

得到

$$
P\big(Z(a,\ a+b] \geqslant 1\big) = \frac{4}{\pi} \int_0^\infty \exp(-r^2) r \mathrm{d}r \int_{\arcsin\sqrt{\frac{a}{a+b}}}^{\pi/2} \mathrm{d}\theta
$$

$$= 1 - \frac{2}{\pi} \arcsin \sqrt{\frac{a}{a+b}}.$$

于是, 由上式得

$$P\big(Z(tx, \ t] = 0\big) = \frac{2}{\pi} \arcsin \sqrt{x},$$

其中, $t > 0$, $x \in (0, 1)$. 我们称上述公式为布朗运动的**反正弦律**. 它表明在时间区间 $(tx, \ t]$ 内质点没有访问 0 的概率是 $\dfrac{2}{\pi} \arcsin \sqrt{x}$.

2.3.4   布朗运动的几种变化

本小节给出布朗运动在应用中很常见的几种变化. 这里仅仅利用布朗运动的性质给出最基本的一些结果.

1. 有吸收值的布朗运动

定义 2.16   设 T_x 是起始位置为零布朗运动 $\{B(t), t \geqslant 0\}$ 首次击中 $x \ (> 0)$ 的时刻. 令

$$\zeta(t) = \begin{cases} B(t), & \text{若 } t < T_x, \\ x, & \text{若 } t \geqslant T_x, \end{cases}$$

则 $\{\zeta(t), \ t \geqslant 0\}$ 是击中 x 后, 永远停留在 x 处的布朗运动. 我们称随机过程 $\{\zeta(t), \ t \geqslant 0\}$ 为**有吸收值的布朗运动**.

在 t 时刻, 随机变量 $\zeta(t)$ 的分布由离散和连续两个部分. 离散部分是

$$P(\zeta(t) = x) = P(T_x \leqslant t) = \frac{2}{\sqrt{2\pi t}} \int_x^\infty \mathrm{e}^{-\frac{u^2}{2t}} \, \mathrm{d}u.$$

下面求连续部分的分布. 对于任意 $v \leqslant x$, 有

$$P(\zeta(t) \leqslant v) = P\Big(B(t) \leqslant v, \ \max_{0 \leqslant s \leqslant t} B(s) < x\Big)$$

$$= P(B(t) \leqslant v) - P\Big(B(t) \leqslant v, \ \max_{0 \leqslant s \leqslant t} B(s) \geqslant x\Big). \qquad (2.15)$$

根据条件概率公式, (2.15) 式的最后一项得

$$P\Big(B(t) \leqslant v, \ \max_{0 \leqslant s \leqslant t} B(s) \geqslant x\Big)$$

$$= P\Big(B(t) \leqslant v \Big| \max_{0 \leqslant s \leqslant t} B(s) \geqslant x\Big) P\Big(\max_{0 \leqslant s \leqslant t} B(s) \geqslant x\Big). \qquad (2.16)$$

事件 $\left\{\max\limits_{0\leqslant s\leqslant t} B(s) \geqslant x\right\} = \{T_x \leqslant t\}$ 表明 $B(t)$ 在时刻 T_x $(\leqslant t)$ 击中 x. 如果 $B(t)$ 在时刻 t 处小于等于 v, 那么在 T_x 之后的 $t - T_x$ 这段时间中就必须减少 $x - v$. 而根据布朗运动的对称性可知, 减少与增加 $x - v$ 的概率是相等的, 所以

$$P\left(B(t) \leqslant v \,\middle|\, \max_{0\leqslant s\leqslant t} B(s) \geqslant x\right) = P\left(B(t) \geqslant 2x - v \,\middle|\, \max_{0\leqslant s\leqslant t} B(s) \geqslant x\right). \quad (2.17)$$

由 (2.16) 和 (2.17) 以及 $v \leqslant x$ 知,

$$P\left(B(t) \leqslant v,\ \max_{0\leqslant s\leqslant t} B(s) \geqslant x\right) = P\left(B(t) \geqslant 2x - v,\ \max_{0\leqslant s\leqslant t} B(s) \geqslant x\right)$$
$$= P(B(t) \geqslant 2x - v). \quad (2.18)$$

将 (2.18) 代入 (2.15), 再由布朗运动的对称性得

$$P(\zeta(t) \leqslant v) = P(B(t) \leqslant v) - P(B(t) \geqslant 2x - v)$$
$$= P(B(t) \leqslant v) - P(B(t) \leqslant v - 2x)$$
$$= \frac{1}{\sqrt{2\pi t}} \int_{v-2x}^{v} \mathrm{e}^{-\frac{u^2}{2t}} \mathrm{d}u.$$

2. 布朗桥

布朗桥在数理金融分析中是很重要的工具, 其定义如下.

定义 2.17　设 $\{B(t), t \geqslant 0\}$ 是一个布朗运动, 且 $B(0) = 0$, 称随机过程 $\{\widetilde{B}(t), 0 \leqslant t \leqslant 1\}$ 为**布朗桥**, 如果它满足

$$\widetilde{B}(t) = B(t) - tB(1), \quad 0 \leqslant t \leqslant 1.$$

从布朗桥的定义, 我们马上可以看到 $\widetilde{B}(0) = \widetilde{B}(1) = 0$, 即布朗桥必然经过点 $(0, 0)$ 和 $(1, 0)$, 其图像仿佛两端固定的桥梁 (如图 2.4), 因而称之为布朗桥.

图 2.4　布朗桥示意图

布朗运动是正态过程, 因此布朗桥也是正态过程, 故其有限维分布完全由它的均值函数和方差函数决定. 现在计算它的一阶矩和协方差函数: 对于任意的 $0 \leqslant$

$s \leqslant t \leqslant 1$, 有

$$\mathrm{E}[\widetilde{B}(t)] = \mathrm{E}[B(t)] - t\mathrm{E}[B(1)] = 0,$$

$$
\begin{aligned}
\mathrm{Cov}[\widetilde{B}(s),\ \widetilde{B}(t)] &= \mathrm{E}[(B(s) - sB(1))(B(t) - tB(1))] \\
&= \mathrm{E}[B(s)B(t)] - t\mathrm{E}[B(s)B(1)] - s\mathrm{E}[B(t)B(1)] + st\mathrm{E}[B^2(1)] \\
&= s - ts - st + st = s(1 - t).
\end{aligned}
$$

3. 在原点反射的布朗运动

定义 2.18　设 $\{B(t), t \geqslant 0\}$ 是一个布朗运动, 称 $\{X(t) = |B(t)|, t \geqslant 0\}$ 为在原点反射的布朗运动.

对于任意的 $x > 0, t \geqslant 0$, $X(t)$ 的概率分布为

$$
\begin{aligned}
P(X(t) \leqslant x) &= P(B(t) \leqslant x) - P(B(t) \leqslant -x) = 2P(B(t) \leqslant x) - 1 \\
&= \frac{2}{\sqrt{2\pi t}} \int_{-\infty}^{x} \mathrm{e}^{-\frac{x^2}{2t}} \mathrm{d}x - 1.
\end{aligned}
$$

4. 几何布朗运动

定义 2.19　设 $\{B(t), t \geqslant 0\}$ 是一个布朗运动, 称 $\{Y(t) = \mathrm{e}^{B(t)}, t \geqslant 0\}$ 为几何布朗运动.

容易计算得 $\mathrm{E}(\mathrm{e}^{sB(t)}) = \mathrm{e}^{ts^2/2}$, 从而得几何布朗运动的均值函数与方差函数分别为

$$\mathrm{E}[Y(t)] = \mathrm{E}[\mathrm{e}^{B(t)}] = \mathrm{e}^{t/2};$$

$$\mathrm{Var}[Y(t)] = \mathrm{E}[Y^2(t)] - [\mathrm{E}Y(t)]^2 = \mathrm{E}[\mathrm{e}^{2B(t)}] - \mathrm{e}^{t} = \mathrm{e}^{2t} - \mathrm{e}^{t}.$$

例 2.18　股票期权的价值　设某人拥有某种股票的交割时刻为 t、交割价格为 P 的欧式看涨期权, 即此人具有在时刻 t 以固定的价格 P 购买一股这种股票的权力 (欧式期权的相关概念参见 6.2 节). 假设这种股票目前的价格为 a, 并按照几何布朗运动变化, 试计算拥有这个期权的平均价值.

解　设 $X(t)$ 表示时刻 t 的股票价格. 若 $X(t)$ 高于 P 时, 期权将被实施, 因此该期权在时刻 t 的平均价值为

$$
\begin{aligned}
\mathrm{E}[\max(X(t) - P,\ 0)] &= \int_0^{\infty} P(X(t) - P > u)\mathrm{d}u \\
&= \int_0^{\infty} P(a\mathrm{e}^{B(t)} - P > u)\mathrm{d}u
\end{aligned}
$$

$$= \int_0^\infty P\left(B(t) > \log \frac{P+u}{a}\right) \mathrm{d}u$$

$$= \frac{1}{\sqrt{2\pi t}} \int_0^\infty \int_{\log[(P+u)/a]}^\infty \mathrm{e}^{-x^2/2t} \mathrm{d}x \mathrm{d}u.$$

习 题 2.3

1. 设 $\{B(t), t \geqslant 0\}$ 是布朗运动, $B(0) = 0$.

(1) 求 $\sum_{k=1}^n B(k)$;

(2) 试证明: $\left\{X(t) = tB\left(\dfrac{1}{t}\right),\ t \geqslant 0\right\}$ 为布朗运动.

2. 设 $\{B(t), t \geqslant 0\}$ 是布朗运动, 计算条件概率 $P(B(2) > 0|B(1) > 0)$, 并判断事件 $\{B(2) > 0\}$ 与 $\{B(1) > 0\}$ 是否独立.

3. 设 $\{B_i(t), t \geqslant 0\}, i = 1, 2$, 是两个互相独立的布朗运动, 试证明: $\{X(t) = \dfrac{1}{\sqrt{2}}(B_1(t) - B_2(t)), t \geqslant 0\}$ 是布朗运动.

4. 设 $\{B(t), t \geqslant 0\}$ 是布朗运动, $B(0) = 0$, 计算概率

$$P(M_t > a|M_t = B(t)),$$

其中, $M_t = \sup\limits_{0 \leqslant s \leqslant t} B(s)$.

5. (1) 设 $\{B(t), t \geqslant 0\}$ 是布朗运动, $B(0) = 0$, 试证明: $\left\{X(t) = (1-t)B\left(\dfrac{t}{1-t}\right),\ 0 \leqslant t \leqslant 1\right\}$ 是布朗桥.

(2) 设 $\{X(t),\ 0 \leqslant t \leqslant 1\}$ 是布朗桥, 试证明: $\left\{B(t) = (1+t)X\left(\dfrac{t}{1+t}\right),\ t \geqslant 0\right\}$ 是一个布朗运动.

6. 设 $\{B(t), t \geqslant 0\}$ 是布朗运动, $B(0) = 0$. 定义带漂移系数 μ 的布朗运动如下:

$$W(t) = B(t) + \mu t, \quad t \geqslant 0.$$

对于 $x > 0$, 证明当 $t \to 0$ 时, $P\left(\sup\limits_{0 \leqslant s \leqslant t} |W(s)| > x\right) = o(t)$.

第3章

马尔可夫链

第3章课件

3.1 马尔可夫链及其转移概率

马尔可夫链最初由马尔可夫于 1906 年开始研究而得名. 如今, 马尔可夫链的研究已经发展得较为系统和深入, 成为重要的随机过程, 在自然科学、工程技术和经济管理的各个领域中都有广泛的应用.

本章主要介绍离散时间马尔可夫链, 即指标集 T 为非负整数集, 且状态空间 S 为正整数集或其子集的马尔可夫过程. 为了方便叙述, 我们规定, 在本章中所有的随机变量都定义在同一概率空间 $(\Omega, \mathcal{F}, P)$ 中.

3.1.1 基本概念

定义 3.1 设 $\{X_n, n \geqslant 0\}$ 是一个指标集和状态空间均离散的随机过程. 如果对于任意给定的 $n \in \mathbb{N}_0, i_0, i_1, \cdots, i_n, i_{n+1} \in S$, 以及 $P(X_0 = i_0, X_1 = i_1, \cdots, X_n = i_n) > 0$, 有

$$P(X_{n+1} = i_{n+1}|X_0 = i_0, X_1 = i_1, \cdots, X_n = i_n) = P(X_{n+1} = i_{n+1}|X_n = i_n),$$

则称其为**马尔可夫链**, 或简称为**马氏链**.

定义 3.1 从概率角度表明, 随机过程 $\{X_n, n \geqslant 0\}$ 的 "下一状态" X_{n+1} 仅依赖于 "现在状态" X_n, 而与 "过去状态" $X_0, X_1, \cdots, X_{n-1}$ 无关. 这种性质称作随机过程的**马尔可夫性**或**马氏性**.

定义 3.2 设 $\{X_n, n \geqslant 0\}$ 是状态空间为 S 的马氏链, $\forall i, j \in S$, 称

$$p_{ij}(n) = P(X_{n+1} = j|X_n = i)$$

为马氏链 $\{X_n, n \geqslant 0\}$ 在 n 时刻的 **1 步转移概率**. 一般来讲, 上式的条件概率随着 n 的变化而变化, 但在本章中我们仅讨论它与 n 无关的马氏链, 即 $p_{ij}(n) \equiv p_{ij}$, 此时, 我们称 $\{X_n, n \geqslant 0\}$ 为**齐次马尔可夫链**, 或简称为**齐次马氏链**. 以后, 如果没有特别说明, 本书中的马氏链均为齐次马氏链.

设

$$
\boldsymbol{P} = \begin{pmatrix} p_{11} & p_{12} & p_{13} & \cdots \\ p_{21} & p_{22} & p_{23} & \cdots \\ p_{31} & p_{32} & p_{33} & \cdots \\ \vdots & \vdots & \vdots & \ddots \end{pmatrix},
$$

则称 $\boldsymbol{P}$ 为齐次马氏链 $\{X_n, n \geqslant 0\}$ 的 **1 步转移概率矩阵**, 简称为**转移矩阵**. 显然, 转移矩阵 $\boldsymbol{P}$ 中的所有元素非负, 且每一行的所有元素之和为 1.

下面, 举几个马氏链的例子.

例 3.1 某地销售 $1, 2, 3, 4$ 四种啤酒. 据某项调查表明, 消费者购买哪一种啤酒, 仅与前一次购买的啤酒种类有关, 而与这之前购买的啤酒种类无关. 现在, 用 X_0 表示某消费者最初所买啤酒的种类, 用 $X_1, X_2, \cdots$ 分别表示这之后所买啤酒的种类, 则 $\{X_n, n = 0, 1, 2, \cdots\}$ 为一马尔可夫链, 其状态空间 $S = \{1, 2, 3, 4\}$. 调查还表明, 其各个状态的转移概率构成的转移矩阵为

$$
\boldsymbol{P} = \begin{pmatrix} 0.90 & 0.05 & 0.03 & 0.02 \\ 0.10 & 0.80 & 0.05 & 005 \\ 0.08 & 0.10 & 0.80 & 0.02 \\ 0.10 & 0.10 & 0.10 & 0.70 \end{pmatrix}.
$$

在这个问题中, 我们感兴趣的是这四种啤酒的市场占有率随着时间的推移而发生的变化. 关于它, 在 3.4 节中将进行具体讨论.

例 3.2 设一个质点在直线的整数点上作**简单随机游动**: 质点一旦到达某状态后, 下次向右移动一步的概率是 p, 向左移动一步的概率是 $q = 1 - p, pq > 0$. 现在用 X_0 表示质点的初始状态, 用 X_n 表示质点在时刻 n 的状态, 则 $\{X_n, n = 0, 1, 2, \cdots\}$ 为一马尔可夫链, 并且 1 步转移概率为

$$
\begin{cases} p_{i,i-1} = P(X_{n+1} = i - 1 | X_n = i) = q, \\ p_{i,i+1} = P(X_{n+1} = i + 1 | X_n = i) = p. \end{cases}
$$

例 3.3 设质点在状态 $\{1, 2, \cdots, n - 1\}$ 中按例 3.2 中的规律作简单随机游动, 但是质点一旦到达状态 n 或状态 0 后将永远停留在 n 或 0. 习惯上, 称此随

机游动为**带吸收壁的简单随机游动**. 用 X_0 表示质点的初始状态, 用 X_n 表示质点在时刻 n 的状态, 则 $\{X_n, n = 0, 1, 2, \cdots\}$ 为一马尔可夫链, 并且 1 步转移概率为

$$p_{ij} = \begin{cases} q, & \text{当 } 1 \leqslant i \leqslant n-1, \ j = i-1, \\ p, & \text{当 } 1 \leqslant i \leqslant n-1, \ j = i+1, \\ 1, & \text{当 } (i,j) = (0,0) \text{ 或 } (i,j) = (n,n), \\ 0, & \text{其他.} \end{cases}$$

于是, 它的转移矩阵为

$$\boldsymbol{P} = \begin{pmatrix} 1 & 0 & 0 & 0 & 0 & \cdots & 0 \\ q & 0 & p & 0 & 0 & \cdots & 0 \\ 0 & q & 0 & p & 0 & \cdots & 0 \\ \vdots & \vdots & \vdots & \vdots & \vdots & \ddots & \vdots \\ 0 & 0 & 0 & 0 & 0 & \cdots & 1 \end{pmatrix}.$$

上述转移矩阵也可以用来描述如下赌博过程: 赌徒甲有本金 X_0 元, 计划赢得 n 元或输光后停止赌博. 假设他每局赢的概率是 p, 每局输赢都是一元钱, 用 X_n 表示赌 n 局后甲手中的赌资, 则 $\{X_n, n = 0, 1, 2, \cdots\}$ 为一马尔可夫链, 并且具有上述形式的转移矩阵.

3.1.2 查普曼–科尔莫戈罗夫方程

下面, 我们讨论转移矩阵的性质.

定义 3.3 设 $\{X_n, n \geqslant 0\}$ 是状态空间为 S 的马氏链, $\boldsymbol{P} = (p_{ij})$ 是它的转移矩阵, 即 $p_{ij} = P(X_{n+1} = j | X_n = i)$. 记 $\pi_i(n) = P(X_n = i)$, 称

$$\boldsymbol{\pi}(n) = (\pi_1(n), \pi_2(n), \cdots, \pi_i(n), \cdots)$$

为 n 时刻马氏链 $\{X_n, n \geqslant 0\}$ 的**概率分布向量**. 称 $\boldsymbol{\pi}(0) = (\pi_1(0), \pi_2(0), \cdots, \pi_i(0), \cdots)$ 为马氏链的 $\{X_n, n \geqslant 0\}$ **初始分布向量**.

在下面, 我们将会看到一个马氏链的概率特性完全由它的 1 步转移概率矩阵 $\boldsymbol{P}$ 和初始分布向量 $\boldsymbol{\pi}(0)$ 决定. 这是因为, 一方面, $\forall n \in \mathbb{N}_0$, 以及 $i_0, i_1, \cdots, i_n \in S$,

$$P(X_0 = i_0, X_1 = i_1, \cdots, X_n = i_n)$$
$$= P(X_0 = i_0)P(X_1 = i_1 | X_0 = i_0)P(X_2 = i_2 | X_0 = i_0, X_1 = i_1) \times \cdots$$
$$\times P(X_n = i_n | X_0 = i_0, X_1 = i_1, \cdots, X_{n-1} = i_{n-1})$$

$$= P(X_0 = i_0)P(X_1 = i_1 | X_0 = i_0)P(X_2 = i_2 | X_1 = i_1)$$

$$\times \cdots \times P(X_n = i_n | X_{n-1} = i_{n-1})$$

$$= \pi_{i_0}(0)p_{i_0 i_1}p_{i_1 i_2} \cdots p_{i_{n-1} i_n},$$

即

$$P(X_0 = i_0, X_1 = i_1, \cdots, X_n = i_n) = \pi_{i_0}(0)p_{i_0 i_1}p_{i_1 i_2} \cdots p_{i_{n-1} i_n}.$$

上式表明, 马氏链的有限维分布由它的初始分布和 1 步转移概率决定.

另一方面,

$$\boldsymbol{\pi}(n+1) = \boldsymbol{\pi}(n)\boldsymbol{P}, \tag{3.1}$$

进而

$$\boldsymbol{\pi}(n) = \boldsymbol{\pi}(0)\boldsymbol{P}^n, \tag{3.2}$$

其中 $\boldsymbol{P}^n$ 是 $\boldsymbol{P}$ 的 n 次幂.

下面, 我们证明 (3.1) 和 (3.2) 式. 因为

$$\{X_{n+1} = j\} = \bigcup_{i \in S}\{X_n = i, X_{n+1} = j\},$$

所以

$$P(X_{n+1} = j) = \sum_{i \in S} P(X_n = i, X_{n+1} = j)$$

$$= \sum_{i \in S} P(X_n = i)P(X_{n+1} = j | X_n = i)$$

$$= \sum_{i \in S} \pi_i(n)p_{ij}. \tag{3.3}$$

将 (3.3) 式写成向量形式就得到 (3.1) 式. 反复迭代 (3.1) 式即得 (3.2) 式. (3.1) 和 (3.2) 式进一步表明, 马氏链的概率性质完全由它的初始分布向量 $\boldsymbol{\pi}(0)$ 和转移矩阵 $\boldsymbol{P}$ 决定.

定义 3.4 设 $\{X_n, n \geqslant 0\}$ 是状态空间为 S 的马氏链. 称条件概率

$$p_{ij}^{(n)} = P(X_{m+n} = j | X_m = i), \quad i, j \in S, \ m \geqslant 0, \ n \geqslant 1,$$

为马尔可夫链的 n **步转移概率**, 相应地称 $\boldsymbol{P}^{(n)} = (p_{ij}^{(n)})$ 为 n **步转移矩阵**.

显然, 当 $n = 1$ 时, 相应的 n 步转移概率和 n 步转移矩阵便是前面所讲的 1 步转移概率和 1 步转移矩阵. 此外, 我们规定 $p_{ij}^{(0)} = 0$, $i \neq j$; $p_{ij}^{(0)} = 1$, $i = j$.

n 步转移概率 $p_{ij}^{(n)}$ 顾名思义, 就是系统从状态 i 出发经过 n 步后转移到 j 的概率, 它对中间的 $n - 1$ 步转移经过的状态无要求. 下面的定理给出了 n 步转移概率满足的关系.

定理 3.1 (查普曼–科尔莫戈罗夫方程)　设 $\{X_n, n \geqslant 0\}$ 是状态空间为 S 的马氏链, 则对于任意的 $m, n \in \mathbb{N}_0$, 以及 $i, j \in S$, 有

$$p_{ij}^{(m+n)} = \sum_{k \in S} p_{ik}^{(m)} p_{kj}^{(n)}, \tag{3.4}$$

或写成矩阵形式

$$\boldsymbol{P}^{(m+n)} = \boldsymbol{P}^{(m)} \boldsymbol{P}^{(n)}. \tag{3.5}$$

特别地, $\boldsymbol{P}^{(n)} = \boldsymbol{P}^n$.

证明　因为

$$\{X_0 = i, X_{m+n} = j\} = \bigcup_{k \in S} \{X_0 = i, X_m = k, X_{m+n} = j\},$$

所以

$$
\begin{aligned}
P(X_{m+n} = j | X_0 = i) &= \frac{P(X_0 = i, X_{m+n} = j)}{P(X_0 = i)} \\
&= \frac{\sum_{k \in S} P(X_0 = i, X_m = k, X_{m+n} = j)}{P(X_0 = i)} \\
&= \sum_{k \in S} P(X_m = k | X_0 = i) P(X_{m+n} = j | X_0 = i, X_m = k) \\
&= \sum_{k \in S} P(X_m = k | X_0 = i) P(X_{m+n} = j | X_m = k) \\
&= \sum_{k \in S} p_{ik}^{(m)} p_{kj}^{(n)},
\end{aligned}
$$

从而

$$p_{ij}^{(m+n)} = \sum_{k \in S} p_{ik}^{(m)} p_{kj}^{(n)}.$$

公式 (3.4) 得证. 将 (3.4) 式写成矩阵形式就是 (3.5) 式.

特别地, 在 (3.5) 式中, 令 $m = n = 1$, 则得 $\boldsymbol{P}^{(2)} = \boldsymbol{P}^{(1)} \boldsymbol{P}^{(1)} = \boldsymbol{P}\boldsymbol{P} = \boldsymbol{P}^2$. 以此类推, 不难看出 $\boldsymbol{P}^{(n)} = \boldsymbol{P}^n$. $\square$

公式 (3.4) 简称为 C–K 方程, 它反映了马尔可夫链运动规律的概率特性.

例 3.4 在例 3.3 中令 $n = 3, p = q = 1/2$. 并假设赌徒甲从 2 元赌金开始赌博. 求: 该赌徒经过 4 次赌博之后输光的概率.

解 所求的概率为 $p_{20}^{(4)} = P(X_4 = 0|X_0 = 2)$. 由于转移矩阵为

$$\boldsymbol{P} = \begin{pmatrix} 1 & 0 & 0 & 0 \\ 1/2 & 0 & 1/2 & 0 \\ 0 & 1/2 & 0 & 1/2 \\ 0 & 0 & 0 & 1 \end{pmatrix},$$

所以

$$\boldsymbol{P}^{(4)} = \boldsymbol{P}^4 = \begin{pmatrix} 1 & 0 & 0 & 0 \\ 5/8 & 1/16 & 0 & 5/16 \\ 5/16 & 0 & 1/16 & 5/8 \\ 0 & 0 & 0 & 1 \end{pmatrix},$$

故由 $\boldsymbol{P}^{(4)}$ 的第 3 行第 1 列得 $p_{20}^{(4)} = 5/16$.

习 题 3.1

1. 设 X 是取整数值的随机变量, $\{X_n, n \geqslant 0\}$ 独立同分布, 且与 X 拥有共同分布. 试证部分和 $S_n = X_0 + X_1 + \cdots + X_n$ $(n \geqslant 0)$ 是马氏链, 并求该马氏链的 1 步转移概率.

2. 设 $\{Z_{n,k}, n \geqslant 0, k \geqslant 1\}$ 是取非负整数值的独立同分布随机变量. X_0 是取正整数值的随机变量, 且与 $\{Z_{n,k}, n \geqslant 0, k \geqslant 1\}$ 独立. 定义

$$X_{n+1} = \sum_{k=1}^{X_n} Z_{n,k}, \quad n \geqslant 0,$$

证明: $\{X_n, n \geqslant 0\}$ 是马氏链, 并且当 $X_0 = 1$ 时, 计算 $\mathrm{E}X_n$.

3. 设整值随机变量序列 $\{X_n, n \geqslant 0\}$ 满足下列两个条件:

(1) 当 $n \geqslant 1$ 时, $X_n = f(X_{n-1}, Z_n)$;

(2) $\{Z_n, n \geqslant 1\}$ 为独立同分布随机变量, 且 X_0 与 $\{Z_n, n \geqslant 1\}$ 相互独立, 则 $\{X_n, n \geqslant 0\}$ 是马尔可夫链, 且其 1 步转移概率为 $p_{ij} = P(f(i, Z_1) = j)$.

4. 设 $\{X_n, n \geqslant 0\}$ 是一个马氏链, 其状态空间 $S = \{a, b, c\}$, 转移概率矩阵为

$$\boldsymbol{P} = \begin{pmatrix} 1/2 & 1/4 & 1/4 \\ 2/3 & 0 & 1/3 \\ 3/5 & 2/5 & 0 \end{pmatrix}.$$

求: (1) $P(X_1 = b, X_2 = c, X_3 = a, X_4 = c, X_5 = a, X_6 = c, X_7 = b|X_0 = c)$;

(2) $P(X_{n+2} = c | X_n = b)$.

5. 设有 $1, 2, \cdots, a$ 共 a 个数字, 从中随机地取一个, 取中的数字用 X_1 表示. 令 X_n 表示从 $1, 2, \cdots, X_{n-1}, n > 1$, 中任取的一个数字. 假定每次的抽取都是等可能的, 试证明: $\{X_n, n \geqslant 1\}$ 为马尔可夫链, 并写出它的转移概率矩阵.

6. 设 $\{X_i, i \geqslant 1\}$ 是独立同分布随机变量序列, 且有 $P(X_1 = k) = p_k > 0, k = 0, 1, 2, \cdots, \sum_{k=0}^{\infty} p_k = 1$. 令 $Z_0 = 0$ 及 $Z_n = \max\{X_1, X_2, \cdots, X_n\}, n \geqslant 1$, 问 $\{Z_n, n \geqslant 0\}$ 是否构成一个马氏链? 若是, 求出 1 步转移矩阵.

7. 设明天是否有雨仅与今天的天气有关, 而与过去的天气无关. 又设今天下雨而明天也下雨的概率为 α, 而今天无雨明天有雨的概率为 β; 规定有雨天气为状态 0, 无雨天气为状态 1. 因此问题是两个状态的马尔可夫链. 设 $\alpha = 0.7, \beta = 0.4$, 求今天有雨且第四天仍有雨的概率.

8. 一质点沿标有整数的直线游动. 设经 1 步由点 i 移到点 $i - 1$ 的概率为 p, 留在点 i 的概率为 q, 移到点 $i + 1$ 的概率为 r, 且 $p + q + r = 1$, 求 1 步转移矩阵与 2 步转移矩阵.

3.2　状态的分类及其性质

本节我们讨论马尔可夫链的状态分类, 并研究它们的性质.

3.2.1　互通

定义 3.5　设 $\{X_n, n \geqslant 0\}$ 是状态空间为 S 的马氏链. 对于状态 $i, j \in S$ 来讲, 如果 $p_{ii} = 1$, 那么称状态 i 是**吸收态**; 如果存在 $n \geqslant 0$, 使得 $p_{ij}^{(n)} > 0$, 那么称状态 i **可达** 状态 j, 记作 $i \to j$; 如果 $i \to j$ 且 $j \to i$, 那么称状态 i 与 状态 j **互通**, 记作 $i \leftrightarrow j$.

例 3.3 中的 0 状态和 n 状态都是吸收态, 即质点一旦到达 0 或 n 就永远停留在那里. $i \to j$ 表示质点从状态 i 出发以正概率到达状态 j; $i \leftrightarrow j$ 表示质点从状态 i 出发以正概率到达状态 j, 并可以正概率返回, 反之亦然. 互通其实是一种等价关系, 即满足

(1) **自反性**　$i \leftrightarrow i$;

(2) **对称性**　若 $i \leftrightarrow j$, 则 $j \leftrightarrow i$;

(3) **传递性**　若 $i \leftrightarrow j, j \leftrightarrow k$, 则 $i \leftrightarrow k$.

按照互通的定义, (1) 和 (2) 显然成立; 要使 (3) 也成立, 只需证 $i \to k$ 且 $k \to i$. 由于 $i \to j, j \to k$, 所以存在非负整数 m, n, 使得 $p_{ij}^{(m)} > 0$ 且 $p_{jk}^{(n)} > 0$ 同时成立. 再根据 C-K 方程得

$$p_{ik}^{(m+n)} = \sum_{l \in S} p_{il}^{(m)} p_{lk}^{(n)} \geqslant p_{ij}^{(m)} p_{jk}^{(n)} > 0,$$

因此 $i \to k$. 反之, 同样可以证明 $k \to i$. 故 (3) 成立.

利用互通这种等价关系可以将所有状态按等价类唯一地进行划分, 即任何两个属于同一类的状态之间是互通的, 任意两个属于不同类的状态之间是不互通.

定义 3.6 如果马尔可夫链只存在一个类, 那么我们称它是**不可约的**, 否则称它为**可约的**.

例 3.5 设一质点在直线上等间隔分布的点上作随机游动: 如果某个时刻质点位于状态 (即位置) i, 那么下一步质点将以概率 p 向右移动一步到状态 $i+1$, 以概率 q 向左移动一步到状态 $i-1$, 或以概率 $r = 1 - p - q$ 停滞在原来的状态 i. 现在设所有状态的集合 $S = \{0, 1, 2, 3, 4\}$, 0 为吸收态, 且当质点到达状态 4 时, 只能以概率 q' 返回到状态 3, 或以概率 $p' = 1 - q'$ 停在状态 4. 用 X_n 表示质点在 n 时刻的状态, 那么 $\{X_n, n \geqslant 0\}$ 为一个马尔可夫链. 试问该马氏链是否可约? 如果它可约, 那么将其划分成等价类.

解 根据题意, 画出该马氏链的如下概率转移图 (见图 3.1).

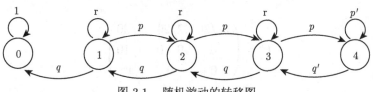

图 3.1 随机游动的转移图

由图 3.1 可以清楚看出, 马氏链 $\{X_n, n \geqslant 0\}$ 有两个等价类 $\{1, 2, 3, 4\}$ 和 $\{0\}$, 因此是可约的.

3.2.2 常返与非常返状态

为了研究状态的常返性, 我们首先给出首达时间和首达概率.

定义 3.7 设 $\{X_n, n \geqslant 0\}$ 是状态空间为 S 的马氏链. $\forall i, j \in S$, 称

$$T_{ij} = \min\{n : n \geqslant 1, X_0 = i, X_n = j\} \tag{3.6}$$

为从状态 i 到状态 j 的**首达时间**.

T_{ij} 表示由状态 i 出发首次到达状态 j 的时间; T_{ii} 表示由状态 i 出发首次返回到状态 i 的时间. 当 (3.6) 右端为空集时, 约定 $T_{ij} = \infty$, 意味着从状态 i 出发永远也不会到达状态 j 了.

定义 3.8 称从状态 i 出发经 n 步首次到达状态 j 的概率

$$f_{ij}^{(n)} = P(T_{ij} = n | X_0 = i) = P(X_n = j, X_k \neq j, 1 \leqslant k \leqslant n-1 | X_0 = i)$$

为从状态 i 到状态 j 的**首达概率**. 称

$$f_{ij} = \sum_{n=1}^{\infty} f_{ij}^{(n)}$$

为从状态 i 出发经有限步首达状态 j 的概率.

显然, 从状态 i 出发经有限步首达状态 j 的概率 $0 \leqslant f_{ij} \leqslant 1$.

定义 3.9   若 $f_{ii} = 1$, 则意味着从状态 i 出发经过有限步必然返回到状态 i, 此时, 我们称状态 i 为**常返状态**; 若 $f_{ii} < 1$, 则意味着从状态 i 出发有可能不再返回到状态 i, 此时, 我们称状态 i 为**非常返状态**或**瞬时状态**.

例 3.6   设系统有三种可能状态 $S = \{1, 2, 3\}$. "1" 表示系统运行良好; "2" 表示系统运行正常; "3" 表示系统失效. 以 X_n 表示系统在时刻 n 的状态, 并设 $\{X_n, n \geqslant 0\}$ 是一个马尔可夫链, 且在没有维修及更换条件下, 其自然转移概率矩阵为

$$\boldsymbol{P} = \begin{pmatrix} 17/20 & 2/20 & 1/20 \\ 0 & 9/10 & 1/10 \\ 0 & 0 & 1 \end{pmatrix},$$

则由 $\boldsymbol{P}$ 可以看出, 从状态 1 或 2 出发经过有限次转移后总要到达状态 3, 而一旦到达状态 3 则将永远停留在状态 3, 所以状态 3 为吸收态, 从而 T_{13} 表示系统的工作寿命, 故

$$f_{13}^{(1)} = P(T_{13} = 1 | X_0 = 1) = p_{13} = \frac{1}{20},$$

$$f_{13}^{(2)} = p_{11}p_{13} + p_{12}p_{23} = \frac{21}{400}, \quad \cdots.$$

由于在一个系统内, $P(T_{13} \geqslant n)$ 表示系统在 $[0, n]$ 内运行的可靠性, 所以研究 $f_{ij}^{(n)}$ 及 T_{ij} 的特性是颇有意义的. 另外, 由于该系统至多经有限步总会被吸收态吸收, 因此由概率背景可直观地得到

$$\lim_{n \to \infty} \boldsymbol{P}^{(n)} = \begin{pmatrix} 0 & 0 & 1 \\ 0 & 0 & 1 \\ 0 & 0 & 1 \end{pmatrix}.$$

可见, 借助概率背景可以解决分析和代数问题.

下面研究转移概率和首达概率的关系.

定理 3.2 设 $\{X_n, n \geqslant 0\}$ 是状态空间为 S 的马氏链, 则 $\forall\, i, j \in S$ 以及正整数 n 有

$$p_{ij}^{(n)} = \sum_{k=1}^{n} f_{ij}^{(k)} p_{jj}^{(n-k)}.$$

证明 令 $A_1 = \{X_1 = j\}$, $A_n = \{X_n = j, X_k \neq j, 1 \leqslant k \leqslant n-1\}$, $n \geqslant 2$, 则 $\{A_n, n \geqslant 1\}$ 互不相容. 因为 $\bigcup_{k=1}^{n} A_k$ 表示前 n 次转移中到达过 j, 所以 $\{X_n = j\} \subseteq \bigcup_{k=1}^{n} A_k$. 由全概率公式得

$$p_{ij}^{(n)} = P(X_n = j | X_0 = i) = \sum_{k=1}^{n} P(A_k | X_0 = i) P(X_n = j | A_k, X_0 = i)$$

$$= \sum_{k=1}^{n} P(A_k | X_0 = i) P(X_n = j | X_k = j) = \sum_{k=1}^{n} f_{ij}^{(k)} p_{jj}^{(n-k)}. \qquad \square$$

定理 3.3 设 $\{X_n, n \geqslant 0\}$ 是状态空间为 S 的马氏链, 则有

(1)

$$\sum_{n=0}^{\infty} p_{ii}^{(n)} = \frac{1}{1 - f_{ii}};$$

(2) i 是常返状态的充分必要条件是

$$\sum_{n=0}^{\infty} p_{ii}^{(n)} = \infty;$$

(3) 如果 i 是常返状态, $i \to j$, 则 $i \leftrightarrow j$, 并且 j 也是常返的.

证明 (1) 根据定理 3.2 得, 对 $n \geqslant 1$, 有

$$p_{ii}^{(n)} \rho^n = \sum_{k=1}^{n} f_{ii}^{(k)} \rho^k p_{ii}^{(n-k)} \rho^{n-k}, \quad \rho \in (0, 1).$$

上式两边对 n 求和得

$$\sum_{n=0}^{\infty} p_{ii}^{(n)} \rho^n = 1 + \sum_{n=1}^{\infty} p_{ii}^{(n)} \rho^n = 1 + \sum_{n=1}^{\infty} \sum_{k=1}^{n} f_{ii}^{(k)} \rho^k p_{ii}^{(n-k)} \rho^{n-k}$$

$$= 1 + \sum_{k=1}^{\infty} \sum_{n=k}^{\infty} f_{ii}^{(k)} \rho^k p_{ii}^{(n-k)} \rho^{n-k} = 1 + \left(\sum_{k=1}^{\infty} f_{ii}^{(k)} \rho^k \right) \left(\sum_{n=0}^{\infty} p_{ii}^{(n)} \rho^n \right).$$

记

$$P(\rho) = \sum_{n=0}^{\infty} p_{ii}^{(n)} \rho^n, \quad F(\rho) = \sum_{k=1}^{\infty} f_{ii}^{(k)} \rho^k,$$

则

$$P(\rho) = 1 + F(\rho)P(\rho),$$

即

$$P(\rho) = \frac{1}{1 - F(\rho)}.$$

令 $\rho \to 1$, 则得 (1).

(2) 由 (1) 直接得出.

(3) 由 $i \to j$, 得到存在正整数 n, 使得 $p_{ij}^{(n)} > 0$. 这说明质点从状态 i 出发经过 n 步可到达状态 j. 而状态 i 是常返的, 因此, 当状态 i 到达到状态 j 后, 必然以概率 1 返回状态 i, 故 $i \leftrightarrow j$.

再证明 j 是常返的. 设存在正整数 n, m, 使得 $p_{ji}^{(m)} p_{ij}^{(n)} > 0$. 对于任何 $k \geqslant 1$, 根据 C-K 方程易得

$$p_{jj}^{(m+k+n)} \geqslant p_{ji}^{(m)} p_{ii}^{(k)} p_{ij}^{(n)}.$$

两边对 k 求和得到

$$\sum_{k=1}^{\infty} p_{jj}^{(m+k+n)} \geqslant p_{ji}^{(m)} p_{ij}^{(n)} \sum_{k=1}^{\infty} p_{ii}^{(k)} = \infty,$$

由 (2) 知道 j 是常返的. $\square$

推论 3.1　设 $\{X_n, n \geqslant 0\}$ 是状态空间为 S 的马氏链, j 为非常返状态, 则对任意 $i \in S$, 有

$$\sum_{n=1}^{\infty} p_{ij}^{(n)} < \infty, \quad \text{进而} \quad \lim_{n \to \infty} p_{ij}^{(n)} = 0.$$

证明　根据定理 3.2, 对于任意的 $i \in S$, 以及正整数 N, 有

$$\sum_{n=1}^{N} p_{ij}^{(n)} = \sum_{n=1}^{N} \sum_{k=1}^{n} f_{ij}^{(k)} p_{jj}^{(n-k)} = \sum_{k=1}^{N} \sum_{n=k}^{N} f_{ij}^{(k)} p_{jj}^{(n-k)}$$

$$= \sum_{k=1}^{N} f_{ij}^{(k)} \sum_{m=0}^{N-k} p_{jj}^{(m)} \leqslant \sum_{k=1}^{N} f_{ij}^{(k)} \sum_{m=0}^{N} p_{jj}^{(m)}.$$

在上式两边令 $N \to \infty$, 得

$$\sum_{n=1}^{\infty} p_{ij}^{(n)} \leqslant \sum_{k=1}^{\infty} f_{ij}^{(k)} \sum_{m=0}^{\infty} p_{jj}^{(m)} = f_{ij} \sum_{m=0}^{\infty} p_{jj}^{(m)}.$$

因为 j 是非常返的, 所以由定理 3.3 得 $\sum_{m=0}^{\infty} p_{jj}^{(m)} < \infty$, 因此, $\sum_{n=1}^{\infty} p_{ij}^{(n)} < \infty$. □

3.2.3 周期性

下面介绍状态的周期性.

定义 3.10 设 $\{X_n, n \geqslant 0\}$ 是状态空间为 S 的马氏链. 对 $\forall i \in S$, 定义状态 i 的**周期**如下:

(1) 如果 $\sum_{n=1}^{\infty} p_{ii}^{(n)} = 0$, 那么质点从状态 i 出发不可能再回到 i, 这时称状态 i 的周期是 ∞;

(2) 设 d 是正整数, 质点从状态 i 出发, 如果只可能在 d 的正数倍上回到 i, 而且 d 是有此性质的最大整数, 则称状态 i 的周期是 d;

(3) 如果状态 i 的周期是 1, 则称状态 i 是**非周期的**.

从上述定义的 (2) 可见, 如果状态 i 的周期是 d, 且存在正整数 n, 使得 $p_{ii}^{(n)} > 0$, 那么必存在正整数 m, 使得 $n = md$, 而且 d 是满足此性质的最大整数.

定理 3.4 若状态 i 的周期 $d_i < \infty$, 则

(1) d_i 是数集 $B_i = \{n : p_{ii}^{(n)} > 0, n \geqslant 1\}$ 的最大公约数;

(2) 如果 $i \leftrightarrow j$, 则 $d_i = d_j$;

(3) 存在正整数 N 使得当 $n \geqslant N$ 时, $p_{ii}^{(nd_i)} > 0$.

证明 (1) 根据定义, 显然成立;

(2) 设正整数 m, n 使得 $p_{ji}^{(m)} p_{ij}^{(n)} > 0$. 对于任何 $k \in B_i = \{k : p_{ii}^{(k)} > 0, k \geqslant 1\}$, 有

$$p_{jj}^{(m+n)} \geqslant p_{ji}^{(m)} p_{ij}^{(n)} > 0,$$

$$p_{jj}^{(m+k+n)} \geqslant p_{ji}^{(m)} p_{ii}^{(k)} p_{ij}^{(n)} > 0,$$

所以, d_j 整除 $m+n$ 和 $m+k+n$, 从而整除 k, 进而整除 B_i 中所有元素, 当然也整除 d_i. 反之, 同样方式可以证得 d_i 整除 d_j, 故 $d_i = d_j$.

(3) 设 (1) 中的 $B_i = \{n_1, n_2, \cdots\}$, l_m 是子集 $\{n_1, n_2, \cdots, n_m\}$ 的最大公约数, 则 d_i 是 l_m 的约数, 且 l_m 单调不增收敛到 d_i. 因为 l_m 是整数, 所以有 k 使得 $d_i = d_k$ 是 $\{n_1, n_2, \cdots, n_k\}$ 的最大公约数. 根据数论的基本知识知道, 存在 N, 使得只要 $n \geqslant N$, 就有

$$nd_i = n_1 m_1 + n_2 m_2 + \cdots + n_k m_k, \quad m_i \text{ 是非负整数,}$$

于是

$$p_{ii}^{(nd_i)} \geqslant p_{ii}^{(n_1 m_1)} p_{ii}^{(n_2 m_2)} \cdots p_{ii}^{(n_k m_k)} \geqslant (p_{ii}^{(n_1)})^{m_1} (p_{ii}^{(n_2)})^{m_2} \cdots (p_{ii}^{(n_k)})^{m_k} > 0. \quad \square$$

3.2.4 正常返和零常返状态

当 $f_{ii} = 1$ 时, $\{f_{ii}^{(n)}, n \geqslant 1\}$ 是一概率分布, 于是有如下定义.

定义 3.11 如果 $f_{ii} = 1$, 那么称

$$\mu_i = \sum_{n=1}^{\infty} n f_{ii}^{(n)}$$

为从状态 i 出发再回到状态 i 的**平均回转时间**. 进一步, 若 $\mu_i < \infty$, 称 i 为**正常返状态**; 若 $\mu_i = \infty$, 称 i 为**零常返状态**.

定理 3.5 设 i 是常返状态且周期为 d, 则

$$\lim_{n \to \infty} p_{ii}^{(nd)} = \frac{d}{\mu_i},$$

其中, μ_i 为 i 的平均回转时间. 当 $\mu_i = +\infty$ 时, 理解为 $\frac{d}{\mu_i} = 0$.

上述定理的证明主要用到了初等方法, 故不再赘述. 感兴趣的读者, 参考文献 (王梓坤, 1996).

利用定理 3.5 可以得到正常返状态和零常返状态如下重要的性质:

定理 3.6 设 i 是常返状态, 则

(1) i 是零常返状态的充分必要条件是 $\lim\limits_{n \to \infty} p_{ii}^{(n)} = 0$;

(2) 若 i 是零常返状态, $i \to j$ 时, j 也是零常返的;

(3) 若 i 是正常返状态, $i \to j$ 时, j 也是正常返的.

证明 (1) **必要性** 设状态 i 的周期是 d. 当 n 能被 d 整除时, 即存在正整数 k, 使得 $n = kd$ 时. 根据定理 3.5, 有

$$\lim_{n \to \infty} p_{ii}^{(n)} = \lim_{k \to \infty} p_{ii}^{(kd)} = 0;$$

当 n 不能被 d 整除时, 恒有 $p_{ii}^{(n)} = 0$, 故 $\lim\limits_{n \to \infty} p_{ii}^{(n)} = 0$.

充分性 假设状态 i 正常返, 则由定理 3.5 知, $\lim\limits_{n \to \infty} p_{ii}^{(nd)} > 0$. 这与 $\lim\limits_{n \to \infty} p_{ii}^{(n)} = 0$ 矛盾. 故状态 i 是零常返的.

(2) 由定理 3.3 的 (3) 知道, $i \leftrightarrow j$. 设正整数 m, n 使得 $p_{ji}^{(n)} p_{ij}^{(m)} > 0$, 由于对于任何 $k \geqslant 1$, 有 $p_{ii}^{(m+k+n)} \geqslant p_{ij}^{(m)} p_{jj}^{(k)} p_{ji}^{(n)}$, 所以根据 (1) 得到

$$\lim_{k \to \infty} p_{jj}^{(k)} \leqslant \frac{1}{p_{ji}^{(n)} p_{ij}^{(m)}} \lim_{k \to \infty} p_{ii}^{(n+k+m)} = 0.$$

故 j 是零常返的.

(3) 由 (2) 可得到 (3). $\square$

定义 3.12 设 $\{X_n, n \geqslant 0\}$ 是状态空间为 S 的马氏链. 对 $\forall\, i \in S$, 若状态 i 是正常返且非周期的, 则称状态 i 是**遍历状态**.

定理 3.7 设 i 为常返状态, 则 i 为遍历状态, 当且仅当

$$\lim_{n \to \infty} p_{ii}^{(n)} = \frac{1}{\mu_i} > 0. \tag{3.7}$$

证明 若 i 为遍历状态, 则由定理 3.5 即得 (3.7). 反之, 若 (3.7) 成立, 则由定理 3.6 的 (1) 和定理 3.5 知, i 为正常返状态, 且 $d = 1$, 所以 i 为遍历状态. $\square$

例 3.7 设马尔可夫链的状态空间为 $S = \{1, 2, 3, 4\}$, 且其转移概率矩阵为

$$P = \begin{pmatrix} 1/2 & 1/2 & 0 & 0 \\ 1 & 0 & 0 & 0 \\ 0 & 1/3 & 2/3 & 0 \\ 1/2 & 0 & 1/2 & 0 \end{pmatrix},$$

试判断各个状态的常返性、周期性和遍历性.

解 为了方便分析, 我们首先根据转移矩阵画出转移概率图 (见图 3.2).

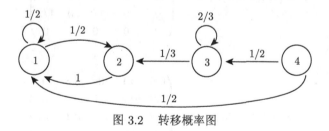

图 3.2　转移概率图

因为

$$f_{44}^{(n)} = 0, \quad n \geqslant 1, \quad f_{44} = 0 < 1,$$
$$f_{33}^{(1)} = \frac{2}{3}, \quad f_{33}^{(n)} = 0, \quad n \geqslant 2, \quad f_{33} = \frac{2}{3} < 1,$$

所以状态 4 和 3 非常返. 再由

$$f_{11} = f_{11}^{(1)} + f_{11}^{(2)} = 1;$$

$$f_{22} = \sum_{n=1}^{\infty} f_{22}^{(n)} = 0 + \frac{1}{2} + \frac{1}{4} + \cdots = 1;$$

$$\mu_1 = \sum_{n=1}^{\infty} n f_{11}^{(n)} = 1 \times \frac{1}{2} + 2 \times \frac{1}{2} = \frac{3}{2} < \infty;$$

$$\mu_2 = \sum_{n=1}^{\infty} n f_{22}^{(n)} = 1 \times 0 + 2 \times \frac{1}{2} + \cdots + n \times \frac{1}{2^{n-1}} + \cdots = 3,$$

故状态 1 和 2 都是正常返状态, 且易知它们是非周期的, 从而是遍历状态.

习 题   3.2

1. 设马尔可夫链 $\{X_n, n \geq 1\}$ 的状态空间和转移矩阵分别如下, 试画出它们的转移概率图, 并将其按等价类作分划.

(1)
$$S = \{1, 2, 3\}, \quad \boldsymbol{P} = \begin{pmatrix} 1/2 & 1/4 & 1/4 \\ 1/4 & 0 & 3/4 \\ 0 & 2/3 & 1/3 \end{pmatrix};$$

(2)
$$S = \{1, 2, 3, 4, 5\}, \quad \boldsymbol{P} = \begin{pmatrix} 1/2 & 1/2 & 0 & 0 & 0 \\ 1/4 & 3/4 & 0 & 0 & 0 \\ 0 & 0 & 0 & 1 & 0 \\ 0 & 0 & 1/2 & 0 & 1/2 \\ 0 & 0 & 0 & 1 & 0 \end{pmatrix};$$

(3)
$$S = \{1, 2, 3, 4, 5\}, \quad \boldsymbol{P} = \begin{pmatrix} 0.6 & 0.1 & 0 & 0.3 & 0 \\ 0.2 & 0.5 & 0.1 & 0.2 & 0 \\ 0.2 & 0.2 & 0.4 & 0.1 & 0.1 \\ 0 & 0 & 0 & 1 & 0 \\ 0 & 0 & 0 & 0 & 1 \end{pmatrix}.$$

2. 设马氏链的状态空间是 $S = \{0, 1, 2, 3\}$, 其转移矩阵为

$$\boldsymbol{P} = \begin{pmatrix} 0.2 & 0.8 & 0 & 0 \\ 0 & 0 & 0 & 1 \\ 0 & 0 & 1 & 0 \\ 1 & 0 & 0 & 0 \end{pmatrix},$$

试判定该马氏链各状态的性质.

3. 设 i 是常返状态, j 是非常返状态, 试证明对于 $n \geqslant 0$,

$$p_{ij}^{(n)} = 0.$$

4. 设直线上的随机游动的状态空间为 $S = \{0, \pm 1, \pm 2, \cdots\}$, 而且它的 1 步转移概率为 $p_{i,i+1} = 1 - p_{i,i-1} = p > 0, i \in S$. 试判断其各状态的常返性.

5. 设马尔可夫链的状态空间为 $S = \{1, 2, 3, \cdots\}$, 且其转移概率为

$$p_{11} = \frac{1}{2}, \quad p_{i,i+1} = \frac{1}{2}, \quad p_{i1} = \frac{1}{2}, \quad i \in S,$$

试判断各个状态的常返性、周期性和遍历性.

6. 设 $\{X_n, n \geqslant 0\}$ 为一个马尔可夫链. 令

$$I_n(i) = \begin{cases} 1, & X_n = i, \\ 0, & X_n \neq i \end{cases} \quad \text{和} \quad S_k(i) = \sum_{n=k}^{\infty} I_n(i),$$

即 $S_k(i)$ 表示 $\{X_n\}$ 从 k 时刻起到达状态 i 的次数, 则下列命题等价:

(1) i 为常返状态;

(2) $P(\bigcup_{n=1}^{\infty}(X_n = i) | X_0 = i) = 1$;

(3) $P(S_1(i) = +\infty | X_0 = i) = 1$;

(4) $\sum_{n=0}^{\infty} p_{ii}^{(n)} = +\infty$;

(5) $\mathrm{E}[S_1(i) | X_0 = i] = +\infty$.

3.3 状态空间的分解

在 3.2 节中, 我们利用互通这种等价关系, 将马尔可夫链的状态空间分成了若干不同的等价类. 本节将进一步讨论状态空间的分解问题.

3.3.1 闭集

定义 3.13 设 $\{X_n, n \geqslant 0\}$ 是状态空间为 S 的马氏链, 且 $E \subseteq S$, 如果对任意的 $i \in E$ 以及 $j \notin E$, 都有 $p_{ij} = 0$, 称 E 为**闭集**. 如果 E 的状态互通, 那么闭集 E 称为**不可约的**.

由闭集的定义可以看出, 一个闭集 E 的直观意义是自 E 的内部不能到达 E 的外部, 这意味着质点一旦进入闭集 E 内, 它就永远停留在 E 中. 显然, 如果 i 是一个吸收状态, 那么单点集 $\{i\}$ 是闭集, 反之, 如果单点集 $\{i\}$ 是闭集, 那么状态 i 是吸收状态.

下面给出几个关于闭集的命题.

命题 3.1　E 是闭集的充要条件为对任意 $i \in E$ 以及 $j \notin E$, 都有 $p_{ij}^{(n)} = 0$ 对于每个 $n \geqslant 1$ 成立.

证明　充分性显然, 只证必要性. 设 E 为闭集, 则由定义 3.13, 当 $n = 1$ 时, 结论成立. 假设 $n = k$ 时, 对任意 $i \in E$, $j \notin E$, 有 $p_{ij}^{(k)} = 0$, 则

$$p_{ij}^{(k+1)} = \sum_{m \in E} p_{im}^{(k)} p_{mj} + \sum_{m \notin E} p_{im}^{(k)} p_{mj} = 0,$$

所以由数学归纳法证得命题 3.1.　□

命题 3.2　所有常返状态构成一闭集.

证明　设 i 为常返状态, 且 $i \to j$, 则由定理 3.3 知 j 亦为常返状态. 说明从常返状态出发, 只能到达常返状态, 不可能到达非常返状态. 故命题成立.　□

由命题 3.2 容易看出, 不可约马尔可夫链或者没有非常返状态或者没有常返状态.

命题 3.3　设 $E \subseteq S$ 是闭集, 则 E 的 m 步转移矩阵

$$\boldsymbol{P}_E^{(m)} = (p_{ij}^{(m)}), \quad i, j \in E$$

的每行元素之和为 1.

证明　根据命题 3.1 得, 对 $\forall i \in E$ 有

$$1 = \sum_{j \in S} p_{ij}^{(m)} = \sum_{j \in E} p_{ij}^{(m)} + \sum_{j \notin E} p_{ij}^{(m)} = \sum_{j \in E} p_{ij}^{(m)}.$$

证毕.　□

3.3.2　分解定理

约定: 今后用 E 表示所有常返状态构成的闭集; F 表示所有非常返状态组成的集合.

定理 3.8　设 $E \neq \varnothing$, 则它可分为若干个互不相交的不可约闭集 $\{E_n\}$, 即有

$$E = E_1 \cup E_2 \cup \cdots \cup E_n \cup \cdots$$

且 (1) E_n 中任两状态互通; (2) $E_i \cap E_j = \varnothing$ $(i \neq j)$, 即 E_i 中任一状态与 E_j 中任一状态不互通.

证明 因为 $E \neq \varnothing$, 所以任取 $i_1 \in E$, 并令 $E_1 = \{i : i \leftrightarrow i_1\}$. 若 $E - E_1 \neq \varnothing$, 则再任取 $i_2 \in E - E_1$, 并令 $E_2 = \{i : i \leftrightarrow i_2\}$, $\cdots$, 若 $E - \bigcup_{i=1}^{n} E_i \neq \varnothing$, 则取 $i_{n+1} \in E - \bigcup_{i=1}^{n} E_i \neq \varnothing$, 并令 $E_{n+1} = \{i : i \leftrightarrow i_{n+1}\}$, $\cdots$. 如此得到的 $\{E_n\}$ 即满足要求. □

根据定理 3.8 容易得到下面推论.

推论 3.2 状态空间 S 可分解为

$$S = F \cup E = F \cup E_1 \cup E_2 \cup \cdots,$$

其中, $\{E_n\}$ 为闭集, F 不一定是闭集.

若状态空间 S 是有限集, 则 F 一定是非闭集, 即不管系统自什么状态出发, 迟早要进入常返状态构成的闭集. 这是因为 $F \subseteq S$ 有限, 所以质点至多有限次返回非常返状态 F, 也即质点迟早将进入常返状态构成的闭集 (严格的证明参见文献 (王梓坤, 1996)). 可见, 有限不可约马氏链的状态都是常返状态, 即 $F = \varnothing, S = E$.

按照上述分解定理, 我们把状态空间中状态的顺序按如下规则重新排列:

(1) 属于同一等价类的状态接连不断地依次编号;

(2) 安排不同等价类的先后次序, 使得系统从一给定状态可以达到同一类的另一状态或到达前面的等价类, 但不能到达后面的等价类.

根据命题 3.2 知, 常返状态构成的等价类是闭集, 而非常返状态构成的等价类不一定是闭集, 因此, 按照上述规则将常返状态构成的等价类放在非常返状态构成的等价类之前. 于是得到如下排序的分解:

$$S = E \cup F, \quad E = E_1 + E_2 + \cdots + E_m, \quad F = F_{m+1} \cup F_{m+2} \cup \cdots \cup F_n,$$

其中, E_i 是常返状态构成的等价类, 为闭集; F_j 是非常返等价类. 在此排序之下转移概率矩阵可分解为如下形式:

$$P = \begin{pmatrix} P_E & 0 \\ R & Q_F \end{pmatrix}, \quad 其中, P_E = \begin{pmatrix} P_1 & 0 & \cdots & 0 \\ 0 & P_2 & \cdots & 0 \\ \vdots & \vdots & \ddots & \vdots \\ 0 & 0 & \cdots & P_m \end{pmatrix},$$

0 表示零矩阵, 而

$$Q_F = \begin{pmatrix} Q_{m+1} & 0 & \cdots & 0 \\ R_{m+2,m+1} & Q_{m+2} & \cdots & 0 \\ \vdots & \vdots & \ddots & \vdots \\ R_{n,m+1} & R_{n,m+2} & \cdots & Q_n \end{pmatrix},$$

$$\boldsymbol{R} = \begin{pmatrix} \boldsymbol{R}_{m+1,1} & \boldsymbol{R}_{m+1,2} & \cdots & \boldsymbol{R}_{m+1,m} \\ \boldsymbol{R}_{m+2,1} & \boldsymbol{R}_{m+2,2} & \cdots & \boldsymbol{R}_{m+2,m} \\ \vdots & \vdots & \ddots & \vdots \\ \boldsymbol{R}_{n,1} & \boldsymbol{R}_{n,2} & \cdots & \boldsymbol{R}_{n,m} \end{pmatrix},$$

并且 $\boldsymbol{P}_k$, $1 \leqslant k \leqslant m$ 是在 E_k 上的转移矩阵; $\boldsymbol{Q}_l$, $m+1 \leqslant l \leqslant n$ 是在 F_l 上的转移矩阵.

定理 3.9 在上述分解形式下, 有以下结论:

(1) $\boldsymbol{P}_k$, $1 \leqslant k \leqslant m$ 的每一行元素之和为 1, 且都非负;

(2)

$$\boldsymbol{P}^n = \begin{pmatrix} \boldsymbol{P}_E^n & \boldsymbol{0} \\ \boldsymbol{R}_n & \boldsymbol{Q}_F^n \end{pmatrix}, \quad \text{其中,} \ \boldsymbol{R}_1 = \boldsymbol{R}, \ \boldsymbol{R}_n = \boldsymbol{R}_{n-1}\boldsymbol{P}_E + \boldsymbol{Q}_F^{n-1}\boldsymbol{R};$$

(3) $\lim\limits_{n \to \infty} \boldsymbol{Q}_F^n = \boldsymbol{0}$.

证明 (1) 由定理 3.8 和命题 3.3 立得; (2) 由数学归纳法可证之; (3) 由推论 3.1 可得. □

例 3.8 将习题 3.2 第 1 题的 (3) 重新排列分解如下:

$$\boldsymbol{P} = \begin{pmatrix} 1 & 0 & 0 & 0 & 0 \\ 0 & 1 & 0 & 0 & 0 \\ 0.3 & 0 & 0.6 & 0.1 & 0 \\ 0.2 & 0 & 0.2 & 0.5 & 0.1 \\ 0.1 & 0.1 & 0.2 & 0.2 & 0.4 \end{pmatrix},$$

则对应的 $\boldsymbol{P}_E$, $\boldsymbol{Q}_F$, $\boldsymbol{R}$ 分别为

$$\boldsymbol{P}_E = \begin{pmatrix} 1 & 0 \\ 0 & 1 \end{pmatrix}, \quad \boldsymbol{Q}_F = \begin{pmatrix} 0.6 & 0.1 & 0 \\ 0.2 & 0.5 & 0.1 \\ 0.2 & 0.2 & 0.4 \end{pmatrix}, \quad \boldsymbol{R} = \begin{pmatrix} 0.3 & 0 \\ 0.2 & 0 \\ 0.1 & 0.1 \end{pmatrix}.$$

于是,

$$\lim_{n \to \infty} \boldsymbol{Q}_F^n = \lim_{n \to \infty} \begin{pmatrix} 0.6 & 0.1 & 0 \\ 0.2 & 0.5 & 0.1 \\ 0.2 & 0.2 & 0.4 \end{pmatrix}^n = \boldsymbol{0}.$$

习 题 3.3

1. 设马尔可夫链 $\{X_n, n \geqslant 0\}$ 的状态空间为 $S = \{1, 2, 3, 4, 5, 6\}$, 其转移概率矩阵为

$$
\boldsymbol{P} = \begin{pmatrix}
0 & 0 & 1 & 0 & 0 & 0 \\
0 & 0 & 0 & 0 & 0 & 1 \\
0 & 0 & 0 & 0 & 1 & 0 \\
1/3 & 1/3 & 0 & 1/3 & 0 & 0 \\
1 & 0 & 0 & 0 & 0 & 0 \\
0 & 1/2 & 0 & 0 & 0 & 1/2
\end{pmatrix},
$$

试分解此马尔可夫链并求出各状态的周期.

2. 设马尔可夫链 $\{X_n, n \geqslant 0\}$ 的状态空间为 $S = \{1, 2, 3, 4\}$, 其转移概率矩阵为

$$
\boldsymbol{P} = \begin{pmatrix}
0 & 0 & 1/2 & 1/2 \\
0 & 0 & 1/2 & 1/2 \\
1/2 & 1/2 & 0 & 0 \\
1/2 & 1/2 & 0 & 0
\end{pmatrix},
$$

试分解此马尔可夫链, 并讨论各状态的周期性.

3. 设马尔可夫链的状态空间为 $S = \{a, b, c, d, e\}$, 转移概率矩阵为

$$
\boldsymbol{P} = \begin{pmatrix}
1/2 & 0 & 1/2 & 0 & 0 \\
0 & 1/4 & 0 & 3/4 & 0 \\
0 & 0 & 1/3 & 0 & 2/3 \\
1/4 & 1/2 & 0 & 1/4 & 0 \\
1/3 & 0 & 1/3 & 0 & 1/3
\end{pmatrix},
$$

求其闭集.

4. 设不可约马尔可夫链 $\{X_n, n \geqslant 0\}$ 的状态空间为 $S = \{1, 2, 3, 4, 5, 6\}$, 转移概率矩阵为

$$
\boldsymbol{P} = \begin{pmatrix}
0 & 0 & 1/2 & 0 & 1/2 & 0 \\
1/3 & 0 & 0 & 1/3 & 0 & 1/3 \\
0 & 1 & 0 & 0 & 0 & 0 \\
0 & 0 & 1 & 0 & 0 & 0 \\
0 & 1 & 0 & 0 & 0 & 0 \\
0 & 0 & 3/4 & 0 & 1/4 & 0
\end{pmatrix},
$$

求: (1) 各状态的周期; (2) $\{X_{3n}, n \geqslant 0\}$ 的闭集与各状态的周期.

5. 设马尔可夫链的状态空间 $S = \{0,1,2,3\}$, 其转移概率矩阵为

$$
\boldsymbol{P} = \begin{pmatrix}
1/2 & 1/2 & 0 & 0 \\
1/2 & 1/2 & 0 & 0 \\
1/4 & 1/4 & 1/4 & 1/4 \\
0 & 0 & 0 & 1
\end{pmatrix},
$$

求状态空间的分解.

6. 设马尔可夫链的状态空间 $S = \{0,1,2,3,4,5,6,7,8\}$, 其转移概率矩阵为

$$
\boldsymbol{P} = \begin{pmatrix}
* & 0 & 0 & 0 & 0 & 0 & 0 & 0 & 0 \\
0 & 0 & * & 0 & 0 & 0 & 0 & 0 & 0 \\
0 & * & 0 & 0 & 0 & 0 & 0 & 0 & 0 \\
0 & 0 & 0 & 0 & * & * & 0 & 0 & 0 \\
0 & 0 & 0 & 0 & * & * & 0 & 0 & 0 \\
0 & 0 & 0 & * & 0 & 0 & 0 & 0 & 0 \\
* & * & 0 & 0 & * & 0 & * & 0 & 0 \\
0 & 0 & 0 & 0 & 0 & 0 & * & * & * \\
* & 0 & 0 & 0 & 0 & 0 & * & 0 & 0
\end{pmatrix},
$$

其中 $*$ 表示正概率, 求状态空间的分解.

7. 设马尔可夫链的状态空间 $S = \{0,1,2,3,4,5,6,7\}$, 其转移概率矩阵为

$$
\boldsymbol{P} = \begin{pmatrix}
0 & 1/4 & 1/2 & 1/4 & 0 & 0 & 0 & 0 \\
0 & 0 & 0 & 0 & 1/2 & 1/2 & 0 & 0 \\
0 & 0 & 0 & 0 & 1/3 & 2/3 & 0 & 0 \\
0 & 0 & 0 & 0 & 0 & 1 & 0 & 0 \\
0 & 0 & 0 & 0 & 0 & 0 & 1 & 0 \\
0 & 0 & 0 & 0 & 0 & 0 & 1/2 & 1/2 \\
1 & 0 & 0 & 0 & 0 & 0 & 0 & 0 \\
1 & 0 & 0 & 0 & 0 & 0 & 0 & 0
\end{pmatrix},
$$

则画出状态转移图, 并求各状态的周期和状态空间的分解.

3.4 极限定理与平稳分布

3.4.1 极限定理

在 3.2 节中, 我们已经讨论转移概率的一些极限性质, 本节继续讨论这个问题.

定理 3.10 设 $\{X_n, n \geqslant 0\}$ 是状态空间为 S 的马氏链, j 为非常返状态或零常返状态, 则对于任意 $i \in S$, 有

$$
\lim_{n \to \infty} p_{ij}^{(n)} = 0.
$$

证明 由推论 3.1 知, 只需证明 j 为零常返状态的情况. 对 $m < n$,

$$p_{ij}^{(n)} = \sum_{k=1}^{n} f_{ij}^{(k)} p_{jj}^{(n-k)} \leqslant \sum_{k=1}^{m} f_{ij}^{(k)} p_{jj}^{(n-k)} + \sum_{k=m+1}^{n} f_{ij}^{(k)}.$$

在上式中, 固定 m, 令 $n \to \infty$, 由定理 3.6 (1) 得上式右边第一项趋于 0; 再令 $m \to \infty$, 上式右边第二项趋于 0, 故得 $p_{ij}^{(n)} \to 0$, $n \to \infty$. □

推论 3.3 若一个马氏链只有有限个状态, 则它没有零常返状态; 进一步, 若该马氏链还是不可约的, 则它的状态都是正常返状态.

证明 假设该马氏链有零常返状态 i. 令 $E_i = \{j : i \leftrightarrow j\}$, 则由定理 3.8 知, E_i 是互通的常返闭集. 再根据定理 3.9 得

$$\sum_{j \in E_i} p_{ij}^{(n)} = 1, \quad n \geqslant 1. \tag{3.8}$$

由于 E_i 中元素有限, 所以由定理 3.10 得

$$\lim_{n \to \infty} \sum_{j \in E_i} p_{ij}^{(n)} = 0. \tag{3.9}$$

等式 (3.8) 与 (3.9) 矛盾, 故当马氏链的状态空间有限时, 它没有零常返状态.

由推论 3.2 下面的论述知, 有限不可约马氏链的状态都是常返状态. 这样再由上面的讨论就得到本推论中的后一个结果.

定理 3.11 设 $\{X_n, n \geqslant 0\}$ 是状态空间为 S 的马氏链, j 是正常返状态, 周期为 d, 则对任意 $i \in S$ 以及 $0 \leqslant r \leqslant d-1$, 有

$$\lim_{n \to \infty} p_{ij}^{(nd+r)} = f_{ij}(r) \frac{d}{\mu_j},$$

其中

$$f_{ij}(r) = \sum_{m=0}^{\infty} f_{ij}^{(md+r)}, \quad 0 \leqslant r \leqslant d-1.$$

证明 因为当 $n \neq kd$ 时, $p_{jj}^{(n)} = 0$, 所以

$$p_{ij}^{(nd+r)} = \sum_{k=1}^{nd+r} f_{ij}^{(k)} p_{jj}^{(nd+r-k)} = \sum_{m=0}^{n} f_{ij}^{(md+r)} p_{jj}^{(n-m)d}.$$

于是, 对于 $1 \leqslant N < n$ 有

$$\sum_{m=0}^{N} f_{ij}^{(md+r)} p_{jj}^{(n-m)d} \leqslant p_{ij}^{(nd+r)} \leqslant \sum_{m=0}^{N} f_{ij}^{(md+r)} p_{jj}^{(n-m)d} + \sum_{m=N+1}^{\infty} f_{ij}^{(md+r)}.$$

在上式两边先令 $n \to \infty$, 再令 $N \to \infty$ 得

$$\frac{d}{\mu_j} f_{ij}(r) \leqslant \lim_{n \to \infty} p_{ij}^{(nd+r)} \leqslant \frac{d}{\mu_j} f_{ij}(r).$$

定理得证. □

由定理 3.11 立即得到如下推论 3.4.

推论 3.4　设 $\{X_n, n \geqslant 0\}$ 是状态空间为 S 的马氏链, 且它还是不可约的遍历链 (即所有状态遍历), 则对任意 $i, j \in S$, 有

$$\lim_{n \to \infty} p_{ij}^{(n)} = \frac{1}{\mu_j}.$$

定理 3.12　设 $\{X_n, n \geqslant 0\}$ 是状态空间为 S 的不可约遍历马氏链, 则 $\{1/\mu_i, i \in S\}$ 是方程组

$$x_j = \sum_{i \in S} x_i p_{ij}$$

满足条件 $x_j \geqslant 0$, $j \in S$, $\sum_{j \in S} x_j = 1$ 的唯一解.

证明　设 $\pi_j = 1/\mu_j$, 则由推论 3.4 得 $\lim\limits_{n \to \infty} p_{ij}^{(n)} = \pi_j$. 注意到, 对于任意的正整数 n, M, 有

$$\sum_{j=1}^{M} p_{ij}^{(n)} \leqslant \sum_{j \in S} p_{ij}^{(n)} = 1.$$

在上式中先固定 M, 令 $n \to \infty$, 得 $\sum_{j=1}^{M} \pi_j \leqslant 1$; 然后再令 $M \to \infty$, 得 $\sum_{j \in S} \pi_j \leqslant 1$.

由 C-K 方程得 $p_{ij}^{(n+1)} \geqslant \sum_{l=1}^{M} p_{il}^{(n)} p_{lj}$. 同样地, 在前式中固定 M, 令 $n \to \infty$, 得 $\pi_j \geqslant \sum_{l=1}^{M} \pi_l p_{lj}$; 然后令 $M \to \infty$, 得

$$\pi_j \geqslant \sum_{l \in S} \pi_l p_{lj}, \quad \forall j \in S.$$

在上式两边乘以 p_{ji}, 并对 j 求和, 再应用上式和 C-K 方程得

$$\pi_i \geqslant \sum_{j \in S} \pi_j p_{ji} \geqslant \sum_{l \in S} \pi_l p_{li}^{(2)}.$$

重复上述步骤, 直至得

$$\pi_j \geqslant \sum_{i \in S} \pi_i p_{ij}^{(n)}, \quad \forall j \in S, \ n \geqslant 1.$$

假设上式对某个 j 严格不等式成立, 即 $\pi_j > \sum_{i \in S} \pi_i p_{ij}^{(n)}$, 那么此时有

$$\sum_{j \in S} \pi_j > \sum_{j \in S} \sum_{i \in S} \pi_i p_{ij}^{(n)} = \sum_{i \in S} \pi_i \sum_{j \in S} p_{ij}^{(n)} = \sum_{i \in S} \pi_i.$$

上式矛盾. 于是得到, 对于所有的 n 和 j, 有

$$\pi_j = \sum_{i \in S} \pi_i p_{ij}^{(n)}.$$

当 $n = 1$ 时, 立得 $\{\pi_j\}$ 为定理所给方程的解. 由于 $\sum_{j \in S} \pi_j \leqslant 1$, 且 $p_{ij}^{(n)}$ 关于 n 一致有界, 所以在上式两端令 $n \to \infty$, 由控制收敛定理得

$$\pi_j = \lim_{n \to \infty} \sum_{i \in S} \pi_i p_{ij}^{(n)} = \sum_{i \in S} \pi_i \lim_{n \to \infty} p_{ij}^{(n)} = \left(\sum_{i \in S} \pi_i \right) \pi_j.$$

由于 $\pi_j > 0$, 所以 $\sum_{i \in S} \pi_i = 1$.

现在证明唯一性. 设 $\{\omega_j\}$ 是满足条件的另一组解, 则重复上述过程可得到

$$\omega_j = \sum_{i \in S} \omega_i p_{ij} = \cdots = \sum_{i \in S} \omega_i p_{ij}^{(n)}, \quad \forall \, j \in S.$$

在上式中, 令 $n \to \infty$, 得

$$\omega_j = \sum_{i \in S} \omega_i \lim_{n \to \infty} p_{ij}^{(n)} = \left(\sum_{i \in S} \omega_i \right) \pi_j = \pi_j. \quad \square$$

3.4.2 平稳分布

定义 3.14 设 $\{X_n, n \geqslant 0\}$ 是状态空间为 S 的马氏链, 称关于 S 的概率分布 $\boldsymbol{\pi} = (\pi_j, \, j \in S)$ 为马尔可夫链的**平稳分布**, 如果

$$\boldsymbol{\pi} = \boldsymbol{\pi} P,$$

即 $\forall \, j \in S$, 有

$$\pi_j = \sum_{i \in S} \pi_i p_{ij},$$

其中, $\pi_j = P(X_n = j)$.

平稳分布也称为马尔可夫链的**不变分布**或**不变概率测度**. 对于一个平稳分布 $\boldsymbol{\pi}$, 显然有

$$\boldsymbol{\pi} = \boldsymbol{\pi} P = \boldsymbol{\pi} P^2 = \cdots = \boldsymbol{\pi} P^n.$$

由定理 3.12 和推论 3.4, 我们立刻得到

定理 3.13　不可约遍历链恒有唯一的平稳分布 $(\pi_i, i \in S)$, 且

$$\pi_i = \lim_{n \to \infty} p_{ij}^{(n)} = 1/\mu_i.$$

下面的定理给出了判断马尔可夫链是否存在平稳分布而且若存在, 是否唯一的方法.

定理 3.14　设 E^+ 是马氏链中全体正常返状态构成的集合, 则

(1) 平稳分布不存在的充分必要条件是 $E^+ = \varnothing$;

(2) 平稳分布存在唯一的充分必要条件是只有一个正常返闭集 E^+;

(3) 有限状态马尔可夫链的平稳分布总存在;

(4) 有限不可约非周期马尔可夫链存在唯一的平稳分布.

证明　(1) **充分性**　用反正法. 假设该马氏链存在一个平稳分布 $\boldsymbol{\pi}$, 那么有

$$\boldsymbol{\pi} = \boldsymbol{\pi} \boldsymbol{P}^n. \tag{3.10}$$

因为 $E^+ = \varnothing$, 所以该马氏链的状态只可能是零常返状态或非常返状态. 根据定理 3.10 知, $\boldsymbol{P}^n \to \boldsymbol{0}$, $n \to \infty$, 所以在 (3.10) 两边令 $n \to \infty$, 得 $\boldsymbol{\pi} = \boldsymbol{0}$. 显然这是矛盾的, 故该马氏链的平稳分布不存在.

必要性　仍用反证法. 假设 $E^+ \neq \varnothing$. 不妨设该马氏链只存在一个正常返的闭集, 记为 B. 将该马氏链限制在 B 上, 应用定理 3.12, 存在一平稳分布 $\boldsymbol{\pi}_1$, 即 $\boldsymbol{\pi}_1 = \boldsymbol{\pi}_1 \boldsymbol{P}_1$, 其中 $\boldsymbol{P}_1$ 是转移矩阵 $\boldsymbol{P}$ 在 B 上的限制, 即

$$\boldsymbol{P} = \begin{pmatrix} \boldsymbol{P}_1 & \boldsymbol{0} \\ \boldsymbol{R} & \boldsymbol{Q}_T \end{pmatrix}.$$

取 $\boldsymbol{\pi} = (\boldsymbol{\pi}_1, \boldsymbol{0})$, 则

$$\boldsymbol{\pi} \boldsymbol{P} = (\boldsymbol{\pi}_1, \boldsymbol{0}) \begin{pmatrix} \boldsymbol{P}_1 & \boldsymbol{0} \\ \boldsymbol{R} & \boldsymbol{Q}_T \end{pmatrix} = (\boldsymbol{\pi}_1 \boldsymbol{P}_1, \boldsymbol{0}) = (\boldsymbol{\pi}_1, \boldsymbol{0}) = \boldsymbol{\pi}.$$

可见, $\boldsymbol{\pi}$ 是平稳分布. 这与平稳分布不存在矛盾. 故 $E^+ = \varnothing$.

(2) 充分性的证明类似于定理 3.12 的证明, 现证明必要性. 由假设该马氏链存在平稳分布, 所以由 (1) 知, $E^+ \neq \varnothing$. 不妨假设该马氏链有两个正常返闭集 B_1, B_2, 则其转移矩阵 $\boldsymbol{P}$ 可写为

$$\boldsymbol{P} = \begin{pmatrix} \boldsymbol{P}_1 & \boldsymbol{0} & \boldsymbol{0} \\ \boldsymbol{0} & \boldsymbol{P}_2 & \boldsymbol{0} \\ \boldsymbol{R}_1 & \boldsymbol{R}_2 & \boldsymbol{Q}_T \end{pmatrix},$$

其中, P_1, P_2 分别是 P 在 B_1, B_2 上的限制. 将该马氏链分别限制在 B_1, B_2 上, 并应用定理 3.12 得, 存在 π_1, π_2, 使得 $\pi_1 = \pi_1 P_1, \pi_2 = \pi_2 P_2$. 令 $\pi = (\pi_1, 0, 0), \check{\pi} = (0, \pi_2, 0)$, 则易知

$$\pi P = (\pi_1 P_1, 0, 0) = (\pi_1, 0, 0) = \pi, \quad \check{\pi} P = (0, \pi_2 P_2, 0) = (0, \pi_2, 0) = \check{\pi}.$$

可见, $\pi, \check{\pi}$ 均是该马氏链的平稳分布. 这与平稳分布的唯一性相矛盾.

(3) 一方面, 有限马氏链必存在常返状态构成的闭集; 另一方面, 由推论 3.3 知, 有限马氏链没有零常返状态, 所以有限马氏链必存在正常返状态构成的闭集. 于是, 根据 (1) 知, 该马氏链存在平稳分布.

(4) 根据推论 3.3 和定理 3.12 易得. □

下面研究 $\lim\limits_{n \to \infty} \pi_j(n)$ 的存在性.

定义 3.15 设 $\{X_n, n \geqslant 0\}$ 是状态空间为 S 的马氏链. 若对于任意的 $j \in S$ 有

$$\lim_{n \to \infty} \pi_j(n) = \pi_j^*$$

存在, 则称 $\pi^* = (\pi_i^*, \ i \in S)$ 为马尔可夫链 $\{X_n, n \geqslant 0\}$ 的**极限分布**.

定理 3.15 非周期不可约链是正常返的充分必要条件是它存在平稳分布, 且此时平稳分布就是极限分布.

证明 充分性 设存在平稳分布 $\pi = (\pi_i, \ i \in S)$, 则

$$\pi = \pi P = \pi P^2 = \cdots = \pi P^n,$$

即

$$\pi_j = \sum_{i \in S} \pi_i p_{ij}^{(n)}.$$

由于

$$\pi_i \geqslant 0, \quad \sum_{j \in S} \pi_j = 1,$$

所以, 当 $n \to \infty$ 时, 利用控制收敛定理得到

$$\pi_j = \lim_{n \to \infty} \sum_{i \in S} \pi_i p_{ij}^{(n)} = \sum_{i \in S} \pi_i \big(\lim_{n \to \infty} p_{ij}^{(n)} \big) = \Big(\sum_{i \in S} \pi_i \Big) \frac{1}{\mu_j} = \frac{1}{\mu_j}.$$

从而

$$\sum_{j \in S} \frac{1}{\mu_j} = \sum_{j \in S} \pi_j = 1,$$

可见, 至少存在一个 $\pi_k = 1/\mu_k > 0$, 因而

$$\lim_{n \to \infty} p_{ik}^{(n)} = \frac{1}{\mu_k} > 0,$$

即 $\mu_k < \infty$, 故 k 为正常返状态. 由不可约性知, 整个链是正常返的, 且所有 $\pi_j = 1/\mu_j > 0$.

必要性   由于马尔可夫链是正常返非周期链, 即为遍历链, 所以根据定理 3.13 立即得证, 且所有 $\pi_j = \pi_j^* = 1/\mu_j, \ j \in S$. $\square$

由上可知, 对于不可约遍历链, 其极限分布 $\pi^* = \pi$ 存在且等于平稳分布. 这意味着当 n 充分大时,

$$P(X_n = j) \approx \pi_j = \frac{1}{\mu_j}.$$

在实际应用中, 这是很有意义的.

例 3.9 (例 3.1 续)   例 3.1 的马尔可夫链是不可约的遍历链, 所以它存在平稳分布 $\pi = (\pi_1, \pi_2, \pi_3, \pi_4)$, 且此平稳分布就是极限分布. 根据 $\pi = \pi P$, 得方程组

$$\begin{cases} \pi_1 = 0.90\pi_1 + 0.10\pi_2 + 0.08\pi_3 + 0.10\pi_4, \\ \pi_2 = 0.05\pi_1 + 0.80\pi_2 + 0.10\pi_3 + 0.10\pi_4, \\ \pi_3 = 0.03\pi_1 + 0.05\pi_2 + 0.80\pi_3 + 0.10\pi_4, \\ \pi_4 = 0.02\pi_1 + 0.05\pi_2 + 0.02\pi_3 + 0.70\pi_4, \end{cases}$$

以及

$$\pi_1 + \pi_2 + \pi_3 + \pi_4 = 1,$$

解之得

$$\pi = (0.482, 0.253, 0.179, 0.086).$$

可见, 经过很长一段时间以后, 厂家 1, 2, 3, 4 所拥有的市场占有率将分别变为约 $48\%, 25\%, 18\%, 9\%$.

例 3.10   设一马氏链的状态空间和转移矩阵分别是

$$S = \{1, \ 2\}, \quad P = \begin{pmatrix} 3/4 & 1/4 \\ 5/8 & 3/8 \end{pmatrix},$$

求平稳分布以及 $\lim_{n \to \infty} P^n$.

解　由 $\boldsymbol{\pi} = \boldsymbol{\pi}\boldsymbol{P}$ 得

$$\pi_1 = \frac{3}{4}\pi_1 + \frac{5}{8}\pi_2, \quad \pi_1 + \pi_2 = 1.$$

解之得 $\pi_1 = 5/7$, $\pi_2 = 2/7$. 故 $\boldsymbol{\pi} = (5/7,\ 2/7)$. 由

$$\lim_{n \to \infty} p_{ij}^{(n)} = \pi_j = \frac{1}{\mu_j}$$

得 $\mu_1 = 7/5$, $\mu_2 = 7/2$, 且

$$\lim_{n \to \infty} \boldsymbol{P}^n = \lim_{n \to \infty} \begin{pmatrix} 3/4 & 1/4 \\ 5/8 & 3/8 \end{pmatrix}^n = \begin{pmatrix} 5/7 & 2/7 \\ 5/7 & 2/7 \end{pmatrix}.$$

例 3.11　设有 6 个车站, 车站之间的公路连接情况如图 3.3 所示. 汽车每天可以从一个站驶向与之直接相邻的车站, 并在夜晚到达车站留宿, 次日凌晨重复相同的活动. 设每天凌晨汽车开往临近的任何一个车站都是等可能的, 试说明很长时间后, 各站每晚留宿的汽车比例趋于稳定. 求出这个比例以便正确地设置各站的服务规模.

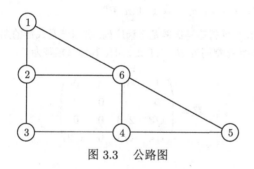

图 3.3　公路图

解　以 $\{X_n,\ n = 0, 1, 2, \cdots\}$ 记第 n 天某辆汽车留宿的车站号. 这是一个马氏链, 转移矩阵为

$$\boldsymbol{P} = \begin{pmatrix} 0 & \frac{1}{2} & 0 & 0 & 0 & \frac{1}{2} \\ \frac{1}{3} & 0 & \frac{1}{3} & 0 & 0 & \frac{1}{3} \\ 0 & \frac{1}{2} & 0 & \frac{1}{2} & 0 & 0 \\ 0 & 0 & \frac{1}{3} & 0 & \frac{1}{3} & \frac{1}{3} \\ 0 & 0 & 0 & \frac{1}{2} & 0 & \frac{1}{2} \\ \frac{1}{4} & \frac{1}{4} & 0 & \frac{1}{4} & \frac{1}{4} & 0 \end{pmatrix}.$$

解方程

$$\begin{cases} \boldsymbol{\pi}P = \boldsymbol{\pi}, \\ \sum_{i=1}^{6} \pi_i = 1, \end{cases}$$

其中 $\boldsymbol{\pi} = (\pi_1, \pi_2, \pi_3, \pi_4, \pi_5, \pi_6)$, 解之得 $\boldsymbol{\pi} = (1/8, 3/16, 1/8, 3/16, 1/8, 1/4)$, 从而无论开始汽车从哪一个车站出发在很长时间后其在任一个车站留宿的概率都是固定的, 从而所有的汽车也将以一个稳定的比例在各车站留宿.

习　题　3.4

1. 设马尔可夫链的状态空间为 $S = \{0, 1, 2\}$, 其转移矩阵为

$$\boldsymbol{P} = \begin{pmatrix} 0.5 & 0.4 & 0.1 \\ 0.3 & 0.4 & 0.3 \\ 0.2 & 0.3 & 0.5 \end{pmatrix},$$

(1) 求平稳分布 $\boldsymbol{\pi} = (\pi_1, \pi_2, \pi_3)$, 以及 $\lim_{n \to \infty} \boldsymbol{P}^n$;

(2) 求初始分布 $\boldsymbol{\pi}(0)$, 使得该马氏链是平稳序列. 并求该马氏链的期望和方差.

2. 设马尔可夫链的状态空间为 $S = \{1, 2, 3, 4\}$, 其转移矩阵为

$$\boldsymbol{P} = \begin{pmatrix} 1 & 0 & 0 & 0 \\ 0 & 1 & 0 & 0 \\ 1/3 & 2/3 & 0 & 0 \\ 1/4 & 1/4 & 0 & 1/2 \end{pmatrix},$$

讨论 $\lim_{n \to \infty} p_{i1}^{(n)}$.

3. 设马尔可夫链的转移矩阵为

$$\boldsymbol{P} = \begin{pmatrix} 1/2 & 1/2 & 0 \\ 1/2 & 0 & 1/2 \\ 0 & 1/2 & 1/2 \end{pmatrix},$$

求其平稳分布.

4. 在一计算机系统中, 每一循环具有误差的概率取决于先前一个循环是否有误差. 以 0 表示误差状态, 以 1 表示无误差状态. 设转移矩阵为

$$\boldsymbol{P} = \begin{pmatrix} 0.75 & 0.25 \\ 0.5 & 0.5 \end{pmatrix},$$

讨论相应马尔可夫链的遍历性, 并求其极限分布.

5. 设马尔可夫链的转移矩阵为

$$P = \begin{pmatrix} q & p & 0 \\ q & 0 & p \\ 0 & q & p \end{pmatrix}, \quad q = 1 - p, \quad 0 < p < 1,$$

证明: 此马尔可夫链具有遍历性, 并求其平稳分布.

6. 设马尔可夫链 (有两个反射壁的随机游动) 的转移矩阵为

$$P = \begin{pmatrix} 0 & 1 & 0 & 0 & 0 \\ 1/3 & 1/3 & 1/3 & 0 & 0 \\ 0 & 1/3 & 1/3 & 1/3 & 0 \\ 0 & 0 & 1/3 & 1/3 & 1/3 \\ 0 & 0 & 0 & 0 & 1 \end{pmatrix},$$

讨论马尔可夫链的遍历性, 并求平稳分布.

3.5 连续时间马尔可夫链

前面, 我们讨论了离散时间马尔可夫链. 在本节中, 我们将介绍连续时间马尔可夫链, 即指标集 T 为连续变化的集合, 而状态空间 S 为非负整数集或其子集的马尔可夫过程.

3.5.1 概念和基本性质

定义 3.16 设随机过程 $\{X_t, t \geqslant 0\}$ 的状态空间为 S. 如果对一切 $s, t \geqslant 0$ 以及 $i, j, x_u \in S$, 有

$$P(X_{t+s} = j | X_s = i, X_u = x_u, 0 \leqslant u < s) = P(X_{t+s} = j | X_s = i)$$

成立, 则称 $\{X_t, t \geqslant 0\}$ 是一个**连续时间马尔可夫链**. 进一步, 如果对一切 $s, t \geqslant 0$ 以及 $i, j \in S$, 有

$$P(X_{t+s} = j | X_s = i) = P(X_t = j | X_0 = i)$$

成立, 那称 $\{X_t, t \geqslant 0\}$ 为**时齐连续时间马尔可夫链**, 简称为**时齐马氏链**.

马尔可夫链的时齐性表明, 转移概率

$$p_{ij}(t) = P(X_{t+s} = j | X_s = i)$$

与起始时间 s 无关. 当无特别说明时, 本书以后的连续时间马氏链也都指的是时齐马氏链, 简称为马氏链. 用 $P(t)$ 表示转移矩阵, 即 $P(t) = (p_{ij}(t))$.

对于连续时间马尔可夫链来说, 除了要考虑在某一时刻它处于什么状态外, 还关心它在离开这个状态之前会停留多长. 从它具备马氏性来看, 这个停留时间具备 "无记忆性" 的特征, 故而应该服从指数分布, 下面我们给出一个具体的解释.

定理 3.16　设 $\{X_t, t \geqslant 0\}$ 是连续时间马尔可夫链, 假定在时刻 0 过程刚到达状态 $i \in S$. 用 τ_i 表示过程在离开 i 之前在 i 停留的时间, 则 τ_i 服从指数分布.

证明　只需证明对 $s, t \geqslant 0$, 有

$$P(\tau_i > s + t | \tau_i > s) = P(\tau_i > t).$$

因为

$$\{\tau_i > s\} \Leftrightarrow \{X_u = i,\ 0 < u \leqslant s | X_0 = i\}$$
$$\{\tau_i > s + t\} \Leftrightarrow \{X_u = i,\ 0 < u \leqslant s,\ X_v = i,\ s < v \leqslant s + t | X_0 = i\},$$

所以

$$
\begin{aligned}
P(\tau_i > s + t | \tau_i > s) &= P(X_u = i,\ 0 < u \leqslant s,\ X_v = i,\ s < v \leqslant s + t | X_u \\
&= i,\ 0 \leqslant u \leqslant s) \\
&= P(X_v = i,\ s < v \leqslant s + t | X_s = i) \\
&= P(X_u = i,\ 0 < u \leqslant t | X_0 = i) = P(\tau_i > t). \qquad \square
\end{aligned}
$$

定理 3.16 实际上给了我们构造连续时间马氏链的一个方法, 它是具有如下两条性质的随机过程:

(1) 在转移到下一个状态之前处于状态 i 的时间服从参数为 μ_i 的指数分布;

(2) 在过程离开状态 i 时, 将以概率 $p_{ij}(t)$ 到达 j, 且 $\sum_{j \in S} p_{ij}(t) = 1$.

定义 3.17　称一个连续时间马尔可夫链为**正则的**, 若以概率 1 在任意有限长的时间内转移的次数是有限的.

以下我们总假定所考虑的马氏链都满足正则性条件.

例 3.12　参数为 λ 的泊松过程 $\{N(t), t \geqslant 0\}$, 取值为 $\{0, 1, 2, 3, \cdots\}$. 由泊松过程的性质知道, 它在任一个状态 i 停留的时间服从同一个指数分布, 并且在离开 i 时以概率 1 转到 $i + 1$. 由泊松过程的独立增量性容易看出, 它在 i 停留的时间与状态的转移是独立的, 从而泊松过程是时齐的连续时间马氏链. 对任一状态 $i \in S$, 它的转移概率为

$$p_{ii}(t) = P(N(t + s) = i | N(s) = i) = P(N(t) = 0) = \mathrm{e}^{-\lambda t};$$

$$p_{i, i+1}(t) = P(N(t + s) = i + 1 | N(s) = i) = P(N(t) = 1) = \lambda t \mathrm{e}^{-\lambda t};$$

$$p_{ij}(t) = P(N(t+s) = j | N(s) = i) = P(N(t) = j - i) = \frac{(\lambda t)^{j-i}}{(j-i)!} e^{-\lambda t}, \quad j > i + 1;$$

$$p_{ij}(t) = 0, \quad j < i.$$

3.5.2 转移概率的性质

由前面的知识我们知道, 如果已知离散时间马氏链的转移矩阵, 那么其 n 步转移矩阵通过一步转移矩阵的 n 次方可得. 但是对于连续时间马氏链而言, 转移概率 $p_{ij}(t)$ 的求解一般比较复杂. 下面, 我们给出 $p_{ij}(t)$ 的一些性质.

定理 3.17 连续时间马氏链的转移概率 $p_{ij}(t)$ 具有如下性质:

(1) $p_{ij}(t) \geqslant 0$;

(2) $\sum_{j \in S} p_{ij}(t) = 1$;

(3) $p_{ij}(0) = \delta_{ij}$, 即 $\delta_{ii} = 1$, $\delta_{ij} = 0$ $(i \neq j)$;

(4) $p_{ij}(t+s) = \sum_{k \in S} p_{ik}(t) p_{kj}(s)$.

证明 (1)~(3) 由定义直接得到, 下面只证明 (4),

$$\begin{aligned}
p_{ij}(t+s) &= P(X_{t+s} = j | X_0 = i) = \sum_{k \in S} P(X_{t+s} = j, X_t = k | X_0 = i) \\
&= \sum_{k \in S} P(X_t = k | X_0 = i) P(X_{t+s} = j | X_t = k, X_0 = i) \\
&= \sum_{k \in S} p_{ik}(t) P(X_{t+s} = j | X_t = k) = \sum_{k \in S} p_{ik}(t) p_{kj}(s). \quad \square
\end{aligned}$$

有时也称 (4) 为连续版本的 C-K 方程.

下文约定如下所谓的标准性条件成立:

$$\lim_{t \to 0} p_{ij}(t) = \delta_{ij}.$$

定理 3.18 (1) 对于任意状态 $i, j \in S$, 转移概率 $p_{ij}(t)$ 在 $[0, \infty)$ 上一致连续;

(2) $\forall t \geqslant 0, i \in S, p_{ii}(t) > 0$.

证明 (1) 由 C-K 方程, 对于 $t, h > 0$, 一方面有

$$p_{ij}(t+h) - p_{ij}(t) = \sum_{k \neq i} p_{ik}(h) p_{kj}(t) - p_{ij}(t)[1 - p_{ii}(h)]$$

$$\leqslant \sum_{k \neq i} p_{ik}(h) p_{kj}(t) \leqslant \sum_{k \neq i} p_{ik}(h) = 1 - p_{ii}(h);$$

另一方面有

$$p_{ij}(t+h) - p_{ij}(t) \geqslant -p_{ij}(t)[1 - p_{ii}(h)] \geqslant -[1 - p_{ii}(h)],$$

从而有

$$|p_{ij}(t+h) - p_{ij}(t)| \leqslant 1 - p_{ii}(h).$$

类似地, 当 $h < 0$ 时, 有

$$|p_{ij}(t) - p_{ij}(t+h)| \leqslant 1 - p_{ii}(h).$$

证毕.

(2) 由 $p_{ii}(0) > 0$ 以及标准性条件可知, 对任意固定 $t > 0$, 当 n 充分大时, 有 $p_{ii}(t/n) > 0$. 再由 C-K 方程

$$p_{ii}(s+t) = \sum_{k \in S} p_{ik}(s)p_{ki}(t) \geqslant p_{ii}(s)p_{ii}(t),$$

得

$$p_{ii}(t) \geqslant \left[p_{ii}\left(\frac{t}{n}\right) \right]^n > 0. \quad \square$$

定理 3.19 (1)

$$\lim_{t \to 0} \frac{1 - p_{ii}(t)}{t} = q_{ii} < \infty;$$

(2)

$$\lim_{t \to 0} \frac{p_{ij}(t)}{t} = q_{ij} < \infty.$$

定理 3.19 的证明略, 感兴趣的读者请参阅文献 (王梓坤, 1996). 称 q_{ij} 为从状态 i 转移到状态 j 的**转移速率**.

定理 3.20 如果时齐连续时间马氏链的状态有限, 那么

$$q_{ii} = \sum_{j \neq i} q_{ij} < +\infty.$$

证明 由于 $\sum_{j \in S} p_{ij}(t) = 1$, 所以 $1 - p_{ii}(t) = \sum_{j \neq i} p_{ij}(t)$. 于是得

$$q_{ii} = \lim_{t \to 0} \frac{1 - p_{ii}(t)}{t} = \lim_{t \to 0} \sum_{j \neq i} \frac{p_{ij}(t)}{t} = \sum_{j \neq i} \lim_{t \to 0} \frac{p_{ij}(t)}{t} = \sum_{j \neq i} q_{ij} < \infty. \quad \square$$

3.5.3 科尔莫戈罗夫向前–向后微分方程

在本小节中, 我们应用 3.5.2 小节的定理来导出一个重要的微分方程——科尔莫戈罗夫向前–向后微分方程.

为了后面叙述的方便, 我们引入 $\boldsymbol{Q}$-矩阵的概念.

定义 3.18 我们称如下矩阵

$$\boldsymbol{Q} = \begin{pmatrix} -q_{11} & q_{12} & q_{13} & \cdots & q_{1i} & \cdots \\ q_{21} & -q_{22} & q_{23} & \cdots & q_{2i} & \cdots \\ \vdots & \vdots & \vdots & \ddots & \vdots & \\ q_{i1} & q_{i2} & q_{i3} & \cdots & -q_{ii} & \cdots \\ \vdots & \vdots & \vdots & \vdots & \vdots & \ddots \end{pmatrix}$$

为马氏链的 $\boldsymbol{Q}$-**矩阵**. 一般地, 对无限状态马氏链有 $q_{ii} \geqslant \sum_{j \neq i} q_{ij}$ 成立. 而如果 $\boldsymbol{Q}$-**矩阵元素** $q_{ii} = \sum_{j \neq i} q_{ij} < +\infty$, 则称该矩阵为**保守的**.

定理 3.21 如果马氏链的 $\boldsymbol{Q}$-矩阵是保守的, 那么对一切 $t \geqslant 0$ 以及 $i, j \in S$,

(1) 向后方程

$$p'_{ij}(t) = \sum_{k \neq i} q_{ik} p_{kj}(t) - q_{ii} p_{ij}(t), \tag{3.11}$$

即

$$\boldsymbol{P}'(t) = \boldsymbol{Q}\boldsymbol{P}(t),$$

其中, $\boldsymbol{P}(t) = (p_{ij}(t))$, $\boldsymbol{P}'(t) = (p'_{ij}(t))$.

(2) 在适当的正则条件下, 有向前方程

$$p'_{ij}(t) = \sum_{k \neq j} p_{ik}(t) q_{kj} - p_{ij}(t) q_{jj}, \tag{3.12}$$

即

$$\boldsymbol{P}'(t) = \boldsymbol{P}(t)\boldsymbol{Q}.$$

证明 (1) 由 C-K 方程,

$$p_{ij}(t + h) = \sum_{k \in S} p_{ik}(h) p_{kj}(t)$$

得

$$p_{ij}(t+h) - p_{ij}(t) = \sum_{k \neq i} p_{ik}(h)p_{kj}(t) - (1 - p_{ii}(h))p_{ij}(t).$$

于是

$$\lim_{h \to 0} \frac{p_{ij}(t+h) - p_{ij}(t)}{h} = \lim_{h \to 0} \sum_{k \neq i} \frac{p_{ik}(h)}{h}p_{kj}(t) - \lim_{h \to 0} \frac{1 - p_{ii}(h)}{h}p_{ij}(t). \quad (3.13)$$

如果马氏链的状态空间有限, 那么由 (3.13), 定理 3.19 和 定理 3.20 可得 (3.11).

下面证明对无限状态马氏链 (3.11) 式依然成立. 由 (3.13) 式, 我们只需证明其中的极限与求和可交换次序即可.

对任意固定的 N, 有

$$\liminf_{h \to 0} \sum_{k \neq i} \frac{p_{ik}(h)}{h}p_{kj}(t) \geqslant \liminf_{h \to 0} \sum_{k \neq i, k < N} \frac{p_{ik}(h)}{h}p_{kj}(t)$$

$$= \sum_{k \neq i, k < N} \liminf_{h \to 0} \frac{p_{ik}(h)}{h}p_{kj}(t)$$

$$= \sum_{k \neq i, k < N} q_{ik}p_{kj}(t).$$

再由 N 的任意性, 得

$$\liminf_{h \to 0} \sum_{k \neq i} \frac{p_{ik}(h)}{h}p_{kj}(t) \geqslant \sum_{k \neq i} q_{ik}p_{kj}(t).$$

因为对 $\forall\, k \in S, p_{kj}(t) \leqslant 1$, 所以

$$\limsup_{h \to 0} \sum_{k \neq i} \frac{p_{ik}(h)}{h}p_{kj}(t)$$

$$\leqslant \limsup_{h \to 0} \left[\sum_{k \neq i, k < N} \frac{p_{ik}(h)}{h}p_{kj}(t) + \sum_{k \geqslant N} \frac{p_{ik}(h)}{h} \right]$$

$$= \limsup_{h \to 0} \left[\sum_{k \neq i, k < N} \frac{p_{ik}(h)}{h}p_{kj}(t) + \left(\frac{1 - p_{ii}(h)}{h} - \sum_{k < N, k \neq i} \frac{p_{ik}(h)}{h} \right) \right]$$

$$= \sum_{k \neq i, k < N} q_{ik}p_{kj}(t) + q_{ii} - \sum_{k < N, k \neq i} q_{ik}.$$

再由 N 的任意性, 得

$$\limsup_{h \to 0} \sum_{k \neq i} \frac{p_{ik}(h)}{h} p_{kj}(t) \leqslant \sum_{k \neq i} q_{ik} p_{kj}(t).$$

因此证得

$$\lim_{h \to 0} \sum_{k \neq i} \frac{p_{ik}(h)}{h} p_{kj}(t) = \sum_{k \neq i} q_{ik} p_{kj}(t).$$

于是 (3.11) 得证.

(2) 类似于 (1) 的证明, 可以证明 (2). 为避免重复, 此处略去 (2) 的证明. □

例 3.13 考虑泊松过程 $\{N(t), t \geqslant 0\}$. 由定义 2.8 知,

$$p_{k,k+1}(h) = P(N(t+h) - N(t) = 1 | N(t) = k) = \lambda h + o(h);$$
$$p_{kk}(h) = P(N(t+h) - N(t) = 0 | N(t) = k) = 1 - \lambda h + o(h).$$

由此得到

$$\lim_{h \to 0} \frac{1 - p_{kk}(h)}{h} = q_{kk} = \lambda, \quad \lim_{h \to 0} \frac{p_{k,k+1}(h)}{h} = q_{k,k+1} = \lambda.$$

于是

$$p'_{ij}(t) = q_{i,i+1} p_{i+1,j}(t) - q_{ii} p_{ij}(t) = \lambda p_{i+1,j}(t) - \lambda p_{ij}(t).$$

当 $j = i$ 时, $p'_{ii}(t) = -\lambda p_{ii}(t)$; 当 $j = i + 1$ 时, $p'_{i,i+1}(t) = \lambda p_{i+1,i+1}(t) - \lambda p_{i,i+1}(t)$; 当 $j = i + 2$ 时, $p'_{i,i+2}(t) = \lambda p_{i+1,i+2}(t)$. 在其他情况下, 微分方程不存在.

由条件 $p_{ii}(0) = 1$ 知, 上述微分方程的解分别为

$$p_{ii}(t) = \mathrm{e}^{-\lambda t}, \quad p_{i,i+1}(t) = \lambda t \mathrm{e}^{-\lambda t}, \quad p_{ij}(t) = \mathrm{e}^{-\lambda t} (\lambda t)^{j-i} / (j-i)! \quad (j \geqslant i \geqslant 0).$$

由此, 我们可以证明定义 2.8 和定义 2.9 的等价性.

习 题 3.5

1. 设 $\{X_t, t \geqslant 0\}$ 是状态空间为 $S = \{0, 1, 2, \cdots\}$ 的随机过程, $X_0 = 0$, 且具有增量独立性. 证明 $\{X_t, t \geqslant 0\}$ 是一个连续时间马尔可夫链.

2. 设生物群体中各个生物的繁殖是相互独立的、强度为 λ 的泊松过程, 且群体中没有死亡, 这个过程称为尤尔过程. 试说明尤尔过程是一个连续时间的马尔可夫链.

3. 设一个生物群体中各个生物的繁殖是相互独立的, 强度为 λ 的泊松过程, 但是每个个体将以指数速率死亡. 这个过程称为生灭过程. 求转移概率 $p_{i,i-1}, p_{i,i+1}$.

4. 设连续时间马尔可夫过程 $\{X_t, t \geqslant 0\}$ 的状态空间为 $S = \{1, 2, \cdots, m\}$. 当 $i \neq j, i, j = 1, 2, \cdots, m$ 时, $q_{ij} = 1$; 当 $i = 1, 2, \cdots, m$ 时, $q_{ii} = -(m-1)$. 求 $p_{ij}(t)$.

5. 计算机中某个触发器有两种状态, 记为 "0" 和 "1". 设触发器状态的变化构成一个状态空间为 $S = \{0, 1\}$ 的齐次连续时间马尔可夫链 $\{X_t, t \geqslant 0\}$, 且有

$$p_{01}(\Delta t) = \lambda \Delta t + o(\Delta t),$$
$$p_{10}(\Delta t) = \mu \Delta t + o(\Delta t).$$

求矩阵 Q 与 $P(t)$.

第4章 更新过程

4.1 更新过程的概念

4.1.1 更新过程的定义

根据 2.2.2 小节的讨论我们知道, 当事件发生的时间间隔独立同指数分布时, 这样的计数过程称为泊松过程. 但是, 在实际问题中, 事件发生的时间间隔一般可以具有独立同分布性, 然而它们的共同分布却可以是任意的, 我们称这样的计数过程为更新过程, 称时间间隔为更新间隔.

定义 4.1 设 $\{X_n, n \geqslant 1\}$ 是一列独立同分布的非负随机变量, 其共同分布为 $F(x)$, 且 $F(0) \neq 1, \mu = \mathrm{E}(X_n) > 0$. 令

$$S_0 = 0, \quad S_n = X_1 + X_2 + \cdots + X_n, \quad n \geqslant 1,$$

则称计数过程

$$N(t) = \sup\{n : S_n \leqslant t\} \tag{4.1}$$

为**更新过程**; 称随机变量 X_n 为第 n 个**更新间隔**; 称 S_n 为第 n 个更新发生的**更新时刻**.

在实际问题中, 人们也称更新过程 $\{N(t), t \geqslant 0\}$ 的更新时刻 $\{S_n, n \geqslant 0\}$ 形成一个**更新流**. 事件按更新流 $\{S_n, n \geqslant 0\}$ 发生, 意味着事件的更新数形成一个更新过程 $\{N(t), t \geqslant 0\}$.

更新过程是应用非常广泛的一类计数过程, 比如: 某电子仪器使用某种型号的蓄电池驱动, 每当蓄电池的电量用尽后换上同型号的蓄电池. 用 $N(t)$ 表示在时

间区间 $(0, t]$ 内电池的更换次数, 则 $\{N(t), t \geqslant 0\}$ 是更新过程. 这里的更新间隔是蓄电池的使用寿命加上该电子仪器的停止工作时间, 而更新时刻形成一个更新流.

由 (4.1) 可知, 到时刻 t 为止的更新次数 $N(t)$ 与更新时刻 S_n 有如下关系:

$$N(t) = \#\{n : S_n \leqslant t, n \geqslant 1\} = \sum_{n=1}^{\infty} \mathbf{1}_{\{S_n \leqslant t\}}, \quad t \in [0, \infty),$$

其中, $\#A$ 表示集合 A 中的元素个数, $\mathbf{1}_A$ 是 A 的示性函数. 而由更新过程与更新时刻的关系容易看出

$$\{N(t) < n\} = \{S_n > t\}, \quad \{N(t) = n\} = \{S_n \leqslant t < S_{n+1}\}.$$

接下来, 我们讨论 $N(t)$ 的极限.

4.1.2　更新次数的极限

因为 $N(t)$ 表示在 $[0, t]$ 时间区间内的更新次数, 所以对于充分大的 t, $t/N(t)$ 近似等于 $[0, t]$ 内的平均更新间隔 μ, 也就是说, 当 $t \to \infty$ 时, $t/N(t) \to \mu$. 下面, 我们从数学上严格地论证上述猜测.

定理 4.1　设 $\{S_n, n \geqslant 0\}$ 形成一个更新流, $N(t)$ 是到 t 为止的更新次数, 则

(1) $\displaystyle\lim_{t \to \infty} \frac{N(t)}{t} = \frac{1}{\mu}$, a.s.;

(2) 记: $\mu_t = \dfrac{t}{\mu}$, $\sigma_t = \sigma\sqrt{\dfrac{t}{\mu^3}}$, 其中 $\sigma^2 = \mathrm{Var}(X_1) < \infty$, 则对于任何实数 x,

$$\lim_{t \to \infty} P\left(\frac{N(t) - \mu_t}{\sigma_t} \leqslant x \right) = \Phi(x),$$

其中, $\Phi(x)$ 是标准正态分布函数.

证明　(1) 根据定义 4.1 和强大数律知,

$$\lim_{n \to \infty} \frac{S_n}{n} = \mu, \quad \text{a.s.,} \tag{4.2}$$

所以有 $n \to \infty$, $S_n \to \infty$, a.s., 这表明无穷多次更新只可能在无限长的时间内发生, 或者说有限时间内最多只能发生有限次更新, 也即 $P(N(t) < \infty) = 1$. 另一方面, 由于更新过程是一个计数过程, 所以它是关于时间 t 的单调不减函数, 故而

$$\lim_{t \to \infty} N(t) \geqslant \lim_{n \to \infty} N(S_n) = \lim_{n \to \infty} n = \infty, \quad \text{a.s..} \tag{4.3}$$

由更新过程与更新时刻的关系得

$$S_{N(t)} \leqslant t < S_{N(t)+1},$$

从而

$$\frac{S_{N(t)}}{N(t)} \leqslant \frac{t}{N(t)} < \frac{S_{N(t)+1}}{N(t)}.$$

于是由 (4.2) 和 (4.3) 得

$$\lim_{t \to \infty} \frac{t}{N(t)} = \lim_{t \to \infty} \frac{S_{N(t)}}{N(t)} = \lim_{t \to \infty} \frac{S_{N(t)+1}}{N(t)} = \mu.$$

证毕.

(2) 令 $r_t = \mu_t + x\sigma_t, n = \lceil r_t \rceil + 1$, 其中 $\lceil a \rceil$ 表示小于等于 a 的最大整数, 则当 $t \to \infty$ 时, $r_t \to \infty, \sigma_t/\mu_t \to 0$. 且注意到 $|r_t - n| \leqslant 1$ 和 $\mu\sigma_t = \sigma\sqrt{\mu_t}$. 于是

$$\lim_{t \to \infty} \frac{t - n\mu}{\sigma\sqrt{n}} = \lim_{t \to \infty} \frac{t - r_t\mu - (n - r_t)\mu}{\sigma\sqrt{n/r_t}\sqrt{r_t}} = \lim_{t \to \infty} \frac{t - r_t\mu}{\sigma\sqrt{r_t}}$$

$$= \lim_{t \to \infty} \frac{t - (\mu_t + x\sigma_t)\mu}{\sigma\sqrt{\mu_t + x\sigma_t}} = \lim_{t \to \infty} \frac{-x\mu\sigma_t}{\sigma\sqrt{\mu_t}} = -x.$$

因此, 根据中心极限定理知

$$\lim_{t \to \infty} P\left(\frac{N(t) - \mu_t}{\sigma_t} \leqslant x\right) = \lim_{t \to \infty} P(N(t) \leqslant r_t) = \lim_{t \to \infty} P(N(t) < n)$$

$$= \lim_{t \to \infty} P(S_n > t) = \lim_{t \to \infty} P\left(\frac{S_n - n\mu}{\sigma\sqrt{n}} > \frac{t - n\mu}{\sigma\sqrt{n}}\right)$$

$$= \lim_{n \to \infty} P\left(\frac{S_n - n\mu}{\sigma\sqrt{n}} > -x\right) = \Phi(x). \quad \square$$

为了方便地表述更新过程的其他性质, 下面我们介绍卷积的概念和它的基本性质.

4.1.3　卷积及其性质

本小节涉及的函数在 $(-\infty, 0)$ 上的函数值为 0. 设 X, Y 是两个互相独立的非负随机变量, 它们的分布函数分别是 $F(x)$ 和 $G(x)$, 则 $X + Y$ 的分布函数为

$$P(X + Y \leqslant t) = \int_0^t P(X + Y \leqslant t | Y = u) \mathrm{d}G(u)$$

$$= \int_0^t P(X \leqslant t - u | Y = u) \mathrm{d}G(u)$$

$$= \int_0^t F(t - u) \mathrm{d}G(u) \triangleq F * G(t),$$

我们称 $F * G(t)$ 为分布函数 $F(x)$ 和 $G(x)$ 的**卷积**. 若非负随机变量 Z 与 X, Y 也独立, 且 Z 的分布函数为 $H(t)$, 则 $(X + Y) + Z$ 的分布函数为 $(F * G) * H(t)$; 而 $X + (Y + Z)$ 的分布函数为 $F * (G * H)(t)$, 因此, $(F * G) * H(t) = F * (G * H)(t)$. 一般地, 如果 $h(t)$ 是 $[0, \infty)$ 上局部有界函数, 即在任何有限区间 $[0, b)$ 上有界, $H(t)$ 是 $[0, \infty)$ 上单调不减右连续函数, 那么可定义

$$h * H(t) = \int_0^t h(t - u) \mathrm{d}H(u), \quad t \geqslant 0,$$

为 h, H 的**卷积**.

根据上述卷积定义, 容易证明如下卷积的基本性质.

性质 4.1 设 $\{X_n, n \geqslant 1\}$ 是一列独立同分布的非负随机变量, 其共同分布为 $F(x)$, $\mu = \mathrm{E}(X_n) > 0$. 令 $S_n = X_1 + X_2 + \cdots + X_n$, $n \geqslant 1$, $G(t), H(t)$ 均为 $[0, \infty)$ 上单调不减的右连续函数, $h(t)$ 是 $[0, \infty)$ 上的局部有界函数, 则对 $t \geqslant 0$ 有

(1) $G * F(t) = F * G(t)$;

(2) $h * (G + H)(t) = h * G(t) + h * H(t)$;

(3) $h * G * H(t) = (h * G) * H(t) = h * (G * H)(t)$;

(4) $\lim\limits_{n \to \infty} F_n(t) = 0$, 其中 $F_n(t) = P(S_n \leqslant t)$;

(5) 如果 $F(t)$ 已知, 那么方程 $h(t) = h * F(t)$ 只有零解, 即 $h \equiv 0$.

证明 只需要证明 (5). 对于任意的 $t \geqslant 0$, 根据卷积的定义知

$$|h * F_n(t)| \leqslant \sup_{0 \leqslant s \leqslant t} |h(s)| F_n(t) \to 0, \quad \text{当 } n \to \infty \text{时}.$$

于是, 反复迭代 $h(t) = h * F(t)$ 得

$$h(t) = h * F(t) = (h * F) * F(t) = h * F_2(t) = \cdots = h * F_n(t) \to 0. \quad \square$$

上面的分布函数 $F_n(t)$ 被称为 $F(t)$ 的 n **重卷积**, 这是因为

$$F_1(t) = F(t), \quad F_2(t) = F * F(t), \quad \cdots, \quad F_n(t) = \int_0^t F_{n-1}(t - u) \mathrm{d}F(u).$$

容易看出

$$F_{m+n}(t) = F_m * F_n(t), \quad m, n \text{ 非负整数}.$$

4.1.4 更新函数及其基本性质

设更新过程 $\{N(t), t \geqslant 0\}$ 的更新时刻为 $\{S_n, n \geqslant 0\}$, 更新间隔为 $\{X_n, n \geqslant 1\}$, 且 X_n 的分布函数为 $F(t)$. 称更新过程 $\{N(t), t \geqslant 0\}$ 在时间区间 $[0, t]$ 内的平均更新次数

$$m(t) = \mathrm{E}[N(t)], \quad t \geqslant 0,$$

为**更新函数**. 可见, 更新函数是关于时间 t 的实函数. 下面我们讨论更新函数的基本性质.

定理 4.2 更新过程 $\{N(t), t \geqslant 0\}$ 的任意阶矩存在, 即对于一切 $t, r > 0$, 有

$$\mathrm{E}\{[N(t)]^r\} < \infty.$$

特别地,

$$m(t) = \sum_{n=1}^{\infty} F_n(t) < \infty.$$

证明 任意固定 $t > 0$,

$$\mathrm{E}\{[N(t)]^r\} \leqslant \sum_{n=1}^{\infty} n^r P(N(t) \geqslant n) = \sum_{n=1}^{\infty} n^r P(S_n \leqslant t) = \sum_{n=1}^{\infty} n^r F_n(t).$$

因为 $S_n \to \infty$, 所以 $\lim\limits_{n\to\infty} P(S_n \leqslant t) = 0$, $\forall\, t > 0$. 从而, 存在正整数 m, 使得 $c = F_m(t) < 1$. 由于对于一切 $p, q \geqslant 0$ 有 S_p 和 $S_{p+q} - S_p$ 相互独立, 所以

$$F_{p+q}(t) = P(S_{p+q} \leqslant t) = P(S_p + (S_{p+q} - S_p) \leqslant t)$$
$$\leqslant P(S_p \leqslant t,\ S_{p+q} - S_p \leqslant t) = F_p(t)F_q(t).$$

因为对于正整数 n, 存在整数 l, k, 使得 $n = lm + k$, $k = 0, 1, 2, \cdots, m-1$, 所以

$$F_n(t) = F_{lm+k}(t) \leqslant F_{lm}(t)F_k(t) \leqslant [F_m(t)]^l = c^l.$$

于是

$$\mathrm{E}\{[N(t)]^r\} \leqslant \sum_{n=1}^{\infty} n^r F_n(t) = \sum_{l=0}^{\infty} \sum_{k=0}^{m-1} (lm+k)^r F_n(t)$$
$$\leqslant m^r \sum_{l=0}^{\infty} \sum_{k=0}^{m-1} (l+1)^r F_n(t) \leqslant m^{r+1} \sum_{l=0}^{\infty} (l+1)^r c^l < \infty.$$

同时根据单调收敛定理得

$$m(t) = \mathrm{E}[N(t)] = \mathrm{E}\left[\sum_{n=1}^{\infty} \mathbf{1}_{\{S_n \leqslant t\}}\right] = \sum_{n=1}^{\infty} \mathrm{E}(\mathbf{1}_{\{S_n \leqslant t\}})$$

$$= \sum_{n=1}^{\infty} P(S_n \leqslant t) = \sum_{n=1}^{\infty} F_n(t). \tag{4.4}$$

证毕. □

由于 (4.4) 右端的级数关于 t 一致收敛, 所以 $m(t)$ 在 $[0, \infty)$ 上单调不减右连续, 且

$$m(0) = \sum_{n=1}^{\infty} F_n(0) = \sum_{n=1}^{\infty} P(S_n = 0) = \sum_{n=1}^{\infty} P(X_1 = 0, X_2 = 0, \cdots, X_n = 0)$$

$$= \sum_{n=1}^{\infty} F^n(0) = \frac{F(0)}{1 - F(0)}.$$

例 4.1 已知在每个时刻独立地做伯努利试验, 试验成功的概率为 $p, 0 < p < 1$, 失败的概率为 $1 - p$. 用 $\{X_n, n \geqslant 1\}$ 表示试验成功的时间间隔 (更新间隔), $\{N_j, j = 1, 2, \cdots\}$ 表示试验成功发生时刻 (更新发生时刻) 的计数过程, 则此过程是更新过程, 求它的更新函数 $M(k)$.

解 根据题意知, 更新的时间间隔独立同分布, 且其共同的分布函数为几何分布:

$$P(X_n = i) = (1 - p)^{i-1} p, \quad n = 1, 2, \cdots; i = 1, 2, \cdots.$$

记第 r 次更新发生的时刻 $T_r = \sum_{j=1}^{r} X_j$, 则 T_r 具有负二项分布

$$P(T_r = n) = \mathrm{C}_{n-1}^{r-1}(1 - p)^{n-r} p^r.$$

因此

$$m(k) = \sum_{r=0}^{k} r P(N_k = r) = \sum_{r=0}^{k} r[P(T_r \leqslant k) - P(T_{r+1} \leqslant k)]$$

$$= \sum_{r=0}^{k} r\left[\sum_{n=r}^{k} \mathrm{C}_{n-1}^{r-1}(1 - p)^{n-r} p^r - \sum_{n=r+1}^{k} \mathrm{C}_{n-1}^{r}(1 - p)^{n-r-1} p^{r+1}\right].$$

习 题 4.1

1. 说明下列等式哪些成立, 哪些不成立, 对不成立的举出反例.

(1) $\{N(t) < n\} = \{S_n > t\}$; (2) $\{N(t) \geqslant n\} = \{S_n \leqslant t\}$;

(3) $\{N(t) > n\} = \{S_n < t\}$; (4) $\{N(t) \leqslant n\} = \{S_n \geqslant t\}$.

2. 设更新过程 $\{N(t), t \geqslant 0\}$ 的更新间隔服从两点分布 $B(1, p)$, 试计算 $P(N(k) = j)$, 并说明 $N(k) \geqslant k$.

3. 设更新过程 $\{N(t), t \geqslant 0\}$ 的更新间隔服从参数为 (n, λ) 的 Γ 分布, 试求 $N(t)$ 的分布, 并证明 $\lim\limits_{t \to \infty} N(t)/t = \lambda/n$.

4. 设更新过程 $\{N(t), t \geqslant 0\}$ 的更新间隔 X_n 的分布为

$$P(X_n = 1) = \frac{1}{3}, \quad P(X_n = 2) = \frac{2}{3}.$$

试计算 $P(N(1) = k)$, $P(N(2) = k)$, $P(N(3) = k)$.

5. 已知更新过程 $\{N(t), t \geqslant 0\}$ 的更新间隔 X_n 的概率密度函数为

$$f(x) = \begin{cases} \rho e^{-\rho(x-\delta)}, & \text{若 } x > \delta, \\ 0, & \text{若 } x \leqslant \delta, \end{cases}$$

其中 $\delta > 0$ 给定. 求 $P(N(t) \geqslant k)$.

6. 在上一题中, 如果更新间隔 X_n 的概率密度函数为 $f(x) = \lambda^2 x e^{-\lambda x}$, $x \geqslant 0$, 求相应的更新函数 $m(t)$.

7. 某控制器用一节电池供电, 电池失效时立即更换同一型号的新电池. 设电池的寿命服从 $(30, 60)$ (单位: h) 内的均匀分布, 求长时间工作时, 控制器更换电池的速率.

8. 在上题中, 如果没有备用电池, 电池失效时需去仓库领取. 设领取新电池时间服从 $(0, 1)$ (单位: h) 内的均匀分布, 求长时间工作的情况下, 控制器更换电池的速率.

4.2　更新方程和更新定理

在 4.1 节中, 我们学习了更新函数以及它的基本性质. 本节中, 我们将继续讨论更新函数的其他性质.

4.2.1　更新方程及其基本性质

设 $m(t)$ 是更新过程 $\{N(t), t \geqslant 0\}$ 的更新函数, 则由定理 4.2 和卷积的性质易知

$$m(t) = \sum_{n=1}^{\infty} F_n(t) = F(t) + \sum_{n=2}^{\infty} F_n(t)$$

$$= F(t) + \sum_{n=2}^{\infty} F_{n-1} * F(t) = F(t) + \left(\sum_{n=1}^{\infty} F_n \right) * F(t)$$

$$= F(t) + m(t) * F(t) = F(t) + \int_0^t m(t-s)\mathrm{d}F(s). \tag{4.5}$$

若更新函数 $m(t)$ 的导数 $m'(t)$ 存在, 则由 (4.5) 易知

$$m'(t) = F'(t) + \int_0^t m'(t-s)\mathrm{d}F(s) = f(t) + \int_0^t m'(t-s)f(s)\mathrm{d}s, \tag{4.6}$$

其中 $f(t)$ 是 $F(t)$ 的密度函数. $m'(t)$ 和 $m(t)$ 所满足的积分方程 (4.5) 和 (4.6) 都称为更新方程. 一般地, 有如下定义.

定义 4.2　如果函数 $a(t)$ 和分布函数 $F(t)$ 已知, 那么称如下形式的积分方程为**更新方程**

$$A(t) = a(t) + \int_0^t A(t-s)\mathrm{d}F(s), \tag{4.7}$$

其中当 $t < 0$ 时, $a(t)$ 和 $F(t)$ 都为零. 当 $a(t)$ 在任何区间上都有界时, 称方程 (4.7) 为**适定更新方程**, 简称为更新方程.

可见, (4.5) 和 (4.6) 都是特殊形式的更新方程. 下面讨论更新方程的解.

定理 4.3　如果更新方程 (4.7) 中, $a(t)$ 为一个有界函数, 那么该方程存在唯一的在有限区间内有界的解

$$A(t) = a(t) + \int_0^t a(t-s)\mathrm{d}m(s), \tag{4.8}$$

其中 $m(t) = \sum_{n=1}^\infty F_n(t)$ 是分布函数 $F(t)$ 的更新函数.

证明　先证 $A(t)$ 在任一有限区间上有界. 对 $\forall\, T > 0$, 由 $a(t)$ 有界及 $m(t)$ 的单调不减性知,

$$\begin{aligned}
\sup_{0\leqslant t\leqslant T} |A(t)| &\leqslant \sup_{0\leqslant t\leqslant T} |a(t)| + \int_0^T \sup_{0\leqslant t\leqslant T} |a(t)|\mathrm{d}m(s) \\
&\leqslant \sup_{0\leqslant t\leqslant T} |a(t)|[1 + m(T)] < \infty.
\end{aligned} \tag{4.9}$$

其次证明 (4.8) 是更新方程 (4.7) 的解.

$$\begin{aligned}
A(t) &= a(t) + m * a(t) = a(t) + \left(\sum_{n=1}^\infty F_n\right) * a(t) \\
&= a(t) + F * a(t) + \left(\sum_{n=2}^\infty F_n\right) * a(t)
\end{aligned}$$

$$= a(t) + F * \left[a(t) + \sum_{n=1}^{\infty} F_n * a(t) \right]$$

$$= a(t) + F * [a(t) + m * a(t)]$$

$$= a(t) + F * \left[a(t) + \int_0^t a(t-s)\mathrm{d}m(s) \right]$$

$$= a(t) + F * A(t). \tag{4.10}$$

从 (4.10) 可知, $A(t)$ 是更新方程 (4.7) 的解.

最后证解的唯一性. 设 $\widetilde{A}(t)$ 也是更新方程 (4.7) 的解, 且满足有界性条件, 则

$$\widetilde{A}(t) = a(t) + \widetilde{A} * F(t).$$

将上式反复迭代得

$$\widetilde{A}(t) = a(t) + [F * (a + F * \widetilde{A})](t)$$

$$= a(t) + (F * a)(t) + [F * (F * \widetilde{A})](t)$$

$$= a(t) + (F * a)(t) + (F_2 * \widetilde{A})(t)$$

$$= a(t) + (F * a)(t) + [F_2 * (a + F * \widetilde{A})](t)$$

$$= a(t) + (F * a)(t) + F_2 * a(t) + (F_3 * \widetilde{A})(t)$$

$$\cdots\cdots$$

$$= a(t) + \left(\sum_{k=1}^{n-1} F_k \right) * a(t) + (F_n * \widetilde{A})(t).$$

注意到对任何 t,

$$|(F_n * \widetilde{A})(t)| = \left| \int_0^t \widetilde{A}(t-s)\mathrm{d}F_n(s) \right| \leqslant \left[\sup_{0 \leqslant s \leqslant t} \left| \widetilde{A}(t-s) \right| \right] \cdot F_n(t).$$

由于 $\sup\limits_{0 \leqslant s \leqslant t} |\widetilde{A}(t-s)| < \infty$, 并且 $m(t) = \sum_{n=1}^{\infty} F_n(t) < \infty$ 知, 对 $\forall\, t$, 有 $\lim_{n \to \infty} F_n(t) = 0$, 从而 $\lim\limits_{n \to \infty} |(F_n * \widetilde{A})(t)| = 0$. 又因为

$$\lim_{n \to \infty} \left[\sum_{k=1}^{n-1} (F_k * a)(t) \right] = \left[\left(\sum_{k=1}^{\infty} F_k \right) * a \right](t) = (m * a)(t),$$

于是推出

$$\widetilde{A}(t) = \lim_{n \to \infty} \left[a(t) + \left(\sum_{k=1}^{n-1} F_k \right) * a(t) + (F_n * \widetilde{A})(t) \right] = a(t) + (m * a)(t).$$

可见, $\widetilde{A}(t) = A(t)$, 即唯一性得证. □

引理 4.1　设 $\{X_n, n \geqslant 1\}$ 为更新过程 $\{N(t), t \geqslant 0\}$ 的更新间隔, 且 X_n 的分布函数为 $F(t)$, $\mathrm{E}X_n < \infty$, 则

$$\mathrm{E}\left[\sum_{n=1}^{N(t)+1} X_n\right] = \mathrm{E}(X_1)\mathrm{E}[N(t) + 1]. \tag{4.11}$$

证明　我们用更新方程的理论来证明 (4.11). 对第一次更新的时刻 X_1 取条件

$$\mathrm{E}\left[\sum_{n=1}^{N(t)+1} X_n \Big| X_1 = x\right] = \begin{cases} x, & \text{若 } x > t, \\ x + \mathrm{E}\left[\displaystyle\sum_{n=1}^{N(t-x)+1} X_n\right], & \text{若 } x \leqslant t. \end{cases}$$

令

$$A(t) = \mathrm{E}\left[\sum_{n=1}^{N(t)+1} X_n\right],$$

则

$$\begin{aligned} A(t) &= \mathrm{E}\left[\mathrm{E}\left(\sum_{n=1}^{N(t)+1} X_n \Big| X_1\right)\right] = \int_0^\infty \mathrm{E}\left(\sum_{n=1}^{N(t)+1} X_n \Big| X_1 = x\right)\mathrm{d}F(x) \\ &= \int_0^t [x + A(t-x)]\mathrm{d}F(x) + \int_t^\infty x\,\mathrm{d}F(x) \\ &= \mathrm{E}(X_1) + \int_0^t A(t-x)\mathrm{d}F(x). \end{aligned} \tag{4.12}$$

可见方程 (4.12) 是更新方程. 由定理 4.3 知

$$A(t) = \mathrm{E}(X_1) + \int_0^t \mathrm{E}(X_1)\mathrm{d}m(s) = \mathrm{E}(X_1) \cdot [1 + m(t)] = \mathrm{E}(X_1) \cdot \mathrm{E}[N(t) + 1]. \quad \square$$

4.2.2　更新定理

本小节介绍的更新定理是更新理论的基本结论, 有着广泛的应用. 下面, 首先介绍基本更新定理.

定理 4.4 (基本更新定理)　设 $\{X_n, n \geqslant 1\}$ 为更新过程 $\{N(t), t \geqslant 0\}$ 的更新间隔, 且 X_n 的分布函数为 $F(t)$, 记 $\mu = \mathrm{E}(X_n)$, 则

(1) 当 $\mu < \infty$ 时,

$$\lim_{t \to \infty} \frac{m(t)}{t} = \frac{1}{\mu};$$

(2) 当 $\mu = \infty$ 时,

$$\lim_{t\to\infty} \frac{m(t)}{t} = 0.$$

证明 (1) 由 $S_{N(t)+1} > t$ 以及引理 4.1 知, $\mu[m(t)+1] > t$, 从而

$$\liminf_{t\to\infty} \frac{m(t)}{t} \geqslant \frac{1}{\mu}. \tag{4.13}$$

下面证 $\limsup\limits_{t\to\infty} m(t)/t \leqslant 1/\mu$. 为此, 对任意给定的正常数 C, 令

$$\hat{X}_n = \begin{cases} X_n, & \text{若 } X_n \leqslant C, \\ C, & \text{若 } X_n > C, \end{cases} \quad n \geqslant 1.$$

记

$$\hat{S}_0 = 0, \quad \hat{S}_n = \sum_{k=1}^n \hat{X}_k, \quad \hat{N}(t) = \sup_{n\geqslant 0}\{n : \hat{S}_n \leqslant t\}, \quad \hat{m}(t) = \mathrm{E}\hat{N}(t),$$

则有

$$\mu_C = \mathrm{E}\hat{X}_n \leqslant \mu, \quad \hat{S}_n \leqslant S_n, \quad \hat{N}(t) \geqslant N(t), \quad \hat{m}(t) \geqslant m(t), \quad \hat{S}_{\hat{N}(t)+1} \leqslant t+C,$$

从而得

$$\mu_C \cdot [1 + m(t)] \leqslant \mu_C \cdot [1 + \hat{m}(t)] \leqslant t + C,$$

由此得

$$\limsup_{t\to\infty} \frac{m(t)}{t} \leqslant \frac{1}{\mu_C}, \quad \forall\, C > 0.$$

又因为

$$\mu_C = \int_0^C [1 - F(x)]\mathrm{d}x,$$

所以

$$\lim_{C\to\infty} \mu_C = \lim_{C\to\infty} \int_0^C [1 - F(x)]\mathrm{d}x = \int_0^\infty [1 - F(x)]\mathrm{d}x = \mu,$$

故

$$\limsup_{t\to\infty} \frac{m(t)}{t} \leqslant \frac{1}{\mu}, \tag{4.14}$$

由 (4.13) 和 (4.14) 结论得证.

(2) 根据 (1) 的截尾过程 $\{\hat{X}_n, n \geqslant 1\}$ 知,

$$\limsup_{t\to\infty} \frac{m(t)}{t} \leqslant \limsup_{t\to\infty} \frac{\hat{m}(t)}{t} = \frac{1}{\mu_C}.$$

上式两边令 $C \to \infty$, 即可证得 (2). $\square$

当 $\mu < \infty$ 时, 定理 4.4 可以看作当 $t \to \infty$ 时, $m(t) \sim t/\mu$, 故我们猜测: 当 $t \to \infty$ 时, 对于任意一个 $h > 0$, 是否有

$$m(t+h) - m(t) \to \frac{h}{\mu}.$$

由这一猜想引出另一个更新定理, 即布莱克韦尔 (Blackwell) 的更新定理. 为了叙述这个定理, 我们首先介绍格点分布的概念.

定义 4.3 称随机变量 X 服从**格点分布**, 如果存在 $d > 0$, 使得

$$\sum_{n=0}^{\infty} P(X = nd) = 1.$$

称满足上述条件的最大的 d 为此格点分布的**周期**.

当随机变量 X 服从格点分布时, 我们也称它或它的分布函数是**格点的**. 从定义 4.3 我们可知, 格点分布在不是 d 的整数倍处取值的概率为 0, 但并不一定在所有 nd $(n = 0, 1, 2, \cdots)$ 都一一取到. 例如, 若 X 取整数值 $2, 4, 6, 7, 8, 10$, 则它也是格点的, 周期为 1.

定理 4.5 (布莱克韦尔更新定理) 设 $\{X_n, n \geqslant 1\}$ 为更新过程 $\{N(t), t \geqslant 0\}$ 的更新间隔, 且 X_n 的分布函数为 $F(t)$, 记 $\mu = \mathrm{E}X_n$, 则

(1) 若 $F(t)$ 不是格点分布, 则对一切 $h \geqslant 0$,

$$\lim_{t\to\infty} [m(t+h) - m(t)] = \frac{h}{\mu}.$$

(2) 若 $F(t)$ 是格点的, 且周期为 d, 则

$$\lim_{n\to\infty} [m((n+1)d) - m(nd)] = \frac{d}{\mu}.$$

本定理的证明比较繁琐, 此处略去, 感兴趣的读者参看文献 (何声武, 1999). 定理 4.5 表明, 如果更新间隔的分布是非格点的, 那么在远离原点的长度为 h 的时间区间内, 更新次数的期望是 h/μ. 这与我们的猜测一致, 因为 $1/\mu$ 可以看作长

时间后更新过程发生的平均速率. 但是当更新间隔服从格点分布时, 由于更新只发生在 d 的整数倍处, 所以有 (1) 就不成立了, 因为更新次数的多少是依赖于区间上形如 nd 的点的数目, 因而有 (2) 的结论.

容易看出, 基本更新定理是布莱克威尔更新定理的特殊形式. 事实上, 如果记 $x_n = m(n) - m(n-1)$, 那么当更新间隔的分布 $F(t)$ 不是格点分布时, 由定理 4.5 的 (1) 得, $x_n \to 1/\mu$, $n \to \infty$, 因而

$$\lim_{n \to \infty} \frac{\sum_{k=1}^n x_k}{n} = \lim_{n \to \infty} \frac{m(n)}{n} = \frac{1}{\mu}.$$

而对于任何实数 t,

$$\frac{[t]}{t} \cdot \frac{m([t])}{[t]} \leqslant \frac{m(t)}{t} \leqslant \frac{[t]+1}{t} \cdot \frac{m([t]+1)}{[t]+1},$$

其中, $[t]$ 表示 t 的整数部分, 即不超过 t 的最大整数. 在上式两边同时令 $t \to \infty$, 得

$$\frac{m(t)}{t} \to \frac{1}{\mu},$$

而这就是基本更新定理. 当 $F(t)$ 是格点分布时, 有类似讨论.

下面考虑关键更新定理. 为此, 首先给出函数直接黎曼可积的定义.

定义 4.4 设 $f(x)$ 是 $[0, \infty)$ 上的函数, 对任意 $\delta > 0$, 分别用 $\underline{m}_n(\delta)$ 和 $\overline{m}_n(\delta)$ 表示 $f(x)$ 在区间 $[(n-1)\delta, n\delta]$ 上的下确界和上确界, 如果对于 $\forall \delta > 0$,

$$\sum_{n=1}^{\infty} \underline{m}_n(\delta) < \infty, \quad \sum_{n=1}^{\infty} \overline{m}_n(\delta) < \infty, \quad \lim_{\delta \to 0} \delta \sum_{n=1}^{\infty} \underline{m}_n(\delta) = \lim_{\delta \to 0} \delta \sum_{n=1}^{\infty} \overline{m}_n(\delta)$$

同时成立, 那么称 $h(t)$ 为**直接黎曼可积函数**.

用定义 4.4 判断一个函数是否是直接黎曼可积的有些困难. 下面不加证明地给出直接黎曼可积函数的一个简单判别方法: 如果函数 $f(x)$ 是定义在 $[0, \infty)$ 上的一个单调且绝对可积函数, 即

$$\int_0^{\infty} |f(x)| \mathrm{d}x < \infty,$$

那么 $f(x)$ 必是直接黎曼可积函数.

定理 4.6 (关键更新定理) 设 $F(t)$ 是非负随机变量 X 的分布函数, 且 $\mu = \mathrm{E}(X)$, $F(0) < 1$. $h(t)$ 是直接黎曼可积函数, $A(t)$ 是更新方程

$$A(t) = h(t) + \int_0^t A(t-s) \mathrm{d}F(s)$$

的解, 则

(1) 如果 $F(t)$ 是非格点的, 那么

$$\lim_{t\to\infty} A(t) = \begin{cases} \dfrac{1}{\mu}\displaystyle\int_0^\infty h(t)\mathrm{d}t, & \text{若 } \mu < \infty, \\[2mm] 0, & \text{若 } \mu = \infty. \end{cases}$$

(2) 如果 $F(t)$ 是周期为 d 的格点分布, 那么对于任意 $a>0$, 有

$$\lim_{n\to\infty} A(a+nd) = \begin{cases} \dfrac{d}{\mu}\displaystyle\sum_{n=0}^\infty h(a+nd), & \text{若 } \mu < \infty, \\[2mm] 0, & \text{若 } \mu = \infty. \end{cases}$$

定理 4.6 的证明从略, 感兴趣的读者参阅文献 (何声武, 1999). 下面, 我们举一例说明关键更新定理的应用.

例 4.2 (剩余寿命与年龄的极限分布)   设更新过程 $\{N(t), t \geqslant 0\}$ 的更新时刻是一更新流 $\{S_n, n \geqslant 0\}$, 相应的时间间隔过程为 $\{X_n, n \geqslant 0\}$, X_n 的分布函数为 $F(t)$, $\mu = \mathrm{E}(X_n) < \infty$. 用 $R(t) = S_{N(t)+1} - t$ 表示 t 时刻的剩余寿命, 即从 t 时刻开始到下次更新剩余的时间, $r(t) = t - S_{N(t)}$ 表示 t 时刻的年龄. 试求 $R(t)$ 和 $r(t)$ 的极限分布.

解   令 $A_u(t) = P(R(t) > u)$, $u > 0$, 则

$$P(R(t) > u | X_1 = x) = \begin{cases} 1, & \text{若 } x > t+u, \\ 0, & \text{若 } t < x \leqslant t+u, \\ A_u(t-x), & \text{若 } 0 < x \leqslant t. \end{cases}$$

于是, 由全概率公式得

$$\begin{aligned} A_u(t) &= \int_0^\infty P(R(t) > u | X_1 = x)\mathrm{d}F(x) \\ &= \int_{t+u}^\infty \mathrm{d}F(x) + \int_0^t A_u(t-x)\mathrm{d}F(x) \\ &= 1 - F(t+u) + \int_0^t A_u(t-x)\mathrm{d}F(x). \end{aligned} \tag{4.15}$$

方程 (4.15) 是更新方程, 其解为

$$A_u(t) = 1 - F(t+u) + \int_0^t [1 - F(t+u-x)]\mathrm{d}m(x).$$

因为函数 $1 - F(t + u)$ 是关于 t 的单调函数, 且

$$\int_0^\infty [1 - F(t + u)]\mathrm{d}t = \int_u^\infty [1 - F(v)]\mathrm{d}v \leqslant \mu < \infty,$$

所以 $1 - F(t + u)$ 是直接黎曼可积函数. 根据定理 4.6 有

$$\lim_{t \to \infty} A_u(t) = \frac{1}{\mu} \int_0^\infty [1 - F(t + u)]\mathrm{d}t = \frac{1}{\mu} \int_u^\infty [1 - F(v)]\mathrm{d}v.$$

下面考虑年龄 $r(t)$ 的极限分布. 由于

$$\{R(t) > x, r(t) > u\} = \{R(t - u) > x + u\},$$

所以

$$\lim_{t \to \infty} P(R(t) > x, r(t) > u) = \lim_{t \to \infty} P(R(t - u) > x + u) = \frac{1}{\mu} \int_{x+u}^\infty [1 - F(v)]\mathrm{d}F(v),$$

特别地,

$$\lim_{t \to \infty} P(r(t) > u) = \lim_{t \to \infty} P(R(t) > 0, r(t) > u) = \frac{1}{\mu} \int_u^\infty [1 - F(v)]\mathrm{d}F(v).$$

习 题 4.2

1. 设更新流 $\{S_n, n \geqslant 0\}$ 形成更新过程 $\{N(t), t \geqslant 0\}$, 相应的时间间隔过程为 $\{X_n, n \geqslant 0\}$, X_n 的分布函数为 $F(t)$, 则对任意 $t \geqslant s \geqslant 0$,

$$P(S_{N(t)} \leqslant s) = 1 - F(t) + \int_0^s [1 - F(t - y)]\mathrm{d}m(y),$$

其中 $m(t)$ 为更新函数.

2. 设 $H(t)$ 是更新方程

$$H(t) = h(t) + \int_0^t H(t - s)\mathrm{d}F(s)$$

的解, 其中 $h(t)$ 是一个有界非减函数, $h(0) = 0$. $\mu < \infty$ 是相应于分布函数 $F(x)$ 的均值, 试证明

$$\lim_{t \to \infty} \frac{H(t)}{t} = \frac{h^*}{\mu},$$

其中 $h^* = \lim_{t \to \infty} h(t)$.

3. 考虑生物分裂问题: 一种生物的个体在寿终时以概率 p_i 分裂成 i 个后代. 所有后代独立存活, 寿终时又以概率 p_i 分裂成 i 个后代. 设这种生物的寿命是来自总体 T 的随机变量, 且

将这种生物的某个个体的降生时刻记为零时刻, 用 $X(t)$ 表示 t 时刻该个体的后代数目, 则随机过程 $\{X(t), t \geqslant 0\}$ 被称为分支过程. 用 Y 表示以 $\{p_i\}$ 为概率分布的随机变量, μ_Y 为每个个体寿终时平均分裂数. 试完成下列问题.

(1) 设 $X(0) = 1$, T_1 为第一个个体的寿命. 若 $P(T_1 > 0) = 1$, 则有

$$\mathrm{E}[X(t)|T_1 = s] = \begin{cases} 1, & \text{当 } 0 \leqslant t < s, \\ \mu_Y \mathrm{E}[X(t-s)], & \text{当 } 0 < s \leqslant t. \end{cases}$$

(2) 如果 T 是非格点的, 其分布函数为 $F(t)$, $F(0) = 0$, 且 $\mu_Y > 1$, 那么

$$\lim_{t \to \infty} \frac{m(t)}{\mathrm{e}^{\alpha t}} = \frac{\mu_Y - 1}{\alpha \mu_Y^2 \mathrm{E}(T\mathrm{e}^{-\alpha T})},$$

其中, $m(t) = \mathrm{E}[X(t)]$, α 是方程 $\mathrm{E}(\mathrm{e}^{-\alpha T}) = 1/\mu_Y$ 的唯一解.

4.3 更新过程的推广

在本节中, 我们简要地介绍几种其他形式的更新过程.

4.3.1 交替更新过程

在前面的更新过程中, 我们仅考虑了系统有一个状态的情况, 而在实际工作中, 一个工作系统可能有多种状态的情形. 比如: 电冰箱压缩机并不是总处于工作状态. 冰箱开始使用时, 压缩机处于工作状态, 工作 X_1 小时后压缩机进入休息状态, 休息 Y_1 小时后进入工作状态; 工作 X_2 小时后压缩机进入休息状态, 休息 Y_2 小时后进入工作状态; $\cdots$; 如此不断运行下去就得到一列随机向量 $\{(X_n, Y_n), n \geqslant 1\}$.

假设 $\{(X_n, Y_n), n \geqslant 1\}$ 是独立同分布的, 那么 $\{X_n, n \geqslant 1\}$ 和 $\{Y_n, n \geqslant 1\}$ 分别是独立同分布的随机变量序列, 但是每对向量 (X_n, Y_n) 中的 X_n 和 Y_n 却可以相依. 记

$$Z_n = X_n + Y_n, \quad S_0 = 0, \quad S_n = \sum_{k=1}^{n} Z_k, \quad n \geqslant 1.$$

令

$$N(t) = \sup\{n : n \geqslant 0, S_n \geqslant t\},$$

那么称 $\{N(t), t \geqslant 0\}$ 为一个**交替更新过程**.

设 $P(t) = P$ (t 时刻压缩机处于工作状态), $Q(t) = P$ (t 时刻压缩机处于休息状态), 则利用关键更新定理可以得到交替更新过程的一个重要结果.

定理 4.7 设 X_n, Y_n, Z_n 的分布函数分别为 $G(t), H(t), F(t)$, 且 $F(t)$ 不是格点的, $\mathrm{E}(Z_n) < \infty$, 则

$$\lim_{t \to \infty} P(t) = \frac{\mathrm{E}(X_n)}{\mathrm{E}(Z_n)} \quad \text{且} \quad \lim_{t \to \infty} Q(t) = \frac{\mathrm{E}(Y_n)}{\mathrm{E}(Z_n)}.$$

证明 以第一次更新的时刻 Z_1 为条件, 求如下条件概率:

$$P(t \text{ 时刻压缩机处于工作状态}|Z_1 = z) = \begin{cases} P(X_1 > t|Z_1 = z), & \text{当 } z \geqslant t, \\ P(t - z), & \text{当 } z < t. \end{cases}$$

于是,

$$P(t) = \int_0^\infty P(t \text{ 时刻压缩机处于工作状态}|Z_1 = z)\mathrm{d}F(z)$$

$$= P(X_1 > t) + \int_0^t P(t - z)\mathrm{d}F(z)$$

$$= 1 - G(t) + \int_0^t P(t - z)\mathrm{d}F(z).$$

上式为更新方程, 其解为

$$P(t) = 1 - G(t) + \int_0^t [1 - G(t - z)]\mathrm{d}m(z).$$

再由 $\int_0^\infty [1 - G(t)]\mathrm{d}t = \mathrm{E}(X_1) < \infty$ 和 $1 - G(t)$ 的单调有界性, 以及关键更新定理得

$$\lim_{t \to \infty} P(t) = \frac{1}{\mathrm{E}(Z_n)} \int_0^\infty [1 - G(x)]\mathrm{d}x = \frac{\mathrm{E}(X_n)}{\mathrm{E}(Z_n)}.$$

类似方法可证 $\lim_{t \to \infty} Q(t)$ 的相关结论. □

4.3.2 延迟更新过程

更新过程要求时间间隔 $\{X_n, n \geqslant 1\}$ 是独立同分布的随机序列, 并且其共同的分布函数为 $F(t)$. 如果放宽对 X_1 的要求, 允许它服从别的分布 $G(t)$, 则 $X_1, X_2, \cdots$ 所确定的计数过程是延迟更新过程. 具体地, 有如下一般的定义.

定义 4.5 设 X 和 X_1 是两个非负随机变量, $\{X_n, n \geqslant 2\}$ 独立同分布, 且与 X 拥有共同分布, X_1 与 $\{X_n, n \geqslant 2\}$ 独立. 令

$$S_0 = 0, \quad S_n = X_1 + X_2 + \cdots + X_n, \quad n \geqslant 1,$$

则称

$$\overline{N}(t) = \sum_{k=1}^{\infty} \mathbf{1}_{\{S_k \leqslant t\}}, \quad t \geqslant 0$$

是更新间隔为 $\{X_n, n \geqslant 1\}$ 的**延迟更新过程**.

显然, 如果 X_1 和 X 同分布, 那么延迟更新过程 $\{\overline{N}(t), t \geqslant 0\}$, 就是普通的更新过程. 否则, 设 $G(x) = P(X_1 \leqslant x)$, $F(x) = P(X \leqslant x)$, $m_{\overline{N}}(t) = \mathrm{E}[\overline{N}(t)]$, 且用 F_0 表示常数 0 的分布函数, 则

$$m_{\overline{N}}(t) = \sum_{k=1}^{\infty} \mathrm{E}(\mathbf{1}_{\{S_k \leqslant t\}}) = \sum_{k=1}^{\infty} P\big(X_1 + (S_k - X_1) \leqslant t\big) = \sum_{k=1}^{\infty} G * F_{k-1}(t).$$

可以证明, 上式是更新方程

$$A(t) = G(t) + \int_0^t A(t-s)\mathrm{d}F(s)$$

的唯一局部有界解. 而且由于 $P(X_1 < \infty) = 1$, 所以当时间充分长后, 延迟更新过程和以 X 为更新间隔的更新过程有相似的极限性质.

4.3.3　更新回报过程

在许多实际问题中, 每次更新都伴随着费用的发生, 比如: 生产线上每个零件的更新之后都增加了投入的成本; 每个顾客离开商场的付款台都增加了商场的营业额; 每次挂断手机都有话费发生等等. 于是, 类似复合泊松过程, 我们可定义如下更新回报过程.

定义 4.6　设更新流 $\{S_n, n \geqslant 0\}$ 形成的更新过程为 $\{N(t), t \geqslant 0\}$, 并用 $\{X_n, n \geqslant 1\}$ 表示更新间隔序列. 如果在第 k 个更新间隔 X_k 结束时产生的更新费用为 Y_k, 那么在 $[0, t]$ 内发生的总费用可表示为

$$W(t) = \sum_{k=1}^{N(t)} Y_k.$$

我们称随机过程 $\{W(t), t \geqslant 0\}$ 为**更新回报过程**.

容易证明, 更新回报过程 $\{W(t), t \geqslant 0\}$ 有如下极限性质.

定理 4.8　如果随机向量序列 $\{(X_n, Y_n), n \geqslant 1\}$ 独立同分布, 且 $\mu_X = \mathrm{E}(X_n) < \infty$, $\mu_Y = \mathrm{E}(Y_n) < \infty$, 那么

(1)

$$\lim_{t \to \infty} \frac{W(t)}{t} = \frac{\mu_Y}{\mu_X}, \quad \text{a.s.};$$

(2)
$$\lim_{t\to\infty} \frac{\mathrm{E}[W(t)]}{t} = \frac{\mu_Y}{\mu_X};$$

(3) 当 X 的分布函数不是格点分布时, 对 $\forall\, h > 0$ 有

$$\lim_{t\to\infty} \{\mathrm{E}[W(t+h)] - \mathrm{E}[W(t)]\} = h\frac{\mu_Y}{\mu_X}.$$

证明 (1) 根据定理 4.1 和大数定理, 并利用 $N(t) \to \infty$, a.s., $t \to \infty$, 得

$$\lim_{t\to\infty} \frac{N(t)}{t} = \frac{1}{\mu_X}, \quad \text{a.s.,} \quad \lim_{t\to\infty} \frac{\sum_{j=1}^{N(t)} Y_j}{N(t)} = \mu_Y, \quad \text{a.s.}$$

于是,

$$\lim_{t\to\infty} \frac{W(t)}{t} = \frac{N(t)}{t} \frac{\sum_{j=1}^{N(t)} Y_j}{N(t)} = \frac{\mu_Y}{\mu_X}, \quad \text{a.s.}$$

(2) 为了方便, 只对 $\{X_n, n \geqslant 1\}$ 与 $\{Y_n, n \geqslant 1\}$ 独立的情况给予证明. 因为

$$\mathrm{E}[W(t)] = \sum_{n=0}^{\infty} \mathrm{E}\left[\sum_{k=0}^{n} Y_k \Big| N(t) = n\right] P(N(t) = n)$$

$$= \sum_{n=0}^{\infty} \mathrm{E}(Y_1) \cdot n P(N(t) = n) = \mathrm{E}(Y_1) m(t),$$

所以,

$$\lim_{t\to\infty} \frac{\mathrm{E}[W(t)]}{t} = \mathrm{E}(Y_1) \lim_{t\to\infty} \frac{m(t)}{t} = \frac{\mu_Y}{\mu_X}.$$

(3) 由 (2) 和定理 4.5 立刻得

$$\lim_{t\to\infty} \{\mathrm{E}[W(t+h)] - \mathrm{E}[W(t)]\} = \lim_{t\to\infty} \mathrm{E}(Y_1)[m(t+h) - m(t)] = h\frac{\mu_Y}{\mu_X}. \quad \square$$

例 4.3 一位职工每天骑自行车上下班, 自行车丢失或损坏后马上用 Y 元购买一辆新车继续使用. 设他靠骑车每周能节省 Z 元公交车费.

(1) 他平均多长时间更新一辆自行车才能保证骑车比乘车更省钱?

(2) 如果自行车的平均单价是 180 元, 每周的平均乘车费是 15 元, 平均每年更新一辆自行车, 他每周平均能节省多少元?

解　设 $\{(X_i, Y_i, Z_i), i \geqslant 1\}$ 是一列独立同分布的随机向量, 它们与随机向量 (X, Y, Z) 拥有共同的分布, 其中 X_i 是自行车的第 i 个更新间隔; Y_i 是第 i 次更新自行车的费用, 单位是元; Z_i 是第 i 周的乘车费, 单位是元. 用 $\{N(t), t \geqslant 0\}$ 表示以 $\{X_i, i \geqslant 1\}$ 为更新间隔的更新过程, 则 $[0, t]$ 周内购车的费用是

$$W(t) = \sum_{i=1}^{N(t)} Y_i.$$

$[0, t]$ 周内乘车的费用是

$$V(t) = \sum_{i=1}^{\lceil t \rceil} Z_i + (t - \lceil t \rceil) Z_{\lceil t \rceil + 1}.$$

于是, 在 $[0, t]$ 内仅靠骑车每周节省的费用是

$$\frac{V(t) - W(t)}{t}.$$

(1) 由题意知 X, Y, Z 的数学期望都存在. 由不等式和强大数律

$$\frac{\sum_{k=1}^{\lceil t \rceil} Z_k}{t} \leqslant \frac{V(t)}{t} \leqslant \frac{\sum_{k=1}^{\lceil t \rceil + 1} Z_k}{t},$$

得到

$$\lim_{t \to \infty} \frac{V(t)}{t} = \mathrm{E}(Z), \quad \text{a.s.}$$

再由定理 4.8 知, 该职工每周平均节省

$$r = \lim_{t \to \infty} \frac{V(t) - W(t)}{t} = \mathrm{E}(Z) - \frac{\mathrm{E}(Y)}{\mathrm{E}(X)}.$$

可见, 只有当 $r > 0$ 时才能省钱.

(2) 当 $\mathrm{E}(X) = 365/7$, $\mathrm{E}(Y) = 180$, $\mathrm{E}(Z) = 15$ 时, 有

$$r = \mathrm{E}(Z) - \frac{\mathrm{E}(Y)}{\mathrm{E}(X)} = 15 - \frac{7 \times 180}{365} = 11.5479 \text{ (元)},$$

即长时间来看, 每周平均节省约 11.55 元.

习 题 4.3

1. 一商店经营某类商品, 设顾客按一更新过程到达, 到达时间间隔是非格点分布 $F(t)$; 每个顾客购买的商品数是独立同分布的随机变量, 分布函数是 $G(x)$. 商店的进货策略是: 若某顾客购货后库存量少于 s 就进货, 使得库存达到 S, 否则不进货, 即若一顾客购货后存货为 x, 则进货数应为

$$\begin{cases} S - x, & \text{当 } x < s, \\ 0, & \text{当 } x \geqslant s. \end{cases}$$

设进货是立即完成的, 不占时间, 且开始时库存量为 S, 用 $X(t)$ 表示在时刻 t 商品的存货量, 求: $\lim\limits_{t \to \infty} P(X(t) \geqslant x)$.

2. 设一个过程有 n 个状态 $1, 2, \cdots, n$. 最初在状态 1, 停留时间为 X_1, 离开 1 到达 2 停留时间 X_2, 再到达 3, $\cdots$, 最后从 n 回到 1, 周而复始, 并且过程对每一个状态停留时间的长度是相互独立的. 如果 $\mathrm{E}(X_1 + \cdots + X_n) < \infty$, 且 $X_1 + X_2 + \cdots + X_n$ 的分布为非格点的, 试求

$$\lim_{t \to \infty} P(\text{时刻 } t \text{ 系统处于状态 } i).$$

3. 设某公司所售出商品采取如下更换策略: 若产品售出后, 在期限 ω 内损坏, 则免费更换同样产品. 若在 $(\omega, \omega + T]$ 内损坏, 则按使用时间折价更换新产品. 并且对 $(0, \omega]$ 内更换的新产品执行原来的更换期, 而对在 $(\omega, \omega + T]$ 内折价更换的新产品, 从更换时刻重新计算更换期, 讨论若长期执行此产品保修策略对厂家的影响 (即厂家的期望利润是多少). 假定一旦产品损坏, 顾客立刻更换、退换或者购买新产品.

4. 设某波音 737 飞机的使用寿命为 T 年, 购置费为 a 元. 飞机在服役期间每年创造利润 b 元. 如果在使用中飞机损坏, 除了需要购置新飞机, 还要承担额外损失 c 元. 为保险起见, 航空公司决定飞机使用 s 年后就放弃不用, 购置新的波音 737. 长期实施以上策略时, 一架飞机每年平均贡献多少利润?

第5章 鞅 与 停 时

第5章课件

5.1 鞅的基本概念

鞅是一类重要而特殊的随机过程. 经过近几十年的发展, 鞅的理论已经成为现代概率论的重要研究内容和有力的数学工具, 不但广泛应用于统计、序贯分析、最优控制以及随机微分方程等理论方面, 而且也大量地应用在诸如金融、保险和医学等实际问题中. 从本节开始, 我们介绍鞅和停时的一些知识.

5.1.1 鞅的概念与举例

鞅的概念来源于 "公平" 博弈. 例如, 假设一个赌徒在进行一系列的赌博, 每次赌博输赢的概率都是 1/2, 而且每次赌博结果彼此独立, 则我们可以用一列独立同分布的随机变量 $\{X_n, n \geqslant 1\}$ 来表示每次赌博的结果: 当 $\{X_n = 1\}$ 时, 表示第 n 次赌博结果为赢; 当 $\{X_n = -1\}$ 时, 表示第 n 次赌博结果为输. 显然, $P(X_n = 1) = P(X_n = -1) = 1/2$, 从而 $\mathrm{E}(X_n) = 0$. 如果赌徒的下注策略依赖于前面的赌博结果, 那么第 n 次赌注可以表示为随机变量 $a_n = a_n(X_1, X_2, \cdots, X_{n-1}) < \infty, n \geqslant 1$. 若赌赢则获利 a_n, 否则输掉 a_n.

设 Y_0 表示该赌徒的初始赌资, 则

$$Y_n = Y_0 + \sum_{k=1}^{n} a_k X_k$$

表示他在第 n 次赌博后的赌资. 现在我们计算该赌徒在赌博了 n 次的条件之下, 即已经知道 $X_1, X_2, \cdots, X_n$ 的条件之下, 第 $n+1$ 次赌博之后赌徒拥有的平均赌资

$$\mathrm{E}(Y_{n+1}|X_1, X_2, \cdots, X_n) = \mathrm{E}(Y_n + a_{n+1}X_{n+1}|X_1, X_2, \cdots, X_n)$$

$$=\mathrm{E}(Y_n|X_1,X_2,\cdots,X_n)+a_{n+1}\mathrm{E}(X_{n+1}|X_1,X_2,\cdots,X_n)$$
$$=Y_n+a_{n+1}\mathrm{E}(X_{n+1})=Y_n. \tag{5.1}$$

上式说明, 在每次赌博的输赢机会是均等的, 且赌博策略是依赖于前面赌博结果的情况下, 赌博是 "公平" 的. 可见, 任何赌博者都不可能将公平的赌博通过改变赌博策略使得赌博变成有利于自己的赌博. 将这类 "公平" 博弈抽象出来, 便得到鞅的概念.

定义 5.1 设 $\{X_n, n \geqslant 0\}$ 和 $\{Y_n, n \geqslant 0\}$ 是两个随机过程, 且 Y_n 是 $(X_0, X_1, \cdots, X_n)$ 的函数. 称 $\{Y_n, n \geqslant 0\}$ 是关于 $\{X_n, n \geqslant 0\}$ 的**鞅**, 如果 $\forall\, n \geqslant 0$, 都有

(1) $\mathrm{E}|Y_n| < \infty$;

(2) $\mathrm{E}(Y_{n+1}|X_0, X_1, \cdots, X_n) = Y_n, \mathrm{a.s.}.$

更一般地, 我们可以给出关于 σ 代数的鞅. 为此, 先回顾几个术语. 设 $(\Omega, \mathcal{F}, P)$ 是完备的概率空间, $\{\mathcal{F}_n, n \geqslant 0\}$ 是 $\mathcal{F}$ 的一列子 σ 代数, 如果 $\mathcal{F}_n \subseteq \mathcal{F}_{n+1}, n \geqslant 0$, 则称 $\{\mathcal{F}_n, n \geqslant 0\}$ 是单调不减的 σ 子代数流. 此时, 如果对任意的 $n \geqslant 0$, X_n 是 $\mathcal{F}_n$ 可测的, 即对于任意的 $x \in \mathbb{R}$, $\{X_n \leqslant x\} \in \mathcal{F}_n$, 那么随机过程 $\{X_n, n \geqslant 0\}$ 称为关于 $\{\mathcal{F}_n,\, n \geqslant 0\}$ **适应**的.

定义 5.2 设 $\{\mathcal{F}_n,\, n \geqslant 0\}$ 是单调不减的 σ 子代数流. 称随机过程 $\{Y_n, n \geqslant 0\}$ 是关于 $\{\mathcal{F}_n,\, n \geqslant 0\}$ 的**鞅**, 如果 $\{Y_n, n \geqslant 0\}$ 关于 $\{\mathcal{F}_n,\, n \geqslant 0\}$ 是适应的, 且满足 $\forall\, n \geqslant 0$, 都有

(1) $\mathrm{E}|Y_n| < \infty$;

(2) $\mathrm{E}(Y_{n+1}|\mathcal{F}_n) = Y_n, \mathrm{a.s.}.$

在鞅理论的研究中, 构造恰当的鞅往往成为解决问题的关键, 下面举几个例子.

例 5.1 设 $\{X_n, n \geqslant 0\}$ 是一个随机过程, 而 Y 是满足 $\mathrm{E}|Y| < \infty$ 的一个随机变量. 令

$$Y_n = \mathrm{E}(Y|X_0, X_1, \cdots, X_n)$$

则 $\{Y_n, n \geqslant 0\}$ 是关于 $\{X_n, n \geqslant 0\}$ 的鞅. 此鞅称为 Doob 鞅.

证明 显然, Y_n 是 $(X_0, X_1, \cdots, X_n)$ 的函数, 且由于

$$\mathrm{E}|Y_n| = \mathrm{E}[|\mathrm{E}(Y|X_0, X_1, \cdots, X_n)|] \leqslant \mathrm{E}[\mathrm{E}(|Y||X_0, X_1, \cdots, X_n)]$$
$$= \mathrm{E}|Y| < \infty \tag{5.2}$$

和

$$\mathrm{E}(Y_{n+1}|X_0, X_1, \cdots, X_n) = \mathrm{E}[\mathrm{E}(Y|X_0, X_1, \cdots, X_{n+1})|X_0, X_1, \cdots, X_n]$$
$$= \mathrm{E}(Y|X_0, X_1, \cdots, X_n) = Y_n,$$

所以根据定义知, $\{Y_n, n \geqslant 0\}$ 是关于 $\{X_n, n \geqslant 0\}$ 的鞅. □

在 (5.2) 中, 使用了如下引理.

引理 5.1 设 $f(x)$ 为实直线 $\mathbb{R}$ 上的凸函数, 随机变量 X 满足 $\mathrm{E}|X| < \infty$ 和 $\mathrm{E}|f(X)| < \infty$, 则

$$\mathrm{E}[f(X)|\mathcal{F}_n] \geqslant f(\mathrm{E}(X|\mathcal{F}_n)),$$

其中 $\{\mathcal{F}_n, \ n \geqslant 0\}$ 是任意单调不减的 σ 代数列.

例 5.2 设 $\{Y_n, n \geqslant 0\}$ 是一列独立同分布随机变量, f_0 和 f_1 是两个概率密度函数, 且对于 $\forall \, y, \, f_0(y) > 0$. 令

$$X_n = \frac{f_1(Y_0)f_1(Y_1)\cdots f_1(Y_n)}{f_0(Y_0)f_0(Y_1)\cdots f_0(Y_n)}, \quad n \geqslant 0.$$

则当 Y_n 的概率密度函数为 f_0 时, $\{X_n, n \geqslant 0\}$ 关于 $\{Y_n, n \geqslant 0\}$ 是鞅. 此鞅是似然比构成的鞅.

证明 显然, X_n 是 $(Y_0, Y_1, \cdots, Y_n)$ 的函数. 又因为

$$\mathrm{E}|X_n| = \mathrm{E}\left[\frac{f_1(Y_0)f_1(Y_1)\cdots f_1(Y_n)}{f_0(Y_0)f_0(Y_1)\cdots f_0(Y_n)}\right] = 1 < \infty,$$

且

$$\mathrm{E}(X_{n+1}|Y_0, Y_1, \cdots, Y_n) = \mathrm{E}\left[X_n \frac{f_1(Y_{n+1})}{f_0(Y_{n+1})}\middle| Y_0, Y_1, \cdots, Y_n\right] = X_n \mathrm{E}\left[\frac{f_1(Y_{n+1})}{f_0(Y_{n+1})}\right]$$

$$= X_n \int_{-\infty}^{\infty} \frac{f_1(y)}{f_0(y)} f_0(y)\mathrm{d}y = X_n,$$

所以, $\{X_n, n \geqslant 0\}$ 关于 $\{Y_n, n \geqslant 0\}$ 是鞅. □

例 5.3 设 $X_0 = 0$, $\{X_n, n \geqslant 1\}$ 一列独立同分布的随机变量, 且 $\mathrm{E}X_n = 0, \mathrm{E}|X_n| < \infty$. 令

$$S_n = \sum_{k=1}^{n} X_k, \quad S_0 = 0,$$

并记 $\mathcal{F}_n = \sigma(X_1, X_2, \cdots, X_n)$, 则 $\{S_n, n \geqslant 0\}$ 关于 $\{\mathcal{F}_n, n \geqslant 0\}$ 是鞅. 进一步, 如果 $\mathrm{E}X_n^2 = \sigma^2$, 并令

$$M_n = \left(\sum_{k=1}^{n} X_k\right)^2 - n\sigma^2, \quad M_0 = 0$$

则 $\{M_n, n \geqslant 0\}$ 关于 $\{\mathcal{F}_n, n \geqslant 0\}$ 是鞅.

证明 易见, S_n, M_n 关于 $\mathcal{F}_n$ 都是适应的, 且

$$\mathrm{E}|S_n| = \mathrm{E}\left|\sum_{k=1}^{n} X_k\right| \leqslant \sum_{k=1}^{n} \mathrm{E}|X_k| < \infty$$

和

$$\mathrm{E}(S_{n+1}|\mathcal{F}_n) = \mathrm{E}\left(X_{n+1} + S_n\Big|\mathcal{F}_n\right) = \mathrm{E}(X_{n+1}|\mathcal{F}_n) + \mathrm{E}(S_n|\mathcal{F}_n) = S_n,$$

所以 $\{S_n, n \geqslant 0\}$ 关于 $\{\mathcal{F}_n, n \geqslant 0\}$ 是鞅.

对于 $\{M_n, n \geqslant 0\}$, 有

$$\mathrm{E}|M_n| = \mathrm{E}\left|\left(\sum_{k=1}^{n} X_k\right)^2 - n\sigma^2\right| \leqslant \mathrm{E}\left|\left(\sum_{k=1}^{n} X_k\right)^2\right| + n\sigma^2$$

$$= \mathrm{E}\left(\sum_{k=1}^{n} X_k^2 + \sum_{i \neq j} X_i X_j\right) + n\sigma^2 = 2n\sigma^2 < \infty$$

且

$$\mathrm{E}(M_{n+1}|\mathcal{F}_n) = \mathrm{E}\left\{\left[\left(X_{n+1} + \sum_{k=1}^{n} X_k\right)^2 - (n+1)\sigma^2\right]\Big|\mathcal{F}_n\right\}$$

$$= \mathrm{E}\left\{\left[X_{n+1}^2 + 2X_{n+1}\sum_{k=1}^{n} X_k + \left(\sum_{k=1}^{n} X_k\right)^2 - (n+1)\sigma^2\right]\Big|\mathcal{F}_n\right\}$$

$$= \mathrm{E}(X_{n+1}^2|\mathcal{F}_n)$$

$$+ 2\mathrm{E}\left(X_{n+1}\sum_{k=1}^{n} X_k\Big|\mathcal{F}_n\right) + \mathrm{E}\left[\left(\sum_{k=1}^{n} X_k\right)^2\Big|\mathcal{F}_n\right] - (n+1)\sigma^2$$

$$= \mathrm{E}(X_{n+1}^2) + 2\mathrm{E}(X_{n+1}|\mathcal{F}_n)\sum_{k=1}^{n} X_k + \left(\sum_{k=1}^{n} X_k\right)^2 - (n+1)\sigma^2$$

$$= \sigma^2 + 2\mathrm{E}X_{n+1}\sum_{k=1}^{n} X_k + \left(\sum_{k=1}^{n} X_k\right)^2 - (n+1)\sigma^2$$

$$= \left(\sum_{k=1}^{n} X_k\right)^2 - n\sigma^2 = M_n,$$

所以 $\{M_n, n \geqslant 0\}$ 关于 $\{\mathcal{F}_n, n \geqslant 0\}$ 是鞅. $\square$

例 5.4 设开始时刻第 0 代有一个细胞, 在下一个整数时刻, 该细胞分裂为第一代的细胞后死去, 各个新细胞又按相同的规律独立地在下一个整数时刻再进行

同样方式的分裂. 记第 n 代第 k 个细胞分裂的个数为随机变量 $X(n,k)$, 它们是独立同分布的, 且假定它们有期望 μ. 设经过第 n 代分裂后的细胞总数为 S_n, 则

$$S_0 = 1, \quad S_n = \sum_{k=1}^{S_{n-1}} X(n-1, k).$$

试证明 $\left\{ \dfrac{S_n}{\mu^n}, n \geqslant 0 \right\}$ 关于 $\{S_n, n \geqslant 0\}$ 是鞅. 此鞅称为分支鞅.

证明 根据题意显然 $\mathrm{E}\left| \dfrac{S_n}{\mu^n} \right| < \infty$, 而且

$$\mathrm{E}\left(\frac{S_{n+1}}{\mu^{n+1}} \middle| S_0, S_1, \cdots, S_n \right) = \frac{1}{\mu^{n+1}} \mathrm{E}\left[\sum_{k=1}^{S_n} X(n, k) \middle| S_0, S_1, \cdots, S_n \right]$$

$$= \frac{1}{\mu^{n+1}} \sum_{k=1}^{S_n} \mathrm{E}[X(n,k) | S_0, S_1, \cdots, S_n]$$

$$= \frac{1}{\mu^{n+1}} \sum_{k=1}^{S_n} \mathrm{E}[X(n,k)]$$

$$= \frac{1}{\mu^{n+1}} \mu S_n = \frac{S_n}{\mu^n},$$

所以 $\left\{ \dfrac{S_n}{\mu^n}, n \geqslant 0 \right\}$ 关于 $\{S_n, n \geqslant 0\}$ 是鞅. □

5.1.2 上鞅与下鞅

在 5.1.1 小节的引例中, 如果 $P(X_n = 1) = 2/3, P(X_n = -1) = 1/3$, 那么 $\mathrm{E}(X_n) = 1/3$, 从而 (5.1) 式变为

$$\mathrm{E}(Y_{n+1} | X_1, X_2, \cdots, X_n) \geqslant Y_n.$$

这说明, 此时赌博已经不是公平的了, 而是有利于赌徒了. 同样, 如果 $P(X_n = 1) = 1/3, P(X_n = -1) = 2/3$, 那么 $\mathrm{E}(X_n) = -1/3$, 从而 (5.1) 式变为

$$\mathrm{E}(Y_{n+1} | X_1, X_2, \cdots, X_n) \leqslant Y_n.$$

这说明, 此时赌博是不利于赌徒的. 诸如此类的不公平博弈广泛存在于自然和社会生活的各个领域, 将其抽象出来就得到如下上鞅和下鞅的概念.

定义 5.3 设 $\{X_n, n \geqslant 0\}$ 和 $\{Y_n, n \geqslant 0\}$ 是两个随机过程, 且 Y_n 是 $X_0, X_1, \cdots, X_n$ 的函数. 称 $\{Y_n, n \geqslant 0\}$ 关于 $\{X_n, n \geqslant 0\}$ 是**上鞅**, 如果对于

$n \geqslant 0, \mathrm{E}(Y_n^-) < \infty$ 且

$$\mathrm{E}(Y_{n+1}|X_0, X_1, \cdots, X_n) \leqslant Y_n, \quad \text{a.s.,}$$

其中 $Y_n^- = \max\{0, -Y_n\}$ 是 Y_n 的负部; 称 $\{Y_n, n \geqslant 0\}$ 关于 $\{X_n, n \geqslant 0\}$ 是下鞅, 如果对于 $n \geqslant 0$, $\mathrm{E}(Y_n^+) < \infty$ 且

$$\mathrm{E}(Y_{n+1}|X_0, X_1, \cdots, X_n) \geqslant Y_n, \quad \text{a.s.,}$$

其中 $Y_n^+ = \max\{0, Y_n\}$ 是 Y_n 的正部.

类似于鞅的概念, 我们同样可以定义 $\{Y_n, n \geqslant 0\}$ 关于单调不减子 σ 代数 $\{\mathcal{F}_n, n \geqslant 0\}$ 的上鞅和下鞅的概念.

注意到, $\mathrm{E}|Y_n| = \mathrm{E}(Y_n^+) + \mathrm{E}(Y_n^-)$, 易得: 如果 $\{Y_n, n \geqslant 0\}$ 关于 $\{X_n, n \geqslant 0\}$ 既是上鞅又是下鞅, 那么 $\{Y_n, n \geqslant 0\}$ 关于 $\{X_n, n \geqslant 0\}$ 也是鞅. 同样地, 如果 $\{Y_n, n \geqslant 0\}$ 关于单调不减子 σ 代数 $\{\mathcal{F}_n, n \geqslant 0\}$ 既为上鞅又为下鞅, 那么 $\{Y_n, n \geqslant 0\}$ 关于 $\{\mathcal{F}_n, n \geqslant 0\}$ 是鞅. 根据上鞅和下鞅的定义很容易验证如下性质:

性质 5.1 (1) $\{X_n, n \geqslant 0\}$ 关于 $\{\mathcal{F}_n, n \geqslant 0\}$ 是上鞅当且仅当 $\{-X_n, n \geqslant 0\}$ 关于 $\{\mathcal{F}_n, n \geqslant 0\}$ 是下鞅.

(2) 设 $\{X_n, n \geqslant 0\}$ 和 $\{Y_n, n \geqslant 0\}$ 分别是关于 $\{\mathcal{F}_n, n \geqslant 0\}$ 的鞅 (或上鞅、下鞅), 则对于任意 $a, b > 0$, 有 $\{aX_n + bY_n\}$ 是关于 $\{\mathcal{F}_n, n \geqslant 0\}$ 的鞅 (或上鞅、下鞅).

(3) 如果 $\{X_n, n \geqslant 0\}$ 和 $\{Y_n, n \geqslant 0\}$ 分别是关于 $\{\mathcal{F}_n, n \geqslant 0\}$ 的鞅 (上鞅、下鞅), 那么 $\{\max\{X_n, Y_n\}, n \geqslant 0\}$ (或 $\{\min\{X_n, Y_n\}, n \geqslant 0\}$) 是关于 $\{\mathcal{F}_n, n \geqslant 0\}$ 的鞅 (或上鞅、下鞅).

(4) 设 $\{X_n, n \geqslant 0\}$ 是关于 $\{\mathcal{F}_n, n \geqslant 0\}$ 的鞅 (或下鞅), $f(x)$ 是 $\mathbb{R}$ 上的凸函数, 且对于 $n \geqslant 0$, $\mathrm{E}[f^+(X_n)] < \infty$, 则 $\{f(X_n), n \geqslant 0\}$ 是关于 $\{\mathcal{F}_n, n \geqslant 0\}$ 的下鞅. 特别地, 如果 $\{|X_n|, n \geqslant 0\}$ 是关于 $\{\mathcal{F}_n, n \geqslant 0\}$ 的下鞅, 且对于 $n \geqslant 0$, $\mathrm{E}X_n^2 < \infty$, 那么 $\{X_n^2, n \geqslant 0\}$ 也是关于 $\{\mathcal{F}_n, n \geqslant 0\}$ 的下鞅.

(5) 如果 $\{X_n, n \geqslant 0\}$ 是关于 $\{\mathcal{F}_n, n \geqslant 0\}$ 的鞅 (或上鞅, 或下鞅), 那么

$$\mathrm{E}(X_{n+k}|\mathcal{F}_n) = (\leqslant, \geqslant) X_n, \quad \forall k \geqslant 1.$$

(6) 如果 $\{X_n, n \geqslant 0\}$ 是关于 $\{\mathcal{F}_n, n \geqslant 0\}$ 的鞅 (或上鞅, 或下鞅), 那么对于 $0 \leqslant k \leqslant n$, 有

$$\mathrm{E}(X_n) = (\leqslant, \geqslant) \mathrm{E}(X_k) = (\leqslant, \geqslant) = \mathrm{E}(X_0).$$

(7) 如果 $\{X_n, n \geqslant 0\}$ 是关于 $\{Y_n, n \geqslant 0\}$ 的鞅 (或上鞅, 或下鞅), 且 g 是关于 $Y_0, Y_1, \cdots, Y_n$ 的非负函数, 则

$$\mathrm{E}[g(Y_0, Y_1, \cdots, Y_n)X_{n+k}|Y_0, Y_1, \cdots, Y_n] = (\leqslant, \geqslant) g(Y_0, Y_1, \cdots, Y_n)X_n, \quad \forall\, k \geqslant 1.$$

证明　我们仅证明 (5)、(6)、(7).

(5) 用数学归纳法证之. 仅证上鞅时的情形. 当为鞅 (或下鞅) 时, 将 "$\leqslant$" 改成 "$=$" (或 "$\geqslant$") 即可.

当 $k = 1$ 时, 显然成立. 如果 $\mathrm{E}(X_{n+k}|\mathcal{F}_n) \leqslant X_n$ 成立, 那么

$$\mathrm{E}(X_{n+k+1}|\mathcal{F}_n) = \mathrm{E}[\mathrm{E}(X_{n+k+1}|\mathcal{F}_{n+k})|\mathcal{F}_n] \leqslant \mathrm{E}(X_{n+k}|\mathcal{F}_n) \leqslant X_n.$$

于是, (5) 得证.

(6) 由性质 (5) 得, 对于 $0 \leqslant k \leqslant n$, $\mathrm{E}(X_n|\mathcal{F}_k) = (\leqslant, \geqslant) \, X_k$, 故

$$\mathrm{E}(X_n) = \mathrm{E}[\mathrm{E}(X_n|\mathcal{F}_k)] = (\leqslant, \geqslant) \, \mathrm{E}(X_k).$$

类似地, 可证得 $\mathrm{E}(X_k) = (\leqslant, \geqslant) \, \mathrm{E}(X_0)$.

(7) 由于 g 是关于 $Y_0, Y_1, \cdots, Y_n$ 的非负函数, 所以

$$\mathrm{E}[g(Y_0, Y_1, \cdots, Y_n)X_{n+k}|Y_0, Y_1, \cdots, Y_n]$$
$$= g(Y_0, Y_1, \cdots, Y_n)\mathrm{E}(X_{n+k}|Y_0, Y_1, \cdots, Y_n)$$
$$= (\leqslant, \geqslant) \, g(Y_0, Y_1, \cdots, Y_n)X_n. \quad \square$$

5.1.3　鞅的分解定理

5.1.2 小节中, 我们介绍了上鞅和下鞅的概念和性质. 在实际应用中常把上鞅和下鞅分解成鞅来处理. 下面, 我们介绍上鞅和下鞅的分解定理, 它是鞅论中的基本定理之一.

定理 5.1　设 $\{X_n, n \geqslant 0\}$ 和 $\{Y_n, n \geqslant 0\}$ 是两个随机过程. 记 $\mathcal{F}_n = \sigma(Y_0, Y_1, \cdots, Y_n), n \geqslant 0$, 且 $\{X_n, n \geqslant 0\}$ 是关于 $\{\mathcal{F}_n, n \geqslant 0\}$ 的一个下鞅, $\mathrm{E}|X_n| < \infty$, 则必存在两个随机过程 $\{M_n, n \geqslant 0\}$ 和 $\{Z_n, n \geqslant 0\}$, 使得

$$X_n = M_n + Z_n, \quad \text{a.s.},$$

其中, 随机过程 $\{M_n, n \geqslant 0\}$ 关于 $\{\mathcal{F}_n, n \geqslant 0\}$ 是一个鞅, 对于 $n \geqslant 1$, Z_n 关于 $\mathcal{F}_{n-1}$ 是适应的, $Z_0 = 0, Z_n \leqslant Z_{n+1}, \mathrm{E}|Z_n| < +\infty$, 且上述分解是唯一的.

证明　存在性的证明. 令

$$M_n = X_n - \sum_{i=1}^{n} \mathrm{E}(X_i - X_{i-1}|\mathcal{F}_{i-1}), \quad n \geqslant 1, \quad M_0 = X_0;$$

$$Z_n = X_n - M_n, \quad n \geqslant 1.$$

由于 $\{X_n, n \geqslant 0\}$ 关于 $\{\mathcal{F}_n, n \geqslant 0\}$ 是一个下鞅, 所以

$$\mathrm{E}(X_k|\mathcal{F}_{k-1}) \geqslant X_{k-1}, \quad \mathrm{E}(X_{k-1}|\mathcal{F}_{k-1}) = X_{k-1},$$

进而有

$$\mathrm{E}(X_k - X_{k-1}|\mathcal{F}_{k-1}) \geqslant 0.$$

再由上式知, Z_n 非负单调不减, 且关于 $\mathcal{F}_{n-1}$ 是适应的, 同时

$$\mathrm{E}|Z_n| \leqslant \mathrm{E}|X_n| + \mathrm{E}|M_1| < \infty.$$

观察到

$$\mathrm{E}|M_n| = \mathrm{E}|X_n - Z_n| \leqslant \mathrm{E}|X_n| + \mathrm{E}|Z_n| < \infty$$

和

$$
\begin{aligned}
\mathrm{E}[M_{n+1}|\mathcal{F}_n] &= \mathrm{E}\left[X_{n+1} - \sum_{i=1}^{n+1} \mathrm{E}(X_i - X_{i-1}|\mathcal{F}_{i-1}) \bigg| \mathcal{F}_n\right] \\
&= \mathrm{E}[X_{n+1}|\mathcal{F}_n] - \sum_{i=1}^{n+1} \mathrm{E}[\mathrm{E}(X_i - X_{i-1}|\mathcal{F}_{i-1})|\mathcal{F}_n] \\
&= \mathrm{E}[X_{n+1}|\mathcal{F}_n] - \sum_{i=1}^{n+1} \mathrm{E}(X_i - X_{i-1}|\mathcal{F}_{i-1}) \\
&= \mathrm{E}[X_{n+1}|\mathcal{F}_n] - \sum_{i=1}^{n} \mathrm{E}(X_i - X_{i-1}|\mathcal{F}_{i-1}) - \mathrm{E}(X_{n+1} - X_n|\mathcal{F}_n) \\
&= X_n - \sum_{i=1}^{n} \mathrm{E}(X_i - X_{i-1}|\mathcal{F}_{i-1}) = M_n.
\end{aligned}
$$

根据鞅的定义知, $\{M_n, n \geqslant 0\}$ 关于 $\{\mathcal{F}_n, n \geqslant 0\}$ 是一个鞅.

唯一性的证明. 设 M_n' 和 Z_n' 是满足要求的另一对分解, 即

$$X_n = M_n' + Z_n', \quad n \geqslant 1, \quad Z_0' = 0, \quad M_0' = X_0',$$

则

$$M_n + Z_n = M_n' + Z_n'.$$

令 $\Delta_n = M_n - M_n' = Z_n' - Z_n$. 由于 $\{M_n, n \geqslant 0\}$ 和 $\{M_n', n \geqslant 0\}$ 都是关于 $\{\mathcal{F}_n, n \geqslant 0\}$ 的鞅, 所以 $\{\Delta_n, n \geqslant 0\}$ 也是关于 $\{\mathcal{F}_n, n \geqslant 0\}$ 的鞅, 即

$$\mathrm{E}(\Delta_{n+1}|\mathcal{F}_n) = \Delta_n.$$

考虑到 Z_n 和 Z_n' 都是关于 $\mathcal{F}_{n-1}$ 适应的, 所以 Δ_n 也关于 $\mathcal{F}_{n-1}$ 适应, 因而

$$\mathrm{E}(\Delta_{n+1}|\mathcal{F}_n) = \Delta_{n+1},$$

于是

$$\Delta_{n+1} = \Delta_n = \Delta_{n-1} = \Delta_{n-2} = \cdots = \Delta_0 = Z_0 - Z_0' = 0,$$

所以

$$M_n = M_n', \quad Z_n = Z_n'. \quad \square$$

根据定理 5.1 容易推出上鞅的分解定理.

推论 5.1 设 $\{X_n, n \geqslant 0\}$ 和 $\{Y_n, n \geqslant 0\}$ 是两个随机过程. 记 $\mathcal{F}_n = \sigma(Y_0, Y_1, \cdots, Y_n), n \geqslant 0$, 且 $\{X_n, n \geqslant 0\}$ 关于 $\{\mathcal{F}_n, n \geqslant 0\}$ 是一个上鞅, $\mathrm{E}|X_n| < \infty$, 则必存在两个随机过程 $\{M_n, n \geqslant 0\}$ 和 $\{Z_n, n \geqslant 0\}$, 使得

$$X_n = M_n + Z_n, \quad \text{a.s.,} \tag{5.3}$$

其中, 随机过程 $\{M_n, n \geqslant 0\}$ 关于 $\{\mathcal{F}_n, n \geqslant 0\}$ 是一个鞅, 对于 $n \geqslant 1$, Z_n 关于 $\mathcal{F}_{n-1}$ 是适应的, $Z_0 = 0, Z_n \leqslant Z_{n+1}, \mathrm{E}|Z_n| < +\infty$, 且上述分解是唯一的.

5.1.4 关于鞅的两个不等式

关于鞅的不等式在鞅理论的研究中经常扮演重要角色. 本小节介绍几个重要的鞅不等式.

定理 5.2 (Doob 最大不等式) 设 $\{X_n, n \geqslant 0\}$ 是个鞅, $M_n = \max\{|X_0|, |X_1|, \cdots, |X_n|\}$.

(1) 对于 $\forall \lambda > 0$,

$$P(M_n \geqslant \lambda) \leqslant \frac{1}{\lambda} \mathrm{E}(|X_n| \mathbf{1}_{\{M_n \geqslant \lambda\}}) \leqslant \frac{\mathrm{E}|X_n|}{\lambda}.$$

(2) 若 $\mathrm{E}(X_n^2) < \infty$, 则对于 $\forall \lambda > 0$,

$$P(M_n \geqslant \lambda) \leqslant \frac{1}{\lambda^2} \mathrm{E}(X_n^2 \mathbf{1}_{\{M_n \geqslant \lambda\}}) \leqslant \frac{\mathrm{E}(X_n^2)}{\lambda^2},$$

证明 (1) 令 $B_0 = \{|X_0| \geqslant \lambda\}, B_k = \{|X_i| < \lambda, 0 \leqslant i < k, |X_k| \geqslant \lambda\}, k = 1, 2, \cdots, n$, 则 $B_k, 0 \leqslant k \leqslant n$, 两两互不相交, 且 $\bigcup_{k=0}^n B_k = \{M_n \geqslant \lambda\}$. 记 $\mathcal{F}_n = \sigma(X_0, X_1, \cdots, X_n), n \geqslant 0$, 则

$$P(M_n \geqslant \lambda) = \sum_{k=0}^n P(B_k) = \sum_{k=0}^n \mathrm{E}(\mathbf{1}_{\{B_k\}}) \leqslant \sum_{k=0}^n \frac{1}{\lambda} \mathrm{E}(\mathbf{1}_{\{B_k\}} |X_k|)$$

$$= \frac{1}{\lambda} \sum_{k=0}^n \mathrm{E}[\mathbf{1}_{\{B_k\}} |\mathrm{E}(X_n | \mathcal{F}_k)|] \quad \text{(鞅的性质 (5))}$$

$$\leqslant \frac{1}{\lambda} \sum_{k=0}^n \mathrm{E}[\mathbf{1}_{\{B_k\}} \mathrm{E}(|X_n| | \mathcal{F}_k)]$$

$$= \frac{1}{\lambda} \sum_{k=0}^{n} \mathrm{E}[\mathrm{E}(\mathbf{1}_{\{B_k\}}|X_n||\mathcal{F}_k)]$$

$$= \frac{1}{\lambda} \sum_{k=0}^{n} \mathrm{E}(\mathbf{1}_{\{B_k\}}|X_n|) = \frac{1}{\lambda}\mathrm{E}(|X_n|\mathbf{1}_{\{M_n \geqslant \lambda\}}).$$

(2) 类似于 (1) 的证明, 我们有

$$P(M_n \geqslant \lambda) \leqslant \sum_{k=0}^{n} \frac{1}{\lambda^2}\mathrm{E}(\mathbf{1}_{\{B_k\}}X_k^2).$$

因为

$$\mathrm{E}(X_n^2|\mathcal{F}_k) = \mathrm{E}[X_k^2 + (X_n - X_k)^2 + 2X_k(X_n - X_k)|\mathcal{F}_k]$$

$$= \mathrm{E}[X_k^2 + (X_n - X_k)^2|\mathcal{F}_k] + 2X_k\mathrm{E}(X_n - X_k|\mathcal{F}_k)$$

$$= \mathrm{E}(X_k^2|\mathcal{F}_k) + \mathrm{E}[(X_n - X_k)^2|\mathcal{F}_k] \geqslant \mathrm{E}(X_k^2|\mathcal{F}_k),$$

所以

$$P(M_n \geqslant \lambda) \leqslant \frac{1}{\lambda^2} \sum_{k=0}^{n} \mathrm{E}[\mathrm{E}(\mathbf{1}_{\{B_k\}}X_k^2|\mathcal{F}_k)] = \frac{1}{\lambda^2} \sum_{k=0}^{n} \mathrm{E}[\mathbf{1}_{\{B_k\}}\mathrm{E}(X_k^2|\mathcal{F}_k)]$$

$$\leqslant \frac{1}{\lambda^2} \sum_{k=0}^{n} \mathrm{E}[\mathbf{1}_{\{B_k\}}\mathrm{E}(X_n^2|\mathcal{F}_k)] = \frac{1}{\lambda^2} \sum_{k=0}^{n} \mathrm{E}[\mathrm{E}(\mathbf{1}_{\{B_k\}}X_n^2|\mathcal{F}_k)]$$

$$= \frac{1}{\lambda^2} \sum_{k=0}^{n} \mathrm{E}(\mathbf{1}_{\{B_k\}}X_n^2) = \frac{1}{\lambda^2}\mathrm{E}(X_n^2\mathbf{1}_{\{M_n \geqslant \lambda\}}). \quad \square$$

推论 5.2 (科尔莫戈罗夫最大不等式) 设 $\{X_n, n \geqslant 0\}$ 是一列独立随机变量, $\mathrm{E}(X_n) = 0, \mathrm{E}(X_n^2) < \infty, n \geqslant 0$. 令 $S_n = X_0 + X_1 + \cdots + X_n$, $M_n = \max\{|S_k|, 0 \leqslant k \leqslant n\}$, 则对 $\lambda > 0$,

$$P(M_n \geqslant \lambda) \leqslant \frac{1}{\lambda^2}\mathrm{E}[S_n^2\mathbf{1}_{\{M_n \geqslant \lambda\}}] \leqslant \frac{1}{\lambda^2}\mathrm{E}S_n^2.$$

证明 令 $\mathcal{F}_n = \sigma(X_0, X_1, \cdots, X_n)$, $n \geqslant 0$, 则 $\{S_n, n \geqslant 0\}$ 是关于 $\mathcal{F}_n$ 的鞅, 且 $\mathrm{E}S_n^2 < \infty$. 于是, 根据定理 5.2 的 (2) 立刻得到本推论. $\quad \square$

习 题 5.1

1. 设 $\{X_n, n \geqslant 1\}$ 是一列独立同分布的随机变量, 且 $m(t) = \mathrm{E}(tX_i) < \infty$. 记 $S_0 = X_0 = 0, S_n = X_1 + X_2 + \cdots + X_n, n \geqslant 1$, 则 $\{Y_n = (m(t))^{-n}\mathrm{e}^{tS_n}, n \geqslant 0\}$ 是关于 $\{X_n, n \geqslant 1\}$ 的鞅.

2. 设 $\{X_n, n \geqslant 1\}$ 是一列独立同分布的随机变量, $X_0 = 0$, 且 $P(X_n = 1) = p > 0$, $P(X_n = -1) = q > 0$, $p + q = 1$, $p - q > 0$. 令

$$Y_0 = 0, \quad Y_n = \sum_{k=1}^{n} X_k, \quad Z_n = Y_n - n(p - q),$$

$$U_n = \left(\frac{q}{p}\right)^{Y_n}, \quad V_n = Z_n^2 - n[1 - (p - q)^2],$$

则

(1) 证明: $\{Z_n, n \geqslant 0\}$, $\{U_n, n \geqslant 0\}$, $\{V_n, n \geqslant 0\}$ 关于 $\{X_n, n \geqslant 0\}$ 都是鞅;

(2) 证明: $\{Y_n, n \geqslant 0\}$ 关于 $\{X_n, n \geqslant 0\}$ 是下鞅;

(3) 求 Z_m 与 Z_{m+n} 的相关系数;

(4) 求 $E(Z_3|Y_2)$ 的分布律, 并证明 $E(Z_{n+k}|Y_n) = Z_n$, $\forall\, n \geqslant 0$;

(5) 求 $E(U_8|Y_7 = 3)$.

3. 设 $\{Y_n, n \geqslant 1\}$ 是一列独立同分布的随机变量, $Y_0 = 0$.

(1) 若 $E(Y_n) = 0$, $E(Y_n^2) = \sigma^2$. 令 $X_0 = 0$, $X_n = \left(\sum_{k=1}^{n} Y_k\right)^2 - n\sigma^2$, 证明 $\{X_n, n \geqslant 0\}$ 关于 $\{Y_n, n \geqslant 0\}$ 是鞅.

(2) 若 $Y_n \sim N(0,\ \sigma^2)$, $X_n = \exp\left\{\frac{\mu}{\sigma^2}\sum_{i=1}^{n} Y_i - \frac{n\mu^2}{2\sigma^2}\right\}$, $n \geqslant 1$, $X_0 = 0$, 证明 $\{X_n, n \geqslant 0\}$ 关于 $\{Y_n, n \geqslant 0\}$ 是鞅.

4. 设 $\{X_n, n \geqslant 0\}$ 关于 $\{Y_n, n \geqslant 0\}$ 是鞅, 证明对于正整数 $k \leqslant l < m$, 有 $X_m - X_l$ 与 X_k 不相关, 即 $E[(X_m - X_l)X_k] = 0$.

5. 设随机序列 $\{X_n, n \geqslant 0\}$ 满足 $E|X_n| < \infty$, 且 $E(X_{n+1}|X_0, X_1, \cdots, X_n) = \alpha X_n + \beta X_{n-1}, n \geqslant 1, \alpha, \beta > 0, \alpha + \beta = 1$. 令 $Y_n = aX_n + X_{n-1}, n \geqslant 1, Y_0 = X_0$, 试选择合适的 a 使得 $\{Y_n, n \geqslant 0\}$ 关于 $\{X_n, n \geqslant 0\}$ 是鞅.

6. 设 U_0 服从 $(0, 1)$ 上的均匀分布, 且给定 U_n 时, U_{n+1} 是 $(1-U_n, 1]$ 上的均匀分布. 令 $X_0 = U_0, X_n = 2^n \prod_{i=1}^{n}\left(\frac{1 - U_k}{U_{k-1}}\right)$, $n \geqslant 1$, 则 $\{X_n, n \geqslant 0\}$ 关于 $\{U_n, n \geqslant 0\}$ 是鞅.

7. 设 $\{X_n, n \geqslant 0\}$ 关于自身是下鞅, 且 $Z_1 = 0, Z_n = \sum_{k=2}^{n}\left[E(X_k|X_1, X_2, \cdots, X_{k-1}) - X_{k-1}\right], n \geqslant 2$, 试证 $\{Z_n, n \geqslant 1\}$ 是单调增过程, 即 $Z_n \geqslant Z_{n-1}$, a.s..

8. 设 $\{X_n, n \geqslant 0\}, \{Y_n, n \geqslant 0\}$ 关于 $\{Z_n, n \geqslant 0\}$ 是鞅, $X_0 = Y_0 = 0$, $E(X_n^2) < \infty$, $E(Y_n^2) < \infty$. 证明: $E(X_nY_n) = \sum_{k=1}^{n} E[(X_k - X_{k-1})(Y_k - Y_{k-1})]$; $EX_n^2 = \sum_{k=1}^{n} E[(X_k - X_{k-1})^2]$.

9. 设 $\{X_n, n \geqslant 0\}$ 关于 $\{Y_n, n \geqslant 0\}$ 是下鞅, 则 $\{(X_n - a)^+, n \geqslant 0\}$ 关于 $\{Y_n, n \geqslant 0\}$ 也是下鞅, 这里 $a^+ = \max\{a, 0\}$.

5.2 停时与停时定理

由前面的知识容易得出, 对于一个关于 $\{X_n, n \geqslant 0\}$ 的鞅 $\{Z_n, n \geqslant 0\}$, 有 $E(Z_n) = E(Z_0)$. 本节要研究当 T 是一随机变量时, $E(Z_T) = E(Z_0)$ 是否仍然成立. 在一般情况下, 此结论未必成立, 但是在一定条件下却可保证它成立, 鞅的停时定理给出了这个结论. 为此, 我们首先引入停时的概念.

5.2.1 停时的概念

定义 5.4 设 $\{X_n, n \geqslant 0\}$ 是一列随机变量, T 是一个非负取整随机变量, $\mathcal{F}_n = \sigma(X_k, 0 \leqslant k \leqslant n)$. 如果对每个 $n \geqslant 0$, 都有 $\{T = n\} \in \mathcal{F}_n$, 那么称 T 是关于 $\{X_n, n \geqslant 0\}$ 的**停时**.

由定义我们知道事件 $\{T = n\}$ 或 $\{T \neq n\}$ 都应该由序列 $\{X_n, n \geqslant 0\}$ 在 n 时刻及以前的信息完全确定, 而无法借助将来的情况. 例如: 在公平赌博的例子中, 赌徒决定何时停止赌博只能以他已经赌过的结果为依据, 而不能说, 如果赌徒下一次要输, 则赌徒现在就停止赌博. 下面看几个停时的例子.

例 5.5 设 $\{S_n, n \geqslant 0\}$ 是一列随机变量, A 是一个非空 Borel 集. 令 $T = \inf\{n : S_n \in A\}$, 即 T 是过程 $\{S_n, n \geqslant 0\}$ 首达 A 的时间. 可以证明, T 是关于 $\{S_n, n \geqslant 0\}$ 的停时. 事实上, 由于对于任意非负整数 n,

$$\{T = n\} = \{S_0 \notin A, S_1 \notin A, \cdots, S_{n-1} \notin A, S_n \in A\} \in \sigma(S_k, 0 \leqslant k \leqslant n) = \mathcal{F}_n.$$

所以, T 是关于 $\{S_n, n \geqslant 0\}$ 的停时.

例 5.6 设 $\{N(t), t \geqslant 0\}$ 是参数为 λ 的时齐泊松过程, $S_0 = 0$, S_n 为第 n 个事件发生时刻, 则由于 $\{N(t) = n\} = \{S_n \leqslant t\} - \{S_{n+1} \leqslant t\} \notin \sigma(S_k, 0 \leqslant k \leqslant n)$, 所以 $N(t)$ 关于 $\{S_n, n \geqslant 0\}$ 不是停时. 但是由于 $\{N(t) + 1 = n\} = \{S_{n-1} \leqslant t\} - \{S_n \leqslant t\} \in \sigma(S_k, 0 \leqslant k \leqslant n)$, 所以 $N(t) + 1$ 关于 $\{S_n, n \geqslant 0\}$ 是停时.

停时具有如下基本性质.

性质 5.2 (1) 设 T 是一个非负取整随机变量, $\{X_n, n \geqslant 0\}$ 是一列随机变量, 且 $\mathcal{F}_n = \sigma(X_k, 0 \leqslant k \leqslant n)$, 则对于 $\forall n \geqslant 0$, 下述三者等价: (i) $\{T = n\} \in \mathcal{F}_n$; (ii) $\{T \leqslant n\} \in \mathcal{F}_n$; (iii) $\{T > n\} \in \mathcal{F}_n$.

(2) 设 T 和 S 是两个关于 $\{X_n, n \geqslant 0\}$ 的停时, 则 $T+S, \max\{T, S\}, \min\{T, S\}$ 也是关于 $\{X_n, n \geqslant 0\}$ 的停时. 特别地, 令 $T_n = \min\{T, n\}$, 则每个 T_n 关于 $\{X_n, n \geqslant 0\}$ 都是停时.

证明 (1) (ii) 和 (iii) 的等价性显然. (i) 和 (ii) 的等价性可以通过下面的表示得到:

$$\{T \leqslant n\} = \bigcup_{k=0}^{n}\{T = k\}, \quad \{T = n\} = \{T \leqslant n\} - \{T \leqslant n-1\}.$$

(2) 由于 $\{T + S = n\} = \bigcup_{i=0}^{n}\{S = n-i, T = i\}$, $\{\max\{T, S\} \leqslant n\} = \{T \leqslant n, S \leqslant n\}$, $\{\min\{T, S\} > n\} = \{T > n, S > n\}$, 所以根据 (1) 得证 (2). $\square$

5.2.2 停时定理

现在介绍停时定理, 为此, 先介绍以下几个引理.

引理 5.2 设 $\{X_n, n \geqslant 0\}$ 和 $\{Y_n, n \geqslant 0\}$ 是两个随机过程, 且 $\{X_n, n \geqslant 0\}$ 关于 $\{Y_n, n \geqslant 0\}$ 是鞅 (或上鞅, 或下鞅), T 关于 $\{Y_n, n \geqslant 0\}$ 是停时, 则

(1) 对于任意的 $n \geqslant k$, 有 $\mathrm{E}(X_n \mathbf{1}_{\{T=k\}}) = (\leqslant, \geqslant)\, \mathrm{E}(X_k \mathbf{1}_{\{T=k\}})$;

(2) 对于 $n \geqslant 1$, 有 $\mathrm{E}(X_n) = (\leqslant, \geqslant)\, \mathrm{E}(X_{T \wedge n}) = (\leqslant, \geqslant)\, \mathrm{E}(X_0)$, 其中 $T \wedge n = \min\{T, n\}$.

证明   (1) 因为 T 关于 $\{Y_n, n \geqslant 0\}$ 是停时, 所以 $\mathbf{1}_{\{T=k\}}$ 由 $Y_0, Y_1, \cdots, Y_k$ 决定, 故可视为关于 $Y_0, Y_1, \cdots, Y_k$ 的函数, 从而

$$\mathrm{E}(X_n \mathbf{1}_{\{T=k\}}) = \mathrm{E}[\mathrm{E}(X_n \mathbf{1}_{\{T=k\}} | Y_0, Y_1, \cdots, Y_k)] = \mathrm{E}[\mathbf{1}_{\{T=k\}} \mathrm{E}(X_n | Y_0, Y_1, \cdots, Y_k)]$$
$$= (\leqslant, \geqslant)\, \mathrm{E}(\mathbf{1}_{\{T=k\}} X_k).$$

(2) 考虑到 $\mathbf{1}_{\{T<n\}} + \mathbf{1}_{\{T \geqslant n\}} = 1$ 和 $\mathbf{1}_{\{T<n\}} = \sum_{k=0}^{n-1} \mathbf{1}_{\{T=k\}}$, 并结合 (1) 得

$$\mathrm{E}(X_{T \wedge n}) = \mathrm{E}\left[X_{T \wedge n} \left(\sum_{k=0}^{n-1} \mathbf{1}_{\{T=k\}} + \mathbf{1}_{\{T \geqslant n\}} \right) \right]$$

$$= \sum_{k=0}^{n-1} \mathrm{E}(X_{T \wedge n} \mathbf{1}_{\{T=k\}}) + \mathrm{E}(X_{T \wedge n} \mathbf{1}_{\{T \geqslant n\}})$$

$$= \sum_{k=0}^{n-1} \mathrm{E}(X_k \mathbf{1}_{\{T=k\}}) + \mathrm{E}(X_n \mathbf{1}_{\{T \geqslant n\}})$$

$$= (\geqslant, \leqslant) \sum_{k=0}^{n-1} \mathrm{E}(X_n \mathbf{1}_{\{T=k\}}) + \mathrm{E}(X_n \mathbf{1}_{\{T \geqslant n\}})$$

$$= \mathrm{E}\left(X_n \sum_{k=0}^{n-1} \mathbf{1}_{\{T=k\}} \right) + \mathrm{E}(X_n \mathbf{1}_{\{T \geqslant n\}}) = \mathrm{E}(X_n). \tag{5.4}$$

如果 $\{X_n, n \geqslant 0\}$ 关于 $\{Y_n, n \geqslant 0\}$ 是鞅, 那么 $\mathrm{E}(X_n) = \mathrm{E}(X_0)$. 再由 (5.4) 证得 (2). 如果 $\{X_n, n \geqslant 0\}$ 关于 $\{Y_n, n \geqslant 0\}$ 是上鞅 (或下鞅), 那么为证 $\mathrm{E}(X_{T \wedge n}) \leqslant (\geqslant)\mathrm{E}(X_0)$, 我们构造关于 $\{Y_n, n \geqslant 0\}$ 的鞅:

$$Z_0 = 0, \quad Z_n = \sum_{k=1}^{n} [X_k - \mathrm{E}(X_k | Y_0, Y_1, \cdots, Y_{k-1})], \quad n \geqslant 1.$$

由上面关于鞅的已证结果得

$$\mathrm{E}(Z_n) = \mathrm{E}(Z_{T \wedge n}) = \mathrm{E}(Z_0) = 0. \tag{5.5}$$

再由上鞅 (或下鞅) 的定义得

$$E(Z_{T\wedge n}) = E\left\{\sum_{k=1}^{T\wedge n}[X_k - E(X_k|Y_0, Y_1, \cdots, Y_{k-1})]\right\}$$

$$\geqslant (\leqslant) \quad E\left[\sum_{k=1}^{T\wedge n}(X_k - X_{k-1})\right] = E(X_{T\wedge n} - X_0)$$

$$= E(X_{T\wedge n}) - E(X_0). \tag{5.6}$$

于是由 (5.5) 和 (5.6) 得到 $E(X_{T\wedge n}) \leqslant (\geqslant)E(X_0)$. 结合 (5.4) 证得 (2). $\square$

引理 5.3 设 T 是关于 $\{Y_n, n \geqslant 0\}$ 的停时, 且 $P(T < \infty) = 1$. X 是一个满足 $E|X| < \infty$ 的随机变量, 则

$$\lim_{n\to\infty} E(X\mathbf{1}_{\{T>n\}}) = 0, \quad \lim_{n\to\infty} E(X\mathbf{1}_{\{T\leqslant n\}}) = E(X).$$

证明 因为对于任意的 $n \geqslant 0$, $E|X| \geqslant E(|X|\mathbf{1}_{\{T\leqslant n\}})$, 所以

$$\lim_{n\to\infty} E(|X|\mathbf{1}_{\{T\leqslant n\}}) = \lim_{n\to\infty} E\left(|X|\sum_{k=0}^{n}\mathbf{1}_{\{T=k\}}\right) = E\left(|X|\sum_{k=0}^{\infty}\mathbf{1}_{\{T=k\}}\right) = E|X|.$$

从而 $\lim_{n\to\infty} E(|X|\mathbf{1}_{\{T>n\}}) = 0$, 于是得 $\lim_{n\to\infty} E(X\mathbf{1}_{\{T>n\}}) = 0$. 又因为

$$|E(X\mathbf{1}_{\{T\leqslant n\}}) - E(X)| = |E(X\mathbf{1}_{\{T>n\}})| \leqslant E|X\mathbf{1}_{\{T>n\}}| = E|X|\mathbf{1}_{\{T>n\}} \to 0, \quad n \to \infty,$$

所以 $\lim_{n\to\infty} E(X\mathbf{1}_{\{T\leqslant n\}}) = E(X)$. $\square$

引理 5.4 (瓦尔德等式) 设 $\{X_n, n \geqslant 1\}$ 是一列独立同分布随机变量, 均值为 $\mu < \infty$. 令 T 为关于 $\{X_n, n \geqslant 1\}$ 的停时, 且 $E(T) < \infty$, 则

$$E\left(\sum_{n=1}^{T} X_n\right) = \mu E(T).$$

证明 令 $I_n = \mathbf{1}_{\{T\geqslant n\}}$, 则 $\{I_n = 0\} = \{T < n\} = \bigcup_{k=1}^{n-1}\{T = k\}$ 仅依赖于 $X_1, \cdots, X_{n-1}$ 而与 $X_n, X_{n+1}, \cdots$ 独立; $\{I_n = 1\} = \{\bigcup_{k=1}^{n-1}\{T = k\}\}^C$ 也与 $X_n, X_{n+1}, \cdots$ 独立, 因此, I_n 与 X_n 独立. 从而, $E(I_n X_n) = E(I_n)E(X_n)$. 所以,

$$E\left(\sum_{n=1}^{T} X_n\right) = E\left(\sum_{n=1}^{\infty} I_n X_n\right) = \sum_{n=1}^{\infty} E(I_n)E(X_n) = E(X_1)\sum_{n=1}^{\infty} E(I_n)$$

$$= E(X_1)\sum_{n=1}^{\infty} P(T \geqslant n) = E(X_1)E(T). \quad \square$$

现在我们可以介绍鞅的停时定理了, 首先介绍一个比较弱的版本, 然后介绍一个比较正规的版本.

定理 5.3 设 $\{X_n, n \geqslant 0\}$ 关于 $\{Y_n, n \geqslant 0\}$ 是鞅, T 关于 $\{Y_n, n \geqslant 0\}$ 是停时, $P(T < \infty) = 1$, 且 $\mathrm{E}(\sup_{n \geqslant 0} |X_{T \wedge n}|) < \infty$, 则 $\mathrm{E}X_T = \mathrm{E}X_0$.

证明 因为

$$|X_T| = \left| \sum_{k=0}^{\infty} (X_k \mathbf{1}_{\{T=k\}}) \right| = \left| \sum_{k=0}^{\infty} (X_{T \wedge k} \mathbf{1}_{\{T=k\}}) \right|$$

$$\leqslant \sum_{k=0}^{\infty} (|X_{T \wedge k}| \mathbf{1}_{\{T=k\}}) \leqslant \sup_{n \geqslant 0} |X_{T \wedge n}| \sum_{k=0}^{\infty} \mathbf{1}_{\{T=k\}} = \sup_{n \geqslant 0} |X_{T \wedge n}|,$$

所以 $\mathrm{E}|X_T| \leqslant \mathrm{E}(\sup_{n \geqslant 0} |X_{T \wedge n}|) < \infty$, 即 $\mathrm{E}(X_T)$ 有意义. 又因为

$$|\mathrm{E}(X_{T \wedge n}) - \mathrm{E}(X_T)| = |\mathrm{E}[(X_{T \wedge n} - X_T)\mathbf{1}_{\{T>n\}}] + \mathrm{E}[(X_{T \wedge n} - X_T)\mathbf{1}_{\{T \leqslant n\}}]|$$

$$= |\mathrm{E}[(X_{T \wedge n} - X_T)\mathbf{1}_{\{T>n\}}]|$$

$$\leqslant \mathrm{E}|(X_{T \wedge n} - X_T)\mathbf{1}_{\{T>n\}}|$$

$$\leqslant \mathrm{E}|X_{T \wedge n}\mathbf{1}_{\{T>n\}}| + \mathrm{E}|X_T\mathbf{1}_{\{T>n\}}|$$

$$\leqslant 2\mathrm{E}(\sup_{n \geqslant 0} |X_{T \wedge n}|\mathbf{1}_{\{T>n\}}) < \infty,$$

且根据引理 5.3 得 $\lim_{n \to \infty} \mathrm{E}(\sup_{n \geqslant 0} |X_{T \wedge n}|\mathbf{1}_{\{T>n\}}) = 0$, 所以 $\lim_{n \to \infty} \mathrm{E}(X_{T \wedge n}) = \mathrm{E}X_T$. 再根据引理 5.2 的 (2) 得 $\mathrm{E}(X_{T \wedge n}) = \mathrm{E}(X_0)$, 于是

$$\mathrm{E}(X_T) = \lim_{n \to \infty} \mathrm{E}(X_{T \wedge n}) = \mathrm{E}(X_0). \quad \square$$

定理 5.4 (停时定理) 设 $\{X_n, n \geqslant 0\}$ 关于 $\{Y_n, n \geqslant 0\}$ 是鞅, T 关于 $\{Y_n, n \geqslant 0\}$ 是停时, 且 $P(T < \infty) = 1$, $\mathrm{E}|X_T| < \infty$, $\lim_{n \to \infty} \mathrm{E}|X_n\mathbf{1}_{\{T>n\}}| = 0$, 则 $\mathrm{E}(X_T) = \mathrm{E}(X_0)$.

证明 因为

$$X_T = X_T\mathbf{1}_{\{T \leqslant n\}} + X_T\mathbf{1}_{\{T>n\}} = X_{T \wedge n}\mathbf{1}_{\{T \leqslant n\}} + X_T\mathbf{1}_{\{T>n\}}$$

$$= X_{T \wedge n} - X_{T \wedge n}\mathbf{1}_{\{T>n\}} + X_T\mathbf{1}_{\{T>n\}}$$

$$= X_{T \wedge n} - X_n\mathbf{1}_{\{T>n\}} + X_T\mathbf{1}_{\{T>n\}},$$

所以

$$\mathrm{E}(X_T) = \mathrm{E}(X_{T \wedge n}) - \mathrm{E}(X_n\mathbf{1}_{\{T>n\}}) + \mathrm{E}(X_T\mathbf{1}_{\{T>n\}}). \tag{5.7}$$

由已知条件 $\lim_{n \to \infty} \mathrm{E}|X_n\mathbf{1}_{\{T>n\}}| = 0$, 得到 $\lim_{n \to \infty} \mathrm{E}(X_n\mathbf{1}_{\{T>n\}}) = 0$. 再由引理 5.3 知 $\lim_{n \to \infty} \mathrm{E}(X_T\mathbf{1}_{\{T>n\}}) = 0$. 在 (5.7) 两边分别令 $n \to \infty$, 得到

$$E(X_T) = \lim_{n \to \infty} E(X_{T \wedge n}).$$

根据引理 5.2 的 (2) 知, $E(X_{T \wedge n}) = E(X_0)$, 从而

$$E(X_T) = E(X_0). \quad \square$$

为了更好地理解停时定理, 下面看几个例子.

例 5.7 设 $\{X_n, n \geqslant 0\}$ 关于 $\{Y_n, n \geqslant 0\}$ 是鞅, T 关于 $\{Y_n, n \geqslant 0\}$ 是停时, $ET < \infty$, 且存在常数 M, 使得对于 $n \leqslant T$, 有 $E(|X_{n+1} - X_n||Y_0, Y_1, \cdots, Y_n) \leqslant M$, 则 $E(X_T) = E(X_0)$.

证明 令

$$S = |X_0| + \sum_{i=1}^{T} |X_i - X_{i-1}|.$$

观察到 $\mathbf{1}_{\{T \geqslant i\}} = 1 - \mathbf{1}_{\{T \leqslant i-1\}}$ 是由 $Y_0, Y_1, \cdots, Y_{i-1}$ 所决定的函数, 我们得

$$E(S) = E|X_0| + E\left(\sum_{i=1}^{T} |X_i - X_{i-1}| \right) = E|X_0| + E\left(\sum_{n=1}^{\infty} \sum_{i=1}^{n} |X_i - X_{i-1}|\mathbf{1}_{\{T=n\}} \right)$$

$$= E|X_0| + \sum_{n=1}^{\infty} \sum_{i=1}^{n} E(|X_i - X_{i-1}|\mathbf{1}_{\{T=n\}})$$

$$= E|X_0| + \sum_{i=1}^{\infty} \sum_{n=i}^{\infty} E(|X_i - X_{i-1}|\mathbf{1}_{\{T=n\}})$$

$$= E|X_0| + \sum_{i=1}^{\infty} E(|X_i - X_{i-1}|\mathbf{1}_{\{T \geqslant i\}})$$

$$= E|X_0| + \sum_{i=1}^{\infty} E[E(|X_i - X_{i-1}|\mathbf{1}_{\{T \geqslant i\}}|Y_0, \cdots, Y_{i-1})]$$

$$= E|X_0| + \sum_{i=1}^{\infty} E[\mathbf{1}_{\{T \geqslant i\}}E(|X_i - X_{i-1}||Y_0, \cdots, Y_{i-1})]$$

$$\leqslant E|X_0| + M \sum_{i=1}^{\infty} P(T \geqslant i) = E|X_0| + ME(T) < \infty.$$

由于 $|X_T| \leqslant S$, 所以对于任意的 $n \geqslant 0$, 有 $|X_{T \wedge n}| \leqslant S$, 从而 $\sup_{n \geqslant 0} |X_{T \wedge n}| \leqslant S$, 于是我们得到

$$E(\sup_{n \geqslant 0} |X_{T \wedge n}|) \leqslant E(S) < \infty.$$

再因为 $E(T) < \infty$, 所以有 $P(T < \infty) = 1$. 因而利用定理 5.3 证得结论. $\quad \square$

例 5.8 设 $X_0 = 0, \{X_n, n \geqslant 1\}$ 是一列独立同分布随机变量, 且共同分布为 $P(X_n = 1) = P(X_n = -1) = 1/2$. 定义 $S_0 = 0, S_n = X_1 + X_2 + \cdots + X_n, n \geqslant 1$, 则称 $\{S_n, n \geqslant 0\}$ 是简单随机游动. 记 $T = \min\{n : S_n = a \text{ 或 } S_n = b\}$; $T_{b|a} = \min\{n : S_m \neq b, 1 \leqslant m \leqslant n-1, S_n = a\}$, a 为某个负整数, b 为某个正整数, 则 $Z_a = P(T_{b|a} < \infty)$ 为从 0 出发先到达 a 的概率.

如果以赌博为例, 设甲乙两人赌博, $|a|$ 表示甲原有的赌资, X_n 表示甲第 n 次赌博得到的钱, b 表示乙原有的赌资, 那么 Z_a 表示甲先输光的概率; $Z_b = 1 - Z_a$ 表示乙先输光的概率; T 表示有一方输光的时刻. 求 Z_a, Z_b.

解 一方面, 由题意容易知道, $\{S_n, n \geqslant 0\}$ 关于 $\{X_n, n \geqslant 0\}$ 是鞅, T 关于 $\{X_n, n \geqslant 0\}$ 是停时, 且 $P(T < \infty) = 1$. 注意到, 对于 $\forall n \geqslant 0, |S_{T \wedge n}| \leqslant \max\{|a|, b\}$, 于是得到 $\mathrm{E}(\sup_{n \geqslant 0} |S_{T \wedge n}|) < \infty$. 因此由定理 5.3 得

$$\mathrm{E}(S_T) = \mathrm{E}(S_0) = 0.$$

另一方面,

$$\mathrm{E}(S_T) = aZ_a + bZ_b.$$

因此, 甲先输光的概率和乙先输光的概率分别为

$$Z_a = \frac{b}{b-a}, \qquad Z_b = \frac{a}{a-b}.$$

5.2.3 停时定理的补充

鞅停时定理的条件一般很难验证, 特别是定理 5.4 中的条件

$$\lim_{n \to \infty} \mathrm{E}|X_n \mathbf{1}_{\{T > n\}}| = 0.$$

本小节给出几个相对容易验证的条件. 为此我们给出随机序列一致可积的概念.

定义 5.5 设 $\{X_n, n \geqslant 0\}$ 是概率空间 $(\Omega, \mathcal{F}, P)$ 中的一列随机变量, 如果对于 $\forall \varepsilon > 0$, 存在 $\delta > 0$, 使得对于任意 $A \in \Omega$, 当 $P(A) < \delta$ 时,

$$\mathrm{E}(|X_n \mathbf{1}_{\{A\}}|) < \varepsilon$$

对任意 $n \geqslant 0$ 都成立, 那么称它是**一致可积**的. 进一步, 如果随机序列 $\{X_n, n \geqslant 0\}$ 关于 $\{Y_n, n \geqslant 0\}$ 是还一个鞅, 那么称 $\{X_n, n \geqslant 0\}$ 关于 $\{Y_n, n \geqslant 0\}$ 是**一致可积鞅**.

值得注意的是, 定义 5.5 中的 δ 仅仅依赖于 ε, 而与 n 无关.

假设 $\{X_n, n \geqslant 0\}$ 关于 $\{Y_n, n \geqslant 0\}$ 是一致可积鞅, T 是关于 $\{Y_n, n \geqslant 0\}$ 的停时, 且 $P(T < \infty) = 1$, 从而 $\lim_{n \to \infty} P(T > n) = 0$, 那么由一致可积性可得 $\lim_{n \to \infty} \mathrm{E}(|X_n| \mathbf{1}_{\{T > n\}}) = 0$. 这样, 由定理 5.4 我们可以给出鞅停时定理的另一种叙述.

定理 5.5 如果 $\{X_n, n \geqslant 0\}$ 关于 $\{Y_n, n \geqslant 0\}$ 是一致可积鞅, T 是关于 $\{Y_n, n \geqslant 0\}$ 的停时, $P(T < \infty) = 1$, 且 $E|X_T| < \infty$, 那么 $E(X_T) = E(X_0)$.

事实上, 按照定义一致可积性也比较难验证. 在这里, 我们通过下面的引理介绍两个一致可积性的充分条件.

引理 5.5 设 $\{X_n, n \geqslant 0\}$ 是概率空间 $(\Omega, \mathcal{F}, P)$ 中的一列随机变量, 并且存在常数 $C < \infty$, 使得对于所有的 n, $E(X_n^2) < C$, 则 $\{X_n, n \geqslant 0\}$ 是一致可积的.

证明 对于任意给定的正数 $\varepsilon > 0$, 取 $\delta = \varepsilon^2/(4C)$, 对于 $A \in \mathcal{F}$, 当 $P(A) < \delta$ 时,

$$E(|X_n|\mathbf{1}_{\{A\}}) = E(|X_n|\mathbf{1}_{A \cap \{|X_n| \geqslant 2C/\varepsilon\}}) + E(|X_n|\mathbf{1}_{A \cap \{|X_n| < 2C/\varepsilon\}})$$

$$\leqslant \frac{\varepsilon}{2C} E(|X_n|^2 \mathbf{1}_{A \cap \{|X_n| \geqslant 2C/\varepsilon\}}) + \frac{2C}{\varepsilon} P(A \cap \{|X_n| < 2C/\varepsilon\})$$

$$\leqslant \frac{\varepsilon}{2C} E(X_n^2) + \frac{2C}{\varepsilon} P(A) < \varepsilon. \quad \square$$

引理 5.6 设 $\{X_n, n \geqslant 0\}$ 是关于 $\{\mathcal{F}_n, n \geqslant 0\}$ 的鞅. 如果存在一个满足 $E(M) < \infty$ 的非负随机变量 M, 使得对于任意 $n \geqslant 0$, $|X_n| < M$ 成立, 那么 $\{X_n, n \geqslant 0\}$ 关于 $\{\mathcal{F}_n, n \geqslant 0\}$ 是一致可积鞅.

证明 因为非负随机变量 M 满足 $E(M) < \infty$, 所以, $E(M\mathbf{1}_{\{M>m\}}) \to 0$, $m \to \infty$, 而且对于任意事件 A 和 $m > 0$, 有

$$E(M\mathbf{1}_{\{A\}}) \leqslant mP(A) + E(M\mathbf{1}_{\{M>m\}}).$$

对于任意 $\varepsilon > 0$, 在上式中取充分大的 m, 使得 $E(M\mathbf{1}_{\{M>m\}}) < \varepsilon/2$. 于是, 只要 $P(A) < \delta = \varepsilon/(2m)$, 就得到 $E(M\mathbf{1}_{\{A\}}) < \varepsilon$. 从而,

$$E(|X_n|\mathbf{1}_{\{A\}}) \leqslant E(M\mathbf{1}_{\{A\}}) < \varepsilon.$$

因此, $\{X_n, n \geqslant 0\}$ 关于 $\{\mathcal{F}_n, n \geqslant 0\}$ 是一致可积鞅. $\quad \square$

习 题 5.2

1. 如果 $\{X_n, n \geqslant 0\}$ 关于 $\{Y_n, n \geqslant 0\}$ 是鞅, T 关于 $\{Y_n, n \geqslant 0\}$ 是停时, $P(T < \infty) = 1$, 且存在常数 C, 使得 $E(X_{T \wedge n}^2) \leqslant C$ 对任意 $n \geqslant 0$ 成立, 那么 $E(X_T) = E(X_0)$.

2. 设 $\{X_n, n \geqslant 1\}$ 是一列独立同分布随机变量, 均值为 μ. 令 T 为关于 $\{X_n, n \geqslant 1\}$ 的停时, 且 $E(T) < \infty$.

(1) 证明: $E\left(\sum_{n=1}^{\infty} |X_n|\mathbf{1}_{\{T \geqslant n\}}\right) < \infty$.

(2) 令 $M_n = \sum_{k=1}^{T \wedge n} X_k - \mu(T \wedge n)$, 则 $\{M_n, n \geqslant 1\}$ 关于 $\{X_n, n \geqslant 1\}$ 是一致可积鞅.

3. 设 $X_0 = 0$, $\{X_n, n \geqslant 1\}$ 是一列独立同分布随机变量, $\mathrm{E}(X_n) = \mu$, $\mathrm{Var}(X_n) = \sigma^2 < \infty$. 令 $S_0 = 0$, $S_n = \sum_{i=1}^{n} X_i$, $M_n = S_n - n\mu$. T 是关于 $\{X_n, n \geqslant 0\}$ 的停时, 且 $\mathrm{E}(T) < \infty$, 则 $\mathrm{E}|M_T| < \infty$, 且

$$\mathrm{E}(M_T) = \mathrm{E}(S_T) - \mu\mathrm{E}(T) = 0.$$

4. 考虑一个在整数上的简单随机游动模型. 设质点向右移动的概率 $p < 1/2$, 向左移动的概率为 $1 - p$, S_n 表示质点在时刻 n 所处的位置. 假定 $S_0 = a$, $0 < a < N$,

(1) 证明: $\left\{ M_n = \left(\dfrac{1-p}{p} \right)^{S_n} \right\}$ 关于 $\{S_n, n \geqslant 0\}$ 是一个鞅;

(2) 证明 $\{W_n = S_n + (1 - 2p)n\}$ 关于 $\{S_n, n \geqslant 0\}$ 是一个鞅.

(3) 令 T 表示随机游动第一次到达 0 或 N 的时刻, 即

$$T = \min\{n : S_n = 0 \text{ 或 } N\}$$

利用鞅的停时定理, 求出 $P(S_T = 0)$ 和 $\mathrm{E}(T)$.

5. (Polya 坛子抽样模型) 考虑一个装有红、黄两色球的坛子. 假设最初坛子中装有红、黄色球各一个, 每次都按如下规则有放回地随机抽取: 若拿出的是红色的球, 则放回的同时再加入一个同色的球; 若拿出的是黄色的球也同样作法. 用 X_n 表示第 n 次抽取后坛子中的红球数, $n \geqslant 1$, $X_0 = 1$; 用 M_n 表示第 n 次抽取后坛子中的红球所占的比例. 令 $\mathcal{F}_n = \sigma(X_0, X_2, \cdots, X_n)$.

(1) 证明: $\{M_n, n \geqslant 0\}$ 关于 $\{\mathcal{F}_n, n \geqslant 0\}$ 是鞅;

(2) 证明:

$$P\left(M_n = \frac{k}{n+2} \right) = \frac{1}{n+1}, \quad k = 1, 2, \cdots, n+1.$$

6. 设 $\{X_n, n \geqslant 0\}$ 是非负下鞅, 则对 $\forall \lambda > 0$,

$$\lambda P\left(\max_{0 \leqslant k \leqslant n} X_k > \lambda \right) \leqslant \mathrm{E}(X_n).$$

5.3　鞅收敛定理

鞅收敛定理是鞅理论的基本定理之一, 借助该定理, 可以解决许多重要的问题. 具体来讲, 鞅收敛定理就是描述一个鞅 (或上鞅、下鞅) $\{X_n, n \geqslant 0\}$ 何时收敛到一个期望有限的随机变量, 即描述 $\lim\limits_{n \to \infty} X_n$ 何时存在. 为此, 我们首先介绍一个重要引理, 即上穿不等式.

5.3.1　上穿不等式

对于一个实数列 $\{a_n\}$ 而言, 它收敛的充分必要条件是 $\liminf\limits_{n \to \infty} a_n = \limsup\limits_{n \to \infty} a_n$, 换言之, 它不收敛的充分必要条件是 $\liminf\limits_{n \to \infty} a_n < \limsup\limits_{n \to \infty} a_n$, 即存在两个实数 a, b, 使得

$$\liminf_{n \to \infty} a_n \leqslant a < b \leqslant \limsup_{n \to \infty} a_n.$$

上式的直观解释就是, 数列 $\{a_n\}$ 发散当且仅当 $\{a_n\}$ 无穷多次达到 a 之下, b 之上, 即 $\{a_n\}$ 向上穿越 (a, b) 无穷多次 (见图 5.1). 这启发我们, 考虑鞅 $\{X_n, n \geqslant 0\}$ 的收敛性问题也可以从鞅 $\{X_n, n \geqslant 0\}$ 向上穿越 (a, b) 的次数入手.

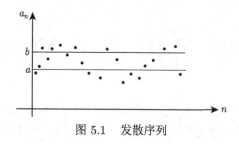

图 5.1 发散序列

对于随机序列 $\{X_n, n \geqslant 0\}$, 令 $U^{(n)}(a, b)$ 是 $X_0, X_1, \cdots, X_n$ 向上穿越 (a, b) 的次数. 记 $t_0 = 0$, t_1 为 $\{X_n, n \geqslant 0\}$ 首次到达 $(-\infty, a]$ 的时间, t_2 为 t_1 之后首次到达 $[b, +\infty)$ 的时间, 即

$$t_1 = \min\{n : n \geqslant 0, X_n \leqslant a\}, \quad t_2 = \min\{n : n > t_1, X_n \geqslant b\}.$$

依次类推,

$$t_{2k-1} = \min\{n : n \geqslant t_{2k-2}, X_n \leqslant a\}, \quad t_{2k} = \min\{n : n > t_{2k-1}, X_n \geqslant b\}.$$

于是,

$$U^{(n)}(a, b) = \max\{k : k \geqslant 1, t_{2k} \leqslant n\}.$$

Doob 给出了如下上穿次数 $U^{(n)}(a, b)$ 的不等式:

引理 5.7 (上穿不等式) 设 $\{X_n, n \geqslant 0\}$ 关于 $\{Y_n, n \geqslant 0\}$ 是下鞅, $U^{(n)}(a, b)$ 是 $\{X_i, 0 \leqslant i \leqslant n\}$ 向上穿越 (a, b) 的次数, $a < b$, 则

$$\mathrm{E}[U^{(n)}(a, b)] \leqslant \frac{\mathrm{E}(X_n - a)^+ - \mathrm{E}(X_0 - a)^+}{b - a} \leqslant \frac{\mathrm{E}(X_n^+) + |a|}{b - a},$$

其中, $h^+ = \max\{h, 0\} = h \vee 0$.

证明 由于 $\{X_n, n \geqslant 0\}$ 关于 $\{Y_n, n \geqslant 0\}$ 是下鞅, 所以根据性质 5.1 的 (4) 得 $\{(X_n - a)^+, n \geqslant 0\}$ 关于 $\{Y_n, n \geqslant 0\}$ 也是下鞅. 令 $\check{X}_n = (X_n - a)^+$, 则 $\mathrm{E}(\check{X}_i | Y_0, \cdots, Y_{i-1}) \geqslant \check{X}_{i-1}$, 且 $\{\check{X}_i, 0 \leqslant i \leqslant n\}$ 向上穿越区间 $(0, b - a)$ 的次数与 $\{X_i, 0 \leqslant i \leqslant n\}$ 向上穿越区间 (a, b) 的次数 $U^{(n)}(a, b)$ 相等. 引入随机序列 $\{Z_i, i \geqslant 1\}$, 满足

$$\{Z_i = 1\} = \bigcup_{k=1}^{\infty}\{t_{2k-1} < i \leqslant t_{2k}\}, \quad \{Z_i = 0\} = \bigcup_{k=1}^{\infty}\{t_{2k} < i \leqslant t_{2k+1}\}.$$

因为 $\{Z_i = 1\} = \bigcup_{k=1}^{\infty}(\{t_{2k-1} \leqslant i-1\} - \{t_{2k} \leqslant i-1\}) \in \sigma(Y_m, 0 \leqslant m \leqslant i-1)$, 所以 Z_i 是关于 $Y_m, 0 \leqslant m \leqslant i-1$, 的函数. 事件 $\{Z_i = 1\}$ 发生表明 i 之前的最大 t_{2k-1} 是一个下穿时刻, 即 $\check{X}_{2k-1} \leqslant 0$; i 之后的最小 t_{2k} 是一个上穿时刻, 即 $\check{X}_{2k} \geqslant (b-a)$. 于是

$$(b-a)U^{(n)}(a,b) \leqslant \sum_{k=1}^{U^{(n)}(a,b)} (\check{X}_{2k} - \check{X}_{2k-1}) = \sum_{i=1}^{n} (\check{X}_i - \check{X}_{i-1})Z_i.$$

由上式得

$$
\begin{aligned}
(b-a)\mathrm{E}[U^{(n)}(a,b)] &\leqslant \mathrm{E}\left[\sum_{i=1}^{n}(\check{X}_i - \check{X}_{i-1})Z_i\right] = \sum_{i=1}^{n}\mathrm{E}[(\check{X}_i - \check{X}_{i-1})Z_i] \\
&= \sum_{i=1}^{n}\mathrm{E}\big\{\mathrm{E}[(\check{X}_i - \check{X}_{i-1})Z_i | Y_0, \cdots, Y_{i-1}]\big\} \\
&= \sum_{i=1}^{n}\mathrm{E}\big\{Z_i[\mathrm{E}(\check{X}_i | Y_0, \cdots, Y_{i-1}) - \check{X}_{i-1}]\big\} \\
&\leqslant \sum_{i=1}^{n}\mathrm{E}[\mathrm{E}(\check{X}_i | Y_0, \cdots, Y_{i-1}) - \check{X}_{i-1}] \\
&= \sum_{i=1}^{n}(\mathrm{E}(\check{X}_i) - \mathrm{E}(\check{X}_{i-1})) = \mathrm{E}(\check{X}_n) - \mathrm{E}(\check{X}_0) \\
&= \mathrm{E}[(X_n - a)^+] - \mathrm{E}(X_0 - a)^+.
\end{aligned}
$$

从而,

$$\mathrm{E}[U^{(n)}(a,b)] \leqslant \frac{\mathrm{E}[(X_n-a)^+] - \mathrm{E}[(X_0-a)^+]}{b-a} \leqslant \frac{\mathrm{E}(X_n^+)+a}{b-a}. \qquad \square$$

5.3.2　鞅收敛定理

现在, 我们叙述鞅的收敛定理. 首先, 给出一个关于下鞅的收敛定理, 然后, 再给出关于鞅的收敛定理.

定理 5.6　设 $\{X_n, n \geqslant 0\}$ 关于 $\{Y_n, n \geqslant 0\}$ 是下鞅, 且 $\sup\limits_{n \geqslant 0} \mathrm{E}|X_n| < \infty$, 则存在一随机变量 X_∞, 使得 $\{X_n, n \geqslant 0\}$ 依概率 1 收敛于 X_∞, 即

$$P\big(\lim_{n \to \infty} X_n = X_\infty\big) = 1,$$

且 $\mathrm{E}|X_\infty| < \infty$.

证明 令 $U(a,b)$ 表示 $\{X_n, n \geqslant 0\}$ 向上穿越 (a,b) 的次数, 则

$$\lim_{n \to \infty} U^{(n)}(a,b) = U(a,b).$$

由于 $\mathrm{E}X_n^+ \leqslant \mathrm{E}|X_n|$ 和 $\sup\limits_{n \geqslant 0} \mathrm{E}|X_n| < \infty$, 所以

$$\mathrm{E}[U(a,b)] = \mathrm{E}\Big[\lim_{n \to \infty} U^{(n)}(a,b)\Big] = \lim_{n \to \infty} \mathrm{E}\big[U^{(n)}(a,b)\big]$$

$$\leqslant \lim_{n \to \infty} \frac{\mathrm{E}(X_n^+) + |a|}{b - a} \leqslant \frac{\sup\limits_{n \geqslant 0} \mathrm{E}(X_n^+) + |a|}{b - a} < \infty,$$

故 $P(U(a,b) < \infty) = 1$, 从而 $P(U(a,b) = +\infty) = 0$.

令 $A = \{\omega : \lim\limits_{n \to \infty} X_n(\omega)$不存在$\}$, $R(a,b) = \{\omega : \liminf\limits_{n \to \infty} X_n(\omega) \leqslant a < b \leqslant \limsup\limits_{n \to \infty} X_n\}$, $B = \{\omega : \lim\limits_{n \to \infty} X_n(\omega)$存在$\}$, 则

$$P(A) = P\Big(\bigcup_{a < b \text{且为有理数}} R(a,b)\Big) = P\Big(\bigcup_{a < b \text{且为有理数}} \{U(a,b) = +\infty\}\Big) = 0,$$

从而 $P(B) = 1$. 设 $\lim\limits_{n \to \infty} X_n(\omega) = X_\infty$, 则 $P\big(\lim\limits_{n \to \infty} X_n = X_\infty\big) = 1$. 再由法图 (Fatou) 引理得

$$\mathrm{E}|X_\infty| = \mathrm{E}\big(\liminf_{n \to \infty} |X_n|\big) \leqslant \liminf_{n \to \infty} \mathrm{E}|X_n| \leqslant \sup_{n \geqslant 0} \mathrm{E}|X_n| < \infty. \quad \square$$

下面, 介绍几个关于鞅的收敛定理, 我们将它们的证明略去, 而着重关注它们的应用.

定理 5.7 设 $\{X_n, n \geqslant 0\}$ 关于 $\{Y_n, n \geqslant 0\}$ 是鞅, 且存在一常数 C, 满足 $\forall\, n$, $\mathrm{E}|X_n| \leqslant C$, 则存在一有限随机变量 X_∞, 使得

$$P\big(\lim_{n \to \infty} X_n = X_\infty\big) = 1.$$

定理 5.8 设 $\{X_n, n \geqslant 0\}$ 关于 $\{Y_n, n \geqslant 0\}$ 是一致可积鞅, 则存在一有限随机变量 X_∞, 使得

$$P\big(\lim_{n \to \infty} X_n = X_\infty\big) = 1,$$

且 $\mathrm{E}(X_\infty) = \mathrm{E}(X_0)$.

定理 5.9 设 $\{X_n, n \geqslant 0\}$ 关于 $\{Y_n, n \geqslant 0\}$ 是鞅, 且存在一常数 C, 满足 $\forall\, n$, $\mathrm{E}(X_n^2) \leqslant C$, 则存在一有限随机变量 X_∞, 使得

$$P\big(\lim_{n \to \infty} X_n = X_\infty\big) = 1, \quad \lim_{n \to \infty} \mathrm{E}\big|X_n - X_\infty\big|^2 = 0.$$

更一般地, $\mathrm{E}(X_0) = \mathrm{E}(X_n) = \mathrm{E}(X_\infty), \forall\, n$.

例 5.9　设 $\{X_n, n \geqslant 1\}$ 是一列独立同分布随机变量, $P(X_i = 1) = P(X_i = -1) = 1/2$. 令

$$S_n = \sum_{i=1}^{n} \frac{1}{i} X_i,$$

则 $\{S_n, n \geqslant 1\}$ 是鞅. 事实上, 它还是一致可积的. 这是因为 $\mathrm{E}(S_n) = 0$, 且

$$\mathrm{E}(S_n^2) = \mathrm{Var}(S_n) = \sum_{i=1}^{n} \mathrm{Var}\left(\frac{1}{i} X_i\right) = \sum_{i=1}^{n} \frac{1}{i^2} \leqslant \sum_{i=1}^{\infty} \frac{1}{i^2} < \infty,$$

从而

$$P\left(\lim_{n \to \infty} S_n = S_\infty\right) = 1, \quad \text{且 } \mathrm{E}(S_\infty) = 0.$$

例 5.10　设 $\{X_n, n \geqslant 1\}$ 是一列独立同分布随机变量, $P(X_i = 3/2) = P(X_i = 1/2) = 1/2$. 令

$$\Pi_0 = 1, \quad \Pi_n = X_1 X_2 \cdots X_n, \quad n > 0,$$

则存在随机变量 Π_∞, 使得

$$\lim_{n \to \infty} \Pi_n = \Pi_\infty, \quad \text{a.s.},$$

且 $\Pi_\infty = 0$, 进而 $\{\Pi_n, n \geqslant 0\}$ 不是一致可积的.

证明　记 $\mathcal{F}_n = \sigma(X_1, X_2, \cdots, X_n)$, 则

$$\mathrm{E}(\Pi_{n+1}|\mathcal{F}_n) = \mathrm{E}(\Pi_n X_{n+1}|\mathcal{F}_n) = \Pi_n \mathrm{E}(X_{n+1}|\mathcal{F}_n) = \Pi_n \mathrm{E}(X_{n+1}) = \Pi_n,$$

所以 $\{\Pi_n, n \geqslant 0\}$ 关于 $\{X_n, n \geqslant 1\}$ 是鞅. 又因为 $\mathrm{E}|\Pi_n| = \mathrm{E}\Pi_n = \mathrm{E}X_1 \mathrm{E}X_2 \cdots \mathrm{E}X_n = 1$, 所以根据定理 5.7 知, 存在随机变量 Π_∞, 使得

$$\lim_{n \to \infty} \Pi_n = \Pi_\infty, \quad \text{a.s.}$$

观察到

$$\ln \Pi_n = \sum_{k=1}^{n} \ln X_k$$

的右边是独立同分布随机变量的和, 且

$$\mathrm{E}(\ln X_k) = \frac{1}{2} \ln \frac{1}{2} + \frac{1}{2} \ln \frac{3}{2} < 0.$$

由大数定律知, $\ln \Pi_n \to -\infty, \text{a.s.}$, 即 $\Pi_n \to 0$, a.s., 从而 $\Pi_\infty = 0$, a.s.. 如果 $\{\Pi_n, n \geqslant 0\}$ 是一致可积的, 那么根据定理 5.8 知, $\mathrm{E}\Pi_\infty = \mathrm{E}\Pi_0 = 1$. 这与 $\Pi_\infty = 0$, a.s. 矛盾. 所以, $\{\Pi_n, n \geqslant 0\}$ 不是一致可积的. □

习 题 5.3

1. 考虑 Polya 坛子抽样模型 (见习题 5.2 的第 5 题). 现在假定最初坛子中有 m 个黄球, k 个红球, 且 M_n 为红球的比例. 证明: 存在一个随机变量 M_∞, 使得

$$\lim_{n \to \infty} M_n = M_\infty, \quad \text{a.s.}$$

并求 $\mathrm{E}(M_\infty)$.

2. 设 $\{X_n, n \geqslant 0\}$ 是一列独立随机变量, 且满足 $\mathrm{E}(X_n) = 0, \mathrm{E}(X_n^2) < \infty$. $S_0 = 0$, $S_n = \sum_{k=1}^n X_k$, $n \geqslant 1$. 证明: 对于单调不减趋于无穷的正数数列 a_n, 如果满足

$$\sum_{n=1}^\infty \frac{\mathrm{E}(X_n^2)}{a_n^2} < \infty$$

那么

$$P\left(\lim_{n \to \infty} \frac{S_n}{a_n} = 0 \right) = 1.$$

5.4 连续鞅初步

前面我们主要介绍了离散鞅的一些知识, 特别是讨论了两个鞅的基本定理: 停时定理和鞅收敛定理. 但事实上, 在实际应用中连续参数鞅的知识也是非常重要的. 本节仅简明扼要地介绍一下连续鞅的概念以及连续鞅的停时定理和鞅收敛定理.

设 $(\Omega, \mathcal{F}, P)$ 为一个完备的概率空间, $\{\mathcal{F}_t, t \geqslant 0\}$ 是一个非降的子 σ 代数流, 即当 $0 < s < t$ 时, $\mathcal{F}_s \subseteq \mathcal{F}_t$. 约定本书中的子 σ 代数流都是非降的. 称随机过程 $\{X_t, t \geqslant 0\}$ 为 $\{\mathcal{F}_t, t \geqslant 0\}$ 适应的, 如果对于每个 $t \geqslant 0$, X_t 是 $\mathcal{F}_t$ 可测的, 即对于 $\forall B \in \mathcal{B}$, 有 $X_t^{-1}(B) \in \mathcal{F}_t$. 下面给出连续鞅的概念.

定义 5.6 设 $\{X_t, t \geqslant 0\}$ 为完备的概率空间 $(\Omega, \mathcal{F}, P)$ 中的一个随机过程, $\{\mathcal{F}_t, t \geqslant 0\}$ 是一个子 σ 代数流, 且 $\{X_t, t \geqslant 0\}$ 关于 $\{\mathcal{F}_t, t \geqslant 0\}$ 是适应的. 如果对每个 $t \geqslant 0$, 有 $\mathrm{E}|X_t| < \infty$, 且对于一切 $0 \leqslant s < t$, 有

$$\mathrm{E}(X_t | \mathcal{F}_s) = X_s, \quad \text{a.s.}$$

那么称 $\{X_t, t \geqslant 0\}$ 为关于 $\{\mathcal{F}_t, t \geqslant 0\}$ 的**鞅**. 特别地, 如果 $\mathcal{F}_t = \sigma(X_s, 0 \leqslant s \leqslant t)$, 那么简称 $\{X_t, t \geqslant 0\}$ 为**鞅**.

显然, 如果随机过程 $\{X_t, t \geqslant 0\}$ 为鞅, 那么对 $t > 0$, 有 $\mathrm{E}(X_t) = \mathrm{E}[\mathrm{E}(X_t|X_0)] = \mathrm{E}(X_0)$.

定义 5.7 设 T 为完备的概率空间 $(\Omega, \mathcal{F}, P)$ 中的一个非负随机变量, $\{\mathcal{F}_t, t \geqslant 0\}$ 是一个子 σ 代数流. 如果 $P(T < \infty) = 1$, 且对于一切 $t \geqslant 0$, $\{T \leqslant t\}$ 是 $\mathcal{F}_t$ 可测, 即 $\{T \leqslant t\} \in \mathcal{F}_t$, 那么称 T 为 $\mathcal{F}_t$ **停时**. 特别地, 当 $\mathcal{F}_t = \sigma(X_s, 0 \leqslant s \leqslant t)$ 时, 称 T 为关于随机过程 $\{X_t, t \geqslant 0\}$ 的**停时**. 若存在常数 $C > 0$, 使得 $P(T \leqslant C) = 1$, 则称 T 为**有界停时**.

下面介绍连续鞅的基本定理: 停时定理和鞅收敛定理. 它们的证明略去, 感兴趣的读者可参见文献 (Kallenberg, 1997).

定理 5.10 (停时定理) 设随机过程 $\{X_t, t \geqslant 0\}$ 为鞅. 如果 T 为关于 $\{X_t, t \geqslant 0\}$ 的有界停时, 那么

$$\mathrm{E}(X_T) = \mathrm{E}(X_0).$$

定理 5.11 (鞅收敛定理) 如果随机过程 $\{X_t, t \geqslant 0\}$ 为一非负鞅, 那么存在几乎处处有限的随机变量 X_∞, 使得

$$\lim_{n \to \infty} X_t = X_\infty, \quad \mathrm{a.s.}$$

例 5.11 设 $\{R_t, t \geqslant 0\}$ 是一个平稳的独立增量过程, 且 $R_0 = 0$, $\mathrm{E}(\mathrm{e}^{R_t}) = 1$. 令

$$S_t = S_0 \mathrm{e}^{R_t}, \quad S_0 \text{ 为一常数},$$

则 $\{S_t, t \geqslant 0\}$ 是一个鞅.

证明 记 $\mathcal{F}_t = \sigma(S_u, 0 \leqslant u \leqslant t)$. 一方面,

$$\mathrm{E}|S_t| = |S_0|\mathrm{E}(\mathrm{e}^{R_t}) = |S_0|;$$

另一方面, 对 $0 \leqslant u < t$ 有

$$\begin{aligned}
\mathrm{E}(S_t|\mathcal{F}_u) &= \mathrm{E}\big(S_u \mathrm{e}^{R_t - R_u}\big|\mathcal{F}_u\big) = S_u \mathrm{E}\big(\mathrm{e}^{R_t - R_u}\big|\mathcal{F}_u\big) \\
&= S_u \mathrm{E}\big(\mathrm{e}^{R_t - R_u}\big) = S_u \mathrm{E}\big(\mathrm{e}^{R_{t-u}}\big) = S_u, \quad \mathrm{a.s.}
\end{aligned}$$

所以, $\{S_t, t \geqslant 0\}$ 是一个鞅. □

例 5.12 设 $\{B(t), t \geqslant 0\}$ 是一个标准布朗运动, 且 $B(0) = 0$, 则

(1) $\{B(t), t \geqslant 0\}$ 是鞅;

(2) $\{B^2(t) - t, t \geqslant 0\}$ 是鞅;

(3) 对任何实数 u, $\left\{ \exp\left[uB(t) - \dfrac{u^2}{2}t\right], t \geqslant 0 \right\}$ 是鞅.

证明 只证 (3), (1) 和 (2) 留给读者. 因为 $B(t)$ 服从正态分布 $N(0,t)$, 所以

$$\mathrm{E}\left\{\exp\left[uB(t) - \frac{u^2}{2}t\right]\right\} = 1.$$

又因为对于 $s, t \geqslant 0$,

$$\mathrm{E}\left\{\exp\left[uB(t+s) - \frac{u^2}{2}(t+s)\right]\Big|\mathcal{F}_t\right\}$$

$$= \mathrm{E}\left\{\exp\left[uB(t) + u[B(t+s) - B(t)] - \frac{u^2}{2}(t+s)\right]\Big|\mathcal{F}_t\right\}$$

$$= \exp\left[uB(t) - \frac{u^2}{2}(t+s)\right]\mathrm{E}\{\exp[u(B(t+s) - B(t))]|\mathcal{F}_t\}$$

$$= \exp\left[uB(t) - \frac{u^2}{2}(t+s)\right]\mathrm{E}\{\exp[u(B(t+s) - B(t))]\}$$

$$= \exp\left[uB(t) - \frac{u^2}{2}(t+s)\right]\mathrm{E}[\exp(uB(s))]$$

$$= \exp\left[uB(t) - \frac{u^2}{2}(t+s)\right]\exp\left(\frac{u^2}{2}s\right) = \exp\left[uB(t) - \frac{u^2}{2}t\right],$$

所以, $\left\{\exp\left[uB(t) - \frac{u^2}{2}t\right], t \geqslant 0\right\}$ 是鞅. □

习 题 5.4

1. 证明例 5.12 的 (1) 和 (2).

2. 设 $\{N(t), t \geqslant 0\}$ 是参数为 $\lambda > 0$ 的时齐泊松过程. 令

$$X_t = N(t) - \lambda t,$$

证明: (1) $\{X_t, t \geqslant 0\}$ 是鞅; (2) $\{Y_t = X_t^2 - \lambda t, t \geqslant 0\}$ 是鞅.

第**6**章

第6章课件

随机积分与随机微分方程

6.1 伊藤积分的定义

6.1.1 布朗运动轨道的性质

弄清楚布朗运动的轨道性质, 有利于理解伊藤积分. 为此, 我们首先介绍函数变差的概念.

定义 6.1 设 $f(x), g(x)$ 是 $[0, +\infty)$ 上的实值函数. 对于固定的 $t > 0$, $\pi_t^{(n)} = \{t_j^{(n)}, j = 0, 1, \cdots, k_n\}$ 为区间 $[0, t]$ 的一个分割序列: $0 = t_0^{(n)} < t_1^{(n)} < \cdots < t_{k_n}^{(n)} = t, n \in \mathbb{N}$. 记

$$\delta(\pi_t^{(n)}) = \max_{1 \leqslant j \leqslant k_n} (t_j^{(n)} - t_{j-1}^{(n)}), \quad V_t^{(n)}(f) = \sum_{j=1}^{k_n} |f(t_j^{(n)}) - f(t_{j-1}^{(n)})|,$$

$$W_t^{(n)}(f) = \sum_{j=1}^{k_n} [f(t_j^{(n)}) - f(t_{j-1}^{(n)})]^2,$$

$$W_t^{(n)}(f, g) = \sum_{j=1}^{k_n} [f(t_j^{(n)}) - f(t_{j-1}^{(n)})][g(t_j^{(n)}) - g(t_{j-1}^{(n)})].$$

如果对于任意满足 $\delta(\pi_t^{(n)}) \to 0, n \to \infty$, 的分割序列 $\pi_t^{(n)}$, 都有 $V_t^{(n)}(f)$ 趋于同一个极限, 那么称此极限为函数 $f(x)$ 关于区间 $[0, t]$ 的**一次变差**, 记为 $V_f[0, t]$; 如果都有 $W_t^{(n)}(f)$ 趋于同一个极限, 那么称此极限为函数 $f(x)$ 关于区间 $[0, t]$ 的

二次变差, 记为 $[f, f](t)$ 或 $[f, f]([0, t])$; 如果都有 $W_t^{(n)}(f, g)$ 趋于同一个极限, 那么称此极限为函数 $f(x)$ 与 $g(x)$ 关于区间 $[0, t]$ 的**协变差**, 记为 $[f, g](t)$ 或 $[f, g]([0, t])$.

如果函数 $f(x)$ 关于区间 $[0, t]$ 的一次变差为关于 t 的有限函数, 那么称函数 $f(x)$ 是区间 $[0, t]$ 上的**有限变差函数**; 如果函数 $f(x)$ 关于区间 $[0, t]$ 的一次变差为关于 t 的有界函数, 那么称函数 $f(x)$ 是区间 $[0, t]$ 上的**有界变差函数**. 一次变差和二次变差有如下关系.

命题 6.1 设 $f(x)$ 是一个连续的有限变差函数, 则它的二次变差为零.

证明 根据二次变差的定义, 对 $[0, t]$ 的任意满足 $n \to \infty$, $\delta(\pi_t^{(n)}) \to 0$ 的分割序列 $\pi_t^{(n)}$, 有

$$[f, f](t) = \lim_{n \to \infty} W_t^{(n)}(f) \leqslant \lim_{n \to \infty} \max_j |f(t_{j+1}^{(n)}) - f(t_j^{(n)})| \sum_{j=0}^{k_n} |f(t_{j+1}^{(n)}) - f(t_j^{(n)})|$$

$$\leqslant \lim_{n \to \infty} \max_j |f(t_{j+1}^{(n)}) - f(t_j^{(n)})| V_t^{(n)}(f) = 0,$$

其中, 上式最后一个等式成立是由于 $f(x)$ 在 $[0, t]$ 上一致连续, 所以

$$\lim_{n \to \infty} \max_j |f(t_{j+1}^{(n)}) - f(t_j^{(n)})| = 0. \quad \square$$

命题 6.2 设 $f(x)$ 是一个连续函数, $g(x)$ 是有限变差函数, 则它们的二次协变差为零, 即 $[f, g](t) = 0$.

证明 根据协变差的定义, 对 $[0, t]$ 的任意满足 $n \to \infty$, $\delta(\pi_t^{(n)}) \to 0$ 的分割序列 $\pi_t^{(n)}$, 有

$$[f, g](t) = \lim_{n \to \infty} W_t^{(n)}(f, g) \leqslant \lim_{n \to \infty} \max_j |f(t_{j+1}^{(n)}) - f(t_j^{(n)})| \left| \sum_{j=0}^{k_{n-1}} |g(t_{j+1}^{(n)}) - g(t_j^{(n)})| \right|$$

$$\leqslant \lim_{n \to \infty} \max_j |f(t_{j+1}^{(n)}) - f(t_j^{(n)})| V_t^{(n)}(g) = 0. \quad \square$$

对于布朗运动而言, 其轨道函数的二次变差有如下定理.

定理 6.1 $\forall t > 0$, 有 $[B, B]([0, t]) = t$.

证明 $\forall t > 0$ 及 $[0, t]$ 的分割序列 $\{\pi_t^{(n)}\}$, 且 $\delta(\pi_t^{(n)}) \to 0$, $n \to \infty$. 为使证明简单, 不妨假设 $\sum_{n=1}^{\infty} \delta(\pi_t^{(n)}) < \infty$. 对 $n \in \mathbb{N}$ 及 $i = 1, 2, \cdots, k_n$, 记 $T_i^{(n)} = [B(t_i^{(n)}) - B(t_{i-1}^{(n)})]^2 - (t_i^{(n)} - t_{i-1}^{(n)})$, 则有 $\mathrm{E}(T_i^{(n)}) = 0$. 利用正态分布 $N(0, \sigma^2)$ 的 4 阶矩为 $3\sigma^4$, 得

$$\mathrm{E}(T_i^{(n)})^2 = \mathrm{E}[B(t_i^{(n)}) - B(t_{i-1}^{(n)})]^4 - 2(t_i^{(n)} - t_{i-1}^{(n)})$$

$$\times \mathrm{E}[B(t_i^{(n)}) - B(t_{i-1}^{(n)})]^2 + (t_i^{(n)} - t_{i-1}^{(n)})^2$$
$$= 2(t_i^{(n)} - t_{i-1}^{(n)})^2.$$

因而

$$\mathrm{E}[(W_t^{(n)}(B) - t)^2] = \mathrm{E}\left[\left(\sum_{i=1}^{k_n} T_i^{(n)}\right)^2\right] = \sum_{i=1}^{k_n} \mathrm{E}(T_i^{(n)})^2$$

$$= 2\sum_{i=1}^{k_n} (t_i^{(n)} - t_{i-1}^{(n)})^2 \leqslant 2\delta(\pi_t^{(n)})t.$$

于是

$$\mathrm{E}\left\{\sum_{n=1}^{\infty}[(W_t^{(n)}(B) - t)^2]\right\} = \sum_{n=1}^{\infty} \mathrm{E}[(W_t^{(n)}(B) - t)^2] \leqslant 2t\sum_{n=1}^{\infty} \delta(\pi_t^{(n)}) < \infty.$$

上式表明, $\sum_{n=1}^{\infty}[(W_t^{(n)}(B) - t)^2] < \infty$, a.s., 因此, $W_t^{(n)}(B) \to t$, a.s., 即 $[B, B]([0, t]) = t$, a.s. □

此外, 布朗运动的样本轨道还有以下性质: (1) 在任何区间上都不是单调的; (2) 在任何点都是不可微的; (3) 在任何区间上都是无限变差的. 这些性质的证明, 我们都略去. 感兴趣的读者, 见文献 (Loève, 1978).

6.1.2　简单过程的伊藤积分

在本节中, 我们介绍伊藤积分以及它的性质. 首先, 考虑一个非随机的简单过程 $X(t)$, 这里 $X(t)$ 仅是 t 的函数, 它不依赖于 $B(t)$. 由简单函数的定义, 存在 $[0, T]$ 的分割 $0 = t_0 < t_1 < \cdots < t_n = T$ 以及常数 $c_0, c_1, \cdots, c_{n-1}$, 使得

$$X(t) = c_0 \mathbf{1}_{\{0\}}(t) + \sum_{i=0}^{n-1} c_i \mathbf{1}_{(t_i, t_{i+1}]}(t).$$

由此, 可定义其如下形式的伊藤积分, 并记为 $\int_0^T X(t)\mathrm{d}B(t)$,

$$\int_0^T X(t)\mathrm{d}B(t) = \sum_{i=0}^{n-1} c_i \big(B(t_{i+1}) - B(t_i)\big).$$

根据布朗运动的独立增量性容易看出, 上述定义的伊藤积分是一个具有正态分布的随机变量, 其均值为零, 方差为

$$\mathrm{Var}\Big(\int_0^T X(t)\mathrm{d}B(t)\Big) = \mathrm{Var}\Big(\sum_{i=0}^{n-1} c_i \big(B(t_{i+1}) - B(t_i)\big)\Big)$$

$$= \sum_{i=0}^{n-1} \text{Var}\big(c_i\big(B(t_{i+1}) - B(t_i)\big)\big) = \sum_{i=0}^{n-1} c_i^2(t_{i+1} - t_i).$$

例 6.1 设

$$X(t) = \begin{cases} -1, & \text{当 } 0 \leqslant t \leqslant 1 \text{ 时}, \\ 1, & \text{当 } 1 < t \leqslant 2 \text{ 时}, \\ 2, & \text{当 } 2 < t \leqslant 3 \text{ 时}, \end{cases}$$

则

$$\int_0^3 X(t)\mathrm{d}B(t) = -\big(B(1) - B(0)\big) + \big(B(2) - B(1)\big) + 2\big(B(3) - B(2)\big)$$

$$= 2B(3) - B(2) - 2B(1).$$

这是服从均值为 0、方差为 6 的正态分布的随机变量.

通过对非随机的简单过程取极限, 我们能够得到一般非随机过程关于布朗运动的积分. 类似非随机过程, 下面定义简单适应过程的伊藤积分.

定义 6.2 称随机过程 $\{X(t), 0 \leqslant t \leqslant T\}$ 为**适应于滤值** $\mathbf{F} = (\mathcal{F}_t, \ t \geqslant 0)$ **的**, 如果对一切 t, $X(t)$ 是 $\mathcal{F}_t$ 可测的, 即对于任意实数 x, 有 $\{X(t) \leqslant x\} \in \mathcal{F}_t$, 其中 $\mathcal{F}_t = \sigma(B(u), \ 0 \leqslant u \leqslant t)$.

定义 6.3 称随机过程 $\{X(t), 0 \leqslant t \leqslant T\}$ 为**简单适应过程**, 如果存在 $0 = t_0 < t_1 < \cdots < t_n = T$ 以及随机变量 $\xi_0, \xi_1, \cdots, \xi_{n-1}$, 使得

$$X(t) = \xi_0 \mathbf{1}_{\{0\}}(t) + \sum_{i=0}^{n-1} \xi_i \mathbf{1}_{(t_i, t_{i+1}]}(t),$$

其中, ξ_0 是常数, ξ_i 是 $\mathcal{F}_{t_i}$ 可测的 $(i = 1, 2, \cdots, n-1)$, 且 $\mathrm{E}(\xi_i^2) < \infty$.

对于简单适应过程 $X(t)$, 可以定义如下**伊藤积分**, 记为 $\displaystyle\int_0^T X(t)\mathrm{d}B(t)$ (简记为 $\displaystyle\int X\mathrm{d}B$ 或 $X \cdot B$),

$$\int_0^T X(t)\mathrm{d}B(t) = \sum_{i=0}^{n-1} \xi_i\big(B(t_{i+1}) - B(t_i)\big). \tag{6.1}$$

值得指出的是, 在 $\xi_i, i = 1, 2, \cdots, n-1$, 是随机变量的情况下, 伊藤积分 (6.1) 不一定是服从正态分布. 下面, 我们给出简单适应过程伊藤积分的主要性质, 这些性质也适用于一般过程的伊藤积分.

性质 6.1　(1) **线性关系**　如果 $X(t)$ 和 $Y(t)$ 是两个简单适应过程, α 和 β 是两个常数, 那么

$$\int_0^T (\alpha X(t) + \beta Y(t)) \mathrm{d}B(t) = \alpha \int_0^T X(t) \mathrm{d}B(t) + \beta \int_0^T Y(t) \mathrm{d}B(t).$$

(2)

$$\int_0^T \mathbf{1}_{(a,b]} X(t) \mathrm{d}B(t) = \int_a^b X(t) \mathrm{d}B(t),$$

其中 $\mathbf{1}_{(a,b]}$ 是区间 $(a, b]$ 的示性函数, 其中 $0 < a < b \leqslant T$.

(3) **零均值性**

$$\mathrm{E}\left[\int_0^T X(t) \mathrm{d}B(t) \right] = 0.$$

(4) **等距性**

$$\mathrm{E}\left[\int_0^T X(t) \mathrm{d}B(t) \right]^2 = \int_0^T \mathrm{E}[X^2(t)] \mathrm{d}t.$$

证明　(1) 和 (2) 由于简单适应过程的线性组合以及 $\mathbf{1}_{(a,b]} X(t)$ 都是简单适应过程, 所以按照定义直接可证得.

(3) 根据柯西–施瓦茨不等式有

$$\mathrm{E}|\xi_i(B(t_{i+1}) - B(t_i))| \leqslant \sqrt{\mathrm{E}(\xi_i^2) \mathrm{E}(B(t_{i+1}) - B(t_i))^2} < \infty,$$

这意味着

$$\mathrm{E}\left| \sum_{i=0}^{n-1} \xi_i(B(t_{i+1}) - B(t_i)) \right| \leqslant \sum_{i=0}^{n-1} \mathrm{E}|\xi_i(B(t_{i+1}) - B(t_i))| < \infty,$$

即 $\int_0^T X(t) \mathrm{d}B(t)$ 的数学期望存在. 于是, 由布朗运动的鞅性和 ξ_i 的 $\mathcal{F}_{t_i}$ 可测性得

$$\mathrm{E}\left[\int_0^T X(t) \mathrm{d}B(t) \right] = \mathrm{E}\left[\sum_{i=0}^{n-1} \xi_i(B(t_{i+1}) - B(t_i)) \right] = \sum_{i=0}^{n-1} \mathrm{E}(\xi_i(B(t_{i+1}) - B(t_i)))$$

$$= \sum_{i=0}^{n-1} \mathrm{E}\left[\mathrm{E}(\xi_i(B(t_{i+1}) - B(t_i)) | \mathcal{F}_{t_i}) \right]$$

$$= \sum_{i=0}^{n-1} \mathrm{E}\left[\xi_i \mathrm{E}((B(t_{i+1}) - B(t_i)) | \mathcal{F}_{t_i}) \right] = 0.$$

(4) 由布朗运动的独立增量性以及鞅性, 得

$$\mathrm{E}\left[\int_0^T X(t)\mathrm{d}B(t)\right]^2 = \mathrm{E}\left[\sum_{i=0}^{n-1}\xi_i\big(B(t_{i+1})-B(t_i)\big)\right]^2$$

$$= \sum_{i=0}^{n-1}\mathrm{E}[\xi_i^2(B(t_{i+1})-B(t_i))^2]$$

$$+2\sum_{i<j}\mathrm{E}[\xi_i\xi_j(B(t_{i+1})-B(t_i))(B(t_{j+1})-B(t_j))]$$

$$= \sum_{i=0}^{n-1}\mathrm{E}\big[\mathrm{E}[\xi_i^2(B(t_{i+1})-B(t_i))^2|\mathcal{F}_{t_i}]\big]$$

$$+2\sum_{i<j}\mathrm{E}\big[\mathrm{E}[\xi_i\xi_j(B(t_{i+1})-B(t_i))(B(t_{j+1})-B(t_j))|\mathcal{F}_{t_j}]\big]$$

$$= \sum_{i=0}^{n-1}\mathrm{E}\big[\xi_i^2\mathrm{E}[(B(t_{i+1})-B(t_i))^2|\mathcal{F}_{t_i}]\big]$$

$$+2\sum_{i<j}\mathrm{E}\big[\xi_i\xi_j(B(t_{i+1})-B(t_i))\mathrm{E}[(B(t_{j+1})-B(t_j))|\mathcal{F}_{t_j}]\big]$$

$$= \sum_{i=0}^{n-1}\mathrm{E}\big(\xi_i^2\big)(t_{i+1}-t_i) = \int_0^T \mathrm{E}X^2(t)\mathrm{d}t < \infty.$$

性质 (4) 得证. □

6.1.3 适应过程的伊藤积分

一般地, 一个适应于滤值 $\mathbf{F} = (\mathcal{F}_t,\ t \geqslant 0)$ 的随机过程 $X(t)$ 总可以由一列简单适应过程 $X_n(t)$ 依概率逼近. 在适当的条件下, 此简单适应过程的积分序列 $\int_0^T X_n(t)\mathrm{d}B(t)$ 也会依概率收敛到某个随机变量 I, 我们将此随机变量 I 称为**适应过程 $X(t)$ 的伊藤积分**, 记为 $\int_0^T X(t)\mathrm{d}B(t)$. 下面以 $\int_0^T B(t)\mathrm{d}B(t)$ 为例来说明.

例 6.2 设 $0 = t_0^{(n)} < t_1^{(n)} < \cdots < t_n^{(n)} = T$ 是区间 $[0,\ T]$ 的任一分划, 且

$$X_n(t) = \sum_{i=0}^{n-1} B(t_i^{(n)})\mathbf{1}_{(t_i^{(n)},\ t_{i+1}^{(n)}]}(t),$$

则对于任一固定 n, X_n 是一简单适应过程. 根据 $B(t)$ 的连续性, 当 $\max_i\{t_{i+1}^{(n)} -$

$t_i^{(n)}\} \to 0$, 即有 $n \to \infty$ 时, $X_n(t) \to B(t)$, a.s. 对于简单适应过程 $X_n(t)$ 而言, 它的伊藤积分为

$$\int_0^T X_n(t)\mathrm{d}B(t) = \sum_{i=0}^{n-1} B(t_i^{(n)})(B(t_{i+1}^{(n)}) - B(t_i^{(n)})).$$

下面, 证明 $\int_0^T X_n(t)\mathrm{d}B(t)$ 依概率收敛到 $B^2(T)/2 - T/2$. 这是因为

$$\int_0^T X_n(t)\mathrm{d}B(t) = \frac{1}{2}\sum_{i=0}^{n-1}\left(B^2(t_{i+1}^{(n)}) - B^2(t_i^{(n)})\right) - \frac{1}{2}\sum_{i=0}^{n-1}\left(B(t_{i+1}^{(n)}) - B(t_i^{(n)})\right)^2$$

$$= \frac{1}{2}B^2(T) - \frac{1}{2}B^2(0) - \frac{1}{2}\sum_{i=0}^{n-1}\left(B(t_{i+1}^{(n)}) - B(t_i^{(n)})\right)^2.$$

根据布朗运动二次变差的定义以及定理 6.1 知, 上式右边第二项依概率收敛到 T. 从而,

$$\int_0^T B(t)\mathrm{d}B(t) = \lim_{n\to\infty} \int_0^T X_n(t)\mathrm{d}B(t) = \frac{1}{2}B^2(T) - \frac{1}{2}T.$$

定理 6.2　设 $X(t)$ 是一适应过程, 且 $\int_0^T X^2(t)\mathrm{d}t < \infty$, a.s., 则可按上述方式定义伊藤积分 $\int_0^T X(t)\mathrm{d}B(t)$, 并且在条件 $\int_0^T \mathrm{E}[X^2(t)]\mathrm{d}t < \infty$ 下具有与性质 6.1 同样的性质.

定理 6.2 的证明请读者参阅文献 (Klebaner, 2005). 需要指出的是, 伊藤积分不一定存在均值和方差, 但是当它们存在时, 期望一定是零, 而方差由等距性给出; 并且伊藤积分不具有单调性, 即

$$X(t) \leqslant Y(t), \quad \text{a.s.} \not\Rightarrow \int_0^T X(t)\mathrm{d}B(t) \leqslant \int_0^T Y(t)\mathrm{d}B(t), \quad \text{a.s.}$$

推论 6.1　如果 $X(t)$ 是一个连续适应过程, 那么伊藤积分 $\int_0^T X(t)\mathrm{d}B(t)$ 存在. 特别地, $\int_0^T f(B(t))\mathrm{d}B(t)$ 存在, 其中 f 是 $\mathbb{R}$ 上的连续函数.

证明　由于 $X(t)$ 轨道连续, 所以 $\int_0^T X^2(t)\mathrm{d}t < \infty$, a.s., 因此根据定理 6.2 知 $\int_0^T X(t)\mathrm{d}B(t)$ 存在. 特别地, $f(B(t))$ 的轨道连续, 所以 $\int_0^T f(B(t))\mathrm{d}B(t)$ 也存在. $\square$

例 6.3 设 $f(t)$ 是 $\mathbb{R}$ 上的连续函数, 根据推论 6.1 知 $\int_0^T f(B(t))\mathrm{d}B(t)$ 存在. 不过, 这个积分不一定存在有限矩:

(1) 当 $f(t) = t$ 时, 由于

$$\int_0^1 \mathrm{E}[B^2(t)]\mathrm{d}t = \int_0^1 t\mathrm{d}t = \frac{1}{2} < \infty,$$

所以

$$\mathrm{E}\left[\int_0^1 B(t)\mathrm{d}B(t)\right] = 0, \quad \mathrm{E}\left[\int_0^1 B(t)\mathrm{d}B(t)\right]^2 = \int_0^1 \mathrm{E}[B^2(t)]\mathrm{d}t = \frac{1}{2}.$$

(2) 当 $f(t) = \exp(t^2)$ 时, 尽管 $\int_0^1 \exp(B^2(t))\mathrm{d}B(t)$ 存在, 但是由于当 $t \geqslant 1/4$ 时,

$$\mathrm{E}(\exp(2B^2(t))) = \int_{-\infty}^{\infty} \exp(2x^2)\frac{1}{\sqrt{2\pi t}}\exp\left(-\frac{x^2}{2t}\right)\mathrm{d}x = \infty,$$

所以 $\int_0^1 \mathrm{E}(\exp(2B^2(t)))\mathrm{d}t = \infty$, 从而 $\int_0^1 \exp(B^2(t))\mathrm{d}B(t)$ 的二阶矩不存在.

例 6.4 求积分 $I = \int_0^1 t\mathrm{d}B(t)$ 的均值与方差.

解 由于 $\int_0^1 t^2\mathrm{d}t < \infty$, 且 t 是 $\mathcal{F}_t$ 适应的, 所以伊藤积分 I 存在, 且

$$\mathrm{E}(I) = 0, \quad \mathrm{E}(I^2) = \int_0^1 t^2\mathrm{d}t = \frac{1}{3}.$$

下面的结果可以看成是伊藤积分等距性的推广.

定理 6.3 设 $X(t)$ 和 $Y(t)$ 是两个适应过程, 且满足 $\mathrm{E}\left[\int_0^T X^2(t)\mathrm{d}t\right] < \infty$ 和 $\mathrm{E}\left[\int_0^T Y^2(t)\mathrm{d}t\right] < \infty$, 则

$$\mathrm{E}\left[\int_0^T X(t)\mathrm{d}B(t)\int_0^T Y(t)\mathrm{d}B(t)\right] = \int_0^T \mathrm{E}(X(t)Y(t))\mathrm{d}t.$$

证明 由于

$$\int_0^T X(t)\mathrm{d}B(t)\int_0^T Y(t)\mathrm{d}B(t)$$

$$= \frac{\left[\int_0^T X(t)\mathrm{d}B(t) + \int_0^T Y(t)\mathrm{d}B(t)\right]^2}{2} - \frac{\left[\int_0^T X(t)\mathrm{d}B(t)\right]^2}{2} - \frac{\left[\int_0^T Y(t)\mathrm{d}B(t)\right]^2}{2},$$

所以根据等距性得

$$\mathrm{E}\left[\int_0^T X(t)\mathrm{d}B(t) \int_0^T Y(t)\mathrm{d}B(t)\right]$$

$$= \frac{\mathrm{E}\left[\int_0^T (X(t) + Y(t))\mathrm{d}B(t)\right]^2}{2} - \frac{\mathrm{E}\left[\int_0^T X(t)\mathrm{d}B(t)\right]^2}{2} - \frac{\mathrm{E}\left[\int_0^T Y(t)\mathrm{d}B(t)\right]^2}{2}$$

$$= \frac{\left[\int_0^T \mathrm{E}(X(t) + Y(t))^2\mathrm{d}t\right]}{2} - \frac{\left[\int_0^T \mathrm{E}(X^2(t))\mathrm{d}t\right]}{2} - \frac{\left[\int_0^T \mathrm{E}(Y^2(t))\mathrm{d}t\right]}{2}$$

$$= \int_0^T \mathrm{E}(X(t)Y(t))\mathrm{d}t. \quad \square$$

习　题　6.1

1. 求使得积分 $\int_0^1 (1 - t)^{-\alpha}\mathrm{d}B(t)$ 存在的 α 的值.

2. 试找出使得伊藤积分

$$Y(t) = \int_0^t \frac{1}{(t - s)^\alpha}\mathrm{d}B(s)$$

存在的 α 的值, 并给出过程 $\{Y(t)\}$ 的方差函数.

6.2　伊藤积分过程

如果 $X(t)$ 是一个适应过程, 且使得 $\int_0^T X^2(t)\mathrm{d}s < \infty, \mathrm{a.s.}$, 那么对于任何 $0 \leqslant t \leqslant T$, 可以定义伊藤积分 $\int_0^t X(s)\mathrm{d}B(s)$. 它作为积分上限 t 的函数, 定义了如下随机过程:

$$Y(t) = \int_0^t X(s)\mathrm{d}B(s), \quad t \in [0, T].$$

称此随机过程为**伊藤积分过程**, 简称为伊藤积分. 可以证明, 存在样本轨道连续的随机过程 $Z(t)$, 使得对于所有 t, 有伊藤积分 $Y(t) = Z(t), \mathrm{a.s.}$, 即伊藤积分存在连续的版本. 因此, 我们之后讨论的伊藤积分都假定样本轨道连续.

6.2.1 伊藤积分的鞅性

由于简单适应过程的伊藤积分是适应且连续的, 因此作为简单适应过程的伊藤积分的极限 $Y(t)$ 也是适应的. 于是, 如果 $\int_0^T X^2(t)\mathrm{d}t < \infty, \mathrm{a.s.}$, 且 $\int_0^T \mathrm{E}X^2(t)\mathrm{d}t < \infty$, 那么对于 $\forall\, t \in [0,\ T]$, $Y(t) = \int_0^t X(s)\mathrm{d}B(s)$ 存在, 且为二阶矩有限的鞅. 下面, 我们来说明它. 首先, 对于简单适应过程可以证得, 对于 $s < t$,

$$\mathrm{E}\left[\int_s^t X(u)\mathrm{d}B(u)\Big|\mathcal{F}_s\right] = 0. \tag{6.2}$$

从而, 对于一般的适应过程 $X(t)$, (6.2) 也成立. 于是

$$\mathrm{E}[Y(t)|\mathcal{F}_s] = \mathrm{E}\left[\int_0^t X(u)\mathrm{d}B(u)\Big|\mathcal{F}_s\right] = \int_0^s X(u)\mathrm{d}B(u) + \mathrm{E}\left[\int_s^t X(u)\mathrm{d}B(u)\Big|\mathcal{F}_s\right]$$
$$= \int_0^s X(u)\mathrm{d}B(u) = Y(s),\ \mathrm{a.s.}$$

所以, 伊藤积分 $Y(t)$ 是鞅. 再由伊藤积分的等距性知

$$\mathrm{E}\left[\int_0^t X(s)\mathrm{d}B(s)\right]^2 = \int_0^t \mathrm{E}[X^2(s)]\mathrm{d}s.$$

因而

$$\sup_{0 \leqslant t \leqslant T} \mathrm{E}\left[\int_0^t X(s)\mathrm{d}B(s)\right]^2 \leqslant \int_0^T \mathrm{E}[X^2(s)]\mathrm{d}s < \infty.$$

一般地, 如果一个鞅的二阶矩有界, 那么称此鞅为**平方可积鞅**. 根据上面讨论, 我们给出如下定理.

定理 6.4 设 $X(t)$ 是一个适应过程, 且满足 $\int_0^T \mathrm{E}[X^2(s)]\mathrm{d}s < \infty$, 则伊藤积分过程 $Y(t) = \int_0^t X(s)\mathrm{d}B(s)$, $0 \leqslant t \leqslant T$, 是一个轨道连续、期望为零的平方可积鞅.

定理 6.4 提供了一种构造鞅的方法.

推论 6.2 如果 $f(t)$ 是 $\mathbb{R}$ 上的有界函数, 那么 $\int_0^t f(B(s))\mathrm{d}B(s)$ 是一个平方可积鞅.

证明 设 $X(t) = f(B(t))$, 则 $X(t)$ 是一个适应过程. 由于存在常数 $K > 0$, 使得 $|f(x)| < K$ 成立, 所以 $\int_0^T \mathrm{E}[f^2(B(s))]\mathrm{d}s \leqslant KT$. 于是, 根据定理 6.4 直接得出推论 6.2. $\square$

6.2.2　伊藤积分的二次变差和协变差

对于伊藤积分 $Y(t) = \int_0^t X(s)\mathrm{d}B(s)$, $0 \leqslant t \leqslant T$, 我们也可以按照定义 6.1 给出它的二次变差, 并且有如下定理.

定理 6.5　设 $Y(t) = \int_0^t X(s)\mathrm{d}B(s)$, $0 \leqslant t \leqslant T$, 是一个伊藤积分, 则 $Y(t)$ 的二次变差为

$$[Y, Y](t) = \int_0^t X^2(s)\mathrm{d}s. \tag{6.3}$$

证明　只证 $X(t)$ 为简单适应过程的情况. 对于一般情形, 可以采用简单适应过程逼近的方法得到. 为避免书写繁琐, 不妨设 $X(t)$ 是在 $[0, 1]$ 上只取两个值的简单适应过程:

$$X(t) = \xi_0 \mathbf{1}_{[0, 1/2]}(t) + \xi_1 \mathbf{1}_{(1/2, 1]}(t).$$

容易看出

$$Y(t) = \int_0^t X(s)\mathrm{d}B(s) = \begin{cases} \xi_0 B(t), & \text{如果 } 0 \leqslant t \leqslant \dfrac{1}{2}; \\ \xi_0 B(1/2) + \xi_1\big(B(t) - B(1/2)\big), & \text{如果 } t > \dfrac{1}{2}. \end{cases}$$

由此得, 在 $[0, t]$ 的任一分划下, 有

$$Y(t_{i+1}^{(n)}) - Y(t_i^{(n)}) = \begin{cases} \xi_0(B(t_{i+1}^{(n)}) - B(t_i^{(n)})), & \text{如果 } 0 \leqslant t_i^{(n)} < t_{i+1}^{(n)} \leqslant 1/2; \\ \xi_1(B(t_{i+1}^{(n)}) - B(t_i^{(n)})), & \text{如果 } 1/2 \leqslant t_i^{(n)} < t_{i+1}^{(n)}. \end{cases}$$

于是, 在任一包含 $1/2$ 的分划下有

(1) 当 $t \leqslant 1/2$ 时,

$$[Y, Y](t) = \lim_{n \to \infty} \sum_{i=0}^{n-1} (Y(t_{i+1}^{(n)}) - Y(t_i^{(n)}))^2 = \xi_0^2 \lim_{n \to \infty} \sum_{i=0}^{n-1} (B(t_{i+1}^{(n)}) - B(t_i^{(n)}))^2$$

$$= \xi_0^2 [B, B](t) = \xi_0^2 t = \int_0^t X^2(s)\mathrm{d}s;$$

(2) 当 $t > 1/2$ 时,

$$[Y, Y](t) = \lim_{n \to \infty} \sum_{i=0}^{n-1} (Y(t_{i+1}^{(n)}) - Y(t_i^{(n)}))^2$$

$$= \xi_0^2 \lim_{n\to\infty} \sum_{t_i<1/2} (B(t_{i+1}^{(n)}) - B(t_i^{(n)}))^2 + \xi_1^2 \lim_{n\to\infty} \sum_{t_i>1/2} (B(t_{i+1}^{(n)}) - B(t_i^{(n)}))^2$$

$$= \xi_0^2[B,\,B]([0,1/2]) + \xi_1^2[B,\,B]((1/2,\,t]) = \int_0^t X^2(s)\mathrm{d}s,$$

其中, 这里的极限指的是当 $\delta_n = \max_i\{(t_{i+1}^{(n)} - t_i^{(n)})\} \to 0$, $n\to\infty$ 时依概率意义下的极限. 对于一般的简单适应过程, 以同样的方式可证得 (6.3). □

推论 6.3 设 $\int_0^t X^2(s)\mathrm{d}s < \infty$, $0 \leqslant t \leqslant T$, 则对于一切 $0 \leqslant t \leqslant T$, 伊藤积分 $Y(t) = \int_0^t X(s)\mathrm{d}B(s)$ 是区间 $[0,\,t]$ 上的无限变差.

证明 根据命题 6.1 知, 如果 $Y(t)$ 是区间 $[0,\,t]$ 上的有限变差函数, 那么它的二次变差为零. 这与已知矛盾. □

根据定理 6.5, 我们可以化简伊藤积分的协变差.

设 $Z_i(t)$, $i = 1,2$, 是两个适应过程, 根据二次协变差的定义, 容易得到如下**极化恒等式**:

$$[Z_1, Z_2](t) = \frac{1}{2}([Z_1+Z_2, Z_1+Z_2](t) - [Z_1, Z_1](t) - [Z_2, Z_2](t)).$$

设 $Y_i(t)$ 是适应过程 $X_i(t)$ 关于布朗运动 $B(t)$ 的伊藤积分, 即

$$Y_i(t) = \int_0^t X_i(s)\mathrm{d}B(s), \quad i = 1,2,$$

则由定理 6.5 得

$$[Y_1, Y_2](t) = \frac{1}{2}\left[\int_0^t (X_1(s) + X_2(s))^2\mathrm{d}s - \int_0^t X_1^2(s)\mathrm{d}s - \int_0^t X_2^2(s)\mathrm{d}s\right]$$

$$= \int_0^t X_1(s)X_2(s)\mathrm{d}s.$$

6.2.3 伊藤积分与高斯过程

由 6.1 节的知识, 我们知道简单非随机过程的伊藤积分是一个正态随机变量. 更一般地, 我们有下述定理.

定理 6.6 设 $X(t)$ 是一非随机过程, 且 $\int_0^T X^2(s)\mathrm{d}s < \infty$, 则伊藤积分 $Y(t) = \int_0^t X(s)\mathrm{d}B(s)$ 是一个期望为零, 协方差函数为

$$\mathrm{Cov}(Y(t), Y(t+u)) = \int_0^t X^2(s)\mathrm{d}s, \quad u \geqslant 0$$

的高斯过程. 因而, $Y(t)$ 是一个平方可积鞅.

证明 $Y(t)$ 的正态性, 我们之后使用伊藤公式来证明, 下面计算它的期望和协方差函数. 因为 $X(t)$ 是非随机的, 所以

$$\int_0^t \mathrm{E}(X^2(s))\mathrm{d}s = \int_0^t X^2(s)\mathrm{d}s < \infty.$$

由定理 6.2 知, $Y(t)$ 的均值为零. 再由 $Y(t)$ 的鞅性, 得

$$\mathrm{E}\left[\int_0^t X(s)\mathrm{d}B(s) \int_t^{t+u} X(s)\mathrm{d}B(s)\right]$$

$$=\mathrm{E}\left[\mathrm{E}\left(\int_0^t X(s)\mathrm{d}B(s) \int_t^{t+u} X(s)\mathrm{d}B(s)\Big|\mathcal{F}_t\right)\right]$$

$$=\mathrm{E}\left[\int_0^t X(s)\mathrm{d}B(s)\mathrm{E}\left(\int_t^{t+u} X(s)\mathrm{d}B(s)\Big|\mathcal{F}_t\right)\right]$$

$$=0.$$

因此,

$$\mathrm{Cov}(Y(t), Y(t+u)) =\mathrm{E}\left[\int_0^t X(s)\mathrm{d}B(s) \int_0^{t+u} X(s)\mathrm{d}B(s)\right]$$

$$=\mathrm{E}\left[\int_0^t X(s)\mathrm{d}B(s)\left(\int_0^t X(s)\mathrm{d}B(s) + \int_t^{t+u} X(s)\mathrm{d}B(s)\right)\right]$$

$$=\mathrm{E}\left[\int_0^t X(s)\mathrm{d}B(s)\right]^2 = \int_0^t \mathrm{E}[X^2(s)]\mathrm{d}s = \int_0^t X^2(s)\mathrm{d}s. \quad \square$$

例 6.5   根据定理 6.6 知, 伊藤积分 $Y(t) = \int_0^t s\mathrm{d}B(s)$ 的协方差函数为

$$\mathrm{Cov}(Y(t), Y(t+u)) = \int_0^t s^2\mathrm{d}s = \frac{1}{3}t^3, \quad u \geqslant 0,$$

因此, $Y(t) \sim N(0, \ t^3/3)$.

习　题　6.2

1. 设 $X(t,s)$ 是非随机二元函数, 并且使得 $\int_0^t X^2(t,s)\mathrm{d}s < \infty$. 令

$$Y(t) = \int_0^t X(t,s)\mathrm{d}B(s), \quad t > 0,$$

则协方差函数为

$$\text{Cov}(Y(t), Y(t+u)) = \int_0^t X(t,s)X(t+u,s)\mathrm{d}s, \quad u > 0.$$

6.3 伊 藤 公 式

伊藤公式被视为随机分析中的变量替换公式或链式法则, 是随机分析的主要工具之一. 许多重要的公式, 诸如 Dynkin 公式、Feynman-Kac 公式以及分部积分公式, 都是由伊藤公式导出的.

6.3.1 关于布朗运动的伊藤公式

定理 6.7 设 $B(t)$ 是定义在区间 $[0,T]$ 上的布朗运动, $f(x)$ 是定义在实数集 $\mathbb{R}$ 上的二次可微连续函数, 则对于任意 $0 \leqslant t \leqslant T$ 有

$$f(B(t)) = f(0) + \int_0^t f'(B(s))\mathrm{d}B(s) + \frac{1}{2}\int_0^t f''(B(s))\mathrm{d}s. \tag{6.4}$$

证明 首先注意到 (6.4) 式右边的两个积分都是适定的. 设 $\{t_i^{(n)}\}$ 是区间 $[0,t]$ 的一个分划, 则

$$f(B(t)) = f(0) + \sum_{i=0}^{n-1} \left(f(B(t_{i+1}^{(n)})) - f(B(t_i^{(n)}))\right).$$

由泰勒公式得

$$f(B(t_{i+1}^{(n)})) - f(B(t_i^{(n)})) = f'(B(t_i^{(n)}))(B(t_{i+1}^{(n)}) - B(t_i^{(n)}))$$
$$+ \frac{f''(\theta_i^{(n)})}{2}(B(t_{i+1}^{(n)}) - B(t_i^{(n)}))^2,$$

其中 $\theta_i^{(n)} \in (B(t_i^{(n)}),\ B(t_{i+1}^{(n)}))$. 于是,

$$f(B(t)) = f(0) + \sum_{i=0}^{n-1} f'(B(t_i^{(n)}))(B(t_{i+1}^{(n)}) - B(t_i^{(n)}))$$
$$+ \frac{1}{2}\sum_{i=0}^{n-1} f''(\theta_i^{(n)})(B(t_{i+1}^{(n)}) - B(t_i^{(n)}))^2.$$

在上式两边令 $\delta_n = \max_i\{(t_{i+1}^{(n)} - t_i^{(n)})\} \to 0$, 则该式右边第一个和式收敛到伊藤积分 $\int_0^t f'(B(s))\mathrm{d}B(s)$, 而根据下面的定理, 右边第二个和式收敛到

$$\int_0^t f''(B(s))\mathrm{d}s/2. \quad \square$$

定理 6.8　设 $g(x)$ 是一个有界连续函数, 且 $\{t_i^{(n)}\}$ 为区间 $[0, t]$ 的分划, 则对任一 $\theta_i^{(n)} \in (B(t_i^{(n)}), B(t_{i+1}^{(n)}))$, 有

$$\lim_{\delta_n \to 0} \sum_{i=0}^{n-1} g(\theta_i^{(n)})(B(t_{i+1}^{(n)}) - B(t_i^{(n)}))^2 = \int_0^t g(B(s))\mathrm{d}s, \quad \text{a.s.}$$

证明　取 $\theta_i^{(n)} = B(t_i^{(n)})$. 首先, 我们证明

$$\sum_{i=0}^{n-1} g(B(t_i^{(n)}))(B(t_{i+1}^{(n)}) - B(t_i^{(n)}))^2 \to \int_0^t g(B(s))\mathrm{d}s, \quad \text{a.s.} \tag{6.5}$$

根据 $g(B(t))$ 的连续性和积分的定义知,

$$\sum_{i=0}^{n-1} g(B(t_i^{(n)}))(t_{i+1}^{(n)} - t_i^{(n)}) \to \int_0^t g(B(s))\mathrm{d}s, \quad \text{a.s.}$$

下面, 我们证明

$$\sum_{i=0}^{n-1} g(B(t_i^{(n)}))(B(t_{i+1}^{(n)}) - B(t_i^{(n)}))^2 - \sum_{i=0}^{n-1} g(B(t_i^{(n)}))(t_{i+1}^{(n)} - t_i^{(n)}) \to 0,$$

其中极限是按 L^2 收敛的. 记 $\Delta B_i = B(t_{i+1}^{(n)}) - B(t_i^{(n)})$, $\Delta t_i = t_{i+1}^{(n)} - t_i^{(n)}$, 则由布朗运动的独立增量性知

$$
\begin{aligned}
\mathrm{E}\left[\sum_{i=0}^{n-1} g(B(t_i^{(n)}))((\Delta B_i)^2 - \Delta t_i)\right]^2 &= \mathrm{E}\left[\sum_{i=0}^{n-1} \mathrm{E}\left(g^2(B(t_i^{(n)}))((\Delta B_i)^2 - \Delta t_i)^2 \Big| \mathcal{F}_{t_i}\right)\right] \\
&= \mathrm{E}\left[\sum_{i=0}^{n-1} g^2(B(t_i^{(n)}))\mathrm{E}\left(((\Delta B_i)^2 - \Delta t_i)^2 \Big| \mathcal{F}_{t_i}\right)\right] \\
&= 2\mathrm{E}\left[\sum_{i=0}^{n-1} g^2(B(t_i^{(n)}))(\Delta t_i)^2\right] \\
&\leqslant 2\delta_n \mathrm{E}\left[\sum_{i=0}^{n-1} g^2(B(t_i^{(n)}))\Delta t_i\right] \to 0.
\end{aligned}
$$

因此,

$$\sum_{i=0}^{n-1} g(B(t_i^{(n)}))(B(t_{i+1}^{(n)}) - B(t_i^{(n)}))^2 \to \sum_{i=0}^{n-1} g(B(t_i^{(n)}))(t_{i+1}^{(n)} - t_i^{(n)}),$$

其中极限是按 L^2 收敛的. 从而 (6.5) 式成立.

其次, 对任意的 $\theta_i^{(n)} \in (B(t_i^{(n)}), B(t_{i+1}^{(n)}))$, 有

$$\sum_{i=0}^{n-1} (g(\theta_i^{(n)}) - g(B(t_i^{(n)})))(\Delta B_i)^2$$

$$\leqslant \max_i \{g(\theta_i^{(n)}) - g(B(t_i^{(n)}))\} \sum_{i=0}^{n-1} (B(t_{i+1}^{(n)}) - B(t_i^{(n)}))^2.$$

由 $g(x)$ 与 $B(t)$ 的连续性知, 当 $\delta_n \to 0$ 时, $\max_i\{g(\theta_i^{(n)}) - g(B(t_i^{(n)}))\} \to 0, \text{a.s.}$ 再由布朗运动二次变差的定义得, $\sum_{i=0}^{n-1}(B(t_{i+1}^{(n)}) - B(t_i^{(n)}))^2 \to t$, a.s. 于是, 当 $\delta_n \to 0$ 时,

$$\sum_{i=0}^{n-1}(g(\theta_i^{(n)}) - g(B(t_i^{(n)})))(\Delta B_i)^2 \to 0, \quad \text{a.s.}.$$

所以,

$$\lim_{\delta_n \to 0} \sum_{i=0}^{n-1} g(\theta_i^{(n)})(B(t_{i+1}^{(n)}) - B(t_i^{(n)}))^2 = \lim_{\delta_n \to 0} \sum_{i=0}^{n-1} g(t_i^{(n)})(B(t_{i+1}^{(n)}) - B(t_i^{(n)}))^2$$

$$= \int_0^t g(B(s))\mathrm{d}s, \quad \text{a.s.} \quad \square$$

例 6.6 设 $f(x) = x^m, m \geqslant 2$, 求 $f(B(t))$, $\displaystyle\int_0^t B(s)\mathrm{d}B(s)$.

解 根据定理 6.7 得

$$f(B(t)) = [B(t)]^m = m \int_0^t B^{m-1}(s)\mathrm{d}B(s) + \frac{m(m-1)}{2} \int_0^t B^{m-2}(s)\mathrm{d}s.$$

当 $m = 2$ 时,

$$B^2(t) = 2 \int_0^t B(s)\mathrm{d}B(s) + t,$$

从而

$$\int_0^t B(s)\mathrm{d}B(s) = \frac{1}{2}B^2(t) - \frac{1}{2}t.$$

6.3.2 伊藤过程与随机微分

定义 6.4 称随机过程 $\{Y(t), 0 \leqslant t \leqslant T\}$ 为**伊藤过程**, 如果 $Y(t)$ 具有如下形式:

$$Y(t) = Y(0) + \int_0^t \mu(s)\mathrm{d}s + \int_0^t \sigma(s)\mathrm{d}B(s), \quad 0 \leqslant t \leqslant T, \tag{6.6}$$

其中 $Y(0)$ 是 $\mathcal{F}_0$ 可测的, $\mu(t)$ 和 $\sigma(t)$ 是适应于 $\mathcal{F}_t$ 的, 且 $\displaystyle\int_0^T |\mu(t)|\mathrm{d}t < \infty$, $\displaystyle\int_0^T \sigma^2(t)\mathrm{d}t < \infty$.

称

$$dY(t) = \mu(t)\mathrm{d}t + \sigma(t)\mathrm{d}B(t), \quad 0 \leqslant t \leqslant T \tag{6.7}$$

为伊藤过程 $Y(t)$ 在区间 $[0, T]$ 上的**随机微分**.

需要指出的是, (6.7) 式仅在 (6.6) 式下有意义. 在 (6.6) 式中的 $\mu(t)$ 与 $\sigma(t)$ 经常与 $Y(t)$ 或 $B(t)$ (甚至 $B(t)$ 的所有过去轨道) 相关. 一类非常重要的情形是, $\mu(t)$ 与 $\sigma(t)$ 仅仅通过 $Y(t)$ 依赖于 t. 此时, (6.7) 应改写为

$$\mathrm{d}Y(t) = \mu(Y(t))\mathrm{d}t + \sigma(Y(t))\mathrm{d}B(t), \quad 0 \leqslant t \leqslant T.$$

例 6.7　在例 6.6 中, 我们求得

$$B^2(t) = 2\int_0^t B(s)\mathrm{d}B(s) + t.$$

令 $Y(t) = B^2(t)$, 则可将上式写成

$$Y(t) = \int_0^t \mathrm{d}s + \int_0^t 2B(s)\mathrm{d}B(s).$$

从而得 $\mu(s) = 1$, $\sigma(s) = 2B(s)$. 于是相应于上式 $B^2(t)$ 的随机微分为

$$\mathrm{d}(B^2(t)) = \mathrm{d}t + 2B(t)\mathrm{d}B(t).$$

更一般地, 由定理 6.7 知, 对于任意 $\mathbb{R}$ 上的二阶连续可微函数 $f(x)$ (简记为 $f \in C^2(\mathbb{R})$), 有如下相应于 (6.4) 的随机微分:

$$\mathrm{d}\big(f(B(t))\big) = f'(B(t))\mathrm{d}B(t) + \frac{1}{2}f''(B(t))\mathrm{d}t. \tag{6.8}$$

例 6.8　分别写出 $\sin(B(t)), \cos(B(t)), \exp(\mathrm{i}B(t))$ 的随机微分.

解　因为 $f(x) = \sin x, f'(x) = \cos x, f''(x) = -\sin x$, 所以根据 (6.8) 得

$$\mathrm{d}(\sin(B(t))) = \cos(B(t))\mathrm{d}B(t) - \frac{1}{2}\sin(B(t))\mathrm{d}t.$$

类似地,

$$\mathrm{d}(\cos(B(t))) = -\sin(B(t))\mathrm{d}B(t) - \frac{1}{2}\cos(B(t))\mathrm{d}t;$$

$$\mathrm{d}(\exp(\mathrm{i}B(t))) = \mathrm{i}\exp(\mathrm{i}B(t))\mathrm{d}B(t) - \frac{1}{2}\exp(\mathrm{i}B(t))\mathrm{d}t.$$

如果记 $X(t) = \exp(\mathrm{i}B(t))$, 那么得随机微分

$$\mathrm{d}X(t) = \mathrm{i}X(t)\mathrm{d}B(t) - \frac{1}{2}X(t)\mathrm{d}t.$$

下面介绍伊藤过程的二次变差.

定理 6.9 设 $Y(t)$ 是一个伊藤过程, 即

$$Y(t) = Y(0) + \int_0^t \mu(s)\mathrm{d}s + \int_0^t \sigma(s)\mathrm{d}B(s),$$

其中 $\mu(s), \sigma(s)$ 使得所考虑的积分适定, 则

$$[Y, Y](t) = \int_0^t \sigma^2(s)\mathrm{d}s.$$

证明 根据二次变差的定义得

$$\begin{aligned}
[Y, Y](t) &= \left[\int_0^t \mu(s)\mathrm{d}s + \int_0^t \sigma(s)\mathrm{d}B(s), \ \int_0^t \mu(s)\mathrm{d}s + \int_0^t \sigma(s)\mathrm{d}B(s)\right](t) \\
&= \left[\int_0^t \mu(s)\mathrm{d}s, \int_0^t \mu(s)\mathrm{d}s\right](t) + 2\left[\int_0^t \mu(s)\mathrm{d}s, \int_0^t \sigma(s)\mathrm{d}B(s)\right](t) \\
&\quad + \left[\int_0^t \sigma(s)\mathrm{d}B(s), \int_0^t \sigma(s)\mathrm{d}B(s)\right](t).
\end{aligned} \tag{6.9}$$

因为 $\displaystyle\int_0^t \mu(s)\mathrm{d}s$ 和 $\displaystyle\int_0^t \sigma(s)\mathrm{d}B(s)$ 都是关于 t 的连续函数, 且 $\displaystyle\int_0^t \mu(s)\mathrm{d}s$ 还是有界变差的, 所以根据命题 6.1 和命题 6.2 知 (6.9) 右边第一项和第二项都为零. 再根据定理 6.5 得到 (6.9) 右边第三项为 $\displaystyle\int_0^t \sigma^2(s)\mathrm{d}s$. $\square$

定理 6.10 设 $X(t)$ 和 $Y(t)$ 是两个关于同一个布朗运动的伊藤过程, 且 $X(t)$ 是有界变差的, 则 $X(t)$ 和 $Y(t)$ 的协变差为零, 即 $[X, Y](t) = 0$.

证明 根据命题 6.2 直接证得. $\square$

形式地引入下列符号:

$$\mathrm{d}Y(t)\mathrm{d}X(t) = \mathrm{d}[X, Y](t),$$

特别地, $(\mathrm{d}Y(t))^2 = \mathrm{d}[Y, Y](t)$. 如果 $X(t) = t, Y(t) = B(t)$, 那么由于 t 是一个连续的有界变差函数, $B(t)$ 是二次变差为 t 的连续函数, 所以

$$\mathrm{d}B(t)\mathrm{d}t = 0, \quad (\mathrm{d}t)^2 = 0, \quad (\mathrm{d}B(t))^2 = \mathrm{d}[B, B](t) = \mathrm{d}t.$$

现在, 我们把关于布朗运动的伊藤积分推广到关于伊藤过程的伊藤积分.

设 $X(t)$ 是一个适应过程, 且 $\displaystyle\int_0^T X^2(s)\mathrm{d}s < \infty, \mathrm{a.s.}$, 则 $Y(t) = \displaystyle\int_0^t X(s)\mathrm{d}B(s)$,

$0 \leqslant t \leqslant T$, 是一个适定的伊藤积分过程. 同样地, 如果适应过程 $H(t)$ 满足

$\displaystyle\int_0^T H^2(s)X^2(s)\mathrm{d}s < \infty, \mathrm{a.s.}$, 那么 $Z(t) = \displaystyle\int_0^t H(s)X(s)\mathrm{d}B(s), 0 \leqslant t \leqslant T$, 也

是一个适定的伊藤积分过程. 如果形式地记 $\mathrm{d}Y(t) = X(t)\mathrm{d}B(t)$, 那么

$$Z(t) = \int_0^t H(s)\mathrm{d}Y(s) \triangleq \int_0^t H(s)X(s)\mathrm{d}B(s), \quad 0 \leqslant t \leqslant T.$$

类似地, 可以定义关于伊藤过程的伊藤积分.

定义 6.5　称如下随机过程 $Z(t)$ 为**关于伊藤过程 $Y(t)$ 的伊藤积分**, 记为

$\displaystyle\int_0^t H(s)\mathrm{d}Y(s)$,

$$Z(t) = \int_0^t H(s)\mathrm{d}Y(s) \triangleq \int_0^t H(s)\mu(s)\mathrm{d}s + \int_0^t H(s)\sigma(s)\mathrm{d}B(s),$$

其中, $Y(t)$ 是满足 $\mathrm{d}Y(t) = \mu(t)\mathrm{d}t + \sigma(t)\mathrm{d}B(t)$ 的伊藤过程; $H(t)$ 是一个适应过

程, 且 $\displaystyle\int_0^t H^2(s)\,\sigma^2(s)\mathrm{d}s < \infty, \displaystyle\int_0^t |H(s)\mu(s)|\mathrm{d}s < \infty, \mathrm{a.s.}$

6.3.3　关于伊藤过程的伊藤公式

定理 6.11　设 $X(t)$ 具有随机微分

$$\mathrm{d}X(t) = \mu(t)\mathrm{d}t + \sigma(t)\mathrm{d}B(t). \tag{6.10}$$

如果 $f(x)$ 是一个两次连续可微函数, 那么过程 $Y(t) = f(X(t))$ 的随机微分存在,

且

$$\begin{aligned}
\mathrm{d}f(X(t)) &= f'(X(t))\mathrm{d}X(t) + \frac{1}{2}f''(X(t))\mathrm{d}[X, X](t)\\
&= f'(X(t))\mathrm{d}X(t) + \frac{1}{2}f''(X(t))\sigma^2(t)\mathrm{d}t\\
&= \left(f'(X(t))\mu(t) + \frac{1}{2}f''(X(t))\sigma^2(t)\right)\mathrm{d}t + f'(X(t))\sigma(t)\mathrm{d}B(t). \tag{6.11}
\end{aligned}$$

上面随机微分的含义是

$$f(X(t)) = f(X(0)) + \int_0^t f'(X(s))\mathrm{d}X(s) + \frac{1}{2}\int_0^t f''(X(s))\sigma^2(s)\mathrm{d}s,$$

其中右边第一个积分是关于随机微分 (6.10) 的伊藤积分.

定理 6.11 的证明思路与定理 6.7 的相同, 此处略去, 感兴趣的读者参见文献 (Kannan, 1979).

例 6.9 求一个满足随机微分

$$dX(t) = X(t)dB(t) + \frac{1}{2}X(t)dt$$

的过程 $X(t)$.

解 对照 (6.10), 记 $\mu(t) = X(t)/2, \sigma(t) = X(t)$, 取 $f(x) = \ln x$, 则 $f'(x) = 1/x, f''(x) = -1/x^2$. 根据 (6.11) 得

$$d(\ln(X(t))) = \left(\frac{1}{X(t)} \times \frac{X(t)}{2} - \frac{1}{2} \times \frac{1}{X^2(t)} \times X^2(t)\right)dt + \frac{1}{X(t)} \times X(t)dB(t) = dB(t).$$

因此, $\ln X(t) = \ln X(0) + B(t)$. 于是,

$$X(t) = X(0)e^{B(t)}.$$

使用伊藤公式 (6.11) 可知, 上述 $X(t)$ 满足题设要求.

下面讨论协变差的表示和分部积分.

定理 6.12 设 $X(t)$ 和 $Y(t)$ 是两个伊藤过程, 则它们的协变差可表示如下:

$$[X, Y](t) = X(t)Y(t) - X(0)Y(0) - \int_0^t X(s)dY(s) - \int_0^t Y(s)dX(s), \quad (6.12)$$

进而得到如下分部积分公式:

$$X(t)Y(t) - X(0)Y(0) = \int_0^t X(s)dY(s) + \int_0^t Y(s)dX(s) + [X, Y](t). \quad (6.13)$$

证明 设 $\{t_i^{(n)}\}$ 为区间 $[0, t]$ 的任意分划, 则

$$\sum_{i=0}^{n-1}(X(t_{i+1}^{(n)}) - X(t_i^{(n)}))(Y(t_{i+1}^{(n)}) - Y(t_i^{(n)}))$$

$$= \sum_{i=0}^{n-1}\left(X(t_{i+1}^{(n)})Y(t_{i+1}^{(n)}) - X(t_i^{(n)})Y(t_i^{(n)})\right) - \sum_{i=0}^{n-1}X(t_i^{(n)})(Y(t_{i+1}^{(n)}) - Y(t_i^{(n)}))$$

$$- \sum_{i=0}^{n-1}Y(t_i^{(n)})(X(t_{i+1}^{(n)}) - X(t_i^{(n)}))$$

$$= X(t)Y(t) - X(0)Y(0) - \sum_{i=0}^{n-1}X(t_i^{(n)})(Y(t_{i+1}^{(n)}) - Y(t_i^{(n)}))$$

$$-\sum_{i=0}^{n-1} Y(t_i^{(n)})(X(t_{i+1}^{(n)}) - X(t_i^{(n)}))$$

上式两边令 $\delta_n \to 0$, 得 (6.12). 将 (6.12) 变形得 (6.13). □

将 (6.13) 写成微分形式得

$$d(X(t)Y(t)) = X(t)dY(t) + Y(t)dX(t) + d[X,Y](t). \tag{6.14}$$

如果 $dX(t) = \mu_X(t)dt + \sigma_X(t)dB(t)$, $dY(t) = \mu_Y(t)dt + \sigma_Y(t)dB(t)$, 那么

$$d[X,Y](t) = dX(t)dY(t) = \sigma_X(t)\sigma_Y(t)(dB(t))^2 = \sigma_X(t)\sigma_Y(t)dt,$$

于是

$$d(X(t)Y(t)) = X(t)dY(t) + Y(t)dX(t) + \sigma_X(t)\sigma_Y(t)dt.$$

如果 $X(t)$ 和 $Y(t)$ 中有一个是连续有界变差的, 那么 $[X,Y](t) = 0$. 从而 (6.14) 为

$$d(X(t)Y(t)) = X(t)dY(t) + Y(t)dX(t).$$

上式与通常可微函数乘积的微分运算公式一致.

当 $X(t) = Y(t)$ 时, (6.12) 为

$$[X,X](t) = X^2(t) - X^2(0) - 2\int_0^t X(s)dX(s).$$

例 6.10　求一个满足随机微分

$$dX(t) = B(t)dt + tdB(t), \quad X(0) = 0$$

的过程 $X(t)$.

解　显然 $X(t) = tB(t)$ 满足上述方程. 而且 $X(t) = tB(t)$ 是高斯过程, 均值为 0, 协方差函数为

$$\gamma(t,s) = \text{Cov}(X(t), X(s)) = \text{E}(X(t)X(s)) = ts\min(t,s).$$

例 6.11　设 $Y(t)$ 具有随机微分

$$dY(t) = \frac{1}{2}Y(t)dt + Y(t)dB(t), \quad Y(0) = 1,$$

且 $X(t) = tB(t)$. 求 $d(X(t)Y(t))$.

解 由例 6.9 知, $Y(t)$ 是几何布朗运动 $e^{B(t)}$. 由此,

$$
\begin{aligned}
\mathrm{d}[X,Y](t) &= \mathrm{d}X(t)\mathrm{d}Y(t) = (B(t)\mathrm{d}t + t\mathrm{d}B(t))\left(\frac{1}{2}Y(t)\mathrm{d}t + Y(t)\mathrm{d}B(t)\right) \\
&= \frac{1}{2}B(t)Y(t)(\mathrm{d}t)^2 + \left(B(t)Y(t) + \frac{1}{2}tY(t)\right)\mathrm{d}B(t)\mathrm{d}t + tY(t)(\mathrm{d}B(t))^2 \\
&= tY(t)\mathrm{d}t.
\end{aligned}
$$

因此

$$
\begin{aligned}
\mathrm{d}(X(t)Y(t)) &= X(t)\mathrm{d}Y(t) + Y(t)\mathrm{d}X(t) + \mathrm{d}[X,Y](t) \\
&= X(t)\mathrm{d}Y(t) + Y(t)\mathrm{d}X(t) + tY(t)\mathrm{d}t.
\end{aligned}
$$

例 6.12 设 $f(x)$ 是二次连续可微的函数, $B(t)$ 是布朗运动, 求 $[f(B),B](t)$.

解 由 (6.8) 得

$$
\mathrm{d}\big(f(B(t))\big) = f'(B(t))\mathrm{d}B(t) + \frac{1}{2}f''(B(t))\mathrm{d}t,
$$

因此

$$
\begin{aligned}
\mathrm{d}[f(B),B](t) &= \mathrm{d}f(B(t))\mathrm{d}B(t) = \left(f'(B(t))\mathrm{d}B(t) + \frac{1}{2}f''(B(t))\mathrm{d}t\right)\mathrm{d}B(t) \\
&= f'(B(t))\mathrm{d}t.
\end{aligned}
$$

于是

$$
[f(B),B](t) = \int_0^t f'(B(s))\mathrm{d}s.
$$

下面, 介绍二元函数的伊藤公式. 如果 $X(t)$ 和 $Y(t)$ 都是关于 $B(t)$ 的随机微分, 而且 $f(x,y)$ 有二阶连续偏导数, 那么 $f(X(t),Y(t))$ 也有随机微分. 参考二阶泰勒展开公式, 形式地有

$$
\begin{aligned}
\mathrm{d}f(X(t),Y(t)) ={}& \frac{\partial f}{\partial x}(X(t),Y(t))\mathrm{d}X(t) + \frac{\partial f}{\partial y}(X(t),Y(t))\mathrm{d}Y(t) \\
&+ \frac{1}{2}\frac{\partial^2 f}{\partial x^2}(X(t),Y(t))\mathrm{d}[X,X](t) + \frac{1}{2}\frac{\partial^2 f}{\partial y^2}(X(t),Y(t))\mathrm{d}[Y,Y](t) \\
&+ \frac{\partial^2 f}{\partial x\partial y}(X(t),Y(t))\mathrm{d}[X,Y](t).
\end{aligned}
$$

事实上, 如果注意到, $(\mathrm{d}X(t))^2 = \mathrm{d}[X,X](t) = \sigma_X^2(t)\mathrm{d}t$, $(\mathrm{d}Y(t))^2 = \mathrm{d}[Y,Y](t) = \sigma_Y^2(t)\mathrm{d}t$, $\mathrm{d}X(t)\mathrm{d}Y(t) = \mathrm{d}[X,Y](t) = \sigma_X(t)\sigma_Y(t)\mathrm{d}t$, 其中, $\sigma_X(t)$, $\sigma_Y(t)$ 分别是 X 和 Y 的微分系数, 那么有下面的定理.

定理 6.13　设二元函数 $f(x,y)$ 具有连续的二阶偏导数, 且 $X(t)$ 和 $Y(t)$ 都是伊藤过程, 则

$$
\begin{aligned}
\mathrm{d}f(X(t),Y(t)) =\,& \frac{\partial f}{\partial x}(X(t),Y(t))\mathrm{d}X(t) + \frac{\partial f}{\partial y}(X(t),Y(t))\mathrm{d}Y(t) \\
& + \frac{1}{2}\frac{\partial^2 f}{\partial x^2}(X(t),Y(t))\sigma_X^2(t)\mathrm{d}t + \frac{1}{2}\frac{\partial^2 f}{\partial y^2}(X(t),Y(t))\sigma_Y^2(t)\mathrm{d}t \\
& + \frac{\partial^2 f}{\partial x \partial y}(X(t),Y(t))\sigma_X(t))\sigma_Y(t)\mathrm{d}t.
\end{aligned}
$$

定理 6.13 的证明类似于定理 6.7. 我们略去详细的证明过程. 这里需要强调的是, 微分公式的含义是通过积分表示的.

例 6.13　设 $f(x,y)=xy$, 且 $X(t)$ 和 $Y(t)$ 都是伊藤过程, 则

$$
\mathrm{d}(X(t)Y(t)) = X(t)\mathrm{d}Y(t) + Y(t)\mathrm{d}X(t) + \sigma_X(t)\sigma_Y(t)\mathrm{d}t.
$$

定理 6.14　设二元函数 $f(x,t)$ 具有二阶连续偏导数, 且 $X(t)$ 是伊藤过程, 则

$$
\mathrm{d}f(X(t),t) = \frac{\partial f}{\partial x}(X(t),t)\mathrm{d}X(t) + \frac{\partial f}{\partial t}(X(t),t)\mathrm{d}t + \frac{1}{2}\frac{\partial^2 f}{\partial x^2}(X(t),t)\sigma_X^2(t)\mathrm{d}t.
$$

证明　定理 6.14 由定理 6.13 易得. □

例 6.14　求 $X(t)=\mathrm{e}^{B(t)-t/2}$ 的随机微分.

解　令 $f(x,t)=\mathrm{e}^{x-t/2}$, 则 $X(t)=f(B(t),t)$, 于是

$$
\begin{aligned}
\mathrm{d}X(t) =\,& \mathrm{d}f(B(t),t) = \frac{\partial f}{\partial x}(B(t),t)\mathrm{d}B(t) + \frac{\partial f}{\partial t}(B(t),t)\mathrm{d}t + \frac{1}{2}\frac{\partial^2 f}{\partial x^2}(B(t),t)\mathrm{d}t \\
=\,& f(B(t),t)\mathrm{d}B(t) - \frac{1}{2}f(B(t),t)\mathrm{d}t + \frac{1}{2}f(B(t),t)\mathrm{d}t \\
=\,& f(B(t),t)\mathrm{d}B(t) = X(t)\mathrm{d}B(t),
\end{aligned}
$$

因此, $\mathrm{d}X(t) = X(t)\mathrm{d}B(t)$.

习　题　6.3

1. 设非负随机过程 $X(t)$ 具有如下随机微分 $\mathrm{d}X(t) = 2\sqrt{t}\mathrm{d}B(t) + (bt+c)\mathrm{d}t$, 求随机过程 $Y(t)=\sqrt{X(t)}$ 的随机微分.

2. 设 $X(t)=tB(t)$, $Y(t)=\mathrm{e}^{B(t)}$, 求 $\mathrm{d}\left(\dfrac{X(t)}{Y(t)}\right)$.

3. 设 $X(t) = \exp\left(B(t) - \dfrac{t}{2}\right)$, 求 $\mathrm{d}(X(t))^2$.

4. 设 $X(t) = B^3(t) - 3tB(t)$, 分别用鞅的定义和伊藤公式证明 $X(t)$ 为鞅.

5. 设 $X(t) = \exp\left(\dfrac{t}{2}\right)\sin(B(t))$, 用伊藤公式证明 $X(t)$ 为鞅.

6. 已知

$$X(t) = (1-t)\int_0^t \frac{\mathrm{d}B(s)}{1-s}, \quad 0 \leqslant t < 1,$$

求 $\mathrm{d}X(t)$.

7. 设 $X(t) = tB(t)$, 求它的二次变差 $[X,X](t)$.

8. 设

$$X(t) = \int_0^t (t-s)\mathrm{d}B(s),$$

求 $\mathrm{d}X(t)$ 和 $[X,X](t)$, 并且与 $X(t)$ 的伊藤积分的二次变差相比较.

9. 利用伊藤公式证明

$$\int_0^t B^2(s)\mathrm{d}B(s) = \frac{1}{3}B^3(t) - \int_0^t B(s)\mathrm{d}s.$$

10. 设 $X(t)$, $Y(t)$ 是伊藤过程, 试证

$$\mathrm{d}(X(t)Y(t)) = X(t)\mathrm{d}Y(t) + Y(t)\mathrm{d}X(t) + \mathrm{d}X(t)\mathrm{d}Y(t).$$

由此导出下面的分部积分公式:

$$\int_0^t X(s)\mathrm{d}Y(s) = X(t)Y(t) - X(0)Y(0) - \int_0^t Y(s)\mathrm{d}X(s) - \int_0^t \mathrm{d}X(s)\mathrm{d}Y(s).$$

11. 设 $B(t)$ 是标准的布朗运动, 定义

$$\beta_k(t) = \mathrm{E}[B^k(t)], \quad k = 0, 1, 2, \cdots; \quad t \geqslant 0.$$

用伊藤公式证明:

$$\beta_k(t) = \frac{1}{2}k(k-1)\int_0^t \beta_{k-2}\mathrm{d}s, \quad k \geqslant 2.$$

由此推出 $\mathrm{E}[B^4(t)] = 3t^2$, 并求 $\mathrm{E}[B^6(t)]$.

6.4 随机微分方程

6.4.1 随机微分方程的定义

定义 6.6 设 $\{B(t),\ t \geqslant 0\}$ 是一个布朗运动. 称如下形式的方程为由布朗运动驱动的**随机微分方程**, 简记为 SDE,

$$\mathrm{d}X(t) = \mu(X(t), t)\mathrm{d}t + \sigma(X(t), t)\mathrm{d}B(t), \tag{6.15}$$

其中, $\mu(x,t)$ 和 $\sigma(x,t)$ 是给定的函数, 称为**系数**, $X(t)$ 为未知过程.

定义 6.7　称过程 $X(t)$ 为随机微分方程 (6.15) 的满足初始条件 $X(0) = x$ 的**强解**, 如果它满足

$$X(t) = x + \int_0^t \mu(X(s), s)\mathrm{d}s + \int_0^t \sigma(X(s), s)\mathrm{d}B(s), \tag{6.16}$$

其中, 积分 $\int_0^t \mu(X(s), s)\mathrm{d}s$ 和伊藤积分 $\int_0^t \sigma(X(s), s)\mathrm{d}B(s)$ 对所有 $t > 0$ 都存在.

当 $\sigma(X(s), s) \equiv 0$ 时, 随机微分方程 (6.15) 就成为常微分方程. (6.15) 形式的随机微分方程称为**扩散型随机微分方程**. 一般形式的随机微分方程为

$$\mathrm{d}X(t) = \mu(t)\mathrm{d}t + \sigma(t)\mathrm{d}B(t),$$

其中 $\mu(t)$ 和 $\sigma(t)$ 是积分适定的适应过程. 这里我们只关注扩散型随机微分方程. 另外, 随机微分方程的解是随机过程, 与常微分方程的解有很大差别. 在随机分析中, 随机微分方程的解一般有两种类型: 强解和弱解. 本书只介绍强解, 因此下面的解指的是强解.

例 6.15　由例 6.14 可见, $X(t) = \exp(B(t) - t/2)$ 为随机微分方程

$$\begin{cases} \mathrm{d}X(t) = X(t)\mathrm{d}B(t), \\ X(0) = 1 \end{cases}$$

的解.

下面举两个例子, 说明如何应用伊藤公式和分部积分公式寻求随机微分方程的强解.

例 6.16　求解初值问题

$$\begin{cases} \mathrm{d}X(t) = \mu X(t)\mathrm{d}t + \sigma X(t)\mathrm{d}B(t), \\ X(0) = 1. \end{cases}$$

解　令 $f(x) = \ln x$, 则

$$f'(x) = \frac{1}{x}, \quad f''(x) = -\frac{1}{x^2}.$$

于是

$$\mathrm{d}(\ln X(t)) = \frac{1}{X(t)}\mathrm{d}X(t) + \frac{1}{2}\left(-\frac{1}{X^2(t)}\right)\sigma^2 X^2(t)\mathrm{d}t$$

$$= \frac{1}{X(t)}\big(\mu X(t)\mathrm{d}t + \sigma X(t)\mathrm{d}B(t)\big) - \frac{1}{2}\sigma^2\mathrm{d}t$$

$$= \left(\mu - \frac{1}{2}\sigma^2 \right) dt + \sigma dB(t).$$

记 $Y(t) = \ln X(t)$, 则

$$dY(t) = \left(\mu - \frac{1}{2}\sigma^2 \right) dt + \sigma dB(t).$$

上式的积分表示为

$$Y(t) = Y(0) + \left(\mu - \frac{1}{2}\sigma^2 \right) t + \sigma B(t),$$

即

$$X(t) = \exp\left[\left(\mu - \frac{1}{2}\sigma^2 \right) t + \sigma B(t) \right].$$

例 6.17 求解奥恩斯坦–马伦贝克 (Ornstein-Uhlenbeck) 方程

$$dX(t) = -\mu X(t)dt + \sigma dB(t), \quad \text{其中 } \mu, \sigma \text{ 为常数.}$$

解 将上式化为

$$dX(t) + \mu X(t)dt = \sigma dB(t). \tag{6.17}$$

在 (6.17) 式两边同时乘以 $e^{\mu t}$, 并变形得

$$d(e^{\mu t} X(t)) = \sigma e^{\mu t} dB(t).$$

在上式两边从 t_0 到 t 积分得

$$e^{\mu t} X(t) - e^{\mu t_0} X(t_0) = \int_{t_0}^{t} \sigma e^{\mu s} dB(s),$$

于是

$$X(t) = X(t_0) e^{\mu(t_0 - t)} + \int_{t_0}^{t} \sigma e^{-\mu(t-s)} dB(s).$$

例 6.18 求解随机微分方程

$$dX(t) = B(t)dB(t).$$

解 根据分部积分公式得

$$\int_0^t B(s)dB(s) = B^2(t) - \int_0^t B(s)dB(s) - [B, B](t),$$

于是

$$\int_0^t B(s)\mathrm{d}B(s) = \frac{1}{2}(B^2(t) - t).$$

因此

$$X(t) = X(0) + \frac{1}{2}(B^2(t) - t).$$

6.4.2　随机指数和对数

定义 6.8　设 $X(t)$ 具有随机微分, $U(t)$ 满足

$$\begin{cases} \mathrm{d}U(t) = U(t)\mathrm{d}X(t), \\ U(0) = 1, \end{cases} \tag{6.18}$$

即

$$U(t) = 1 + \int_0^t U(s)\mathrm{d}X(s).$$

则称 $U(t)$ 为 $X(t)$ 的**随机指数**, 记为 $\mathcal{E}(X)$.

定理 6.15　设 $X(t)$ 是一个伊藤过程, 则 (6.18) 存在唯一解

$$U(t) = \exp\left(X(t) - X(0) - \frac{1}{2}[X, X](t)\right). \tag{6.19}$$

证明　我们验证 (6.19) 为 (6.18) 的解. 令 $V(t) = X(t) - X(0) - \frac{1}{2}[X, X](t)$, 则 $U(t) = \mathrm{e}^{V(t)}$. 从而

$$\mathrm{d}U(t) = \mathrm{d}\big(\mathrm{e}^{V(t)}\big) = \mathrm{e}^{V(t)}\mathrm{d}V(t) + \frac{1}{2}\mathrm{e}^{V(t)}\mathrm{d}[V, V](t). \tag{6.20}$$

由于 $[X, X](t)$ 有限变差, $X(t)$ 连续, 所以 $[X, [X, X]](t) = 0$, 从而 $[V, V](t) = [X, X](t)$. 将该式代入 (6.20) 得,

$$\mathrm{d}U(t) = \mathrm{e}^{V(t)}\mathrm{d}X(t) - \frac{1}{2}\mathrm{e}^{V(t)}\mathrm{d}[X, X](t) + \frac{1}{2}\mathrm{e}^{V(t)}\mathrm{d}[X, X](t) = U(t)\mathrm{d}X(t).$$

可见, (6.19) 满足 (6.18), 因而 (6.19) 是 (6.18) 的解.

下面证明唯一性. 设 $U_1(t)$ 为 (6.18) 的另一解, 则根据分部积分公式 (6.14) 得

$$\mathrm{d}\left(\frac{U_1(t)}{U(t)}\right) = U_1(t)\mathrm{d}\left(\frac{1}{U(t)}\right) + \frac{1}{U(t)}\mathrm{d}U_1(t) + \mathrm{d}\left[U_1, \frac{1}{U}\right](t). \tag{6.21}$$

因为

$$
\mathrm{d}\left(\frac{1}{U(t)}\right) = -\mathrm{e}^{-V(t)}\mathrm{d}V(t) + \frac{1}{2}\mathrm{e}^{-V(t)}\mathrm{d}[V,V](t)
$$

$$
= -\mathrm{e}^{-V(t)}\mathrm{d}X(t) + \mathrm{e}^{-V(t)}\mathrm{d}[X,X](t) \tag{6.22}
$$

且

$$
\mathrm{d}\left[U_1, \frac{1}{U}\right](t) = \mathrm{d}(U_1(t))\mathrm{d}\left(\frac{1}{U(t)}\right) = -U_1(t)\mathrm{e}^{-V(t)}\mathrm{d}[X,X](t), \tag{6.23}
$$

所以将 (6.22) 和 (6.23) 分别代入 (6.21) 得

$$
\mathrm{d}\left(\frac{U_1(t)}{U(t)}\right) = -\frac{U_1(t)}{U(t)}\mathrm{d}X(t) + \frac{U_1(t)}{U(t)}\mathrm{d}[X,X](t) + \frac{U_1(t)}{U(t)}\mathrm{d}X(t) - \frac{U_1(t)}{U(t)}\mathrm{d}[X,X](t) = 0.
$$

故 $U_1(t) = U(t)$. $\square$

例 6.19 求解初值问题

$$
\begin{cases} \mathrm{d}U(t) = U(t)\mathrm{d}B(t), \\ U(0) = 1. \end{cases} \tag{6.24}
$$

解 根据定理 6.15 得

$$
U(t) = \mathrm{e}^{B(t)-B(0)-\frac{1}{2}[B,B](t)} = \mathrm{e}^{B(t)-\frac{1}{2}t}.
$$

例 6.20 (股票价格过程与回报过程) 设 $S(t)$ 表示股票价格过程, 并假定它是伊藤过程, 即它具有随机微分. $R(t)$ 表示股票回报过程, 它由下式决定

$$
\mathrm{d}R(t) = \frac{\mathrm{d}S(t)}{S(t)},
$$

即

$$
\mathrm{d}S(t) = S(t)\mathrm{d}R(t).
$$

可见, 股票价格过程是回报过程的随机指数. 在 Black-Scholes 模型中, 一般假定回报过程在互不相交的时间区间上相互独立且方差有限, 从而得

$$
R(t) = \mu t + \sigma B(t).
$$

于是得股票价格过程

$$
S(t) = S(0)\mathrm{e}^{R(t)-R(0)-\frac{1}{2}[R,R](t)} = S(0)\mathrm{e}^{(\mu-\frac{1}{2}\sigma^2)t+\sigma B(t)}.
$$

定义 6.9 设 $U(t) = \mathcal{E}(X)(t)$, 即 $U(t)$ 为 $X(t)$ 的随机指数, 则称 $X(t)$ 为 $U(t)$ 的**随机对数**, 记为 $\mathcal{L}(U)$.

从随机对数的定义来看, 随机对数和随机指数互为逆运算. 比如: 布朗运动 $B(t)$ 的随机指数是 $e^{B(t)-\frac{1}{2}t}$, 从而 $B(t)$ 是 $e^{B(t)-\frac{1}{2}t}$ 的随机对数.

定理 6.16 设 $U(t)$ 是一个随机微分, 且不取零值, 则 $U(t)$ 的随机对数满足如下随机微分方程:

$$\begin{cases} \mathrm{d}X(t) = \dfrac{\mathrm{d}U(t)}{U(t)}, \\ X(0) = 0. \end{cases}$$

且

$$X(t) = \ln\left(\frac{U(t)}{U(0)}\right) + \int_0^t \frac{\mathrm{d}[U,U](t)}{2U^2(t)}. \tag{6.25}$$

证明 根据随机指数和随机对数的关系以及伊藤公式, 可以直接证明定理 6.16. □

例 6.21 设 $U(t) = e^{B(t)}$. 试直接求随机对数 $\mathcal{L}(U)$, 并用 (6.25) 验证.

解 由于

$$\mathrm{d}U(t) = e^{B(t)}\mathrm{d}B(t) + \frac{1}{2}e^{B(t)}\mathrm{d}t,$$

所以

$$\mathrm{d}X(t) = \frac{\mathrm{d}U(t)}{U(t)} = \mathrm{d}B(t) + \frac{1}{2}\mathrm{d}t.$$

于是 $U(t)$ 的随机对数为

$$X(t) = \mathcal{L}(U)(t) = B(t) + \frac{1}{2}t.$$

另一方面, 由于 $\mathrm{d}[U,U](t) = \mathrm{d}U(t)\mathrm{d}U(t) = e^{2B(t)}\mathrm{d}t$, 所以由 (6.25) 得

$$X(t) =) = \mathcal{L}(U)(t) = \ln U(t) + \int_0^t \frac{e^{2B(t)}}{2e^{2B(t)}}\mathrm{d}t = B(t) + \frac{1}{2}t.$$

故与前面直接求得的结果一致.

6.4.3 线性随机微分方程的解

定义 6.10 称如下形式的随机微分方程为**线性随机微分方程**:

$$\mathrm{d}X(t) = (\alpha(t) + \beta(t)X(t))\mathrm{d}t + (\gamma(t) + \delta(t)X(t))\mathrm{d}B(t), \tag{6.26}$$

其中 $\alpha(t), \beta(t), \gamma(t), \delta(t)$ 是给定的适应过程, 且关于 t 都是连续函数.

前面已经讨论了许多特殊的线性随机微分方程. 下面, 我们继续讨论线性随机微分方程的求解.

(1) 当 $\alpha(t) = \gamma(t) = 0$ 时, 线性随机微分方程 (6.26) 简化为如下形式:

$$\mathrm{d}X(t) = \beta(t)X(t)\mathrm{d}t + \delta(t)X(t)\mathrm{d}B(t).$$

将上式写成如下形式:

$$\mathrm{d}X(t) = X(t)\mathrm{d}Y(t),$$

其中 $Y(t)$ 为伊藤过程

$$\mathrm{d}Y(t) = \beta(t)\mathrm{d}t + \delta(t)\mathrm{d}B(t).$$

可见 $X(t)$ 是 $Y(t)$ 的随机指数. 于是

$$\begin{aligned}
X(t) &= \mathcal{E}(Y)(t) = X(0)\exp\left(Y(t) - Y(0) - \frac{1}{2}[Y,Y](t)\right) \\
&= X(0)\exp\left(\int_0^t \beta(s)\mathrm{d}s + \int_0^t \delta(s)\mathrm{d}B(s) - \frac{1}{2}\int_0^t \delta^2(s)\mathrm{d}s\right) \\
&= X(0)\exp\left(\int_0^t \left(\beta(s) - \frac{1}{2}\delta^2(s)\right)\mathrm{d}s + \int_0^t \delta(s)\mathrm{d}B(s)\right).
\end{aligned} \tag{6.27}$$

(2) 在一般情形下, 寻找方程 (6.26) 的解. 假设方程 (6.26) 具有如下形式的解:

$$X(t) = U(t)V(t), \tag{6.28}$$

其中

$$\mathrm{d}U(t) = \beta(t)U(t)\mathrm{d}t + \delta(t)U(t)\mathrm{d}B(t) \tag{6.29}$$

且

$$\mathrm{d}V(t) = a(t)\mathrm{d}t + b(t)\mathrm{d}B(t). \tag{6.30}$$

再设 $U(0) = 1$ 和 $V(0) = X(0)$. 对 (6.28) 两边取微分, 并将 (6.29) 和 (6.30) 代入得

$$\begin{aligned}
\mathrm{d}(X(t)) &= U(t)\mathrm{d}V(t) + V(t)\mathrm{d}U(t) + \mathrm{d}[U,V](t) \\
&= [a(t)U(t) + U(t)V(t)\beta(t) + U(t)b(t)\delta(t)]\mathrm{d}t \\
&\quad + [U(t)b(t) + U(t)V(t)\delta(t)]\mathrm{d}B(t).
\end{aligned}$$

将上式与 (6.26) 相对照, 并将 (6.28) 代入得

$$a(t) = \frac{\alpha(t) - \delta(t)\gamma(t)}{U(t)}, \quad b(t) = \frac{\gamma(t)}{U(t)}. \tag{6.31}$$

于是由 (6.30) 和 (6.31) 得 (6.26) 的解

$$X(t) = U(t)\left(X(0) + \int_0^t \frac{\alpha(s) - \delta(s)\gamma(s)}{U(s)}\mathrm{d}s + \int_0^t \frac{\gamma(s)}{U(s)}\mathrm{d}B(s) \right), \tag{6.32}$$

其中 $U(t)$ 满足方程 (6.29), 这可由 (6.27) 给出.

例 6.22　求解郎之万 (Langevin) 型随机微分方程

$$\mathrm{d}X(t) = a(t)X(t)\mathrm{d}t + \mathrm{d}B(t),$$

其中 $a(t)$ 是适应的连续过程.

解　在 (6.26) 中, 令 $\alpha(t) = \delta(t) = 0$, 且 $\beta(t) = a(t)$, $\gamma(t) = 1$ 就得到郎之万型随机微分方程. 首先求 $U(t)$. 由 (6.27) 得

$$U(t) = \exp\left(\int_0^t a(s)\mathrm{d}s \right).$$

然后根据 (6.32) 得所求方程的解

$$X(t) = \exp\left(\int_0^t a(s)\mathrm{d}s \right)\left[X(0) + \int_0^t \exp\left(-\int_0^u a(s)\mathrm{d}s \right)\mathrm{d}B(u) \right].$$

6.4.4　随机微分方程解的存在唯一性

最后, 介绍随机微分方程解的存在唯一性定理. 它的证明主要使用了皮卡 (Picard) 迭代方法, 证明过程类似于常微分方程解的存在唯一性证明. 我们略去它的证明, 感兴趣的读者请参看文献 (Øksendal, 2003).

定理 6.17　如果随机微分方程

$$\mathrm{d}X(t) = \mu(X(t), t)\mathrm{d}t + \sigma(X(t), t)\mathrm{d}B(t), \tag{6.33}$$

满足如下条件:

(1) 任意给定 $T > 0, B > 0$, 存在仅依赖于它们的常数 K, 使得当 $|x| \leqslant B, |y| \leqslant B$, 且 $0 \leqslant t \leqslant T$ 时,

$$|\mu(x, t) - \mu(y, t)| + |\sigma(x, t) - \sigma(y, t)| < K|x - y|;$$

(2) 对任意 $t \in [0, T]$ 和 $x \in \mathbb{R}$, 有

$$|\mu(x, t)| + |\sigma(x, t)| \leqslant K(1 + |x|);$$

(3) $X(0)$ 与 $\{B(t), 0 \leqslant t \leqslant T\}$ 独立, 且 $\mathrm{E}(X^2(0)) < \infty$,

那么随机微分方程 (6.33) 存在唯一的强解 $X(t)$. $X(t)$ 有连续的路径, 且

$$\mathrm{E}\Big(\sup_{0 \leqslant t \leqslant T} X^2(t)\Big) < C\big(1 + \mathrm{E}(X^2(0))\big),$$

其中常数 C 仅依赖于 K 和 T.

习 题 6.4

1. 求随机微分方程

$$\mathrm{d}X(t) = \mu X(t)\mathrm{d}t + \sigma \mathrm{d}B(t)$$

的解, 其中 $\mu, \sigma > 0$ 为常数, $X(0) \sim N(0, \sigma^2)$ 且与 $\{B(t), t \geqslant 0\}$ 独立.

2. 求解下列随机微分方程.

(1) $\mathrm{d}X(t) = -X(t)\mathrm{d}t + \mathrm{e}^{-t}\mathrm{d}B(t)$;

(2) $\mathrm{d}X(t) = \gamma \mathrm{d}t + \sigma X(t)\mathrm{d}B(t)$, γ, σ 为常数;

(3) $\mathrm{d}X(t) = (m - X(t))\mathrm{d}t + \sigma \mathrm{d}B(t)$, $m, \sigma > 0$ 为常数;

(4) $\mathrm{d}X(t) = (\mathrm{e}^{-t} + X(t))\mathrm{d}t + \sigma X(t)\mathrm{d}B(t)$, $\sigma > 0$ 为常数.

第 7 章 随机过程在金融保险中的应用举例

第7章课件

7.1 破 产 理 论

随机过程成功应用于金融保险领域的许多方面. 本章主要简要地介绍它在破产理论和金融衍生产品定价两个方面的成功应用.

7.1.1 风险过程与破产概率的相关概念

定义 7.1 称如下形式的随机过程为保险公司到时刻 $t \geqslant 0$ 的**风险盈余过程**,

$$R(t) = u + ct - \sum_{k=1}^{N(t)} X_k, \tag{7.1}$$

其中, u 是**初始资本**; $c > 0$ 为**保费收入率**, 即保险公司单位时间收取的保费; $N(t)$ 表示到时刻 $t \geqslant 0$ 时接到的理赔次数, 是一个计数过程; $X_k, k \geqslant 1$, 为保险公司接到的第 k 次理赔额. 图 7.1 中的虚线给出了风险盈余过程 (7.1) 的样本轨道.

在风险过程 (7.1) 中作如下一些假设.

(1) 理赔额 $\{X_n, n \geqslant 1\}$ 是一列独立同分布的非负随机变量, 具有共同的非格点分布函数 F, 有限均值 $\mu_F = \mathrm{E}(X_1)$.

(2) 理赔发生在随机时刻 $0 < T_1 < T_2 < \cdots < T_n < \cdots$, a.s.

(3) 在时间区间 $[0, t]$ 内理赔的次数为

$$N(t) = \sup\{n \geqslant 1 : T_n \leqslant t\}, \quad t \geqslant 0,$$

并约定 $\sup \varnothing = 0$.

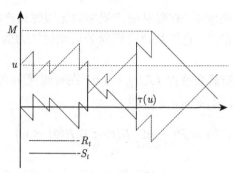

图 7.1　总损失过程和风险过程的图示

(4) 理赔时间间隔

$$\theta_1 = T_1, \quad \theta_k = T_k - T_{k-1}, \quad k \geqslant 2,$$

是一列独立同分布的非负随机变量, 且具有有限均值 $\mathrm{E}(\theta_1) = \lambda^{-1}$.

(5) 理赔额 $\{X_n, n \geqslant 1\}$ 与理赔时间间隔 $\{\theta_n, n \geqslant 1\}$ 相互独立.

称同时满足上述 (1)~(5) 的风险盈余过程为 **更新风险模型**. 更新风险模型由 Sparre-Andersen 于 1957 年提出, 所以又称之为 Sparre-Andersen 模型. 在更新风险模型中, 若理赔时间间隔 $\{\theta_i, i \geqslant 1\}$ 是一列独立同指数分布的随机变量, 则该模型就简化为经典的 **Cramér-Lundberg 风险模型**.

不难发现, 在 Cramér-Lundberg 风险模型中, 计数过程 $\{N(t), t \geqslant 0\}$ 是一个强度为 λ 的时齐泊松过程, 即

$$P(N(t) = k) = \frac{(\lambda t)^k}{k!} \mathrm{e}^{-\lambda t}, \quad k \geqslant 0.$$

定义总损失过程为

$$S(t) = u - R(t) = \sum_{k=1}^{N(t)} X_k - ct,$$

其中 $\sum_{k=1}^{N(t)} X_k$ 记为 $S'(t)$, 称为 **理赔累积过程**. 可见, 在 Cramér-Lundberg 风险模型中, $S'(t)$ 为一个复合泊松过程, 其分布函数可以表示为

$$F_{S'}(x, t) = P(S'(t) \leqslant x) = \sum_{n=0}^{\infty} \frac{(\lambda t)^n}{n!} \mathrm{e}^{-\lambda t} F^{n*}(x), \quad x \geqslant 0, \ t \geqslant 0, \qquad (7.2)$$

其中, $F^{n*}(x) = P(X_1 + X_2 + \cdots + X_n \leqslant x)$ 为 F 的 n 重卷积. 从而风险盈余过程的分布函数为

$$F_R(x, t) = P(u + ct - S'(t) \leqslant x) = 1 - F_{S'}(u + ct - x, t).$$

在保险风险管理领域中, 有限时破产概率与无限时破产概率是理论研究者和实际工作者共同关心的量, 它们是评价保险公司偿付能力的一个重要指标. 下面给出它们的定义.

定义 7.2　称风险盈余过程 $\{R(t), t \geqslant 0\}$ 在时间区间 $[0, T]$ 内曾小于零的概率为**有限时破产概率**, 记为 $\psi(u, T)$, 即

$$\psi(u, T) = P\Big(\inf_{0 \leqslant t \leqslant T} R(t) < 0 \Big| R(0) = u \Big).$$

称风险盈余过程 $\{R(t), t \geqslant 0\}$ 在时间区间 $[0, \infty)$ 内曾小于零的概率为**无限时破产概率**或**最终破产概率**, 记为 $\psi(u)$, 即

$$\psi(u) = \psi(u, \infty) = P\Big(\inf_{t \geqslant 0} R(t) < 0 \Big| R(0) = u \Big).$$

为讨论问题方便, 分别称

$$\tau(u) = \inf\{t \geqslant 0 : R(t) < 0\} = \inf\{t \geqslant 0 : S(t) > u\}$$

和

$$M = \sup_{0 \leqslant t < \infty} S(t), \quad M_T = \sup_{0 \leqslant t < T} S(t)$$

为**破产时间, 无限时最大损失**和**有限时最大损失**. 称 $|R(\tau(u))|$ 为**破产赤字**. 显然, $R(\tau(u)-) > 0$ 而 $R(\tau(u)) \leqslant 0$. 破产概率也可表示为

$$\psi(u) = P(\tau(u) < \infty) = P(M > u),$$
$$\psi(u, T) = P(\tau(u) \leqslant T) = P(M_T > u).$$

分别称

$$U(u) = 1 - \psi(u) \quad \text{和} \quad U(u, T) = 1 - \psi(u, T)$$

为**最终生存概率**和**生存至时刻 T 的概率**. 于是,

$$U(u) = P(R(t) \geqslant 0, \forall\, t) = P(S(t) \leqslant u, \forall\, t) = P(M \leqslant u);$$
$$U(u, T) = P(R(t) \geqslant 0, 0 \leqslant t \leqslant T) = P(S(t) \leqslant u, 0 \leqslant t \leqslant T) = P(M_T \leqslant u).$$

可见, 生存概率是最大损失的分布函数.

7.1.2　安全负荷与调节系数

为了在更新风险模型中, 给出安全负荷条件, 我们首先给出如下引理.

引理 7.1 在更新风险模型中, 有

(1) $E[S'(t)] = \mu_F E[N(t)]$;

(2) $E[N(t)] = [\lambda + o(1)]t, \quad t \to \infty$.

证明   (1) 利用条件期望的基本性质易证; (2) 由基本更新定理立得. □

为了保证保险公司最终生存概率为正, 也即不会导致必然破产事件的发生, 下面对保费收入率 c 提出限制条件.

由引理 7.1 知, 在更新风险模型中, 当 $t \to \infty$ 时,

$$E[R(t)] = u + (c - \lambda\mu_F)t(1 + o(1)),$$

因而

$$\frac{E[R(t)]}{t} \to c - \lambda\mu_F, \quad t \to \infty.$$

显然, 保险公司确保偿付能力的条件是 $c - \lambda\mu_F > 0$, 即当 $t \to \infty$ 时, 风险盈余过程 $\{R(t), t \geqslant 0\}$ 具有正漂移. 于是, 得到了更新风险模型的安全负荷条件

$$\rho = \frac{c}{\lambda\mu_F} - 1 > 0. \tag{7.3}$$

称 ρ 为**安全负荷**, 也可以称为**风险保费率**. 事实上, 在 $[0,t]$ 上的保费收入为 $ct = (1 + \rho)\lambda\mu_F t$. 需要指出的是, 条件 (7.3) 只保证了保险公司最终不会破产, 但是不能排除风险盈余过程在某时刻可能取负值.

为方便讨论, 一般假定破产只可能发生在理赔到达时刻 T_n, 于是对于任意 $u \geqslant 0$, 有

$$\psi(u) = P\left(\sup_{n \geqslant 1} \sum_{k=1}^{n}(X_k - c\theta_k) > u\right) = P\left(\sup_{n \geqslant 1} \sum_{k=1}^{n} Z_k > u\right), \tag{7.4}$$

其中, $Z_k = X_k - c\,\theta_k, \quad k \geqslant 1$, 是一列独立同分布的随机变量, 且由安全负荷条件 (7.3) 知, $EZ_1 = \mu_F - c/\lambda < 0$. 由 (7.4) 可以看到, 无限时破产概率 $\psi(u)$ 的研究, 本质上是由 $\{Z_k, k \geqslant 1\}$ 产生的带负漂移的随机游动

$$S_n^Z = \sum_{k=1}^{n} Z_k, \quad n \geqslant 1, \quad S_0^Z \equiv 0$$

的极大值尾概率的研究. 于是可以通过 Spitzer 等式具体表示, 即

$$U(u) = 1 - \psi(u) = (1 - p)\sum_{n=0}^{\infty} p^n H^{n*}(x),$$

其中, 常数 $p \in (0,1)$, H 为某个分布函数. p 和 H 可以通过经典的 Wiener-Hopf 定理确定. 感兴趣的读者, 请参见文献 (Feller, 1971).

对于破产概率 $\psi(u)$ 的估计, 除了经典的 Wiener-Hopf 方法之外, 也可以通过更新理论和鞅理论来给出. 下面的讨论, 我们限定在经典的 Cramér-Lundberg 风险模型中, 并且假定保险公司的理赔是小额的, 即满足下面的调节系数存在唯一性的假设:

(i) 设理赔额 X_1 的矩母函数
$$M_{X_1}(\alpha) = \mathrm{E}(\mathrm{e}^{\alpha X_1}) = \int_0^\infty \mathrm{e}^{\alpha x} \mathrm{d}F(x) = 1 + \alpha \int_0^\infty \mathrm{e}^{\alpha x} \overline{F}(x) \mathrm{d}x$$

在包含原点的某个邻域内存在, 其中 $\overline{F}(x) = 1 - F(x)$.

(ii) 方程
$$M_{X_1}(\alpha) = 1 + \frac{c}{\lambda} \alpha \tag{7.5}$$

存在正解.

下面, 对上述两点假设加以说明. 首先, 由于 $M_{X_1}(\alpha)$ 在其收敛域内是严格增加的凸函数, 所以方程 (7.5) 若有正解, 则必是唯一的. 我们称这个唯一的解为**调节系数**, 记为 Λ, 即
$$\frac{\lambda}{c} \int_0^\infty \mathrm{e}^{\Lambda x} \overline{F}(x) \mathrm{d}x = 1. \tag{7.6}$$

由
$$\frac{\lambda}{c} \int_0^\infty \overline{F}(x) \mathrm{d}x = \frac{\lambda}{c} \mu_F = \frac{1}{1+\rho} < 1$$

可知, $\lambda \overline{F}(x)/c$, $x \geqslant 0$, 不是一个概率密度函数. 但是由 (7.6) 式知 $f(x) = \lambda \mathrm{e}^{\Lambda x} \overline{F}(x)/c$, $x \geqslant 0$, 是一个概率密度函数. Λ 称为调节系数由此而来.

其次, 由
$$M_{S(t)}(\alpha) = \mathrm{E}[\mathrm{e}^{\alpha S(t)}] = \mathrm{E}[\mathrm{e}^{\alpha(\sum_{k=1}^{N(t)} X_k - ct)}] = \mathrm{E}\left\{ \mathrm{E}\left[\mathrm{e}^{\alpha(\sum_{k=1}^{N(t)} X_k - ct)} \middle| N(t)\right] \right\}$$

$$= \sum_{n=0}^\infty P(N(t) = n) \mathrm{E}\left[\mathrm{e}^{\alpha(\sum_{k=1}^n X_k - ct)}\right]$$

$$= \mathrm{e}^{-\alpha ct} \sum_{n=0}^\infty \frac{(\lambda t)^n}{n!} \mathrm{e}^{-\lambda t} \left(\mathrm{E}(\mathrm{e}^{\alpha X_1})\right)^n = \mathrm{e}^{-\alpha ct - \lambda t} \mathrm{e}^{[\lambda t M_{X_1}(\alpha)]}$$

$$= \exp[-\alpha ct - \lambda t + \lambda t M_{X_1}(\alpha)]. \tag{7.7}$$

由式 (7.5) 和 (7.7) 知,
$$M_{S(t)}(\Lambda) = 1.$$

可见, 若调节系数存在, 则它是方程 (7.5) 的唯一正根, 也分别是如下两个方程

$$\frac{\lambda}{c}\int_0^\infty \mathrm{e}^{\alpha x}\overline{F}(x)\mathrm{d}x = 1 \quad \text{和} \quad M_{S(t)}(\alpha) = 1$$

的唯一正根.

7.1.3 破产概率的估计

下面的定理称为破产概率 $\psi(u)$ 的 Cramér-Lundberg 估计, 它是风险理论的基本结果之一.

定理 7.1 在 Cramér-Lundberg 风险模型中, 若满足安全负荷条件 $\rho > 0$ 以及关于调节系数存在唯一性的假设条件 (i) 和 (ii), 则

(1)

$$\psi(0) = \frac{1}{1+\rho};$$

(2) 存在正常数 C, 使得

$$\psi(u) \sim C\mathrm{e}^{-\Lambda u}, \quad u \to \infty.$$

(3) Lundberg 不等式

$$\psi(u) \leqslant \mathrm{e}^{-\Lambda u}, \quad \forall u \geqslant 0.$$

证明 (1) 以首次理赔发生的时刻 T_1 和首次理赔额 X_1 为条件, 对最终生存概率应用全概率公式, 得

$$U(u) = \int_0^\infty \lambda \mathrm{e}^{-\lambda t}\mathrm{d}t \int_0^{u+ct} U(u+ct-s)\mathrm{d}F(s).$$

令 $x = u + ct$, 得

$$U(u) = \frac{\lambda}{c}\mathrm{e}^{\frac{\lambda}{c}u}\int_u^\infty \mathrm{e}^{-\frac{\lambda}{c}x}\mathrm{d}x \int_0^x U(x-s)\mathrm{d}F(s).$$

上式两端关于 u 求导, 得

$$U'(u) = \frac{\lambda}{c}U(u) - \frac{\lambda}{c}\int_0^u U(u-s)\mathrm{d}F(s). \tag{7.8}$$

在 (7.8) 式两端分别从 0 到 t 积分, 然后将右边第二式应用分部积分公式, 得

$$U(t) - U(0) = \frac{\lambda}{c}\int_0^t U(u)\mathrm{d}u + \frac{\lambda}{c}\int_0^t \int_0^u U(u-s)\mathrm{d}\overline{F}(s)\mathrm{d}u$$

$$= \frac{\lambda}{c} \int_0^t U(u)\mathrm{d}u$$

$$+ \frac{\lambda}{c} \left[\int_0^t U(0)\overline{F}(u)\mathrm{d}u - \int_0^t U(u)\mathrm{d}u + \int_0^t \int_0^u U'(u-s)\overline{F}(s)\mathrm{d}s\mathrm{d}u \right]$$

$$= \frac{\lambda}{c} \int_0^t U(0)\overline{F}(u)\mathrm{d}u + \frac{\lambda}{c} \int_0^t \int_0^u U'(u-s)\overline{F}(s)\mathrm{d}s\mathrm{d}u$$

$$= \frac{\lambda}{c} \int_0^t U(0)\overline{F}(u)\mathrm{d}u$$

$$+ \frac{\lambda}{c} \int_0^t \int_s^t U'(u-s)\overline{F}(s)\mathrm{d}u\mathrm{d}s \quad \text{(二重积分交换积分次序)}$$

$$= \frac{\lambda}{c} \int_0^t U(0)\overline{F}(u)\mathrm{d}u + \frac{\lambda}{c} \int_0^t [U(t-s) - U(0)]\overline{F}(s)\mathrm{d}s.$$

于是,

$$U(t) = U(0) + \frac{\lambda}{c} \int_0^t U(t-s)\overline{F}(s)\mathrm{d}s. \tag{7.9}$$

在上式两边令 $t \to \infty$, 得

$$1 = U(0) + \frac{\lambda}{c} \int_0^\infty \overline{F}(s)\mathrm{d}s. \tag{7.10}$$

从而,

$$\psi(0) = 1 - U(0) = \frac{\lambda}{c}\mu_F = \frac{1}{1+\rho}.$$

(2) 将 (7.10) 代入 (7.9) 得

$$U(t) = 1 - \frac{\lambda}{c} \int_0^\infty \overline{F}(s)\mathrm{d}s + \frac{\lambda}{c} \int_0^t U(t-s)\overline{F}(s)\mathrm{d}s$$

$$= 1 - \frac{\lambda}{c} \int_t^\infty \overline{F}(s)\mathrm{d}s - \frac{\lambda}{c} \int_0^t [1 - U(t-s)]\overline{F}(s)\mathrm{d}s,$$

从而

$$\psi(t) = \frac{\lambda}{c} \int_t^\infty \overline{F}(s)\mathrm{d}s + \frac{\lambda}{c} \int_0^t \psi(t-s)\overline{F}(s)\mathrm{d}s. \tag{7.11}$$

在 (7.11) 两边乘以 $\mathrm{e}^{\Lambda t}$, 并记

$$A(t) = \mathrm{e}^{\Lambda t}\psi(t), \quad a(t) = \frac{\lambda}{c}\mathrm{e}^{\Lambda t} \int_t^\infty \overline{F}(s)\mathrm{d}s, \quad f(s) = \frac{\lambda}{c}\mathrm{e}^{\Lambda s}\overline{F}(s),$$

得到更新方程

$$A(t) = a(t) + \int_0^t A(t-s)f(s)\mathrm{d}s, \tag{7.12}$$

而且由 (7.6) 知, (7.12) 还是适定更新方程. 因为 $a(t)$ 在 $[0,\infty)$ 内单调递减, 并且

$$\int_0^\infty a(t)\mathrm{d}t = \frac{\rho}{\Lambda(1+\rho)} \triangleq B,$$

所以根据关键更新定理得

$$\lim_{t\to\infty} \mathrm{e}^{\Lambda t}\psi(t) = \lim_{t\to\infty} A(t) = \frac{B}{\displaystyle\int_0^\infty sf(s)\mathrm{d}s} \triangleq C,$$

于是

$$\lim_{t\to\infty} \frac{\psi(t)}{C\mathrm{e}^{-\Lambda t}} = 1. \qquad\qquad \square$$

(3) 下面主要用鞅收敛定理证明 Lundberg 不等式. 记 $Y(t) = \exp(-\Lambda R(t))$, 则 $Y(t)$ 可表示为

$$Y(t) = \exp\left\{ -\Lambda\left(u + ct - \sum_{k=1}^{N(t)} X_k \right) \right\} = \exp(-\Lambda u)\exp(\Lambda S(t)) = Y(0)\exp(Z(t)),$$

其中, $Y(0) = \exp(-\Lambda u)$, $Z(t) = \Lambda S(t)$. 注意到 $\{Z(t), t \geqslant 0\}$ 为零初值的平稳独立增量过程, 且

$$\mathrm{E}[\mathrm{e}^{Z(t)}] = \mathrm{E}[\mathrm{e}^{\Lambda S(t)}] = M_{S(t)}(\Lambda) = 1.$$

于是由例 5.11 知, $\{Y(t), t \geqslant 0\}$ 是一个非负鞅. 根据连续鞅的收敛定理 5.11 知, 存在几乎处处有限的随机变量 Y_∞, 使得

$$\lim_{t\to\infty} Y(t) = Y_\infty, \quad \text{a.s.}$$

由于对任意固定的 t, $\tau(u) \wedge t$ 是有界停时, 所以根据有界停时定理 5.10 得

$$\mathrm{E}[Y(\tau(u) \wedge t)] = \mathrm{E}[Y(0)] = \exp(-\Lambda u),$$

由此有

$$\begin{aligned}
\mathrm{E}[Y(\tau(u) \wedge t)] = {}& \mathrm{E}[(Y(\tau(u) \wedge t)|\tau(u) \leqslant t)P(\tau(u) \leqslant t)] \\
& + \mathrm{E}[(Y(\tau(u) \wedge t)|\tau(u) > t)P(\tau(u) > t)]
\end{aligned}$$

$$= \mathrm{E}[(Y(\tau(u))|\tau(u) \leqslant t)P(\tau(u) \leqslant t)] + \mathrm{E}[(Y(t)|\tau(u) > t)P(\tau(u) > t)]$$
$$= \exp(-\Lambda u). \tag{7.13}$$

由于当 $t < \tau(u)$ 时, $R(t) \geqslant 0$, 所以 $Y(t) = \exp(-\Lambda R(t)) \leqslant 1$. 再根据控制收敛定理 1.7 和单调收敛定理 1.8, 在等式 (7.13) 两边令 $t \to \infty$ 得

$$\mathrm{E}[(Y(\tau(u))|\tau(u) < \infty)P(\tau(u) < \infty)] + \mathrm{E}[(Y_\infty|\tau(u) = \infty)P(\tau(u) = \infty)] = \exp(-\Lambda u).$$

由于在定理的假设条件下, $\{S(t), t \geqslant 0\}$ 一个平稳独立增量过程, 所以根据强大数律知 $R(t) \to +\infty$, a.s., 从而 $Y_\infty = 0$, a.s., 因此,

$$\mathrm{E}[(Y(\tau(u))|\tau(u) < \infty)P(\tau(u) < \infty)] = \exp(-\Lambda u),$$

即

$$\psi(u) = P(\tau(u) < \infty) = \frac{\exp(-\Lambda u)}{\mathrm{E}[(Y(\tau(u))|\tau(u) < \infty)]}.$$

因为 $R(\tau(u)) \leqslant 0$, 所以 $\exp(-\Lambda R(\tau(u))) \geqslant 1$, 故而得 Lundberg 不等式:

$$\psi(u) \leqslant \exp(-\Lambda u).$$

习　题　7.1

1. 证明在 Cramér-Lundberg 风险模型中, $S'(t)$ 的分布函数为

$$F_{S'}(x, t) = P(S'(t) \leqslant x) = \sum_{n=0}^{\infty} \frac{(\lambda t)^n}{n!} \mathrm{e}^{-\lambda t} F^{n*}(x), \quad x \geqslant 0, \ t \geqslant 0,$$

其中, $F^{n*}(x) = P(X_1 + X_2 + \cdots + X_n \leqslant x)$ 为 F 的 n 重卷积.

2. 完善引理 7.1 的证明.

7.2　金融衍生产品的定价

本节简要地介绍欧式未定权益的 Black-Scholes 定价方法. 为此, 首先介绍一些金融术语和基本假定. 为了使读者容易理解, 本小节的术语大多都是以描述和解释的方式给出的, 如果想要了解较为严格的定义方式, 请参阅文献 (Shreve, 2004; 严加安, 2012).

7.2.1　金融术语和基本假定

在金融市场的研究中, 通常有一个假定, 那就是**无套利原则**. 所谓**套利**, 举例来讲, 就是在开始时刻无资本, 经过资本的市场运作后, 获得正资金的概率大于零. 由于一旦套利机会出现, 大量的投机资本就会涌入市场进行套利, 于是套利机会

稍纵即逝, 市场重新恢复到无套利状态. 在金融衍生产品的定价理论中, 一般不讨论短暂的套利期, 因而假定市场是无套利的, 这样的市场称为**可行市场**.

设某种有风险金融证券在时刻 t 的价格为 $S(t)$, 它满足以下 Black-Scholes 模型:

$$\mathrm{d}S(t) = S(t)(\mu\mathrm{d}t + \sigma\mathrm{d}B(t)), \tag{7.14}$$

其中, $\mu, \sigma \ (> 0)$ 为常数, 分别称为该证券的**收益率**和**波动率**. 假定银行利率为恒定的常数 r, 以这种证券为标的 (所谓标的, 是指合同的双方当事人之间存在的权利和义务关系) 的**欧式看涨期权**, 是指在 $t = 0$ 时刻, 甲方 (一般为证券公司) 与乙方的一个合约. 此合约规定, 乙方有权在 T 时刻以价格 K (称为**敲定价格或行权价格**) 从甲方买进一批 (一般规定为 100 份) 这种证券; 如果 T 时刻该证券的市场价格 $S(T)$ 低于敲定价格 K, 乙方有权不买, 而只要 T 时刻该证券的市场价格 $S(T)$ 高于敲定价格 K, 乙方就获利. 于是, 乙方在 T 时刻的随机收益为

$$X(T) = (S(T) - K)^+ = \begin{cases} S(T) - K, & \text{当 } S(T) \geqslant K, \\ 0, & \text{当 } S(T) < K. \end{cases}$$

我们将这种乙方只能在最终时刻 T 作出选择的合约称为**欧式期权**. 在欧式期权中, 乙方当然希望 T 时刻该证券的市场价格 $S(T)$ 尽量大, 这样可获利更多, 因此, 这种欧式期权称为**看涨期权**, 或者**买权**. 因为该合约能够给乙方带来 $X(T)$ 的随机收益, 所以需乙方在 $t = 0$ 时刻从甲方购买. 我们称该合约在 $t = 0$ 时刻的价格为它的**保证金**. 我们所关心的问题是这个合约在 $t < T$ 时刻的价格如何确定.

与看涨期权相对应的情况是看跌期权. 如果在 $t = 0$ 时刻甲方卖给乙方如下合约: 合约规定, 乙方有权在 T 时刻以敲定价格 K 卖给甲方一批该证券; 如果在 T 时刻证券的市场价格 $S(T)$ 高于敲定价格 K, 乙方有权不卖, 而只要 T 时刻该证券的市场价格 $S(T)$ 低于敲定价格 K, 乙方就获利. 于是乙方在 T 时刻的随机收益为

$$X(T) = (K - S(T))^+ = \begin{cases} K - S(T), & \text{当 } S(T) \leqslant K, \\ 0, & \text{当 } S(T) > K. \end{cases}$$

显然, 乙方希望 T 时刻该证券的市场价格越低越好, 因而, 我们将这种合约称为**看跌期权**, 或者**卖权**. 同样, 因为该合约能够给乙方带来 $X(T)$ 的随机收益, 所以需要乙方在 $t = 0$ 时刻从甲方购买. 我们也称该合约在 $t = 0$ 时刻的价格为它的保证金.

比看涨期权和看跌期权更为一般的欧式期权是, 甲方卖给乙方一个由证券组合组成的一个合约, 此合约能够在 T 时刻给乙方带来随机收益 $f(S(T))$, 一般称

此合约为**欧式未定权益**. 可见, 欧式看涨期权和看跌期权都是特殊形式的欧式未定权益.

为了简化讨论, 对市场做如下理想化假定:

(1) 假定市场无税收、无交易费、并且允许卖空;

(2) 假定银行存贷款利率相同, 且存款无风险, 即银行利率恒定不变;

(3) 假定此未定权益的持有人是小投资者, 且在整个过程中, 没有添入资金, 也没有抽走资金.

下面, 介绍无套利下的看跌与看涨 (即卖权与买权) 的平权关系. 假设欧式卖权和买权有相同标的的资产 (如股票)、相同的到期日 T 和相同的敲定价格 K, 欧式卖权和买权在 t 时刻的价格分别为 $P(t)$ 和 $C(t)$. 考虑如下两个投资组合:

组合 A　一份卖权多头 (在金融中买进一份称为**多头**一份), 一份买权空头 (在金融中卖出一份称为**空头**一份). 该组合在 t 时刻的价值为 $P(t) - C(t)$, 在 T 时刻的回报为

$$P(T) - C(T) = (K - S(T))^+ - (S(T) - K)^+ = K - S(T).$$

组合 B　一份风险证券 (如股票) 的买权空头, 一份初始价值为 Ke^{-rT} 的银行账户. 该投资组合在 t 时刻的价值为 $Ke^{-r(T-t)} - S(t)$, 在最终时刻 T 的回报为 $K - S(T)$. 既然两个投资组合 A 和 B 在最终时刻 T 的回报相同, 那么在任何时刻 $t \leqslant T$ 的价值必须一样. 否则, 投资者可以卖出较贵的组合而买进较便宜的组合而套利. 因此, 必须有

$$P(t) - C(t) = Ke^{-r(T-t)} - S(t),$$

这就是**欧式卖权–买权平价关系**.

7.2.2　定价方法

回到 7.2.1 小节提出的问题: 设某种有风险金融证券的欧式期权持有人在 T 时刻的未定权益为 $f(S(T))$, 其 t 时刻的价格 $S(t)$ 满足 Black-Scholes 模型 (7.14), 则这种证券在 $t = 0$ 时刻的价格应是多少? 我们从一般情况入手考虑, 即寻求该合约在 $t < T$ 时刻的价格.

由于随机微分方程 (7.14) 的解是一个马尔可夫过程, 所以欧式未定权益 $f(S(T))$ 在 $t < T$ 时刻的价格只依赖于 $S(t)$, 于是可设出其在 $t < T$ 时刻的价格为 $F(t, S(t))$, 从而 $t = 0$ 时刻的价格为 $F(0, S(0))$. 下面用伊藤公式导出价格函数 $F(t, x)$ 满足的偏微分方程.

假设期权卖出方在 t 时刻买进 Δ 份相同证券以抵消在 T 时刻的权益风险, 即他花费了 $\Delta \cdot S(t)$, 从而在 t 时刻他的余额为

$$R(t) = F(t, S(t)) - \Delta \cdot S(t),$$

在 $t + \mathrm{d}t$ 时刻, 其价值变为

$$R(t + \mathrm{d}t) = F(t + \mathrm{d}t, S(t + \mathrm{d}t)) - \Delta \cdot S(t + \mathrm{d}t).$$

根据伊藤公式得

$$
\begin{aligned}
\mathrm{d}R(t) =& \mathrm{d}F(t, S(t)) - \Delta \cdot \mathrm{d}S(t) \\
=& \frac{\partial F}{\partial t}\mathrm{d}t + \frac{\partial F}{\partial x}S(t)(\mu\mathrm{d}t + \sigma\mathrm{d}B(t)) \\
&+ \frac{1}{2}\frac{\partial^2 F}{\partial x^2}S^2(t)\sigma^2\mathrm{d}t - \Delta \cdot S(t)(\mu\mathrm{d}t + \sigma\mathrm{d}B(t)) \\
=& \left(\frac{\partial F}{\partial x} - \Delta\right)\sigma S(t)\mathrm{d}B(t) + \left[\frac{\partial F}{\partial t} + \mu S(t)\left(\frac{\partial F}{\partial x} - \Delta\right) + \frac{1}{2}\sigma^2 S^2(t)\frac{\partial^2 F}{\partial x^2}\right]\mathrm{d}t.
\end{aligned}
$$

取

$$\Delta = \frac{\partial F}{\partial x}(t, S(t)),$$

则有

$$\mathrm{d}R(t) = \left(\frac{\partial F}{\partial t} + \frac{1}{2}\sigma^2 S^2(t)\frac{\partial^2 F}{\partial x^2}\right)\mathrm{d}t.$$

再由无套利假定可知, $R(t)$ 必须是无风险资产, 即

$$\mathrm{d}R(t) = rR(t)\mathrm{d}t.$$

于是可得

$$\frac{\partial F}{\partial t} + \frac{1}{2}\sigma^2 S^2(t)\frac{\partial^2 F}{\partial x^2} = r(F - \Delta \cdot S(t)) = r\left(F - \frac{\partial F}{\partial x}S(t)\right),$$

也即 $F(t, x)$ 满足如下方程:

$$\frac{\partial F}{\partial t} + \frac{1}{2}\sigma^2 x^2 \frac{\partial^2 F}{\partial x^2} + rx\frac{\partial F}{\partial x} - rF = 0. \tag{7.15}$$

方程 (7.15) 就是著名的 **Black-Scholes 方程**.

可以根据具体的边值条件来求出 $F(t, S(t))$ 的解析解或数值解. 比如: 对于欧式看涨期权来讲, 其边值条件是 $F(T, S(T)) = (S(T) - K)^+$. 根据此边值条件, 求解 Black-Scholes 方程 (7.15) 可得显式解

$$F(t, S(t)) = S(t)U(d_1) - K\mathrm{e}^{-r(T-t)}U(d_2), \tag{7.16}$$

其中,

$$d_1 = \frac{\ln(S(t)/K) + (r + 1/(2\sigma^2))(T - t)}{\sigma\sqrt{T - t}}$$

$$d_2 = d_1 - \sigma\sqrt{T - t},$$

这里, $U(d_i)$, $i = 1, 2$ 是标准正态密度的积分

$$U(d_i) = \int_{-\infty}^{d_i} \frac{1}{\sqrt{2\pi}} \mathrm{e}^{-\frac{1}{2}x^2} \mathrm{d}x.$$

称显式解 (7.16) 为 **Black-Scholes 公式**. 对于欧式看跌期权, 也有类似讨论. 感兴趣的读者, 请参阅文献 (Ross, 2005; Shreve, 2004; 严加安, 2012).

习　题　7.2

1. 试在银行利率变动时, 即 r 变为 $r(t)$ 时, 建立 Black-Scholes 方程.
2. 在欧式看跌期权下, 给出上题的解.

习题参考答案

第 1 章

习 题 1.1

1. 解: $\sigma(\mathcal{A}) = \{\{\omega_1\}, \{\omega_2\}, \{\omega_3\}, \{\omega_1, \omega_2\}, \{\omega_1, \omega_3\}, \{\omega_2, \omega_3\}, \varnothing, \Omega\}$.

2. 证明: 略.

3. 证明: 只证性质 (4)~(5), 其余略去. (4) 显然 $n = 2$ 时, 结论成立. 根据数学归纳法, 假设 $n = k$ 时, 结论成立, 则 $n = k + 1$ 时,

$$
\begin{aligned}
P\left(\bigcup_{i=1}^{k+1} A_i\right) &= P\left(\left(\bigcup_{i=1}^{k} A_i\right) \cup A_{k+1}\right) \\
&= P\left(\bigcup_{i=1}^{k} A_i\right) + P(A_{k+1}) - P\left(\left(\bigcup_{i=1}^{k} A_i\right) \cap A_{k+1}\right) \\
&= P\left(\bigcup_{i=1}^{k} A_i\right) + P(A_{k+1}) - P\left(\bigcup_{i=1}^{k} \left(A_i A_{k+1}\right)\right) \\
&= \sum_{i=1}^{k} P(A_i) - \sum_{1 \leqslant i < j \leqslant k} P(A_i A_j) \\
&\quad + \sum_{1 \leqslant i < j < m \leqslant k} P(A_i A_j A_m) - \cdots + (-1)^{k+1} P(A_1 A_2 \cdots A_k) + P(A_{k+1}) \\
&\quad - \left[\sum_{i=1}^{k} P(A_i A_{k+1}) - \sum_{1 \leqslant i < j \leqslant k} P(A_i A_j A_{k+1}) + \sum_{1 \leqslant i < j < m \leqslant k} P(A_i A_j A_m A_{k+1})\right. \\
&\quad \left. - \cdots + (-1)^{k+1} P(A_1 A_2 \cdots A_{k+1})\right] \\
&= \sum_{i=1}^{k+1} P(A_i) - \sum_{1 \leqslant i < j \leqslant k+1} P(A_i A_j) \\
&\quad + \sum_{1 \leqslant i < j < m \leqslant k+1} P(A_i A_j A_m) - \cdots + (-1)^{k+2} P(A_1 A_2 \cdots A_{k+1}).
\end{aligned}
$$

结论也成立, 故由数学归纳法可知性质 (4) 成立.

(5) 显然 $n = 2$ 时, 结论成立. 根据数学归纳法, 假设 $n = k$ 时, 结论成立, 则 $n = k+1$ 时,

$$P\left(\bigcup_{i=1}^{k+1} A_i\right) = P\left(\left(\bigcup_{i=1}^{k} A_i\right) \cup A_{k+1}\right) \leqslant P\left(\bigcup_{i=1}^{k} A_i\right) + P(A_{k+1}) \leqslant \sum_{i=1}^{k+1} P(A_i),$$

故由数学归纳法知结论成立.

4. 仿照定理 1.1 可证.

5. 证明: 记 $P_A(\cdot) = P(\cdot|A)$, 则 $P_A(\cdot)$ 也是可测空间 $(\Omega, \mathcal{F})$ 上的概率. 当 $P(C|AB) = P(C|A)$, 即 $P_A(C|B) = P_A(C)$ 时, $P_A(BC) = P_A(C|B)P_A(B) = P_A(C)P_A(B)$, 此即 $P(BC|A) = P(B|A)P(C|A)$. 当 $P(BC|A) = P(B|A)P(C|A)$, 即 $P_A(BC) = P_A(B)P_A(C)$ 时, $P_A(C|B) = P_A(BC)/P_A(B) = [P_A(B)P_A(C)]/P_A(B) = P_A(C)$.

习 题 1.2

1. 证明: 利用可列交和可列并的运算易证, 此处略去.

2. 证明: $EX = \sum_{n=1}^{\infty} nP(X = n) = \sum_{n=1}^{\infty} \sum_{k=1}^{n} P(X = n) = \sum_{k=1}^{\infty} \sum_{n=k}^{\infty} P(X = n) = \sum_{k=1}^{\infty} P(X \geqslant k) = \sum_{n=0}^{\infty} P(X > n)$.

3. 证明: 首先看到 $E(X) = \int_0^{\infty} t\mathrm{d}F(t) \geqslant \int_x^{\infty} t\mathrm{d}F(t) \geqslant x\int_x^{\infty} \mathrm{d}F(t) = x\overline{F}(x) \to 0$, $x \to \infty$. 从而, $E(X) = \int_0^{\infty} t\mathrm{d}F(t) = -\int_0^{\infty} t\mathrm{d}\overline{F}(t) = -t\overline{F}(t)|_0^{\infty} + \int_0^{\infty} \overline{F}(t)\mathrm{d}t = \int_0^{\infty} \overline{F}(t)\mathrm{d}t$.

另一等式可类似地证明.

4. 证明: (1) 设 F^{-1} 为 F 的广义逆, 则

$$F_Y(y) = P(Y \leqslant y) = P(F(X) \leqslant y)$$

$$= \begin{cases} 1, & y \geqslant 1, \\ P(X \leqslant F^{-1}(y)), & 0 \leqslant y < 1, \\ 0, & y < 0 \end{cases}$$

$$= \begin{cases} 1, & y \geqslant 1, \\ F(F^{-1}(y)), & 0 \leqslant y < 1, \\ 0, & y < 0 \end{cases}$$

$$= \begin{cases} 1, & y \geqslant 1, \\ y, & 0 \leqslant y < 1, \\ 0, & y < 0. \end{cases}$$

(2) $F_Y(x) = P(Y \leqslant x) = P(F^{-1}(U) \leqslant x) = P(U \leqslant F(x)) = F(x)$.

5. 解: 对于任意给定的正数 $z_1 < z_2 < \cdots < z_n$, 取充分小的 $h > 0$, 使得 $0 < z_1 < z_1 + h < z_2 < z_2 + h < \cdots < z_{n-1} + h < z_n < z_n + h$. 考虑到

$$\{z_k < Z_{(k)} \leqslant z_k + h, 1 \leqslant k \leqslant n\} = \bigcup_{(i_1,i_2,\cdots,i_n)} \{z_j < Z_{i_j} \leqslant z_j + h, 1 \leqslant j \leqslant n\},$$

且上式右边事件互不相容, 于是

$$\lim_{h\to 0} \frac{P(z_1 < Z_{(1)} \leqslant z_1 + h, z_2 < Z_{(2)} \leqslant z_2 + h, \cdots, z_n < Z_{(n)} \leqslant z_n + h)}{h^n}$$
$$= \lim_{h\to 0} n! \frac{P(z_1 < Z_{i_1} \leqslant z_1 + h, z_2 < Z_{i_2} \leqslant z_2 + h, \cdots, z_n < Z_{i_n} \leqslant z_n + h)}{h^n}$$
$$= \lim_{h\to 0} n! \prod_{j=1}^n \frac{P(z_j < Z_{i_j} \leqslant z_j + h)}{h} = n! \prod_{j=1}^n f(z_j).$$

故而 $Z_{(1)}, Z_{(2)}, \cdots, Z_{(n)}$ 的联合概率密度为

$$f(z_1, z_2, \cdots, z_n) = \begin{cases} n! \prod_{j=1}^n f(z_j), & 0 < z_1 < z_2 < \cdots < z_n, \\ 0, & \text{其他.} \end{cases}$$

由上式知, 若 $Z_i, 1 \leqslant i \leqslant n$, 是独立同分布的随机变量, 而且共同的分布为在 $[0, t]$ 上的均匀分布, 则其次序统计量 $Z_{(1)}, Z_{(2)}, \cdots, Z_{(n)}$ 的联合概率密度为

$$f(z_1, z_2, \cdots, z_n) = \begin{cases} \dfrac{n!}{t^n}, & 0 < z_1 < z_2 < \cdots < z_n \leqslant t, \\ 0, & \text{其他.} \end{cases}$$

6. 证明: 略.

7. 证明: 当 $n = 2$ 时, 由离散场合下的卷积公式得, 对任意非负整数 k, $P(Y = k) = \sum_{i=0}^k P(X_1 = k)P(X_2 = k - i) = \dfrac{(\lambda_1 + \lambda_2)^k}{k!} e^{-(\lambda_1+\lambda_2)}, k = 0, 1, 2, \cdots$. 然后, 利用数学归纳法可证.

8. 证明: 由于 $\boldsymbol{A}_{mn}\boldsymbol{X} + \boldsymbol{b}$ 的任意线性组合都服从正态分布, 所以 $\boldsymbol{A}_{mn}\boldsymbol{X} + \boldsymbol{b}$ 服从多元正态分布. 下面来求其期望和协方差矩阵, $\mathrm{E}[\boldsymbol{A}_{mn}\boldsymbol{X} + \boldsymbol{b}] = \boldsymbol{A}_{mn}\mathrm{E}[\boldsymbol{X}] + \boldsymbol{b} = \boldsymbol{A}_{mn}\boldsymbol{\mu}^{\mathrm{T}} + \boldsymbol{b}$;

$$\mathrm{Var}[\boldsymbol{A}_{mn}\boldsymbol{X} + \boldsymbol{b}] = \mathrm{E}[(\boldsymbol{A}_{mn}(\boldsymbol{X} - \boldsymbol{\mu}))(\boldsymbol{A}_{mn}(\boldsymbol{X} - \boldsymbol{\mu}))^{\mathrm{T}}] = \mathrm{E}[\boldsymbol{A}_{mn}(\boldsymbol{X} - \boldsymbol{\mu})(\boldsymbol{X} - \boldsymbol{\mu})^{\mathrm{T}}\boldsymbol{A}_{mn}^{\mathrm{T}}]$$
$$= \boldsymbol{A}_{mn}\mathrm{E}[(\boldsymbol{X} - \boldsymbol{\mu})(\boldsymbol{X} - \boldsymbol{\mu})^{\mathrm{T}}]\boldsymbol{A}_{mn}^{\mathrm{T}} = \boldsymbol{A}_{mn}\boldsymbol{\Sigma}\boldsymbol{A}_{mn}^{\mathrm{T}}.$$

习 题 1.3

1. 解: 对于 $i = 1, 2, 3$, 有 $\mathrm{E}[X|Y = i] = 1 \times P(X = 1|Y = i) + 2 \times P(X = 2|Y = i) + 3 \times P(X = 3|Y = i) = \dfrac{p_{1i}}{p_{\cdot i}} + \dfrac{2p_{2i}}{p_{\cdot i}} + \dfrac{3p_{3i}}{p_{\cdot i}}$, 且 $P(\mathrm{E}[X|Y] = \mathrm{E}[X|Y = i]) = P(Y = i)$, 所以

$E[X|Y]$ 的分布律为 $P(E[X|Y] = 13/7) = 7/27$, $P(E[X|Y] = 28/15) = 15/27$, $P(E[X|Y] = 11/5) = 5/27$.

2. 解: 因为 $f(y|x) = \dfrac{f(x,y)}{f_X(x)} = \dfrac{1}{\sqrt{2\pi}\sigma_2\sqrt{1-\rho^2}}\exp\left\{-\dfrac{1}{2\sigma_2^2(1-\rho^2)}\left[y - \left(\mu_2 + \rho\dfrac{\sigma_2}{\sigma_1}(x - \right.\right.\right.$

$\left.\left.\left.\mu_1)\right)\right]^2\right\}$, 所以, $Y|(X = x) \sim N\left(\mu_2 + \rho\dfrac{\sigma_2}{\sigma_1}(x - \mu_1), \quad \sigma_2^2(1-\rho^2)\right)$, 于是, $E[Y|X = x] = \mu_2 + \rho\dfrac{\sigma_2}{\sigma_1}(x - \mu_1)$, $E[Y|X] = \mu_2 + \rho\dfrac{\sigma_2}{\sigma_1}(X - \mu_1)$.

3. 解: 因为 $P(X \leqslant x|\{X \geqslant 0\}) = \dfrac{P(0 \leqslant X \leqslant x)}{P(X \geqslant 0)} = \dfrac{\displaystyle\int_0^x \dfrac{1}{\sqrt{2\pi}\sigma}\exp\left\{-\dfrac{(t-\mu)^2}{2\sigma^2}\right\}\mathrm{d}t}{\displaystyle\int_0^\infty \dfrac{1}{\sqrt{2\pi}\sigma}\exp\left\{-\dfrac{(x-\mu)^2}{2\sigma^2}\right\}\mathrm{d}x} = $

$\left[\displaystyle\int_0^x \dfrac{1}{\sqrt{2\pi}\sigma}\exp\left\{-\dfrac{(t-\mu)^2}{2\sigma^2}\right\}\mathrm{d}t\right]\bigg/\Phi(\mu/\sigma)$, 所以,

$$f_{X|\{X \geqslant 0\}} = \left[\dfrac{1}{\sqrt{2\pi}\sigma}\exp\left\{-\dfrac{(x-\mu)^2}{2\sigma^2}\right\}\mathrm{d}x\right]\bigg/\Phi(\mu/\sigma).$$

4. 解: 因为

$$f(x,y) = \begin{cases} \mathrm{e}^{-(x+y)}, & x > 0, y > 0, \\ 0, & \text{其他}, \end{cases} \quad \text{且 } J = \begin{vmatrix} \dfrac{v}{1+v} & \dfrac{u}{(1+v)^2} \\ \dfrac{1}{1+v} & -\dfrac{u}{(1+v)^2} \end{vmatrix},$$

所以

$$g(u,v) = \begin{cases} \mathrm{e}^{-u}\dfrac{u}{(1+v)^2}, & u > 0, v > 0, \\ 0, & \text{其他}. \end{cases}$$

因此

$$g_V(v) = \begin{cases} \dfrac{1}{(1+v)^2}, & v > 0, \\ 0, & \text{其他}, \end{cases} \quad \text{且 } g_U(u) = \begin{cases} u\mathrm{e}^{-u}, & u > 0, \\ 0, & \text{其他}. \end{cases}$$

5. 解: 因为

$$P(Z \leqslant x) = E[P(Z \leqslant x|X)] = \sum_{i=0}^n P(Z \leqslant x|X = i)P(X = i)$$

$$= \sum_{i=0}^n P(Y \leqslant x - i|X = i)P(X = i) = \sum_{i=0}^n P(Y \leqslant x - i)P(X = i)$$

$$= \sum_{i=0}^n \dfrac{1}{\sqrt{2\pi}\sigma}\int_{-\infty}^{x-i} \mathrm{e}^{-\frac{(t-\mu)^2}{2\sigma^2}}\,\mathrm{d}t \cdot C_n^i p^i(1-p)^{n-i},$$

所以 $f_Z(x) = \dfrac{1}{\sqrt{2\pi}\sigma}\sum_{i=0}^n \dfrac{n!}{i!(n-i)!}p^i(1-p)^{n-i}\mathrm{e}^{-\frac{(x-i-\mu)^2}{2\sigma^2}}$.

6. 证明: 直接利用条件数学期望的性质.

7. 证明: 因为 $\mathrm{E}[X \cdot \mathrm{E}(X|Y)] = \mathrm{E}\{\mathrm{E}[X \cdot \mathrm{E}(X|Y)|Y]\} = \mathrm{E}\{\mathrm{E}(X|Y)\mathrm{E}(X|Y)\} = \mathrm{E}\{[\mathrm{E}(X|Y)]^2\}$, 所以, $\mathrm{E}[\mathrm{Var}(X|Y)] = \mathrm{E}[(X - \mathrm{E}(X|Y))^2] = \mathrm{E}(X^2) - 2\mathrm{E}[X \cdot \mathrm{E}(X|Y)] + \mathrm{E}\{[\mathrm{E}(X|Y)]^2\} = \mathrm{E}(X^2) - \mathrm{E}\{[\mathrm{E}(X|Y)]^2\}$, 故, $\mathrm{Var}[\mathrm{E}(X|Y)] = \mathrm{E}\{[\mathrm{E}(X|Y) - \mathrm{E}X]^2\} = \mathrm{E}\{[\mathrm{E}(X|Y)]^2\} - (\mathrm{E}(X))^2$, 于是, $\mathrm{E}[\mathrm{Var}(X|Y)] + \mathrm{Var}[\mathrm{E}(X|Y)] = \mathrm{E}(X^2) - (\mathrm{E}(X))^2 = \mathrm{Var}(X)$.

8. 证明: 直接利用条件数学期望的性质.

9. (1) 解:

$$P(N_1 + N_2 = n)$$

$$= \mathrm{E}[P(N_1 + N_2 = n|N_2)] = \sum_{k=0}^{n} P(N_1 + N_2 = n|N_2 = k)P(N_2 = k)$$

$$= \sum_{k=0}^{n} P(N_1 = n - k|N_2 = k)P(N_2 = k) = \sum_{k=0}^{n} P(N_1 = n - k)P(N_2 = k)$$

$$= \sum_{k=0}^{n} \frac{\lambda_1^{n-k}}{(n-k)!} e^{-\lambda_1} \frac{\lambda_2^k}{k!} e^{-\lambda_2} = \frac{1}{n!} e^{-(\lambda_1+\lambda_2)} \sum_{k=0}^{n} \frac{n!}{(n-k)!k!} \lambda_1^{n-k} \lambda_2^k$$

$$= \frac{(\lambda_1 + \lambda_2)^n}{n!} e^{-(\lambda_1+\lambda_2)}.$$

(2) 解:

$$P(N_1 = k|N_1 + N_2 = n)$$

$$= \frac{P(N_1 = k, N_1 + N_2 = n)}{P(N_1 + N_2 = n)} = \frac{P(N_1 = k)P(N_2 = n - k)}{P(N_1 + N_2 = n)}$$

$$= \frac{\dfrac{\lambda_1^k}{k!} e^{-\lambda_1} \dfrac{\lambda_2^{n-k}}{(n-k)!} e^{-\lambda_2}}{\dfrac{(\lambda_1 + \lambda_2)^n}{n!} e^{-(\lambda_1+\lambda_2)}} = \frac{n!}{k!(n-k)!} \left(\frac{\lambda_1}{\lambda_1 + \lambda_2}\right)^k \left(\frac{\lambda_2}{\lambda_1 + \lambda_2}\right)^{n-k}.$$

(3) 证明:

$$P(N_1 + N_2 = m, N_3 = n)$$

$$= \mathrm{E}[P(N_1 + N_2 = m, N_3 = n|N_2)]$$

$$= \sum_{k=0}^{m} P(N_1 + N_2 = m, N_3 = n|N_2 = k)P(N_2 = k)$$

$$= \sum_{k=0}^{m} P(N_1 = m - k, N_3 = n|N_2 = k)P(N_2 = k)$$

$$= \sum_{k=0}^{m} P(N_1 = m - k)P(N_3 = n)P(N_2 = k)$$

$$= \sum_{k=0}^{m} \frac{\lambda_1^{m-k}}{(m-k)!} e^{-\lambda_1} \frac{\lambda_2^k}{k!} e^{-\lambda_2} \frac{\lambda_3^n}{n!} e^{-\lambda_3} \frac{(\lambda_1 + \lambda_2)^m}{m!} e^{-(\lambda_1+\lambda_2)} \frac{\lambda_3^n}{n!} e^{-\lambda_3}$$

$$= P(N_1 + N_2 = m)P(N_3 = n).$$

(4) 解: 因为

$$\mathrm{E}[N_1 | N_1 + N_2 = n]$$

$$= \sum_{k=0}^{n} k P(N_1 = k | N_1 + N_2 = n)$$

$$= \sum_{k=1}^{n} k \frac{n!}{k!(n-k)!} \left(\frac{\lambda_1}{\lambda_1 + \lambda_2} \right)^k \left(\frac{\lambda_2}{\lambda_1 + \lambda_2} \right)^{n-k}$$

$$= \frac{n\lambda_1}{\lambda_1 + \lambda_2} \sum_{k=1}^{n} \frac{(n-1)!}{(k-1)!(n-k)!} \left(\frac{\lambda_1}{\lambda_1 + \lambda_2} \right)^{k-1} \left(\frac{\lambda_2}{\lambda_1 + \lambda_2} \right)^{n-k}$$

$$= \frac{n\lambda_1}{\lambda_1 + \lambda_2} \sum_{i=0}^{n-1} \frac{(n-1)!}{i!(n-1-i)!} \left(\frac{\lambda_1}{\lambda_1 + \lambda_2} \right)^{i} \left(\frac{\lambda_2}{\lambda_1 + \lambda_2} \right)^{n-1-i}$$

$$= \frac{n\lambda_1}{\lambda_1 + \lambda_2} \left(\frac{\lambda_1}{\lambda_1 + \lambda_2} + \frac{\lambda_2}{\lambda_1 + \lambda_2} \right)^{n-1} = \frac{n\lambda_1}{\lambda_1 + \lambda_2}.$$

所以 $\mathrm{E}[N_1 | N_1 + N_2] = \dfrac{\lambda_1}{\lambda_1 + \lambda_2}(N_1 + N_2)$. 因此

$$\mathrm{E}[N_1 + N_2 | N_1 = n]$$

$$= \sum_{k=n}^{\infty} k P(N_1 + N_2 = k | N_1 = n)$$

$$= \sum_{k=n}^{\infty} k P(N_2 = k - n | N_1 = n) = \sum_{k=n}^{\infty} k P(N_2 = k - n)$$

$$= \sum_{k=n}^{\infty} k \frac{\lambda_2^{k-n}}{(k-n)!} \mathrm{e}^{-\lambda_2} = \sum_{i=0}^{\infty} (i+n) \frac{\lambda_2^i}{i!} \mathrm{e}^{-\lambda_2}$$

$$= \sum_{i=0}^{\infty} i \frac{\lambda_2^i}{i!} \mathrm{e}^{-\lambda_2} + \sum_{i=0}^{\infty} n \frac{\lambda_2^i}{i!} \mathrm{e}^{-\lambda_2}$$

$$= \lambda_2 \mathrm{e}^{-\lambda_2} \sum_{i=1}^{\infty} \frac{\lambda_2^{i-1}}{(i-1)!} + n \mathrm{e}^{-\lambda_2} \sum_{i=0}^{\infty} \frac{\lambda_2^i}{i!} = \lambda_2 + n.$$

所以 $\mathrm{E}[N_1 + N_2 | N_1] = \lambda_2 + N_1$.

(5) 解: 对于 $i, j \geqslant 0$, 有

$$P(X = i, Y = j)$$

$$= P(N_1 + N_3 = i, N_2 + N_3 = j)$$

$$= \mathrm{E}[P(N_1 + N_3 = i, N_2 + N_3 = j | N_3)]$$

$$= \sum_{k=0}^{i \wedge j} P(N_1 + N_3 = i, N_2 + N_3 = j | N_3 = k) P(N_3 = k)$$

$$= \sum_{k=0}^{i \wedge j} P(N_1 = i - k, N_2 = j - k) P(N_3 = k) = e^{-(\lambda_1 + \lambda_2 + \lambda_3)} \sum_{k=0}^{i \wedge j} \frac{\lambda_1^{i-k} \lambda_2^{j-k} \lambda_3^k}{(i-k)!(j-k)!k!}.$$

$(i \wedge j = \min\{i, j\})$

第 2 章

习 题 2.1

1. 解: 随机过程 η_t 的均值函数为 $E(\eta_t) = \mu(t) + h(t)$. 它的协方差函数为 $\gamma_{\eta_t}(s, t) = E[(\eta_s - E(\eta_s))(\eta_t - E(\eta_t))] = E[(X_s - \mu(s))(X_t - \mu(t)] = \gamma(s, t)$.

2. 证明: 根据 $\gamma(t, t + s) = R(t, t + s) - \mu(t)\mu(t + s)$ 和宽平稳过程的定义, 容易证得.

3. 证明: 根据均值函数和相关函数的定义, 对于任意的 $t, t_1, t_2 \in T$, 以及 $x, x_1, x_2 \in \mathbb{R}$, 有 $E(\eta_t) = E[\eta_t \mathbf{1}_{\{\xi_t \leqslant x\}} + \eta_t \mathbf{1}_{\{\xi_t > x\}}] = E[1 \cdot \mathbf{1}_{\{\xi_t \leqslant x\}} + 0 \cdot \mathbf{1}_{\{\xi_t > x\}}] = P(\xi_t \leqslant x) = F_t(x)$; $E(\eta_{t_1} \eta_{t_2}) = E[\eta_{t_1} \eta_{t_2} \mathbf{1}_{\{\xi_{t_1} \leqslant x_1\}} + \eta_{t_1} \eta_{t_2} \mathbf{1}_{\{\xi_{t_1} > x_1\}}] = E[\eta_{t_1} \eta_{t_2} \mathbf{1}_{\{\xi_{t_1} \leqslant x_1, \xi_{t_2} \leqslant x_2\}} + \eta_{t_1} \eta_{t_2} \mathbf{1}_{\{\xi_{t_1} \leqslant x_1, \xi_{t_2} > x_2\}} + \eta_{t_1} \eta_{t_2} \mathbf{1}_{\{\xi_{t_1} > x_1, \xi_{t_2} \leqslant x_2\}} + \eta_{t_1} \eta_{t_2} \mathbf{1}_{\{\xi_{t_1} > x_1, \xi_{t_2} > x_2\}}] = P(\xi_{t_1} \leqslant x_1, \xi_{t_2} \leqslant x_2) = F_{t_1, t_2}(x_1, x_2)$. 证毕.

4. 证明: (1) 根据协方差函数定义, 显然成立. (2) 根据协方差函数定义和数学期望的线性关系, 得

$$\sum_{i=1}^{n} \sum_{j=1}^{n} a_i a_j \gamma(t_i, t_j) = \sum_{i=1}^{n} \sum_{j=1}^{n} a_i a_j E\{[X_{t_i} - E(X_{t_i})][X_{t_j} - E(X_{t_j})]\}$$

$$= E\left\{ \sum_{i=1}^{n} \sum_{j=1}^{n} a_i a_j [X_{t_i} - E(X_{t_i})][X_{t_j} - E(X_{t_j})] \right\}$$

$$= E\left[\sum_{i=1}^{n} a_i (X_{t_i} - E(X_{t_i})) \right]^2 \geqslant 0. \quad 证毕.$$

5. 解: 随机过程 $\{Z_t, t \in T\}$ 的均值函数和协方差函数分别为 $E(Z_t) = E(X_1)\cos\theta t + E(X_2)\sin\theta t = 0$, $\gamma(s, t) = E(Z_s Z_t) = E(X_1^2)\cos\theta s\cos\theta t + E(X_1)E(X_2)\cos\theta s\sin\theta t + E(X_2)E(X_1)\sin\theta s\cos\theta t + E(X_2^2)\sin\theta s\sin\theta t = \sigma^2\cos(t - s)$. 显然, Z_t 的均值函数为常数, 协方差函数只与 $t - s$ 有关, 故该过程为宽平稳的.

6. 证明: 当 $t = 1, 2, \cdots$ 时, 一方面, $E(Y_t) = \frac{1}{2\pi} \int_0^{2\pi} \sin(ut)du = 0$; 另一方面,

$$\gamma(t, t + h) = E(Y_t Y_{t+h}) = \frac{1}{2\pi} \int_0^{2\pi} \sin(ut)\sin(u(t + h))du = \begin{cases} 1/2, & h = 0, \\ 0, & h = 1, 2, \cdots. \end{cases}$$

故 $Y_t, t = 1, 2, \cdots$ 为宽平稳过程. 但是, 由于 $Y_1 = \sin U$ 与 $Y_2 = \sin 2U$ 的分布函数不同, 所以此时, 该过程不是严平稳过程.

当 $t \geqslant 0$ 时, 如果 $t = 0$, 那么 $\mathrm{E}(Y_t) = 0$; 如果 $t > 0$, 那么 $\mathrm{E}(Y_t) = (1 - \cos 2\pi t)/(2\pi t)$. 可见, $\mathrm{E}(Y_t)$ 非常数, 而是依赖于 t. 故此时, 该过程不是宽平稳过程. 由前述可知, 它也不是严平稳的.

7. 证明: 必要性显然, 只证充分性. 设 X_t 是宽平稳的正态过程, 则它的均值函数 $\mathrm{E}(X_t)$ 为常数, 协方差函数 $\gamma(s,t)$ 只与 $s - t$ 有关, 从而对于任意的指标 $t_1, t_2, \cdots, t_n$, 以及 h, $\gamma(t_i, t_j)$ 与 $\gamma(t_i + h, t_j + h)$ 相等. 这样 $(X_{t_1}, X_{t_2}, \cdots, X_{t_n})^{\mathrm{T}}$ 的均值向量 $\boldsymbol{\mu}$ 和协方差矩阵 $\boldsymbol{\Sigma}$ 与 $(X_{t_1+h}, X_{t_2+h}, \cdots, X_{t_n+h})^{\mathrm{T}}$ 的均值向量 $\boldsymbol{\mu}$ 和协方差矩阵 $\boldsymbol{\Sigma}_h$ 相同. 因为多元正态随机向量的分布函数完全由其均值向量和协方差矩阵所确定, 所以 $(X_{t_1}, X_{t_2}, \cdots, X_{t_n})^{\mathrm{T}}$ 的分布函数与 $(X_{t_1+h}, X_{t_2+h}, \cdots, X_{t_n+h})^{\mathrm{T}}$ 的分布函数相同, 即 $F_{t_1, t_2, \cdots, t_n}(x_1, x_2, \cdots, x_n) = F_{t_1+h, t_2+h, \cdots, t_n+h}(x_1, x_2, \cdots, x_n)$. 所以, 由 n, $t_1, t_2, \cdots, t_n$, 以及 h 的任意性, 得 X_t 也是严平稳过程.

8. 证明: 因为 X_t 是正态过程, 所以对于任意的 n, 以及 $t_1, t_2, \cdots, t_n$, $(X_{t_1}, X_{t_2}, \cdots, X_{t_n})^{\mathrm{T}}$ 为 n 维正态随机向量. 根据例 1.3 以及 X_t 的起点为零、均值为零和独立平稳增量性, 得 $X_{t_1}, X_{t_2} - X_{t_1}, \cdots, X_{t_n} - X_{t_{n-1}}$ 为 n 个独立正态随机变量, 且 $X_{t_i} - X_{t_{i-1}} \sim N(0, \sigma^2(t_i - t_{i-1}))$, 其中, $\sigma(x)$ 表示 x 的函数, 且 $t_0 = 0$. 剩下的证明仿照定理 2.13 的证明即可.

习 题 2.2

1. 解: 根据泊松过程的独立增量性知, 对于任意 $0 = t_0 < t_1 < \cdots < t_n$, $N_{(t_i)} - N_{(t_{i-1})}, 1 \leqslant i \leqslant n$, 相互独立, 从而 $f(N(t_i) - N(t_{i-1})), 1 \leqslant i \leqslant n$, 相互独立. 因此, 题目所给等式成立.

2. 证明: 根据泊松过程的定义, 对于 $0 \leqslant k \leqslant n$, 有

$$
\begin{aligned}
P(N(s) = k | N(t) = n) &= \frac{P(N(s) = k, N(t) = n)}{P(N(t) = n)} \\
&= \frac{P(N(s) = k, N(t) - N(s) = n - k)}{P(N(t) = n)} \\
&= \frac{P(N(s) = k)P(N(t) - N(s) = n - k)}{P(N(t) = n)} \\
&= \frac{\dfrac{(\lambda s)^k}{k!} \mathrm{e}^{-\lambda s} \cdot \dfrac{(\lambda(t - s))^{n-k}}{(n - k)!} \mathrm{e}^{-\lambda(t-s)}}{\dfrac{(\lambda t)^n}{n!} \mathrm{e}^{-\lambda t}} = \mathrm{C}_n^k \left(\frac{s}{t} \right)^k \left(1 - \frac{s}{t} \right)^{n-k}.
\end{aligned}
$$

3. 解: 根据泊松过程的定义, 得

(1) $P(N(1) \leqslant 3) = \sum\limits_{k=0}^{3} P(N(1) = k) = \sum\limits_{k=0}^{3} P(N(1) - N(0) = k) = \sum\limits_{k=0}^{3} \dfrac{3^k}{k!} \mathrm{e}^{-3}$.

(2) $P(N(1) = 1, N(3) = 2) = P(N(1) = 1, N(3) - N(1) = 1)$
$= P(N(1) = 1)P(N(3) - N(1) = 1) = 3\mathrm{e}^{-3} \cdot 6\mathrm{e}^{-6} = 18\mathrm{e}^{-9}$.

(3) $P(N(1) \geqslant 2 | N(1) \geqslant 1) = \dfrac{P(N(1) \geqslant 2, N(1) \geqslant 1)}{P(N(1) \geqslant 1)} = \dfrac{P(N(1) \geqslant 2)}{P(N(1) \geqslant 1)} = \dfrac{1 - 4\mathrm{e}^{-3}}{1 - \mathrm{e}^{-3}}$.

4. 证明: 泊松过程 $N_1(t), N_2(t)$ 的特征函数分别为 $\varphi_1(u,t) = \mathrm{E}[e^{iuN_1(t)}] = \exp\{\lambda_1 t(e^{iu} - 1)\}, \varphi_2(u,t) = \mathrm{E}[e^{iuN_2(t)}] = \exp\{\lambda_2 t(e^{iu} - 1)\}$. 由于 $N_1(t), N_2(t)$ 相互独立, 所以 $X(t)$ 的特征函数为 $\varphi_X(u,t) = \varphi_1(u,t)\varphi_2(u,t) = \exp\{(\lambda_1 + \lambda_2)t(e^{iu} - 1)\}$, 故 $X(t)$ 是强度为 $\lambda_1 + \lambda_2$ 的泊松过程. $Y(t)$ 的特征函数为

$$\varphi_Y(u,t) = \mathrm{E}[e^{iuY(t)}] = \mathrm{E}[e^{iu(N_1(t) - N_2(t))}] = \varphi_1(u,t)\varphi_2(-u,t)$$
$$= \exp\{\lambda_1 t e^{iu} + \lambda_2 t e^{-iu} + (\lambda_1 + \lambda_2)t\},$$

上式不是泊松过程的特征函数, 故 $Y(t)$ 不是泊松过程.

5. (1) 解: 当 $t \geqslant 0$ 时, 根据 $N_i(t), i = 1, 2, \cdots, n$, 相互独立, 得到

$$P(T \leqslant t) = P(N(t) \geqslant 1) = 1 - P(N(t) = 0) = 1 - P(N_i(t) = 0, i = 1, 2, \cdots, n)$$
$$= 1 - \prod_{i=1}^{n} P(N_i(t) = 0) = 1 - \exp\left(-t\sum_{i=1}^{n} \lambda_i\right).$$

当 $t < 0$ 时, $P(T \leqslant t) = 0$.

(2) 证明: 显然, $N(t)$ 是一个独立增量的计数过程, 且 $N(0) = 0$. 因此, 由定义 2.9 知, 只需要证明对任意给定的 $s, t \geqslant 0$, $N(t+s) - N(s)$ 服从参数为 $t\sum_{i=1}^{n} \lambda_i$ 的泊松分布. 事实上, 由于

$$N(t+s) - N(s) = \sum_{i=1}^{n}[N_i(t+s) - N_i(s)],$$

即 $N(t+s) - N(s)$ 为 n 个相互独立的且分别服从参数为 $\lambda_i t$ 的泊松分布随机变量 $N_i(t+s) - N_i(s), i = 1, 2, \cdots, n$, 的和, 所以根据独立泊松分布随机变量之和的性质 (见习题 1.2 的第 6 题) 知, $N(t+s) - N(s)$ 服从参数为 $t\sum_{i=1}^{n} \lambda_i$ 的泊松分布.

(3) 解: 由条件概率公式得

$$P(N_1(t) = 1 | N(t) = 1) = \frac{P(N_1(t) = 1, N(t) = 1)}{P(N(t) = 1)} = \frac{P(N_1(t) = 1, N(t) - N_1(t) = 0)}{P(N(t) = 1)}$$
$$= \frac{P(N_1(t) = 1, N_2(t) = 0, N_3(t) = 0, \cdots, N_n(t) = 0)}{P(N(t) = 1)}$$
$$= \frac{P(N_1(t) = 1)P(N_2(t) = 0)P(N_3(t) = 0) \cdots P(N_n(t) = 0)}{P(N(t) = 1)}$$
$$= \frac{\lambda_1 t \exp\left(-t\sum_{k=1}^{n} \lambda_k\right)}{t\sum_{k=1}^{n} \lambda_k \exp\left(-t\sum_{k=1}^{n} \lambda_k\right)} = \frac{\lambda_1}{\lambda_1 + \lambda_2 + \cdots + \lambda_n}.$$

6. (1) 解: 当 $t > 0$ 时, 得

$$F_{S_n}(t) = P(S_n \leqslant t) = P(N(t) \geqslant n) = 1 - P(N(t) < n)$$
$$= 1 - \sum_{k=0}^{n-1} P(N(t) = k) = 1 - \sum_{k=0}^{n-1} \frac{(\lambda t)^k}{k!} e^{-\lambda t}.$$

当 $t \leqslant 0$ 时, $F_{S_n}(t) = 0$.

(2) 证明: 由习题 1.2 的第 2 题知,

$$\mathrm{E}[N(t)] = \sum_{n=1}^{\infty} P(N(t) \geqslant n) = \sum_{n=1}^{\infty} P(S_n \leqslant t),$$

而 $\mathrm{E}[N(t)] = \lambda t$. 故结论得证.

(3) 解: 因为 $\mathrm{Var}[N(t)] = \mathrm{E}[N(t)]^2 - (\mathrm{E}[N(t)])^2$, 所以

$$\begin{aligned}
\mathrm{E}[N(t)N(t+s)] &= \mathrm{E}[N(t)(N(t+s) - N(t))] + \mathrm{E}[N(t)]^2 \\
&= \mathrm{E}[N(t)]\mathrm{E}[(N(t+s) - N(t))] + \mathrm{Var}[N(t)] + (\mathrm{E}[N(t)])^2 \\
&= \lambda t \cdot \lambda s + \lambda t + (\lambda t)^2 = (\lambda t)^2 + \lambda t(\lambda s + 1).
\end{aligned}$$

7. 解: 设在 $(0, t]$ 内接受体检的同学人数为 $N(t)$, 则根据题意知, $N(t)$ 服从强度 $\lambda = 1/2$ 的泊松过程. 于是, 1 小时内平均接受体检的同学人数为 $\mathrm{E}[N(60)] = 60\lambda = 30$. 在 1 小时内最多有 40 名同学接受体检的概率为

$$P(N(t+60) - N(t) \leqslant 40) = P(N(60) \leqslant 40) = \sum_{k=0}^{40} P(N(60) = k) = \sum_{k=0}^{40} \frac{30^k}{k!} \mathrm{e}^{-30}.$$

8. 解: (1) 设 $N_i(t), i = 1, 2$, 是到 t 为止乘客乘坐第 i 路公交车的人数, $T_i, i = 1, 2$, 是 i 路公交车有 N_i 人乘坐的时间, 则由题意知 $\{N_i(t), t \geqslant 0\}, i = 1, 2$, 是强度为 λ_i 的泊松过程, 且有第 5 题的第 1 问知, $T_i, i = 1, 2$ 的概率分布密度分别为

$$f_i(t) = \lambda_i \mathrm{e}^{-\lambda_i t} \frac{(\lambda_i t)^{N_i - 1}}{(N_i - 1)!}.$$

因此, 1 路公交车比 2 路公交车早出发的概率为

$$P(T_1 < T_2) = \int_0^{\infty} \int_{t_1}^{\infty} \lambda_1 \lambda_2 \mathrm{e}^{-(\lambda_1 + \lambda_2)t} \frac{(\lambda_1 t_1)^{N_1 - 1}}{(N_1 - 1)!} \frac{(\lambda_2 t_2)^{N_2 - 1}}{(N_2 - 1)!} \mathrm{d}t_2 \mathrm{d}t_1.$$

(2) 根据对称性知, $P(T_1 < T_2) = 1/2$.

9. 解: 设 $S(t) = \sum_{k=1}^{N(t)} Y_k$ 为到时刻 t 为止系统所受的损害. 由于 $Y_i \sim \mathrm{Exp}(1/\mu)$, 所以 $\sum_{k=1}^n Y_k \sim \Gamma(n, 1/\mu)$. 从而

$$P(T > t) = P(S(t) \leqslant A) = P\left(\sum_{k=1}^{N(t)} Y_k \leqslant A\right) = \sum_{i=0}^{\infty} P\left(\sum_{k=1}^{N(t)} Y_k \leqslant A | N(t) = i\right) P(N(t) = i)$$

$$= \sum_{i=0}^{\infty} P\left(\sum_{k=1}^{i} Y_k \leqslant A\right) P(N(t) = i) = \sum_{i=1}^{\infty} \mathrm{e}^{-\lambda t} \frac{(\lambda t)^i}{i!} \int_0^A \frac{(1/\mu)^i}{\Gamma(i)} x^{i-1} \mathrm{e}^{-\frac{x}{\mu}} \mathrm{d}x + \mathrm{e}^{-\lambda t}.$$

于是,

$$\mathrm{E}(T) = \int_0^{\infty} P(T > t) \mathrm{d}t = \sum_{i=1}^{\infty} \int_0^{\infty} \mathrm{e}^{-\lambda t} \frac{(\lambda t)^i}{i!} \mathrm{d}t \int_0^A \frac{(1/\mu)^i}{\Gamma(i)} x^{i-1} \mathrm{e}^{-\frac{x}{\mu}} \mathrm{d}x + \int_0^{\infty} \mathrm{e}^{-\lambda t} \mathrm{d}t$$

$$= (1/\lambda) \sum_{i=1}^{\infty} \int_0^A \frac{(1/\mu)^i}{\Gamma(i)} x^{i-1} \mathrm{e}^{-\frac{x}{\mu}} \mathrm{d}x + 1/\lambda$$

$$= \frac{1}{\lambda\mu} \int_0^A \sum_{i=1}^\infty \frac{(x/\mu)^{i-1}}{(i-1)!} e^{-\frac{x}{\mu}} dx + 1/\lambda = \frac{A}{\lambda\mu} + 1/\lambda.$$

10. 解: 根据题意知, 强度函数为

$$\lambda(t) = \begin{cases} 2, & 7 \leqslant t \leqslant 8, 11 \leqslant t \leqslant 12, \\ 1, & \text{其他}, \end{cases}$$

从而均值函数为

$$m = \int_0^{230} \lambda(t) dt = \int_0^{30} 2dt + \int_{30}^{210} 1dt + \int_{210}^{230} 2dt = 280.$$

因此, 早上七点半至十一点二十平均有 280 辆汽车经过此路口; 这段时间经过路口的车辆超过 500 辆的概率是

$$P(N(230) - N(0) > 500) = 1 - P(N(230) - N(0) \leqslant 500) = 1 - \sum_{i=0}^{500} \frac{280^i}{i!} e^{-280}.$$

11. 解: 设 $N(t)$ 表示到 t 为止图书馆借出的图书本数, 则由题意知, $N(t)$ 是非时齐泊松过程.

$$P(X(t) = n) = P(X(t) = n, N(t) \geqslant n) = P\left(X(t) = n, \bigcup_{i=0}^\infty \{N(t) = n + i\}\right)$$

$$= \sum_{i=0}^\infty P(X(t) = n, N(t) = n + i)$$

$$= \sum_{i=0}^\infty P(X(t) = n | N(t) = n + i) P(N(t) = n + i)$$

$$= \sum_{i=0}^\infty C_{n+i}^n F^n(t) [1 - F(t)]^i \frac{[m(t)]^{(n+i)}}{(n+i)!} e^{-m(t)}$$

$$= \frac{F^n(t) m^n(t) e^{-m(t)}}{n!} \sum_{i=0}^\infty \frac{1}{i!} [\overline{F}(t)]^i m^i(t) = \frac{F^n(t) m^n(t) e^{-m(t)}}{n!} e^{\overline{F}(t)m(t)}$$

$$= \frac{[F(t)m(t)]^n}{n!} e^{-F(t)m(t)}, \quad n = 0, 1, 2, \cdots.$$

所以, $E[X(t)] = \text{Var}(X(t)) = F(t)m(t)$.

12. (1) 证明: 因为 $f(s) > 0$, 且 $\int_{-\infty}^\infty f(s)ds = \int_0^t f(s)ds = 1$, 所以 $f(s)$ 是概率密度函数.

(2) 证明: 与习题 1.2 的第 5 题类似, 故略去.

(3) 证明: 与定理 2.6 的证法类似, 故略去.

习 题 2.3

1. (1) 解: 因为 $B(1) - B(0), B(2) - B(1), \cdots, B(n) - B(n-1)$ 独立同分布, 且 $B(i) - B(i-1) \sim N(0,1)$, $i = 1, 2, \cdots, n$. 因此 $(n-k+1)[B(i) - B(i-1)] \sim N(0, (n-k+1)^2)$, 于是

$$\sum_{k=1}^{n} B(k) = \sum_{k=1}^{n} \sum_{i=1}^{k} [B(i) - B(i-1)] = \sum_{i=1}^{n} \sum_{k=i}^{n} [B(i) - B(i-1)]$$

$$= \sum_{i=1}^{n} (n-i+1)[B(i) - B(i-1)] \sim N\left(0, \sum_{i=1}^{n} (n-i+1)^2\right),$$

所以 $\sum_{k=1}^{n} B(k) \sim N\left(0, \dfrac{n(n+1)(2n+1)}{6}\right)$.

(2) 证明: 根据布朗运动的增量独立性, 以及例 1.3 知, $X(t)$ 为轨道连续的正态过程, 且 $X(0) = 0$. 又因为 $\mathrm{E}[X(t)] = t\mathrm{E}\left[B\left(\dfrac{1}{t}\right)\right] = 0$, 且对 $\forall t > s > 0$ 有

$$\mathrm{E}[X(t)X(s)] = ts\mathrm{E}\left[B\left(\frac{1}{t}\right)B\left(\frac{1}{s}\right)\right] = ts\frac{1}{t} = s,$$

所以, 由定理 2.14 知,

$$\left\{X(t) = tB\left(\frac{1}{t}\right), \ t \geqslant 0\right\}$$

为布朗运动.

2. 解:

$$P(B(2) > 0 | B(1) > 0) = \frac{P(B(2) > 0, B(1) > 0)}{P(B(1) > 0)} = 2P(B(2) > 0, B(1) > 0)$$

$$= 2\int_0^\infty \frac{1}{\sqrt{2\pi}} \exp\left\{-\frac{x_1^2}{2}\right\} \mathrm{d}x_1 \int_0^\infty \frac{1}{\sqrt{2\pi}} \exp\left\{-\frac{(x_2 - x_1)^2}{2}\right\} \mathrm{d}x_2$$

$$= 2\int_0^\infty \frac{1}{\sqrt{2\pi}} \exp\left\{-\frac{x_1^2}{2}\right\} \mathrm{d}x_1 \int_{-x_1}^\infty \frac{1}{\sqrt{2\pi}} \exp\left\{-\frac{u^2}{2}\right\} \mathrm{d}u$$

$$= 2\int_0^\infty [1 - \Phi(-x_1)]\phi(x_1)\mathrm{d}x_1 = 2\int_{-\infty}^0 [1 - \Phi(x_1)]\phi(-x_1)\mathrm{d}x_1$$

$$= 2\int_{-\infty}^0 [1 - \Phi(x_1)]\phi(x_1)\mathrm{d}x_1 = 2\int_{-\infty}^0 [1 - \Phi(x_1)]\mathrm{d}\Phi(x_1)$$

$$= 2[\Phi(x_1) - \frac{1}{2}(\Phi(x_1))^2]|_{-\infty}^0 = 3/4.$$

因为 $P(B(2) > 0, B(1) > 0) = 3/8 \neq 1/4 = P(B(2) > 0)P(B(1) > 0)$ 所以, 事件 $\{B(2) > 0\}$ 与 $\{B(1) > 0\}$ 不独立.

3. 证明: 根据布朗运动的增量独立性, 以及例 1.3 知, $X(t)$ 为轨道连续的正态过程, 且 $X(0) = 0$. 又因为

$$\mathrm{E}[X(t)] = \frac{1}{\sqrt{2}}\mathrm{E}[B_1(t) - B_2(t)] = \frac{1}{\sqrt{2}}\mathrm{E}[B_1(t)] - \frac{1}{\sqrt{2}}\mathrm{E}[B_2(t)] = 0$$

和

$$\begin{aligned}
\mathrm{E}[X(t)X(s)] &= \frac{1}{2}\mathrm{E}\{[B_1(t) - B_2(t)][B_1(s) - B_2(s)]\} \\
&= \frac{1}{2}\{\mathrm{E}[B_1(t)B_1(s)] - \mathrm{E}[B_1(t)]\mathrm{E}[B_2(s)] \\
&\quad - \mathrm{E}[B_2]\mathrm{E}[(t)B_1(s)] + \mathrm{E}[B_2(t)B_2(s)]\} = s,
\end{aligned}$$

所以, $X(t)$ 为布朗运动.

4. 解: 根据 (2.15) 式知, $(B(t), M_t)$ 的联合概率密度函数为

$$f_{(B(t),M_t)}(x,y) = -\frac{2(x-2y)}{t\sqrt{2\pi t}}\exp\left\{-\frac{(x-2y)^2}{2t}\right\}\mathbf{1}_{\{x\leqslant y, y>0\}}$$

进行变量替换

$$\begin{cases} u = y - x, \\ v = x, \end{cases}$$

得 $|J| = 1$, 从而

$$f_{(M_t-B(t),M_t)}(u,v) = \frac{2(2u+v)}{t\sqrt{2\pi t}}\exp\left\{-\frac{(2u+v)^2}{2t}\right\}\mathbf{1}_{\{u+v>0, u\geqslant 0\}}$$

上式两边关于 v 积分, 并令 $\omega = 2u + v$, 得 $M_t - B(t)$ 的密度函数

$$\begin{aligned}
f_{M_t-B(t)}(u) &= \int_{-u}^{\infty} \frac{2(2u+v)}{t\sqrt{2\pi t}}\exp\left\{-\frac{(2u+v)^2}{2t}\right\}\mathrm{d}v \\
&= \int_{u}^{\infty} \frac{2\omega}{t\sqrt{2\pi t}}\exp\left\{-\frac{\omega^2}{2t}\right\}\mathrm{d}\omega \\
&= \frac{2}{\sqrt{2\pi t}}\exp\left\{-\frac{u^2}{2t}\right\}, \quad u > 0.
\end{aligned}$$

观察 $|B(t)|$ 的分布函数可知, $M_t - B(t)$ 与 $|B(t)|$ 同分布.

$$\begin{aligned}
P(M(t) > a|M_t - B(t) = 0) &= \lim_{h\to 0} P(M(t) > a|0 \leqslant M_t - B(t) \leqslant h) \\
&= \lim_{h\to 0} \frac{P(M(t) > a, 0 \leqslant M_t - B(t) \leqslant h)}{P(0 \leqslant M_t - B(t) \leqslant h)},
\end{aligned}$$

又因为

$$\begin{aligned}
P(M(t) > a, 0 \leqslant M_t - B(t) \leqslant h) &= P(0 \leqslant M_t - B(t) \leqslant h|M(t) > a)P(M(t) > a) \\
&= P(|B(t)| \leqslant h|M(t) > a)P(M(t) > a) \\
&= P(B(t) \leqslant h|M(t) > a)P(M(t) > a) - P(B(t) \leqslant -h|M(t) > a)P(M(t) > a)
\end{aligned}$$

$$= P(B(t) \geqslant 2a - h | M(t) > a)P(M(t) > a) - P(B(t) \geqslant 2a + h | M(t) > a)P(M(t) > a)$$

$$= P(B(t) \geqslant 2a - h, M(t) > a) - P(B(t) \geqslant 2a + h, M(t) > a)$$

$$= P(B(t) \geqslant 2a - h) - P(B(t) \geqslant 2a + h)$$

$$= P(2a - h \leqslant B(t) \leqslant 2a + h) = \frac{1}{\sqrt{2\pi t}} \int_{2a-h}^{2a+h} \exp\left\{ -\frac{u^2}{2t} \right\} du,$$

$$P(0 \leqslant M_t - B(t) \leqslant h) = P(|B(t)| \leqslant h) = \frac{2}{\sqrt{2\pi t}} \int_{-\infty}^{h} \exp\left\{ -\frac{x^2}{2t} \right\} dx - 1,$$

所以

$$P(M(t) > a | M_t - B(t) = 0) = \lim_{h \to 0} \frac{\dfrac{1}{\sqrt{2\pi t}} \displaystyle\int_{2a-h}^{2a+h} \exp\left\{ -\dfrac{u^2}{2t} \right\} du}{\dfrac{2}{\sqrt{2\pi t}} \displaystyle\int_{-\infty}^{h} \exp\left\{ -\dfrac{x^2}{2t} \right\} dx - 1}$$

$$= \lim_{h \to 0} \frac{\exp\left\{ -\dfrac{(2a+h)^2}{2t} \right\} + \exp\left\{ -\dfrac{(2a-h)^2}{2t} \right\}}{2\exp\left\{ -\dfrac{h^2}{2t} \right\}}$$

$$= \exp\left\{ -\frac{2a^2}{t} \right\}.$$

5. 证明: (1) 因为 $\{B(t), t \geqslant 0\}$ 是布朗运动, 所以 $X(t)$ 是正态过程, 故其有限维分布完全由它的均值函数和方差函数决定, 现计算它的一阶矩和协方差函数: $\forall 0 \leqslant s \leqslant t \leqslant 1$, 有

$$E[X(t)] = (1 - t)E\left[B\left(\frac{t}{1-t} \right) \right] = 0;$$

$$\mathrm{Cov}[X(s), X(t)] = (1 - s)(1 - t)E\left[B\left(\frac{s}{1-s} \right) B\left(\frac{t}{1-t} \right) \right]$$

$$= (1 - s)(1 - t)\frac{s}{1-s} = s(1 - t).$$

故 $X(t)$ 是布朗桥.

(2) 因为 $\{X(t), t \geqslant 0\}$ 是布朗桥, 所以 $B(t)$ 是轨道连续的正态过程. 因为 $\forall 0 \leqslant s \leqslant t$, 有

$E[B(t)] = (1+t)E\left[X\left(\dfrac{t}{1+t} \right) \right] = 0;\ E[B(s)B(t)] = (1+s)(1+t)E\left[X\left(\dfrac{s}{1+s} \right) X\left(\dfrac{t}{1+t} \right) \right] =$

$(1 + s)(1 + t)\mathrm{Cov}\left[X\left(\dfrac{s}{1+s} \right), X\left(\dfrac{t}{1+t} \right) \right] = (1 + s)(1 + t)\dfrac{s}{1+s}\left(1 - \dfrac{t}{1+t} \right) = s.$ 故 $X(t)$

是布朗运动.

6. 证明: 任取 t 满足 $0 < t < \dfrac{x}{|\mu|}$, 则 $x - |\mu|t > 0$, 故

$$P\left(\sup_{0 \leqslant s \leqslant t} |W(s)| > x \right)$$

$$= P\left(\sup_{0 \leqslant s \leqslant t} |B(s) + \mu s)| > x \right) \leqslant P\left(\sup_{0 \leqslant s \leqslant t} |B(s)| > x - |\mu|t \right)$$

$$= P\Big(\sup_{0 \leqslant s \leqslant t} B(s) > x - |\mu|t \Big) = P(T_{x-|\mu|t} \leqslant t)$$

$$= \frac{2}{\sqrt{2\pi t}} \int_{x-|\mu|t}^{\infty} \exp\{-\frac{u^2}{2t}\} \mathrm{d}u$$

$$\leqslant \frac{2}{\sqrt{2\pi t}} \int_{x-|\mu|t}^{\infty} \frac{u^4}{(x-|\mu|t)^4} \exp\Big\{ -\frac{u^2}{2t} \Big\} \mathrm{d}u$$

$$\leqslant \frac{2}{\sqrt{2\pi t}} \int_{-\infty}^{\infty} \frac{u^4}{(x-|\mu|t)^4} \exp\Big\{ -\frac{u^2}{2t} \Big\} \mathrm{d}u$$

$$= \frac{2}{(x-|\mu|t)^4} \int_{-\infty}^{\infty} \frac{1}{\sqrt{2\pi t}} u^4 \exp\Big\{ -\frac{u^2}{2t} \Big\} \mathrm{d}u$$

$$= \frac{2}{(x-|\mu|t)^4} 3t^2 = o(t),$$

其中正态分布的四阶矩是 $3t^2$.

第 3 章

习 题 3.1

1. 证明: 设 $\{S_n, n \geqslant 0\}$ 的状态空间为 S. 对于任意 $n \in \mathbb{N}_0$, 以及 $i_0, i_1, \cdots, i_{n+1} \in S$, 有

$$P(S_{n+1} = i_{n+1}|S_0 = i_0, \cdots, S_n = i_n) = P(S_n + X_{n+1} = i_{n+1}|S_0 = i_0, \cdots, S_n = i_n)$$
$$= P(X_{n+1} = i_{n+1} - i_n|S_n = i_n)$$
$$= P(S_{n+1} = i_{n+1}|S_n = i_n),$$

所以, $\{S_n, n \geqslant 0\}$ 为马氏链. 对于任意 $i, j \in S$, 其 1 步转移概率为

$$p_{ij} = P(S_{n+1} = j|S_n = i) = P(X_{n+1} = j - i|S_n = i) = P(X_{n+1} = j - i) = P(X = j - i).$$

2. 证明: 设 $\{X_n, n \geqslant 0\}$ 的状态空间为 S. 对于任意 $n \in \mathbb{N}_0$, 以及 $i_0, i_1, \cdots, i_{n+1} \in S$, 有

$$P(X_{n+1} = i_{n+1}|X_0 = i_0, \cdots, X_n = i_n) = P\Big(\sum_{k=1}^{i_n} Z_{n,k} = i_{n+1}|X_0 = i_0, \cdots, X_n = i_n \Big)$$
$$= P\Big(\sum_{k=1}^{i_n} Z_{n,k} = i_{n+1} \Big),$$

而且

$$P(X_{n+1} = i_{n+1}|X_n = i_n) = P\Big(\sum_{k=1}^{i_n} Z_{n,k} = i_{n+1}|X_n = i_n \Big) = P\Big(\sum_{k=1}^{i_n} Z_{n,k} = i_{n+1} \Big),$$

所以

$$P(X_{n+1} = i_{n+1}|X_0 = i_0, \cdots, X_n = i_n) = P(X_{n+1} = i_{n+1}|X_n = i_n).$$

故 $\{X_n, n \geqslant 0\}$ 为马氏链. 当 $X_0 = 1$ 时, $X_1 = Z_{0,1}$, 从而

$$
E(X_n) = E[E(X_n|X_{n-1})] = \sum_{i=1}^{\infty} E(X_n|X_{n-1} = i) P(X_{n-1} = i)
$$

$$
= \sum_{i=0}^{\infty} E\left(\sum_{k=1}^{i} Z_{n-1,k} \Big| X_{n-1} = i\right) P(X_{n-1} = i) = \sum_{i=0}^{\infty} E\left(\sum_{k=1}^{i} Z_{n-1,k}\right) P(X_{n-1} = i)
$$

$$
= \sum_{i=0}^{\infty} i \cdot E(Z_{0,1}) P(X_{n-1} = i) = E(Z_{0,1}) E(X_{n-1}) = E(X_1) E(X_{n-1})
$$

$$
= [E(X_1)]^2 E(X_{n-2}) = \cdots = [E(X_1)]^n.
$$

3. 解: 设 $\{X_n, n \geqslant 0\}$ 的状态空间为 S. 对于任意 $n \in \mathbb{N}_0$, 以及 $i_0, i_1, \cdots, i_{n+1} \in S$, 由于 Z_{n+1} 与 $X_0, X_1, \cdots, X_n$ 相互独立, 所以 $P(X_{n+1} = i_{n+1}|X_0 = i_0, \cdots, X_n = i_n) = P(f(X_n, Z_{n+1}) = i_{n+1}|X_0 = i_0, \cdots, X_n = i_n) = P(f(i_n, Z_{n+1}) = i_{n+1}|X_0 = i_0, \cdots, X_n = i_n) = P(f(i_n, Z_{n+1}) = i_{n+1})$, 而且 $P(X_{n+1} = i_{n+1}|X_n = i_n) = P(f(i, Z_{n+1}) = i_{n+1})$, 所以, $\{X_n, n \geqslant 0\}$ 为马氏链.

4. 解: (1) 由乘法公式和马氏性得

$$
P = P(X_7 = b|X_6 = c) P(X_6 = c|X_5 = a) P(X_5 = a|X_4 = c) P(X_4 = c|X_3 = a)
$$

$$
\times P(X_3 = a|X_2 = c) P(X_2 = c|X_1 = b) P(X_1 = b|X_0 = c)
$$

$$
= \frac{2}{5} \cdot \frac{1}{4} \cdot \frac{3}{5} \cdot \frac{1}{4} \cdot \frac{3}{5} \cdot \frac{1}{3} \cdot \frac{2}{5} = \frac{3}{2500}.
$$

(2) 因为该马氏链的 2 步转移矩阵为

$$
\boldsymbol{P}^{(2)} = \boldsymbol{P} \cdot \boldsymbol{P} = \begin{pmatrix} 17/30 & 9/40 & 5/24 \\ 8/15 & 3/10 & 1/6 \\ 17/30 & 3/20 & 17/90 \end{pmatrix}.
$$

所以得 $P(X_{n+2} = c|X_n = b) = p_{bc}^{(2)} = 1/6$.

5. 解: 记 $\{X_n, n \geqslant 1\}$ 的状态空间为 $S = \{1, 2, \cdots, a\}$. 对于任意 $n \in \mathbb{N}$, 以及 $i_1, i_2, \cdots, i_{n+1} \in S$, 根据题意, 必须 $i_1 \geqslant i_2 \geqslant \cdots \geqslant i_{n+1}$. 此时,

$$
P(X_{n+1} = i_{n+1}|X_1 = i_1, \cdots, X_n = i_n) = \frac{1}{i_n} = P(X_{n+1} = i_{n+1}|X_n = i_n).
$$

因此, $\{X_n, n \geqslant 1\}$ 为马氏链, 且转移矩阵为

$$
\begin{pmatrix} 1 & 0 & 0 & \cdots & 0 \\ 1/2 & 1/2 & 0 & \cdots & 0 \\ \vdots & \vdots & \vdots & & \vdots \\ 1/a & 1/a & 1/a & \cdots & 1/a \end{pmatrix}.
$$

6. 解: 设 $\{Z_n, n \geqslant 0\}$ 的状态空间为 S. 对于任意 $n \in \mathbb{N}$ 以及 $i_1, \cdots, i_{n+1} \in S$, 注意到为使 $P(Z_1 = i_1, \cdots, Z_n = i_n) > 0$, 必须 $i_1 < i_1 < \cdots < i_n$. 根据 Z_n 的定义, 不妨设 $i_{n+1} > i_n$, 于是

$$P(Z_{n+1} = i_{n+1}|Z_1 = i_1, \cdots, Z_n = i_n)$$
$$= \frac{P(Z_1 = i_1, \cdots, Z_n = i_n, Z_{n+1} = i_{n+1})}{P(Z_1 = i_1, \cdots, Z_n = i_n)}$$
$$= \frac{P(X_1 = i_1, \cdots, X_n = i_n, X_{n+1} = i_{n+1})}{P(X_1 = i_1, \cdots, X_n = i_n)}$$
$$= P(X_{n+1} = i_{n+1}) = \frac{P(X_{n+1} = i_{n+1}, \max\{X_1 = i_1, \cdots, X_n = i_n\} = i_n)}{P(\max\{X_1 = i_1, \cdots, X_n = i_n\} = i_n)}$$
$$= \frac{P(Z_{n+1} = i_{n+1}, Z_n = i_n = i_n)}{P(Z_n = i_n)} = P(Z_{n+1} = i_{n+1}|Z_n = i_n) = p_{ij}.$$

故 $\{Z_n, n \geqslant 0\}$ 为马氏链. 由于 $X_n, n \geqslant 1$ 独立同分布, 所以, 当 $i > j$ 时, $p_{ij} = 0$; 当 $i \leqslant j$ 时, $p_{ij} = P(X_{n+1} = j) = \cdots = P(X_1 = j) = p_j$; 当 $i = j$ 时, $p_{ii} = 1 - \sum_{i<j} p_{ij} = \sum_{j=0}^{i} p_j$. 因此, 转移矩阵为

$$\boldsymbol{P} = \begin{pmatrix} p_0 & p_1 & p_2 & \cdots & \cdots & \cdots \\ 0 & p_0+p_1 & p_2 & \cdots & \cdots & \cdots \\ \vdots & \vdots & \vdots & & \vdots & \vdots \\ 0 & 0 & & \sum_{j=0}^{i} p_j & p_{i+1} & \\ \vdots & \vdots & \vdots & & \vdots & \vdots \end{pmatrix}.$$

7. 解: 由题设条件得 1 步转移矩阵

$$\boldsymbol{P} = \begin{pmatrix} p_{00} & p_{01} \\ p_{10} & p_{11} \end{pmatrix} = \begin{pmatrix} 0.7 & 0.3 \\ 0.4 & 0.6 \end{pmatrix},$$

从而 4 步转移矩阵为

$$\boldsymbol{P}^{(4)} = \begin{pmatrix} 0.5749 & 0.4251 \\ 0.5668 & 0.4332 \end{pmatrix}.$$

于是, 今天有雨且第四天仍有雨的概率 $p_{00}^{(4)} = 0.5749$.

8. 解: 设 1 步转移矩阵为 $\boldsymbol{P} = (p_{ij})$, 2 步转移矩阵为 $\boldsymbol{P}^{(2)} = (p_{ij}^{(2)})$. 由题意得, 当 $j < i-1$ 时, $p_{ij} = 0$; 当 $j = i-1$ 时, $p_{ij} = p$; 当 $j = i$ 时, $p_{ij} = q$; 当 $j = i+1$ 时, $p_{ij} = r$; 当 $j > i+1$ 时, $p_{ij} = 0$. 由 C-K 方程知, $p_{ij}^{(2)} = \sum_{k \in \mathbb{Z}} p_{ik}p_{kj}$. 于是得, 当 $j < i-2$ 时, $p_{ij}^{(2)} = 0$; 当 $j = i-2$ 时, $p_{ij}^{(2)} = p^2$; 当 $j = i-1$ 时, $p_{ij}^{(2)} = 2pq$; 当 $j = i$ 时, $p_{ij}^{(2)} = q^2 + 2pr$; 当 $j = i+1$ 时, $p_{ij}^{(2)} = 2rq$; 当 $j = i+2$ 时, $p_{ij}^{(2)} = r^2$; 当 $j > i+2$ 时, $p_{ij}^{(2)} = 0$.

习 题 3.2

1. 概率转移图略. (1) 各状态互通, 只有一个等价类, 故为不可约链. (2) 该链有两个等价类: $\{1,2\}, \{3,4,5\}$. (3) 该链有三个等价类: $\{1,2,3\}, \{4\}, \{5\}$.

2. 解: $\{0,1,3\}$ 为互通的遍历状态, 2 是吸收状态.

3. 证明: 当 $n=0$ 时, 显然成立. 假设存在 $n>0$, 使得 $p_{ij}^{(n)}>0$, 那么 $i\to j$. 根据定理 3.3 的 (3), 由 i 的常返性知, j 也常返. 这与已知相矛盾. 故 $p_{ij}^{(n)}=0$.

4. 解: 考虑状态 0. 因为从 0 出发再回到 0 必须经过偶数步, 所以 $p_{00}^{(2n)}=0, n=1,2,\cdots$;

$$p_{00}^{(2n)} = \mathrm{C}_{2n}^n p^n (1-p)^n = \frac{(2n)!}{n!n!}[p(1-p)]^n.$$

由 $n! \approx \sqrt{2\pi n}(n/\mathrm{e})^n$, 得

$$p_{00}^{(2n)} \approx \frac{[4p(1-p)]^n}{\sqrt{2\pi}}\sqrt{\frac{2}{n}} \leqslant \frac{1}{\sqrt{n\pi}},$$

当且仅当 $p=1/2$ 时取等号. 当 $p=1/2$ 时, $\sum_{n=0}^\infty p_{00}^n = \infty$, 此时, 0 为常返态; 当 $p\neq 1/2$ 时, $4p(1-p)<1$. 记 $c=4p(1-p)$, 则 $p_{00}^{(2n)} \lesssim c^n$, 所以, $\sum_{n=0}^\infty p_{00}^n < \infty$, 此时, 0 为非常返态. 又因为当 $p=1/2$ 时, $\mu=\sum_{n=1}^\infty p_{00}^{(2n)}=\infty$, 所以, 此时是零常返. 由于各个状态互通, 所以根据定理 3.3 和定理 3.6 知, 各状态与零状态常返性一致.

5. 解: 画出概率转移图, 分析可知该马氏链各状态互通, $p_{11}=1/2>0$, 且

$$f_{11} = \sum_{n=0}^\infty f_{11}^{(n)} = \sum_{n=0}^\infty \left(\frac{1}{2}\right)^{n+1} = 1, \quad \mu_1 = \sum_{n=0}^\infty n\left(\frac{1}{2}\right)^{n+1} = 2 < \infty.$$

所以, 状态 1 为正常返、非周期的, 从而为遍历状态. 再由互通性知, 各个状态都是遍历的.

6. 证明: (1) $\Leftrightarrow$ (2). 记 $A_1=\{X_1=i\}, A_n=\{X_n=i, X_k\neq i, 1\leqslant k\leqslant n-1\}$, 则 $\bigcup_{n=1}^\infty A_n = \bigcup_{n=1}^\infty (X_n=i)$. i 为常返状态等价于 $f_{ii}=1$. 故由

$$f_{ii} = \sum_{n=1}^\infty f_{ii}^{(n)} = \sum_{n=1}^\infty P(A_n|X_0=i) = P\left(\bigcup_{n=1}^\infty A_n|X_0=i\right) = P\left(\bigcup_{n=1}^\infty (X_n=i)|X_0=i\right) = 1$$

知 (1) $\Leftrightarrow$ (2).

(1) $\Leftrightarrow$ (3). 因为 $\{S_1(i)\geqslant k+1\} \subseteq \bigcup_{n=1}^\infty A_n$, 所以结合马氏性有

$$P(S_1(i)\geqslant k+1|X_0=i)$$
$$=\sum_{n=1}^\infty P(A_n, S_1(i)\geqslant k+1|X_0=i)$$
$$=\sum_{n=1}^\infty P(A_n|X_0=i)P(S_{n+1}(i)\geqslant k|X_0=i, A_n) = \sum_{n=1}^\infty f_{ii}^{(n)} P(S_{n+1}(i)\geqslant k|X_n=i)$$
$$=\sum_{n=1}^\infty f_{ii}^{(n)} P(S_1(i)\geqslant k|X_0=i) = f_{ii}P(S_1(i)\geqslant k|X_0=i).$$

由上式可得 $P(S_1(i)\geqslant k+1|X_0=i)=(f_{ii})^{k+1}$. 因为 $\{S_1(i)\geqslant n+1\}\subseteq\{S_1(i)\geqslant n\}$, 所以由概率连续性得

$$P(S_1(i)=+\infty|X_0=i) = P\left(\bigcap_{n=1}^\infty \{S_1(i)\geqslant n\}|X_0=i\right) = \lim_{n\to\infty} P(S_1(i)\geqslant n|X_0=i)$$

$$= \lim_{n \to \infty} (f_{ii})^n.$$

所以 $(1) \Leftrightarrow (3)$. $(1) \Leftrightarrow (4)$ 见定理 3.3.

$(4) \Leftrightarrow (5)$. 由

$$\mathrm{E}[S_1(i)|X_0 = i] = \sum_{n=1}^{\infty} \mathrm{E}(I_n(i)|X_0 = i) = \sum_{n=1}^{\infty} P(X_n = i|X_0 = i) = \sum_{n=1}^{\infty} p_{ii}^{(n)},$$

立得.

习 题 3.3

1. 解: 根据转移矩阵画出转移概率图, 此处略去. 对于状态 1, 有

$$f_{11}^{(1)} = f_{11}^{(2)} = 0, \quad f_{11}^{(3)} = 1, \quad f_{11}^{(n)} = 0, \quad n \geqslant 4 \Rightarrow f_{11} = 1,$$

故状态 1 为常返的, 且 $\mu_1 = \sum_{n=1}^{\infty} n f_{11}^{(n)} = 3 < \infty$, 所以状态 1 还是正常返的. 观察易得状态 1 的周期为 3. 对于状态 6, 有

$$f_{66}^{(1)} = f_{66}^{(2)} = 1/2, \quad f_{66}^{(n)} = 0, \quad n \geqslant 3 \Rightarrow f_{66} = 1,$$

故状态 6 为常返的, 且 $\mu_6 = \sum_{n=1}^{\infty} n f_{66}^{(n)} = 3/2 < \infty$, 所以状态 6 还是正常返的. 易得状态 6 非周期, 因而是遍历的. 状态 4 非常返. 从转移概率图分析知, $1 \leftrightarrow 3 \leftrightarrow 5$; $2 \leftrightarrow 6$. 故此马氏链 的状态空间可分解为 $S = \{1,3,5\} \cup \{2,6\} \cup \{4\}$.

2. 解: 根据转移矩阵画出转移概率图, 此处略去. 此链为不可约链, 各状态的周期为 2.

3. 解: 根据转移矩阵画出转移概率图, 此处略去. 闭集为 $\{a, c, e\}$.

4. 解: (1) 各状态的周期为 3. (2) 通过 X_{3n} 的转移矩阵 $\boldsymbol{P}^3$, 画出其概率转移图, 分析得 到其闭集分别为 $\{1,4,6\}$; $\{3,5\}$; $\{2\}$. 各状态的周期都为 1, 即非周期的.

5. 解: $S = \{2\} \cup \{0,1\} \cup \{3\}$.

6. 解: $S = \{0\} \cup \{1,2\} \cup \{3,4,5\} \cup \{6,7,8\}$.

7. 解: 根据转移矩阵画出转移概率图, 此处略去. 此链为不可约链, 各状态的周期为 4.

习 题 3.4

1. (1) 解: 由 $\boldsymbol{\pi} = \boldsymbol{\pi}\boldsymbol{P}$, 以及 $\pi_1 + \pi_2 + \pi_3 = 1$, 得 $\boldsymbol{\pi} = (21/62, 23/62, 18/62)$. 由 $\lim_{n \to \infty} p_{ij}^{(n)} = 1/\mu_j$, 得

$$\lim_{n \to \infty} \boldsymbol{P}^n = \begin{pmatrix} 21/62 & 23/62 & 18/62 \\ 21/62 & 23/62 & 18/62 \\ 21/62 & 23/62 & 18/62 \end{pmatrix}.$$

(2) 由 $\boldsymbol{\pi}(0) = \boldsymbol{\pi}(0)\boldsymbol{P}$ 得, $\boldsymbol{\pi}(0) = (21/62, 23/62, 18/62)$. 此时, 马氏链是平稳的. $\mathrm{E}(X_n) = 121/62, \mathrm{Var}(X_n) \approx 0.627$.

2. 解: 状态 1 和 2 都是吸收态, 因而都是正常返、非周期的. 状态 3, 4 都是非常返的. $p_{11}^{(n)} = 1$, $p_{21}^{(n)} = 0$, $p_{31}^{(n)} = 1/3$, $p_{41}^{(n)} = 1/2 - 1/2^{n+1} \to 1/2$.

3. 解: 平稳分布为 $(1/3, 1/3, 1/3)$.

4. 解: 因为 P 中无零元素, 所以该马氏链每一状态都具有遍历性. 平稳分布为 $(2/3, 1/3)$.

5. 解: 因为 P^2 中无零元素, 所以该马氏链每一状态都具有遍历性. 记 $u = q^2 + pq + p^2$, 则平稳分布为 $(q^2/u, pq/u, p^2/u)$.

6. 解: 因为 P^4 中无零元素, 所以该马氏链每一状态都具有遍历性. 平稳分布为 $(1/11, 3/11, 3/11, 3/11, 1/11)$.

习　题　3.5

1. 证明: 对于任意 $s, t \geqslant 0$, 以及 $i, j \in S$, 由独立增量性, 一方面有

$$P(X_{t+s} = j | X_s = i, X_u = x_u, 0 \leqslant u < s)$$
$$= P(X_{t+s} - X_s = j - i | X_s - X_u = i - x_u, X_u - X_0 = x_u - 0, 0 \leqslant u < s)$$
$$= P(X_{t+s} - X_s = j - i);$$

另一方面有

$$P(X_{t+s} = j | X_s = i = P(X_{t+s} - X_s = j - i | X_s - X_0 = i - 0) = P(X_{t+s} - X_s = j - i),$$

所以, $P(X_{t+s} = j | X_s = i, X_u = x_u, 0 \leqslant u < s) = P(X_{t+s} = j | X_s = i)$. 证毕.

2. 解: 设在时刻 $t = 0$ 只有一个个体, 种群将有的个体数为 $\{1, 2, \cdots\}$. 用 $S_i, i \geqslant 1$ 表示群体数目从 i 增加到 $i + 1$ 所需的时间. 由尤尔过程定义可知, 当群体数目为 i 时, 这 i 个个体产生后代是相互独立的泊松过程. 由泊松过程的可加性知道, 这相当于有一个强度为 λi 的泊松过程. 又由泊松过程的独立增量性可知, S_i 与状态的转移 $(i \geqslant 1)$ 是独立的, 且 $\{S_i\}$ 是相互独立的参数为 λi 的指数变量, 所以尤尔过程是一个连续时间的马尔可夫链. 进一步可求得其转移概率为 $p_{ij}(t) = C_{j-1}^{i-1} e^{-\lambda t} (1 - e^{-\lambda t})^{j-i}, \quad j \geqslant i \geqslant 1$.

3. 解: 设在时刻 $t = 0$ 只有一个个体, 状态空间为 $S = \{1, 2, \cdots\}$. 状态 i 转移到状态 $i + 1$ 说明群体数目增加了一个; 从状态 i 转移到状态 $i - 1$ 说明群体数目减少了一个. 用 S_i 表示过程从状态 i 到达状态 $i + 1$ 或 $i - 1$ 的时间, 则由生灭过程定义和上题知, 群体繁殖过程是一个尤尔过程. 类似地, 由可加性和独立增量性可知, 群体死亡的过程也是一尤尔过程, 即参数为 μi 的指数分布. 由于 S_i 相互独立且与从状态 i 转移到状态 $i + 1$ 或 $i - 1$ 无关, 所以生灭过程可以看作是两个尤尔过程之和, S_i 服从参数为 $(\lambda + \mu) i$ 的指数分布. 依照泊松过程, 计算可得 $p_{i, i+1} = \lambda / (\mu + \lambda), \quad p_{i, i-1} = \mu / (\mu + \lambda)$.

4. 解: 由题意得 $p'_{ij}(t) = 1 - m p_{ij}(t), p_{ii}(0) = 1, p_{ij}(0) = 0$. 解此初值问题得, $p_{ii}(t) = (1 - 1/m) e^{-mt} + 1/m, i = 1, 2, \cdots, m$; $p_{ij}(t) = (1 - e^{-mt})/m, i \neq j, i, j = 1, 2, \cdots, m$.

5. 解: 根据题意计算得

$$Q = \begin{pmatrix} -\lambda & \lambda \\ \mu & -\mu \end{pmatrix}.$$

再由科尔莫戈罗夫向前方程得

$$p'_{00}(t) = -\lambda p_{00}(t) + \mu p_{01}(t), \quad p'_{01}(t) = \lambda p_{00}(t) - \mu p_{01}(t)$$
$$p'_{10}(t) = -\lambda p_{10}(t) + \mu p_{11}(t), \quad p'_{11}(t) = \lambda p_{10}(t) - \mu p_{11}(t)$$
$$p_{00}(0) = p_{11}(0) = 1, \quad p_{10}(0) = p_{01}(0) = 0.$$

从而

$$p_{00}(t) = \mu_0 + \lambda_0 e^{-(\lambda+\mu)t}, \quad p_{11}(t) = \lambda_0 + \mu_0 e^{-(\lambda+\mu)t},$$
$$p_{01}(t) = \lambda_0(1 - e^{-(\lambda+\mu)t}), \quad p_{11}(t) = \mu_0(1 - e^{-(\lambda+\mu)t}).$$

于是,

$$\boldsymbol{P}(t) = \begin{pmatrix} p_{00}(t) & p_{01}(t) \\ p_{10}(t) & p_{11}(t) \end{pmatrix}.$$

第 4 章

习 题 4.1

1. (1) 和 (2) 成立; (3) 和 (4) 不成立.

2. 解: 由题意得

$$
\begin{aligned}
P(N(k) = j) &= P(S_j \leqslant k < S_{j+1}) = P(S_j \leqslant k) - P(S_{j+1} \leqslant k) \\
&= \sum_{m=0}^{k} \mathrm{C}_j^m p^m (1-p)^{j-m} - \sum_{m=0}^{k} \mathrm{C}_{j+1}^m p^m (1-p)^{j+1-m} \\
&= \sum_{m=0}^{k} p^m (1-p)^{j-m} \left[\mathrm{C}_j^m - \mathrm{C}_{j+1}^m (1-p) \right].
\end{aligned}
$$

因为 $P(N(k) \geqslant k) = P(S_k \leqslant k) = \sum_{m=0}^{k} \mathrm{C}_k^m p^m (1-p)^{k-m} = 1$, 所以 $N(k) \geqslant k, \mathrm{a.s.}$ 成立.

3. 解: 由题意得

$$
\begin{aligned}
P(N(t) = n) &= P(S_n \leqslant t < S_{n+1}) = P(S_n \leqslant t) - P(S_{n+1} \leqslant t) \\
&= \int_0^t \frac{\lambda^n}{\Gamma(n)} x^{n-1} e^{-\lambda x} \mathrm{d}x - \int_0^t \frac{\lambda^{n+1}}{\Gamma(n+1)} x^n e^{-\lambda x} \mathrm{d}x \\
&= \int_0^t \frac{\lambda^n}{\Gamma(n+1)} x^{n-1} e^{-\lambda x} (n - \lambda x) \mathrm{d}x.
\end{aligned}
$$

因为 $\mu = n/\lambda$, 所以 $\lim\limits_{t \to \infty} N(t)/t = 1/\mu = \lambda/n, \mathrm{a.s.}$

4. 解: $P(N(1) = 0) = 2/3; P(N(1) = 1) = 1/3; P(N(1) = s) = 0, s \geqslant 2$. $P(N(2) = 1) = 8/9; P(N(2) = 2) = 1/9; P(N(2) = s) = 0, s \geqslant 3$ 或 0. $P(N(3) = 1) = 4/9; P(N(3) = 2) = 2/3; P(N(3) = 3) = 1/27; P(N(3) = s) = 0, s \geqslant 4$ 或 0.

5. 解: 做变换. 令 $X_n^* = X_n - \delta$, 则 $\{X_n^*\}$ 独立同分布, 且共同的密度函数为 $f(x^*) = \rho e^{-\rho x^*} \mathbf{1}_{(x^*>0)}$, 即 $X_n^* \sim \mathrm{Exp}(\rho)$, 因此, 以 $\{X_n^*\}$ 为更新间隔的更新过程为泊松过程 $N^*(t)$. 于是

$$
\begin{aligned}
P(N(t) \geqslant k) &= P(S_k \leqslant t) = P\left(\sum_{i=1}^{k} X_i \leqslant t \right) = P\left(\sum_{i=1}^{k} X_i^* \leqslant t - k\delta \right) \\
&= P(N^*(t - k\delta) \geqslant k) = 1 - P(N^*(t - k\delta) < k)
\end{aligned}
$$

$$= 1 - \sum_{i=0}^{k-1} \frac{(\rho t - \rho k \delta)^i}{i!} e^{-\rho(t-k\delta)} \quad (t > k\delta).$$

6. 解: 根据公式 (4.4) 可直接算得 $m(t) = \lambda t/2 + (e^{-2\lambda t} - 1)/4$.

7. 解: $\lim\limits_{t \to \infty} N(t)/t = 1/\mu = 1/45$, a.s.

8. 解: 令 $Z_n = X_n + Y_n$, 则 $N(t) = \sup\{n : Z_n \leqslant t\}$, 且 $E(Z_n) = 45.5$, 从而, $\lim\limits_{t \to \infty} N(t)/t = 2/91$, a.s.

习　题　4.2

1. 解: 记 $A_s(t) = P(S_{N(t)} \leqslant s)$, 则由

$$P(S_{N(t)} \leqslant s | X_1 = x) = \begin{cases} 1, & \text{若 } t < x, \\ 0, & \text{若 } s < x \leqslant t, \\ A_s(t-x), & \text{若 } 0 < x \leqslant s \end{cases}$$

得

$$A_s(t) = P(S_{N(t)} \leqslant s) = \int_0^\infty P(S_{N(t)} \leqslant s | X_1 = x) \mathrm{d}F(x) = \int_t^\infty \mathrm{d}F(x) + \int_0^s A_s(t-x) \mathrm{d}F(x)$$

$$= 1 - F(t) + \int_0^s A_s(t-x) \mathrm{d}F(x).$$

上式为更新方程. 根据定理 3.3 知, 上述更新方程的解为

$$A_s(t) = 1 - F(x) + \int_0^s [1 - F(t-y)] \mathrm{d}m(y).$$

2. 证明: 根据题意得 $H(t) = h(t) + \int_0^t h(t-s) \mathrm{d}m(s)$. 由分部积分公式得

$$H(t) = h(t) + h(t-s)m(s)\big|_0^t + \int_0^t m(s)\mathrm{d}h(t-s)$$

$$= h(t) - h(t)m(0) + \int_0^t m(s)\mathrm{d}h(t-s),$$

于是,

$$\lim_{t \to \infty} \frac{H(t)}{t} = \lim_{t \to \infty} \int_0^t \frac{m(t-u)}{t} \mathrm{d}h(u) = \frac{1}{\mu} \lim_{t \to \infty} h(t) = \frac{h^*}{\mu}.$$

3. 见文献 (何书元, 2008) 的例 3.1 和例 3.2.

习　题　4.3

1. 解: 设库存少于 x 为关, 库存大于等于 x 为开, 则由交替更新过程的性质, 即定理 4.7 得

$$\lim_{t \to \infty} P(X(t) \geqslant x) = \frac{E[\text{一次循环中存货数大于 } x \text{ 的总时间}]}{E[\text{一次循环的总时间}]} = \frac{1 + m_G(S-x)}{1 + m_G(S-s)},$$

其中, $m_G(t) = \sum_{n=1}^{\infty} G_n(t)$.

2. 解: 设过程每回到状态 i 就称为一次开. 记 $X^{(k)}$ 为过程第 k 次处于开的时间, $Y_j^{(k)}$ 为过程第 k 次在状态 j 所停留的时间, 于是称 $Y^{(k)} = \sum_{j,j \neq i}^{n} Y_j^{(k)}$ 为系统关闭的时间. 根据交替更新过程的性质, 即定理 4.7 得

$$\lim_{t \to \infty} P(\text{时刻 } t \text{ 系统处于状态 } i) = \frac{\mathrm{E}[X^{(k)}]}{\mathrm{E}[X^{(k)} + Y^{(k)}]} = \frac{\mathrm{E}(X_i)}{\sum_{i=1}^{n} \mathrm{E}(X_i)}.$$

3. 解: 用更新回报过程解决该问题. 请读者参考文献 (张波, 张景肖, 2016) 的例 4.4.

4. 解: 用更新回报过程解决该问题. 设第 n 架飞机的使用寿命为 T_n 年, 则这架飞机实际使用年限为 $X_n = \min\{T_n, s\}$, 放弃第 n 架飞机的获利为 $Y_n = sb - a$, 当 $T_n > s$; $Y_n = T_n b - a - c$, 当 $T_n \leqslant s$. 当 $T_1, T_2, \cdots$ 是来自总体 T 的随机变量时, (X_j, Y_j) 就是独立同分布的随机向量. 用 $\{N(t)\}$ 表示以 $\{X_i\}$ 为更新间隔的更新过程, 则在时间段 $[0, t]$ 中的获利为

$$M(t) = \sum_{j=1}^{N(t)} Y_j + A(t)b,$$

其中, $A(t) = t = S_{N(t)} \leqslant s$, 于是长时间后, 一架飞机每年平均贡献的利润为 $\mathrm{E}[M(t)/t] \approx \mathrm{E}(Y_1)/\mathrm{E}(X_1)$, 其中 $\mathrm{E}(X_1) = \int_0^s P(T_1 > x)\mathrm{d}x$, $\mathrm{E}(Y_1) = (sb - a)P(T_1 > s) + b\int_0^s x\mathrm{d}P(T \leqslant x) - (a + c)P(T \leqslant s)$.

第 5 章

习 题 5.1

1. 证明: 注意到 $\{X_n, n \geqslant 1\}$ 的独立同分布性. 按照鞅的定义直接验证即可.

2. (1) 和 (2) 证明: 按照鞅和下鞅的定义直接验证即可.

(3) 解: 因为 $\mathrm{E}(Z_n) = 0$, 所以

$$\begin{aligned}
\rho(Z_m, Z_{m+n}) &= \frac{\mathrm{Cov}(Z_m, Z_{m+n})}{\sqrt{\mathrm{Var}(Z_m)}\sqrt{\mathrm{Var}(Z_{m+n})}} = \frac{\mathrm{E}(Z_m Z_{m+n})}{\sqrt{\mathrm{Var}(Z_m)}\sqrt{\mathrm{Var}(Z_{m+n})}} \\
&= \frac{\mathrm{E}[Z_m(Z_{m+n} - Z_m)] + \mathrm{E}Z_m^2}{\sqrt{\mathrm{Var}(Z_m)}\sqrt{\mathrm{Var}(Z_{m+n})}} = \frac{4mpq}{\sqrt{4mpq}\sqrt{4(m+n)pq}} = \sqrt{\frac{m}{m+n}}.
\end{aligned}$$

(4) 解: 因为

$$\begin{aligned}
\mathrm{E}(Z_{n+k}|Y_n) &= \mathrm{E}[Z_n + X_{n+1} + \cdots + X_{n+k} - k(p-q)|Y_n] \\
&= Z_n + \mathrm{E}[X_{n+1} + \cdots + X_{n+k}] - k(p-q) = Z_n,
\end{aligned}$$

所以 $\mathrm{E}(Z_3|Y_2) = Z_2 = Y_2 - 2(p-q)$, 从而它的分布律为 $P(\mathrm{E}(Z_3|Y_2) = -2 - 2(p-q)) = q^2$; $P(\mathrm{E}(Z_3|Y_2) = -2(p-q)) = pq$; $P(\mathrm{E}(Z_3|Y_2) = 2 - 2(p-q)) = p^2$.

(5) 解: $\mathrm{E}(U_8|Y_7 = 3) = \mathrm{E}[(q/p)^{Y_7 + X_8}|Y_7 = 3] = (q/p)^3 \mathrm{E}((q/p)^{X_8}) = (q/p)^3$.

3. (1) 和 (2) 证明: 按照鞅的定义直接验证即可.

4. 证明: 根据性质 5.1 的 (5), 得

$$
\begin{aligned}
\mathrm{E}[(X_m - X_l)X_k] &= \mathrm{E}\big\{\mathrm{E}[(X_m - X_l)X_k | Y_0, Y_1, \cdots, Y_k]\big\} \\
&= \mathrm{E}\big\{X_k \mathrm{E}[(X_m - X_l) | Y_0, Y_1, \cdots, Y_k]\big\} \\
&= \mathrm{E}\big\{X_k[\mathrm{E}(X_m | Y_0, Y_1, \cdots, Y_k) - \mathrm{E}(X_l | Y_0, Y_1, \cdots, Y_k)]\big\} \\
&= \mathrm{E}[X_k(X_k - X_k)] = 0.
\end{aligned}
$$

5. 解: 由鞅的定义易得 $a \neq 1/\beta$.

6. 证明: 因为 X_n 是 $U_0, \cdots, U_n$ 的函数, $\mathrm{E}|X_n| = 2^n < \infty$, 且

$$
\begin{aligned}
\mathrm{E}(X_{n+1} | U_0, \cdots, U_n) &= \frac{2X_n}{U_n} \mathrm{E}(1 - U_{n+1} | U_0, \cdots, U_n) = \frac{2X_n}{U_n}[1 - \mathrm{E}(U_{n+1} | U_0, \cdots, U_n)] \\
&= \frac{2X_n}{U_n}\left(1 - \frac{2 - U_n}{2}\right) = X_n
\end{aligned}
$$

所以, $\{X_n, n \geqslant 0\}$ 关于 $\{U_n, n \geqslant 0\}$ 是鞅.

7. 证明: $Z_n - Z_{n-1} = \mathrm{E}(X_n | X_0, \cdots, X_{n-1}) - Z_{n-1} \geqslant X_{n-1} - X_{n-1} = 0.$

8. 证明: 根据条件期望的性质和鞅的概念得

$$
\begin{aligned}
\mathrm{E}[(X_k - X_{k-1})(Y_k - Y_{k-1})] &= \mathrm{E}\{\mathrm{E}[X_k Y_k - X_k Y_{k-1} - X_{k-1}Y_k + X_{k-1}Y_{k-1} | Z_0, \cdots, Z_{k-1}]\} \\
&= \mathrm{E}(X_k Y_k) - \mathrm{E}(X_{k-1}Y_{k-1}),
\end{aligned}
$$

$$
\mathrm{E}[(X_k - X_{k-1})^2] = \mathrm{E}\{\mathrm{E}[X_k^2 - 2X_k X_{k-1} + X_{k-1}^2 | Z_0, \cdots, Z_{k-1}]\} = \mathrm{E}X_k^2 - \mathrm{E}X_{k-1}^2,
$$

由上面两式易证结果.

9. 证明: 因为 $f(x) = (x - a)^+$ 为凸函数, 所以根据性质 5.1 的 (4) 易得证.

习 题 5.2

1. 证明: 因为 $\mathrm{E}(X_{T \wedge n}^2 \mathbf{1}_{\{T \leqslant n\}}) \leqslant \mathrm{E}(X_{T \wedge n}^2) \leqslant C$, 而且

$$
\mathrm{E}(X_{T \wedge n}^2 \mathbf{1}_{\{T \leqslant n\}}) = \sum_{k=0}^{n} \mathrm{E}(X_T^2 | T = k)P(T = k) \to \sum_{k=0}^{\infty} \mathrm{E}(X_T^2 | T = k)P(T = k) = \mathrm{E}(X_T^2),
$$

所以, $\mathrm{E}(X_T^2) \leqslant C < \infty$. 于是, $\mathrm{E}|X_T| \leqslant [\mathrm{E}(X_T^2)]^{1/2} < \infty$. 另一方面,

$$
\mathrm{E}|X_n \mathbf{1}_{\{T > n\}}| \leqslant \sqrt{\mathrm{E}(X_{T \wedge n}^2)}\sqrt{\mathrm{E}(\mathbf{1}_{\{T > n\}}^2)} \leqslant \sqrt{C}P(T > n) \to 0.
$$

故由定理 5.4 知, $\mathrm{E}(X_T) = \mathrm{E}(X_0)$.

2. 证明: (1) 记 $Z = \sum_{n=1}^{\infty}|X_n|\mathbf{1}_{\{T \geqslant n\}}$, $Z_m = \sum_{n=1}^{m}|X_n|\mathbf{1}_{\{T \geqslant n\}}$, 则 $Z_m \uparrow Z$, 而且 $\mathrm{E}(Z_m) \leqslant m\mathrm{E}|X_1| < \infty$, $\mathrm{E}(Z_1) > -\infty$. 于是, 由单调收敛定理知, Z 的积分存在, 且 $\mathrm{E}(Z_m) \uparrow \mathrm{E}(Z)$, 所以, $\mathrm{E}(Z) < \infty$.

(2) 因为 $|M_n| \leqslant \sum_{k=1}^{T}|X_k - \mu|$, 所以 $\mathrm{E}|M_n| \leqslant \mathrm{E}(T)\mathrm{E}|X_1 - \mu| \leqslant \mathrm{E}(T)(\mathrm{E}|X_1| + |\mu|) < \infty$. 根据引理 5.6 知 M_n 一致可积. 又因为

$$
\mathrm{E}(M_{n+1} | X_1, \cdots, X_n) = \mathrm{E}(M_{n+1}\mathbf{1}_{\{T \leqslant n\}} + M_{n+1}\mathbf{1}_{\{T > n\}} | X_1, \cdots, X_n)
$$

$$= \mathrm{E}(M_{n+1}\mathbf{1}_{\{T\leqslant n\}}|X_1,\cdots,X_n) + \mathrm{E}(M_{n+1}\mathbf{1}_{\{T>n\}}|X_1,\cdots,X_n)$$

$$= M_n\mathbf{1}_{\{T\leqslant n\}} + M_n\mathbf{1}_{\{T>n\}} = M_n,$$

所以, $\{M_n, n \geqslant 1\}$ 关于 $\{X_n, n \geqslant 1\}$ 是一致可积鞅.

3. 证明: 由 $\mathrm{E}(T) < \infty$ 知 $P(T < \infty) = 1$. 再由 $\{X_n, n \geqslant 0\}$ 为独立同分布得 $\{|X_n - \mu|, n \geqslant 0\}$ 为独立同分布, 于是根据引理 5.4 知

$$\mathrm{E}\left(\sum_{k=1}^{T}|X_k - \mu|\right) = \mathrm{E}(T)\mathrm{E}|X_k - \mu| < \infty,$$

由此得 $\mathrm{E}|M_T| < \infty$. 由 $\mathrm{E}(T) = \sum_{n=1}^{\infty} nP(T = n) < \infty$ 得 $nP(T \geqslant n) \to 0$, $n \to \infty$, 于是

$$\mathrm{E}|M_n\mathbf{1}_{\{T>n\}}| \leqslant \sqrt{\mathrm{E}(M_n^2)}\sqrt{\mathbf{1}_{\{T>n\}}} \leqslant n\sigma^2 P(T \geqslant n) \to 0.$$

故由定理 5.4 知, $\mathrm{E}(M_T) = \mathrm{E}(M_0) = 0$. 证毕.

4. (1) 和 (2) 的证明直接按照鞅的定义验证即可, 故略去.

(3) 解: 因为 S_T 只取 0 和 N, 所以

$$\mathrm{E}(M_T) = 1 \cdot P(M_T = 1) + \left(\frac{1-p}{p}\right)^N P\left(M_T = \left(\frac{1-p}{p}\right)^N\right).$$

根据停时定理 $M_T = M_0 = \left(\dfrac{1-p}{p}\right)^a$, 故得到

$$1 \cdot P(S_T = 0) + \left(\frac{1-p}{p}\right)^N P(S_T = N) = \left(\frac{1-p}{p}\right)^a.$$

再由 $P(S_T = 0) + P(S_T = N) = 1$, 得

$$P(S_T = 0) = [p^N(1-p)^a - p^a(1-p)^N]/[p^{N+a} - p^a(1-p)^N].$$

类似地, 可求得

$$\mathrm{E}(T) = \frac{1}{1-2p}\left[a - N\frac{\left(\dfrac{1-p}{p}\right)^a - 1}{\left(\dfrac{1-p}{p}\right)^N - 1}\right]$$

5. (1) 证明: 根据题意, $\{X_n, n \geqslant 0\}$ 是非时齐马尔可夫链, 其转移概率为

$$P(X_{n+1} = k+1|X_n = k) = \frac{k}{n+2}, \quad P(X_{n+1} = k|X_n = k) = 1 - \frac{k}{n+2}.$$

因为

$$\mathrm{E}(X_{n+1}|X_n) = (X_n + 1)\frac{X_n}{n+2} + X_n\left(1 - \frac{X_n}{n+2}\right) = X_n + \frac{X_n}{n+2},$$

所以, 由马氏性得

$$\mathrm{E}(M_{n+1}|\mathcal{F}_n) = \mathrm{E}(M_{n+1}|X_n) = \frac{1}{n+3}\mathrm{E}(X_{n+1}|X_n) = \frac{1}{n+3}\left(X_n + \frac{X_n}{n+2}\right)$$

$$= \frac{X_n}{n+2} = M_n.$$

故 $\{M_n\}$ 为鞅.

(2) 证明: 因为 $P(M_n = k/(n+2)) = P(X_n = k)$, 故只需证明 $P(X_n = k) = 1/(n+1)$, $k = 1, 2, \cdots, n+1$ 即可. 事实上, 根据数学归纳法, 并应用全概率公式, 当假设 $P(X_n = k) = 1/(n+1)$ 成立时,

$$P(X_{n+1} = k)$$
$$= P(X_{n+1} = k | X_n = k)P(X_n = k) + P(X_{n+1} = k | X_n = k-1)P(X_n = k-1)$$
$$= \frac{n+2-k}{n+2} \cdot \frac{1}{n} + \frac{k-1}{n+2} \cdot \frac{1}{n+1} = \frac{1}{n+2}.$$

6. 证明: 令 $T = \min\{k, k \geqslant 0, X_k > \lambda\}$, 则 T 关于 $\{X_n\}$ 为停时, 且 $X_T > \lambda$. 根据引理 5.2 得

$$E(X_n) \geqslant E(X_{T \wedge n}) \geqslant X_{T \wedge n} \mathbf{1}_{\{\max_{0 \leqslant k \leqslant n}\{X_k\} > \lambda\}}.$$

考虑到 $\{\max_{0 \leqslant k \leqslant n}\{X_k\} > \lambda\}$ 发生时, $\{T \leqslant n\}$ 发生, 于是此时 $T \wedge n = T$. 故

$$E(X_n) \geqslant E(X_{T \wedge n} \mathbf{1}_{\{\max_{0 \leqslant k \leqslant n}\{X_k\} > \lambda\}}) \geqslant \lambda E(\mathbf{1}_{\{\max_{0 \leqslant k \leqslant n}\{X_k\} > \lambda\}}) = \lambda P(\{\max_{0 \leqslant k \leqslant n}\{X_k\} > \lambda\}).$$

习 题 5.3

1. 证明: 因为 $0 < M_n < 1$, 所以 $\{M_n\}$ 为一致可积鞅. 根据定理 5.8 得 $M_n \to M_\infty$, $n \to \infty$, 且 $EM_\infty = EM_0 = k/(k+m)$.

2. 证明: 根据题意得 $\{S_n, n \geqslant 0\}$ 为关于 $\{X_n, n \geqslant 0\}$ 的鞅, 且

$$E\left(\frac{S_n^2}{a_n^2}\right) \leqslant \frac{1}{a_n^2} \sum_{k=1}^{n} E(X_k^2) \leqslant \sum_{k=1}^{n} \frac{E(X_k^2)}{a_k^2} \leqslant \sum_{k=1}^{\infty} \frac{E(X_k^2)}{a_k^2} < \infty.$$

于是,

$$P(\lim_{n \to \infty} S_n/a_n = 0) = 1.$$

习 题 5.4

1. 证明: 按照鞅的定义并结合布朗运动的性质易证, 此处略去.
2. 证明: 按照鞅的定义并结合泊松过程的增量独立性易证, 此处略去.

第 6 章

习 题 6.1

1. 解: 要使 $\int_0^1 (1-t)^{-\alpha} dB(t)$ 有定义, 必须 $\int_0^1 (1-t)^{-2\alpha} dt < \infty$, 于是, $\alpha < 1/2$.

2. 解: 要使 $Y(t)$ 存在, 必须 $\int_0^t (t-s)^{-2\alpha} \mathrm{d}s < \infty$, 于是, $\alpha < 1/2$. 根据定理 6.3, $Y(t)$ 的方差 $\mathrm{Var}(Y(t)) = \int_0^t (t-s)^{-2\alpha} \mathrm{d}s$.

习 题 6.2

1. 证明: 对于任意固定的 t, 非随机函数的伊藤积分 $Y(t)$ 的期望为 0, 方差为 $\int_0^t X^2(t,s)\mathrm{d}s$, 而且由于伊藤积分 $\int_t^{t+u} X(t+u,s)\mathrm{d}B(s)$ 独立于 $\mathcal{F}_t$, 所以

$$\mathrm{E}\left(\int_0^t X(t,s)\mathrm{d}B(s) \int_t^{t+u} X(t+u,s)\mathrm{d}B(s)\right)$$

$$= \mathrm{E}\left[\int_0^t X(t,s)\mathrm{d}B(s)\mathrm{E}\left(\int_t^{t+u} X(t+u,s)\mathrm{d}B(s)\Big|\mathcal{F}_s\right)\right] = 0.$$

于是,

$$\mathrm{Cov}(Y(t),Y(t+u)) = \mathrm{E}(Y(t)Y(t+u))$$

$$= \mathrm{E}\left[\int_0^t X(t,s)\mathrm{d}B(s)\left(\int_0^t X(t+u,s)\mathrm{d}B(s) + \int_t^{t+u} X(t+u,s)\mathrm{d}B(s)\right)\right]$$

$$= \mathrm{E}\left[\int_0^t X(t,s)\mathrm{d}B(s) \int_0^t X(t+u,s)\mathrm{d}B(s)\right] = \int_0^t X(t,s)X(t+u,s)\mathrm{d}s.$$

习 题 6.3

1. 解: 使用定理 6.11 即可.

2. 解: 设 $f(x,t) = txe^{-x}$, 则当取 $x = B(t)$ 时, $X(t)/Y(t) = f(B(t),t)$. 由定理 6.14 得

$$\mathrm{d}\left(\frac{X(t)}{Y(t)}\right) = \mathrm{d}(f(B(t),t)) = \frac{\partial f}{\partial x}(B(t),t)\mathrm{d}B(t) + \frac{\partial f}{\partial t}(B(t),t)\mathrm{d}t + \frac{1}{2}\frac{\partial^2 f}{\partial x^2}(B(t),t)\mathrm{d}[B,B](t)$$

$$= t(1-B(t))e^{-B(t)}\mathrm{d}B(t) + B(t)e^{-B(t)}\mathrm{d}t + \frac{1}{2}t(B(t)-2)e^{-B(t)}\mathrm{d}t.$$

3. 解: 设 $f(x,t) = e^{2x-t}$, 则当取 $x = B(t)$ 时, $(X(t))^2 = f(B(t),t)$. 由定理 6.14 得

$$\mathrm{d}(X(t))^2 = 2e^{B(t)-t}\mathrm{d}B(t) + e^{2B(t)-t}\mathrm{d}t.$$

4. 证明: (1) 用伊藤公式证明. 设 $f(x,t) = x^3 - 3tx$, 则当取 $x = B(t)$ 时, $X(t) = f(B(t),t)$. 由定理 6.14 得

$$\mathrm{d}X(t) = 3[B^2(t)-t]\mathrm{d}B(t).$$

又 $\int_0^T \mathrm{E}(3B^2(t)-3t)^2\mathrm{d}t < \infty$, 所以, $X(t)$ 为鞅.

(2) 用鞅的定义证明. 首先, $\mathrm{E}|X(t)| < \infty$; 其次, 注意到 $\mathrm{E}(B(t+s)-B(t))^3 = 0$, $\mathrm{E}(B(t+s)-B(t))^2 = s$, 并应用 $B(t+s) = B(t) + (B(t+s)-B(t))$ 以及立方和公式可证 $X(t)$ 为鞅.

5. 证明: 设 $f(x, t) = \mathrm{e}^{t/2} \sin x$, 则当取 $x = B(t)$ 时, $X(t) = f(B(t), t)$. 由定理 6.14 得 $\mathrm{d}X(t) = \mathrm{e}^{t/2} \cos B(t) \mathrm{d}B(t)$, 且 $\int_0^T \mathrm{E}(X(t))^2 \mathrm{d}t < \infty$, 所以, $X(t)$ 为鞅.

6. 解: $\mathrm{d}X(t) = \mathrm{d}B(t)$.

7. 解: 用公式计算得 $\mathrm{d}X(t) = t\mathrm{d}B(t) + B(t)\mathrm{d}t$; $\mathrm{d}[X, X](t) = (\mathrm{d}X(t))^2 = t^2\mathrm{d}t$; $[X, X](t) = t^3/3$.

8. 解: 因为 $X(t) = tB(t) - \int_0^t s\mathrm{d}B(s) = \int_0^t s\mathrm{d}B(s) + \int_0^t B(s)\mathrm{d}s - \int_0^t s\mathrm{d}B(s) = \int_0^t B(s)\mathrm{d}s$, 所以, $X(t)$ 可微, 且有限变差. 故 $[X, X](t) = 0$.

9. 证明: 根据定理 6.7 得, $B^3(t) = 3\int_0^t B^2(s)\mathrm{d}B(s) + 3\int_0^t B(s)\mathrm{d}s$, 证毕.

10. 证明: 由 (6.14) 式立得.

11. 证明: 根据定理 6.7 得 $B^k(t) = k\int_0^t B^{k-1}(s)\mathrm{d}B(s) + (1/2)k(k-1)\int_0^t B^{k-2}(s)\mathrm{d}s$. 上式两边取期望, 等号右边第一个积分期望为零, 因此, 问题得证. 利用所证等式易求 $\mathrm{E}[B^6(t)]$, 此处略去.

习　题　6.4

1. 解: $X(t) = X(0)\mathrm{e}^{\mu t} + \int_0^t \mathrm{e}^{\mu(t-s)}\mathrm{d}B(s)$. 见例 6.17.

2. 解: (1) 方程两边同时乘以 e^t, 得 $\mathrm{d}(\mathrm{e}^t X(t)) = \mathrm{d}(B(t))$, 从而, $X(t) = (X(0) + B(t))\mathrm{e}^{-t}$.

(2) 应用公式 (6.32), 注意到 $\alpha(t) = \gamma, \beta(t) = 0, \gamma(t) = 0, \delta(t) = \sigma$, 得

$$X(t) = \exp\left(\sigma B(t) - \sigma^2/2\right)X(0) + \gamma\int_0^t \exp\left[\frac{\sigma^2}{2}(s-t) - \sigma(B(t) - B(s))\right]\mathrm{d}s.$$

(3) 应用公式 (6.32), 得 $X(t) = m + (X(0) - m)\mathrm{e}^{-t} + \sigma\int_0^t \mathrm{e}^{(s-t)}\mathrm{d}B(s))$.

(4) 应用公式 (6.32), 得

$$X(t) = X(0)\exp\left[(1 - \sigma^2/2)t + \sigma B(t)\right]$$
$$+ \int_0^t \exp\left[(1 - \sigma^2/2)(t-s)^{-s} + \sigma(B(t) - B(s))\right]\mathrm{d}s.$$

第　7　章

习　题　7.1

1. 证明: 根据条件期望的性质得

$$P(S'(t) \leqslant x) = \mathrm{E}\left[P\left(\sum_{n=1}^{N(t)} X_k \leqslant x \middle| N(t)\right)\right]$$

$$= \sum_{n=0}^{\infty} P\left(\sum_{n=1}^{N(t)} X_k \leqslant x \Big| N(t) = n \right) P(N(t) = n)$$

$$= \sum_{n=0}^{\infty} P\left(\sum_{n=1}^{n} X_k \leqslant x \right) P(N(t) = n) = \sum_{n=0}^{\infty} \frac{(\lambda t)^n}{n!} e^{-\lambda t} F^{n*}(x).$$

2. 略.

习　题　7.2

1. 略.
2. 略.

参 考 文 献

伏见正则. 1997. 概率论和随机过程. 李明哲, 译. 北京: 世界图书出版公司.

龚光鲁, 钱敏平. 2007. 应用随机过程教程. 北京: 清华大学出版社.

何声武. 1999. 随机过程引论. 北京: 高等教育出版社.

何书元. 2008. 随机过程. 北京: 北京大学出版社.

林元烈. 2002. 应用随机过程. 北京: 清华大学出版社.

孙清华, 孙昊. 2003. 随机过程: 内容、方法与技巧. 武汉: 华中科技大学出版社.

王梓坤. 1996. 随机过程通论: 上、下卷. 北京: 北京师范大学出版社.

严加安. 2012. 金融数学引论. 北京: 科学出版社.

杨洋, 王开永. 2013. 保险风险管理中的破产渐近分析. 北京: 科学出版社.

张波, 张景肖. 2016. 应用随机过程. 北京: 清华大学出版社.

Asmussen S, Albrecher H. 2010. Ruin Probabilities. 2nd ed. New Jersey: World Scientific.

Embrechts P, Klüppelberg C, Mikosch T. 1997. Modelling Extremal Events for Insurance and Finance. Berlin: Springer.

Feller W. 1971. Introduction to Probability Theory and Its Applications: Vol II. 2nd ed. New York: John Wiley & Sons.

Feller W. 1968. Introduction to Probability Theory and Its Applications: Vol I. 3rd ed. New York: John Wiley & Sons.

Gut A. 1988. Stopped Random Walk. Limit Theorem and Applications. New York: Springer.

Kallenberg O. 1997. Foundations of Modern Probability. Berlin: Springer.

Kannan D. 1979. An Introduction to Stochastic Processes. Oxford: North Holland.

Klebaner F C. 2005. Introduction to Stochastic Calculus With Applications. 2nd ed. London: Imperial College Press.

Loève M. 1977. Probability Theory: Vol I. 4th ed. New York: Springer.

Loève M. 1978. Probability Theory: Vol II. 4th ed. New York: Springer.

Øksendal B. 2003. Stochastic Differential Equations: An Introduction with Applications. 6th ed. Berlin: Springer.

Ross S M. 2005. An Elementary Introduction Mathematical Finance: Options and Other Topics. 2nd ed. Cambridge: Cambridge University Press.

Ross S M. 2015. Introduction to Probability Models. 11th ed. New York: Elsevier Inc.

Shiryaev A N. 1996. Probability. 2nd ed. New York: Springer.

Shreve S E. 2004. Stochastic Calculus for Finance II: Continuous-Time Models: Vol II. Berlin: Springer.

科学计算及其软件教学丛书

运 筹 学 基 础

孙文瑜　朱德通　徐成贤　著

科 学 出 版 社

北 京

内 容 简 介

本书为《科学计算及其软件教学丛书》之一，系统地介绍了运筹学所研究的主要内容，包括线性规划、非线性规划、运输问题和分配问题、网络优化、整数规划、动态规划、目标规划、对策论、决策分析、存储论、遗传算法、预测预报与时间序列处理. 全书共 13 章，分别描述了求解这些问题的实用方法，每章结尾都配有一定数量的习题，有些章节还给出了调用 MATLAB 程序进行求解的例子. 本书通俗易懂，理论、算法与应用兼顾，是一本运筹学的入门性教材.

本书可用作信息与计算科学、数学与应用数学、管理、金融、经济、工程等相关专业的本科生教材或教学参考书，也可用作有关专业的研究生和 MBA 学生教材，同时可供管理人员和工程技术人员自学、参考.

图书在版编目(CIP)数据

运筹学基础/孙文瑜，朱德通，徐成贤著. —北京：科学出版社，2013
（科学计算及其软件教学丛书）
ISBN 978-7-03-037515-5

I. ①运⋯　II. ①孙⋯ ②朱⋯ ③徐⋯　III. ①运筹学　IV. ①O22

中国版本图书馆 CIP 数据核字(2013) 第 103635 号

责任编辑：李鹏奇　王　静/责任校对：张小霞
责任印制：赵　博/封面设计：陈　敬

科学出版社出版
北京东黄城根北街 16 号
邮政编码：100717
http://www.sciencep.com

北京富资园科技发展有限公司印刷
科学出版社发行　各地新华书店经销
*
2013 年 6 月第　一　版　　开本：720 × 1000 1/16
2024 年 7 月第十一次印刷　　印张：22 1/2
字数：436 000
定价：**65.00** 元
（如有印装质量问题，我社负责调换）

《科学计算及其软件教学丛书》序

随着国民经济的快速发展, 科学和技术研究中提出的计算问题越来越多, 越来越复杂. 计算机及其应用软件的迅猛发展为这些计算问题的解决创造了良好的条件, 而培养一大批以数学和计算机为主要工具, 研究各类问题在计算机上求解的数学方法及计算机应用软件的专业人才也越来越迫切.

1998 年前后, 教育部着手对大学数学专业进行调整, 将计算数学及其应用软件、信息科学、运筹与控制专业合并, 成立了 "信息与计算科学专业". 该专业成立之初, 在培养目标、指导思想、课程设置、教学规范等方面存在不少争议, 教材建设也众说纷纭. 科学出版社的编辑曾多次找我, 就该专业的教材建设问题与我有过多次的讨论. 2005 年 11 月在大连理工大学召开的第九届全国高校计算数学年会上, 还专门讨论了教材编写工作, 并成立了编委会. 在会上, 编委会就教材编写的定位和特色等问题进行了讨论并达成了共识. 按照教育部数学与统计学教学指导委员会起草的 "信息与计算科学专业教学规范" 的要求, 决定邀请部分高校教学经验丰富的教师编写一套教材, 定名为 "科学计算及其软件教学丛书". 该丛书涵盖信息与计算科学专业的大部分核心课程, 偏重计算数学及应用软件. 丛书主要面向研究与教学型、教学型大学信息与计算科学专业的本科生和研究生. 为此, 科学出版社曾调研了国内不同层次的上百所学校, 听取了广大教师的意见和建议. 这套丛书将于今年秋季问世, 第一批包括《小波分析》、《数值逼近》等十余本教材. 选材上强调科学性、系统性, 内容力求深入浅出, 简明扼要.

丛书的编委和各位作者为丛书的出版做了大量的工作, 在此表示衷心的感谢. 我们诚挚地希望这套丛书能为信息与计算科学专业教学的发展起到积极的推动作用, 也相信丛书在各方面的支持与帮助下会越出越好.

石钟慈

2007 年 7 月

前　　言

运筹学 (Operations Research, OR) 是用定量的模型和定量的方法来分析和预测需要决策的系统的性态，从而为管理和决策提供科学的、合理的、量化的依据. 对于复杂的系统，运筹学通过简化和变换，用数值的方法处理系统的经过简化的近似表示. 因此，运筹学总是建立和采用简化的、合理的模型，利用测量的和计算的数据，运用数学方法和计算机程序，求得复杂系统的最优运行方案. 自第二次世界大战以来，运筹学这门学科已经得到了长足的发展. 现在，运筹学在科学、工程、国防、交通、管理、经济、金融、计算机等领域都有广泛的应用. 为了培养复合型和应用型人才，许多高校理科、工科、管理科学、经济与金融等学科都把运筹学开设为一门必修或选修课程.

运筹学包含的分支众多，本书覆盖了运筹学研究的主要内容，包括：线性规划、非线性规划、运输问题和分配问题、网络优化、整数规划、动态规划、目标规划、对策论、决策分析、存储论、遗传算法、预测预报与时间序列处理. 作为运筹学领域的一本入门性教材，本书力求简明扼要，通俗易懂，尽量避免难度较大的数学证明. 全书各章以实际问题为背景，通过例题的描述和求解来说明基本思想、理论和具体方法. 本书对大部分内容提供了算法，有些还给出了调用 MATLAB 程序进行求解的例子. 每章结尾都配有一定数量的习题，供读者练习. 本书可供信息与计算科学、数学与应用数学、管理、金融、经济、工程等相关专业本科生作为教材或教学参考书，也可供有关专业的研究生和 MBA 学生作为教材，同时可供管理人员和工程技术人员自学、参考.

尽管本书作者多年来一直从事运筹优化的研究和教学，但限于水平和时间，书中难免有不妥和疏漏之处，欢迎读者批评指正.

孙文瑜 (南京师范大学)

朱德通 (上海师范大学)

徐成贤 (西安交通大学)

2012 年 6 月 15 日

目　　录

第 1 章　线性规划及单纯形法

线性规划 (Linear Programming, LP) 是运筹学中的一个重要分支, 它的研究起步较早, 理论上比较成熟, 方法非常有效, 应用十分广泛.

早在 20 世纪 30 年代, 苏联科学家康托洛维奇 (Kantorovich) 首先提出了线性规划的模型. 1947 年, 美国科学家 George Dantzig 提出了解线性规划的单纯形法, 奠定了线性规划理论和算法的基石. 1984 年, 美国贝尔实验室的研究员 Karmarkar 提出了解线性规划的多项式时间算法 —— 内点法, 进一步发展了解线性规划的数值方法. 几十年来, 线性规划的研究和应用取得了重大进展. 现在, 工程和管理科学中成千上万或数十万个决策变量和约束条件的线性规划问题能够被迅速求解, 线性规划已经成为科学工程研究以及现代化管理的重要手段.

1.1　线性规划问题

在生产管理和经济活动中, 很多问题都可以归结为线性规划问题. 一类是如何合理使用有限资源, 以获得最大效益的线性规划问题.

例 1.1.1　某工厂生产甲、乙两种产品, 生产这两种产品要消耗 A, B 两种原料. 生产每吨产品所需的 A, B 两种原料量见表 1.1.1. 现该厂每周所能得到 A, B 两种原料分别为 160 吨和 150 吨. 已知该厂生产的每吨甲、乙两种产品的利润分别为 3 千元和 1 千元. 问该厂应如何安排两种产品的产量才能使每周获得的利润最大?

表 1.1.1

原料 ＼ 产品	每吨产品的消耗		每周资源总量
	甲	乙	
A 原料/吨	3	2	160
B 原料/吨	5	1	150

建立模型　设该厂每周生产甲种产品的产量为 x_1(吨), 乙种产品的产量为 x_2(吨), 则每周能获得的利润总额为 $z = 3x_1 + x_2$(千元). 但产量的大小受到 A, B 两种原料量的限制, 即 x_1, x_2 要满足以下一组不等式约束条件:

$$\begin{cases} 3x_1 + 2x_2 \leqslant 160, \\ 5x_1 + x_2 \leqslant 150. \end{cases} \tag{1.1.1}$$

此外, x_1, x_2 还应该是非负数,

$$x_1 \geqslant 0, \quad x_2 \geqslant 0. \tag{1.1.2}$$

因此, x_1, x_2 应该在满足资源约束条件 (1.1.1) 和非负约束条件 (1.1.2) 下, 使利润 z 取最大值:

$$\max \quad z = 3x_1 + x_2. \tag{1.1.3}$$

这样, 我们得到了该问题的线性规划模型如下:

$$
\begin{aligned}
\max \quad & z = 3x_1 + x_2 \\
\text{s.t.} \quad & 3x_1 + 2x_2 \leqslant 160, \qquad (l_1) \\
& 5x_1 + x_2 \leqslant 150, \qquad (l_2) \\
& x_1 \geqslant 0, \quad x_2 \geqslant 0.
\end{aligned}
\tag{1.1.4}
$$

另一类线性规划问题是为了达到一定的目标, 如何组织安排以使得消耗的资源为最少.

例 1.1.2   某公司在生产中共需要 A, B 两种材料至少 350 千克, 其中 A 种材料至少需要 100 千克. 加工每千克 A 种材料需要 2 个小时, 加工每千克 B 种材料需要 1 个小时, 而公司共有 600 个加工小时. 另外, 已知每千克 A 种材料的价格为 2 千元, 每千克 B 种材料的价格为 3 千元. 试问在满足生产需要的条件下, 在公司加工能力范围内, 如何购买 A, B 两种材料, 使购进成本最低?

建立模型   设 x_1, x_2 分别为购进的 A 种材料和 B 种材料的千克数. 依题意可得如下线性规划模型:

$$
\begin{aligned}
\min \quad & z = 2x_1 + 3x_2 \\
\text{s.t.} \quad & x_1 + x_2 \geqslant 350, \\
& x_1 \geqslant 100, \\
& 2x_1 + x_2 \leqslant 600, \\
& x_1 \geqslant 0, \ x_2 \geqslant 0.
\end{aligned}
\tag{1.1.5}
$$

大量的运输问题都可写成线性规划问题的形式, 下面是一般的运输问题.

例 1.1.3 (运输问题)   要把某种货物从 m 个工厂 $A_1, \cdots, A_m$ 运到 n 个商店 $B_1, \cdots, B_n$, 各工厂库存量分别为 $a_1, \cdots, a_m$, 各商店需求量分别为 $b_1, \cdots, b_n$, 这里假设 $\sum\limits_{i=1}^{m} a_i \geqslant \sum\limits_{j=1}^{n} b_j$, 即该货物的库存总量大于等于其需求总量. 已知从工厂 A_i 到商店 B_j 每单位货物的运费为 c_{ij}. 现在需要确定该货物从 A_i 到 B_j 的运输量 x_{ij} $(i = 1, \cdots, m; j = 1, \cdots, n)$, 使在满足供求关系条件下, 总的运费最少.

建立模型 依题意, 该问题的约束条件为:

(1) 从 $A_1, \cdots, A_m$ 运到 B_j 的货物总量为 b_j,

$$\sum_{i=1}^{m} x_{ij} = b_j, \quad j = 1, \cdots, n.$$

(2) 从 A_i 运到 $B_1, \cdots, B_n$ 的货物总量不超过 a_i,

$$\sum_{j=1}^{n} x_{ij} \leqslant a_i, \quad i = 1, \cdots, m.$$

(3) 运输量 x_{ij} 非负,

$$x_{ij} \geqslant 0, \quad i = 1, \cdots, m, \quad j = 1, \cdots, n.$$

于是, 该问题的线性规划模型为

$$
\begin{aligned}
\min \quad & \sum_{i=1}^{m} \sum_{j=1}^{n} c_{ij} x_{ij} \\
\text{s.t.} \quad & \sum_{i=1}^{m} x_{ij} = b_j, \quad j = 1, \cdots, n, \\
& \sum_{j=1}^{n} x_{ij} \leqslant a_i, \quad i = 1, \cdots, m, \\
& x_{ij} \geqslant 0, \quad i = 1, \cdots, m, \ j = 1, \cdots, n.
\end{aligned}
\tag{1.1.6}
$$

上面建立的几个模型都是线性规划模型. 在线性规划模型中, 目标函数是变量的线性函数, 约束条件是变量的线性等式或不等式.

1.2 图 解 法

对于两个变量的线性规划问题, 用图解法求解是非常有效和简单的. 我们以例 1.1.1 中建模得到的线性规划问题为例来说明图解法.

例 1.2.1

$$
\begin{aligned}
\max \quad & z = 3x_1 + x_2, \\
\text{s.t.} \quad & 3x_1 + 2x_2 \leqslant 160, \quad (l_1) \\
& 5x_1 + x_2 \leqslant 150, \quad (l_2) \\
& x_1 \geqslant 0, \quad x_2 \geqslant 0.
\end{aligned}
$$

解 这一问题的可行域为图 1.2.1 所示的多边形 $OABC$, 我们还需要在可行域中找到点 (x_1, x_2) 使目标函数值 $z = 3x_1 + x_2$ 极大. 为此, 我们过原点作虚线

EF: $3x_1 + x_2 = 0$, 它的斜率为 -3, 当 z 的值从 0 增加时, 虚线 EF 向右侧移动且平行于它本身. 当移动到 $B(20, 50)$ 时, 再移动就与可行域不相交了. 于是 $B(20, 50)$ 是最优解, 最优值为 $z = 3 \times 20 + 50 = 110$.   □

例 1.2.2

$$\begin{aligned}
\min \quad & z = 3x_1 - 2x_2 \\
\text{s.t.} \quad & -x_1 + x_2 \leqslant 3, && (l_1) \\
& -2x_1 + x_2 \leqslant 2, && (l_2) \\
& 4x_1 + x_2 \leqslant 16, && (l_3) \\
& x_1 \geqslant 0, \quad x_2 \geqslant 0.
\end{aligned}$$

解   这一问题的可行域为图 1.2.2 所示的多边形 $ABCDE$, 要在可行域中找到点 (x_1, x_2) 使目标函数值 $z = 3x_1 - 2x_2$ 极小. 为此, 我们过原点作虚线 HK: $3x_1 - 2x_2 = 0$, 当虚线 HK 平行向左移动时, 目标函数 z 的值减少. 当移动到 $A(1, 4)$ 时得到虚线 MN, 再移动就与可行域不相交了. 于是 $A(1, 4)$ 为最优解, 相应的最优值为 $z = 3 \times 1 - 2 \times 4 = -5$.   □

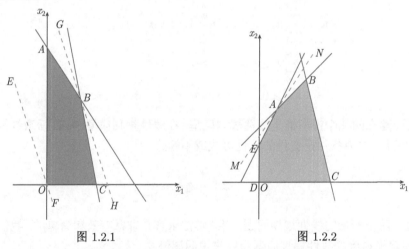

图 1.2.1   图 1.2.2

上述例子告诉我们图解法的步骤为

1. 画出可行域;

2. 作目标函数的等值线;

3. 确定最优解和最优目标函数值.

1.3   线性规划的标准形

线性规划模型有各种不同的形式, 其一般形式为:

目标函数：   min(max) $z = c_1x_1 + c_2x_2 + \cdots + c_nx_n$

约束条件：   s.t.

$$
\begin{aligned}
& a_{11}x_1 + a_{12}x_2 + \cdots + a_{1n}x_n \leqslant (\geqslant, =) \, b_1, \\
& a_{21}x_1 + a_{22}x_2 + \cdots + a_{2n}x_n \leqslant (\geqslant, =) \, b_2, \\
& \qquad\qquad\qquad \cdots\cdots \\
& a_{m1}x_1 + a_{m2}x_2 + \cdots + a_{mn}x_n \leqslant (\geqslant, =) \, b_m, \\
& x_1, x_2, \cdots, x_n \geqslant 0.
\end{aligned}
\tag{1.3.1}
$$

这里, $c_1x_1 + c_2x_2 + \cdots + c_nx_n$ 称为目标函数 (objective function), 设其值为 z, 其中 $c_j \, (j = 1, \cdots, n)$ 称为价值系数 (cost coefficient), $c = (c_1, \cdots, c_n)^{\mathrm{T}}$ 称为价值向量, $x_j \, (j = 1, \cdots, n)$ 称为决策变量, 由系数 a_{ij} 组成的矩阵

$$
A = \begin{bmatrix}
a_{11} & a_{12} & \cdots & a_{1n} \\
a_{21} & a_{22} & \cdots & a_{2n} \\
\vdots & \vdots & & \vdots \\
a_{m1} & a_{m2} & \cdots & a_{mn}
\end{bmatrix}
$$

称为约束矩阵 (constraint matrix), 列向量 $b = (b_1, \cdots, b_m)^{\mathrm{T}}$ 称为右端向量, 条件 $x_j \geqslant 0 \, (j = 1, \cdots, n)$ 称为非负约束条件. 约束条件记为 s.t. (subject to). 满足约束条件的变量 $x = (x_1, \cdots, x_n)^{\mathrm{T}}$ 称为可行点或可行解, 所有可行点组成的集合为可行域 (feasible region). 达到目标函数最小值 (最大值) 的可行解称为该线性规划的最优解 (optimal solution), 相应的目标函数值称为最优目标函数值或最优值 (optimal value).

单纯形法 (simplex method) 是求解线性规划问题的重要方法. 单纯形法要求线性规划问题具有标准形式. 线性规划的标准形为

$$
\begin{aligned}
\min \quad & z = c_1x_1 + c_2x_2 + \cdots + c_nx_n \\
\text{s.t.} \quad & a_{11}x_1 + a_{12}x_2 + \cdots + a_{1n}x_n = b_1, \\
& a_{21}x_1 + a_{22}x_2 + \cdots + a_{2n}x_n = b_2, \\
& \qquad\qquad\qquad \cdots\cdots \\
& a_{m1}x_1 + a_{m2}x_2 + \cdots + a_{mn}x_n = b_m, \\
& x_1 \geqslant 0, \ x_2 \geqslant 0, \ \cdots, \ x_n \geqslant 0.
\end{aligned}
\tag{1.3.2}
$$

上式简写为

$$
\begin{aligned}
\min \quad & z = \sum_{j=1}^{n} c_j x_j \\
\text{s.t.} \quad & \sum_{j=1}^{n} a_{ij} x_j = b_i, \quad i = 1, \cdots, m, \\
& x_j \geqslant 0, \qquad\qquad j = 1, \cdots, n.
\end{aligned}
\tag{1.3.3}
$$

采用矩阵向量的形式, 上述线性规划可表示为

$$
\begin{aligned}
&\min \quad c^{\mathrm{T}}x \\
&\text{s.t.} \quad Ax = b, \\
&\qquad\ \ x \geqslant 0.
\end{aligned}
\tag{1.3.4}
$$

这个标准形有三个特点: 一是目标函数求极小; 二是约束条件为等式; 三是决策变量为非负. 下面, 我们常常把这样的标准形线性规划问题记为标准形 LP 问题 (或 LP 问题).

对于系数矩阵 $A \in \mathbf{R}^{m \times n}$, 我们假定 $m \leqslant n$ 且 A 是行满秩 $(\mathrm{rank}(A) = m)$. 这是因为如果 A 不是行满秩, 则表示约束中有线性相关的方程, 通过删除线性相关的约束并不影响问题的可行域而使剩下的约束所形成的系数矩阵满秩. 如果 $m > n$, 则约束方程组或者不相容, 可行域为空集; 或者删除线性相关约束条件得到 $m \leqslant n$. 如果 $m = n$ 且 A 满秩, 则约束方程组有唯一解, 如果这个唯一解还满足变量的非负条件, 则它就是最优解, 否则就没有最优解. 因此, 只有当 $m < n$ 时, 才需要在无限多个满足约束方程的可行解中确定使目标函数取得最优的解. 另外, 我们要求约束的右端向量 $b \geqslant 0$, $b \in \mathbf{R}^m$.

实际中出现的任何线性规划问题都可以通过变换转换为线性规划的标准形.

1. 目标函数的转换

我们要求目标函数求极小. 如果原问题是求函数的极大化

$$
\max \quad z = c^{\mathrm{T}}x,
$$

则可通过两边乘以 -1, 等价地将其转换为极小化问题

$$
\min \quad -z = -c^{\mathrm{T}}x,
$$

反之亦然. 例如, 原问题是求 $z = 5x_1 - 5x_2 + 3x_3$ 的极大, 我们可将目标函数改为 $\bar{z} = -z = -5x_1 + 5x_2 - 3x_3$ 后求极小, 在求出最优解后, 再将最优目标函数值乘以 -1, 即得到原问题的最优函数值. 如果函数中有常数项, 删去常数项并不对最优解的确定产生任何影响, 只需在最优解确定后, 对目标函数的最优值加上删去的常数项, 即可得到原问题的最优目标函数值.

2. 约束条件的转换

(1) 我们通常要求右端项 $b \geqslant 0$. 对于不等式约束, 如果右端项是负的, 先用 -1 乘以不等式的两端并改变不等号的方向, 将其改成右端项非负的不等式. 例如将 $x_1 + x_2 \geqslant -1$ 改写成 $-x_1 - x_2 \leqslant 1$. 对于等式约束, 直接乘以 -1 即可.

(2) 如果某一约束条件为

$$
a_{i1}x_1 + a_{i2}x_2 + \cdots + a_{ip}x_p \leqslant b_i,
$$

则可以通过引进非负变量 x_{p+1}, 称为松弛变量, 使两边相等, 即

$$a_{i1}x_1 + a_{i2}x_2 + \cdots + a_{ip}x_p + x_{p+1} = b_i.$$

如果某一约束条件为

$$a_{i1}x_1 + a_{i2}x_2 + \cdots + a_{ip}x_p \geqslant b_i,$$

则也可以通过引进非负变量 x_{p+1}, 称为剩余变量, 使两边相等, 即

$$a_{i1}x_1 + a_{i2}x_2 + \cdots + a_{ip}x_p - x_{p+1} = b_i.$$

例如, 对于约束 $-2x_1 + 4x_2 \leqslant 3$ 引入松弛变量 $x_3 \geqslant 0$, 使得 $-2x_1 + 4x_2 + x_3 = 3$ 成立.

3. 变量的非负约束

如果某个变量 x_j 是没有非负限制的自由变量, 我们总可以将其写成两个非负变量的差, $x_j = x_j' - x_j''$, 其中 $x_j' \geqslant 0, x_j'' \geqslant 0$. 由于 x_j' 可以大于也可以小于 x_j'', 所以 x_j 可以是正的也可以是负的.

综上所述, 任何形式的线性规划问题都可以转化为线性规划的标准形 (standard form). 这样, 在今后的算法讨论中, 我们总是讨论标准形线性规划问题.

例 1.3.1 将下面的线性规划问题转化为标准形.

$$
\begin{aligned}
\max \quad & z = 2x_1 + x_2 + 4x_3 \\
\text{s.t.} \quad & -2x_1 + 4x_2 \leqslant 4, \\
& x_1 + 2x_2 + x_3 \geqslant 5, \\
& 2x_1 + 3x_3 \leqslant 2, \\
& x_1 \geqslant 0, \ x_2 \geqslant 0.
\end{aligned}
$$

解 对于前面三个不等式约束分别添加松弛 (剩余) 变量 x_4, x_5, x_6, 对于自由变量 x_3, 令 $x_3 = x_3' - x_3''$, 其中 $x_3' \geqslant 0, x_3'' \geqslant 0$. 因此, 标准形为

$$
\begin{aligned}
\min \quad & \bar{z} = -2x_1 - x_2 - 4x_3' + 4x_3'' \\
\text{s.t.} \quad & -2x_1 + 4x_2 \qquad\qquad\ +x_4 \qquad\qquad = 4, \\
& x_1 + 2x_2 + x_3' - x_3'' \qquad -x_5 \qquad = 5, \\
& 2x_1 \qquad\ + 3x_3' - 3x_3'' \qquad\qquad +x_6 = 2, \\
& x_1, \quad x_2, \quad x_3', \quad x_3'', \quad x_4, \quad x_5, \quad x_6 \geqslant 0. \quad \square
\end{aligned}
$$

1.4 线性规划的几何意义与性质

我们先引入凸集和顶点的概念.

设 $K \subset \mathbf{R}^n$ 是 n 维欧氏空间 $\mathbf{R}^n$ 的子集, 对任意两点 $x, y \in K$, 若它们的连接线段 $[x, y] \subset K$, 即

$$\lambda x + (1 - \lambda)y \in K \quad (0 \leqslant \lambda \leqslant 1), \tag{1.4.1}$$

则称 K 为凸集. 形式 (1.4.1) 称为 x 和 y 的凸线性组合.

设 $x^1, x^2, \cdots, x^k$ 是 n 维欧氏空间 $\mathbf{R}^n$ 的 k 个点, 若存在数 $\lambda_1, \lambda_2, \cdots, \lambda_k$ 且 $0 \leqslant \lambda_i \leqslant 1 (i = 1, \cdots, k), \sum\limits_{i=1}^{k} \lambda_i = 1$ 使得

$$x = \lambda_1 x^1 + \lambda_2 x^2 + \cdots + \lambda_k x^k, \tag{1.4.2}$$

则称 x 为 $x^1, x^2, \cdots, x^k$ 的凸组合.

设 K 是凸集, $x \in K$, 若 x 不能用相异的点 x^1 和 x^2 的凸线性组合表示为

$$x = \alpha x^1 + (1 - \alpha)x^2 \quad (0 \leqslant \alpha \leqslant 1), \tag{1.4.3}$$

其中, $x^1, x^2 \in K$, 则称 x 为 K 的一个顶点 (或极点 (extreme point)).

图 1.4.1 给出了凸集和它的顶点.

设非空集合 C 是 $\mathbf{R}^n$ 的一个凸集, $d \in \mathbf{R}^n, d \neq 0$, 若对任一 $x \in C$ 及 $\lambda > 0$, 均有 $x + \lambda d \in C$, 则称 d 是 C 的一个方向. 显然, 若 d 是 C 的一个方向, 则 $d^1 = \alpha d \ (\alpha > 0)$ 也是 C 的方向, 并且 d^1 与 d 为相同的方向. 如果一个方向不能表示成两个不同的方向的正线性组合, 即若 $d = \lambda_1 d^1 + \lambda_2 d^2 \ (\lambda_1, \lambda_2 > 0)$ 时, 必有 $d^1 = \alpha d^2$, 则称 d 是 C 的极方向.

我们举一个极方向的例子. 考虑集合

$$C = \{(x_1, x_2) | x_2 \geqslant |x_1|\}.$$

如图 1.4.2 所示, $d_1 = (1, 1)^{\mathrm{T}}, d_2 = (-1, 1)^{\mathrm{T}}$ 是 C 的两个极方向, d_1 和 d_2 不能表示

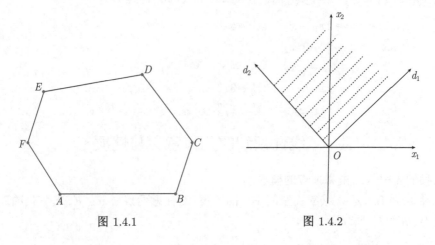

图 1.4.1   图 1.4.2

为 C 的任何其它方向的正线性组合.

考虑线性规划问题

$$\min \quad 3x_1 + 2x_2 + 5x_3$$
$$\text{s.t.} \quad 2x_1 + x_2 \leqslant 4,$$
$$x_3 \leqslant 5,$$
$$x_1, \ x_2, \ x_3 \geqslant 0.$$

这里有 5 个约束, 每一个都确定一个半空间.
因此, 可行域就是这 5 个半空间的交. 一般
地, 有限个半空间的交称为多面体. 在这个例
子中, 可行域就是一个三棱柱, 如图 1.4.3 所
示. 三棱柱的每一个面上的点恰恰使得所对
应的约束等式成立. 在这个意义上, 可以说,
三棱柱的每一个面对应于一个约束. 例如, 三

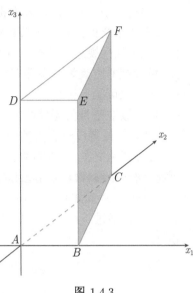

图 1.4.3

棱柱底部的三角形面 ABC 对应约束 $x_3 \geqslant 0$. 三棱柱上右部的矩形面 $EFCB$ 对应
于约束 $2x_1 + x_2 \leqslant 4$, 等等.

下面给出线性规划问题的几何性质, 本书省略证明 (证明可参考 Walsch, 1985;
孙文瑜等, 2010; 张建中等, 1990).

定理 1.4.1 设可行域 $D = \{x \mid Ax = b, \ x \geqslant 0\}$ 的所有顶点为 $x^1, x^2, \cdots, x^k$,
极方向为 $d^1, d^2, \cdots, d^l$, 则 x 为可行点 $(x \in D)$ 当且仅当存在 $\lambda_i \ (i = 1, \cdots, k)$ 和
$\mu_j \ (j = 1, \cdots, l)$ 满足

$$
\begin{aligned}
&x = \sum_{i=1}^{k} \lambda_i x^i + \sum_{j=1}^{l} \mu_j d^j, \\
&\lambda_i \geqslant 0, \quad i = 1, \cdots, k, \\
&\mu_j \geqslant 0, \quad j = 1, \cdots, l, \\
&\sum_{i=1}^{k} \lambda_i = 1.
\end{aligned}
\tag{1.4.4}
$$

若可行域 $D = \{x \mid Ax = b, \ x \geqslant 0\}$ 为有界集, D 的顶点为 $x^1, x^2, \cdots, x^k$, 则
x 为可行点 $(x \in D)$ 的充要条件是存在 $\lambda_i \ (i = 1, \cdots, k)$ 满足

$$
x = \sum_{i=1}^{k} \lambda_i x^i, \quad \sum_{i=1}^{k} \lambda_i = 1, \quad \lambda_i \geqslant 0, \quad i = 1, \cdots, k.
\tag{1.4.5}
$$

定理 1.4.2 (1) 线性规划问题的可行域如果非空, 则是一个凸集 —— 凸多面
体 (可能无界).

(2) 若线性规划问题有有限的最优值, 它必在可行域 D 的某个顶点达到, 且目标函数值有有限最优值的充要条件是对 D 的所有极方向 d^j, 均有 $c^{\mathrm{T}}d^j \geqslant 0$.

任何一个线性规划问题都可以归结为下面三种情形之一:

(1) 可行域非空且为有界凸多面体, 线性规划问题一定存在最优解. 这时最优解可能唯一, 也可能为无穷多.

(2) 可行域非空且为无界凸多面体, 这时线性规划问题或者有最优解 (唯一解或无穷多个解), 或者没有有限的最优解, 这时问题称为无界 LP 问题.

(3) 可行域是空集, 线性规划问题无可行解 (这时问题称为是不可行的).

因此, 每一个线性规划问题或者有最优解, 或者有无界解 (LP 问题是无界的), 或者无可行解 (LP 问题不可行).

现在, 我们通过下面的几个例子来说明一下.

例 1.4.1

$$\begin{aligned} \min \quad & 3x_1 - 2x_2 \\ \text{s.t.} \quad & -x_1 + x_2 \leqslant 3, \\ & -2x_1 + x_2 \leqslant 2, \\ & 4x_1 + x_2 \leqslant 16, \\ & x_1 \geqslant 0, \quad x_2 \geqslant 0. \end{aligned}$$

这个问题在例 1.2.2 中用图解法求解过. 如图 1.2.2 所示, 可行域非空为有界凸多边形 $ABCDE$. 该问题有唯一有限最优解 $x_1^* = 1, x_2^* = 4$, 最优值为 $z = -5$.

例 1.4.2

$$\begin{aligned} \max \quad & 3x_1 - x_2 \\ \text{s.t.} \quad & x_1 + x_2 \leqslant 2, \\ & -2x_1 - 2x_2 \leqslant -10, \\ & x_1 \geqslant 0, \quad x_2 \geqslant 0. \end{aligned}$$

在这个问题中, 第一个约束条件 $x_1 + x_2 \leqslant 2$; 第二个约束条件是 $x_1 + x_2 \geqslant 5$. 显然这两个约束条件没有任何公共点. 因此, 这个可行域是空集, 该问题无可行解.

例 1.4.3

$$\begin{aligned} \min \quad & 3x_1 + x_2 \\ \text{s.t.} \quad & 5x_1 - 4x_2 \geqslant 14, \\ & 6x_1 - x_2 \leqslant 3, \\ & x_1 \geqslant 0, \quad x_2 \geqslant 0. \end{aligned}$$

在图 1.4.4 中, 两个箭头表示了两个约束可行的一边, 它们的公共部分由阴影表示. 但是这个公共部分不满足非负约束条件 $x_1 \geqslant 0$ 和 $x_2 \geqslant 0$. 因此, 这个问题的可行域是空集, 该问题无可行解.

例 1.4.4 考虑约束条件

$$x_1 + x_2 \leqslant 1,$$
$$x_1,\ x_2,\ x_3 \geqslant 0.$$

如图 1.4.5 所示, 这是一个无界可行域, 这个约束可行域是一个三棱柱, 上面无界.

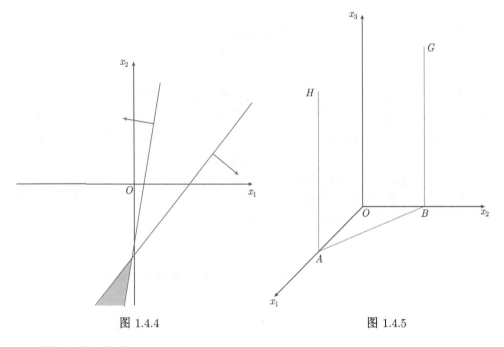

图 1.4.4   图 1.4.5

这时, 如果考虑

$$\max \quad x_3$$
$$\text{s.t.} \quad x_1 + x_2 \leqslant 1,$$
$$x_1 \geqslant 0,\ x_2 \geqslant 0,\ x_3 \geqslant 0,$$

则对每一个充分大的 M, 都存在可行解 x_1, x_2, x_3, 使得 $x_3 > M$. 从而该问题是无界 LP 问题.

如果考虑

$$\max \quad x_1$$
$$\text{s.t.} \quad x_1 + x_2 \leqslant 1,$$
$$x_1 \geqslant 0,\ x_2 \geqslant 0,\ x_3 \geqslant 0.$$

可以发现, 线段 AH 是问题的解. 从而该问题有无穷多个解.

　　例 1.4.5

$$\begin{aligned} \max \quad & x_1 + x_2 \\ \text{s.t.} \quad & -2x_1 + x_2 \leqslant -1, \\ & -x_1 - 2x_2 \leqslant -2, \\ & x_1 \geqslant 0, \quad x_2 \geqslant 0. \end{aligned}$$

这个问题可以写成

$$\begin{aligned} \max \quad & x_1 + x_2 \\ \text{s.t.} \quad & 2x_1 - x_2 \geqslant 1, \\ & x_1 + 2x_2 \geqslant 2, \\ & x_1 \geqslant 0, \quad x_2 \geqslant 0. \end{aligned}$$

在这一问题中不等式 $x_1 \geqslant 0$ 表示以 x_2 轴 (直线 $x_1 = 0$) 为界的右半平面; 不等式 $x_2 \geqslant 0$ 表示以 x_1 轴 (直线 $x_2 = 0$) 为界的上半平面; 约束 $2x_1 - x_2 \geqslant 1$ 表示以直线 $2x_1 - x_2 = 1$ 为界的半平面 (坐标原点不在此半平面内); 约束 $x_1 + 2x_2 \geqslant 2$ 表示以直线 $x_1 + 2x_2 = 2$ 为界的半平面 (坐标原点不在此半平面内). 显然, 所得到的可行域为上述四个半平面之交集, 它是一个无界域.

再看目标函数. 过原点的虚线 HK 表示 $f = x_1 + x_2 = 0$. 当 HK 向右方移动时, 目标函数值增大. 箭头指出目标函数增加的方向.

$$f = x_1 + x_2 = \alpha$$

表示目标函数 $f = x_1 + x_2$ 的等值线. 对于不同的 α 值可得一族互相平行的直线. 注意到

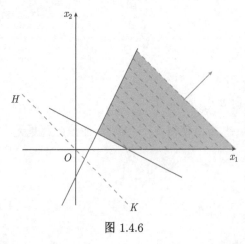

图 1.4.6

$$\nabla f = \left(\frac{\partial f}{\partial x_1}, \frac{\partial f}{\partial x_2} \right)^{\mathrm{T}} = (1,1)^{\mathrm{T}},$$

它与目标函数的等值线垂直. 当点 (x_1, x_2) 沿梯度方向移动时, 其目标函数值随之增大; 当点 (x_1, x_2) 沿负梯度方向 $(-1, -1)^{\mathrm{T}}$ 移动时, 其目标函数值随之减少. 由图 1.4.6 可以看出, 在可行域内没有一个边界限制目标函数值增加的移动, 即无论 M 多么大, 总存在可行点 x_1, x_2, 使得 $x_1 + x_2 > M$. 从而该问题是无界 LP 问题 (unbounded LP).

1.5 单纯形法

1.3 节介绍的图解法是直观的、简单的, 但是, 它仅限于求解二维或三维的问题. 高维情形的 LP 问题不可能用图解法处理. 当顶点个数非常多的时候, 求所有顶点的值进行比较在实际上也是不可能的. 本节介绍最广泛应用的 George Dantzig 提出的单纯形法. 单纯形法是一个有限迭代法, 它在有限步内确定出一个线性规划问题是最优的 (即有最优解, 并找出最优解)、或不可行的, 或无界的. 这个方法迄今仍是求解几十万个决策变量和约束条件的线性规划问题的最重要的方法.

为了弄清楚单纯形法的思想, 回到例 1.2.2 和图 1.2.2. 假设我们要确定该问题的最优解, 并已知顶点 C. 根据最优解必在可行域顶点的结论, 我们只需在可行域顶点中逐个确定最优解, 因此, 我们需要确定一个比顶点 C 好的顶点. 从图 1.2.2 可以看出, 从点 C 有两种移动的可能到达另一个顶点, 一个是沿边 CB 移动到 B 点, 另一个是沿边 CD 移动到 D 点. 从图中可以看出沿这两条边移动都可以使目标函数值下降. 我们从中选择一个使目标函数值下降快的边, 设为 CD, 由此得到 D 点, 经过判断, D 不是最优的, 在顶点 D 再找一个使目标函数值下降快的边 DE, 沿此边移动到更好的顶点 E. 由于 E 点还不是最优的, 我们可以找到使目标函数值下降的边 EA, 沿此边移动便可确定问题的最优顶点 A. 单纯形法就是根据这样的思想逐步确定问题的最优解, 即在非最优解的顶点, 确定一条使目标函数下降比较快的边, 沿此边移动产生一个更优的顶点. 重复这一过程直到得到问题的最优解, 或者确定问题无最优解.

1.5.1 基本可行解

考虑标准形线性规划问题

$$
\begin{aligned}
&\min c^{\mathrm{T}}x \\
&\text{s.t. } Ax = b, \\
&\quad\ x \geqslant 0.
\end{aligned}
\tag{1.5.1}
$$

这里我们总可以假设 $m \times n$ 约束矩阵 A 的秩为 m. 设 A 的一个分块表示为

$$
A = [B\ N],
\tag{1.5.2}
$$

其中, B 为 $m \times m$ 非奇异矩阵, N 为 A 的剩余的 $n-m$ 列形成的矩阵. 将向量 x 作相应的分块,

$$
x = \begin{bmatrix} x_B \\ x_N \end{bmatrix},
\tag{1.5.3}
$$

其中 x_B 是相应于基矩阵 B 的分量组成的 m 阶向量, x_N 是相应于非基矩阵 N 的 x 的分量组成的 $n - m$ 阶向量, 于是约束方程组

$$Ax = b \tag{1.5.4}$$

可以表示成

$$Ax = [B \ N] \begin{bmatrix} x_B \\ x_N \end{bmatrix} = Bx_B + Nx_N = b. \tag{1.5.5}$$

由于 B 非奇异, 我们有

$$x_B + B^{-1}Nx_N = B^{-1}b. \tag{1.5.6}$$

该式通常称为线性规划的典则形 (canonical form). 从而有

$$x_B = B^{-1}(b - Nx_N) = B^{-1}b - B^{-1}Nx_N. \tag{1.5.7}$$

由此得到

$$x = \begin{bmatrix} x_B \\ x_N \end{bmatrix} = \begin{bmatrix} B^{-1}b - B^{-1}Nx_N \\ x_N \end{bmatrix}. \tag{1.5.8}$$

这里 $x = \begin{bmatrix} x_B \\ x_N \end{bmatrix}$ 是 LP 问题的可行解. $m \times m$ 非奇异矩阵 B 称为基矩阵 (basic matrix), $m \times (n - m)$ 矩阵 N 称为非基矩阵 (nonbasic matrix). 与基矩阵 B 相应的变量 x_B 称为基变量, 与非基矩阵 N 相应的变量 x_N 称为非基变量. 我们还设 $\mathcal{B}$ 为相应的基变量的指标集合, $\mathcal{N}$ 为相应的非基变量的指标集合.

在 $Ax = b$ 的解 (1.5.8) 中, 令 $x_N = 0$, 得到

$$x^{(k)} = \begin{bmatrix} B^{-1}b \\ 0 \end{bmatrix}, \tag{1.5.9}$$

它称为基本解 (或第 k 次迭代的基本解). 但基本解未必是线性规划问题 (1.5.1) 的可行解. 进一步, 如果 $x_B^{(k)} \triangleq B^{-1}b \geqslant 0$, 则 (1.5.9) 定义的 $x^{(k)}$ 称为基本可行解 (basic feasible solution). 如果 $x_B^{(k)} = B^{-1}b > 0$, 则 (1.5.9) 定义的 $x^{(k)}$ 称为非退化的基本可行解.

因此, 判断一个 n 维向量 x 是基本可行解, 就是要求

$$x_B = B^{-1}b, \quad x_B \geqslant 0, \quad x_N = 0. \tag{1.5.10}$$

例 1.5.1 设

$$A = \begin{bmatrix} 1 & 0 & 1 & 2 \\ 0 & 1 & 1 & 2 \end{bmatrix}, \quad b = \begin{bmatrix} 2 \\ 3 \end{bmatrix},$$

若 $x = (0, 1, 0, 1)^{\mathrm{T}}$, 问 x 是否是基本可行解?

解 由于 $x_2 = 1 > 0$, $x_4 = 1 > 0$, 故取 A 中的第 2 列和第 4 列构成 B,

$$B = [a_2, a_4] = \begin{bmatrix} 0 & 2 \\ 1 & 2 \end{bmatrix},$$

则

$$N = [a_1, a_3] = \begin{bmatrix} 1 & 1 \\ 0 & 1 \end{bmatrix}.$$

于是

$$B^{-1} = \begin{bmatrix} -1 & 1 \\ \frac{1}{2} & 0 \end{bmatrix}.$$

我们有

$$B^{-1}b = \begin{bmatrix} -1 & 1 \\ \frac{1}{2} & 0 \end{bmatrix} \begin{bmatrix} 2 \\ 3 \end{bmatrix} = \begin{bmatrix} 1 \\ 1 \end{bmatrix} = \begin{bmatrix} x_2 \\ x_4 \end{bmatrix} = x_B,$$

$$x_B = \begin{bmatrix} 1 \\ 1 \end{bmatrix} \geqslant 0, \quad x_N = \begin{bmatrix} x_1 \\ x_3 \end{bmatrix} = \begin{bmatrix} 0 \\ 0 \end{bmatrix}.$$

所以, $x = (0,1,0,1)^{\mathrm{T}}$ 是基本可行解. □

可以证明基本可行解和可行域顶点之间的关系是一一对应关系.

定理 1.5.1 可行点 $x \in \Omega = \{x \mid Ax = b, x \geqslant 0\}$ 是可行域 Ω 的顶点的充分必要条件是 x 是一个基本可行解.

证明省略, 可参见 (孙文瑜等, 2010).

这样, 前述的单纯形方法的思想可以叙述为: 先找一个基本可行解, 判断它是否是最优解. 若不是, 沿一个可行下降方向移动, 找一个更好的基本可行解. 如此反复进行, 直到找到最优解, 或判定问题无界.

1.5.2 最优性检验

设 $x = \begin{pmatrix} x_B \\ x_N \end{pmatrix}$ 是 LP 问题的任意可行解, 设

$$x^{(k)} = \begin{pmatrix} x_B^{(k)} \\ x_N^{(k)} \end{pmatrix} = \begin{pmatrix} B^{-1}b \\ 0 \end{pmatrix} \tag{1.5.11}$$

是基本可行解, 其相应的基矩阵为 B, 非基矩阵为 N, 则由可行性,

$$x_B = B^{-1}b - B^{-1}Nx_N = x_B^{(k)} - B^{-1}Nx_N \geqslant 0, \quad x_N \geqslant 0. \tag{1.5.12}$$

这样, 目标函数可表示为

$$z(x) = c^{\mathrm{T}} x = c_B^{\mathrm{T}} x_B + c_N^{\mathrm{T}} x_N$$
$$= c_B^{\mathrm{T}} (x_B^{(k)} - B^{-1} N x_N) + c_N^{\mathrm{T}} x_N$$
$$= c_B^{\mathrm{T}} x_B^{(k)} + (c_N^{\mathrm{T}} - c_B^{\mathrm{T}} B^{-1} N) x_N. \tag{1.5.13}$$

设 z_0 表示基本可行解 $x^{(k)}$ 对应的目标函数值, 则

$$z_0 = c^{\mathrm{T}} x^{(k)} = (c_B^{\mathrm{T}} \quad c_N^{\mathrm{T}}) \begin{pmatrix} x_B^{(k)} \\ 0 \end{pmatrix} = c_B^{\mathrm{T}} x_B^{(k)}. \tag{1.5.14}$$

令

$$\hat{c}_N^{\mathrm{T}} = c_N^{\mathrm{T}} - c_B^{\mathrm{T}} B^{-1} N, \quad \hat{a}_j = B^{-1} a_j (j = 1, \cdots, n), \quad \hat{b} = B^{-1} b.$$

由于在单纯形法的典则形 (1.5.6) 中, $\hat{a}_1, \cdots, \hat{a}_m$ 是单位向量, 故当 $j = 1, \cdots, m$ 时,

$$c_j - c_B^{\mathrm{T}} B^{-1} a_j = c_j - c_B^{\mathrm{T}} \hat{a}_j = 0. \tag{1.5.15}$$

于是, 若令

$$\hat{c}_j = c_j - c_B^{\mathrm{T}} B^{-1} a_j, \quad j = 1, \cdots, n, \tag{1.5.16}$$

则有

$$\hat{c}^{\mathrm{T}} = (\hat{c}_B^{\mathrm{T}}, \ \hat{c}_N^{\mathrm{T}}) = (0, \ \hat{c}_N^{\mathrm{T}}) = (0, \ c_N^{\mathrm{T}} - c_B^{\mathrm{T}} B^{-1} N). \tag{1.5.17}$$

这样, 利用 (1.5.13), (1.5.14) 和 (1.5.17) 得到

$$z(x) = c_B^{\mathrm{T}} x_B^{(k)} + \hat{c}_N^{\mathrm{T}} x_N \tag{1.5.18}$$
$$= z_0 + \hat{c}^{\mathrm{T}} x. \tag{1.5.19}$$

为了检验当前的基本可行解 $x^{(k)}$ 是否是问题的最优解, 我们给出下面的检验准则.

定理 1.5.2 设

$$x^{(k)} = \begin{bmatrix} x_B^{(k)} \\ x_N^{(k)} \end{bmatrix} = \begin{bmatrix} B^{-1} b \\ 0 \end{bmatrix} \geqslant 0$$

是基本可行解. 若

$$\hat{c}_N^{\mathrm{T}} \triangleq c_N^{\mathrm{T}} - c_B^{\mathrm{T}} B^{-1} N \geqslant 0, \tag{1.5.20}$$

则 $x^{(k)}$ 是 LP 问题的最优解.

证明 由于

$$x^{(k)} = \begin{bmatrix} x_B^{(k)} \\ x_N^{(k)} \end{bmatrix} = \begin{bmatrix} B^{-1} b \\ 0 \end{bmatrix} \geqslant 0$$

是基本可行解, 则 $x^{(k)}$ 对于 LP 问题是可行的. 为了证明 $x^{(k)}$ 是最优的, 我们任取 LP 问题的可行解 $x = \begin{bmatrix} x_B \\ x_N \end{bmatrix}$, 它满足

$$Ax = Bx_B + Nx_N = b, \tag{1.5.21}$$

即

$$x_B = B^{-1}(b - Nx_N), \tag{1.5.22}$$

因而

$$
\begin{aligned}
c^{\mathrm{T}}x - c^{\mathrm{T}}x^{(k)} &= c_B^{\mathrm{T}}(x_B - x_B^{(k)}) + c_N^{\mathrm{T}}(x_N - x_N^{(k)}) \\
&= c_B^{\mathrm{T}}[B^{-1}(b - Nx_N) - B^{-1}b] + c_N^{\mathrm{T}}(x_N - 0) \\
&= -c_B^{\mathrm{T}}B^{-1}Nx_N + c_N^{\mathrm{T}}x_N \\
&= (c_N^{\mathrm{T}} - c_B^{\mathrm{T}}B^{-1}N)x_N.
\end{aligned} \tag{1.5.23}
$$

由假设 $c_N^{\mathrm{T}} - c_B^{\mathrm{T}}B^{-1}N \geqslant 0$, 又由于 x 是任意可行的, $x_N \geqslant 0$, 这样, 由 (1.5.23) 得到 $c^{\mathrm{T}}x - c^{\mathrm{T}}x^{(k)} \geqslant 0$. 因此,

$$c^{\mathrm{T}}x \geqslant c^{\mathrm{T}}x^{(k)}.$$

这表明基本可行解 $x^{(k)}$ 是 LP 问题的最优解. $\quad\square$

(1.5.20) 称为最优性检验准则. 称 $\hat{c}_j = (c_N^{\mathrm{T}} - c_B^{\mathrm{T}}B^{-1}N)_j$ $(j \in \mathcal{N})$ 为相应于非基变量 x_j $(j \in \mathcal{N})$ 的简约价值系数 (也称检验数). 从 (1.5.18) 可以看出, 如果 $\hat{c}_j > 0$ $(j \in \mathcal{N})$, 增大非基变量 x_j, 将使目标函数值增大; 如果 $\hat{c}_j = 0$ $(j \in \mathcal{N})$, 目标函数值不受 x_j 变化的影响; 如果 $\hat{c}_j < 0$ $(j \in \mathcal{N})$, 增大非基变量 x_j 将使目标函数值下降. 因此

(1) 如果对所有 $j \in \mathcal{N}, \hat{c}_j \geqslant 0$, 即 (1.5.20) 成立, 由定理 1.5.2, 则当前的基本可行解 $x^{(k)}$ 就是最优解.

(2) 如果存在某一简约价值系数 $\hat{c}_j < 0$ $(j \in \mathcal{N})$, 则通过增大相应的非基变量 x_j 的值可使目标函数值得到改善. 因而当前的基本可行解 $x^{(k)}$ 不是问题的最优解.

确定新的基本可行解

进基　设 $x^{(k)}$ 不是最优的基本可行解, 则存在 $c_p < 0, p \in \mathcal{N}$, 增大 x_p 可使目标函数值下降. 这样, 可取 x_p $(p \in \mathcal{N})$ 为入基变量, 并把矩阵 A 中相应于变量 x_p 的列 a_p 从非基矩阵 N 移入基矩阵 B.

出基　由 (1.5.22), 当 x_p 由非基变量变成基变量时, 其取值由零变成正值, 而 x_N 的其余分量保持零值. 令 $\hat{b} = B^{-1}b, \hat{a}_p = B^{-1}a_p$ (注意这里 $\hat{b} = x_B^{(k)}$), (1.5.22) 成为

$$
\begin{aligned}
x_B &= B^{-1}b - B^{-1}Nx_N \\
&= B^{-1}b - B^{-1}a_p x_p \\
&= \hat{b} - x_p \hat{a}_p.
\end{aligned} \tag{1.5.24}
$$

为保持可行性, x_p 的值应保证 $x_B \geqslant 0$, 即要求

$$x_j = \hat{b}_j - x_p(\hat{a}_p)_j \geqslant 0, \quad j \in \mathcal{B}, \tag{1.5.25}$$

其中 $(\hat{a}_p)_j$ 是 m 维向量 $\hat{a}_p$ 的第 j 个分量.

　　情形 1. 如果 $(\hat{a}_p)_j < 0$, 则 x_j 将随 x_p 增大而增大, 可行性总是成立.

　　情形 2. 如果 $(\hat{a}_p)_j = 0$, 则 $x_j = \hat{b}_j$ 将随 x_p 增大保持不变, 可行性也成立.

　　情形 3. 如果 $(\hat{a}_p)_j > 0$, 则 x_j 将随 x_p 增大而减小. 这时, 为保持可行性 $x_j \geqslant 0$, 需要

$$x_p \leqslant \frac{\hat{b}_j}{(\hat{a}_p)_j}. \tag{1.5.26}$$

如果 $\hat{a}_p$ 中有几个分量为正值, 则选取 x_p 为

$$x_p = \min\left\{ \frac{\hat{b}_j}{(\hat{a}_p)_j} \;\middle|\; j \in \mathcal{B}, (\hat{a}_p)_j > 0 \right\} \triangleq \frac{\hat{b}_q}{(\hat{a}_p)_q}, \tag{1.5.27}$$

其中 q 是使上式达到极小的指标. 这也给出了 x_p 的值. 利用 (1.5.25) 和 (1.5.27) 立即可以看出, 这时指标 q 对应的 x_q 从原来取正值的基变量成为取零值的非基变量, 也就是说, x_q 是所要选的出基变量.

　　通过交换 B 中的列 a_q 与 N 中的列 a_p, 得到新的基矩阵 $\bar{B}$ 和新的非基矩阵 $\bar{N}$, 从而得到新的基本可行解

$$\begin{cases} x_p^{(k+1)} = \alpha_k = \frac{\hat{b}_q}{(\hat{a}_p)_q} = \min\left\{ \frac{\hat{b}_j}{(\hat{a}_p)_j} \;\middle|\; j \in \mathcal{B}, (\hat{a}_p)_j > 0 \right\}, \\ x_j^{(k+1)} = x_j^{(k)} - \alpha_k (\hat{a}_p)_j, \; j \in \mathcal{B}, j \neq q, \\ x_q^{(k+1)} = 0, \\ x_j^{(k+1)} = 0, j \in \mathcal{N}, \; j \neq q. \end{cases} \tag{1.5.28}$$

继续对点 $x^{(k+1)}$ 重复上述过程, 直到确定问题的一个最优解或者确定问题无有界的最优解. 在上面的讨论中, 我们已经看到, 如果对所有 $j \in \mathcal{B}$ 都有 $(\hat{a}_p)_j \leqslant 0$, 则对任意 $x_p > 0$, 都有 $x_B = \hat{b} - \alpha_k \hat{a}_p \geqslant 0$, 且目标函数随着 x_p 的不断增大而无限制地减小. 因此问题无有界的最优解.

　　根据上面的分析, 求解标准形线性规划问题的单纯形算法步骤如下.

　　算法 1.5.1 (单纯形算法)

　　步 1. 给出初始基本可行解 $x^{(1)}$, 令 $k = 1$.

　　步 2. 计算简约价值系数向量 $\hat{c}_N^{\mathrm{T}} = c_N^{\mathrm{T}} - c_B^{\mathrm{T}} B^{-1} N$.

　　步 3. 最优性检验: 计算 $\hat{c}_p = \min\{\hat{c}_j \mid j \in \mathcal{N}\}$.

　　　　如果 $\hat{c}_p \geqslant 0$, 则 $x^{(k)}$ 为最优解, 停止迭代;

　　　　否则, p 为入基指标, x_p 为入基变量.

　　步 4. 确定出基变量. 计算 $\hat{a}_p = B^{-1} a_p$.

　　　　如果对所有 $j \in \mathcal{B}$, $(\hat{a}_p)_j \leqslant 0$, 则问题无有界的最优解, 停止迭代;

否则, 确定出基变量指标

$$\frac{\hat{b}_q}{(\hat{a}_p)_q} = \min\left\{ \frac{\hat{b}_j}{(\hat{a}_p)_j} \mid j \in \mathcal{B}, \ (\hat{a}_p)_j > 0 \right\}.$$

步 5. 进行主元运算. 交换 B 的列 a_q 和 N 的列 a_p, 得到新的基矩阵 B 和新的非基矩阵 N, 计算新的基本可行解 $x^{(k+1)}$.

令 $k := k + 1$, 转步 2.

1.6 单 纯 形 表

为了帮助理解单纯形法, 本节用经典的单纯形表的形式来求 LP 问题的最优解. 考虑如下问题:

$$\begin{aligned}
\min \quad & z = -2x_1 - 3x_2 \\
\text{s.t.} \quad & -x_1 + x_2 \leqslant 3, \\
& -2x_1 + x_2 \leqslant 2, \\
& 4x_1 + x_2 \leqslant 16, \\
& x_1 \geqslant 0, \ x_2 \geqslant 0.
\end{aligned} \tag{1.6.1}$$

引入松弛变量 x_3, x_4, x_5, 将其转化为标准形线性规划问题:

$$\begin{aligned}
\min \quad & z = -2x_1 - 3x_2 \\
\text{s.t.} \quad & -x_1 + x_2 + x_3 \qquad\qquad = 3, \\
& -2x_1 + x_2 \qquad + x_4 \qquad = 2, \\
& 4x_1 + x_2 \qquad\qquad + x_5 = 16, \\
& x_i \geqslant 0, \quad i = 1, 2, \cdots, 5.
\end{aligned} \tag{1.6.2}$$

我们也可以写成

$$\begin{array}{rrrrrl}
-x_1 & +x_2 & +x_3 & & & = 3 \\
-2x_1 & +x_2 & & +x_4 & & = 2 \\
4x_1 & +x_2 & & & +x_5 & = 16 \\
\hline
-z \quad -2x_1 & -3x_2 & & & & = 0
\end{array} \tag{1.6.3}$$

对于上述问题, 显然, 初始基本可行解为

$$x_1 = 0, \ x_2 = 0, \ x_3 = 3, \ x_4 = 2, \ x_5 = 16.$$

这里, 相应于基变量的指标集为 $\mathcal{B} = \{3, 4, 5\}$, 非基变量的指标集为 $\mathcal{N} = \{1, 2\}$.

第一次迭代 ($k = 1$): 初始单纯形表为

基变量	x_1	x_2	x_3	x_4	x_5	右端项
x_3	-1	1	1	0	0	3
x_4	-2	①	0	1	0	2
x_5	4	1	0	0	1	16
$-z$	-2	-3	0	0	0	0

这里

$$B = \begin{bmatrix} 1 & & \\ & 1 & \\ & & 1 \end{bmatrix}, \quad N = \begin{bmatrix} -1 & 1 \\ -2 & 1 \\ 4 & 1 \end{bmatrix}.$$

(1) 主元消去法.

$$x_B^{(1)} = \begin{bmatrix} x_3 \\ x_4 \\ x_5 \end{bmatrix} = B^{-1}b = \begin{bmatrix} 1 & & \\ & 1 & \\ & & 1 \end{bmatrix} \begin{bmatrix} 3 \\ 2 \\ 16 \end{bmatrix} = \begin{bmatrix} 3 \\ 2 \\ 16 \end{bmatrix},$$

$$x_N^{(1)} = \begin{bmatrix} x_1 \\ x_2 \end{bmatrix} = \begin{bmatrix} 0 \\ 0 \end{bmatrix},$$

$$x^{(1)} = \begin{bmatrix} 0 \\ 0 \\ 3 \\ 2 \\ 16 \end{bmatrix}$$

为第一次迭代的基本可行解.

(2) 进行最优性检验. 由于 $c_B^{\mathrm{T}} = (0,\ 0,\ 0)$, 故

$$\hat{c}_N^{\mathrm{T}} = c_N^{\mathrm{T}} - c_B^{\mathrm{T}} B^{-1} N = c_N^{\mathrm{T}} = (-2,\ -3).$$

所以 $\hat{c}_1 = -2$, $\hat{c}_2 = -3$ 都是负值, 该基本可行解不是最优解. 由于 $\hat{c}_2 < \hat{c}_1$ 所以, 取入基指标 $p = 2$, x_2 为入基变量.

(3) 确定出基变量. 计算 $\hat{a}_p = \hat{a}_2 = B^{-1}a_2 = \begin{bmatrix} 1 \\ 1 \\ 1 \end{bmatrix}$.

计算

$$x_p = \min\left\{ -\frac{(x_B)_i}{(\hat{a}_p)_i} \,\middle|\, (\hat{a}_p)_i > 0 \right\}$$

$$\triangleq \frac{(x_B)_q}{(\hat{a}_p)_q} = \frac{\hat{b}_q}{(\hat{a}_p)_q},$$

即计算表中右端项的列与 x_2 所在列各正分量的比值: $\dfrac{3}{1}, \dfrac{2}{1}, \dfrac{16}{1}$. 取其最小者 $\dfrac{2}{1}$, 知 $q = 4$ 为出基指标, 从而 x_4 为出基变量. 这样, $p = 2$, $q = 4$. 选定的主元为 $\hat{a}_{qp} = \hat{a}_{42} = 1$, 用划圈的数字 1 来表示.

第二次迭代 $(k = 2)$: 由于 x_2 进基, x_4 出基, 故新的指标集为 $\mathcal{B} = \{3, 2, 5\}$, $\mathcal{N} = \{1, 4\}$.

(1) 主元消去法.

以选定的主元 $\hat{a}_{42} = 1$ 进行主元消去法, 消去 x_2 所在列的其余两个非零元素使其成为单位向量, 即依次进行行初等变换 $r_1 - r_2$ (第一行减去第二行), $r_3 - r_2$ (第三行减去第二行), $r_z + 3r_2$ ($(-z)$ 行加上 3 倍的第二行), 得到下表:

基变量	x_1	x_2	x_3	x_4	x_5	右端项
x_3	①	0	1	-1	0	1
x_2	-2	1	0	1	0	2
x_5	6	0	0	-1	1	14
$-z$	-8	0	0	3	0	6

新的基本可行解的基变量为

$$x_B^{(2)} = \begin{bmatrix} x_2 \\ x_3 \\ x_5 \end{bmatrix} = \begin{bmatrix} 2 \\ 1 \\ 14 \end{bmatrix}.$$

(2) 进行最优性检验.

$$\hat{c}_N = \begin{bmatrix} \hat{c}_1 \\ \hat{c}_4 \end{bmatrix} = \begin{bmatrix} -8 \\ 3 \end{bmatrix}.$$

由于 $\hat{c}_1 = -8 < 0$, 该基本可行解不是最优解. 取入基指标 $p = 1$, 入基变量为 x_1.

(3) 确定出基变量. 计算表中右端项的列与 x_1 所在列各正分量的比值: $\dfrac{1}{1}$ 和 $\dfrac{14}{6}$, 取最小者 $\dfrac{1}{1}$, 知 $q = 3$ 为出基指标, 从而 x_3 为出基变量. 这样, $p = 1, q = 3$, 选定的主元为 $\hat{a}_{qp} = \hat{a}_{31} = 1$, 用划圈的数字 1 来表示.

第三次迭代 $(k = 3)$: 由于 x_1 进基, x_3 出基, 故新的指标集为 $\mathcal{B} = \{1, 2, 5\}$, $\mathcal{N} = \{3, 4\}$.

(1) 主元消去法.

以选定的主元 $\hat{a}_{31} = 1$ 进行主元消去法, 依次进行行初等变换 $r_2 + 2r_1$, $r_3 -$

$6r_1$, $r_z + 8r_1$, 得到下表:

基变量	x_1	x_2	x_3	x_4	x_5	右端项
x_1	1	0	1	-1	0	1
x_2	0	1	2	-1	0	4
x_5	0	0	-6	⑤	1	8
$-z$	0	0	8	-5	0	14

新的基本可行解的基变量为

$$x_B = \begin{bmatrix} x_1 \\ x_2 \\ x_5 \end{bmatrix} = \begin{bmatrix} 1 \\ 4 \\ 8 \end{bmatrix}.$$

(2) 进行最优性检验. 由于 $\hat{c}_4 = -5 < 0$, 这个基本可行解还不是最优解. 取入基指标 $p = 4$, 入基变量为 x_4.

(3) 确定出基变量. 计算右端项 $\hat{b}$ 与 x_4 所在列 $\hat{a}_4$ 的各正分量的比值: $\dfrac{(\hat{b})_5}{(\hat{a}_4)_5} = \dfrac{8}{5}$. 所以, 出基指标为 $q = 5$, x_5 为出基变量. 这样, $p = 4$, $q = 5$, 选定的主元为 $\hat{a}_{qp} = \hat{a}_{54} = 5$, 用划圈的数字 5 来表示.

第四次迭代 $(k = 4)$: 由于 x_4 进基, x_5 出基, 故新的指标集为 $\mathcal{B} = \{1, 2, 4\}$, $\mathcal{N} = \{3, 5\}$.

(1) 主元消去法. 以选定的主元 $\hat{a}_{54} = 5$ 进行主元消去法, 依次进行行初等变换 $\dfrac{1}{5}r_3$, $r_1 + r_3$, $r_2 + r_3$, $r_z + 5r_3$, 得到下表:

基变量	x_1	x_2	x_3	x_4	x_5	右端项
x_1	1	0	$-\dfrac{1}{5}$	0	$\dfrac{1}{5}$	$\dfrac{13}{5}$
x_2	0	1	$\dfrac{4}{5}$	0	$\dfrac{1}{5}$	$\dfrac{28}{5}$
x_4	0	0	$-\dfrac{6}{5}$	1	$\dfrac{1}{5}$	$\dfrac{8}{5}$
$-z$	0	0	2	0	1	22

新的基本可行解的基变量为

$$x_B^{(4)} = \begin{bmatrix} x_1 \\ x_2 \\ x_4 \end{bmatrix} = \begin{bmatrix} \dfrac{13}{5} \\ \dfrac{28}{5} \\ \dfrac{8}{5} \end{bmatrix}.$$

(2) 进行最优性检验. 由于 $\hat{c}_3 = 2, \hat{c}_5 = 1$, 故对所有的 $j \in \mathcal{N} = \{3, 5\}$, $\hat{c}_j \geqslant 0$, 从而所得到的基本可行解是最优解:

$$x_1 = \frac{13}{5}, \quad x_2 = \frac{28}{5}, \quad x_3 = 0, \quad x_4 = \frac{8}{5}, \quad x_5 = 0.$$

相应的最优函数值为 22 的负值, 即 $z^* = -22$. 单纯形表求解到此结束.

例 1.6.1 用单纯形表法解线性规划问题:

$$\begin{aligned}
\min \quad & -x_2 - 4x_3 \\
\text{s.t.} \quad & x_1 - 3x_2 + x_3 + x_6 = 2, \\
& x_1 + 4x_2 - x_3 + x_4 = 20, \\
& x_1 - x_2 + x_3 + x_5 = 1, \\
& x_i \geqslant 0, \quad i = 1, \cdots, 6.
\end{aligned}$$

解 现用单纯形表求解如下:

基变量	x_1	x_2	x_3	x_4	x_5	x_6	右端项
x_6	1	-3	1	0	0	1	2
x_4	1	4	-1	1	0	0	20
x_5	1	-1	①	0	1	0	1
$-z$	0	-1	-4	0	0	0	0

基变量	x_1	x_2	x_3	x_4	x_5	x_6	右端项
x_6	0	-2	0	0	-1	1	1
x_4	2	③	0	1	1	0	21
x_3	1	-1	1	0	1	0	1
$-z$	4	-5	0	0	4	0	4

基变量	x_1	x_2	x_3	x_4	x_5	x_6	右端项
x_6	4/3	0	0	2/3	$-1/3$	1	15
x_2	2/3	1	0	1/3	1/3	0	7
x_3	5/3	0	1	1/3	4/3	0	8
$-z$	22/3	0	0	5/3	17/3	0	39

由于 $\hat{c}_1 = 22/3, \hat{c}_4 = 5/3, \hat{c}_5 = 17/3$, 故对所有的 $j \in \mathcal{N} = \{1, 4, 5\}$, $\hat{c}_j \geqslant 0$, 从而所得到的基本可行解是最优解:

$$x_1 = 0, \quad x_2 = 7, \quad x_3 = 8, \quad x_4 = 0, \quad x_5 = 0, \quad x_6 = 15.$$

相应的最优函数值为 -39. $\square$

应该指出, 在单纯形表的每一次迭代中, 我们都要计算 $B^{-1}N$, 而实际上只有其中的列 $B^{-1}a_p$ 在进一步的计算中起作用, 对矩阵 $B^{-1}N$ 的其他列的计算是无用的. 因此, 在前面给出的单纯形算法 1.5.1 中计算 $\hat{a}_p = B^{-1}a_p$, 提高了算法的计算效率. 在大中型线性规划问题的计算中将节省大量的计算工作量. 但单纯形表为小型问题的求解提供了一个简单易行的手算方法.

1.7   初始基本可行解

单纯形法的迭代始于一个基本可行解. 对于形式为 $Ax \leqslant b$ 的约束转化为标准形线性规划的问题, 只要取所有松弛变量为基变量就得到一个初始矩阵为单位矩阵的基本可行解. 但是对于一般的等式约束 $a_i^{\mathrm{T}}x = b_i$ 和形如 $a_i^{\mathrm{T}}x \geqslant b_i$ 的不等式约束, 在通常情况下一般难于确定初始基本可行解. 在这种情况下, 通常的方法是引入所谓的人工变量 (artificial variable), 形成明显具有初始可行解的线性规划, 再用两阶段法或大 M 方法求解.

两阶段法   考察下述线性规划问题

$$
\begin{aligned}
\min \quad & 2x_1 + 3x_2 + x_3 + 2x_4 \\
\text{s.t.} \quad & x_1 + x_2 + x_3 + 2x_4 \geqslant 5, \\
& 2x_1 + x_2 + 3x_3 - x_4 \geqslant 3, \\
& x_1,\ x_2,\ x_3,\ x_4 \geqslant 0.
\end{aligned} \tag{1.7.1}
$$

引入剩余变量, 得到线性规划问题的标准形

$$
\begin{aligned}
\min \quad & 2x_1 + 3x_2 + x_3 + 2x_4 \\
\text{s.t.} \quad & x_1 + x_2 + x_3 + 2x_4 - x_5 \qquad\quad = 5, \\
& 2x_1 + x_2 + 3x_3 - x_4 \qquad - x_6 = 3, \\
& x_1,\ x_2,\ x_3,\ x_4,\ x_5,\ x_6 \geqslant 0.
\end{aligned} \tag{1.7.2}
$$

再对每一个约束引入人工变量 $y_1,\ y_2$, 用单纯形法先解下述的人工辅助线性规划问题, 即阶段 1 LP 问题:

$$
\begin{aligned}
\min \quad & y_1 + y_2 \\
\text{s.t.} \quad & x_1 + x_2 + x_3 + 2x_4 - x_5 \qquad\ + y_1 \qquad = 5, \\
& 2x_1 + x_2 + 3x_3 - x_4 \qquad - x_6 \qquad + y_2 = 3, \\
& x_1,\ x_2,\ x_3,\ x_4,\ x_5,\ x_6,\ y_1,\ y_2 \geqslant 0.
\end{aligned} \tag{1.7.3}
$$

注意, 阶段 1 LP 问题的目标函数不是原问题的目标函数, 而是人工变量的和. 如果原问题有可行解, 则上述阶段 1 LP 问题的最优目标函数值为零. 如果阶段 1 LP 问题的最优目标函数值大于零, 则原问题无可行解.

　　显然, 在迭代开始时, 所有人工变量都包含在初始基本可行解中. 在迭代过程中, 人工变量逐步成为出基变量, 而原问题的变量逐步成为基变量. 对于一个人工变量, 一旦它被选为出基变量而成为非基变量 (取零值), 就可以将其从阶段 1 LP 问题中删除. 只要原问题有可行解, 所有的人工变量都将逐步被删除, 最后得到的基本可行解就可以用作为求原标准形 LP 问题最优解的初始基本可行解, 从而开始第二阶段迭代.

　　一般地, 如果考虑标准形线性规划问题

$$
\begin{aligned}
\min \quad & z = c^{\mathrm{T}}x \\
\text{s.t.} \quad & Ax = b, \\
& x \geqslant 0
\end{aligned}
\tag{1.7.4}
$$

(下面称 (1.7.4) 为原标准形 LP 问题), 如果 A 中不明显包含 m 阶单位矩阵, 可以在每个方程中增加一个非负变量 y_i $(i = 1, \cdots, m)$, 称为人工变量, 从而有

$$
Ax + y = b,
\tag{1.7.5}
$$
$$
x \geqslant 0, \quad y \geqslant 0.
$$

上述系统可写成

$$
\begin{bmatrix} A & I_m \end{bmatrix} \begin{bmatrix} x \\ y \end{bmatrix} = b,
\tag{1.7.6}
$$
$$
x \geqslant 0, \quad y \geqslant 0.
$$

显然,

$$
\begin{bmatrix} x \\ y \end{bmatrix} = \begin{bmatrix} 0 \\ b \end{bmatrix}
\tag{1.7.7}
$$

是该系统的初始基本可行解, 这里 $y \geqslant 0$ 称为人工变量. 两阶段法的第一阶段是求下列人工辅助问题 (阶段 1 LP 问题):

$$
\begin{aligned}
\min \quad & e^{\mathrm{T}}y \\
\text{s.t.} \quad & Ax + I_m y = b, \\
& x \geqslant 0, \ y \geqslant 0,
\end{aligned}
\tag{1.7.8}
$$

或写成

$$\min \quad (0^{\mathrm{T}} \, e^{\mathrm{T}}) \begin{pmatrix} x \\ y \end{pmatrix}$$

$$\text{s.t.} \quad [A \, I_m] \begin{bmatrix} x \\ y \end{bmatrix} = b,$$

$$x \geqslant 0, \ y \geqslant 0,$$

其中, $e = (1, 1, \cdots, 1)^{\mathrm{T}}$ 是分量全为 1 的 m 维列向量, $y = (y_1, \cdots, y_m)^{\mathrm{T}}$ 是人工变量, I_m 是单位矩阵. 注意到这里的 I_m 是基矩阵, 标准形 LP 中右端项 $b \geqslant 0$, x 是非基变量, $x = 0$, $y = I_m^{-1}b = b \geqslant 0$ 是基变量. 从而 (1.7.7) 给出的 $\begin{pmatrix} x \\ y \end{pmatrix}$ 是人工辅助问题的一个初始基本可行解, 并以此开始第一阶段 LP 迭代. 注意到目标函数 $e^{\mathrm{T}}y$ 在可行域上有下界 (见本章习题第 13 题), 故此人工辅助问题必存在最优解. 如果所得到的最优解中所有人工变量都是非基变量, 此时最优值为零, 则从中删去人工变量后得到原线性规划问题 (1.7.4) 的一个基本可行解, 并以此作为原标准形线性规划问题的初始基本可行解进入第二阶段迭代. 如果最优解的基变量中含有人工变量, 且人工辅助问题的最优目标函数值大于零, 则原标准形 LP 问题 (1.7.4) 无可行解.

下面, 我们以 (1.7.7) 为初始基本可行解, 利用单纯形法求解人工问题 (1.7.8).

例 1.7.1　求出线性规划问题 (1.7.1) 的阶段 1 LP 问题, 并求解阶段 1 LP 问题, 从而得到标准形 LP 问题的初始可行解.

解　将线性规划问题 (1.7.1) 化为标准形 (1.7.2), 再加上人工变量化成阶段 1 LP 问题 (1.7.3).

用单纯形表方法解阶段 1 LP 问题 (1.7.3), 并令 $x_7 = y_1$, $x_8 = y_2$.

初始单纯形表为

基变量	x_1	x_2	x_3	x_4	x_5	x_6	y_1	y_2	右端项
y_1	1	1	1	2	-1	0	1	0	5
y_2	2	1	3	-1	0	-1	0	1	3
$-z$	0	0	0	0	0	0	1	1	8

第一次迭代 $(k = 1)$:

(1) 指标集为

$$\mathcal{B} = \{7, \, 8\}, \quad \mathcal{N} = \{1, \, 2, \, 3, \, 4, \, 5, \, 6\}.$$

基矩阵和非基矩阵分别为

$$B = \begin{bmatrix} 1 & 0 \\ 0 & 1 \end{bmatrix}, \quad N = \begin{bmatrix} 1 & 1 & 1 & 2 & -1 & 0 \\ 2 & 1 & 3 & -1 & 0 & -1 \end{bmatrix}.$$

由于基矩阵是单位矩阵, 不需要进行高斯消去法, 得到基本可行解, 其基变量为

$$x_B^{(1)} = \begin{bmatrix} y_1 \\ y_2 \end{bmatrix} = \begin{bmatrix} 5 \\ 3 \end{bmatrix}.$$

(2) 最优性检验.

$$\hat{c}_N^{\mathrm{T}} = c_N^{\mathrm{T}} - c_B^{\mathrm{T}} B^{-1} N = (0,0,0,0,0,0) - (1,1) \begin{bmatrix} 1 & 0 \\ 0 & 1 \end{bmatrix} \begin{bmatrix} 1 & 1 & 1 & 2 & -1 & 0 \\ 2 & 1 & 3 & -1 & 0 & -1 \end{bmatrix}$$

$$= (-3, -2, -4, -1, 1, 1).$$

由于 $\hat{c}_3 = -4 < 0$ 且最小, 取入基指标为 $p = 3$, x_3 为入基变量.

基变量	x_1	x_2	x_3	x_4	x_5	x_6	y_1	y_2	右端项
y_1	1	1	1	2	-1	0	1	0	5
y_2	2	1	③	-1	0	-1	0	1	3
$-z$	-3	-2	-4	-1	1	1	0	0	0

(3) 确定出基变量.

$$\hat{a}_p = \hat{a}_3 = B^{-1} a_3 = \begin{bmatrix} 1 & 0 \\ 0 & 1 \end{bmatrix} \begin{bmatrix} 1 \\ 3 \end{bmatrix} = \begin{bmatrix} 1 \\ 3 \end{bmatrix}.$$

因为右端项与 x_3 所在列各正分量的比值为 5/1 和 3/3, 取最小者 3/3, 得出基指标为 $q = 8$. 所以主元指标为 $p = 3$, $q = 8$. 选定 $\hat{a}_{qp} = \hat{a}_{83} = 3$ 为主元, 如画圈数字所示.

第二次迭代 $(k = 2)$:

(1) 由于 x_3 进基, y_2 出基, 故新指标集为

$$\mathcal{B} = \{7, 3\}, \quad \mathcal{N} = \{1, 2, 8, 4, 5, 6\}.$$

以 $\hat{a}_{qp} = \hat{a}_{83} = 3$ 为主元, 依次作行初等变换 $\frac{1}{3} r_2$, $r_1 - r_2$, $r_3 + 4r_2$, 得到

基变量	x_1	x_2	x_3	x_4	x_5	x_6	y_1	y_2	右端项
y_1	$\frac{1}{3}$	$\frac{2}{3}$	0	$\frac{7}{3}$	-1	$\frac{1}{3}$	1	$-\frac{1}{3}$	4
x_3	$\frac{2}{3}$	$\frac{1}{3}$	1	$-\frac{1}{3}$	0	$-\frac{1}{3}$	0	$\frac{1}{3}$	1
$-z$	$-\frac{1}{3}$	$-\frac{2}{3}$	0	$\frac{7}{3}$	1	$-\frac{1}{3}$	0	$\frac{4}{3}$	4

新的基本可行解基变量为

$$x_B^{(2)} = \begin{bmatrix} y_1 \\ x_3 \end{bmatrix} = \begin{bmatrix} 4 \\ 1 \end{bmatrix}.$$

(2) 进行最优性检验. $\hat{c}_N^{\mathrm{T}} = [\hat{c}_1,\ \hat{c}_2,\ \hat{c}_3,\ \hat{c}_4,\ \hat{c}_5,\ \hat{c}_6] = (-\dfrac{1}{3},\ -\dfrac{2}{3},\ \dfrac{4}{3},\ -\dfrac{7}{3},\ 1,\ -\dfrac{1}{3}).$
由于最负的是 $\hat{c}_4 = -\dfrac{7}{3}$, 故取入基指标 $p = 4$, 入基变量 x_4.

(3) 确定出基变量. $\hat{a}_p = \hat{a}_4 = \begin{bmatrix} \dfrac{7}{3} \\ -\dfrac{1}{3} \end{bmatrix}.$ 可见 $\hat{a}_p$ 的正分量为 $(\hat{a}_p)_7 = \dfrac{7}{3}$, 故

右端项与 x_4 所在列正分量的比为 $12/7$. 于是, 出基指标为 $q = 7$. 这样, 主元为
$\hat{a}_{qp} = \hat{a}_{74} = \dfrac{7}{3}.$

第三次迭代 $(k = 3)$:

(1) 由于 x_4 入基, $y_1(= x_7)$ 出基, 故新的指标集为

$$\mathcal{B} = \{4,\ 3\}, \quad \mathcal{N} = \{1,\ 2,\ 8,\ 7,\ 5,\ 6\}.$$

以 $\hat{a}_{qp} = \hat{a}_{74} = \dfrac{7}{3}$ 为主元作主元消去法, 依次作初等行变换 $r_3 + r_1,\ r_2 + \dfrac{1}{7}r_1,\ \dfrac{3}{7}r_1,$
得到

基变量	x_1	x_2	x_3	x_4	x_5	x_6	y_1	y_2	右端项
x_4	$\dfrac{1}{7}$	$\dfrac{2}{7}$	0	1	$-\dfrac{3}{7}$	$\dfrac{1}{7}$	$\dfrac{3}{7}$	$-\dfrac{1}{7}$	$\dfrac{12}{7}$
x_3	$\dfrac{5}{7}$	$\dfrac{3}{7}$	1	0	$-\dfrac{1}{7}$	$-\dfrac{2}{7}$	$\dfrac{1}{7}$	$\dfrac{2}{7}$	$\dfrac{11}{7}$
$-z$	0	0	0	0	0	0	1	1	8

新的基本可行解的基变量为

$$x_B^{(3)} = \begin{bmatrix} x_4 \\ x_3 \end{bmatrix} = \begin{bmatrix} \dfrac{12}{7} \\ \dfrac{11}{7} \end{bmatrix}.$$

从而基变量中不包含人工变量, 故 $y_1 = y_2 = 0$. 这样阶段 1 LP 问题的目标函数值
为 0. 删去人工变量得到原来的标准形 LP 问题的初始基本可行解为

$$\left(0,\ 0,\ \dfrac{11}{7},\ \dfrac{12}{7},\ 0,\ 0\right). \quad \square$$

大 M 方法   在没有明显初始基本可行解时也可采用大 M 方法求初始基本
可行解. 所谓大 M 方法是通过引入人工变量并对人工变量施加惩罚. 对原标准形

LP 问题 (1.7.4) 引入人工变量 $y_1, \cdots, y_m$ 和足够大的正数 M, 将 (1.7.4) 转换为

$$
\begin{aligned}
\min \quad & z = c^{\mathrm{T}}x + M(y_1 + y_2 + \cdots + y_m) \\
\text{s.t.} \quad & Ax + Iy = b, \\
& x \geqslant 0, \ y \geqslant 0,
\end{aligned} \tag{1.7.9}
$$

其中, $y = (y_1, \cdots, y_m)^{\mathrm{T}}$. 用分量形式表示 (1.7.9) 得

$$
\begin{aligned}
\min \quad & z = c_1 x_1 + \cdots + c_n x_n + M y_1 + \cdots + M y_m \\
\text{s.t.} \quad & a_{11}x_1 + \cdots + a_{1n}x_n + y_1 = b_1, \\
& a_{21}x_1 + \cdots + a_{2n}x_n + y_2 = b_2, \\
& \quad \cdots \cdots \\
& a_{m1}x_1 + \cdots + a_{mn}x_n + y_m = b_m, \\
& x_j \geqslant 0 \ (j = 1, \cdots, n), \quad y_i \geqslant 0 \ (i = 1, \cdots, m).
\end{aligned} \tag{1.7.10}
$$

在大 M 方法中, 把人工变量的和同 M 相乘后作为惩罚项加到目标函数上, M 是一个足够大的数, 称为惩罚因子. 如果原问题有可行解, 由于 M 的取值很大, 当极小化时, 只要有人工变量留在基变量里, 相应的目标函数值就会大大地大于目标函数在任何可行点的函数值. 因此, 单纯形迭代会逐步把人工变量逼出基变量而成为非基变量. 一旦某个人工变量成为出基变量, 就可以从问题中删除. 当所有的人工变量被删除后所得到的基本可行解即为原问题的一个基本可行解. 同时, 惩罚项也被从目标函数中移走. 继续进行迭代以确定问题的最优解或判定问题无有界的最优解. 如果直到迭代终止时基变量中还含有人工变量, 则说明原问题无可行解.

我们考虑例子

$$
\begin{aligned}
\min \quad & z = 2x_1 + 3x_2 \\
\text{s.t.} \quad & 3x_1 + 2x_2 = 14, \\
& 2x_1 - 4x_2 \geqslant 2, \\
& 4x_1 + 3x_2 \leqslant 19, \\
& x_1, x_2 \geqslant 0.
\end{aligned}
$$

应用大 M 方法, 上述问题可写成

$$
\begin{aligned}
\min \quad & z = 2x_1 + 3x_2 + My_1 + My_2 \\
\text{s.t.} \quad & 3x_1 + 2x_2 + y_1 = 14, \\
& 2x_1 - 4x_2 - x_3 + y_2 = 2, \\
& 4x_1 + 3x_2 + x_4 = 19, \\
& x_1, x_2, x_3, x_4, y_1, y_2 \geqslant 0.
\end{aligned}
$$

它的单纯形表为

基变量	x_1	x_2	x_3	x_4	y_1	y_2	右端项
y_1	3	2	0	0	1	0	0
y_2	2	-4	-1	0	0	1	0
x_4	4	3	0	1	0	0	19
$-z$	2	3	0	0	M	M	0

这里 y_1, y_2, x_4 是当前的基变量. 我们用单纯形表方法求解. 在第三步迭代时我们得到

基变量	x_1	x_2	x_3	x_4	右端项
x_3	0	0	1	-16	2
x_1	1	0	0	-2	4
x_2	0	1	0	3	1
$-z$	0	0	0	-5	-11

这时, 当前基变量中已经不包含人工变量, 我们得到了原问题的一个基本可行解. 由于 $\hat{c}_4 = -5 < 0$, 我们需要从这个基本可行解出发继续进行迭代, 最后得到

基变量	x_1	x_2	x_3	x_4	右端项
x_3	0	$\frac{16}{3}$	1	0	$\frac{22}{3}$
x_1	1	$\frac{2}{3}$	0	0	$\frac{14}{3}$
x_4	0	$\frac{1}{3}$	0	1	$\frac{1}{3}$
$-z$	0	$\frac{5}{3}$	0	0	$-\frac{28}{3}$

这里所有的 $\hat{c}_j \geqslant 0$, 从而所得到的基本可行解是最优解.

退化与循环　线性规划问题还分为退化问题和非退化问题. 所谓退化问题是指存在某个基本可行解, 它的基变量中含有零元素. 如果所有的基本可行解的基变量中都不含有零值, 就称为非退化的, 这时 $x_B^{(k)} > 0$. 对于非退化的线性规划问题, 单纯形迭代可以保证经有限次迭代终止于问题的一个最优解.

定理 1.7.1　设单纯形法迭代过程中每一个点都是非退化的, 则方法经过有限次迭代或者确定问题的一个最优解, 或者判定问题无有界的最优解.

证明　设 $x^{(k)}$ 为线性规划问题的基本可行解. 如果 $\hat{c}_N \geqslant 0$, 则 $x^{(k)}$ 为最优解. 否则存在指标 $p \in \mathcal{N}$, 有 $\hat{c}_p < 0$, 并选 x_p 为入基变量. 如果 $\hat{a}_p$ 的所有分量非正, 则问题无有界的最优解; 否则确定 x_p 为

$$x_p = \min\left\{ \frac{\hat{b}_j}{(\hat{a}_p)_j} \mid j \in \mathcal{B}, (\hat{a}_p)_j > 0 \right\},$$

并设 $\alpha_k = x_p$. 由于 $x^{(k)}$ 是非退化的, 故对于所有 $j \in \mathcal{B}$, 有 $x_j^{(k)} > 0$, 即 $\hat{b}_j > 0$, 因而 $x_p > 0$ 和 $\alpha_k > 0$.

根据单纯形法公式和 (1.5.19), 并利用 $\hat{c}_p < 0$ 和 $\alpha_k > 0$, 得

$$z(x^{(k+1)}) = z_0 + \hat{c}^{\mathrm{T}} x^{(k+1)} = z_0 + \hat{c}_p x_p^{(k+1)} = z_0 + \hat{c}_p \alpha_k < z_0,$$

其中, $z_0 = z(x^{(k)}) = c^{\mathrm{T}} x^{(k)} = c_B^{\mathrm{T}} x_B^{(k)}$. 这表明如果所有基本可行解都是非退化的, 则每一次迭代中目标函数值都严格单调下降. 这保证了迭代过程中基矩阵不可能出现循环. 由于线性规划只有有限个基本可行解, 故只要迭代过程中每一点都是非退化的, 单纯形迭代必经有限次迭代后终止. □

有些退化问题还会导致循环.

例 1.7.2

$$\begin{aligned} \min \quad & -\frac{3}{4}x_1 + 20x_2 - \frac{1}{2}x_3 + 6x_4 \\ \text{s.t.} \quad & \frac{1}{4}x_1 - 8x_2 - x_3 + 9x_4 + x_5 = 0, \\ & \frac{1}{2}x_1 - 12x_2 - \frac{1}{2}x_3 + 3x_4 + x_6 = 0, \\ & x_3 + x_7 = 1, \\ & x_j \geqslant 0, \quad j = 1, \cdots, 7. \end{aligned}$$

当 $k = 1$ 时, 单纯形表为

基变量	x_1	x_2	x_3	x_4	x_5	x_6	x_7	右端项
x_5	$\frac{1}{4}$	-8	-1	9	1	0	0	0
x_6	$\frac{1}{2}$	-12	$-\frac{1}{2}$	3	0	1	0	0
x_7	0	0	1	0	0	0	1	1
$-z$	$-\frac{3}{4}$	20	$-\frac{1}{2}$	6	0	0	0	0

应用单纯形准则, 当 $k = 7$ 时, 产生的单纯形表与 $k = 1$ 时的单纯形表完全相同, 从而出现了循环.

但是, 如果采用其他的主元措施或扰动方法, 可以避免循环现象的发生. 例如, 在确定入基变量时, 如果有不止一个 $\hat{c}_j < 0 \ (j \in \mathcal{N})$, 代替选最负的分量, 可以把负的简约价值系数中指标最小的变量选为入基变量, 也可以把负的简约价值系数中绝对值最小的一个选为入基变量. 在确定出基变量时, 如果有多于一个指标使 $\hat{b}_j/(\hat{a}_p)_j$ 取最小值, 也可以取其中最先出现的变量作为出基变量.

1.8 调用单纯形法的 MATLAB 程序解线性规划

使用 MATLAB 中 linprog 函数可以求解一般的线性规划:

$$\begin{aligned}
\min \quad & c^{\mathrm{T}} x \\
\text{s.t.} \quad & Ax \leqslant b, \\
& Aeqx = beq, \\
& lb \leqslant x \leqslant ub.
\end{aligned} \tag{1.8.1}$$

其基本调用格式为

$$[\text{x, fval}]=\text{linprog(c, A, b, Aeq, beq, lb, ub)}.$$

例 1.8.1 *使用* linporg *求解线性规划*

$$\begin{aligned}
\min \quad & c^{\mathrm{T}} x \\
\text{s.t.} \quad & Ax = b, \tag{1.8.2} \\
& x \geqslant 0, \tag{1.8.3}
\end{aligned}$$

其中 $c = (1,\ 2,\ 3)^{\mathrm{T}}$, $A = (2,\ -3,\ 4)$, $b = -2$.

解   输入 c=[1, 2, 3]′, A=[ ], b=[ ], Aeq=[2, −3, 4], beq=−2, lb=[0 0 0]′, ub=[inf, inf, inf]′, 执行

$$[\text{x, fval}]=\text{linprog(c, A, b, Aeq, beq, lb, ub)},$$

得到最优解 $x = (0, 0.6667, 0)^{\mathrm{T}}$, 最优值为 1.3333.   □

习 题 1

1. 对下列问题建立线性规划模型:

(1) (营养问题) 某养殖场要利用 n 种饲料来配制一批配合饲料. 现要求这批饲料含有 m 种不同的营养成分, 并且第 i 种营养成分的含量不低于 b_i. 已知第 j 种饲料中每单位含第 i 种营养成分的含量为 a_{ij}, 每单位第 j 种饲料的价格为 c_j. 那么, 在保证营养需求的条件下, 应如何配方才能使这批配合饲料的费用最小?

(2) (安排问题) 医院行政办公室要考虑护士值班安排. 每 4 小时一班, 每天安排 6 班. 第一班从上午 8 点开始, 每个护士连续工作 8 小时, 从第一班到第 6 班各班所需护士人数分别为: 140, 120, 160, 90, 30, 60. 试给出护士值班安排的线性规划模型, 使满足工作要求并使得值班护士人数最少.

2. 用图解法解下列问题:

(1) max $\quad 20x_1 + 30x_2$ $\qquad$ (2) min $\quad 3x_1 + 5x_2$ $\qquad$ (3) min $\quad 4x_1 + 5x_2$

$\quad$ s.t. $\quad 3x_1 + 2x_2 \leqslant 210,$ $\qquad$ s.t. $\quad -3x_1 + 2x_2 \leqslant 6,$ $\qquad$ s.t. $\quad -5x_1 + 4x_2 \leqslant 0,$

$\qquad\qquad 2x_1 + 4x_2 \leqslant 300,$ $\qquad\qquad\quad -x_1 + x_2 \leqslant 5,$ $\qquad\qquad\quad x_1 + x_2 \geqslant -3,$

$\qquad\qquad x_2 \leqslant 65,$ $\qquad\qquad\qquad -3x_1 + 8x_2 \geqslant 12,$ $\qquad\qquad\quad x_1 \leqslant 0;$

$\qquad\qquad x_1 \geqslant 0, x_2 \geqslant 0;$ $\qquad\qquad\qquad 3x_1 + 2x_2 \geqslant 18,$

$\qquad\qquad\qquad\qquad\qquad\qquad\qquad x_1 \geqslant 0, x_2 \geqslant 0;$

(4) max $\quad 2x_1 + 3x_2$ $\qquad$ (5) min $\quad 4x_1 - 3x_2$

$\quad$ s.t. $\quad -x_1 + 2x_2 \geqslant 12,$ $\qquad$ s.t. $\quad -11x_1 + 10x_2 \leqslant 20,$

$\qquad\qquad -2x_1 + x_2 \geqslant 3,$ $\qquad\qquad\qquad x_2 \leqslant 6,$

$\qquad\qquad x_1 \geqslant 0, x_2 \geqslant 0;$ $\qquad\qquad\qquad x_1 \geqslant 0, x_2 \geqslant 0.$

3. 画出下列线性规划问题的可行域, 并指出可行域的维数:

(1) $x_1 + x_2 = 1,$ $\qquad$ (2) $x_1 + x_2 + x_3 = 2,$

$\quad x_1 \geqslant 0, x_2 \geqslant 0;$ $\qquad\quad x_1 - x_2 = 0,$

$\qquad\qquad\qquad\qquad\qquad x_1 \geqslant 0, x_2 \geqslant 0, x_3 \geqslant 0.$

4. 利用图解法解释下述线性规划问题是无界线性规划问题:

(1) max $\quad 2x_1 + 2x_2$ $\qquad\qquad$ (2) max $\quad -6x_1 + 10x_2$

$\quad$ s.t. $\quad -6x_1 + 10x_2 \geqslant 15,$ $\qquad\quad$ s.t. $\quad 3x_1 - 5x_2 \leqslant 30,$

$\qquad\qquad x_1 + x_2 \geqslant 7,$ $\qquad\qquad\qquad 3x_1 + 2x_2 \geqslant 9,$

$\qquad\qquad x_1 \leqslant 7,$ $\qquad\qquad\qquad\quad x_1 \geqslant 0, x_2 \geqslant 0.$

$\qquad\qquad x_2 \geqslant 0;$

5. 确定由下述约束条件形成的可行域的所有顶点, 并计算函数 $f(x)$ 在这些顶点的函数值.

$\qquad f(x) = 3x_1 + 2x_2$

$\quad x_1 + x_2 \leqslant 3,$

$\quad x_1 - 2x_2 \leqslant 4,$

$\quad 0 \leqslant x_1 \leqslant 4,$

$\quad 0 \leqslant x_2 \leqslant 1.$

6. 把下列线性规划问题转化为标准形:

(1) max $\quad x_1 - x_2$ $\qquad$ (2) min $\quad 3x_1 + x_2$ $\qquad$ (3) max $\quad 2x_1 - x_2 - 3x_3$

$\quad$ s.t. $\quad 3x_1 + 5x_2 \geqslant 2,$ $\qquad$ s.t. $\quad x_1 - 3x_2 \geqslant -3,$ $\qquad$ s.t. $\quad 2x_1 - x_2 + 2x_3 \leqslant 2,$

$\qquad\qquad x_1 + 4x_2 \leqslant 6,$ $\qquad\qquad 2x_1 + 3x_2 \geqslant -6,$ $\qquad\qquad -x_1 + 2x_2 - 3x_3 \leqslant -2,$

$\qquad\qquad x_2 \geqslant 0;$ $\qquad\qquad 2x_1 + x_2 \leqslant 8,$ $\qquad\qquad x_1 \geqslant 0, x_2 \geqslant 0, x_3 \geqslant 0;$

$\qquad\qquad\qquad\qquad\qquad 4x_1 - x_2 \leqslant 16;$

(4) max $\quad 3x_1 - 13x_2$ $\qquad$ (5) min $\quad c_1x_1 + c_2x_2 + c_3x_3 + c_4x_4$

$\quad$ s.t. $\quad 5x_1 + 3x_2 \leqslant 18,$ $\qquad$ s.t. $\quad a_{11}x_1 + a_{12}x_2 + a_{14}x_4 = b_1,$

$\qquad\qquad x_1 + 2x_2 \geqslant 9,$ $\qquad\qquad a_{21}x_1 + a_{22}x_2 + a_{23}x_3 \geqslant b_2,$

$\qquad\qquad 2x_1 + 5x_2 \geqslant 3,$ $\qquad\qquad a_{32}x_2 + a_{33}x_3 \leqslant b_3,$

$\qquad\qquad 2x_1 + x_2 \geqslant 2.5,$ $\qquad\qquad x_1, x_2, x_3, x_4 \geqslant 0.$

$\qquad\qquad x_1 \geqslant 0;$

7. 考虑线性规划问题

$$\min \quad -2x_1 - x_2 + x_3 + 5x_4 - 3x_5$$

$$\text{s.t.} \quad 4x_1 + 2x_2 + x_3 + x_4 = 3,$$

$$2x_1 + 2x_2 + 3x_4 + x_5 = 2,$$

$$x_1, x_2, x_3, x_4, x_5 \geqslant 0.$$

试确定下列向量是否是基本可行解, 并解释你的理由:

(1) $x^{\mathrm{T}} = (0, 0, 3, 0, 2)$;　　(2) $x^{\mathrm{T}} = (1, 0, -1, 0, 0)$;

(3) $x^{\mathrm{T}} = (0, 1, 1, 0, 0)$;　　(4) $x^{\mathrm{T}} = (\frac{1}{2}, 1, 0, 0, 0)$.

8. 对于标准线性规划问题, 设 x 是基本可行解, d 是一个方向, 证明:

(1) $Ad = 0$, 当且仅当对所有 $t \geqslant 0$, $A(x + td) = b$.

(2) $d \geqslant 0$, 当且仅当对所有 $t \geqslant 0$, $x + td \geqslant 0$.

(3) $c^{\mathrm{T}}d < 0$, 当且仅当对所有 $t > 0$, $c^{\mathrm{T}}(x + td) < c^{\mathrm{T}}d$.

9. 利用单纯形算法解下列线性规划问题:

$$\min \quad x_1 - x_2 - 8x_3 + x_4$$

$$\text{s.t.} \quad x_1 - x_2 - x_3 = 3$$

$$-3x_2 + 2x_3 + x_4 = 2$$

$$x_1, x_2, x_3, x_4 \geqslant 0.$$

设初始基本可行解为 $x^{\mathrm{T}} = (3, 0, 0, 2)$.

10. 证明:$x + t^*d$ 是可行解, 其中,

$$d = \left[\begin{array}{c} d_B \\ d_N \end{array} \right] = \left[\begin{array}{c} -B^{-1}a_j \\ e_j \end{array} \right], \quad j \in \mathcal{N},$$

$$t^* = \min\left\{ -\frac{x_i}{d_i} \mid 1 \leqslant i \leqslant n, d_i < 0 \right\}.$$

11. 利用 MATLAB, FORTRAN 或 LINDO 中的线性规划软件包解下列问题:

(1) 某钢筋车间要用一批长度为 10 米的钢筋下料, 制作长度为 3 米的钢筋 90 根和长度为 4 米的钢筋 60 根. 问怎样下料最省?

(2) 某农场要购买一批拖拉机以完成每年三个季度的工作量: 春种 330 公顷, 夏管 130 公顷, 秋收 470 公顷, 可供选择的拖拉机型号、单台投资额及工作能力如表 1.1 所示.

表 1.1

拖拉机型号	单台投资/元	单台工作能力/公顷		
		春种	夏管	秋收
东方红	50000	30	17	41
丰收	45000	29	14	43
跃进	44000	32	16	42
胜利	52000	31	18	44

问配够哪几种拖拉机各几台, 才能完成上述工作量, 且使总投资最少?

12. 用单纯形表方法解下列线性规划问题:

(1) max　$5x_1 + 6x_2 + 4x_3$　　　　　　(2) min　$3x_1 - 2x_2 + x_3$

　　s.t.　$2x_1 + 2x_2 \leqslant 5,$　　　　　　　s.t.　$2x_1 + 2x_2 - x_3 \leqslant 2,$

　　　　　$5x_1 + 3x_2 + 4x_3 \leqslant 15,$　　　　　　$-3x_1 - x_2 + 2x_3 \leqslant 12,$

　　　　　$x_1 + x_2 \leqslant 10,$　　　　　　　　　$x_1 \geqslant 0, x_2 \geqslant 0, x_3 \geqslant 0;$

　　　　　$x_1 \geqslant 0, x_2 \geqslant 0, x_3 \geqslant 0;$

(3) min　$-\dfrac{3}{4}x_1 + 20x_2 - \dfrac{1}{2}x_3 + 6x_4$

　　s.t.　$\dfrac{1}{4}x_1 - 8x_2 - x_3 + 9x_4 = 0,$

　　　　　$\dfrac{1}{2}x_1 - 12x_2 - \dfrac{1}{2}x_3 + 3x_4 = 0,$

　　　　　$x_3 = 1,$

　　　　　$x_1 \geqslant 0, x_2 \geqslant 0, x_3 \geqslant 0, x_4 \geqslant 0.$

13. 证明: 第一阶段 LP 问题 (1.7.8) 不是无界的.

14. 写出下列问题的阶段 1LP 问题, 并用单纯形表方法求解阶段 1LP 问题, 再指出新问题的可行解是否为原线性规划问题的基本可行解?

(1) max　$x_1 + x_2$　　　　　　　(2) max　$3x_1 - x_2 - 2x_3$

　　s.t.　$x_1 + x_2 = 3,$　　　　　　　s.t.　$x_1 - 2x_2 + 3x_3 = 1,$

　　　　　$2x_1 + 6x_2 = 7,$　　　　　　　　$2x_1 - 4x_2 + 6x_3 = 2,$

　　　　　$x_1 \geqslant 0, x_2 \geqslant 0;$　　　　　　　$x_1 \geqslant 0, x_2 \geqslant 0, x_3 \geqslant 0.$

15. 证明: 如果 $\begin{pmatrix} x \\ y \end{pmatrix}$ 是阶段 1 LP 问题的基本可行解, 并且 y 是非基变量, 那么 x 是原来 LP 问题的基本可行解.

16. 用两阶段法解下列线性规划问题:

　　min　$8x_1 + 6x_2 + 3x_3 + 2x_4$

　　s.t.　$x_1 + 2x_2 + x_4 \geqslant 3,$

　　　　　$3x_1 + x_2 + x_3 + x_4 \geqslant 6,$

　　　　　$2x_3 + x_4 \geqslant 2,$

　　　　　$x_1 + x_3 \geqslant 2,$

　　　　　$x_j \geqslant 0, \ j = 1, 2, 3, 4.$

第 2 章　线性规划的对偶理论与对偶单纯形法

2.1　线性规划的对偶问题

对每一个线性规划问题, 都可以构造另一个与之相应且关系密切的线性规划问题, 如果前者称为原问题 (primal problem), 则后者就称为对偶问题 (dual problem). 线性规划的原问题与对偶问题无论从数学的角度、计算的角度还是经济学的角度都有十分密切的关系.

下面, 我们引入线性规划的对偶问题. 首先, 考虑经典形线性规划问题

$$
\begin{aligned}
\min \quad & f(x) = c^{\mathrm{T}} x \\
\text{s.t.} \quad & Ax \geqslant b, \\
& x \geqslant 0.
\end{aligned}
\tag{2.1.1}
$$

用分量形式表示为

$$
\begin{aligned}
\min \quad & c_1 x_1 + c_2 x_2 + \cdots + c_n x_n \\
\text{s.t.} \quad & a_{11} x_1 + a_{12} x_2 + \cdots + a_{1n} x_n \geqslant b_1, \\
& a_{21} x_1 + a_{22} x_2 + \cdots + a_{2n} x_n \geqslant b_2, \\
& \qquad\qquad \cdots\cdots \\
& a_{m1} x_1 + a_{m2} x_2 + \cdots + a_{mn} x_n \geqslant b_m, \\
& x_1, \cdots, x_n \geqslant 0.
\end{aligned}
\tag{2.1.2}
$$

经典形线性规划问题 (2.1.1) 不同于标准形线性规划问题 (1.5.1), 这里的约束都是 $\geqslant$ 型的不等式约束, 对变量同样有非负性限制. 它的对偶问题具有对称形式

$$
\begin{aligned}
\max \quad & z(y) = b^{\mathrm{T}} y \\
\text{s.t.} \quad & A^{\mathrm{T}} y \leqslant c, \\
& y \geqslant 0.
\end{aligned}
\tag{2.1.3}
$$

用分量形式表示为

$$
\begin{aligned}
\max \quad & b_1 y_1 + b_2 y_2 + \cdots + b_m y_m \\
\text{s.t.} \quad & a_{11} y_1 + a_{21} y_2 + \cdots + a_{m1} y_m \leqslant c_1,
\end{aligned}
$$

$$a_{12}y_1 + a_{22}y_2 + \cdots + a_{m2}y_m \leqslant c_2, \tag{2.1.4}$$

$$\cdots\cdots$$

$$a_{1n}y_1 + a_{2n}y_2 + \cdots + a_{mn}y_m \leqslant c_n,$$

$$y_1, \cdots, y_m \geqslant 0.$$

比较一下不难发现, 求经典形线性规划原问题 (2.1.1) 的对偶问题 (2.1.3) 的要点是:

(1) min 变成 max; 即原问题对目标函数求极小, 而对偶问题对目标函数求极大.

(2) 价值系数向量与右端项互换; 即对偶问题的价值系数向量 b 是原问题中约束的右端项, 对偶问题中约束的右端项 c 是原问题的价值系数向量.

(3) 系数矩阵转置; 即对偶问题约束中系数矩阵是原问题约束中系数矩阵的转置.

(4) 约束不等式变号; 原问题约束不等式为 $\geqslant$, 对偶问题约束不等式为 $\leqslant$.

(5) 变量都有非负性限制; 原问题中变量 x 有非负性要求 $x \geqslant 0$, 对偶问题中变量 y 同样有非负性要求 $y \geqslant 0$.

这样, 我们可以看出经典形线性规划问题 (2.1.1) 与它的对偶问题 (2.1.3) 是对称的, 这种对称关系可简洁地表示为

$$\min \Leftrightarrow \max, \ Ax \geqslant b \Leftrightarrow A^{\mathrm{T}}y \leqslant c, \ c \Leftrightarrow b.$$

例 2.1.1 写出下列线性规划的对偶问题:

$$\begin{aligned}
\min \quad & -2x_1 - 3x_2 \\
\text{s.t.} \quad & x_1 - x_2 \geqslant -3, \\
& 2x_1 - x_2 \geqslant -2, \\
& -4x_1 - x_2 \geqslant -16, \\
& x_1 \geqslant 0, x_2 \geqslant 0.
\end{aligned}$$

解 由上所述, 我们很容易写出它的对偶问题如下:

$$\begin{aligned}
\max \quad & -3y_1 - 2y_2 - 16y_3 \\
\text{s.t.} \quad & y_1 + 2y_2 - 4y_3 \leqslant -2, \\
& -y_1 - y_2 - y_3 \leqslant -3, \\
& y_1 \geqslant 0, y_2 \geqslant 0, y_3 \geqslant 0. \quad \Box
\end{aligned}$$

　　如果线性规划问题不是经典形, 我们可以把其他形式的线性规划问题转化成经典形后再求出其对偶问题.

　　考虑标准形线性规划问题

$$
\begin{aligned}
\min \quad & c^{\mathrm{T}}x \\
\text{s.t.} \quad & Ax = b, \\
& x \geqslant 0.
\end{aligned}
\tag{2.1.5}
$$

对于等式约束 $Ax = b$, 可转换成两个不等式约束:

$$
Ax \geqslant b, \quad -Ax \geqslant -b.
$$

这样, 标准形问题 (2.1.5) 可写成如下经典形:

$$
\begin{aligned}
\min \quad & c^{\mathrm{T}}x \\
\text{s.t.} \quad & \left[\begin{array}{c} A \\ -A \end{array}\right] x \geqslant \left[\begin{array}{c} b \\ -b \end{array}\right], \\
& x \geqslant 0.
\end{aligned}
\tag{2.1.6}
$$

它的对偶问题是

$$
\begin{aligned}
\max \quad & b^{\mathrm{T}}y_1 - b^{\mathrm{T}}y_2 \\
\text{s.t.} \quad & A^{\mathrm{T}}y_1 - A^{\mathrm{T}}y_2 \leqslant c, \\
& y_1 \geqslant 0, \ y_2 \geqslant 0.
\end{aligned}
$$

令 $y = y_1 - y_2$, 得

$$
\begin{aligned}
\max \quad & b^{\mathrm{T}}y \\
\text{s.t.} \quad & A^{\mathrm{T}}y \leqslant c.
\end{aligned}
\tag{2.1.7}
$$

这就是标准形线性规划问题 (2.1.5) 的对偶问题. 注意, 在 (2.1.7) 中变量 y 没有非负性限制.

　　对偶形式 (2.1.7) 也可写成

$$
\begin{aligned}
\max \quad & b^{\mathrm{T}}y \\
\text{s.t.} \quad & A^{\mathrm{T}}y + s = c, \\
& s \geqslant 0,
\end{aligned}
\tag{2.1.8}
$$

其中 $y \in \mathbf{R}^m, s \in \mathbf{R}^n$. 我们称 y 为对偶变量, s 为对偶松弛向量.

经典问题 (2.1.1) 和它的对偶问题 (2.1.3) 在形式上是对称的, 故称为对称的对偶规划. 而标准形线性规划 (2.1.5) 和它的对偶问题 (2.1.7) 在形式上是不对称的, 故称为非对称的对偶规划.

类似于上面的方法, 对任一给出的线性规划问题, 我们都可以将其转换成经典形问题, 然后求出它的对偶问题. 为方便起见, 下面我们给出从任意原问题写出其对偶问题的规则, 如表 2.1.1 所示. 按照这个规则, 读者可以直接写出原问题的对偶问题.

表 2.1.1 从原问题到对偶问题的转换规则

原问题	对偶问题
目标函数 $\min f(x) = c^{\mathrm{T}} x$	目标函数 $\max z(y) = b^{\mathrm{T}} y$
原问题变量	对偶问题约束
n 个变量	n 个约束
$\geqslant 0$	$\leqslant$
$\leqslant 0$	$\geqslant$
无限制	$=$
原问题约束	对偶问题变量
m 个约束	m 个变量
$\geqslant$	$\geqslant 0$
$\leqslant$	$\leqslant 0$
$=$	无限制

当原问题是极大化目标函数时, 作为练习, 请读者写出从原问题到对偶问题的转换规则.

例 2.1.2 写出下面的线性规划问题的对偶问题:

$$\begin{aligned}
\min \quad & 3x_1 + 4x_2 + 5x_3 \\
\text{s.t.} \quad & x_1 + 5x_2 + 7x_3 \geqslant 5, \\
& x_1 - x_3 \leqslant 3, \\
& 4x_2 + x_3 = 7, \\
& x_1 \geqslant 0,\ x_2 \leqslant 0,\ x_3 \text{无限制}.
\end{aligned}$$

解 根据求对偶问题的规则, 得

$$\begin{aligned}
\max \quad & 5y_1 + 3y_2 + 7y_3 \\
\text{s.t.} \quad & y_1 + y_2 \leqslant 3, \\
& 5y_1 + 4y_3 \geqslant 4, \\
& 7y_1 - y_2 + y_3 = 5, \\
& y_1 \geqslant 0,\ y_2 \leqslant 0,\ y_3 \text{无限制}. \quad \square
\end{aligned}$$

例 2.1.3　写出下面的线性规划问题的对偶问题:

$$\max \quad x_1 + 2x_2 - 3x_3 + 4x_4$$
$$\text{s.t.} \quad -x_1 + x_2 - x_3 - 3x_4 = 5,$$
$$6x_1 + 7x_2 - 3x_3 - 5x_4 \geqslant 8,$$
$$12x_1 - 9x_2 + 9x_3 + 9x_4 \leqslant 20,$$
$$x_1 \geqslant 0,\ x_2 \geqslant 0,\ x_3 \geqslant 0, x_4\text{无限制}.$$

解　这个问题的原问题是一个极大问题, 对偶问题是极小问题. 我们在表 2.1.1 中把对偶问题一列看成原问题, 而把原问题一列看成对偶问题. 这样就同样可以方便直接地写出其对偶问题. 根据求极大型问题的对偶问题的规则, 得

$$\min \quad 5y_1 + 8y_2 + 20y_3$$
$$\text{s.t.} \quad -y_1 + 6y_2 + 12y_3 \geqslant 1,$$
$$y_1 + 7y_2 - 9y_3 \geqslant 2,$$
$$-y_1 - 3y_2 + 9y_3 \geqslant -3,$$
$$-3y_1 - 5y_2 + 9y_3 = 4,$$
$$y_1\text{无限制},\ y_2 \leqslant 0,\ y_3 \geqslant 0. \quad \square$$

例 2.1.4　写出一般线性规划问题的对偶问题:

$$\min \quad f(x) = c^{\mathrm{T}}x$$
$$\text{s.t.} \quad A_1x \geqslant b_1,$$
$$A_2x \leqslant b_2, \tag{2.1.9}$$
$$A_3x = b_3,$$
$$x \geqslant 0.$$

解　根据求对偶问题的规则, 得

$$\max \quad z(y) = b^{\mathrm{T}}y$$
$$\text{s.t.} \quad A^{\mathrm{T}}y \leqslant c,$$
$$y_1 \geqslant 0,\ y_2 \leqslant 0.$$

注意到

$$A = \begin{bmatrix} A_1 \\ A_2 \\ A_3 \end{bmatrix}, \quad b = \begin{bmatrix} b_1 \\ b_2 \\ b_3 \end{bmatrix}.$$

故得

$$
\begin{aligned}
\max \quad & z(y) = b_1^{\mathrm{T}} y_1 + b_2^{\mathrm{T}} y_2 + b_3^{\mathrm{T}} y_3 \\
\text{s.t.} \quad & A_1^{\mathrm{T}} y_1 + A_2^{\mathrm{T}} y_2 + A_3^{\mathrm{T}} y_3 \leqslant c, \\
& y_1 \geqslant 0, \, y_2 \leqslant 0. \quad \square
\end{aligned}
\tag{2.1.10}
$$

在例 1.1.3 中我们建立了运输问题的模型 (1.1.6). 现在我们建立运输问题的对偶.

例 2.1.5 建立运输问题的对偶. 设 $x^{\mathrm{T}} = (x_{11}, x_{12}, x_{13}, x_{21}, x_{22}, x_{23})$. 考虑运输问题

$$
\begin{aligned}
\min \quad & c_{11} x_{11} + c_{12} x_{12} + c_{13} x_{13} + c_{21} x_{21} + c_{22} x_{22} + c_{23} x_{23} \\
\text{s.t.} \quad & \begin{bmatrix} 1 & 1 & 1 & 0 & 0 & 0 \\ 0 & 0 & 0 & 1 & 1 & 1 \\ 1 & 0 & 0 & 1 & 0 & 0 \\ 0 & 1 & 0 & 0 & 1 & 0 \\ 0 & 0 & 1 & 0 & 0 & 1 \end{bmatrix} x = \begin{bmatrix} a_1 \\ a_2 \\ b_1 \\ b_2 \\ b_3 \end{bmatrix}, \\
& x \geqslant 0.
\end{aligned}
$$

解 根据求对偶问题的规则, 得该运输问题的对偶为

$$
\begin{aligned}
\max \quad & a_1 u_1 + a_2 u_2 + b_1 v_1 + b_2 v_2 + b_3 v_3 \\
\text{s.t.} \quad & \begin{bmatrix} 1 & 0 & 1 & 0 & 0 \\ 1 & 0 & 0 & 1 & 0 \\ 1 & 0 & 0 & 0 & 1 \\ 0 & 1 & 1 & 0 & 0 \\ 0 & 1 & 0 & 1 & 0 \\ 0 & 1 & 0 & 0 & 1 \end{bmatrix} \begin{bmatrix} u_1 \\ u_2 \\ v_1 \\ v_2 \\ v_3 \end{bmatrix} \leqslant \begin{bmatrix} c_{11} \\ c_{12} \\ c_{13} \\ c_{21} \\ c_{22} \\ c_{23} \end{bmatrix},
\end{aligned}
$$

$u_i \, (i = 1, 2)$, $v_j \, (j = 1, 2, 3)$ 为自由变量.

注意, 上面的约束为

$$
u_i + v_j \leqslant c_{ij}, \quad i = 1, 2; j = 1, 2, 3. \quad \square
$$

再考虑一般形式的运输问题

$$
\begin{aligned}
\min \quad & \sum_{i=1}^{m} \sum_{j=1}^{n} c_{ij} x_{ij} \\
\text{s.t.} \quad & \sum_{j=1}^{n} x_{ij} = a_i, \, i = 1, \cdots, m,
\end{aligned}
\tag{2.1.11}
$$

$$\sum_{i=1}^{m} x_{ij} = b_j, \; j = 1, \cdots, n,$$

$$x_{ij} \geqslant 0, \; \forall i, j.$$

其对偶为

$$\max \quad \sum_{i=1}^{m} a_i u_i + \sum_{j=1}^{n} b_j v_j$$

$$\text{s.t.} \quad u_i + v_j \leqslant c_{ij}, \forall i, j, \tag{2.1.12}$$

$$u \text{ 和 } v \text{ 是自由变量}.$$

对偶问题在某些情形提供了计算上的优点. 例如, 考虑经典形问题 (2.1.1) 和它的对偶 (2.1.3). 原问题有 m 个约束和 n 个变量, 对偶问题有 n 个约束和 m 个变量. 将它们都化成标准形, 原问题就有 m 个等式约束和 $m+n$ 个变量, 对偶问题有 n 个等式约束和 $m+n$ 个变量. 相应的原始基矩阵和对偶基矩阵的大小分别是 $m \times m$ 和 $n \times n$. 如果 $m \geqslant n$, 则解对偶问题的计算工作量就比解原问题小.

线性规划的对偶问题的另一个重要性质是

定理 2.1.1 对于线性规划, 对偶问题的对偶就是原问题.

证明 仅就经典形问题情形证明, 其他情形类似. 设原问题为

$$\min \quad c^{\mathrm{T}} x$$

$$\text{s.t.} \quad Ax \geqslant b,$$

$$x \geqslant 0.$$

对偶问题为

$$\max \quad b^{\mathrm{T}} y$$

$$\text{s.t.} \quad A^{\mathrm{T}} y \leqslant c,$$

$$y \geqslant 0.$$

将它写成与原问题相同的形式

$$\min \quad (-b)^{\mathrm{T}} y$$

$$\text{s.t.} \quad (-A)^{\mathrm{T}} y \geqslant -c,$$

$$y \geqslant 0.$$

这样, 写出上述问题的对偶形式

$$\max \quad (-c)^{\mathrm{T}}w$$
$$\text{s.t.} \quad -Aw \leqslant -b,$$
$$w \geqslant 0,$$

即是

$$\min \quad c^{\mathrm{T}}w$$
$$\text{s.t.} \quad Aw \geqslant b,$$
$$w \geqslant 0.$$

令 $x = w$, 这就是原问题.   □

一阶最优性条件 最优性条件是最优化问题的最优解必须满足的条件, 通常采用的有一阶最优性条件和二阶最优性条件. 为方便下面的讨论, 我们这里简要叙述线性规划问题的一阶最优性条件, 即 Kuhn-Tucker 条件. 我们省略定理的证明, 感兴趣的读者可以参考 (孙文瑜等, 2010; 张建中等, 1990).

定理 2.1.2 x^* 是经典形线性规划问题

$$\min \quad c^{\mathrm{T}}x$$
$$\text{s.t.} \quad Ax \geqslant b, \tag{2.1.13}$$
$$x \geqslant 0$$

的最优解的充分必要条件是存在 $y^* \in \mathbf{R}^m, \lambda^* \in \mathbf{R}^n$, 使得下列 Kuhn-Tucker 条件 (简称 K-T 条件) 满足,

$$c = A^{\mathrm{T}}y^* + \lambda^*, \, y^* \geqslant 0, \, \lambda^* \geqslant 0, \tag{2.1.14}$$
$$Ax^* \geqslant b, \, x^* \geqslant 0, \tag{2.1.15}$$
$$(y^*)^{\mathrm{T}}(Ax^* - b) = 0, \, (\lambda^*)^{\mathrm{T}}x^* = 0. \tag{2.1.16}$$

考虑到 $\lambda^* \geqslant 0$ 和 $\lambda^* = c - A^{\mathrm{T}}y^*$, 消去 λ^*, 得到 K-T 条件的另一种表示:

$$c \geqslant A^{\mathrm{T}}y^*, \, y^* \geqslant 0, \tag{2.1.17}$$
$$Ax^* \geqslant b, \, x^* \geqslant 0, \tag{2.1.18}$$
$$(y^*)^{\mathrm{T}}(Ax^* - b) = 0, \quad (c - A^{\mathrm{T}}y^*)^{\mathrm{T}}x^* = 0. \tag{2.1.19}$$

上面的 K-T 条件表明, 在原问题的最优解处, 相应于约束 $Ax \geqslant b$ 的最优拉格朗日乘子 y^* 是对偶问题 (2.1.3) 的一个可行解. 因此, 可以看出, 在上述 K-T 条件中, (2.1.17) 是对偶可行性条件, (2.1.18) 是原始可行性条件, (2.1.19) 是对偶互补松弛性条件和原始互补松弛性条件.

推论 2.1.1　x^* 是标准形线性规划问题

$$\min \quad c^{\mathrm{T}}x$$
$$\mathrm{s.t} \quad Ax = b, \tag{2.1.20}$$
$$x \geqslant 0$$

的最优解的充分必要条件是下述 K-T 条件满足, 即

$$c = A^{\mathrm{T}}y^* + \lambda^*, \ \lambda^* \geqslant 0, \tag{2.1.21}$$
$$Ax^* = b, \ x^* \geqslant 0, \tag{2.1.22}$$
$$(\lambda^*)^{\mathrm{T}}x^* = 0. \tag{2.1.23}$$

上述条件也可以写成

$$c \geqslant A^{\mathrm{T}}y^*, \tag{2.1.24}$$
$$Ax^* = b, \ x^* \geqslant 0, \tag{2.1.25}$$
$$(c - A^{\mathrm{T}}y^*)^{\mathrm{T}}x^* = 0. \tag{2.1.26}$$

注意, 在标准形线性规划的 K-T 条件中 y^* 没有非负性要求. (2.1.24) 是对偶可行性条件, (2.1.25) 是原始可行性条件, (2.1.26) 是互补松弛性条件.

2.2　对偶性定理

本节讨论对偶性理论, 我们以标准形原问题 (2.1.5) 和其对偶问题 (2.1.7) 为例进行讨论. 其他形式互为对偶的原问题和对偶问题的讨论是类似的.

定理 2.2.1 (弱对偶定理)　设 x 和 y 分别是原问题和对偶问题的可行解, 则有

$$f(x) = c^{\mathrm{T}}x \geqslant b^{\mathrm{T}}y = z(y). \tag{2.2.1}$$

证明　由 x 和 y 的原始可行性和对偶可行性, 有

$$Ax = b, \ x \geqslant 0 \ \text{和} \ A^{\mathrm{T}}y \leqslant c.$$

用 y 与 $Ax = b$ 两边作内积, 得

$$y^{\mathrm{T}}Ax = y^{\mathrm{T}}b.$$

用 x 与 $A^{\mathrm{T}}y \leqslant c$ 两边作内积, 得

$$y^{\mathrm{T}}Ax \leqslant c^{\mathrm{T}}x.$$

从而得到

$$f(x) = c^{\mathrm{T}}x \geqslant y^{\mathrm{T}}Ax = y^{\mathrm{T}}b = z(y). \quad \square$$

弱对偶定理表明, 一个极小化线性规划问题在其某一可行点处的函数值给出了另一个作为其对偶的线性规划问题最优值的一个上界; 或者说, 一个极大化线性规划问题在其某一可行点处的函数值给出了另一个作为其对偶的线性规划问题最优值的一个下界. 两个可行解的函数值之间的差 $c^{\mathrm{T}}x - b^{\mathrm{T}}y$ 称为对偶间隙.

从弱对偶定理, 我们还可以得到下面两个有用的结论.

推论 2.2.1 如果两个互为对偶的线性规划问题中有一个无有界的最优解, 则另一个问题必定不可行.

事实上, 如果另一个问题有可行解, 则其相应的目标函数值为其对偶问题的最优函数值提供了一个界, 这同它的无界性假设相矛盾.

推论 2.2.2 设 x^* 和 y^* 分别是原问题和对偶问题的可行解, 且 $c^{\mathrm{T}}x^* = b^{\mathrm{T}}y^*$, 则 x^* 和 y^* 分别是原问题和对偶问题的最优解.

事实上, 由弱对偶定理, 对任意原问题的可行解 x, 有 $c^{\mathrm{T}}x \geqslant b^{\mathrm{T}}y^* = c^{\mathrm{T}}x^*$, 因而 x^* 是原问题的最优解. 同样可以得出 y^* 是对偶问题的最优解.

推论 2.2.2 也可以通过证明 K-T 条件 (2.1.21)~(2.1.23) 成立得到 (作为练习).

定理 2.2.2(强对偶定理) 如果互为对偶的两个线性规划问题中有一个有最优解, 则另一个也有最优解, 且两者的最优目标函数值相等.

证明 设 x^* 是原问题的最优解, 根据标准形线性规划问题最优解的理论, 将 x^* 分成基本解和非基本解两部分

$$x^* = \begin{bmatrix} x_B^* \\ x_N^* \end{bmatrix}.$$

对 A 和 c 作相应分块, 有

$$A = [B \ N], \quad c = \begin{bmatrix} c_B \\ c_N \end{bmatrix},$$

则 $x_B^* = B^{-1}b$. 由于 x^* 是最优解, 根据 1.5 节的讨论, 有

$$c_N^{\mathrm{T}} - c_B^{\mathrm{T}}B^{-1}N \geqslant 0. \tag{2.2.2}$$

从而 $c_N \geqslant N^{\mathrm{T}}B^{-\mathrm{T}}c_B$. 令

$$y^* = B^{-\mathrm{T}}c_B, \tag{2.2.3}$$

则有

$$A^{\mathrm{T}}y^* = \begin{bmatrix} B^{\mathrm{T}} \\ N^{\mathrm{T}} \end{bmatrix} B^{-\mathrm{T}}c_B = \begin{bmatrix} c_B \\ N^{\mathrm{T}}B^{-\mathrm{T}}c_B \end{bmatrix} \leqslant \begin{bmatrix} c_B \\ c_N \end{bmatrix} = c. \tag{2.2.4}$$

这表明 y^* 是对偶可行的. 又由于

$$b^{\mathrm{T}}y^* = b^{\mathrm{T}}B^{-\mathrm{T}}c_B = c_B^{\mathrm{T}}B^{-1}b = c_B^{\mathrm{T}}x_B^* = c^{\mathrm{T}}x^*.$$

根据推论 2.2.2 知 y^* 是对偶问题的最优解.　　□

定理 2.2.3　对于互为对偶的两个线性规划问题, 如果原问题和对偶问题都有可行解, 那么, 分别存在原始最优解 x^* 和对偶最优解 y^*, 且 $c^{\mathrm{T}}x^* = b^{\mathrm{T}}y^*$.

证明　由假设, 这两个问题都是可行的, 因此, 排除了不可行情形. 另外, 由推论 2.2.1, 我们也可排除任一个问题有无界解的情况. 这样, 我们就可以断定原问题有最优解. 于是由定理 2.2.2, 对偶问题也有最优解, 并且 $c^{\mathrm{T}}x^* = b^{\mathrm{T}}y^*$.　　□

定理 2.2.4　(1) 如果原问题可行, 对偶问题不可行, 则原问题是无界的 (即没有有界最优解).

(2) 如果对偶问题可行, 原问题不可行, 则对偶问题是无界的.

证明　仅证明第一种情形. 假定原问题不是无界的, 由于原问题可行, 故原问题有最优解. 这样, 由定理 2.2.2, 对偶问题也有最优解, 这与假设对偶问题是不可行的矛盾.　　□

对于给出的一对互为对偶的线性规划问题, 我们可以建立原问题和对偶问题之间的关系. 根据原问题是否可行和对偶问题是否可行, 这里存在如表 2.2.1 所示的四种关系.

表 2.2.1　互为对偶的原问题和对偶问题的关系

	原始可行	原始不可行
对偶可行	原问题有最优解, 对偶问题有最优解	对偶问题无界
对偶不可行	原问题无界	原问题不可行, 对偶问题不可行

下面给出原问题和对偶问题都不可行的例子.

例 2.2.1　设原问题为

$$\begin{aligned} \min \quad & x_1 - 3x_2 \\ \mathrm{s.t} \quad & x_1 - x_2 = 0, \\ & x_1 - x_2 = 1, \\ & x_1, x_2 \geqslant 0. \end{aligned}$$

求对偶问题.

解　显然, 对偶问题是

$$\max \quad y_2$$
$$\text{s.t} \quad y_1 + y_2 \leqslant 1,$$
$$-y_1 - y_2 \leqslant -3,$$
$$y_1, y_2 \text{无限制}.$$

显然, 原问题和对偶问题都是不可行的. □

对于确定一个给出的线性规划问题的状况, 表 2.2.1 是很有用的. 例如, 要证明一个给出的线性规划问题有最优解, 你只要检验一下原问题和它的对偶问题都是可行的. 再如, 要证明一个给出的线性规划问题是无界的, 你只要指出它是可行的, 并且它的对偶是不可行的.

2.3 对偶单纯形法

根据线性规划的对偶定理, 解一个线性规划问题, 既可以求解它的原问题, 也可以求解它的对偶问题. 从 1.5 节可知, 解标准形线性规划的单纯形法需要一个初始基本可行解. 如果没有明显的初始基本可行解, 则需要引入人工变量后用两阶段法或大 M 方法, 这需要较大的工作量. 在很多线性规划问题和线性规划灵敏度分析中, 模型问题中价值系数向量是非负的, 但常数列不是非负的, 这里没有明显的初始基本可行解. 对于这类问题, 可以从一个初始基本非可行解开始, 利用对偶问题单纯形求得原线性规划问题的最优解. 下面, 我们通过一个例子来说明对偶单纯形方法.

例 2.3.1　用对偶单纯形法解下列线性规划问题:

$$\min \quad z = 2x_1 + 3x_2 + x_3 + 2x_4$$
$$\text{s.t.} \quad 2x_1 + 4x_2 + x_3 + 5x_4 \geqslant 12,$$
$$x_1 + 3x_2 - x_3 + 6x_4 \geqslant 4,$$
$$2x_1 + 5x_2 + 3x_3 + 7x_4 \geqslant 21,$$
$$x_1, x_2, x_3, x_4 \geqslant 0.$$

解　引入剩余变量 $x_5, x_6, x_7 \geqslant 0$, 将其转化为标准形

$$\min \quad z = 2x_1 + 3x_2 + x_3 + 2x_4$$
$$\text{s.t.} \quad 2x_1 + 4x_2 + x_3 + 5x_4 - x_5 = 12,$$
$$x_1 + 3x_2 - x_3 + 6x_4 - x_6 = 4,$$
$$2x_1 + 5x_2 + 3x_3 + 7x_4 - x_7 = 21,$$
$$x_i \geqslant 0, \ i = 1, \cdots, 7.$$

显然, 这里没有明显的初始基本可行解. 将约束方程两边乘以 -1, 得到以下形式:

$$\min \quad z = 2x_1 + 3x_2 + x_3 + 2x_4$$
$$\text{s.t.} \quad -2x_1 - 4x_2 - x_3 - 5x_4 + x_5 = -12,$$
$$-x_1 - 3x_2 + x_3 - 6x_4 + x_6 = -4,$$
$$-2x_1 - 5x_2 - 3x_3 - 7x_4 + x_7 = -21,$$
$$x_i \geqslant 0, \ i = 1, \cdots, 7.$$

在上述形式中, 价值系数向量是非负的, 但常数列不是非负的, 没有明显的初始基本可行解, 但有明显的初始基本不可行解 $(x_5 = -12, x_6 = -4, x_7 = -21)$. 虽然原始可行性条件不满足, 但对偶可行性条件 $\hat{c}_N = c_N^{\mathrm{T}} - c_B^{\mathrm{T}} B^{-1} N \geqslant 0$ 满足. 取 x_5, x_6, x_7 为初始基变量即得初始对偶可行的基本解, 相应的单纯形表如下:

基变量	x_1	x_2	x_3	x_4	x_5	x_6	x_7	右端项
x_5	-2	-4	-1	-5	1	0	0	-12
x_6	-1	-3	1	-6	0	1	0	-4
x_7	-2	-5	-3	$\boxed{-7}$	0	0	1	-21
$-z$	2	3	1	2	0	0	0	0

(1) 出基: 右端项全负, 不是最优解, 取最负的分量, 即 x_7 为出基变量.

(2) 入基: 将 x_7 所在行中相应于非基变量的负元素除 $-z$ 行相应分量得如下比值:

$$\left| \frac{2}{-2} \right|, \left| \frac{3}{-5} \right|, \left| \frac{1}{-3} \right|, \left| \frac{2}{-7} \right|.$$

取最小值 $\left| \dfrac{2}{-7} \right|$, 于是 x_4 为入基变量.

(3) 以 -7 为主元进行高斯消去法, 得新的单纯形表.

基变量	x_1	x_2	x_3	x_4	x_5	x_6	x_7	右端项
x_5	$-\dfrac{4}{7}$	$-\dfrac{3}{7}$	$\dfrac{8}{7}$	0	1	0	$-\dfrac{5}{7}$	3
x_6	$\dfrac{5}{7}$	$\dfrac{9}{7}$	$\dfrac{25}{7}$	0	0	1	$-\dfrac{6}{7}$	14
x_4	$\dfrac{2}{7}$	$\dfrac{5}{7}$	$\dfrac{3}{7}$	1	0	0	$-\dfrac{1}{7}$	3
$-z$	$\dfrac{10}{7}$	$\dfrac{11}{7}$	$\dfrac{1}{7}$	0	0	0	$\dfrac{2}{7}$	-6

至此, 右端项的所有分量都已非负, 当前迭代点已经是一个对偶可行的基本可行解, 因此也是最优解, $x^* = (0, 0, 0, 3)$, 相应的最优目标函数值为 $z(x^*) = 6$. 　□

从上面的例子可以看出, 对偶单纯形法通过产生一个保持对偶可行性并使原始可行性得到逐步改善的基本解序列, 最终得到一个最优基本可行解.

在单纯形法中, 我们是先确定入基变量, 再确定出基变量; 而在对偶单纯形法中, 我们是先确定出基变量, 再确定入基变量. 一旦这些变量确定了, 就进行主元消去法, 产生新的对偶单纯形表.

设

$$x^{(k)} = \begin{bmatrix} x_B^{(k)} \\ x_N^{(k)} \end{bmatrix} = \begin{bmatrix} B^{-1}b \\ 0 \end{bmatrix} \triangleq \begin{bmatrix} \hat{b} \\ 0 \end{bmatrix}$$

是一个对偶可行的基本解, 记相应的价值系数向量为 c_B 和 c_N. 由对偶可行性, 有

$$c_N^T - c_B^T B^{-1} N \geqslant 0.$$

对于这样的对偶可行的基本解, 如果

$$x_B^{(k)} = \hat{b} \geqslant 0,$$

则 $x^{(k)}$ 也满足原始可行性. 由于 $c^T x^{(k)} = c_B^T x_B^{(k)} = c_B^T B^{-1}b = y_B^T b = y^T b$, 由对偶性理论, 从而 $x^{(k)}$ 是所求的最优基本可行解. 如果 $\hat{b}$ 有负的分量, 取其中一个负分量为出基变量, 将其值从负增加到零而成为非基变量. 一般地, 取最小的那个 $\hat{b}_q (<0)$ 对应的 $x_q^{(k)}$ 为出基变量.

设 x_p 为入基变量, 以 $\hat{a}_{qp}$ 为主元进行高斯消去法. 对 $\hat{c}_j$ 进行同单纯形法一样的运算之后得

$$\hat{c}_j^{(k+1)} = \hat{c}_j - \hat{c}_p \frac{\hat{a}_{qj}}{\hat{a}_{qp}}, \quad j = 1, \cdots, n.$$

为保持对偶可行性, 要求 $\hat{c}_j^{(k+1)} \geqslant 0, j \in \mathcal{N}_{k+1}$, 这只有当

$$\left| \frac{\hat{c}_j}{\hat{a}_{qj}} \right| \geqslant \left| \frac{\hat{c}_p}{\hat{a}_{qp}} \right|$$

对所有 $\hat{a}_{qj} < 0, j \in \mathcal{N}_k$ 成立时才满足. 因此, 入基变量 x_p 的选择依据为

$$\left| \frac{\hat{c}_p}{\hat{a}_{qp}} \right| = \min \left\{ \left| \frac{\hat{c}_j}{\hat{a}_{qj}} \right| \ \Big| \ \hat{a}_{qj} < 0, \ j \in \mathcal{N} \right\}.$$

确定了出基变量和入基变量以后, 以 $\hat{a}_{qp}$ 为主元进行高斯消去法, 即得新的对偶可行的基本解 $x^{(k+1)}$.

顺便提一下, 在用对偶单纯形表求解时, 要计算整个矩阵 $B^{-1}N$, 这是没有必要的. 我们在实际计算中只要计算 $B^{-1}N$ 相应于出基变量所在行的元素 $\hat{a}_{qj}, j \in \mathcal{N}$, $\hat{a}_{qj} = (B_q^{-1})a_j, j \in \mathcal{N}$, 其中 (B_q^{-1}) 为 B^{-1} 相应于出基变量的行.

下面给出对偶单纯形法的算法.

算法 2.3.1 (对偶单纯形法)

步 1. 给定一个初始对偶可行的基本解, 令 $k = 1$.

步 2. 最优性检验: 计算 $\hat{b}_q = \min\{\hat{b}_i, i \in \mathcal{B}\}$.

　　　如果 $\hat{b}_q \geqslant 0$, 则 $x^{(k)}$ 为最优解, 停止迭代;

　　　否则, 取变量 x_q 为出基变量.

步 3. 记 $(B^{-1})_q$ 为 B^{-1} 相应于出基变量的行, 计算 $\hat{a}_{qj} = (B^{-1})_q a_j, \, j \in \mathcal{N}$.

　　　如果 $\hat{a}_{qj} \geqslant 0, \, \forall j \in \mathcal{N}$, 则原问题无可行解, 停止迭代;

　　　否则, 计算

$$\left| \frac{\hat{c}_p}{\hat{a}_{qp}} \right| = \min \left\{ \left| \frac{\hat{c}_j}{\hat{a}_{qj}} \right| \,\middle|\, \hat{a}_{qj} \leqslant 0, \, j \in \mathcal{N} \right\}.$$

　　　取 x_p 为入基变量.

步 4. 以 $\hat{a}_{qp}$ 为主元作高斯消去法, 计算新的基本可行解, 即计算

$$\bar{B}^{-1} = PB^{-1}, \, \bar{x}_B = \bar{B}^{-1}b = P\hat{b}, \, \hat{c}_j^{(k+l)} = c_j - \frac{c_p}{\hat{a}_{qp}} \hat{a}_{qj}, \, j \in \mathcal{N}.$$

　　　令 $k := k + 1$, 转步 2.

注　在上述算法中, P 为高斯消去法中的消去矩阵,

$$P = \begin{bmatrix} 1 & & & -\hat{a}_{1p}/\hat{a}_{qp} & & & \\ & \ddots & & -\hat{a}_{2p}/\hat{a}_{qp} & & & \\ & & & \vdots & & & \\ & & & 1/\hat{a}_{qp} & & & \\ & & & \vdots & & \ddots & \\ & & & -\hat{a}_{mp}/\hat{a}_{qp} & & & 1 \end{bmatrix}.$$

如果一个线性规划问题的约束个数比变量个数多得多, 那么将它化成对偶形式再用对偶单纯形法求解可以节省很多工作量.

例 2.3.2　用对偶单纯形法解下列 LP 问题:

$$\max \quad x_1 + x_2$$

$$\text{s.t.} \quad \begin{bmatrix} -3 & 1 \\ -2 & 1 \\ -1 & 1 \\ 0 & 1 \\ 1 & -3 \\ 1 & -2 \\ 1 & -1 \\ 1 & 0 \end{bmatrix} \begin{bmatrix} x_1 \\ x_2 \end{bmatrix} \leqslant \begin{bmatrix} 0 \\ 1 \\ 3 \\ 6 \\ 0 \\ 1 \\ 3 \\ 6 \end{bmatrix},$$

$$x_1 \geqslant 0, x_2 \geqslant 0.$$

解 上述 LP 问题的对偶为

$$\min \quad 0y_1 + 1y_2 + 3y_3 + 6y_4 + 0y_5 + 1y_6 + 3y_7 + 6y_8$$

$$\text{s.t.} \quad -3y_1 - 2y_2 - 1y_3 + 0y_4 + 1y_5 + 1y_6 + 1y_7 + 1y_8 \geqslant 1,$$

$$1y_1 + 1y_2 + 1y_3 + 1y_4 - 3y_5 - 2y_6 - 1y_7 + 0y_8 \geqslant 1,$$

$$y_i \geqslant 0, \quad i = 1, \cdots, 8.$$

对上述问题引入松弛变量, 得对偶单纯形表.

基变量	y_1	y_2	y_3	y_4	y_5	y_6	y_7	y_8	y_9	y_{10}	右端项
y_8	-3	-2	-1	0	1	1	1	$\underline{1}$	-1	0	1
y_4	1	1	1	$\underline{1}$	-3	-2	-1	0	0	-1	1
$-z$	0	1	3	6	0	1	3	6	0	0	0

在这个表中, y_8 和 y_4 对应的两列构成单位矩阵, 是基矩阵. 以相应的下划线元素为主元作高斯消去法, 依次作行初等变换 $r_z - 6r_2, r_z - 6r_1$, 得到新的对偶单纯形表如下.

基变量	y_1	y_2	y_3	y_4	y_5	y_6	y_7	y_8	y_9	y_{10}	右端项
y_8	-3	-2	-1	0	1	1	1	1	-1	0	1
y_4	1	1	1	1	-3	-2	-1	0	0	-1	1
$-z$	12	7	3	0	12	7	3	0	6	6	-12

这里 $\hat{c}_j \geqslant 0, \forall j$, 它是最优形式. 这时, 原问题的最优解向量 x^* 的分量是松弛变量的价值系数, 从而 $x_1^* = 6, x_2^* = 6$, 最优目标函数值 $z(x^*) = 12$. $\quad\square$

*2.4 解线性规划的内点法简介

本节介绍解线性规划的内点法. 衡量一种算法好坏的一条重要标准是该算法的计算次数或计算时间. 显然, 解不同的具体问题 (或实例), 所需要的计算次数或计算时间是不同的, 因为计算次数与问题的规模 n(例如 LP 问题中变量的个数 n, 约束的个数 m) 和输入数据的长度 L(输入数据位数) 有关. 如果存在 n 和 L 的一个多项式 $P(n, L)$, 使得该问题的任何实例都可以在计算时间 (或次数)$T = O(P(n, L))$ 之内解出, 则称该问题存在多项式时间算法, 简称多项式算法, 而 $O(P(n, L))$ 称为算法的计算复杂性. 一个问题仅当存在多项式算法时, 它才可以有效地用计算机来求解, 而这种算法被认为是好的算法. 对规模为 n, 输入长度为 L 的问题, 通常把计算时间 T 不满足多项式界的算法, 称为指数型算法. 例如, 一个算法的计算时间为 $O(2^n)$, 它就是指数型算法. 一般认为, 指数型算法不是理想的算法.

求解 LP 问题的单纯形法简单实用, 是大家乐于采用的方法. 单纯形法的平均工作量是多项式时间的 ($O(m^4 + m^2 n)$ 阶). 但是, 对于一个具体问题, 其算法复杂性是否都是多项式时间呢? 答案是否定的. 1972 年, Klee 和 Minty 构造了一个反例, 它含有 n 个变量, $m(= 2n)$ 个不等式约束. 若用单纯形法来求解, 选择特定的初始点, 必须检验约束条件中不等式组所确定的凸多面体的所有极点, 才能得到最优解, 其计算复杂性为 $O(2^n)$. 因此, 从计算复杂性的观点来看, 单纯形法是指数型算法.

19 世纪 80 年代, 人们发现许多大型线性规划问题可以转化为非线性问题, 并采用牛顿法来有效地求解. 这类算法的一个特点是要求所有迭代点严格满足不等式约束, 这就是人们所称的内点法, 它是多项式时间算法.

在内点法的研究中, 作出重要贡献的最主要有两个人. 一个是前苏联数学家 Khachiyan, 他在 1979 年提出了求解不等式问题的椭球算法, 并证明了算法是多项式时间算法. 由于利用对偶理论, 线性规划问题可以转换成不等式问题, 所以解线性规划存在多项式算法. 遗憾的是, 椭球算法的实际计算效果比单纯形法差很多. 另一个是在美国贝尔实验室工作的印度数学家 Karmarkar, 他在 1984 年提出了解线性规划的多项式时间算法 —— 内点法. 现在, 内点法已经成为解大型线性规划问题的有效算法之一.

单纯形法在每次迭代中沿着可行域的边界从一个顶点移动到另一个顶点. 而内点法是从可行域的一个严格内点开始, 产生一个使目标函数值逐步改善的严格内点序列. 内点法主要分成三类: 路径跟踪算法, 仿射调比算法和原始对偶内点法. 下面, 我们简单介绍原始对偶内点法.

考虑标准形线性规划问题

$$\begin{aligned}
\min \quad & c^{\mathrm{T}}x \\
\text{s.t.} \quad & Ax = b, \\
& x \geqslant 0
\end{aligned} \tag{2.4.1}$$

以及它的对偶问题

$$\begin{aligned}
\max \quad & b^{\mathrm{T}}y \\
\text{s.t.} \quad & A^{\mathrm{T}}y \leqslant c.
\end{aligned} \tag{2.4.2}$$

根据线性规划的强对偶定理, 当它们两个中有一个有最优解时, 它们一定都有最优解, 且最优值相等, $c^{\mathrm{T}}x^* = b^{\mathrm{T}}y^*$. 根据互补松弛条件,

$$(y^*)^{\mathrm{T}}(Ax^* - b) = 0, \quad (c - A^{\mathrm{T}}y^*)^{\mathrm{T}}x^* = 0. \tag{2.4.3}$$

通常我们将对偶问题 (2.4.2) 写成如下标准形式:

$$\begin{aligned}
\max \quad & b^{\mathrm{T}}y \\
\text{s.t.} \quad & A^{\mathrm{T}}y + s = c, \\
& s \geqslant 0.
\end{aligned} \tag{2.4.4}$$

从而由式 (2.4.3) 知, $(s^*)^{\mathrm{T}}x^* = 0$. 由于

$$x^{\mathrm{T}}s = x^{\mathrm{T}}(c - A^{\mathrm{T}}y) = c^{\mathrm{T}}x - (Ax)^{\mathrm{T}}y = c^{\mathrm{T}}x - b^{\mathrm{T}}y,$$

我们将 $x^{\mathrm{T}}s$ 称为对偶间隙. 由上式可知: 当 x 和 y 分别是原始和对偶可行时,

$$b^{\mathrm{T}}y = c^{\mathrm{T}}x \quad \Leftrightarrow \quad x^{\mathrm{T}}(c - A^{\mathrm{T}}y) = 0,$$

即

$$b^{\mathrm{T}}y = c^{\mathrm{T}}x \quad \Leftrightarrow \quad x^{\mathrm{T}}s = 0.$$

这表明在最优解处对偶间隙为零. 由 x 和 s 的非负性, 有

$$x_i^* s_i^* = 0, \quad i = 1, \cdots, n.$$

于是, (2.4.1) 和 (2.4.2) 的解 (称为原始对偶解) 可由下面的方程组 (K-T 条件) 表

征:

$$A^{\mathrm{T}}y + s = c, \tag{2.4.5}$$

$$Ax = b, \tag{2.4.6}$$

$$x_i s_i = 0, \quad i = 1, \cdots, n, \tag{2.4.7}$$

$$(x, s) \geqslant 0. \tag{2.4.8}$$

这是一个非线性方程组, 原始对偶内点法就是对 (2.4.5)~(2.4.8) 运用牛顿法求解, 并要求所有迭代点满足 $x > 0, s > 0$.

定义映射 $F : \mathbb{R}^{2n+m} \to \mathbb{R}^{2n+m}$,

$$F(x, y, s) = \begin{bmatrix} A^{\mathrm{T}}y + s - c \\ Ax - b \\ xs \end{bmatrix} = 0, \tag{2.4.9}$$

$$(x, s) \geqslant 0,$$

其中, $xs = (x_1 s_1, \cdots, x_n s_n)^{\mathrm{T}}$ 表示分量的乘积形成的向量.

定义可行集 $\mathcal{F}$ 和严格可行集 $\mathcal{F}^{\circ}$ 如下:

$$\mathcal{F} = \{(x, y, s) \mid A^{\mathrm{T}}y + s = c,\ Ax = b,\ xs = 0,\ (x, s) \geqslant 0\},$$

$$\mathcal{F}^{\circ} = \{(x, y, s) \mid A^{\mathrm{T}}y + s = c,\ Ax = b,\ xs = 0,\ (x, s) > 0\}.$$

于是, 严格可行条件可以简单地表示为

$$(x, y, s) \in \mathcal{F}^{\circ}.$$

在当前迭代点对 (2.4.9) 应用牛顿法, 即通过解下面的牛顿方程组:

$$J(x, y, s) \begin{bmatrix} \Delta x \\ \Delta y \\ \Delta s \end{bmatrix} = -F(x, y, s) \tag{2.4.10}$$

求得搜索方向, 其中 J 是 F 的 Jacobi 矩阵 (雅可比矩阵). 设 $\bar{x} = x + \Delta x, \bar{y} = y + \Delta y, \bar{s} = s + \Delta s$, 我们要求 $\bar{x}, \bar{y}, \bar{s}$ 满足

$$A^{\mathrm{T}}(y + \Delta y) + s + \Delta s = c,$$

$$A(x + \Delta x) = b,$$

$$(x_i + \Delta x_i)(s_i + \Delta s_i) = 0, \quad i = 1, \cdots, n,$$

$$(x + \Delta x, s + \Delta s) \geqslant 0.$$

略去 $\Delta x_i, \Delta s_i$ 的高阶项, 得到关于 $\Delta x, \Delta y, \Delta s$ 的方程组的近似

$$A^{\mathrm{T}}\Delta y + \Delta s = 0,$$

$$A\Delta x = 0,$$

$$x_i\Delta s_i + s_i\Delta x_i = -x_is_i, \quad i = 1, \cdots, n,$$

$$(x + \Delta x, s + \Delta s) \geqslant 0.$$

上述方程组即为

$$\begin{bmatrix} 0 & A^{\mathrm{T}} & I \\ A & 0 & 0 \\ S & 0 & X \end{bmatrix} \begin{bmatrix} \Delta x \\ \Delta y \\ \Delta s \end{bmatrix} = \begin{bmatrix} 0 \\ 0 \\ -xs \end{bmatrix}, \tag{2.4.11}$$

其中,

$$X = \mathrm{diag}(x_1, \cdots, x_n), \quad S = \mathrm{diag}(s_1, \cdots, s_n).$$

记

$$x_is_i = \mu, \quad \mu > 0, \, i = 1, \cdots, n,$$

则 x_i 和 s_i 两者都为正, 且在 $\mu \to 0$ 时有 $x_is_i \to 0, i = 1, \cdots, n$. 这样, 代替解 (2.4.5)~(2.4.8), 我们对逐步减小并收敛于零的正数序列 μ, 求解以下方程组:

$$A^{\mathrm{T}}y + s = c, \tag{2.4.12}$$

$$Ax = b, \tag{2.4.13}$$

$$x_is_i = \mu, \quad i = 1, \cdots, n, \tag{2.4.14}$$

$$(x, s) \geqslant 0. \tag{2.4.15}$$

对上述方程组应用牛顿法, 得到

$$\begin{bmatrix} 0 & A^{\mathrm{T}} & I \\ A & 0 & 0 \\ S & 0 & X \end{bmatrix} \begin{bmatrix} \Delta x \\ \Delta y \\ \Delta s \end{bmatrix} = \begin{bmatrix} 0 \\ 0 \\ \mu e - xs \end{bmatrix}. \tag{2.4.16}$$

显然, 若 $\mu = 0$, (2.4.16) 就是 (2.4.11), 所得到的是标准的牛顿方向.

由 $x_is_i = \mu \, (i = 1, \cdots, n)$, 有 $x^{\mathrm{T}}s = \sum\limits_{i=1}^{n} \mu = n\mu$. 随着迭代的进行, $x^{\mathrm{T}}s > 0$ 的值逐渐收敛于零, 因而 μ 通常取为

$$\mu = \frac{x^{\mathrm{T}}s}{n}. \tag{2.4.17}$$

另外, 当 μ 的值以较快的速度下降时, $x + \Delta x > 0, s + \Delta s > 0$ 不再得到保证. 为确保迭代点的严格可行性, 我们沿着牛顿方向进行线性搜索得步长 $\alpha \in (0, 1]$, 取新的迭代点为

$$\bar{x} = x + \alpha\Delta x, \quad \bar{y} = y + \alpha\Delta y, \quad \bar{s} = s + \alpha\Delta s, \tag{2.4.18}$$

其中步长 α 的选取应在保证 $\bar{x} > 0, \bar{s} > 0$ 的前提下尽可能大.

根据上面的讨论, 我们给出原始对偶内点法的算法框架.

算法 2.4.2 (原始对偶内点法)

步 1. 给定 $(x^0, y^0, s^0) \in \mathcal{F}^o$, 令 $\mu_0 > 0, k := 0$.

步 2. 如果 $(x^k)^{\mathrm{T}}s^k \leqslant \varepsilon$, 停止迭代, (x^k, y^k, s^k) 即为所求的近似最优解.

步 3. 解方程组

$$\begin{bmatrix} 0 & A^{\mathrm{T}} & I \\ A & 0 & 0 \\ S & 0 & X \end{bmatrix} \begin{bmatrix} \Delta x^k \\ \Delta y^k \\ \Delta s^k \end{bmatrix} = \begin{bmatrix} 0 \\ 0 \\ \mu_k e - x^k s^k \end{bmatrix},$$

其中, $\mu_k = \dfrac{(x^k)^{\mathrm{T}}s^k}{n}$.

步 4. 令

$$x^{k+1} = x^k + \alpha_k\Delta x^k, \ y^{k+1} = y^k + \alpha_k\Delta y^k, \ s^{k+1} = s^k + \alpha_k\Delta s^k,$$

其中, 步长 $\alpha_k \in (0, 1]$ 满足 $(x^{k+1}, s^{k+1}) > 0$.

步 5. 令 $k := k + 1$, 转步 2.

习　题　2

1. 求下列线性规划问题的对偶问题:

(1) max $\quad 10x_1 + x_2 + 4x_3 + 7x_4$

　　s.t. $\quad 3x_1 - 2x_2 + 7x_3 - 6x_4 \leqslant 5,$

　　　　　$8x_1 + 4x_2 - 11x_3 + x_4 \geqslant 12,$

　　　　　$9x_1 + 15x_2 + 14x_3 + 10x_4 = 13,$

　　　　　$x_1, x_2, x_3, x_4 \geqslant 0;$

(2) min $\quad 3x_1 - x_2 + 4x_4 + 2x_5 + 5x_6$

　　s.t. $\quad x_1 + x_2 - 5x_5 = 4,$

　　　　　$-6x_1 + 4x_3 + 6x_4 + 2x_5 = 7,$

　　　　　$6x_2 - 5x_3 + 4x_5 - 5x_6 = 11,$

　　　　　$x_1, x_2, x_3, x_4, x_5, x_6 \geqslant 0;$

(3) max $\quad 3x_1 + 2x_2$

  s.t. $\quad x_1 + x_2 \leqslant 100,$

     $2x_1 + x_2 \leqslant 150,$

     $x_1, x_2 \geqslant 0;$

(4) max $\quad 7x_1 - 8x_2 + 9x_3 + 10x_4$

  s.t. $\quad 7x_1 + 2x_2 - 3x_3 - x_4 \geqslant 5,$

     $6x_1 - x_2 + x_4 = 7,$

     $8x_1 - 2x_2 + 5x_3 \leqslant -5,$

     $x_1, x_2, x_3, x_4 \geqslant 0;$

(5) max $\quad c^{\mathrm{T}}x$

  s.t. $\quad Ax = b,$

     $l \leqslant x \leqslant u;$

(6) min $\quad c^{\mathrm{T}}x + a^{\mathrm{T}}y$

  s.t. $\quad Ax = b,$

     $Dx + By \geqslant d,$

     $x \geqslant 0, y$无限制;

(7) min $\quad c^{\mathrm{T}}x$

  s.t. $\quad Ax = b,$

     $Bx \leqslant a,$

     $x \geqslant 0;$

(8) max $\quad c^{\mathrm{T}}w + a^{\mathrm{T}}v$

  s.t. $\quad Aw + Bv = b,$

     $w \geqslant 0, v$无限制.

2. 考虑线性规划问题

$$\max \quad -b^{\mathrm{T}}y$$
$$\text{s.t.} \quad -A^{\mathrm{T}}y \leqslant c,$$
$$y\text{无限制}.$$

证明上述线性规划的对偶可写成

$$\min \quad c^{\mathrm{T}}x$$
$$\text{s.t.} \quad Ax = b,$$
$$x \geqslant 0.$$

3. 证明: 如果对偶问题有最优解, 那么原问题有最优解.

4. 证明推论 2.2.1.

5. 利用 K-T 条件 (2.1.21)~(2.1.23) 证明推论 2.2.2.

6. 用对偶单纯形法求下列线性规划问题的解:

(1) min　$x_1 + x_2 + x_3$

　　s.t.　$3x_1 + x_2 + x_3 \geqslant 1,$

　　　　　$-x_1 + 4x_2 + x_3 \geqslant 2,$

　　　　　$x_1, x_2, x_3 \geqslant 0;$

(2) min　$2x_1 + 3x_2 + 5x_3 + 6x_4$

　　s.t.　$x_1 + 2x_2 + 3x_3 + x_4 \geqslant 2,$

　　　　　$-2x_1 + x_2 - x_3 + 3x_4 \leqslant -3,$

　　　　　$x_1, x_2, x_3, x_4 \geqslant 0;$

(3) max　$-6x_1 - 5x_2 - 7x_3 - 2x_4$

　　s.t.　$-3x_1 - 2x_2 + 5x_3 + 4x_4 \geqslant 15,$

　　　　　$6x_1 - 2x_2 + 2x_3 + 7x_4 \leqslant 35,$

　　　　　$-5x_1 - 4x_2 - 3x_3 + 2x_4 \geqslant 20,$

　　　　　$x_1, x_2, x_3, x_4 \geqslant 0.$

7. 用对偶单纯形法解下列线性规划问题:

基变量	x_1	x_2	x_3	x_4	x_5	右端项
x_1	1	0	-1	1	0	-1
x_5	0	0	1	-1	1	2
x_2	0	1	-1	-1	0	-1
$-z$	0	0	5	3	0	0

8. 用原始对偶内点法求下列线性规划问题的解:

　max　$x_1 + 3x_2$

　s.t.　$x_1 + 4x_2 \leqslant 10,$

　　　　$x_1 + 2x_2 \leqslant 1,$

　　　　$-5x_1 - 4x_2 - 3x_3 + 2x_4 \geqslant 20,$

　　　　$x_1, x_2 \geqslant 0.$

第 3 章　非线性规划

前面两章讨论了线性规划问题. 在线性规划问题中, 目标函数和约束函数都是线性函数. 但是, 在很多最优化的实际问题中, 目标函数可能不是线性函数, 约束函数也可能不是线性的. 这些优化问题称为非线性规划问题 (nonlinear programming). 本章将研究解非线性规划问题的方法.

3.1　基 本 概 念

一个一般的非线性规划问题通常表示为

$$\min \quad f(x) \tag{3.1.1}$$

$$\text{s.t.} \quad c_i(x) = 0, \quad i = 1, 2, \cdots, m', \tag{3.1.2}$$

$$c_i(x) \geqslant 0, \quad i = m' + 1, m' + 2, \cdots, m, \tag{3.1.3}$$

其中 $x \in \mathbf{R}^n$, $m' \leqslant m$, $\mathcal{E} = \{1, 2, \cdots, m'\}$ 和 $\mathcal{I} = \{m' + 1, \cdots, m\}$ 分别为等式约束的指标集和不等式约束的指标集. 当目标函数和约束函数中至少有一个是变量 x 的非线性函数时, 问题称为非线性规划. 如果问题 (3.1.1)~(3.1.3) 中不含约束条件, 则这样的非线性规划问题称为无约束最优化问题

$$\min_{x \in \mathbf{R}^n} \quad f(x). \tag{3.1.4}$$

如果问题 (3.1.1)~(3.1.3) 含有约束条件, 则称为约束最优化问题. 如果问题不含有目标函数, 则问题 (3.1.1)~(3.1.3) 是非线性方程组问题和非线性不等式问题. 例如,

$$\min \quad 100[(x_2 - x_1^2)^2 + (1 - x_1)^2]. \tag{3.1.5}$$

$$\begin{aligned} \min \quad & x^2 \\ \text{s.t.} \quad & -1 \leqslant x \leqslant 1. \end{aligned} \tag{3.1.6}$$

$$\begin{aligned} \min \quad & x_1 - x_2^2 \\ \text{s.t.} \quad & (x_1 - 1)(x_2 - 2) \geqslant 0, \\ & 2 \leqslant x_1 \leqslant 4. \end{aligned} \tag{3.1.7}$$

上面三个问题都是非线性规划问题, 其中 (3.1.5) 是无约束优化问题, (3.1.6) 和 (3.1.7) 是约束优化问题.

注意, 在上述优化问题中我们考虑的是极小化目标函数 $\min\ f(x)$, 对于极大化目标函数 $\max\ f(x)$, 我们可以写成 $\min\ -f(x)$. 另外, 对于不等式约束, 我们考虑的是 $c_i(x) \geqslant 0$. 对于 $c_i(x) \leqslant 0$ 的不等式约束, 可以写成 $-c_i(x) \geqslant 0$ 来处理.

对于非线性规划问题, 可行性和最优性是最重要的概念.

满足约束条件的点 $x \in \mathbf{R}^n$ 称为可行点. 所有可行点的集合称为可行域. 对于问题 (3.1.1)~(3.1.3), 可行域为

$$X = \left\{ x \ \middle|\ \begin{array}{ll} c_i(x) = 0, & i = 1, \cdots, m' \\ c_i(x) \geqslant 0, & i = m' + 1, \cdots, m \end{array} \right\}. \tag{3.1.8}$$

在一个可行点 $\bar{x}$ 考虑不等式约束 $c_i(x) \geqslant 0$, 如果有 $c_i(\bar{x}) = 0$, 就称不等式约束 $c_i(x) \geqslant 0$ 在点 $\bar{x}$ 是有效约束或起作用约束 (active constraint), 并称可行点 $\bar{x}$ 位于约束 $c_i(x) \geqslant 0$ 的边界. 如果有 $c_i(\bar{x}) > 0$, 就称不等式约束 $c_i(x) \geqslant 0$ 在点 $\bar{x}$ 是无效约束或不起作用约束 (inactive constraint), 并称 $\bar{x}$ 是约束 $c_i(x) \geqslant 0$ 的内点. 在任意可行点, 所有的等式约束都被认为是有效约束. 在一个可行点 $\bar{x}$, 所有有效约束的全体被称为该可行点的有效集 (active set), 其指标集记为

$$\mathcal{A}_{\bar{x}} = \{i \mid i = 1, 2, \cdots, m', m' + 1, \cdots, p, \quad c_i(\bar{x}) = 0\}.$$

在一可行点 $\bar{x}$ 如果没有一个不等式约束是有效的, 就称 $\bar{x}$ 是可行域的内点, 不是内点的可行点就是可行域的边界点.

图 3.1.1 给出了由下述约束条件给出的可行域 X:

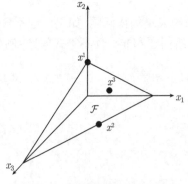

$$c_1(x) = 2x_1 + 3x_2 + x_3 - 6 = 0,$$
$$x_1 \geqslant 0,$$
$$x_2 \geqslant 0,$$
$$x_3 \geqslant 0.$$

图 3.1.1　可行域与可行域的边界

对于可行点 x^1, 约束 $x_1 \geqslant 0$ 和 $x_3 \geqslant 0$ 是有效约束, 而 $x_2 \geqslant 0$ 是无效约束. 对于可行点 x^2, 则刚好相反, 约束 $x_2 \geqslant 0$ 是有效约束, 而 $x_1 \geqslant 0$ 和 $x_3 \geqslant 0$ 是无效约束. 而对于可行点 x^3, 三个不等式约束都是无效约束. 图中可行域的边界由粗线表示.

一个可行点 $x^* \in X$ 称为问题 (3.1.1)~(3.1.3) 的全局 (或总体) 最优解 (极小点), 如果有

$$f(x^*) \leqslant f(x), \quad \forall x \in X \tag{3.1.9}$$

成立. 如果上述不等式对所有不同于 x^* 的可行点 x 严格成立, 即

$$f(x^*) < f(x), \quad \forall x \in X, \; x \neq x^*, \tag{3.1.10}$$

则 x^* 称为严格全局 (或总体) 最优解. 对于可行点 x^*, 如果存在一个邻域

$$\mathcal{N}(x^*) = \{x \mid \|x - x^*\| \leqslant \delta\},$$

使得

$$f(x^*) \leqslant f(x), \quad \forall x \in \mathcal{N}(x^*) \cap X \tag{3.1.11}$$

成立, 则称 x^* 为优化问题 (3.1.1)~(3.1.3) 的局部最优解, 其中 $\delta > 0$ 是一个小的正数, 范数 $\|\cdot\|$ 可以是任意向量范数, 但一般常用 ℓ_2 范数

$$\|x\|_2 = \left(\sum_{i=1}^{n} x_i^2 \right)^{\frac{1}{2}}.$$

如果不等式 (3.1.11) 对所有 $x \in \mathcal{N}(x^*) \cap X$, $x \neq x^*$ 严格成立, 则称 x^* 为严格局部最优解 (极小点).

下面引进凸集与凸函数的概念.

定义 3.1.1 集合 $D \subset \mathbf{R}^n$ 称为凸集, 如果对于任意 $x, y \in D$ 有

$$\lambda x + (1 - \lambda)y \in D, \quad \forall \; 0 \leqslant \lambda \leqslant 1. \tag{3.1.12}$$

换句话说, 对任意两点 $x, y \in D$, 连接 x 与 y 的线段上的所有点都在 D 内.

图 3.1.2 给出了平面上凸集与非凸集的例子.

凸集有下面这样一些有用的性质: 两个凸集的交、和以及差仍然是凸集, 即如果 $D_1, D_2 \subset \mathbf{R}^n$ 是凸集, 则 $D_1 \cap D_2 = \{x \mid x \in D_1 \text{ 且 } x \in D_2\}$, $D_1 + D_2 = \{x + y \mid x \in D_1, \; y \in D_2\}$ 和 $D_1 - D_2 = \{x - y \mid x \in D_1, \; y \in D_2\}$ 都是凸集; 对于任意非零实数 α, 集合 $\alpha D_1 = \{\alpha x \mid x \in D_1\}$ 也是凸集. 根据凸集的定义, 我们还可以得到: 凸集的任意有限个点的凸组合仍属于凸集.

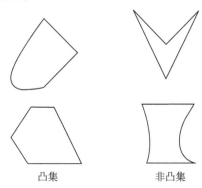

凸集　　　　　　非凸集

图 3.1.2　凸集与非凸集

定义 3.1.2   设函数 $f(x)$ 在凸集 D 上有定义, 如果对任意 $x, y \in D$ 和任意 $\lambda \in [0,1]$ 有

$$f(\lambda x + (1 - \lambda)y) \leqslant \lambda f(x) + (1 - \lambda)f(y), \tag{3.1.13}$$

则称 $f(x)$ 是凸集 D 上的凸函数. 如果上述不等式对 $x \neq y$ 与任意 $\lambda \in (0,1)$ 严格成立, 则称 f 是凸集 D 上的严格凸函数.

凸函数的定义表明: 如果 $f(x)$ 是凸集 D 上的凸函数, 则对于凸集 D 上的任意两点 x, y, 连接点 $(x, f(x))$ 与点 $(y, f(y))$ 之间的直线段位于函数图形 (曲线或曲面) 的上方, 图 3.1.3 给出了凸函数的几何直观表示.

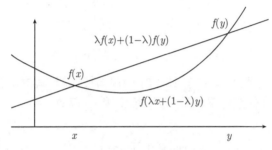

图 3.1.3   凸函数

同凸函数相对应的是凹函数, 一个函数 $f(x)$ 称为是凸集 D 上的 (严格) 凹函数, 如果 $-f(x)$ 是凸集 D 上的 (严格) 凸函数. 具体地说, 如果对任意 $x, y \in D$ 和任意 $\lambda \in [0,1]$ 有

$$f(\lambda x + (1 - \lambda)y) \geqslant \lambda f(x) + (1 - \lambda)f(y), \tag{3.1.14}$$

则称 $f(x)$ 是凸集 D 上的凹函数. 如果上述不等式对 $x \neq y$ 与任意 $\lambda \in (0,1)$ 严格成立, 则称 f 是凸集 D 上的严格凹函数. 例如, 对于 $x \geqslant 0$, $f(x) = x^2$ 和 $f(x) = \mathrm{e}^x$ 是凸函数; 而 $f(x) = x^{\frac{1}{2}}$ 是凹函数. 线性函数 $f(x) = ax + b$ 既是凸函数, 也是凹函数, 这是因为

$$\begin{aligned}
f(\lambda x + (1 - \lambda)y) &= a(\lambda x + (1 - \lambda)y) + b \\
&= \lambda(ax + b) + (1 - \lambda)(ay + b) \\
&= \lambda f(x) + (1 - \lambda)f(y).
\end{aligned}$$

这时, 凸函数和凹函数定义中的等式成立. 所以, $f(x) = ax + b$ 既是凸函数, 也是凹函数.

目标函数是凸函数, 可行域是凸集的最优化称为凸规划. 凸规划问题的局部最优解也是全局最优解.

定理 3.1.1   设 x^* 是凸规划问题的一个局部最优解, 则 x^* 也是全局最优解.

证明 (用反证法) 设 x^* 是凸规划问题的一个局部最优解, 但不是全局最优解, 则存在另一可行点, 设为 y 满足 $f(y) < f(x^*)$. 由可行集的凸性, 对于任意 $0 < \lambda < 1$, 点 $\lambda x^* + (1 - \lambda)y$ 都是可行点. 又根据目标函数的凸性有

$$f(\lambda x^* + (1 - \lambda)y) \leqslant \lambda f(x^*) + (1 - \lambda)f(y)$$
$$< \lambda f(x^*) + (1 - \lambda)f(x^*)$$
$$= f(x^*).$$

这表明在 x^* 的任意小的邻域内都存在函数值小于 $f(x^*)$ 的可行点, 这与 x^* 是局部最优解相矛盾. □

进一步, 当目标函数严格凸时, 凸规划问题的局部最优解 x^* 是唯一全局最优解. 证明是类似的, 留作练习.

线性函数

$$c^{\mathrm{T}}x = c_1 x_1 + c_2 x_2 + \cdots + c_n x_n$$

既是凸函数也是凹函数. 对于二次函数

$$q(x) = \frac{1}{2}x^{\mathrm{T}}Gx + b^{\mathrm{T}}x + d,$$

当对称矩阵 G 正半定时, $q(x)$ 是凸函数; 当 G 是正定时, $q(x)$ 是严格凸函数; 当 G 是负半定时, $q(x)$ 是凹函数; 当 G 是不定矩阵时, $q(x)$ 既不是凸的也不是凹的.

最优化问题的可行域由约束条件 (3.1.2), (3.1.3) 确定. 什么样的约束确定的可行域是凸的呢? 下面的定理给出了答案.

定理 3.1.2 考虑非空可行域

$$X = \{x \mid c_i(x) \geqslant 0, \ i = 1, 2, \cdots, m\}. \tag{3.1.15}$$

如果每一个约束函数 $c_i(x)$ 是凹函数, 则可行域 X 是凸集.

证明 设 $x \in X$, $y \in X$ 为两个不同的可行点, 即有 $c_i(x) \geqslant 0$, $c_i(y) \geqslant 0$, $i = 1, 2, \cdots, m$. 由函数 $c_i(x)$ $(i = 1, 2, \cdots, m)$ 的凹性, 知 $-c_i(x)$ $(i = 1, 2, \cdots, m)$ 是凸函数. 再由凸函数的定义, 对 $\lambda \in (0, 1)$, 有

$$-c_i(\lambda x + (1 - \lambda)y) \leqslant -\lambda c_i(x) - (1 - \lambda)c_i(y) \leqslant 0, \quad i = 1, 2, \cdots, m,$$

从而

$$c_i(\lambda x + (1 - \lambda)y) \geqslant 0, \quad \forall \lambda \in (0, 1), \ i = 1, 2, \cdots, m.$$

这就证明了

$$\lambda x + (1 - \lambda)y \in X,$$

即 X 是凸集.　　　　　　　　　　　　　　　　　　　　　　　　　　　□

因此, 利用凸函数与凹函数的关系, 如果考虑的可行域是

$$X = \{x \mid c_i(x) \leqslant 0, \quad i = 1, 2, \cdots, m\}, \tag{3.1.16}$$

则当每一个约束函数 $c_i(x)$ 是凸函数时, 可行域 X 是凸集.

3.2　最优性条件

我们首先回顾一下微积分中已经学过的单变量函数的极值问题

$$\begin{aligned} &\min \quad f(x) \\ &\text{s.t.} \quad a \leqslant x \leqslant b. \end{aligned} \tag{3.2.1}$$

对于这个问题, 可以分以下三种情形来讨论:

情形 1　$a < x < b, f'(x) = 0$.

设 $a < x_0 < b, f'(x_0)$ 存在. 若 x_0 是局部极小点, 则 $f'(x_0) = 0$. 反过来, 若已知 $f'(x_0) = 0$, 则 x_0 不一定是局部极小点. 这时, 我们有

如果 $f'(x_0) = 0, f''(x_0) > 0$, 则 x_0 是局部极小点;

如果 $f'(x_0) = 0, f''(x_0) < 0$, 则 x_0 是局部极大点.

进一步, 如果 $f'(x_0) = 0$ 且 $f''(x_0) = 0$, 则需要利用高阶导数来确定 x_0 是极小点、极大点、还是非极值点.

情形 2　如果 $f(x)$ 在 x_0 不存在导数, 那么我们可以在 x_0 的近旁任意找两点 x_1 和 x_2, 满足 $x_1 < x_0$ 和 $x_2 > x_0$,

如果 $f(x_0) \leqslant f(x_1)$ 且 $f(x_0) \leqslant f(x_2)$, 则 x_0 是局部极小点;

如果 $f(x_0) \geqslant f(x_1)$ 且 $f(x_0) \geqslant f(x_2)$, 则 x_0 是局部极大点;

其他情形, x_0 不是局部极值点.

情形 3　关于区间 $[a, b]$ 端点处极值性质的确定.

如果 $f'(a) > 0$, 则 a 是局部极小点.

如果 $f'(a) < 0$, 则 a 是局部极大点.

如果 $f'(b) > 0$, 则 b 是局部极大点.

如果 $f'(b) < 0$, 则 b 是局部极小点.

我们现在考虑 n 维无约束优化问题

$$\min_{x \in \mathbf{R}^n} \quad f(x) \tag{3.2.2}$$

的最优性的必要条件和充分条件.

定理 3.2.1 (一阶必要条件)　设 $f : D \subset \mathbf{R}^n \to \mathbf{R}^1$ 在开集 D 上连续可微, 若 $x^* \in D$ 是无约束优化问题 (3.2.2) 的局部极小点, 则

$$\nabla f(x^*) = 0. \tag{3.2.3}$$

证明　设 x^* 是一个局部极小点, 考虑序列

$$x_k = x^* - \alpha_k \nabla f(x^*), \tag{3.2.4}$$

其中 $\alpha_k > 0$. 利用 Taylor 展式, 对于充分大的 k, 有

$$0 \leqslant f(x_k) - f(x^*) = -\alpha_k \nabla f(\eta_k)^{\mathrm{T}} \nabla f(x^*), \tag{3.2.5}$$

其中 η_k 是 x_k 和 x^* 的凸组合, 即 $\eta_k = \theta x_k + (1 - \theta) x^*, \theta \in [0, 1]$. 两边同除以 α_k, 并取极限, 由于 f 连续可微, 故有

$$0 \leqslant -\|\nabla f(x^*)\|^2. \tag{3.2.6}$$

从而得到 $\nabla f(x^*) = 0$. □

条件 (3.2.3) 称为无约束优化问题的一阶最优性条件或驻点条件, 满足这个条件的点 x^* 称为驻点 (stationary point).

设 $G(x) = \nabla^2 f(x)$ 是 $f(x)$ 的 Hesse 矩阵. 我们也可以用 Hesse 矩阵来描述无约束优化问题的二阶最优性条件.

定理 3.2.2 (二阶必要条件)　设 $f : D \subset \mathbf{R}^n \to \mathbf{R}^1$ 在开集 D 上二阶连续可微, 若 $x^* \in D$ 是无约束优化问题 (3.2.2) 的局部极小点, 则 $\nabla f(x^*) = 0$ 且 $f(x)$ 在 x^* 的 Hesse 矩阵正半定, 即成立

$$d^{\mathrm{T}} G(x^*) d \geqslant 0, \quad \forall d \in \mathbf{R}^n. \tag{3.2.7}$$

证明　在定理 3.2.1 中已经证明了 $\nabla f(x^*) = 0$, 故只需证明 (3.2.7). 考虑序列 $x_k = x^* + \alpha_k d$, 其中 $\alpha_k > 0, d$ 任意. 由于 f 二阶连续可微和 $\nabla f(x^*) = 0$, 故由 Taylor 展式, 对于充分大的 k, 有

$$0 \leqslant f(x_k) - f(x^*) = \frac{1}{2} \alpha_k^2 d^{\mathrm{T}} G(\eta_k) d, \tag{3.2.8}$$

其中 η_k 是 x_k 和 x^* 的凸组合. 由于 x^* 是局部极小点和 f 二阶连续可微, 则上式两边同除以 $\frac{1}{2} \alpha_k^2$, 并取极限, 得

$$d^{\mathrm{T}} G(x^*) d \geqslant 0, \quad \forall d \in \mathbf{R}^n. \tag{3.2.9}$$

从而 (3.2.7) 得到. □

定理 3.2.3 (二阶充分条件)　设 $f : D \subset \mathbf{R}^n \to \mathbf{R}^1$ 在开集 D 上二阶连续可微, 则 $x^* \in D$ 是 f 的一个严格局部极小点的充分条件是

$$\nabla f(x^*) = 0 \text{ 和 } G(x^*) \text{ 是正定矩阵.} \tag{3.2.10}$$

证明　设 (3.2.10) 成立, 则由 Taylor 展式, 对任意向量 d,

$$f(x^* + \varepsilon d) = f(x^*) + \frac{1}{2}\varepsilon^2 d^{\mathrm{T}} G(x^* + \theta \varepsilon d)d. \tag{3.2.11}$$

由于 $G(x^*)$ 正定和 f 二阶连续可微, 故可选择 ε 和 $\delta > 0$, 使得 $x^* + \varepsilon d \in N_\delta(x^*)$, 其中 $N_\delta(x^*)$ 是 x^* 的 δ 邻域. 从而 $d^{\mathrm{T}} G(x^* + \theta \varepsilon d)d > 0$, 这样

$$f(x^* + \varepsilon d) > f(x^*), \tag{3.2.12}$$

即 x^* 是严格局部极小点.　□

考虑极小化问题

$$\min_x \frac{1}{2} x^{\mathrm{T}} A x + b^{\mathrm{T}} x.$$

显然, 一阶必要条件为: $Ax^* + b = 0$, 即 $x^* = -A^{-1}b$. 二阶充分条件为: $x^* = -A^{-1}b$ 且 A 正定.

本节最后, 我们讨论 n 维约束最优化的一阶最优性条件. 考虑一般约束优化问题

$$\begin{aligned}
\min \quad & f(x) \\
\text{s.t.} \quad & c_i(x) = 0, \ i = 1, \cdots, m', \\
& c_i(x) \geqslant 0, \ i = m' + 1, \cdots, m,
\end{aligned} \tag{3.2.13}$$

其中, $x = (x_1, \cdots, x_n)$, 函数 $f : \mathbf{R}^n \to \mathbf{R}^1, c : \mathbf{R}^n \to \mathbf{R}^m$ 是连续可微的. 构造问题 (3.2.13) 的拉格朗日函数 (Lagrange function)

$$L(x, \lambda) = f(x) - \sum_{i=1}^m \lambda_i c_i(x) \tag{3.2.14}$$

$$= f(x) - \lambda^{\mathrm{T}} c(x), \tag{3.2.15}$$

其中, $\lambda = (\lambda_1, \cdots, \lambda_m)^{\mathrm{T}} \in \mathbf{R}^n$ 称为拉格朗日乘子 (Lagrange multiplier), $c(x) = (c_1(x), \cdots, c_m(x))^{\mathrm{T}}$.

设 x^* 是满足约束条件的可行点, 如果约束梯度 $\nabla c_1(x^*), \cdots, \nabla c_m(x^*)$ 线性无关, 则称 x^* 是正则点 (regular point), 或称 x^* 满足约束规范条件 (constraint qualification).

约束最优化的一个普遍的最优性条件是 KT 条件 (Kuhn-Tucker 条件, 是 Kuhn 和 Tucker (1951) 提出的), 现在也称为 KKT 条件 (Karush-Kuhn-Tucker 条件, Karush (1939) 也独立地考虑了约束优化的最优性条件). 这里, 我们仅叙述这个定理.

定理 3.2.4 设 x^* 是约束优化问题 (3.2.13) 的局部极小点和正则点, 则存在 乘子 λ_i^* $(i = 1, \cdots, m)$ 使得

$$\frac{\partial f}{\partial x_j}(x^*) - \sum_{i=1}^m \lambda_i^* \frac{\partial c_i}{\partial x_j}(x^*) = 0, \quad j = 1, \cdots, n, \tag{3.2.16}$$

$$c_i(x^*) = 0, \quad i = 1, \cdots, m', \tag{3.2.17}$$

$$c_i(x^*) \geqslant 0, \quad i = m' + 1, \cdots, m, \tag{3.2.18}$$

$$\lambda_i^* c_i(x^*) = 0, \quad i = m' + 1, \cdots, m, \tag{3.2.19}$$

$$\lambda_i^* \geqslant 0, \quad i = m' + 1, \cdots, m. \tag{3.2.20}$$

条件 (3.2.16) 是驻点条件, 即

$$\nabla_x L(x^*, \lambda^*) = \nabla f(x^*) - \sum_{i=1}^m \lambda_i^* \nabla c_i(x^*) = 0. \tag{3.2.21}$$

条件 (3.2.17), (3.2.18) 是可行性条件, 条件 (3.2.19) 是互补松弛性条件, 如果对于任意 $i = m' + 1, \cdots, m$, $c_i(x^*)$ 和 λ_i^* 中有且仅有一个取零值, 则称严格互补松弛性条件成立. 条件 (3.2.20) 是乘子非负条件.

应用 (3.2.16)~(3.2.20), 我们容易写出所有约束优化问题的最优性条件. 例如, 对于问题

$$\begin{aligned} \min \quad & x^2 + 2 \\ \text{s.t.} \quad & x \geqslant 3. \end{aligned}$$

定义拉格朗日函数为

$$L(x, \lambda) = x^2 + 2 - \lambda(x - 3).$$

于是得到

$$\frac{\partial L(x, \lambda)}{\partial x} = 2x - \lambda = 0,$$

$$x - 3 \geqslant 0,$$

$$\lambda(x - 3) = 0,$$

$$\lambda \geqslant 0.$$

解得 $x = 3, \lambda = 6$. 注意, 对于其他形式的约束优化问题, 先要把它们转化为标准形式 (3.2.13), 然后写出其最优性条件. 例如, 对于问题

$$\max \quad f(x)$$
$$\text{s.t.} \quad c_i(x) \leqslant 0, \quad i = 1, \cdots, m.$$

将其先写为

$$\min \quad -f(x)$$
$$\text{s.t.} \quad -c_i(x) \geqslant 0, \quad i = 1, \cdots, m.$$

然后按照 (3.2.16)~(3.2.20) 写出最优性条件,

$$-\frac{\partial f}{\partial x_j}(x^*) - \sum_{i=1}^{m} \lambda_i^* \frac{\partial(-c_i)}{\partial x_j}(x^*) = 0, \quad j = 1, \cdots, n,$$
$$-c_i(x^*) \geqslant 0, \quad i = 1, \cdots, m,$$
$$\lambda_i^*(-c_i(x^*)) = 0, \quad i = 1, \cdots, m,$$
$$\lambda_i^* \geqslant 0, \quad i = 1, \cdots, m.$$

即

$$\frac{\partial f}{\partial x_j}(x^*) - \sum_{i=1}^{m} \lambda_i^* \frac{\partial c_i}{\partial x_j}(x^*) = 0, \quad j = 1, \cdots, n,$$
$$c_i(x^*) \leqslant 0, \quad i = 1, \cdots, m, \tag{3.2.22}$$
$$\lambda_i^* c_i(x^*) = 0, \quad i = 1, \cdots, m,$$
$$\lambda_i^* \geqslant 0, \quad i = 1, \cdots, m.$$

3.3 线性搜索方法

解最优化问题, 一般用迭代法. 其基本思想是: 给定最优解的一个初始估计, 记为 x_0, 方法产生一个逐步改善的有限或无限的迭代序列 $\{x_k\}$, 在 $\{x_k\}$ 是有限点列时, 它的最后一个点是 KKT 点; 在 $\{x_k\}$ 是无限点列时, 其任意一个聚点是 KKT 点, 并在对最优解的估计满足指定的精度要求时停止迭代. 根据最优性的一阶必要条件, 最优解一定是 KKT 点. 再由方法的其他一些特性, 如下降性可以确保所得的 KKT 点是所讨论问题的最优解或最优解的近似. 对于无约束优化问题, 极小化算法生成的序列的极限点是驻点.

线性搜索方法, 实际上就是单变量函数的最优化. 在多变量函数最优化中, 迭代格式为

$$x_{k+1} = x_k + \alpha_k d_k, \tag{3.3.1}$$

其中, x_k, d_k 是 n 维向量, α_k 是一个数. 这个迭代法的关键是构造搜索方向 d_k 和步长因子 α_k. 设

$$\varphi(\alpha) = f(x_k + \alpha d_k) \tag{3.3.2}$$

是 α 的单变量函数. 从 x_k 出发, 沿搜索方向 d_k, 确定步长因子 α_k, 使

$$\varphi(\alpha_k) < \varphi(0)$$

的问题就是关于 α 的线性搜索问题. 上式意味着 $f(x_k + \alpha_k d_k) < f(x_k)$.

理想的方法是使目标函数沿方向 d_k 达到极小, 即使得

$$f(x_k + \alpha_k d_k) = \min_{\alpha > 0} f(x_k + \alpha d_k), \tag{3.3.3}$$

或者选取 $\alpha_k > 0$ 使得

$$\alpha_k = \min\{\alpha > 0 \mid \nabla f(x_k + \alpha d_k)^{\mathrm{T}} d_k = 0\}. \tag{3.3.4}$$

满足 (3.3.3) 或 (3.3.4) 的线性搜索称为精确线性搜索, 所得到的 α_k 称为精确步长因子. 一般地, 精确线性搜索不但需要的计算量很大, 而且在实际上也不必要. 因此人们提出了既花费较少的计算量, 又能达到足够下降的不精确线性搜索方法.

如果 $\varphi(\alpha)$ 在区间 $[a_0, b_0]$ 上有且仅有一个极小点, 则称 $\varphi(\alpha)$ 在区间 $[a_0, b_0]$ 上是单峰的 (unimodal).

对于单峰函数, 我们有一个重要的性质.

定理 3.3.1 设 $\varphi(\alpha)$ 在区间 $[a_0, b_0]$ 上是单峰的, $\alpha^* \in [a_0, b_0]$ 是 $\varphi(\alpha)$ 的极小点. 那么, 至少要经过两次 $\varphi(\alpha)$ 的求值才能得到 $[a_0, b_0]$ 的一个包含 α^* 的子区间.

证明 选择 α_1 满足 $a_0 < \alpha_1 < b_0$, 计算 $\varphi(\alpha_1)$. 那么, 或者 $\alpha^* \in [a_0, \alpha_1]$, 或者 $\alpha^* \in [\alpha_1, b_0]$. 再选择 $\alpha_2 > \alpha_1$, 计算 $\varphi(\alpha_2)$. 如果 $\varphi(\alpha_2) > \varphi(\alpha_1)$, 则 $\alpha^* \in [a_0, \alpha_2]$. 否则, $\alpha^* \in [\alpha_1, b_0]$. $\square$

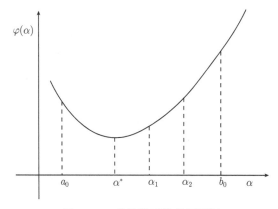

图 3.3.1 求单峰函数的子区间

一般地, 线性搜索算法分成二个阶段. 第一阶段确定包含理想的步长因子 (或问题最优解) 的初始搜索区间 (或者通过估计直接给出一个较大的初始搜索区间); 第二阶段采用某种分割技术或插值方法缩小这个区间. 下面, 我们分别介绍确定初始搜索区间的进退法, 精确线性搜索的二分法和 0.618 法, 以及不精确线性搜索的 Goldstein 方法. 这些方法都是最基本的实用的方法.

3.3.1   确定初始搜索区间的进退法

确定初始搜索区间的一种简单方法叫进退法, 其基本思想是从某一点出发, 按一定步长, 试图确定出函数值呈现 "高 — 底 — 高" 的三点, 即 $\varphi(a) \geqslant \varphi(c) \leqslant \varphi(b)$, 这里 $a \leqslant c \leqslant b$. 具体地说, 就是给出初始点 $\alpha_0 > 0$, 初始步长 $h_0 > 0$, 若

$$\varphi(\alpha_0 + h_0) \leqslant \varphi(\alpha_0),$$

则下一步从新点 $\alpha_1 = \alpha_0 + h_0$ 出发, 加大步长, 再向前搜索, 直到目标函数上升为止. 若

$$\varphi(\alpha_0 + h_0) > \varphi(\alpha_0),$$

则下一步仍以 α_0 为出发点, 沿反方向同样搜索, 直到目标函数上升就停止. 这样便得到一个搜索区间. 这种方法叫进退法.

利用 $\varphi(\alpha)$ 的导数, 也可以类似地确定搜索区间. 我们知道, 在包含极小点 α^* 的区间 $[a, b]$ 的端点处, $\varphi'(a) \leqslant 0, \varphi'(b) \geqslant 0$. 给定步长 $h \geqslant 0$, 取初始点 $\alpha_0 \geqslant 0$. 若 $\varphi'(\alpha_0) \leqslant 0$, 则取 $\alpha_1 = \alpha_0 + h$, 若 $\varphi'(\alpha_0) \geqslant 0$, 则取 $\alpha_1 = \alpha_0 - h$. 其余过程与上述方法类似.

算法 3.3.1 (进退法步骤)

步 1. 选取初始数据. $\alpha_0 \in [0, \infty)$, $h_0 > 0$, 加倍系数 $t > 1$ (一般取 $t = 2$), 计算 $\varphi(\alpha_0)$, $k := 0$.

步 2. 比较目标函数值. 令 $\alpha_{k+1} = \alpha_k + h_k$, 计算 $\varphi_{k+1} = \varphi(\alpha_{k+1})$, 若 $\varphi_{k+1} < \varphi_k$, 转步 3, 否则转步 4.

步 3. 加大搜索步长. 令 $h_{k+1} := th_k$, $\alpha := \alpha_k$, $\alpha_k := \alpha_{k+1}$, $\varphi_k := \varphi_{k+1}$, $k := k + 1$, 转步 2.

步 4. 反向搜索. 若 $k = 0$, 转换搜索方向, 令 $h_k := -h_k$, $\alpha := \alpha_{k+1}$, 转步 2; 否则, 停止迭代, 令

$$a = \min\{\alpha, \alpha_{k+1}\}, \quad b = \max\{\alpha, \alpha_{k+1}\},$$

输出 $[a, b]$, 停止.

3.3.2 二分法

二分法的基本思想是通过计算函数导数值来缩短搜索区间. 设初始区间为 $[a_0, b_0]$, 第 k 步时的搜索区间为 $[a_k, b_k]$, 满足 $\varphi'(a_k) \leqslant 0$, $\varphi'(b_k) \geqslant 0$, 取中点 $c_k = \frac{1}{2}(a_k + b_k)$, 若 $\varphi'(c_k) > 0$, 则令 $a_{k+1} = a_k$, $b_{k+1} = c_k$; 若 $\varphi'(c_k) < 0$, 则令 $a_{k+1} = c_k$, $b_{k+1} = b_k$, 从而得到新的搜索区间 $[a_{k+1}, b_{k+1}]$. 依此进行, 直到 $\varphi'(c_k) = 0$ 或者搜索区间的长度小于预定的容限为止. 二分法每次迭代都将区间缩短一半,

$$b_k - a_k = 2^{-k}(b_0 - a_0).$$

故二分法的收敛速度也是线性的, 收敛比为 $\frac{1}{2}$,

$$\frac{b_k - a_k}{b_{k-1} - a_{k-1}} = \frac{1}{2}.$$

算法 3.3.2 (二分法)

步 1. 给出包含极小点的初始搜索区间 $[a_0, b_0]$, 搜索区间的长度容限 ε, 置 $k = 0$.

步 2. 计算 $c_k = \frac{1}{2}(a_k + b_k)$.

步 3. 如果 $\varphi'(c_k) < 0$, 则令 $a_{k+1} = c_k$, $b_{k+1} = b_k$;

如果 $\varphi'(c_k) > 0$, 则令 $a_{k+1} = a_k$, $b_{k+1} = c_k$.

步 4. 如果 $\varphi'(c_k) = 0$, 则 c_k 即为所求, 停止.

如果 $|b_k - a_k| < \varepsilon$, 则 c_k 即为所求, 停止.

步 5. 置 $k = k + 1$, 转步 2.

应用上述二分法于单变量函数

$$\min_x f(x) = x^2 - x + 3,$$

给出 $\varepsilon = 0.1$, $a_0 = 0.0$, $b_0 = 2.0$. 计算结果如表 3.3.1 所示.

表 3.3.1

k	a_k	b_k	$|b_k - a_k|$
0	0	2	2
1	0	1	1

当 $k = 1$ 时, $c_1 = \frac{1}{2}$, $f'(c_1) = 0$, $c_1 = \frac{1}{2}$ 为所求的极小点.

3.3.3 0.618 法

设包含极小点 α^* 的初始搜索区间为 $[a_0, b_0]$, 设

$$\varphi(\alpha) = f(x_k + \alpha d_k) \tag{3.3.5}$$

在 $[a_0, b_0]$ 上是凸函数. 二分法是每次迭代取搜索区间的中点, 每次迭代区间的缩短率是 $\frac{1}{2}$. 0.618 法的基本思想是在搜索区间 $[a_k, b_k]$ 上选取两个对称点 λ_k, μ_k 且 $\lambda_k < \mu_k$, 通过比较这两点处的函数值 $\varphi(\lambda_k)$ 和 $\varphi(\mu_k)$ 的大小来决定删除左半区间 $[a_k, \lambda_k)$, 还是删除右半区间 $(\mu_k, b_k]$. 删除后的新区间长度是原区间长度的 0.618 倍. 新区间包含原区间中两个对称点中的一点, 我们只要再选一个对称点, 并利用这两个新对称点处的函数值继续比较. 重复这个过程, 最后确定出极小点 α^*.

设区间 $[a_0, b_0]$ 经 k 次缩短后变为 $[a_k, b_k]$. 在区间 $[a_k, b_k]$ 上选取两个试探点 λ_k 和 μ_k, 要求满足下列条件:

$$\frac{\mu_k - a_k}{b_k - a_k} = \frac{b_k - \lambda_k}{b_k - a_k} = \tau, \tag{3.3.6}$$

这里 τ 是每次迭代的一个区间缩短率 (常数). 这样,

$$\mu_k - a_k = b_k - \lambda_k = \tau(b_k - a_k). \tag{3.3.7}$$

也就是新的区间长度

$$b_{k+1} - a_{k+1} = \tau(b_k - a_k). \tag{3.3.8}$$

由 (3.3.7) 得到

$$\lambda_k = b_k - \tau(b_k - a_k) = a_k + (1 - \tau)(b_k - a_k), \tag{3.3.9}$$

$$\mu_k = a_k + \tau(b_k - a_k). \tag{3.3.10}$$

计算 $\varphi(\lambda_k)$ 和 $\varphi(\mu_k)$. 如果 $\varphi(\lambda_k) \leqslant \varphi(\mu_k)$, 则删掉右半区间 $(\mu_k, b_k]$, 保留 $[a_k, \mu_k]$, 从而新的搜索区间为

$$[a_{k+1}, b_{k+1}] = [a_k, \mu_k]. \tag{3.3.11}$$

为进一步缩短区间, 需在 $[a_{k+1}, b_{k+1}]$ 上取试探点 λ_{k+1}, μ_{k+1}. 由 (3.3.10),

$$\begin{aligned}
\mu_{k+1} &= a_{k+1} + \tau(b_{k+1} - a_{k+1}) \\
&= a_k + \tau(\mu_k - a_k) \\
&= a_k + \tau(a_k + \tau(b_k - a_k) - a_k) \\
&= a_k + \tau^2(b_k - a_k). \tag{3.3.12}
\end{aligned}$$

若令

$$\tau^2 = 1 - \tau, \tag{3.3.13}$$

则由 (3.3.13) 和 (3.3.9) 得到

$$\mu_{k+1} = a_k + (1 - \tau)(b_k - a_k) = \lambda_k. \tag{3.3.14}$$

这样, 新的试探点 μ_{k+1} 不需要重新计算, 只要取 λ_k 就行了, 从而在每次迭代中 (第一次迭代除外) 只需选取一个试探点即可.

类似地, 在 $\varphi(\lambda_k) > \varphi(\mu_k)$ 的情形, 新的试探点 $\lambda_{k+1} = \mu_k$, 它也不需要重新计算. 在这种情形, 我们删去左半区间 $[a_k, \lambda_k)$, 保留 $[\lambda_k, b_k]$, 这时新的搜索区间为

$$[a_{k+1}, b_{k+1}] = [\lambda_k, b_k]. \tag{3.3.15}$$

令

$$\lambda_{k+1} = \mu_k, \tag{3.3.16}$$

$$\mu_{k+1} = a_{k+1} + \tau(b_{k+1} - a_{k+1}). \tag{3.3.17}$$

然后再比较 $\varphi(\lambda_{k+1})$ 和 $\varphi(\mu_{k+1})$. 重复上述过程, 直到 $b_{k+1} - a_{k+1} \leqslant \varepsilon$.

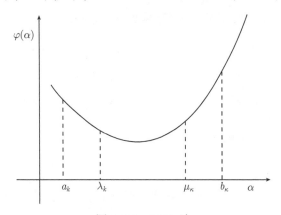

图 3.3.2 0.618 法

搜索区间长度缩短率 τ 究竟是多少呢? 解方程 (3.3.13) 立得

$$\tau = \frac{-1 \pm \sqrt{5}}{2}.$$

由于 $\tau > 0$, 故取

$$\tau = \frac{\sqrt{5} - 1}{2} \approx 0.618. \tag{3.3.18}$$

这样 (3.3.9) 和 (3.3.10) 可分别写成

$$\lambda_k = a_k + 0.382(b_k - a_k), \tag{3.3.19}$$

$$\mu_k = a_k + 0.618(b_k - a_k). \tag{3.3.20}$$

算法 3.3.3 (0.618 法计算步骤)

步 1. 选取初始数据. 确定初始搜索区间 $[a_0, b_0]$ 和精度要求 $\varepsilon > 0$. 计算最初两个试探点 λ_0, μ_0,

$$\lambda_0 = a_0 + 0.382(b_0 - a_0),$$

$$\mu_0 = a_0 + 0.618(b_0 - a_0).$$

计算 $\varphi(\lambda_0)$ 和 $\varphi(\mu_0)$, 令 $k = 0$.

步 2. 比较目标函数值. 若 $\varphi(\lambda_k) > \varphi(\mu_k)$, 转步 3; 否则转步 4.

步 3. 若 $b_k - \lambda_k \leqslant \varepsilon$, 则停止计算, 输出 μ_k; 否则, 令

$$a_{k+1} := \lambda_k, \ b_{k+1} := b_k, \ \lambda_{k+1} := \mu_k,$$

$$\varphi(\lambda_{k+1}) := \varphi(\mu_k), \ \mu_{k+1} := a_{k+1} + 0.618(b_{k+1} - a_{k+1}).$$

计算 $\varphi(\mu_{k+1})$, 转步 5.

步 4. 若 $\mu_k - a_k \leqslant \varepsilon$, 则停止计算, 输出 λ_k; 否则, 令

$$a_{k+1} := a_k, \quad b_{k+1} := \mu_k, \quad \mu_{k+1} := \lambda_k,$$

$$\varphi(\mu_{k+1}) := \varphi(\lambda_k), \ \lambda_{k+1} := a_{k+1} + 0.382(b_{k+1} - a_{k+1}).$$

计算 $\varphi(\lambda_{k+1})$, 转步 5.

步 5. $k := k + 1$, 转步 2.

应用上述 0.618 法于单变量函数

$$\min_x f(x) = \mathrm{e}^x - 5x,$$

给出 $\varepsilon = 0.01, a_0 = 0.0, b_0 = 2.0$. 计算结果如表 3.3.2 所示.

表 3.3.2

k	a_k	b_k	$|b_k - a_k|$
0	0	2	2
1	0.7640	2	1.2360
2	1.2362	2	0.7638
3	1.2362	1.7082	0.4721
4	1.4165	1.7082	0.2917
5	1.5279	1.7082	0.1803
6	1.5279	1.6393	0.1114
7	1.5705	1.6393	0.0689
8	1.5968	1.6393	0.0426
9	1.5968	1.6231	0.0263
10	1.5968	1.6130	0.0163
11	1.6030	1.6130	0.0100

这样, 最后输出的极小点近似为 $\mu_{11} = 1.6092$.

3.3.4 不精确线性搜索的 Goldstein 准则

一般地, 精确线性搜索花费的计算量较大, 而且在迭代过程中没有必要把线性搜索搞得十分精确. 特别是当迭代点离目标函数的最优解尚远时, 过分追求线性搜索的精度反而会降低整个算法的效率. 另外, 一些最优化方法, 如牛顿法和拟牛顿法, 其收敛速度并不依赖于精确的一维搜索过程. 因此, 我们可以放松对 α_k 的精确度要求, 只要求目标函数在迭代的每一步都有充分的下降即可, 这样可以大大节省工作量. 这里, 我们介绍不精确线性搜索的 Goldstein 准则.

设 $g_k \triangleq \nabla f(x_k)$. Goldstein 准则为

$$f(x_k + \alpha_k d_k) \leqslant f(x_k) + \rho \alpha_k g_k^{\mathrm{T}} d_k, \tag{3.3.21}$$

$$f(x_k + \alpha_k d_k) \geqslant f(x_k) + (1 - \rho) \alpha_k g_k^{\mathrm{T}} d_k, \tag{3.3.22}$$

其中, $0 < \rho < \dfrac{1}{2}$. 上式中第一个不等式是充分下降条件, 第二个不等式保证了 α_k 不会取得太小, 因为当 α_k 取得太小时, 算法前进很慢. 从图 3.3.3 中可知, 满足不等式 (3.3.21) 的 α_k 构成区间 $(0, c]$, 满足不等式 (3.3.22) 的 α_k 构成区间 $[b, a]$. 所以满足上面 Goldstein 准则的 α_k 构成区间 $[b, c]$.

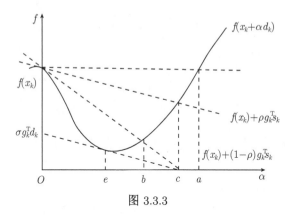

图 3.3.3

若设 $\varphi(\alpha) = f(x_k + \alpha d_k)$, 则 (3.3.21) 和 (3.3.22) 可以分别写成

$$\varphi(\alpha_k) \leqslant \varphi(0) + \rho \alpha_k \varphi'(0), \tag{3.3.23}$$

$$\varphi(\alpha_k) \geqslant \varphi(0) + (1 - \rho) \alpha_k \varphi'(0). \tag{3.3.24}$$

下面, 我们给出 Goldstein 不精确线性搜索的步骤.

算法 3.3.4

步 1. 选取初始数据. 在初始搜索区间 $[0, +\infty)$(或 $[0, \alpha_{\max}]$) 中取定初始点

α_0, 计算 $\varphi(0)$, $\varphi'(0)$, 给出 $\rho \in \left(0, \dfrac{1}{2}\right)$, $t > 1$, $k := 0$.

步 2. 检验准则 (3.3.23). 计算 $\varphi(\alpha_k)$. 若

$$\varphi(\alpha_k) \leqslant \varphi(0) + \rho \alpha_k \varphi'(0),$$

转步 3; 否则, 令 $a_{k+1} := a_k$, $b_{k+1} := \alpha_k$, 转步 4.

步 3. 检验准则 (3.3.24). 若

$$\varphi(\alpha_k) \geqslant \varphi(0) + (1-\rho)\alpha_k \varphi'(0),$$

停止迭代, 输出 α_k; 否则, 令 $a_{k+1} := \alpha_k$, $b_{k+1} := b_k$.

若 $b_{k+1} < +\infty$(或 $\alpha_{\max}$), 转步 4; 否则, 令 $\alpha_{k+1} := t\alpha_k$, $k := k + 1$, 转步 2.

步 4. $\alpha_{k+1} := \dfrac{a_{k+1} + b_{k+1}}{2}$, $k := k + 1$, 转步 2.

为了保证方法的下降性, 在最优化算法中我们要求避免搜索方向 $s_k = \alpha_k d_k$ 和负梯度方向 $-g_k$ 几乎直交的情形, 即要求 s_k 偏离 $-g_k$ 的正交方向远一点. 否则, $s_k^{\mathrm{T}} g_k$ 接近于零, s_k 几乎不是下降方向. 为此, 我们假定 s_k 和 $-g_k$ 的夹角 θ_k 满足

$$\theta_k \leqslant \frac{\pi}{2} - \mu, \quad \forall k, \tag{3.3.25}$$

其中, $\mu > 0$, $\theta_k \in \left[0, \dfrac{\pi}{2}\right]$ 定义为

$$\cos \theta_k = \frac{-g_k^{\mathrm{T}} s_k}{\|g_k\| \|s_k\|}. \tag{3.3.26}$$

采用不精确线性搜索准则的一般下降算法的形式如下:

算法 3.3.5

步 1. 给出 $x_0 \in \mathbf{R}^n$, $0 \leqslant \varepsilon < 1$, $k := 0$.

步 2. 如果 $\|g_k\| \leqslant \varepsilon$, 则停止; 否则, 求出下降方向 d_k, 使其满足 $d_k^{\mathrm{T}} g_k < 0$.

步 3. 利用 Goldstein 准则 (3.3.21)-(3.3.22) 求出步长因子 α_k.

步 4. 令 $x_{k+1} = x_k + \alpha_k d_k$; $k := k + 1$, 转步 2.

下面, 我们叙述采用不精确线性搜索 Goldstein 准则的一般下降算法的收敛性定理.

定理 3.3.2　设在算法 3.3.5 中采用 Goldstein 准则 (3.3.21)$\sim$(3.3.22) 求步长因子 α_k, 并设夹角条件 (3.3.25) 满足. 如果 $g(x)$ 存在, 且在水平集 $\{x \mid f(x) \leqslant f(x_0)\}$ 上一致连续, 那么, 或者对某个 k, 有 $g_k = 0$, 或者 $f(x_k) \to -\infty$, 或者 $g_k \to 0$.

证明省略, 可参见文献 (袁亚湘等, 1997).

3.4 最速下降法和共轭梯度法

3.4.1 最速下降法

本节考虑解无约束优化问题

$$\min_{x \in \mathbf{R}^n} f(x) \tag{3.4.1}$$

的最速下降法.

最速下降法是以负梯度方向作为下降方向的极小化算法, 又称梯度法, 是 1874 年法国科学家 Cauchy 提出的. 最速下降法是无约束最优化中最简单的方法.

设目标函数 $f(x)$ 在 x_k 附近连续可微, 且 $g_k \triangleq \nabla f(x_k) \neq 0$. 将 $f(x)$ 在 x_k 处 Taylor 展开,

$$f(x) = f(x_k) + g_k^{\mathrm{T}}(x - x_k) + o(\| x - x_k \|). \tag{3.4.2}$$

记 $x - x_k = \alpha d_k$, 则上式可写为

$$f(x_k + \alpha d_k) = f(x_k) + \alpha g_k^{\mathrm{T}} d_k + o(\| \alpha d_k \|). \tag{3.4.3}$$

显然, 若 d_k 满足 $g_k^{\mathrm{T}} d_k < 0$, 则 d_k 是下降方向, 它使得 $f(x_k + \alpha d_k) < f(x_k)$. 式 (3.4.3) 可以写成

$$f(x_k) - f(x_k + \alpha d_k) = -\alpha g_k^{\mathrm{T}} d_k + o(\| \alpha d_k \|) \tag{3.4.4}$$

$$= \alpha |g_k^{\mathrm{T}} d_k| + o(\| \alpha d_k \|). \tag{3.4.5}$$

当 α 取定后, $|d_k^{\mathrm{T}} g_k|$ 的值越大, 函数 $f(x)$ 在 x_k 处下降量越大. 由 Cauchy-Schwartz 不等式

$$| d_k^{\mathrm{T}} g_k | \leqslant \| d_k \| \| g_k \| \tag{3.4.6}$$

可知, 当 $d_k = -g_k$ 时, $d_k^{\mathrm{T}} g_k < 0$ 且 $|d_k^{\mathrm{T}} g_k|$ 达到最大, 从而 $d_k = -g_k$ 是最速下降方向. 以 $d_k = -g_k$ 为下降方向的方法叫最速下降法.

最速下降法的迭代格式为

$$x_{k+1} = x_k - \alpha_k g_k, \tag{3.4.7}$$

其中步长因子 α_k 由线性搜索策略确定.

下面我们给出最速下降算法.

算法 3.4.1 (最速下降法)

步 1. 给出 $x_0 \in \mathbf{R}^n$, $0 \leqslant \varepsilon \ll 1$, $k := 0$.

步 2. 计算 $d_k = -g_k$; 如果 $\| g_k \| \leqslant \varepsilon$, 停止.

步 3. 由线性搜索求步长因子 α_k.

步 4. 计算 $x_{k+1} = x_k + \alpha_k d_k$.

步 5. 如果 $\|x_{k+1} - x_k\| \leqslant \varepsilon$, 停止.

步 6. $k := k + 1$, 转步 2.

下面我们给出最速下降法的总体收敛定理, 证明省略.

定理 3.4.1   设函数 $f(x)$ 二次连续可微, 且 $\| \nabla^2 f(x) \| \leqslant M$, 其中 M 是某个正常数. 对任何给定的初始点 x_0, 最速下降算法 3.4.1 或有限终止, 或 $\lim\limits_{k \to \infty} f(x_k) = -\infty$, 或 $\lim\limits_{k \to \infty} g_k = 0$. 进一步, 收敛速度满足

$$\|x_{k+1} - x^*\| \leqslant \left(1 - \frac{\lambda_n^2}{\lambda_1^2}\right) \|x_k - x^*\|, \tag{3.4.8}$$

其中, λ_1 和 λ_n 分别为 $\nabla^2 f(x^*)$ 的最大和最小特征值.

考虑下面的例子:

$$\min_{x \in \mathbf{R}^2} f(x) = (x_1 - 2)^4 + (x_1 - 2x_2)^2.$$

显然,

$$\nabla f(x) = \left[\begin{array}{c} 4(x_1 - 2)^3 + 2(x_1 - 2x_2) \\ -4(x_1 - 2x_2) \end{array} \right].$$

任意选择初始点 $x^{(0)} = [0, 3]^{\mathrm{T}}$, 则 $f(x^{(0)}) = 52$. 于是,

$$d_0 = -\nabla f(x^{(0)}) = -\left[\begin{array}{c} 4(0 - 2)^3 + 2(0 - 2 \cdot 3) \\ -4(0 - 2 \cdot 3) \end{array} \right] = \left[\begin{array}{c} 44 \\ -24 \end{array} \right].$$

沿方向 d_0 作精确线性搜索, 得 $\alpha_0 = 0.062$. 于是,

$$x^{(1)} = x^{(0)} + \alpha_0 d_0 = \left[\begin{array}{c} 0 \\ 3 \end{array} \right] + 0.062 \left[\begin{array}{c} 44 \\ -24 \end{array} \right] = \left[\begin{array}{c} 2.70 \\ 1.51 \end{array} \right].$$

继续下去, 直到 $\|\nabla f_k\| \leqslant \varepsilon$ 或 $\|x_{k+1} - x_k\| \leqslant \varepsilon$ 为止. 若取 $\varepsilon = 0.05$, 则在得到 $x^{(5)}$ 后算法终止, 计算结果如表 3.4.1 所示.

表 3.4.1

k	x_k	d_k	α_k	$\|x_{k+1} - x_k\|$
0	[0.00, 3.00]	[44.00, −24.00]	0.062	3.08
1	[2.70, 1.51]	[−0.73, −1.28]	0.24	0.36
2	[2.52, 1.20]	[−0.80, 0.48]	0.11	0.10
3	[2.43, 1.25]	[−0.18, −0.28]	0.31	0.11
4	[2.37, 1.16]	[−0.30, 0.20]	0.12	0.04
5	[2.33, 1.18]			

最后, 给出二次函数

$$\min f(x) = \frac{1}{2} x^{\mathrm{T}} G x \tag{3.4.9}$$

的梯度法的显式最优步长因子, 其中 G 是对称正定矩阵.

由于

$$\nabla f(x_k) = G x_k,$$

故梯度法为

$$x_{k+1} = x_k - \alpha_k \nabla f(x_k) = x_k - \alpha_k G x_k.$$

这样,

$$\begin{aligned}
f(x_{k+1}) &= \frac{1}{2}(x_k - \alpha G x_k)^{\mathrm{T}} G(x_k - \alpha G x_k) \\
&= \frac{1}{2}[x_k^{\mathrm{T}} G x_k - 2\alpha x_k^{\mathrm{T}} G^2 x_k + \alpha^2 x_k^{\mathrm{T}} G^3 x_k], \\
\frac{\partial f(x_{k+1})}{\partial \alpha} &= \frac{1}{2}[-2 x_k^{\mathrm{T}} G^2 x_k + 2\alpha x_k^{\mathrm{T}} G^3 x_k].
\end{aligned}$$

令 $\dfrac{\partial f(x_{k+1})}{\partial \alpha} = 0$, 得

$$\alpha_k = \frac{x_k^{\mathrm{T}} G^2 x_k}{x_k^{\mathrm{T}} G^3 x_k}. \tag{3.4.10}$$

于是, 显式梯度法为

$$x_{k+1} = x_k - \frac{x_k^{\mathrm{T}} G^2 x_k}{x_k^{\mathrm{T}} G^3 x_k} G x_k. \tag{3.4.11}$$

最速下降法具有算法和程序设计简单, 计算工作量小, 存储量小, 对初始点没有特别要求等优点. 但是, 最速下降方向仅是函数的局部性质, 对整体求解过程而言, 这个方法下降非常缓慢. 数值试验表明, 当目标函数的等值线接近于一个圆 (球) 时, 最速下降法下降较快, 而当目标函数的等值线是一个扁长的椭球时, 最速下降法开始几步下降较快, 后来就出现锯齿现象, 下降很缓慢. 在大量的工程设计和计算中, 最速下降法得到了广泛应用. 为了利用最速下降法的优点心, 克服其缺陷, 若干基于最速下降法的新方法出现了. 典型的有共轭梯度法和 Barzilai–Borwein 梯

度法 (BB 法). 我们将在下节介绍共轭梯度法, 而 BB 方法请参阅 (Sun and Yuan, 2006) 及有关文献.

3.4.2 共轭梯度法

共轭梯度法仅需利用一阶导数信息, 但克服了最速下降法收敛慢的缺点, 又避免了牛顿法需要存储和计算 Hesse 矩阵并求逆的缺点. 共轭梯度法不仅是解大型线性方程组最有效的方法之一, 也是解大型非线性最优化问题最有效的算法之一.

共轭梯度法最早是由 Hestenes 和 Stiefel(1952) 提出来的, 用于解正定系数矩阵的线性方程组. 在这个基础上, Fletcher 和 Reeves(1964) 首先提出了解非线性最优化问题的共轭梯度法. 由于共轭梯度法不需要矩阵存储, 且有较快的收敛速度和二次终止性等优点, 现在共轭梯度法已经广泛地应用于实际问题中.

共轭梯度法的每一个搜索方向是互相共轭的, 即产生的方向 d_i 和 d_j 满足

$$d_i^T G d_j = 0 \quad (i \neq j). \tag{3.4.12}$$

而这些搜索方向 d_k 仅仅是负梯度方向 $-g_k$ 与上一次迭代的搜索方向 d_{k-1} 的组合. 因此, 存储量少, 计算方便.

记

$$d_k = -g_k + \beta_{k-1} d_{k-1}, \tag{3.4.13}$$

左乘 $d_{k-1}^T G$, 并使得 $d_{k-1}^T G d_k = 0$, 得

$$\beta_{k-1} = \frac{g_k^T G d_{k-1}}{d_{k-1}^T G d_{k-1}}. \quad \text{(Hestenes-Stiefel 公式)} \tag{3.4.14}$$

由于 $g_k = G x_k - b$, $g_{k+1} - g_k = G(x_{k+1} - x_k) = \alpha G d_k$, 和精确线性搜索准则 $g_{k+1}^T d_k = 0$, 上式也可以写成

$$\beta_{k-1} = \frac{g_k^T (g_k - g_{k-1})}{d_{k-1}^T (g_k - g_{k-1})} \quad \text{(Crowder-Wolfe 公式)} \tag{3.4.15}$$

$$= \frac{g_k^T g_k}{g_{k-1}^T g_{k-1}}. \quad \text{(Fletcher-Reeves 公式)} \tag{3.4.16}$$

另外三个常用的公式为

$$\beta_{k-1} = \frac{g_k^T (g_k - g_{k-1})}{g_{k-1}^T g_{k-1}}, \quad \text{(Polak-Ribiere-Polyak 公式)} \tag{3.4.17}$$

$$\beta_{k-1} = -\frac{g_k^T g_k}{d_{k-1}^T g_{k-1}}, \quad \text{(Dixon 公式)} \tag{3.4.18}$$

$$\beta_{k-1} = \frac{g_k^T g_k}{d_{k-1}^T (g_k - g_{k-1})}. \quad \text{(Dai-Yuan 公式)} \tag{3.4.19}$$

对于正定二次函数, 若采用精确线性搜索, 以上几个关于 β_k 的共轭梯度公式等价. 但在实际计算中, FR 公式和 PRP 公式最常用. 由于强 Wolfe 线性搜索准则并不保证 PRP-CG 方法的方向是下降的, 如果定义参数

$$\beta_k^+ = \max\{\beta_k^{\mathrm{PRP}}, 0\},$$

其中 β_k^{PRP} 由 (3.4.17) 定义, 则 PRP-CG 方法具有下降性质. 这样的方法称为 PRP$^+$-CG 方法.

注意到对于正定二次函数,

$$g_k = Gx_k - b \triangleq r_k, \tag{3.4.20}$$

其中 r_k 是方程组 $Gx_k = b$ 的残量, 以及

$$r_{k+1} - r_k = \alpha_k G d_k, \quad \alpha_k = -\frac{g_k^{\mathrm{T}} d_k}{d_k^{\mathrm{T}} G d_k} = \frac{r_k^{\mathrm{T}} r_k}{d_k^{\mathrm{T}} G d_k}, \tag{3.4.21}$$

可以给出如下关于正定二次函数极小化的共轭梯度法.

算法 3.4.2 (共轭梯度法)

步 1. 初始步: 给出 $x_0, \epsilon > 0$, 计算 $r_0 = Gx_0 - b$, 令 $d_0 = -r_0, k := 0$.

步 2. 如果 $\|r_k\| \leqslant \epsilon$, 停止.

步 3. 计算

$$\alpha_k = \frac{r_k^{\mathrm{T}} r_k}{d_k^{\mathrm{T}} G d_k}, \tag{3.4.22}$$

$$x_{k+1} = x_k + \alpha_k d_k, \tag{3.4.23}$$

$$r_{k+1} = r_k + \alpha_k G d_k, \tag{3.4.24}$$

$$\beta_k = \frac{r_{k+1}^{\mathrm{T}} r_{k+1}}{r_k^{\mathrm{T}} r_k}, \tag{3.4.25}$$

$$d_{k+1} = -r_{k+1} + \beta_k d_k. \tag{3.4.26}$$

步 4. 令 $k := k + 1$, 转步 2. $\qquad\qquad\square$

对于正定二次函数, 上述算法是有限步终止的.

例 3.4.1 用 FR 共轭梯度法解极小化问题

$$\min f(x) = \frac{3}{2}x_1^2 + \frac{1}{2}x_2^2 - x_1 x_2 - 2x_1.$$

解 将 $f(x)$ 写成 $f(x) = \frac{1}{2}x^{\mathrm{T}} G x - b^{\mathrm{T}} x$ 的形式, 有

$$G = \begin{bmatrix} 3 & -1 \\ -1 & 1 \end{bmatrix}, \quad b = \begin{bmatrix} 2 \\ 0 \end{bmatrix}, \quad r(x) = Gx - b.$$

设 $x^0 = (-2, 4)^{\mathrm{T}}$, 得 $r_0 = \begin{bmatrix} -12 \\ 6 \end{bmatrix}$, $d_0 = -r_0 = \begin{bmatrix} 12 \\ -6 \end{bmatrix}$,

$$\alpha_0 = \frac{r_0^{\mathrm{T}} r_0}{d_0^{\mathrm{T}} G d_0} = \frac{5}{17},$$

$$x^1 = x^0 + \alpha_0 d_0 = \begin{bmatrix} -2 \\ 4 \end{bmatrix} + \frac{5}{17} \begin{bmatrix} 12 \\ -6 \end{bmatrix} = \begin{bmatrix} \dfrac{26}{17} \\ \dfrac{38}{17} \end{bmatrix}.$$

$$r_1 = \begin{bmatrix} \dfrac{6}{17} \\ \dfrac{12}{17} \end{bmatrix}, \quad \beta_0 = \frac{r_1^{\mathrm{T}} r_1}{r_0^{\mathrm{T}} r_0} = \frac{1}{289},$$

$$d_1 = -r_1 + \beta_0 d_0 = -\begin{bmatrix} \dfrac{6}{17} \\ \dfrac{12}{17} \end{bmatrix} + \frac{1}{289} \begin{bmatrix} 12 \\ -6 \end{bmatrix} = \begin{bmatrix} -\dfrac{90}{289} \\ -\dfrac{210}{289} \end{bmatrix}.$$

$$\alpha_1 = \frac{r_1^{\mathrm{T}} r_1}{d_1^{\mathrm{T}} G d_1} = \frac{17}{10},$$

$$x^2 = x^1 + \alpha_1 d_1 = \begin{bmatrix} \dfrac{26}{17} \\ \dfrac{38}{17} \end{bmatrix} + \frac{17}{10} \begin{bmatrix} -\dfrac{90}{289} \\ -\dfrac{210}{289} \end{bmatrix} = \begin{bmatrix} 1 \\ 1 \end{bmatrix}.$$

$$r_2 = G x^2 - b = \begin{bmatrix} 2 \\ 0 \end{bmatrix} - \begin{bmatrix} 2 \\ 0 \end{bmatrix} = 0.$$

从而, $x^2 = (1, 1)^{\mathrm{T}}$ 是所求的极小点.　　　　　　　　　　　　　　□

Fletcher 和 Reeves(1964) 提出了极小化非二次函数的非线性共轭梯度法.

算法 3.4.3 (FR–CG)

步 1. 初始步: 给出 x_0, $\epsilon > 0$, 计算 $f_0 = f(x_0)$, $g_0 = \nabla f(x_0)$, 令 $d_0 = -g_0, k :=$ 0.

步 2. 如果 $\|g_k\| \leqslant \epsilon$, 停止.

步 3. 由线性搜索求步长因子 α_k, 并令

$$x_{k+1} = x_k + \alpha_k d_k.$$

步 4.

$$\beta_k = \frac{g_{k+1}^{\mathrm{T}} g_{k+1}}{g_k^{\mathrm{T}} g_k},$$
$$d_{k+1} = -g_{k+1} + \beta_k d_k.$$

步 5. 令 $k := k + 1$, 转步 2.

这个算法由于程序简单, 计算量小, 仅需目标函数值和梯度值, 没有矩阵存储与计算, 是解大型非线性规划的首选方法. 在下一子节我们给出如何调用 MATLAB 中的共轭梯度法解一般无约束优化问题.

再开始共轭梯度法 共轭梯度法的基本性质是搜索方向的共轭性, 它是在正定二次函数和精确线性搜索的条件下导出的. 但是, 非二次目标函数以及计算中的误差常常导致搜索方向的共轭性被破坏, 从而二次终止性不能成立. 因此, 对于一般非二次函数, 共轭梯度法常常采用再开始技术, 即每 n 步以后周期性地采用最速下降方向作为新的搜索方向. 尤其是当迭代从一个非二次区域进入 $f(x)$ 可由二次函数很好地逼近的区域时, 重新取最速下降方向作为搜索方向, 则其后 n 次迭代的搜索方向接近于共轭方向, 从而使方法有较快的收敛速度. 这一点也可以从共轭梯度法的二次终止性依赖于取最速下降方向作为初始搜索方向这个事实略见一斑. 对于大型问题, 常常更经常地进行再开始, 例如每隔 r 步迭代再开始, 这里 $r < n$ 或 $r \ll n$. 主要的再开始策略除了每隔 n 步迭代再开始外, 还有当 $g_k^{\mathrm{T}} d_k > 0$, 即 d_k 是上升方向时再开始. 另外, 在共轭梯度法 (算法 3.4.2) 中产生的 r_k 满足 $r_k^{\mathrm{T}} r_{k+1} = 0$, 即, 对于二次函数, 相邻两次迭代的梯度互相直交. 因此, 如果它们偏离直交性较大, 例如

$$\frac{g_k^{\mathrm{T}} g_{k-1}}{\|g_k\|^2} \geqslant v, \tag{3.4.27}$$

这里可取 $v = 0.1$, 则进行再开始.

下面我们不加证明给出 FR 共轭梯度法的总体收敛性.

定理 3.4.2 (FR 共轭梯度法总体收敛性定理) 假定 $f : \mathbf{R}^n \to \mathbf{R}$ 在有界水平集 $L = \{x \in \mathbf{R}^n \mid f(x) \leqslant f(x_0)\}$ 上连续可微, 且有下界, 那么采用精确线性搜索的 Fletcher-Reeves 共轭梯度法产生的序列 $\{x_k\}$ 至少有一个聚点是驻点, 即

(1) 当 $\{x_k\}$ 是有穷点列时, 其最后一个点是 $f(x)$ 的驻点.

(2) 当 $\{x_k\}$ 是无穷点列时, 它必有聚点, 且任一聚点都是 $f(x)$ 的驻点.

可以证明, 再开始共轭梯度法仍然具有总体收敛性, 并且至少有线性收敛速度. 一个更强的结果是: 再开始共轭梯度法产生的迭代点列具有 n 步二次收敛速度, 即

$$\|x_{k+n} - x^*\| = O(\|x_k - x^*\|^2). \tag{3.4.28}$$

3.4.3 调用 MATALB 程序求解非线性规划: 共轭梯度法

我们给出调用 MATLAB 中共轭梯度法的软件求解无约束最优化问题的例子.

例 3.4.2 求解

$$\min_{x \in \mathbf{R}^2} \ f(x) = 3x_1^2 + 2x_1 x_2 + x_2^4.$$

解　我们可以使用 fminunc 和 optimset 函数来使用共轭梯度法求解例 3.4.2. fminunc 函数是 MATlAB 用来求解无约束极小化问题的常用函数, optimset 函数是对其设置参数的函数, 它们的具体信息可以在 MATLAB 中使用 help 命令得到.

我们需要建立一个 m 文件, 输入要求解的优化问题的目标函数和梯度函数, 内容如下:

```
function [ f , g ] = y(x)
f = 3*x(1)^2 + 2*x(1)*x(2) + x(2)^4;
g(1) = 6*x(1)+2*x(2);
g(2) = 2*x(1)+4*x(2)^3;
```

其中 f 是函数值, g 是 y 的梯度. 然后调用 optimset 函数:

```
options = optimset('GradObj','on');
```

最后输入

```
 [ x, fval ] = fminunc( 'y', [1, 1], options)
```

得到结果:

```
x =
      −0.1363    0.4085
fval =
      −0.0278
```
□

3.5　牛　顿　法

本节考虑解无约束优化问题

$$\min_{x \in \mathbf{R}^n} f(x) \tag{3.5.1}$$

的牛顿法.

牛顿法的基本思想是利用目标函数 $f(x)$ 在迭代点 x_k 处的二次 Taylor 展开作为模型函数, 并用这个二次模型函数的极小点序列去逼近目标函数的极小点.

设 $f(x)$ 二次连续可微, $x_k \in \mathbf{R}^n$, Hesse 矩阵 $\nabla^2 f(x_k)$ 正定. 我们在 x_k 附近用二次 Taylor 展开近似 f,

$$f(x_k + s) \approx q^{(k)}(s) = f(x_k) + \nabla f(x_k)^{\mathrm{T}} s + \frac{1}{2} s^{\mathrm{T}} \nabla^2 f(x_k) s, \tag{3.5.2}$$

其中 $s = x - x_k$, $q^{(k)}(s)$ 为 $f(x)$ 的二次近似. 将上式右边极小化, 即令

$$\nabla q^{(k)}(s) = \nabla f(x_k) + \nabla^2 f(x_k) s = 0, \tag{3.5.3}$$

得

$$s = -[\nabla^2 f(x_k)]^{-1} \nabla f(x_k),$$

即

$$x_{k+1} = x_k - [\nabla^2 f(x_k)]^{-1} \nabla f(x_k), \tag{3.5.4}$$

这就是牛顿法迭代公式. 相应的算法称为牛顿法. 令 $G_k \triangleq \nabla^2 f(x_k)$, $g_k \triangleq \nabla f(x_k)$, 则 (3.5.4) 也可写成

$$x_{k+1} = x_k - G_k^{-1} g_k. \tag{3.5.5}$$

仍然考虑上面的无约束优化问题的例子

$$\min_{x \in \mathbf{R}^2} f(x) = (x_1 - 2)^4 + (x_1 - 2x_2)^2.$$

我们有

$$\nabla f(x) = \begin{bmatrix} 4(x_1 - 2)^3 + 2(x_1 - 2x_2) \\ -4(x_1 - 2x_2) \end{bmatrix},$$

$$\nabla^2 f(x) = \begin{bmatrix} 12(x_1 - 2)^2 + 2 & -4 \\ -4 & 8 \end{bmatrix}.$$

选择初始点 $x^{(0)} = [0, 3]^{\mathrm{T}}$, 则 $f(x^{(0)}) = 52$. 于是,

$$\nabla f(x^{(0)}) = \begin{bmatrix} -44.0 \\ 24.0 \end{bmatrix}, \quad \nabla^2 f(x^{(0)}) = \begin{bmatrix} 50 & -4 \\ -4 & 8 \end{bmatrix}.$$

$$\left[\nabla^2 f(x^{(0)})\right]^{-1} = \begin{bmatrix} \dfrac{1}{48} & \dfrac{1}{96} \\ \dfrac{1}{96} & \dfrac{25}{192} \end{bmatrix}.$$

这样, 我们有

$$\begin{aligned}
x^{(1)} &= x^{(0)} - \left[\nabla^2 f(x^{(0)})\right]^{-1} \nabla f(x^{(0)}) \\
&= \begin{bmatrix} 0 \\ 3 \end{bmatrix} - \begin{bmatrix} \dfrac{1}{48} & \dfrac{1}{96} \\ \dfrac{1}{96} & \dfrac{25}{192} \end{bmatrix} \begin{bmatrix} -44.0 \\ 24.0 \end{bmatrix} \\
&= \begin{bmatrix} \dfrac{2}{3} \\ \dfrac{1}{3} \end{bmatrix}.
\end{aligned}$$

取 $\varepsilon = 0.05$, 则在 6 次迭代后得到 $x^{(6)} = (1.83, 0.91)^{\mathrm{T}}$, $\|\nabla f(x^{(6)})\| = 0.04$. 计算结果如表 3.5.1 所示.

表 3.5.1

k	$x^{(k)}$	$f(x^{(k)})$	$\nabla f(x^{(k)})$	$\|\nabla f(x^{(k)})\|$
0	$[0.00, 3.00]$	52.00	$[44.00, -24.00]$	
1	$[0.67, 0.33]$	3.13	$[-9.39, -0.04]$	
2	$[1.11, 0.56]$	0.63	$[-2.84, -0.04]$	
3	$[1.41, 0.70]$	0.12	$[-0.80, -0.04]$	
4	$[1.61, 0.80]$	0.02	$[-0.22, -0.04]$	
5	$[1.74, 0.87]$	0.005	$[-0.07, 0.00]$	
6	$[1.83, 0.91]$	0.0009	$[0.0003, -0.04]$	0.04

对于正定二次函数, 牛顿法一步即可达到最优解. 对于一般非二次函数, 牛顿法并不能保证经过有限次迭代求得最优解, 但如果初始点 x_0 充分靠近极小点, 牛顿法的收敛速度一般是快的. 下面的定理证明了牛顿法的局部收敛性和二阶收敛速度.

定理 3.5.1 (牛顿法收敛定理)　设 $f(x)$ 二阶连续可微, x^* 是 $f(x)$ 的局部极小点, $\nabla^2 f(x^*)$ 正定. 假定 $f(x)$ 的 Hesse 矩阵 $G_k \triangleq \nabla^2 f(x_k)$ 满足 Lipschitz 条件, 即存在 $\beta > 0$, 使得对于所有 $1 \leqslant i, j \leqslant n$ 有

$$| G_{ij}(x) - G_{ij}(y) | \leqslant \beta \| x - y \|, \quad \forall x, y \in \mathbf{R}^n, \tag{3.5.6}$$

其中 $G_{ij}(x)$ 是 Hesse 矩阵 G_k 的 (i, j) 元素. 则当初始点 x_0 充分靠近 x^* 时, 对于一切 k, 牛顿迭代 (3.5.5) 有意义, 迭代序列 $\{x_k\}$ 收敛到 x^*, 并且具有二阶收敛速度.

证明　设 $h_k = x_k - x^*$, $g(x) \triangleq \nabla f(x)$, $G(x) \triangleq \nabla^2 f(x)$. 由于 $f(x)$ 二阶连续可微和 (3.5.6), 故利用 Taylor 公式得到

$$0 = g(x^*) = g(x_k - h_k) = g_k - G_k h_k + O(\| h_k \|^2). \tag{3.5.7}$$

由于 $f(x)$ 二次连续可微, $G^* = \nabla^2 f(x^*)$ 正定, 故当 x_k 充分靠近 x^* 时, G_k 也正定且 $\| G_k^{-1} \|$ 有界, 用 G_k^{-1} 乘以上式两边, 得

$$0 = G_k^{-1} g_k - h_k + O(\| h_k \|^2)$$

$$= -s_k - h_k + O(\| h_k \|^2)$$

$$= -h_{k+1} + O(\| h_k \|^2).$$

由 $O(\cdot)$ 的定义, 存在常数 C, 使得

$$\| h_{k+1} \| \leqslant C \| h_k \|^2. \tag{3.5.8}$$

若 x_k 充分靠近 x^* 使得 $x_k \in \Omega = \{x \mid \parallel x_k - x^* \parallel \leqslant \gamma/C, \ \gamma \in (0,1)\}$, 则由 (3.5.8) 有

$$\parallel h_{k+1} \parallel \leqslant C\frac{\gamma}{C}\|h_k\| \leqslant \gamma \parallel h_k \parallel \leqslant \gamma^2/C < \gamma/C, \tag{3.5.9}$$

这表明 x_{k+1} 仍在这个邻域 Ω 中. 由归纳法, 迭代对所有 k 有定义. 由于

$$\parallel h_k \parallel \leqslant \gamma \parallel h_{k-1} \parallel \leqslant \cdots \leqslant \gamma^k \parallel h_0 \parallel,$$

令 $k \to \infty$, 得 $\parallel h_k \parallel \to 0$. 因此迭代序列 $\{x_k\}$ 收敛. (3.5.8) 表明收敛速度是二阶的. $\qquad \square$

应该注意的是, 当初始点远离最优解时, G_k 不一定正定, 牛顿方向不一定是下降方向, 其收敛性不能保证. 为此, 在牛顿法中引进步长因子, 得到

$$d_k = -G_k^{-1}g_k,$$

$$x_{k+1} = x_k + \alpha_k d_k,$$

其中 α_k 由线性搜索策略确定.

算法 3.5.1 (带步长因子的牛顿法)

步 1. 选取初始数据. 取初始点 x_0, 终止误差 $\varepsilon > 0$, 令 $k := 0$.

步 2. 计算 g_k. 如果 $\parallel g_k \parallel \leqslant \varepsilon$, 停止迭代, 输出 x_k.

步 3. 解方程组构造牛顿方向. 解 $G_k d = -g_k$ 得 d_k.

步 4. 进行线性搜索求 α_k, 使得

$$f(x_k + \alpha_k d_k) = \min_{\alpha \geqslant 0} f(x_k + \alpha d_k). \tag{3.5.10}$$

步 5. 令 $x_{k+1} = x_k + \alpha_k d_k, k := k + 1$, 转步 2.

可以证明: 带步长因子的牛顿法是总体收敛的.

3.6 拉格朗日方法

根据约束最优化的 KKT 条件, 可以得到解等式约束优化的拉格朗日方法 (Lagrange method).

考虑等式约束优化问题

$$\begin{aligned} \min_{x \in \mathbf{R}^n} \quad & f(x) \\ \text{s.t.} \quad & c_i(x) = 0, \ i = 1, \cdots, m. \end{aligned} \tag{3.6.1}$$

设 $f(x)$ 和 $c_i(x)$ 是连续可微的, $m < n$, x^* 是局部极小点且是正则点, 那么由 KKT 条件, 存在乘子向量 $\lambda^* = (\lambda_1^*, \cdots, \lambda_m^*)^{\mathrm{T}}$, 使得

$$\nabla f(x^*) - \sum_{i=1}^{m} \lambda_i^* \nabla c_i(x^*) = 0, \tag{3.6.2}$$

$$c_i(x^*) = 0, \; i = 1, \cdots, m. \tag{3.6.3}$$

算法 3.6.1 (拉格朗日方法)

步 1. 构造拉格朗日函数

$$L(x, \lambda) = f(x) - \sum_{i=1}^{m} \lambda_i c_i(x).$$

步 2. 解 KKT 条件方程组 (3.6.2)~(3.6.3) 得到 (x^*, λ^*).

例 3.6.1

$$\min \quad f(x) = \left(x_1 - \frac{13}{3}\right)^2 + \left(x_2 - \frac{1}{2}\right)^2 - x_3$$

$$\text{s.t.} \quad c_1(x) = x_1 + \frac{5}{3}x_2 - 10 = 0,$$

$$c_2(x) = (x_2 - 2)^2 + x_3 - 4 = 0.$$

解   (1) 求约束梯度

$$\nabla c_1(x) = \begin{bmatrix} 1 \\ \dfrac{5}{3} \\ 0 \end{bmatrix}, \quad \nabla c_2(x) = \begin{bmatrix} 0 \\ 2x_2 - 4 \\ 1 \end{bmatrix}.$$

(2) 构造拉格朗日函数

$$L(x, \lambda) = \left(x_1 - \frac{13}{3}\right)^2 + \left(x_2 - \frac{1}{2}\right)^2 - x_3$$

$$- \lambda_1 \left(x_1 + \frac{5}{3}x_2 - 10\right) - \lambda_2((x_2 - 2)^2 + x_3 - 4).$$

(3) 解 KKT 条件方程组:

$$\frac{\partial L}{\partial x_1} = 2\left(x_1 - \frac{13}{3}\right) - \lambda_1 = 0,$$

$$\frac{\partial L}{\partial x_2} = 2\left(x_2 - \frac{1}{2}\right) - \frac{5}{3}\lambda_1 - 2\lambda_2(x_2 - 2) = 0,$$

$$\frac{\partial L}{\partial x_3} = -1 - \lambda_2 = 0,$$

$$\frac{\partial L}{\partial \lambda_1} = -\left(x_1 + \frac{5}{3}x_2 - 10\right) = 0,$$

$$\frac{\partial L}{\partial \lambda_2} = -((x_2 - 2)^2 + x_3 - 4) = 0.$$

解得

$$x^* = \begin{pmatrix} 8\frac{11}{18} \\ \frac{5}{6} \\ 2\frac{23}{36} \end{pmatrix}, \quad \lambda^* = \begin{pmatrix} \frac{77}{9} \\ -1 \end{pmatrix}. \quad \square$$

3.7 KKT 方法

通常, 非线性规划问题都可以写成不等式约束优化问题

$$\begin{aligned} & \min \quad f(x) \\ & \text{s.t.} \quad c_i(x) \geqslant 0, \ i = 1, \cdots, m. \end{aligned} \tag{3.7.1}$$

这是因为等式约束

$$c_i(x) = 0 \Leftrightarrow c_i(x) \geqslant 0 \text{ 和} - c_i(x) \geqslant 0.$$

(3.7.1) 也常称为非线性规划的典则形 (canonical form).

设 $f(x)$ 和 $c_i(x)$ 是连续可微的, x^* 是局部极小点且是正则点, 设拉格朗日函数为

$$L(x, \lambda) = f(x) - \sum_{i=1}^{m} \lambda_i c_i(x). \tag{3.7.2}$$

那么由 KKT 条件, 存在乘子向量 $\lambda^* = (\lambda_1^*, \cdots, \lambda_m^*)^{\mathrm{T}}$, 使得

$$\nabla f(x^*) - \sum_{i=1}^{m} \lambda_i^* \nabla c_i(x^*) = 0, \tag{3.7.3}$$

$$c_i(x^*) \geqslant 0, \ i = 1, \cdots, m, \tag{3.7.4}$$

$$\lambda_i \geqslant 0, \ i = 1, \cdots, m, \tag{3.7.5}$$

$$\lambda_i c_i(x^*) = 0, \ i = 1, \cdots, m. \tag{3.7.6}$$

算法 3.7.1 (KKT 方法)

步 1. 构造拉格朗日函数

$$L(x, \lambda) = f(x) - \sum_{i=1}^{m} \lambda_i c_i(x).$$

步 2. 解 KKT 条件等式–不等式组 (3.7.3)~(3.7.6) 得到 (x^*, λ^*).

例 3.7.1

$$\min \quad f(x) = (x_1 - 14)^2 + (x_2 - 1)^2$$
$$\text{s.t.} \quad c_1(x) = (x_1 - 11)^2 + (x_2 - 13)^2 - 7^2 \leqslant 0,$$
$$c_2(x) = x_1 + x_2 - 19 \leqslant 0.$$

解   (1) 将问题改写为

$$\min \quad f(x) = (x_1 - 14)^2 + (x_2 - 1)^2$$
$$\text{s.t.} \quad c_1(x) = -(x_1 - 11)^2 - (x_2 - 13)^2 + 7^2 \geqslant 0,$$
$$c_2(x) = -x_1 - x_2 + 19 \geqslant 0.$$

(2) 构造拉格朗日函数

$$L(x, \lambda) = (x_1 - 14)^2 + (x_2 - 1)^2$$
$$+ \lambda_1[(x_1 - 11)^2 + (x_2 - 13)^2 - 7^2] + \lambda_2(x_1 + x_2 - 19).$$

(3) 解 KKT 条件方程组:

$$\frac{\partial L}{\partial x_1} = 2(x_1 - 14) + \lambda_1(x_1 - 11) + \lambda_2 = 0,$$
$$\frac{\partial L}{\partial x_2} = 2(x_2 - 11) + 2\lambda_1(x_2 - 13) + \lambda_2 = 0,$$
$$\frac{\partial L}{\partial \lambda_1} = (x_1 - 11)^2 + (x_2 - 13)^2 - 7^2 \leqslant 0,$$
$$\frac{\partial L}{\partial \lambda_2} = x_1 + x_2 - 19 \leqslant 0,$$
$$\lambda_1 \geqslant 0, \ \lambda_2 \geqslant 0,$$
$$\lambda_1 c_1(x) = 0,$$
$$\lambda_2 c_2(x) = 0.$$

解得

$$x^* = [11, \ 8]^{\mathrm{T}}, \quad \lambda^* = [0, \ 6]^{\mathrm{T}}. \quad \square$$

通常求解 KKT 条件的等式–不等式组要用数值计算方法. 对于这个例子, 我们可以看出, 在最优点 $x^* = [11, 8]^{\mathrm{T}}$ 处,

$$c_1(x^*) = -24 < 0, \quad c_2(x^*) = 0.$$

这表明, 在 x^* 处, 第一个约束是不起作用约束, 第二个约束是起作用约束. 这意味着我们可以把第二个约束看成等式约束处理. 而在 x^* 处第一个约束是不起作用约束, 这意味着如果我们去掉第一个约束条件, 则 x^* 仍是去掉第一个约束条件后所得到的问题

$$\min \quad f(x) = (x_1 - 14)^2 + (x_2 - 1)^2 \tag{3.7.7}$$

$$\text{s.t.} \quad x_1 + x_2 - 19 = 0 \tag{3.7.8}$$

的极小点.

上面的分析使我们只需考虑等式约束优化问题 (3.7.7), (3.7.8). 采用拉格朗日方法, 得

$$L(x, \lambda) = f(x) - \lambda_2 c_2(x) = (x_1 - 14)^2 + (x_2 - 11)^2 + \lambda_2(x_1 + x_2 - 19),$$

$$\frac{\partial L}{\partial x_1} = 2(x_1 - 14) + \lambda_2 = 0,$$

$$\frac{\partial L}{\partial x_2} = 2(x_2 - 11) + \lambda_2 = 0,$$

$$\frac{\partial L}{\partial \lambda_2} = x_1 + x_2 - 19 = 0,$$

解之, 得到 $x^* = [11, 8]^{\mathrm{T}}, \lambda^* = [0, 6]^{\mathrm{T}}$. 这与前面得到的结果是一样的. □

3.8 等式约束二次规划

二次规划 (quadratic programming, QP) 在金融、统计、预测等许多方面有广泛的应用. 二次规划是最简单的约束非线性规划问题, 其中目标函数 $f(x)$ 是二次函数, 约束函数 $c_i(x)\,(i = 1, \cdots, m)$ 是线性函数. 二次规划的一般形式为

$$\min_{x \in \mathbf{R}^n} \quad Q(x) = \frac{1}{2} x^{\mathrm{T}} G x + x^{\mathrm{T}} g \tag{3.8.1}$$

$$\text{s.t.} \quad a_i^{\mathrm{T}} x = b_i, \quad i \in \mathcal{E}, \tag{3.8.2}$$

$$a_i^{\mathrm{T}} x \geqslant b_i, \quad i \in \mathcal{I}, \tag{3.8.3}$$

其中 G 是 $n \times n$ 对称矩阵, $\mathcal{E} = \{1, \cdots, m'\}$, $\mathcal{I} = \{m' + 1, \cdots, m\}$ 分别是等式约束和不等式约束的指标集. 如果黑塞矩阵 (Hessian matrix)G 是正半定的, 则问题 (3.8.1)~(3.8.3) 是凸二次规划 (convex QP). 如果海赛矩阵 G 是不定的, 则问题 (3.8.1)~(3.8.3) 是非凸二次规划 (nonconvex QP). 非凸二次规划的求解是有挑战性的课题.

二次规划问题不仅本身具有广泛的实际应用背景, 而且在求解其他类型的约束优化问题时, 常常需要求解一系列作为子问题的二次规划问题, 如解非线性规划的

著名的序列二次规划方法 (sequential quadratic programming). 因此, 研究求解二次规划的方法是十分重要的.

设二次规划问题 (3.8.1) 的拉格朗日函数为

$$L(x, \lambda) = \frac{1}{2}x^{\mathrm{T}}Gx + x^{\mathrm{T}}g - \sum_{i=1}^{m} \lambda_i(a_i^{\mathrm{T}}x - b_i). \tag{3.8.4}$$

二次规划的 KKT 条件为

$$Gx + g - \sum_{i=1}^{m} \lambda_i a_i = 0, \tag{3.8.5}$$

$$a_i^{\mathrm{T}}x = b_i, \quad i \in \mathcal{E}, \tag{3.8.6}$$

$$a_i^{\mathrm{T}}x \geqslant b_i, \quad i \in \mathcal{I}, \tag{3.8.7}$$

$$\lambda_i \geqslant 0, \quad i \in \mathcal{I}, \tag{3.8.8}$$

$$\lambda_i(a_i^{\mathrm{T}}x - b_i) = 0, \quad i \in \mathcal{I}. \tag{3.8.9}$$

3.8.1   变量消去法

首先考虑等式约束二次规划问题

$$\min \quad Q(x) = \frac{1}{2}x^{\mathrm{T}}Gx + x^{\mathrm{T}}g \tag{3.8.10}$$

$$\text{s.t.} \quad a_i^{\mathrm{T}}x = b_i, \quad i = 1, \cdots, m. \tag{3.8.11}$$

它可以写成

$$\min \quad Q(x) = \frac{1}{2}x^{\mathrm{T}}Gx + x^{\mathrm{T}}g \tag{3.8.12}$$

$$\text{s.t.} \quad A^{\mathrm{T}}x = b, \tag{3.8.13}$$

其中 $g \in \mathbf{R}^n$, $b \in \mathbf{R}^m$, $A = [a_1, \cdots, a_m] \in \mathbf{R}^{n \times m}$, $a_i \in \mathbf{R}^n$,

$$A^{\mathrm{T}} = \begin{bmatrix} a_1^{\mathrm{T}} \\ \vdots \\ a_m^{\mathrm{T}} \end{bmatrix} \in \mathbf{R}^{m \times n},$$

$G \in \mathbf{R}^{n \times n}$ 且 G 是对称的. 不失一般性, 我们假定秩 $(A) = m$.

现在, 我们介绍解等式约束二次规划问题 (3.8.12)~ (3.8.13) 的变量消去法.

对矩阵 A 作如下分块

$$A = \begin{bmatrix} A_B \\ A_N \end{bmatrix}, \tag{3.8.14}$$

使得 A_B 可逆. 相应的其他量的分块为

$$x = \begin{bmatrix} x_B \\ x_N \end{bmatrix}, \quad G = \begin{bmatrix} G_{BB} & G_{BN} \\ G_{NB} & G_{NN} \end{bmatrix}, \quad g = \begin{bmatrix} g_B \\ g_N \end{bmatrix}, \tag{3.8.15}$$

其中, $x_B \in \mathbf{R}^m, x_N \in \mathbf{R}^{n-m}$, 其余分块是相应的. 利用这一分块, 约束条件 (3.8.13) 可写成

$$A_B^{\mathrm{T}} x_B + A_N^{\mathrm{T}} x_N = b. \tag{3.8.16}$$

由于 A_B^{-1} 存在, 故知

$$x_B = (A_B^{-1})^{\mathrm{T}} (b - A_N^{\mathrm{T}} x_N). \tag{3.8.17}$$

将 (3.8.17) 代入 (3.8.12) 就得到 (3.8.12)~(3.8.13) 的一个等价形式,

$$\min_{x_N \in \mathbf{R}^{n-m}} \hat{g}^{\mathrm{T}} x_N + \frac{1}{2} x_N^{\mathrm{T}} \hat{G} x_N, \tag{3.8.18}$$

这是一个 $n - m$ 维的简约无约束优化问题, 其中

$$\hat{g} = g_N - A_N A_B^{-1} g_B + [G_{NB} - A_N A_B^{-1} G_{BB}] (A_B^{-1})^{\mathrm{T}} b, \tag{3.8.19}$$

$$\hat{G} = G_{NN} - G_{NB} (A_B^{-1})^{\mathrm{T}} A_N^{\mathrm{T}} - A_N A_B^{-1} G_{BN}$$

$$+ A_N A_B^{-1} G_{BB} (A_B^{-1})^{\mathrm{T}} A_N^{\mathrm{T}}. \tag{3.8.20}$$

如果 $\hat{G}$ 正定, 则显然 (3.8.18) 的解由

$$x_N^* = -\hat{G}^{-1} \hat{g} \tag{3.8.21}$$

唯一地给出. 这时, 问题 (3.8.12)~(3.8.13) 的解为

$$x^* = \begin{bmatrix} x_B^* \\ x_N^* \end{bmatrix} = \begin{bmatrix} A_B^{-\mathrm{T}} b \\ 0 \end{bmatrix} + \begin{bmatrix} A_B^{-\mathrm{T}} A_N^{\mathrm{T}} \\ -I \end{bmatrix} \hat{G}^{-1} \hat{g}. \tag{3.8.22}$$

设在解 x^* 处的 Lagrange 乘子为 λ^*, 则有

$$g + G x^* = A \lambda^*. \tag{3.8.23}$$

从而从上述方程组的前 m 行可得

$$\lambda^* = A_B^{-1} [g_B + G_{BB} x_B^* + G_{BN} x_N^*]. \tag{3.8.24}$$

例 3.8.1

$$\min \quad Q(x) = x_1^2 - x_2^2 - x_3^2, \tag{3.8.25}$$

$$\mathrm{s.t.} \quad x_1 + x_2 + x_3 = 1, \tag{3.8.26}$$

$$x_2 - x_3 = 1. \tag{3.8.27}$$

解　由 (3.8.27), 可得 x_2 表示为

$$x_2 = x_3 + 1. \tag{3.8.28}$$

将上式代入 (3.8.26), 得到

$$x_1 = -2x_3. \tag{3.8.29}$$

式 (3.8.28)~(3.8.29) 实质上就是在变量分块

$$x_B = (x_1, x_2)^{\mathrm{T}}, \quad x_N = x_3$$

下所得到的 (3.8.17). 将 (3.8.28)~(3.8.29) 代入目标函数 (3.8.25) 就得到

$$\min_{x_3 \in \mathbf{R}} 4x_3^2 - (x_3 + 1)^2 - x_3^2. \tag{3.8.30}$$

从上式可得 $x_3 = \dfrac{1}{2}$, 将其代入 (3.8.28)~(3.8.29) 就得到了 (3.8.25)~(3.8.27) 之解 $\left(-1, \dfrac{3}{2}, \dfrac{1}{2}\right)$. 利用 $g + Gx^* = A\lambda^*$ 就可得到

$$\begin{pmatrix} -2 \\ -3 \\ -1 \end{pmatrix} = \begin{pmatrix} 1 & 0 \\ 1 & 1 \\ 1 & -1 \end{pmatrix} \begin{pmatrix} \lambda_1^* \\ \lambda_2^* \end{pmatrix}. \tag{3.8.31}$$

从上式可求得 Lagrange 乘子 $\lambda_1^* = -2$, $\lambda_2^* = -1$. □

　　如果在经过变量消去后的问题 (3.8.18) 中 $\hat{G}$ 是半正定, 则极小化 (3.8.18) 得到

$$\hat{G}x_N = -\hat{g}.$$

当 $\hat{g} \in \mathcal{R}(\hat{G})$, 即

$$(I - \hat{G}\hat{G}^+)\hat{g} = 0 \tag{3.8.32}$$

时, 问题 (3.8.18) 有界, 且它的解可表示为

$$x_N^* = -\hat{G}^+\hat{g} + (I - \hat{G}^+\hat{G})\tilde{x}, \tag{3.8.33}$$

其中 $\tilde{x} \in \mathbf{R}^{n-m}$ 是任何向量, $\hat{G}^+$ 表示 $\hat{G}$ 的广义逆矩阵. 在这种情形下, 原问题 (3.8.12)~(3.8.13) 的解可用 (3.8.33) 和 (3.8.17) 给出.

　　如果 (3.8.32) 不成立, 则可推出问题 (3.8.18) 无下界, 从而原问题 (3.8.12)~(3.8.13) 也无下界.

　　如果 $\hat{G}$ 有负特征值, 则问题 (3.8.18) 无下界, 从而原问题 (3.8.12)~(3.8.13) 也无下界.

3.8.2 拉格朗日方法

解等式约束二次规划问题 (3.8.12)~(3.8.13) 的拉格朗日方法是基于求可行域内的 KKT 点, 即拉格朗日函数 (Lagrange function) 的稳定点. 等式约束二次规划问题 (3.8.12)~(3.8.13) 的拉格朗日函数为

$$L(x, \lambda) = \frac{1}{2} x^T G x + g^T x - \lambda^T (A^T x - b). \tag{3.8.34}$$

等式约束二次规划问题的一阶必要条件, 即 KKT 条件为

$$\frac{\partial L(x, \lambda)}{\partial x} = G x + g - A \lambda = 0,$$
$$\frac{\partial L(x, \lambda)}{\partial \lambda} = A^T x - b = 0.$$

其矩阵形式为

$$\begin{bmatrix} G & -A \\ -A^T & 0 \end{bmatrix} \begin{bmatrix} x \\ \lambda \end{bmatrix} = - \begin{bmatrix} g \\ b \end{bmatrix}. \tag{3.8.35}$$

在上式中, 系数矩阵称为 KKT 矩阵.

定理 3.8.1 假设 A 为列满秩矩阵, 其秩为 m, 设 Z 为由 A^T 的零空间的一组基所构成的矩阵. 若投影 Hesse 矩阵 $Z^T G Z$ 正定, 则问题 (3.8.12)~(3.8.13) 的 KKT 矩阵形式为

$$K = \begin{bmatrix} G & -A \\ -A^T & 0 \end{bmatrix} \tag{3.8.36}$$

是非奇异的, 从而存在唯一的 KKT 对 (x^*, λ^*) 满足方程组 (3.8.35).

证明 假设矩阵 K 是奇异的, 则存在向量 $(p, v) \neq 0$ 使得

$$\begin{bmatrix} G & -A \\ -A^T & 0 \end{bmatrix} \begin{bmatrix} p \\ v \end{bmatrix} = 0. \tag{3.8.37}$$

因为 $A^T p = 0$, 则对上式左乘 $[p^T \, v^T]$ 可得

$$0 = [p^T \, v^T] \begin{bmatrix} G & -A \\ -A^T & 0 \end{bmatrix} \begin{bmatrix} p \\ v \end{bmatrix} = p^T G p.$$

因为 p 在 A^T 的零空间则可表示成 $p = Z u$, 对某个 $u \in \mathbf{R}^{n-m}$. 因此,

$$0 = p^T G p = u^T Z^T G Z u.$$

由于矩阵 $Z^T G Z$ 正定, 则有 $u = 0$, 从而 $p = 0$. 将 $p = 0$ 代入 (3.8.37) 得 $A v = 0$, 再由 A 为列满秩, 可得 $v = 0$. 这与 $(p, v) \neq 0$ 矛盾. 由此定理的结论成立. □

设 KKT 矩阵 (3.8.38) 可逆, 求解 KKT 方程组 (3.8.35), 得

$$\begin{pmatrix} x^* \\ \lambda^* \end{pmatrix} = - \begin{bmatrix} G & -A \\ -A^{\mathrm{T}} & 0 \end{bmatrix}^{-1} \begin{pmatrix} g \\ b \end{pmatrix}. \tag{3.8.38}$$

可以求出上述逆矩阵的显式分块形式为

$$\begin{bmatrix} G & -A \\ -A^{\mathrm{T}} & 0 \end{bmatrix}^{-1} = \begin{bmatrix} U & W \\ W^{\mathrm{T}} & T \end{bmatrix}, \tag{3.8.39}$$

其中,

$$U = G^{-1} - G^{-1}A(A^{\mathrm{T}}G^{-1}A)^{-1}A^{\mathrm{T}}G^{-1}, \tag{3.8.40}$$

$$W = -G^{-1}A(A^{\mathrm{T}}G^{-1}A)^{-1}, \tag{3.8.41}$$

$$T = -(A^{\mathrm{T}}G^{-1}A)^{-1}. \tag{3.8.42}$$

这样, 解 (3.8.38) 可以表示为

$$x^* = -Ug - Wb, \tag{3.8.43}$$

$$\lambda^* = -W^{\mathrm{T}}g - Tb. \tag{3.8.44}$$

例 3.8.2   *解等式约束二次规划问题:*

$$\min \quad q(x) = 3x_1^2 + 2x_1x_2 + x_1x_3 + 2.5x_2^2$$
$$+ 2x_2x_3 + 2x_3^2 - 8x_1 - 3x_2 - 3x_3,$$
$$\mathrm{s.t.} \quad x_1 + x_3 = 3,$$
$$x_2 + x_3 = 0.$$

解   使用矩阵形式, 有

$$G = \begin{bmatrix} 6 & 2 & 1 \\ 2 & 5 & 2 \\ 1 & 2 & 4 \end{bmatrix}, \quad g = \begin{bmatrix} -8 \\ -3 \\ -3 \end{bmatrix}, \quad A^{\mathrm{T}} = \begin{bmatrix} 1 & 0 & 1 \\ 0 & 1 & 1 \end{bmatrix}, \quad b = \begin{bmatrix} 3 \\ 0 \end{bmatrix},$$

解 KKT 方程 (3.8.35) 得最优解 x^* 和相应的 Lagrange 乘子 λ^* 为

$$x^* = \begin{bmatrix} 2 \\ -1 \\ 1 \end{bmatrix}, \quad \lambda^* = \begin{bmatrix} 3 \\ -2 \end{bmatrix}. \quad \Box$$

3.9　不等式约束二次规划

3.9.1　不等式约束二次规划

本节讨论解不等式约束凸二次规划 (3.8.1)~(3.8.3) 的有效集方法, 其中 G 是正半定矩阵.

有效集方法 (active set methods, 又称积极集法) 是通过求解有限个等式约束二次规划问题来求解含不等式约束的一般约束下的二次规划问题. 直观上, 无效的 (或不积极的, inactive) 不等式约束在解的附近不起任何作用, 可以去掉不考虑; 而有效的 (积极的) 不等式约束, 由于它在解处等式成立, 故可以用等式约束来代替不等式约束.

问题 (3.8.1)~(3.8.3) 的 Lagrange 函数为

$$L(x, \lambda) = \frac{1}{2} x^{\mathrm{T}} G x + x^{\mathrm{T}} g - \sum_{i \in \mathcal{I} \cup \mathcal{E}} \lambda_i (a_i^{\mathrm{T}} x - b_i). \tag{3.9.1}$$

定义在最优点 x^* 处的有效约束集 $\mathcal{A}(x^*)$ 为

$$\mathcal{A}(x^*) = \{i \in \mathcal{I} \cup \mathcal{E} \mid a_i^{\mathrm{T}} x^* = b_i\}. \tag{3.9.2}$$

问题 (3.8.1)~(3.8.3) 的一阶最优性必要条件为

$$G x^* + g - \sum_{i \in \mathcal{A}(x^*)} \lambda_i^* a_i = 0, \tag{3.9.3}$$

$$a_i^{\mathrm{T}} x^* = b_i, \ \forall i \in \mathcal{A}(x^*), \tag{3.9.4}$$

$$a_i^{\mathrm{T}} x^* \geqslant b_i, \ \forall i \in \mathcal{I} \setminus \mathcal{A}(x^*), \tag{3.9.5}$$

$$\lambda_i^* \geqslant 0, \ \forall i \in \mathcal{I} \cap \mathcal{A}(x^*). \tag{3.9.6}$$

当 (3.8.1) 中矩阵 G 是正半定时, 因为由 (3.8.2), (3.8.3) 所定义的约束可行域是凸集, 那么凸规划 (3.8.1)~(3.8.3) 的任何局部最优解就是整体最优解.

如果 $\mathcal{A}(x^*)$ 已知, 我们可以通过求解等式约束二次规划问题

$$\min \quad q(x) = \frac{1}{2} x^{\mathrm{T}} G x + x^{\mathrm{T}} g \tag{3.9.7}$$

$$\text{s.t.} \quad a_i^{\mathrm{T}} x = b_i, \quad i \in \mathcal{A}(x^*) \tag{3.9.8}$$

求出原问题 (3.8.1)~(3.8.3) 的 KKT 点. 有效约束集方法有三种形式, 它们是原始有效集方法, 对偶有效集方法和原始–对偶有效集方法. 我们只限于原始有效集方法的讨论.

下面, 我们先通过一个简单的例子说明有效集方法, 然后从理论上推导解不等式约束的二次规划的有效集方法.

考虑下面的例子:

$$\min_{x \in \mathbf{R}^n} \quad f_0(x) = (x_1 - 14)^2 + (x_2 - 11)^2$$

$$\text{s.t.} \quad f_1(x) = (x_1 - 11)^2 + (x_2 - 13)^2 - 7^2 \leqslant 0, \tag{3.9.9}$$

$$f_2(x) = x_1 + x_2 - 19 \leqslant 0.$$

这是一个二维问题, 我们可以画出其等高线如图 3.9.1 所示.

从图上容易看出, 最优点是 $x^* = (11, 8)^{\mathrm{T}}$, 它在直线 $f_2(x) = 0$ 上. 在最优点处,

$$f_1(x^*) = -24 < 0, \quad f_2(x^*) = 0.$$

这表明: 对于解 x^* 来说, 第一个约束是无效约束; 第二个约束是有效约束. 第一个约束对于解点 x^* 是无效约束意味着丢掉第一个约束以后, 解点 $x^* = (11, 8)^{\mathrm{T}}$ 仍然是最优点. 第二个约束对于解点 x^* 是有效约束意味着第二个约束本来就可以表示成等式约束.

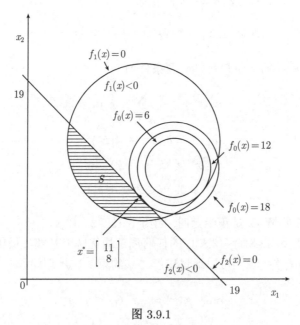

图 3.9.1

这样, 上述不等式约束问题可以直接写成等式约束二次规划问题

$$\min_{x \in \mathbf{R}^n} \quad f_0(x) = (x_1 - 14)^2 + (x_2 - 11)^2$$

$$\text{s.t.} \quad f_2(x) = x_1 + x_2 - 19 = 0. \tag{3.9.10}$$

这个等式约束问题与原来的不等式约束问题 (3.9.9) 有相同的解. 利用上一节介绍的解等式约束二次规划问题的拉格朗日方法, 我们有

$$
\begin{aligned}
L(x, \lambda) &= f_0(x) + \lambda_2 f_2(x) \\
&= (x_1 - 14)^2 + (x_2 - 11)^2 + \lambda_2(x_1 + x_2 - 19), \\
\frac{\partial L}{\partial x_1} &= 2(x_1 - 14) + \lambda_2 = 0, \\
\frac{\partial L}{\partial x_2} &= 2(x_2 - 11) + \lambda_2 = 0, \\
\frac{\partial L}{\partial \lambda_2} &= x_1 + x_2 - 19 = 0.
\end{aligned}
$$

解上述关于 x, λ 的方程组, 得到

$$
x^* = \begin{bmatrix} 11 \\ 8 \end{bmatrix}, \quad \lambda_2^* = 0.
$$

这与图解法结果相同. □

现在我们继续考虑二次规划问题 (3.9.7), (3.9.8) 并推导有效集算法. 原始有效集方法通常由计算初始可行点 x_0 开始, 并且要求所有的迭代点列是可行的. 通过求解由 (3.8.2), (3.8.3) 中作为等式约束的二次规划子问题, 获得下一次迭代步. 如果等式约束二次规划问题的解是原问题的可行点, 则判别相应的 Lagrange 乘子 λ^* 是否满足

$$
\lambda^* \geqslant 0, \quad i \in \mathcal{I} \cap \mathcal{A}(x^*), \tag{3.9.11}
$$

其中 λ^* 满足

$$
Gx^* + g = \sum_{i \in \mathcal{A}(x^*)} a_i \lambda_i^*. \tag{3.9.12}
$$

如果满足, 则停止计算; 否则可去掉一个约束重新求解新的等式约束问题. 如果等式约束二次规划问题的解不是原问题的可行点, 则需要增加约束然后重新求解所得到的等式约束二次规划子问题. 设第 k 次迭代点 x_k 处的工作集 (即第 k 次迭代的有效约束指标集) 记为 $\mathcal{W}_k$, 它由所有等式约束和有效不等式约束组成. 特别地, 工作集 $\mathcal{W}_k$ 中所有约束的梯度 a_i 是线性无关的.

给定一个迭代点 x_k 和工作集 $\mathcal{W}_k$, 首先检验 x_k 是否是二次函数 $q(\cdot)$ 在由工作集所定义的子问题中的最优解. 如果不是, 则由等式约束二次规划子问题计算步 p, 其中所有等式约束相应于工作集 $\mathcal{W}_k$. 定义

$$
p = x - x_k, \quad g_k = Gx_k + g.
$$

于是,

$$
\begin{aligned}
q(x) &= q(x_k + p) \\
&= \frac{1}{2}(x_k + p)^{\mathrm{T}} G (x_k + p) + g^{\mathrm{T}}(x_k + p) \\
&= \frac{1}{2} p^{\mathrm{T}} G p + g_k^{\mathrm{T}} p + c,
\end{aligned}
$$

这里 $c = \frac{1}{2} x_k^{\mathrm{T}} G x_k + g^{\mathrm{T}} x_k$ 是常数项. 因为常数项不影响最优解, 丢掉常数 c, 可得二次规划子问题在第 k 次迭代中的表示为

$$
\min \quad \frac{1}{2} p^{\mathrm{T}} G p + g_k^{\mathrm{T}} p \tag{3.9.13}
$$

$$
\text{s.t.} \quad a_i^{\mathrm{T}} p = 0, \quad \forall i \in \mathcal{W}_k. \tag{3.9.14}
$$

设 p_k 为该二次规划子问题的解, 当沿着方向 p_k 运动时, 项 $a_i^{\mathrm{T}} x$ 并不改变, 因为 $a_i^{\mathrm{T}}(x_k + p_k) = a_i^{\mathrm{T}} x_k = b_i, \forall i \in \mathcal{W}_k$. 今设 p_k 是子问题 (3.9.13)~(3.9.14) 的解, $\lambda_k^j (j \in \mathcal{W}_k)$ 是相应的 Lagrange 乘子. 如果 $p_k = 0$, 则知 x_k 是子问题

$$
\min \quad \frac{1}{2} x_k^{\mathrm{T}} G x_k + g^{\mathrm{T}} x_k \tag{3.9.15}
$$

$$
\text{s.t.} \quad a_i^{\mathrm{T}} x = b_i, \quad i \in \mathcal{W}_k \tag{3.9.16}
$$

的 KKT 点.

如果 $p_k \neq 0$, 并且如果 $x_k + p_k$ 关于所有的约束是可行的, 那么置 $x_{k+1} = x_k + p_k$, 即在 $x_k + \alpha_k p_k$ 中置 $\alpha_k = 1$. 否则, 置

$$
x_{k+1} = x_k + \alpha_k p_k, \tag{3.9.17}
$$

即在连接 x_k 和 $x_k + p_k$ 的线段上进行线性搜索确定 α_k. 因目标函数 $q(x)$ 是凸二次函数, 故该线段上最好的可行点必在约束边界上. 因此, 步长参数 α_k 选为在 $[0, 1]$ 上使新点 (3.9.17) 满足所有约束的 α 的最大值, 使得 $a_i^{\mathrm{T}}(x_k + \alpha_k p_k) \geqslant b_i$.

由于当 $i \in \mathcal{W}_k$ 时, 不管 α_k 取什么值, 相应的约束肯定满足, 我们只要考虑当 $i \notin \mathcal{W}_k$ 时, 约束发生的情况.

对某个 $i \notin \mathcal{W}_k$, 如果 $a_i^{\mathrm{T}} p_k \geqslant 0$, 则对所有 $\alpha_k \geqslant 0$, 有

$$
a_i^{\mathrm{T}}(x_k + \alpha_k p_k) \geqslant a_i^{\mathrm{T}} x_k \geqslant b_i.
$$

这表明在这种情形第 i 个约束对所有非负的 α_k 都满足.

但是, 对某个 $i \notin \mathcal{W}_k$, 当 $a_i^{\mathrm{T}} p_k < 0$ 时, 仅当

$$
\alpha_k \leqslant \frac{b_i - a_i^{\mathrm{T}} x_k}{a_i^{\mathrm{T}} p_k} \tag{3.9.18}
$$

时, 才有

$$a_i^{\mathrm{T}}(x_k + \alpha_k p_k) \geqslant b_i.$$

故取

$$\alpha_k = \min\left\{\frac{b_i - a_i^{\mathrm{T}} x_k}{a_i^{\mathrm{T}} p_k} \mid i \notin \mathcal{W}_k,\ a_i^{\mathrm{T}} p_k < 0\right\}. \tag{3.9.19}$$

并设上式中使极小值达到的指标为 j. 由于我们要求选择 α_k 在保持约束可行性的前提下在 $[0,1]$ 中尽可能大, 故我们取

$$\alpha_k \stackrel{\mathrm{def}}{=} \min\left\{1, \min\left\{\frac{b_i - a_i^{\mathrm{T}} x_k}{a_i^{\mathrm{T}} p_k} \mid i \notin \mathcal{W}_k,\ a_i^{\mathrm{T}} p_k < 0\right\}\right\}. \tag{3.9.20}$$

如果 $\alpha_k < 1$, 则表明存在一个新的指标 j 使得 a_j 成为可行, 故将约束 a_j 加入到 $\mathcal{W}_k$ 中, 形成新的工作集 $\mathcal{W}_{k+1} := \mathcal{W}_k \cup \{j\}$. 这样的 a_j 也称为阻挡约束 (blocking constraint), 意思是沿着 p_k 的迭代步被约束 a_j 阻挡了.

另外, 如果 $\lambda_k^j \geqslant 0$ 对所有 $j \in \mathcal{W}_k \cap \mathcal{I}$ 成立, 则知 x_k 是原问题 (3.8.1)~(3.8.3) 的 KKT 点. 否则, 选取最负的乘子 $\lambda_k^{j_k}(j_k \in \mathcal{W}_k \cap \mathcal{I})$, 去掉相应的第 j_k 个约束, 使目标函数值下降, 这里

$$\lambda_k^{j_k} = \min\{\lambda_k^j \mid \lambda_k^j < 0,\ j \in \mathcal{W}_k \cap \mathcal{I}\}. \tag{3.9.21}$$

然后, 新的工作集为 $\mathcal{W}_{k+1} := \mathcal{W}_k \setminus \{j_k\}$, 并重新求解子问题 (3.9.13), (3.9.14).

下面, 我们给出有效集方法的主要步骤.

算法 3.9.1

步 0. 计算可行的初始点 x_0. 置 x_0 处的有效约束集 $\mathcal{W}_0$; $k := 0$.

步 1. 解子问题 (3.9.13), (3.9.14) 得 p_k.

步 2. 若 $p_k = 0$, 则计算相应的满足式 (3.9.12) 的 Lagrange 乘子 $\hat{\lambda}_i$, 置 $\hat{\mathcal{W}} = \mathcal{W}_k$;

若 $\hat{\lambda}_i \geqslant 0$, $\forall i \in \mathcal{W}_k \bigcap \mathcal{I}$, 则停止, 即得到解 $x^* = x_k$;

否则, 由 (3.9.21) 确定 j_k, 令 $x_{k+1} = x_k$, $\mathcal{W}_{k+1} \leftarrow \mathcal{W}_k \setminus \{j_k\}$; 转步 4.

步 3. 若 $p_k \neq 0$, 由式 (3.9.20) 计算 α_k; 置 $x_{k+1} = x_k + \alpha_k p_k$;

若 $\alpha_k < 1$, 由 (3.9.19) 确定 a_j, 并把阻挡约束 a_j 加入到 $\mathcal{W}_k$ 得 $\mathcal{W}_{k+1} = \mathcal{W}_k \bigcup \{j\}$; 转步 4.

否则, 置 $\mathcal{W}_{k+1} \leftarrow \mathcal{W}_k$.

步 4. $k := k + 1$, 转步 1.

若干方法可用于求解初始可行点 x_0, 例如线性规划阶段 I 方法和 "大 M" 方法.

例 3.9.1   应用算法 3.9.1 求解下述二次规划问题:

$$\min_x \quad q(x) = (x_1 - 1)^2 + (x_2 - 2.5)^2$$

$$\text{s.t.} \quad x_1 - 2x_2 + 2 \geqslant 0,$$

$$-x_1 - 2x_2 + 6 \geqslant 0,$$

$$-x_1 + 2x_2 + 2 \geqslant 0,$$

$$x_1 \geqslant 0,$$

$$x_2 \geqslant 0.$$

解   如图 3.9.2 所示.

记约束为 1 至 5, 容易确定此问题的一个初始可行点, 假设取初始可行点 $x^{(0)} = (2,0)^{\mathrm{T}}$, 注意这里使用上标表示迭代次数. 那么约束 3 和 5 是有效的, 记工作集 $\mathcal{W}_0 = \{3,5\}$. 因为 $x^{(0)}$ 位于可行域的顶点, 显然为工作集 $\mathcal{W}_0$ 上二次函数 $q(\cdot)$ 的极小点, 即子问题 (3.9.13)~(3.9.14) 当 $k = 1$ 时解为 $p_1 = 0$. 我们用

$$\sum_{i \in \hat{\mathcal{W}}} a_i \hat{\lambda}_i = g^{(k)} = G\hat{x} + g \tag{3.9.22}$$

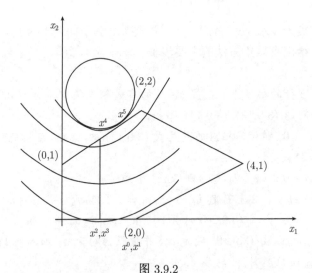

图 3.9.2

来计算相应的乘子, 将此例的数据代入式 (3.9.22) 可得方程

$$\begin{bmatrix} -1 \\ 2 \end{bmatrix} \hat{\lambda}_3 + \begin{bmatrix} 0 \\ 1 \end{bmatrix} \hat{\lambda}_5 = \begin{bmatrix} 2 \\ -5 \end{bmatrix}.$$

解之得乘子 $(\hat{\lambda}_3, \hat{\lambda}_5) = (-2, -1)$. 因为约束 3 的乘子 $\hat{\lambda}_3 = -2$ 为最负的, 那么从工作集 $\mathcal{W}_0$ 去掉这个约束, 得 $\mathcal{W}_1 = \{5\}$. 这样, 我们开始下一次迭代, 对于 $k = 1$, 再解子问题 (3.9.13)~(3.9.14) 得 $p^{(1)} = (-1, 0)^{\mathrm{T}}$, 由 (3.9.18) 得 $\alpha_1 = 1$, 由此产生新的迭代点 $x^{(2)} = (1, 0)^{\mathrm{T}}$.

由于 $\alpha_1 = 1$, 没有阻挡约束, 所以 $\mathcal{W}_2 = \mathcal{W}_1 = \{5\}$. 这样在第二次迭代解子问题 (3.9.13), (3.9.14) 得 $p^{(2)} = 0$. 再从 (3.9.22) 得 Lagrange 乘子 $\hat{\lambda}_5 = -5 < 0$, 所以从工作集中去掉约束 5, 得 $\mathcal{W}_3 = \varnothing$.

由于 $\mathcal{W}_3 = \varnothing$, 第 3 次迭代是解无约束问题, 得 $p^{(3)} = (0, 2.5)^{\mathrm{T}}$. 由公式 (3.9.18) 得到 $\alpha_3 = 0.6$, 计算新迭代点 $x^{(4)} = (1, 1.5)^{\mathrm{T}}$. 由于 $\alpha_3 < 1$, 现在只有一个阻挡约束, 即约束 1, 所以得 $\mathcal{W}_4 = \{1\}$. 而当 $k = 4$ 时, 子问题 (3.9.13), (3.9.14) 的解为 $p^{(4)} = (0.4, 0.2)^{\mathrm{T}}$, 并且产生的步长 $\alpha_4 = 1$. 在此步仍然没有阻挡约束, 所以新的工作集没有变化, $\mathcal{W}_5 = \mathcal{W}_4 = \{1\}$. 新迭代点 $x^{(5)} = (1.4, 1.7)^{\mathrm{T}}$.

最后, 当 $k = 5$ 时, 解子问题 (3.9.13), (3.9.14) 得解 $p^{(5)} = 0$. 公式 (3.9.21) 产生 Lagrange 乘子 $\hat{\lambda}_1 = 1.25 \geqslant 0$, 所以我们得到解 $x^* = (1.4, 1.7)^{\mathrm{T}}$, 迭代终止. □

3.9.2 调用 MATLAB 程序求解二次规划

使用 MATLAB 中的 quadprog 函数可以求解一般的二次规划:

$$
\begin{aligned}
\min \quad & \frac{1}{2} x^{\mathrm{T}} H x + g^{\mathrm{T}} x \\
\text{s.t.} \quad & Ax \leqslant b, \\
& Aeqx = beq, \\
& lb \leqslant x \leqslant ub.
\end{aligned}
\tag{3.9.23}
$$

其基本调用格式为

```
[x, fval]=quadprog(H, g, A, b, Aeq, beq, lb, ub)
```

例 3.9.2 使用 quadprog 求解二次规划

$$
\begin{aligned}
\min \quad & \frac{1}{2} x^{\mathrm{T}} H x + g^{\mathrm{T}} x \\
\text{s.t.} \quad & Ax \leqslant b.
\end{aligned}
\tag{3.9.24}
$$

其中 $H = \begin{bmatrix} 1 & 2 & 3 \\ 2 & 5 & 6 \\ 3 & 6 & 10 \end{bmatrix}$, $g = (1, 2, 3)^{\mathrm{T}}$, $A = \begin{bmatrix} 1 & 0 & -1 \\ 0 & 1 & 1 \end{bmatrix}$, $b = (2, -3)^{\mathrm{T}}$.

解 输入 H=[1, 2, 3; 2, 5, 6; 3, 6, 10], g=[1, 2, 3]', A=[1, 0, -1; 0, 1, 1], b=[2, -3]', Aeq=[ ], beq=[ ], lb=[ ], ub=[ ].

执行

```
[x, fval]=quadprog(H, g, A, b, Aeq, beq, lb, ub),
```

得到最优解 $x = (2.5, 3.5, 0)^{\mathrm{T}}$, 最优值为 7.75.   □

3.10   二次罚函数方法

解约束优化问题的一类重要方法是解一系列无约束优化问题, 这类方法叫罚函数方法. 在约束优化问题中, 我们既要使目标函数下降, 同时又要使迭代点列满足约束条件. 罚函数法就是通过构造一个由目标函数和约束函数的组合构成的罚函数, 并极小化这个罚函数的一个方法. 罚函数法通过对不可行的迭代点施加惩罚, 并随着迭代过程中不可行性的提高增大惩罚量, 迫使迭代点逐步向可行域靠近. 一旦迭代点成为可行点, 则这个迭代点就是原问题的最优解. 这样的罚函数法是一类不可行点方法, 对初始点没有可行性的限制, 也称为外部罚函数法. 对不可行约束所采用罚函数的不同, 形成许多不同的罚函数方法, 其中最简单, 也为大家乐于采用的是二次罚函数方法.

先考虑等式约束的最优化问题

$$\min_x \quad f(x) \tag{3.10.1}$$
$$\text{s.t.} \quad c_i(x) = 0, \ i \in \mathcal{E}, \tag{3.10.2}$$

二次罚函数 $Q(x; \mu)$ 定义为

$$Q(x; \mu) \overset{\text{def}}{=} f(x) + \frac{1}{2\mu} \sum_{i \in \mathcal{E}} c_i^2(x), \tag{3.10.3}$$

这里 $\mu > 0$ 是罚参数, 当 μ 趋于零时, 违反约束的惩罚项剧烈地增大. 直观地认为使用罚参数序列 $\{\mu_k\}$, 使得当 $k \to +\infty$ 时 $\mu_k \downarrow 0$ 以获得罚函数 $Q(x; \mu_k)$ 的近似极小点 x_k. 因为惩罚项是二次的, 所以光滑可微, 这样可以使用无约束优化技术来求解这个极小化问题

$$\min_{x \in \mathbf{R}^n} Q(x; \mu_k) \tag{3.10.4}$$

得到近似解 x_k.

例 3.10.1   考虑问题

$$\min \quad x_1 + x_2$$
$$\text{s.t.} \quad x_1^2 + x_2^2 - 2 = 0.$$

这个问题的二次罚函数为

$$Q(x; \mu) = x_1 + x_2 + \frac{1}{2\mu}(x_1^2 + x_2^2 - 2)^2.$$

当 $\mu = 1$ 时, $Q(x; \mu)$ 的极小点在 $(-1.1, -1.1)^{\mathrm{T}}$. 当 $\mu = 0.1$ 时, $Q(x; \mu)$ 的极小点非常接近于解 $(-1, -1)^{\mathrm{T}}$. □

对于一般的约束最优化问题 (3.1.1)~(3.1.3), 既有等式约束又有不等式约束, 等式约束的违反度可用 $|c_i(x)|$ 衡量, 不等式约束的违反度可用 $|\min(0, c_i(x))|$ 来衡量. 于是, 我们定义约束违反度函数

$$[c_i(x)]^{(-)} \overset{\mathrm{def}}{=} \begin{cases} c_i(x), & i \in \mathcal{E}, \\ \min(c_i(x), 0), & i \in \mathcal{I}. \end{cases} \tag{3.10.5}$$

这样, 相应的二次罚函数 $Q(x; \mu_k)$ 可定义为

$$Q(x; \mu) \overset{\mathrm{def}}{=} f(x) + \frac{1}{2\mu} \sum_{i \in \mathcal{E}} c_i^2(x) + \frac{1}{2\mu} \sum_{i \in \mathcal{I}} ([c_i(x)]^{(-)})^2. \tag{3.10.6}$$

算法 3.10.1 (二次罚函数方法)

步 1. 给定 $\mu_1 > 0$, 终止容限 $\varepsilon > 0$, 初始点 x_0; $k := 1$.

步 2. 从 x_{k-1} 开始, 求 $Q(x; \mu_k)$ 的近似极小点 x_k;

步 3. 当 $\|c(x_k)^{(-)}\| \leqslant \varepsilon$ 时, 终止, 得近似解 x_k;

　　　 否则, 选择新的罚参数 $\mu_{k+1} \in (0, \mu_k)$, $k := k + 1$, 转步 2.

注意, 第一, 对于等式约束问题, 上面步 3 中 $\|c(x_k)^{(-)}\| \leqslant \varepsilon$ 直接简化为 $\|c(x_k)\| \leqslant \varepsilon$. 第二, 罚参数序列 $\{\mu_k\}$ 要合适地选择. 当极小化 $Q(x; \mu_k)$ 的计算量很大时, 可以选择适当缩小 μ_k, 例如 $\mu_{k+1} = 0.7\mu_k$. 如果极小化 $Q(x; \mu_k)$ 计算量不大, 可大大地缩小 μ_k, 例如 $\mu_{k+1} = 0.1\mu_k$.

现在讨论二次罚函数的收敛性.

定理 3.10.1 假设每个 x_k 都是由罚函数算法 3.10.1 得到的 $Q(x; \mu_k)$ 的精确整体极小点, 并且 $\mu_k \downarrow 0$, 则序列 $\{x_k\}$ 的每个极限点都是等式约束问题 (3.10.1), (3.10.2) 的整体最优解.

证明 设 $\bar{x}$ 是问题 (3.10.1), (3.10.2) 的整体极小点, 即

$$f(\bar{x}) \leqslant f(x), \quad \forall x \in \{x \mid c_i(x) = 0, \ i \in \mathcal{E}\}.$$

因为 x_k 是第 k 次迭代的罚函数 $Q(x; \mu_k)$ 的极小点, 则有 $Q(x_k; \mu_k) \leqslant Q(\bar{x}; \mu_k)$, 从而有

$$f(x_k) + \frac{1}{2\mu_k} \sum_{i \in \mathcal{E}} c_i^2(x_k) \leqslant f(\bar{x}) + \frac{1}{2\mu_k} \sum_{i \in \mathcal{E}} c_i^2(\bar{x}) = f(\bar{x}). \tag{3.10.7}$$

整理得

$$\sum_{i \in \mathcal{E}} c_i^2(x_k) \leqslant 2\mu_k [f(\bar{x}) - f(x_k)]. \tag{3.10.8}$$

假设 x^* 是 $\{x_k\}$ 的极限点, 使得存在一个无限子序列集 $\mathcal{K}$ 使

$$\lim_{k\to\infty,\ k\in\mathcal{K}} x_k = x^*.$$

对 (3.10.8) 两边取极限, $k \to \infty$, $k \in \mathcal{K}$, 可得

$$\sum_{i\in\mathcal{E}} c_i^2(x^*) = \lim_{k\to\infty,\ k\in\mathcal{K}} \sum_{i\in\mathcal{E}} c_i^2(x_k) \leqslant \lim_{k\to\infty,\ k\in\mathcal{K}} 2\mu_k[f(\bar{x}) - f(x_k)] = 0,$$

这里最后的等式由 $\mu_k \downarrow 0$ 得到. 因此有

$$c_i(x^*) = 0, \quad \forall i \in \mathcal{E}, \tag{3.10.9}$$

所以 x^* 是可行点. 进一步, 在式 (3.10.7) 中取极限 $k \to \infty$, $k \in \mathcal{K}$, 由 μ_k 的非负性以及 $c_i(x_k)^2$ 的非负性, 有

$$f(x^*) \leqslant f(x^*) + \lim_{k\to\infty,\ k\in\mathcal{K}} \frac{1}{2\mu_k} \sum_{i\in\mathcal{E}} c_i^2(x_k) \leqslant f(\bar{x}). \tag{3.10.10}$$

综合 (3.10.9), (3.10.10) 可知可行点 x^* 的目标函数值不大于整体极小点 $\bar{x}$ 的目标函数值, 从而 x^* 也是问题 (3.10.1), (3.10.2) 的整体极小点. □

上述结果要求我们求每个子问题的精确整体极小点, 这在实际上是非常困难的. 事实上, 如果我们每一步都求 $Q(x; \mu_k)$ 的近似极小点, 可以证明序列 $\{x_k\}$ 的极限点 x^* 是问题 (3.10.1), (3.10.2) 的 KKT 点.

3.11   增广 Lagrange 乘子法

罚函数法的主要缺点是要求罚参数 $\sigma \to +\infty$ 时, 才能得到约束优化问题的解. 在罚函数的基础上提出的增广 Lagrange 乘子法 (又称乘子罚函数法) 可以克服这个缺点.

考虑等式约束优化问题

$$\begin{aligned} \min \quad & f(x) \\ \text{s.t.} \quad & c_i(x) = 0, i \in \{1, 2, \cdots, m\}. \end{aligned} \tag{3.11.1}$$

增广拉格朗日函数为

$$P(x, \lambda, \sigma) = f(x) - \sum_{i=1}^{m} \lambda_i c_i(x) + \frac{1}{2} \sum_{i=1}^{m} \sigma_i c_i^2(x), \tag{3.11.2}$$

这里 λ_i 为乘子, σ_i 为罚因子. 显然, 增广拉格朗日函数是由前面两项构成的拉格朗

日函数再加上一个惩罚项 $\dfrac{1}{2}\displaystyle\sum_{i=1}^{m}\sigma_i c_i^2(x_k)$ 构成的. 给定 $\lambda^{(k)}$, $\sigma^{(k)}$, 令 x_{k+1} 为无约束优化问题

$$\min_x P(x,\ \lambda^{(k)},\ \sigma^{(k)}) \tag{3.11.3}$$

的解. 于是, 立即有

$$\begin{aligned}
&\nabla_x P(x_{k+1},\ \lambda^{(k)},\ \sigma^{(k)})\\
&= \nabla f(x_{k+1}) - \sum_{i=1}^{m}\lambda_i^{(k)}\nabla c_i(x_{k+1}) + \sum_{i=1}^{m}\sigma_i^{(k)} c_i(x_{k+1})\nabla c_i(x_{k+1})\\
&= \nabla f(x_{k+1}) - \sum_{i=1}^{m}[\lambda_i^{(k)} - \sigma_i^{(k)} c_i(x_{k+1})]\nabla c_i(x_{k+1})\\
&= 0.
\end{aligned} \tag{3.11.4}$$

与在 x^* 处的一阶必要条件相比, 取

$$\lambda_i^{(k+1)} = \lambda_i^{(k)} - \sigma_i^{(k)} c_i(x_{k+1}), \quad i = 1,\cdots,m \tag{3.11.5}$$

作为下一次迭代的 Lagrange 乘子. 这样, 有

$$\nabla f(x_{k+1}) - \sum_{i=1}^{m}\lambda_i^{(k+1)}\nabla c_i(x_{k+1}) = 0.$$

在算法中, 当

$$|c_i(x_{k+1})| \leqslant \frac{1}{4}|c_i(x_k)| \tag{3.11.6}$$

不满足时, 我们就扩大相应的罚因子, 令

$$\sigma_i^{(k+1)} = 10\sigma_i^{(k)}.$$

下面给出增广拉格朗日乘子法.

算法 3.11.1 (增广拉格朗日乘子法)

步 1. 给出初始点 $x_1 \in \mathbf{R}^n$, $\lambda^{(1)} \in \mathbf{R}^m$, $\sigma_i^{(1)} > 0, i = 1,\cdots,m$, $\varepsilon \geqslant 0$, $k := 1$.

步 2. 求解 (3.11.3) 得到 x_{k+1}. 如果 $\|c(x_{k+1})\|_\infty \leqslant \varepsilon$, 则停.

步 3. 对 $i = 1,\cdots,m$, 令

$$\sigma_i^{(k+1)} = \begin{cases} \sigma_i^{(k)}, & \text{如果 (3.11.6) 成立;} \\ \max(10\sigma_i^{(k)},\ k^2), & \text{否则.} \end{cases}$$

步 4. 由 (3.11.5) 计算乘子 $\lambda_i^{(k+1)}$, $i = 1,\cdots,m$. $k := k + 1$; 转步 2.

例 3.11.1   用增广拉格朗日乘子法解约束优化问题

$$\min \quad (x_1 - 2)^4 + (x_1 - 2x_2)^2$$

$$\text{s.t.} \quad x_1^2 - x_2 = 0.$$

解   构造增广拉格朗日函数

$$P(x, \lambda, \sigma) = (x_1 - 2)^4 + (x_1 - 2x_2)^2 - \lambda(x_1^2 - x_2) + \frac{\sigma}{2}(x_1^2 - x_2)^2.$$

取初始点 $x^{(1)} = (2, 1)^{\mathrm{T}}, \lambda = 0, \sigma = 0.1, \varepsilon = 10^{-4}$. 利用算法 3.11.1 进行计算, 当 $k = 12$ 时, $x^{(12)} = (0.9456, 0.8941)^{\mathrm{T}}, f(x^{12}) = 1.9461, ||c(x^{(12)})||_\infty = 1.011 \times 10^{-5}$.
□

3.12   使用 MATLAB 程序求解一般约束优化问题

MATLAB 提供了 fmincon 函数来求解一般的约束优化问题:

$$\min \quad f(x)$$

$$\text{s.t.} \quad Ax \leqslant b,$$

$$Aeqx = beq,$$

$$lb \leqslant x \leqslant ub, \tag{3.12.1}$$

$$c(x) \leqslant 0,$$

$$ceq(x) = 0.$$

其 调 用 格 式 为 [x, fval]=fmincon(OBJFUN, x0, A, b, Aeq, beq, lb, ub, CONFUN), x0 是选取的初始点.

例 3.12.1   使用 fmincon 函数求解

$$\min \quad x_1^2 + x_2^4 + x_3$$

$$\text{s.t.} \quad x_1 + x_2 + x_3 \leqslant 4,$$

$$x_1^2 - x_2 \leqslant -6, \tag{3.12.2}$$

$$x_1 \geqslant 0, x_3 \geqslant 0.$$

解   建立两个 m 文件分别对应目标函数和非线性约束函数

```
function y=fun(x)
y=x(1)^2+x(2)^4+x(3);
```

这个是目标函数的 m 文件.

```
function [c, ceq]=confun(x)
c=x(1)^2-x(2)+6;
ceq=[ ];
```

这个是约束函数的 m 文件.

输入A=[1 1 1]', b=[3], Aeq=[ ], beq=[ ], lb=[0, -inf, 0]', ub=[ ], x0=[0, 0, 0]', 执行

```
[x, fval]=fmincon('fun', x0, A, b, Aeq, beq, lb, ub, 'confun'),
```

得到

最优解 $x = (-0.4226, 5.5773, -0.4226)^{\mathrm{T}}$.

最优值为 967.3624.　□

习　题　3

1. 设 S 是 $\mathbf{R}^n$ 上的凸集, A 是 $m \times n$ 矩阵, α 是数. 证明下面两个集合是凸集:

(1) $AS = \{y \mid y = Ax, x \in S\}$;

(2) $\alpha S = \{\alpha x \mid x \in S\}$.

2. 判断下面的函数是凸函数、凹函数, 还是非凸非凹函数:

(1) $f(x_1, x_2) = x_1^2 + 2x_1x_2 - 10x_1 + 5x_2$;

(2) $f(x_1, x_2) = -x_1^2 - 5x_2^2 + 2x_1x_2 + 10x_1 - 10x_2$.

3. 证明: 当目标函数严格凸时, 凸规划问题的局部最优解 x^* 是唯一全局最优解.

4. 讨论下面两个问题:

$$\begin{aligned} \min \quad & x_1^2 + 4x_2^2 \\ \text{s.t.} \quad & x_1 + 2x_2 = 6 \end{aligned}$$

和

$$\begin{aligned} \max \quad & x_1^2 + 4x_2^2 \\ \text{s.t.} \quad & x_1 + 2x_2 = 6 \end{aligned}$$

的区别, 并求解.

5. 讨论无约束优化问题

$$\min(x_1 - 2)^2 + (x_2 - 2)^2$$

和约束优化问题

$$\begin{aligned} \max \quad & (x_1 - 2)^2 + (x_2 - 2)^2 \\ \text{s.t.} \quad & x_1 + 2x_2 = 6 \end{aligned}$$

的区别, 并求解.

6. 考虑极小化问题

$$
\begin{aligned}
\min \quad & f(x) = -3x_1 + \frac{1}{2}x_2^2 \\
\text{s.t.} \quad & x_1^2 + x_2^2 - 1 \leqslant 0, \\
& x_1 \geqslant 0, \\
& x_2 \geqslant 0.
\end{aligned}
$$

给出这个问题的 KKT 条件, 并求解.

7. 设 $f(x) = \mathrm{e}^x - 5x$. 试分别用二分法和 0.618 法求它的极小点.

8. 设 $f(x)$ 二阶连续可微, 类似于 (3.4.11) 的讨论, 求极小化 $f(x)$ 的梯度法的显式近似最优步长因子.

9. 设 $f(x) = \frac{3}{2}x_1^2 + \frac{1}{2}x_2^2 - x_1 x_2 - 2x_1$, 设初始点 $x^{(0)} = (-2, 4)^{\mathrm{T}}$. 试用最速下降法和牛顿法极小化 $f(x)$.

10. 用拉格朗日方法解下列问题:

$$
\begin{aligned}
\min \quad & x_1 - x_2 \\
\text{s.t.} \quad & x_1^2 + x_2^2 = 1. \\
\min \quad & 3x_1 x_3 + 4x_2 x_4 \\
\text{s.t.} \quad & x_2^2 + x_3^2 = 4, \\
& x_1 x_3 = 3, \\
& x_j \geqslant 0, j = 1, 2, 3.
\end{aligned}
$$

11. 用 KKT 方法解下列问题:

$$
\begin{aligned}
\min \quad & -3x_1 + \frac{1}{2}x_2^2 \\
\text{s.t.} \quad & x_1^2 + x_2^2 \leqslant 1, \\
& x_1 \geqslant 0, \\
& x_2 \geqslant 0. \\
\min \quad & -x_1 - 2x_2 + x_2^2 \\
\text{s.t.} \quad & x_1 + x_2 \leqslant 1, \\
& x_1 \geqslant 0, \\
& x_2 \geqslant 0.
\end{aligned}
$$

12. 考虑下述非线性规划问题:

$$\min \quad x_1^2 - \frac{1}{2}x_2^2$$
$$\text{s.t.} \quad x_1 - x_2 \leqslant 0,$$
$$x_1 + x_2 \leqslant 0,$$
$$x_1 \leqslant 0.$$

(1) 证明 $x^* = (0,0)^{\mathrm{T}}$, $\lambda^* = (0,0,0)^{\mathrm{T}}$ 处 KKT 条件成立.

(2) 在最优点处, 有效约束的梯度是否线性无关? 请解释.

13. 写出下述凸二次规划的 KKT 条件:

$$\min \quad q(x) = \frac{1}{2}x^{\mathrm{T}}Gx + x^{\mathrm{T}}g$$
$$\text{s.t.} \quad A^{\mathrm{T}}x \geqslant b, \ \bar{A}^{\mathrm{T}}x = \bar{b},$$

其中 G 是对称正半定矩阵.

14. 用图解法和有效集方法求解二次规划问题

$$\max \quad q(x) = 6x_1 + 4x_2 - 13 - x_1^2 - x_2^2$$
$$\text{s.t.} \quad x_1 + x_2 \leqslant 3,$$
$$x_1, x_2 \geqslant 0.$$

15. 用有效集方法求解二次规划问题

$$\min \quad q(x) = x_1^2 + 2x_2^2 - 2x_1 - 6x_2 - 2x_1x_2$$
$$\text{s.t.} \quad \frac{1}{2}x_1 + \frac{1}{2}x_2 \leqslant 1,$$
$$-x_1 + 2x_2 \leqslant 2,$$
$$x_1, x_2 \geqslant 0.$$

16. 用罚函数法和拉格朗日方法求解

$$\min \quad x_1^2 + x_2^2$$
$$\text{s.t.} \quad x_2 = 1.$$

第 4 章　运输问题和分配问题

许多具有特殊结构的问题形成了线性规划的重要组成部分, 其中一类特殊的问题是运输问题和分配问题, 另一类是网络流问题. 在经济管理和实际生活中, 经常碰到大量的物资调运问题, 如何根据已有的交通网络, 制定调运方案, 将这些物资从若干供应点运到各需求点, 并使总运费最小. 这些特殊问题为线性规划提供了广泛的应用, 同时, 研究这些特殊问题也丰富了线性规划的理论.

本章讨论运输问题和分配问题这两种特殊类型的线性规划问题. 虽然这两类问题都可以利用单纯形法求解, 但是针对这些问题的特殊结构产生的专门算法更为有效.

4.1　运　输　问　题

首先讨论运输问题. 设有 m 个发点 $A_1, \cdots, A_m$, 它们的供应量分别为 $a_1, \cdots, a_m$; n 个收点 $B_1, \cdots, B_n$, 需求量分别为 $b_1, \cdots, b_n$, 这里 a_i 和 b_j, $i = 1, \cdots, m; j = 1, \cdots, n$ 都是非负的 (事实上, 在实际应用中这些量也是非负的). 从发点 A_i 到收点 B_j 的单位运费为 c_{ij}, 这些数据可汇总如表 4.1.1(运费表) 所示.

表 4.1.1

单位运价　收点 发点	B_1	B_2	$\cdots$	B_n	供应量
A_1	c_{11}	c_{12}	$\cdots$	c_{1n}	a_1
A_2	c_{21}	c_{22}		c_{2n}	a_2
$\vdots$	$\vdots$	$\vdots$		$\vdots$	$\vdots$
A_m	c_{m1}	c_{m2}	$\cdots$	c_{mn}	a_m
需求量	b_1	b_2	$\cdots$	b_n	

现要求在满足发点和收点所有要求的情况下, 使整个运输费用最小. 设 x_{ij} ($i = 1, \cdots, m; j = 1, \cdots, n$) 表示从发点 A_i 到收点 B_j 的运量 (流量). 可以写出如表 4.1.2 所示的运量表.

一般地, 运输问题中供应量不小于需求量, 即

$$\sum_{i=1}^{m} a_i \geqslant \sum_{j=1}^{n} b_j, \tag{4.1.1}$$

表 4.1.2

发点 \ 运量 收点	B_1	B_2	$\cdots$	B_n	供应量
A_1	x_{11}	x_{12}	$\cdots$	x_{1n}	a_1
A_2	x_{21}	x_{22}	$\cdots$	x_{2n}	a_2
$\vdots$	$\vdots$	$\vdots$		$\vdots$	$\vdots$
A_m	x_{m1}	x_{m2}	$\cdots$	x_{mn}	a_m
需求量	b_1	b_2	$\cdots$	b_n	

这称为不平衡运输问题, 其相应的数学模型为

$$
\begin{aligned}
\min \quad & \sum_{i=1}^{m}\sum_{j=1}^{n} c_{ij}x_{ij} \\
\text{s.t.} \quad & \sum_{j=1}^{n} x_{ij} \leqslant a_i, \quad i=1,\cdots,m, \\
& \sum_{i=1}^{m} x_{ij} \geqslant b_j, \quad j=1,\cdots,n, \\
& x_{ij} \geqslant 0, \quad i=1,\cdots,m; j=1,\cdots,n.
\end{aligned}
\tag{4.1.2}
$$

此问题有 mn 个变量, 必须满足 $m+n$ 个约束. 如果总供应量等于总需求量, 即

$$
\sum_{i=1}^{m} a_i = \sum_{j=1}^{n} b_j,
\tag{4.1.3}
$$

则上述运输问题称为平衡运输问题. 由于平衡运输问题相对简单且应用很广, 本节将主要讨论平衡运输问题 (注: 通过增加辅助点, 可将不平衡问题转化成平衡问题. 当供应量大于需求量时, 可虚拟增加 B_{n+1} 为储存地, 而就地存储单位运费为 0; 同样, 当需求量大于供应量时, 虚拟运费也为 0). 这样, 考虑的平衡运输问题的数学模型为

$$
\begin{aligned}
\min \quad & \sum_{i=1}^{m}\sum_{j=1}^{n} c_{ij}x_{ij} \\
\text{s.t.} \quad & \sum_{j=1}^{n} x_{ij} = a_i, \quad i=1,\cdots,m, \text{(供应量约束)} \\
& \sum_{i=1}^{m} x_{ij} = b_j, \quad j=1,\cdots,n, \text{(需求量约束)} \\
& x_{ij} \geqslant 0, \quad i=1,\cdots,m; j=1,\cdots,n.
\end{aligned}
\tag{4.1.4}
$$

上述问题使用标准形式写出约束方程组能够更清楚地了解问题的结构:

$$\begin{aligned}
x_{11}+x_{12}+\cdots+x_{1n} \quad & & & & & &= a_1 \\
& x_{21}+x_{22}+\cdots+x_{2n} & & & & &= a_2 \\
& \vdots & & & & & \vdots \\
& & & x_{m1}+x_{m2}+\cdots+x_{mn} & &= a_m \\
x_{11} & & +x_{21} & +\cdots & & +x_{m1} &= b_1 \\
\quad x_{12} & & +x_{22}+\cdots & & & +x_{m2} &= b_2 \\
& \ddots & \ddots \quad \ddots & & \ddots & & \vdots \\
& \quad x_{1n} & & +x_{2n} & +\cdots & + x_{mn} &= b_n
\end{aligned}$$

$$(4.1.5)$$

其系数矩阵的结构比较特殊, 是稀疏的, 约束方程组中所有的系数或者是 1, 或者是 0. 变量的结构呈一种特殊形状, 使用向量和矩阵形式可表示为

$$\begin{bmatrix}
\mathbf{1}^{\mathrm{T}} & & & \\
& \mathbf{1}^{\mathrm{T}} & & \\
& & \ddots & \mathbf{1}^{\mathrm{T}} \\
I & I & \cdots & I
\end{bmatrix} \tag{4.1.6}$$

这里 $\mathbf{1}^{\mathrm{T}} = (1,1,\cdots,1)$ 是 n 维向量, 而 I 是 n 阶单位矩阵. 上面矩阵的阶数是 $(m+n) \times mn$.

特别地, 设总供应量的和为 S(也等于总需求量之和), 设 $x_{ij} = a_i b_j / S, i = 1, \cdots, m; j = 1, \cdots, n$. 容易证明这是一个可行解. 同时, 注意到因为每个 x_{ij} 是以 a_i(也是 b_j) 为界的, 那么可行域也有界. 一个有可行解并且可行解集有界的线性规划问题一定有最优解. 因此, 运输问题总有最优解.

在运输问题的结构中, 有 m 个方程对应于发点约束, 而有 n 个方程对应于收点约束, 共 $m + n$ 个约束方程. 由于

$$\sum_{i=1}^{m} a_i = \sum_{j=1}^{n} b_j,$$

如果把 (4.1.5) 中前 m 个方程加起来,

$$\sum_{i=1}^{m} \sum_{j=1}^{n} x_{ij} = \sum_{i=1}^{m} a_i, \tag{4.1.7}$$

把后 n 个方程加起来,

$$\sum_{j=1}^{n} \sum_{i=1}^{m} x_{ij} = \sum_{j=1}^{n} b_j, \tag{4.1.8}$$

这样就有

$$\sum_{i=1}^{m} \sum_{j=1}^{n} x_{ij} - \sum_{j=1}^{n} \sum_{i=1}^{m} x_{ij} = 0,$$

即

$$\sum_{i=1}^{m}\sum_{j=1}^{n} x_{ij} - \sum_{j=1}^{n-1}\sum_{i=1}^{m} x_{ij} = \sum_{i=1}^{m} x_{in}. \tag{4.1.9}$$

这表明 (4.1.5) 中最后一个方程可用其余方程的组合来表示 (类似地, (4.1.5) 中任一个方程也可用其余方程的组合来表示). 这说明这个约束方程组不是线性独立的, 我们可以从中删去一个方程而得到等价的线性独立的剩余方程组.

由上述讨论可得到下面的定理.

定理 4.1.1 平衡运输问题总存在一个最优解, 并且有且仅有一个多余的等式约束方程. 当其中任意一个等式约束方程去掉后, 剩下的 $n+m-1$ 个等式约束构成的剩余线性方程组是线性独立的.

从上述讨论可知, 运输问题的约束矩阵的基含有 $n+m-1$ 个向量, 并且一个非退化的基本可行解含有 $n+m-1$ 个变量.

4.1.1 基本可行解和西北角法则

对于运输问题的单纯形表形式, 要得到一个初始可行解是容易的, 不需要借助人工变量或大 M 方法等. 本小节介绍计算运输问题初始基本可行解的西北角法则.

西北角法则的导出过程基于下面形式的解排列 (表 4.1.3).

表 4.1.3

x_{11}	x_{12}	x_{13}	$\cdots$	x_{1n}	a_1
x_{21}	x_{22}	x_{23}	$\cdots$	x_{2n}	a_2
$\vdots$	$\vdots$	$\vdots$		$\vdots$	$\vdots$
x_{m1}	x_{m2}	x_{m3}	$\cdots$	x_{mn}	a_m
b_1	b_2	b_3	$\cdots$	b_n	

排列中每个元素出现在一个格子中并且表示一个解, 如果某个 x_{ij} 相应的格子为空格, 则表示取零值.

为了说明求初始基本可行解的西北角法则, 先看下面的例子.

例 4.1.1 某运输问题有 3 个发点和 3 个收点, 如图 4.1.1 所示, 数学模型可以表示为

$$\min \quad \sum_{i=1}^{3}\sum_{j=1}^{3} c_{ij}x_{ij}$$

$$\text{s.t.} \quad \sum_{j=1}^{3} x_{ij} = a_i, \quad i = 1,2,3,$$

$$\sum_{i=1}^{3} x_{ij} = b_j, \quad j = 1,2,3,$$

$$x_{ij} \geqslant 0, \quad i = 1, 2, 3; \ j = 1, 2, 3,$$

其中 $a^{\mathrm{T}} = (20, 20, 20)$, $b^{\mathrm{T}} = (10, 30, 20)$,

$$c = \begin{bmatrix} 2 & 4 & 3 \\ 1 & 5 & 2 \\ 1 & 1 & 6 \end{bmatrix}.$$

求这个运输问题的初始基本可行解.

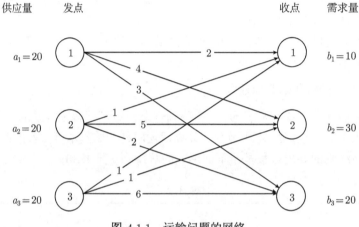

图 4.1.1   运输问题的网络

这个问题的单纯形表如表 4.1.4 所示.

表 4.1.4

	x_{11}	x_{12}	x_{13}	x_{21}	x_{22}	x_{23}	x_{31}	x_{32}	x_{33}
0	2	4	3	1	5	2	1	1	6
20	1	1	1	0	0	0	0	0	0
20	0	0	0	1	1	1	0	0	0
20	0	0	0	0	0	0	1	1	1
10	1	0	0	1	0	0	1	0	0
30	0	1	0	0	1	0	0	1	0
20	0	0	1	0	0	1	0	0	1

这个单纯形表不是典则型, 我们不难通过西北角法则求出初始基本可行解.

对照表 4.1.2 和表 4.1.3, 现在从第一个发点 A_1(在西北角) 出发, 发送尽可能多的货物到第一个收点 B_1. 由于发点 A_1 有 20 个单位的供应量, 而收点 B_1 只有 10 个单位的需求量, 故安排 $x_{11} = 10$. 这样发点 A_1 还有 10 个单位供应量运到收点 B_2, 于是安排 $x_{12} = 10$, 见表 4.1.5.

我们再考虑第二个发点 A_2. 由于第一个收点 B_1 的需求量已满足, 我们不再考虑它. 现在运输尽可能多的货物到收点 B_2. 注意到 B_2 的需求量为 30 个单位, 已经接受了 10 个单位, 故安排 A_2 运到 B_2 的货物量为 $x_{22} = 20$. A_2 的供应量不仅满足了 B_2 的需求, 也恰好用完了 A_2 的供应量, 见表 4.1.5.

然后, 继续考虑发点 A_3. A_3 的供应量有 20 个单位, 由于收点 B_1 和 B_2 的需求量已经满足, 而 B_3 的需求量恰好是 20 个单位, 于是安排 $x_{33} = 20$, 它同时用完了 A_3 的供应量, 也满足了 B_3 的需求量. 这样, 我们得到了一个可行解 x.

注意, 我们在处理第二个发点 A_2 时, 当安排到 B_2(它不是最后一个收点) 时, 给出的一个安排 $x_{22} = 20$ 就是同时满足了供应量和需求量. 这时我们约定从当前发点 A_2 安排运输量为 0 个单位的运输到下一个收点 B_3, 即安排 $x_{23} = 0$. 这个安排表明该运输问题是退化的.

这样, 对于这个问题, 表 4.1.3 的形式为

表 4.1.5

10	10		20
	20	0	20
		20	20
10	30	20	

这就是说, 从左上角 (西北角) 出发, 尽可能多地满足第一列、第二列、$\cdots$ 的需求. 上述西北角法则给出了这个问题的初始基本可行解为

$$x_{11} = 10, \quad x_{12} = 10, \quad x_{22} = 20, \quad x_{23} = 0, \quad x_{33} = 20,$$

给出的初始方案的运费为 280(单位: 千元). 这个可行解由 5 个安排 (assignment) 组成. 我们可以用一个运输网络的子网络来表示用西北角法则得到的可行解 (图 4.1.2).

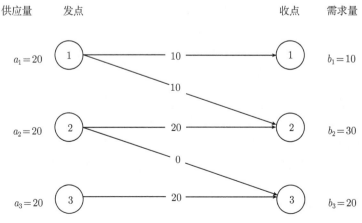

图 4.1.2 用运输子网络表示可行解

一般地, 对于一个有 m 个发点和 n 个收点的运输问题, 由西北角法则得到的可行解由 $m+n-1$ 个安排 (assignment) 组成, 在图 4.1.2 的运输子网络中有 $m+n-1$(在本题中 $m+n-1=5$) 个弧.

求运输问题初始基本可行解的西北角法则可以方便地用运输表表示出来. 对于例 4.1.1 有运输表如表 4.1.6 所示.

表 4.1.6

		b_1	b_2	b_3
		10	30	20
a_1	20	2^{10}	4^{10}	3
a_2	20	1	5^{20}	2^0
a_3	20	1	1	6^{20}

在上述运输表中, 第 (i,j) 个元素是 $c_{ij}^{x_{ij}}$, 其中 c_{ij} 是价值系数, 上标 x_{ij} 是当前的基变量, 当前的非基变量全为 0, 因此不需要用上标表示出来. 表的左边列出了供应量, 表的上方列出了需求量. 每一行的上标加起来就是供应量, 每一列的上标加起来就是需求量.

利用运输表, 我们可以给出西北角法则的算法步骤如下.

算法 4.1.1 (西北角法则)

步 1. 从左上角 (西北角) 一个价值系数项开始, 沿着路线运输尽可能多的货物, 使得供应量用完或者需求量满足.

步 2. 如果安排恰恰用完了该行的供应量, 则不再考虑该行, 行数增加 1, 并转步 1.

如果安排恰恰满足了该列的需求量, 则不再考虑该列, 并转步 1.

如果安排同时既用完了第 i 行的供应量, 又满足第 j 列的需求量 $(j<n)$, 则令 $x_{i,j+1}=0$, 并且不再考虑第 i 行和第 j 列, 行数增加 1, 转步 1.

在上面的过程中, 依次从各个发点行左上角开始, 如果该行供应量未用完, 就向右移动; 否则从下一个发点行开始. 这个过程一直进行到所有的发点的供应量用完和所有收点的需求量满足为止.

最小元素法   除了西北角法则外, 求初始可行解还有一种方法, 叫做最小元素法, 它比西北角法则工作量小. 现举例简述如下.

仍然考虑例 4.1.1 的问题, 它的运输表如表 4.1.7 所示.

(1) 首先, 从运输表中挑选出最小元素. 这儿有三个最小元素 1, 任取 $(2,1)$ 位置. 比较 $(2,1)$ 位置的供应量与需求量, 由于供应量 20 大于需求量 10, 故指派 $x_{21}=10$, 它使得第 1 列需求量满足, 划去第 1 列.

(2) 在未划去的元素中再找最小元素, 取 $(3,2)$ 位置, 比较 $(3,2)$ 位置的供应量与需求量, 由于供应量 20 小于需求量 30, 故指派 $x_{32} = 20$, 它用完了第 3 行的供应量, 划去第 3 行.

表 **4.1.7**

		b_1	b_2	b_3
		10	30	20
a_1	20	2	4	3
a_2	20	1	5	2
a_3	20	1	1	6

(3) 在未划去的元素中再找最小元素, 取 $(2,3)$ 位置, 比较 $(2,3)$ 位置的供应量与需求量. 由于剩下的供应量 10 小于需求量 20, 故指派 $x_{23} = 10$, 它使得第 2 行的供应量用完, 划去第 2 行.

(4) 剩下一行, 即第 1 行, 对该行剩下的元素全部作指派. 对于 $(1,2)$ 位置, 供应量 20 大于剩下的需求量 10, 故指派 $x_{12} = 10$, 它使得第 2 列需求量满足, 划去第 2 列.

(5) 最后对于 $(1,3)$ 位置, 供应量剩下 10, 需求量剩下 10, 指派 $x_{13} = 10$ 既用完供应量, 又满足需求量.

于是, 我们得到一个初始基本可行解:

$$x_{12} = 10, \quad x_{13} = 10, \quad x_{21} = 10, \quad x_{23} = 10, \quad x_{32} = 20$$

其他 $x_{ij} = 0$. 上述最小元素法给出的初始方案的运费为 120(千元). 它得到的初始运输方案比西北角法则好些. 显然, 在上述问题中我们通过 5 次指派得到一个可行解. 一般地, 对于 m 个发点 n 个收点的运输问题, 最小元素法可以用 $m + n - 1$ 次指派得到一个可行解.

最后, 把最小元素法的算法叙述如下:

算法 4.1.2 (最小元素法)

步 1. 从运输表中未划去的元素中挑选出最小元素.

步 2. 比较该元素位置的供应量和需求量.

如果供应量大于需求量, 安排该位置的解 x_{ij} 满足需求量, 并划去该列, 转步 1.

如果供应量小于需求量, 安排该位置的解 x_{ij} 用完供应量, 并划去该行, 转步 1.

如果供应量等于需求量, 安排该位置的解 x_{ij} 恰好用完供应量, 又满足需求量, 则在本列挑选次小元素, 其位置设为 (i,j), 并安排 $x_{ij} = 0$. 划去第 i 行和第 j 列, 转步 1.

4.1.2　应用对偶方法求运输问题的最优解

上一小节讨论了用西北角法则 (或最小元素法) 产生一个运输问题的初始基本可行解. 本小节我们讨论从这个初始可行解出发, 如何利用运输表不断改善当前的可行解, 直到求出运输问题的最优解. 我们指出, 运输表方法的工作量比主元单纯形方法节省很多.

首先考虑平衡运输问题 (4.1.4) 的对偶问题

$$\max \quad \sum_{i=1}^{m} a_i u_i + \sum_{j=1}^{n} b_j v_j \tag{4.1.10}$$

$$\text{s.t.} \quad u_i + v_j \leqslant c_{ij}, \quad i=1,\cdots,m; \quad j=1,\cdots,n, \tag{4.1.11}$$

其中, $u = [u_1,\cdots,u_m]^{\mathrm{T}}$, $v = [v_1,\cdots,v_n]^{\mathrm{T}}$ 是对偶变量, u 和 v 是自由变量, 它们也是原问题 (4.1.4) 的乘子.

设原始目标函数为

$$\alpha(x) = \sum_{i=1}^{m} \sum_{j=1}^{n} c_{ij} x_{ij}, \tag{4.1.12}$$

对偶目标函数为

$$\beta(u,v) = a^{\mathrm{T}} u + b^{\mathrm{T}} v, \tag{4.1.13}$$

这里 x 表示有 mn 个分量 x_{ij} 的向量, a 是供应向量, b 是需求向量.

根据第 2 章对偶理论, 设 x 和 (u,v) 分别是原始可行和对偶可行的, 如果

$$\alpha(x) - \beta(u,v) = 0, \tag{4.1.14}$$

则可行解 x 是原问题的最优解. 由于

$$a_i = \sum_{j=1}^{n} x_{ij}, \quad b_j = \sum_{i=1}^{m} x_{ij},$$

我们得到

$$\begin{aligned}
\alpha(x) - \beta(u,v) &= \sum_{i=1}^{m} \sum_{j=1}^{n} c_{ij} x_{ij} - \sum_{i=1}^{m} a_i u_i - \sum_{j=1}^{n} b_j v_j \\
&= \sum_{i=1}^{m} \sum_{j=1}^{n} c_{ij} x_{ij} - \sum_{i=1}^{m} \sum_{j=1}^{n} x_{ij} u_i - \sum_{j=1}^{n} \sum_{i=1}^{m} x_{ij} v_j \\
&= \sum_{i=1}^{m} \sum_{j=1}^{n} (c_{ij} - u_i - v_j) x_{ij}.
\end{aligned} \tag{4.1.15}$$

这样, 对于可行的 x, 如果我们找到对偶向量 u,v, 使得对每一个基下标对 (i,j), 有

$$c_{ij} - u_i - v_j = 0, \tag{4.1.16}$$

则 $\alpha(x) = \beta(u,v)$. 进一步, 如果 (u,v) 对偶可行, 则 x 是最优解. 这里基下标对 (i,j) 是指基变量 x_{ij} 对应的下标对 (i,j).

现在, 我们继续考虑例 4.1.1 中的问题. 由西北角法则, 我们已经得到初始运输表 (表 4.1.6). 我们要求出 u_i, v_j 满足 (4.1.16), 即满足

$$u_1 + v_1 = 2, \quad u_1 + v_2 = 4, \quad u_2 + v_2 = 5,$$
$$u_2 + v_3 = 2, \quad u_3 + v_3 = 6.$$

若取 $u_1 = 0$, 则可唯一确定

$$v_1 = 2, \quad v_2 = 4, \quad u_2 = 1, \quad v_3 = 1, \quad u_3 = 5.$$

于是有运输表 (表 4.1.8).

表 4.1.8

2^{10}	4^{10}	3	0	u_1
1	5^{20}	2^0	1	u_2
1	1	6^{20}	5	u_3
2	4	1		
v_1	v_2	v_3		

此外, 为了确定当前解 x 是否是最优解, 我们还需要检验所得到的对偶向量 (u,v) 是否对偶可行, 即检查对偶约束

$$c_{ij} - u_i - v_j \geqslant 0, \quad i = 1,2,3; \quad j = 1,2,3, \tag{4.1.17}$$

是否满足. 对表 4.1.8 中的每一个价值系数 c_{ij} 执行运算 $c_{ij} - u_i - v_j$, 得到表 4.1.9.

表 4.1.9

0^{10}	0^{10}	2
-2	0^{20}	0^0
-6	-8	0^{20}

注意到这时表中的元素是 $(c_{ij} - u_i - v_j)^{x_{ij}}$. 令

$$\xi_{ij} = c_{ij} - u_i - v_j, \quad i,j = 1,2,3. \tag{4.1.18}$$

可以看到, 现在运输表中是用调整价值系数 ξ_{ij} 代替价值系数 c_{ij}, 并且当 x_{ij} 是基变量时, $\xi_{ij} = 0$. 表 4.1.9 表明有三个对偶约束不满足, 即目前的对偶向量 (u,v) 是不可行的, 因此, 当前可行解 x 不是最优的.

下面, 说明如何利用这个运输表改善当前的可行解. 设

$$\hat{\alpha}(x) = \sum_{i=1}^{m} \sum_{j=1}^{n} (c_{ij} - u_i - v_j)x_{ij}, \quad \alpha(x) = \sum_{i=1}^{m} \sum_{j=1}^{n} c_{ij}x_{ij}.$$

由 (4.1.15),

$$\hat{\alpha}(x) - \alpha(x) = \sum_{i=1}^{m}\sum_{j=1}^{n}(c_{ij} - u_i - v_j)x_{ij} - \alpha(x)$$
$$= \beta(u,v)$$
$$= a^{\mathrm{T}}u + b^{\mathrm{T}}v, \tag{4.1.19}$$

而 $a^{\mathrm{T}}u$ 和 $b^{\mathrm{T}}v$ 是常数, 所以在一个可行集上极小化 $\hat{\alpha}(x)$ 和在同样的可行集上极小化 $\alpha(x)$ 是等价的, 所得到的最优目标函数值相差一个常数, 但所得到的最优解向量是相同的.

这样, 我们可以继续处理含有调整价值系数 $\xi_{ij} = c_{ij} - u_i - v_j$ 的运输表. 我们重复上面的过程来改善当前的可行解, 即

(i) 对于对偶向量 u,v, 使得对每一个基下标对 (i,j), 满足

$$c_{ij} - u_i - v_j = 0.$$

(ii) 检查所得到的对偶向量 (u,v) 是否可行, 即对于 $i=1,\cdots,m;\ j=1,\cdots,n,$

$$c_{ij} - u_i - v_j \geqslant 0$$

是否成立.

一般地, 当表格中 ξ_{ij} 出现负值时, 表明约束条件不满足, 当前解不是最优的. 我们往往选最小的负的调整价值系数对应的位置为入基下标位置, 其对应的非基变量为入基变量. 在本题中, 表 4.1.9 中的 -8 是最小的负的调整价值系数, 因此, 我们取非基变量 x_{32} 为入基变量, 并将 x_{32} 从 0 增加到一个正的流量. 具体地, 我们可以构造表 4.1.9 对应的运输子网络如图 4.1.3 所示.

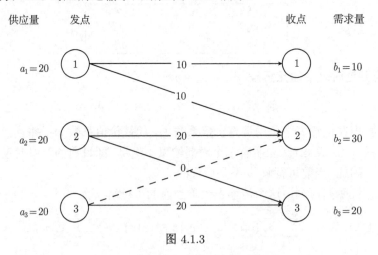

图 4.1.3

其中的虚线弧表示我们希望它是正的. 为了做到这一点, 我们从虚线弧开始引进一个闭环路 (loop), 如 $A_3B_2A_2B_3A_3$, 并设这个虚线弧的流量为 $t \geqslant 0$, 即 $x_{32} = t$. 这样, 这个闭环路里的弧为

$$x_{22} = 20 - t,$$
$$x_{23} = 0 + t,$$
$$x_{33} = 20 - t.$$

我们要求这些新的基变量是最大可行的, 即要求

$$t \geqslant 0, \quad 20 - t \geqslant 0, \quad 0 + t \geqslant 0, \quad 20 - t \geqslant 0.$$

从而取 $t = 20$. 这样得到

$$x_{32} = 20, \quad x_{22} = 0, \quad x_{23} = 20, \quad x_{33} = 0.$$

于是, x_{32} 为入基变量, x_{22} 为出基变量, 表 4.1.9 变成表 4.1.10.

表 4.1.10

0^{10}	0^{10}	2
-2	0	0^{20}
-6	-8^{20}	0^{0}

由于用调比价值系数代替价值系数以后, 运输问题的最优解是不变的, 故再令 c_{ij} 表示表 4.1.10 中的调整价值系数, 按照前面的方法求 u_i 和 v_j, 要求他们满足 (4.1.16), 即满足

$$u_1 + v_1 = 0, \quad u_1 + v_2 = 0, \quad u_2 + v_3 = 0,$$
$$u_3 + v_2 = -8, \quad u_3 + v_3 = 0.$$

若取 $u_1 = 0$, 得到

$$v_1 = 0, \quad v_2 = 0, \quad u_3 = -8, \quad v_3 = 8, \quad u_2 = -8.$$

于是得到新的运输表 (表 4.1.11).

表 4.1.11

0^{10}	0^{10}	2	0	u_1
-2	0	0^{20}	-8	u_2
-6	-8^{20}	0^{0}	-8	u_3
0	0	8		
v_1	v_2	v_3		

对于所得到的对偶向量 u 和 v, 检查其是否可行. 为此, 产生新的调整价值系数 $\xi_{ij} = c_{ij} - u_i - v_j$, 从而得到表 4.1.12.

表 4.1.12

0^{10}	0^{10}	-6
6	8	0^{20}
2	0^{20}	0^0

在表 4.1.12 中 $\xi_{13} = -6 < 0$, 表明有一个约束不满足. 这个表对应的运输子网络为图 4.1.4.

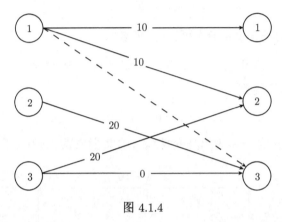

图 4.1.4

和前面的做法一样, 在图 4.1.4 的虚线弧 (1,3) 处引进一个闭环路, 如 $A_1 B_3 A_3 B_2 A_1$. 设 (1,3) 位置的流量为 $t \geqslant 0$, 即设 $x_{13} = t$. 于是, 这个闭环路里的弧为

$$x_{33} = 0 - t,$$
$$x_{32} = 20 + t,$$
$$x_{12} = 10 - t.$$

我们要求这些新的基变量是最大可行的, 即要求 $t \geqslant 0$, 且

$$0 - t \geqslant 0, \quad 20 + t \geqslant 0, \quad 10 - t \geqslant 0,$$

并取 t 尽可能大, 从而取 $t = 0$. 这样得到

$$x_{13} = 0, \quad x_{33} = 0, \quad x_{32} = 20, \quad x_{12} = 10.$$

于是, x_{13} 为入基变量, x_{33} 为出基变量, 这是一个退化的移动. 这样, 我们得到了新的运输表 (表 4.1.13).

表 4.1.13

0^{10}	0^{10}	-6^0	0	u_1
6	8	0^{20}	6	u_2
2	0^{20}	0	0	u_3
0	0	-6		
v_1	v_2	v_3		

表 4.1.13 中 u_i 和 v_j 的计算如下: 令 $u_1 = 0$, 要求 u_i 和 v_j 满足

$$u_1 + v_1 = 0, \quad u_1 + v_2 = 0, \quad u_1 + v_3 = -6,$$

$$u_2 + v_3 = 0, \quad u_3 + v_2 = 0.$$

若取 $u_1 = 0$, 得到

$$u_1 = 0, \quad u_2 = 6, \quad u_3 = 0, \quad v_1 = 0, \quad v_2 = 0, \quad v_3 = -6.$$

再由 $\xi_{ij} = c_{ij} - u_i - v_j$ 计算新的调整价值系数得到表 4.1.14.

表 4.1.14

0^{10}	0^{10}	0^0
0	2	0^{20}
2	0^{20}	6

该表表明对所有 $i, j = 1, 2, 3$, $\xi_{ij} = c_{ij} - u_i - v_j \geqslant 0$, 从而向量 (u, v) 是对偶可行的. 于是, 当前的可行解 x 是最优解, 即

$$x_{11} = 10, \quad x_{12} = 10, \quad x_{13} = 0,$$
$$x_{23} = 20, \quad x_{32} = 20.$$

其他非基变量 $x_{ij} = 0$.

把上述过程概括一下, 得到运输算法.

算法 4.1.3 (运输算法)

步 1. 求初始基本可行解 (例如用西北角法则).

步 2. 利用当前可行解 x 和当前价值系数 c_{ij}, 求对偶向量 (u, v), 使得对每一个基下标对 (i, j), $c_{ij} - u_i - v_j = 0$.

步 3. 由得到的对偶向量 (u, v) 计算调整价值系数

$$\xi_{ij} = c_{ij} - u_i - v_j, \quad i = 1, \cdots, m; \quad j = 1, \cdots, n.$$

步 4. 如果每一个调整价值系数都是非负的, 停止, 当前可行解 x 是最优的; 否则, 取一个最负的调整价值系数的位置, 并从这个位置出发, 做一个闭环路, 要求该闭环路中所有其他位置都对应基变量.

步 5. 在闭环路中作尽可能多的移动, 得到新的基本可行解. 用当前价值系数 c_{ij} 表示调整价值系数 ξ_{ij}, 返回步 2.

比较一下可以发现, 上面的运输算法就是应用到运输问题上的单纯形算法, 只是这里在计算过程中用运输表代替单纯形表. 因而, 可以证明, 只要运输问题是非退化的, 运输算法将在有限步迭代收敛.

4.1.3　不平衡运输问题

刚才讨论的都是平衡运输问题. 对于不平衡运输问题, 我们可以通过增加辅助点将不平衡问题转化为平衡问题来求解.

例如, 对于供大于求 (即供应量大于需求量) 的问题 (4.1.2), 我们可以虚拟增加 B_{n+1} 为储存地 (收点), 而到虚设储存地的单位运费为 0. 这个虚设储存地 (收点) 的需求量为

$$d = \sum_{i=1}^{m} a_i - \sum_{j=1}^{n} b_j. \tag{4.1.20}$$

引进松弛变量 $x_{i,n+1}, i = 1, \cdots, m$, 则供大于求的不平衡问题模型 (4.1.2) 变成一个平衡运输问题 (它有 m 个发点和 $n+1$ 个收点):

$$
\begin{aligned}
\min \quad & \sum_{i=1}^{m} \sum_{j=1}^{n+1} c_{ij} x_{ij} \\
\text{s.t.} \quad & \sum_{j=1}^{n+1} x_{ij} = a_i, \ i = 1, \cdots, m, \\
& \sum_{i=1}^{m} x_{ij} = b_j, \ j = 1, \cdots, n+1, \\
& x_{ij} \geqslant 0, \ i = 1, \cdots, m; j = 1, \cdots, n+1.
\end{aligned}
\tag{4.1.21}
$$

同样地, 对于供不应求 (需求量大于供应量) 的运输问题

$$
\begin{aligned}
\min \quad & \sum_{i=1}^{m} \sum_{j=1}^{n} c_{ij} x_{ij} \\
\text{s.t.} \quad & \sum_{j=1}^{n} x_{ij} = a_i, \quad i = 1, \cdots, m, \\
& \sum_{i=1}^{m} x_{ij} \leqslant b_j, \quad j = 1, \cdots, n, \\
& x_{ij} \geqslant 0, \quad i = 1, \cdots, m; j = 1, \cdots, n.
\end{aligned}
\tag{4.1.22}
$$

我们可以虚拟增加发点 A_{m+1}, 而从虚拟发点 A_{m+1} 出发的虚拟运费也为 0. 这个虚拟发点 A_{m+1} 的供应量为

$$d = \sum_{j=1}^{n} b_j - \sum_{i=1}^{m} a_i. \tag{4.1.23}$$

这样, 供不应求的不平衡运输模型问题 (4.1.22) 转化为平衡运输模型问题

$$\min \quad \sum_{i=1}^{m+1}\sum_{j=1}^{n}c_{ij}x_{ij}$$

$$\text{s.t.} \quad \sum_{j=1}^{n}x_{ij}=a_i, \quad i=1,\cdots,m+1, \tag{4.1.24}$$

$$\sum_{i=1}^{m+1}x_{ij}=b_j, \quad j=1,\cdots,n,$$

$$x_{ij}\geqslant 0, \quad i=1,\cdots,m+1; j=1,\cdots,n,$$

其中 $c_{m+1,j}$ 的取值视问题的情况而定.

4.1.4 使用 MATLAB 程序求解运输问题

例 4.1.2 已知运输问题的产销地、产销量以及产销地之间的单位运价表如表 4.1.15 所示, 试据此列出其数学模型, 并使得整个运输费最小.

单位运价　销售地 产地	B_1	B_2	B_3	产量
A_1	10	16	32	15
A_2	14	22	40	7
A_3	22	24	34	26
销量	12	8	20	

解 对应的数学模型为

$$\min \quad \sum_{i=1}^{m}\sum_{j=1}^{n}c_{ij}x_{ij}$$

$$\text{s.t.} \quad \sum_{j=1}^{n}x_{ij}\leqslant a_i, \quad i=1,\cdots,m, \tag{4.1.25}$$

$$\sum_{i=1}^{m}x_{ij}\geqslant b_j, \quad j=1,\cdots,n,$$

$$x_{ij}\geqslant 0, \quad i=1,\cdots,m; j=1,\cdots,n.$$

其中, $m=n=3$, $c=\begin{bmatrix} 10 & 16 & 32 \\ 14 & 22 & 40 \\ 22 & 24 & 34 \end{bmatrix}$, $a=\begin{bmatrix} 15 \\ 7 \\ 26 \end{bmatrix}$, $b=\begin{bmatrix} 12 \\ 8 \\ 20 \end{bmatrix}$. 令 $x_{ij}=y_{3(i-1)+j}$, 将 (4.1.25) 转换成如下的线性规划:

$$\min \quad 10y_1 + 16y_2 + 32y_3 + 14y_4 + 22y_5 + 40y_6 + 22y_7 + 24y_8 + 34y_9$$

$$\text{s.t.} \quad y_1 + y_2 + y_3 \leqslant 15,$$

$$y_4 + y_5 + y_6 \leqslant 7,$$

$$y_7 + y_8 + y_9 \leqslant 26, \tag{4.1.26}$$

$$y_1 + y_4 + y_7 \geqslant 12,$$

$$y_2 + y_5 + y_8 \geqslant 8,$$

$$y_3 + y_6 + y_9 \geqslant 20,$$

$$y_i \geqslant 0, \quad i = 1 \cdots, 9.$$

使用 MATLAB 中的 linprog 函数来求解 (4.1.26). 向 MATLAB 输入
c=[10,16,32,14,22,40,22,24,34]′, b=[15,7,26,-12,-8,-20]′,
A=[1,1,1,0,0,0,0,0,0;0,0,0,1,1,1,0,0,0;

 0,0,0,0,0,0,1,1,1; -1,0,0,-1,0,0,-1,0,0;

 0,-1,0,-1,0,0,-1,0; 0,0,-1,0,0,-1,0,0,-1],
Aeq=[ ], beq=[ ], lb=[0,0,0,0,0,0,0,0,0]′, ub=[ ],x0=[ ],
以及

$$\qquad\qquad \text{[y, fval]=linprog(c,A,b,Aeq,beq,lb,ub,x0),}$$

得到最优解为

$$y = (7, 8, 0, 5, 0, 0, 0, 0, 20)^{\mathrm{T}}.$$

那么 (4.1.25) 的最优解为 $x = \begin{bmatrix} 7 & 8 & 0 \\ 5 & 0 & 0 \\ 0 & 0 & 20 \end{bmatrix}$, 最优值为 948.   □

4.2   分 配 问 题

在实际中经常会遇到这样的问题, 某单位需要完成 n 项任务, 恰好有 n 个人可以承担这些任务. 由于每个人的专长不同, 同一件工作由不同的人去完成, 效率 (例如所花的时间或费用) 是不同的. 于是就会出现应分配哪个人去完成哪项任务, 使完成这几项任务的总效率最高 (例如总时间最省、总费用最少等). 这类问题称为**分配问题**, 又称为**指派问题**(assignment problem). 分配问题是特殊的运输问题, 其特殊的结构在理论上和计算上有重要意义. 分配问题可以利用一个特殊的算法来求解, 这个算法称为匈牙利 (Hungarian) 算法, 它实际上是最初的原始-对偶单纯形法形式.

4.2.1 分配问题的数学模型

问题 设有 n 个人被分配去做 n 件工作, 规定每个人只做一件工作, 每件工作只由一个人去做. 已知第 i 个人去做第 j 件工作的效率 (时间或费用) 为 c_{ij} ($i = 1, 2, \cdots, n; j = 1, 2, \cdots, n$), 并假设 $c_{ij} \geqslant 0$. 问应如何分配才能使总效率最高 (总时间或总费用最少)?

设决策变量 x_{ij} 定义为

$$
x_{ij} = \begin{cases} 1, & \text{分配第 } i \text{ 个人去做第 } j \text{ 件工作;} \\ 0, & \text{否则} \end{cases}
$$

(其中 $i, j = 1, 2, \cdots, n$). 于是一般的分配问题的数学模型为: 寻找 x_{ij} ($i = 1, \cdots, n$; $j = 1, \cdots, n$) 满足

$$
\begin{aligned}
\min \quad & z = \sum_{i=1}^{n} \sum_{j=1}^{n} c_{ij} x_{ij} \\
\text{s.t.} \quad & \sum_{j=1}^{n} x_{ij} = 1, \quad i = 1, 2, \cdots, n, \\
& \sum_{i=1}^{n} x_{ij} = 1, \quad j = 1, 2, \cdots, n, \\
& x_{ij} = 0 \text{ 或 } 1, \quad i, j = 1, 2, \cdots, n.
\end{aligned} \tag{4.2.1}
$$

在这个模型中, 要求每个变量 x_{ij} 的值为 0 或者 1, 变量不能使用分数的形式, 否则解没有意义. 在这个模型中, 当每个变量限制为 0 或者 1 时, (4.2.1) 中第一个约束意味着分配第 i 个人去做一件工作 ($i = 1, \cdots, n$); 而第二个约束意味着分配第 j 件工作给一个人 ($j = 1, \cdots, n$).

现在, 每个 x_{ij} 的取值限制为 0 或者 1, 如果我们把这个限制条件放宽为 $x_{ij} \geqslant 0$, 则这个分配问题就是运输问题, 其中发点数等于收点数等于 n, 且每个发点的供应量均为 1, 每个收点的需求量均为 1. 这样的问题称为分配问题的松弛问题. 对于运输问题, 如果初始变量的每个分量 x_{ij} 都是整数的话, 则最优解的分量也都是整数, 这是因为每一次改善当前解时在闭回路中总是移动一个整数量. 可以证明, 如果初始变量的每个分量 x_{ij} 限制为 0 或 1, 则当前解的每一个分量的值也为 0 或 1.

定理 4.2.1 分配问题的任何基本可行解的每个分量 x_{ij} 或者等于 0, 或者等于 1.

因此, 可以用运输算法来求分配问题的最优解. 然而, 由于分配问题是高度退化的特殊结构问题, 用运输算法求解工作量大. 基于两个匈牙利数学家的工作, 一个有效的解分配问题的特殊算法发展起来, 并且后来此算法形成了应用范围更广的解线性规划的原始–对偶算法.

4.2.2　匈牙利算法

匈牙利算法基于具有下述三个条件的分配问题的模型:

(1) 目标函数要求为 min;

(2) 效益矩阵为 n 阶方阵;

(3) 矩阵中所有元素非负, 且为常数.

具有这三个条件的分配问题称为标准形分配问题.

考察分配问题的数学模型, 将目标函数的系数 $c_{ij}(i,j=1,2,\cdots,n)$ 排成下列矩阵 (称为分配问题的**效益矩阵**):

$$(c_{ij}) = \begin{bmatrix} c_{11} & c_{12} & \cdots & c_{1n} \\ c_{21} & c_{22} & \cdots & c_{2n} \\ \vdots & \vdots & & \vdots \\ c_{n1} & c_{n2} & \cdots & c_{nn} \end{bmatrix}. \tag{4.2.2}$$

它有如下基本性质:

定理 4.2.2　从效益矩阵 (c_{ij}) 的第 k 行 (或第 k 列) 的每一个元素中减去一个常数 a, 得到的矩阵 (c'_{ij}) 所表示的分配问题与原问题具有相同的最优解.

称效益矩阵 (c_{ij}) 的某行 (列) 的每一个元素中减去一个常数得到的新的效益矩阵 (c'_{ij}) 为缩减效益矩阵. 根据定理 4.2.2, 可以将求解效益矩阵为 (c_{ij}) 的分配问题化成求解效益矩阵为 (c'_{ij}) 的分配问题, 这里 c'_{ij} 是由 c_{ij} 的各行、各列分别减去该行、该列的最小元素而得到的. 不难看出 (c'_{ij}) 中的每行、每列中至少有一个零元素. 如果这些零元素分布在效益矩阵的不同行和不同列上, 则称这些零元素为**独立零元素**.

如果得到了独立零元素, 且这些零元素的个数恰好等于效益矩阵的阶数, 则将独立零元素所在位置对应的 x_{ij} 取为 1, 将其余变量取为 0. 这时, 就找到了这个分配问题的最优解.

如果没有得到独立零元素, 或者独立零元素的个数小于效益矩阵的阶数, 则必须寻找某种方法继续调整缩减效益矩阵, 直至找到独立零元素的个数等于效益矩阵的阶数为止. 称这样的独立零元素对应的效益矩阵为**全分配矩阵**.

所以说, 分配问题求解的关键是如何调整效益矩阵, 使之成为全分配矩阵. 下面介绍的关于矩阵中零元素的定理是构造这类算法的基础.

定理 4.2.3　若一方阵中的一部分元素为零, 一部分元素为非零, 则覆盖方阵内所有零元素的最少直线数 (横线与竖线) 恰好等于那些位于不同行、不同列的零元素的最多个数.

根据以上两个定理, 可将匈牙利算法的解题步骤归纳如下:

算法 4.2.1 (匈牙利算法)

步 1. 将原分配问题的效益矩阵 (c_{ij}) 进行变换得矩阵 (c'_{ij}), 使各行各列中都出现零元素. 其方法是:

(1) 从效益矩阵 (c_{ij}) 的每行元素中减去该行的最小元素;

(2) 再从所得效益矩阵的每列元素中减去该列的最小元素.

步 2. 按以下步骤进行试分配:

(1) 从零元素最少的行 (或列) 开始, 给这个零元素加 "横杠", 记作 Θ. 然后划去该零元素所在列 (或行) 得其他零元素, 记作 ϕ.

(2) 给只有一个零元素的列 (或行) 中的零元素加 "横杠" Θ, 然后划去该零元素所在行 (或列) 得其他零元素, 记作 ϕ.

(3) 反复进行本步中 (1) 和 (2), 直到所有零元素都被 "横杠" 划出 (Θ) 或划去 (ϕ) 为止.

(4) 若仍有没有被 "横杠" 划出或划去的零元素, 且同行 (或列) 的零元素至少有两个, 这时可用不同的方案去试探. 如, 从剩有零元素最少的行 (或列) 开始, 比较这行零元素所在列中零元素的数目, 选择零元素较少的那列的零元素加 "横杠", 然后划去同行同列的其他零元素. 如此反复进行, 直到所有的零元素都已划出或划去.

(5) 若 Θ 元素的数目 m 等于矩阵的阶数 n, 那么这个分配问题的最优解已经得到, 令划 "横杠" 处的变量 $x_{ij} = 1$, 其余变量 $x_{ij} = 0$, 即为所求的最优解.

否则, 若 $m < n$, 则转下一步.

步 3. 寻找覆盖所有零元素的最少直线, 以确定该矩阵中能找到的最多的独立零元素的个数. 为此按以下步骤进行:

(1) 对没有 Θ 的行打 $*$ 号;

(2) 对已打 $*$ 号的行中所有含 ϕ 元素的列打 $*$ 号;

(3) 再对打有 $*$ 号的列中含有 Θ 元素的行打 $*$ 号;

(4) 重复 (2) 和 (3), 直到得不出新的打 $*$ 号的行、列为止.

(5) 对没有打 $*$ 号的行划横线, 打 $*$ 号的列划竖线, 就得到覆盖所有零元素的最少直线数.

令该直线数为 l. 若 $l < n$, 说明必须再变换当前的矩阵, 才能找到 n 个独立零元素, 则转步 4; 若 $l = n$, 而 $m < n$, 则返回步 3(4), 另行试探.

步 4. 调整 (c'_{ij}), 使之增加一些零元素. 步骤如下:

(1) 在没有被直线段覆盖的元素中, 找出最小元素 θ;

(2) 在没有被直线段覆盖的元素中, 减去这个最小元素 θ;

(3) 被两条直线覆盖 (横线和竖线交叉处) 的元素加上这个最小元素 θ;

(4) 被一条直线 (横线和纵线) 覆盖的元素不变.

这样, 得到新的缩减矩阵 (c_{ij}^2), 再返回步 2.

例 4.2.1　设有五项工作 A, B, C, D, E, 需分配甲、乙、丙、丁、戊五个人去完成. 每个人只能完成一件工作, 每件工作只能由一个人去完成. 五个人分别完成各项工作所需的费用如表 4.2.1 所示. 问如何分配工作才能使费用最省?

表 4.2.1

费用　工作 人	A	B	C	D	E
甲	8	6	10	9	12
乙	9	12	7	11	9
丙	7	4	3	5	8
丁	9	5	8	11	8
戊	4	6	7	5	11

解　第一步: 先将效益矩阵 (c_{ij}) 进行如下变换:

$$(c_{ij}) = \begin{bmatrix} 8 & 6 & 10 & 9 & 12 \\ 9 & 12 & 7 & 11 & 9 \\ 7 & 4 & 3 & 5 & 8 \\ 9 & 5 & 8 & 11 & 8 \\ 4 & 6 & 7 & 5 & 11 \end{bmatrix} \begin{matrix} -6 \\ -7 \\ -3 \\ -5 \\ -4 \end{matrix}$$

$$\rightarrow \begin{bmatrix} 2 & 0 & 4 & 3 & 6 \\ 2 & 5 & 0 & 4 & 2 \\ 4 & 1 & 0 & 2 & 5 \\ 4 & 0 & 3 & 6 & 3 \\ 0 & 2 & 3 & 1 & 7 \end{bmatrix} \rightarrow \begin{bmatrix} 2 & 0 & 4 & 2 & 4 \\ 2 & 5 & 0 & 3 & 0 \\ 4 & 1 & 0 & 1 & 3 \\ 4 & 0 & 3 & 5 & 1 \\ 0 & 2 & 3 & 0 & 5 \end{bmatrix}.$$

$$\begin{matrix} -1 & -2 \end{matrix}$$

第二步: 进行试分配, 求初始分配方案. 得

$$(c_{ij}^1) = \begin{bmatrix} 2 & \Theta & 4 & 2 & 4 \\ 2 & 5 & \phi & 3 & \Theta \\ 4 & 1 & \Theta & 1 & 3 \\ 4 & \phi & 3 & 5 & 1 \\ \Theta & 2 & 3 & \phi & 5 \end{bmatrix}.$$

第三步: 寻找覆盖所有零元素的最少直线, 以确定最多独立零元素的个数. 为此, 先对矩阵 (c_{ij}^1) 的第 4 行打 $*$, 再对第 2 列打 $*$, 最后对第 1 行打 $*$, 得

$$(c_{ij}^1) = \begin{bmatrix} 2 & \Theta & 4 & 2 & 4 \\ 2 & 5 & \phi & 3 & \Theta \\ 4 & 1 & \Theta & 1 & 3 \\ 4 & \phi & 3 & 5 & 1 \\ \Theta & 2 & 3 & \phi & 5 \end{bmatrix} \begin{matrix} * \\ \\ \\ * \\ \\ \end{matrix}$$

$$\qquad\qquad\qquad\qquad\qquad\qquad *$$

再用直线去覆盖第 $2, 3, 5$ 行和第 2 列, 得覆盖所有零元素的最少直线数为 $4 < 5$(矩阵的阶数).

第四步：调整 (c_{ij}^1), 使之增加一些零元素. 为此, 先找出没有被直线覆盖的元素的最小元素 $\theta = 1$. 然后根据步 4 的 (2)(3)(4), 将矩阵 (c_{ij}^1) 变换为

$$(c_{ij}^2) = \begin{bmatrix} 1 & 0 & 3 & 1 & 3 \\ 2 & 6 & 0 & 3 & 0 \\ 4 & 2 & 0 & 1 & 3 \\ 3 & 0 & 2 & 4 & 0 \\ 0 & 3 & 3 & 0 & 5 \end{bmatrix}.$$

再返回第二步. 进行试分配, 得

$$(c_{ij}^2) = \begin{bmatrix} 1 & \Theta & 3 & 1 & 3 \\ 2 & 6 & \Theta & 3 & \phi \\ 4 & 2 & \phi & 1 & 3 \\ 3 & \phi & 2 & 4 & \Theta \\ \Theta & 3 & 3 & \phi & 5 \end{bmatrix}.$$

再进行第三步, 寻找覆盖所有零元素的最少直线, 得

$$(c_{ij}^2) = \begin{bmatrix} 1 & \Theta & 3 & 1 & 3 \\ 2 & 6 & \Theta & 3 & \phi \\ 4 & 2 & \phi & 1 & 3 \\ 3 & \phi & 2 & 4 & \Theta \\ \Theta & 3 & 3 & \phi & 5 \end{bmatrix} \begin{matrix} * \\ * \\ * \\ * \\ \\ \end{matrix}$$

$$\qquad\qquad\qquad\quad * \quad * \qquad *$$

此时最少直线仍为 $4 < 5$. 再进行第四步. 先找出未被直线覆盖的最小元素 $\theta = 1$. 再进行调整, 得

$$(c_{ij}^3) = \begin{bmatrix} 0 & 0 & 3 & 0 & 3 \\ 1 & 6 & 0 & 2 & 0 \\ 3 & 2 & 0 & 0 & 3 \\ 2 & 0 & 2 & 3 & 0 \\ 0 & 4 & 4 & 0 & 6 \end{bmatrix}.$$

再返回第二步, 进行试分配, 得

$$(c_{ij}^3) = \begin{bmatrix} \phi & \Theta & 3 & \phi & 3 \\ 1 & 6 & \Theta & 2 & \phi \\ 3 & 2 & \phi & \Theta & 3 \\ 2 & \phi & 2 & 3 & \Theta \\ \Theta & 4 & 4 & \phi & 6 \end{bmatrix}.$$

此时, 独立零元素的个数 $m = 5$. 于是已经求得最优解 $x_{12}^*=x_{23}^*=x_{34}^*=x_{45}^*=x_{51}^*=1$, 其余 $x_{ij}^* = 0$. 目标函数最优值: $z^* = 6 \times 1 + 7 \times 1 + 5 \times 1 + 8 \times 1 + 4 \times 1 = 30$. □
　　这个问题有多个最优解, 例如,

$$(c_{ij}^3) = \begin{bmatrix} \Theta & \phi & 3 & \phi & 3 \\ 1 & 6 & \phi & 2 & \Theta \\ 3 & 2 & \Theta & \phi & 3 \\ 2 & \Theta & 2 & 3 & \phi \\ \phi & 4 & 4 & \Theta & 6 \end{bmatrix}$$

也是最优解.
　　一般说来, 当分配问题的效益矩阵经过变换后得到的缩减矩阵中, 若同行和同列都有两个或两个以上的零元素, 这时可以任选一行 (列) 中某一个零元素进行分配, 同时划去同行 (列) 中的其他零元素, 这时会出现多个最优解.

4.2.3　非标准形分配模型的标准化

　　如前所述, 匈牙利算法只能直接用于标准形分配问题, 而实际分配模型不一定都是标准形, 必须先加以适当处理才行. 例如表 4.2.2 所示分配问题.

表 4.2.2

	甲	乙	丙	丁
A	3	2	−2	1
B	2	−2	0	—
C	—	−1	1	0

效益矩阵中的元素表示四个对象完成三项任务所创造的利润, 其中甲不胜任 C, 丁不胜任 B, 相应处用短横线 "—" 表示. 易知该问题不满足分配模型标准形的全部三个条件. 可对其标准化如下:

(1) 由于目标函数为利润 max, 而标准形要求目标函数 min, 为化标准形可从效益矩阵中找出最大元素 3, 分别用它减去矩阵中每一元素 (矩阵中 "—" 处暂时空置), 得

$$\begin{bmatrix} 0 & 1 & 5 & 2 \\ 1 & 5 & 3 & \\ & 4 & 2 & 3 \end{bmatrix},$$

新矩阵与原矩阵对应元素大小关系正好相反, 新矩阵对应的目标即 min;

(2) 将新矩阵空置处 (对应原矩阵 "—" 处) 填上充分大的正数 M;

(3) 由于新矩阵非方阵, 行数比列数少 1, 因此添上一行 0 元素, 得

$$\begin{bmatrix} 0 & 1 & 5 & 2 \\ 1 & 5 & 3 & M \\ M & 4 & 2 & 3 \\ 0 & 0 & 0 & 0 \end{bmatrix}.$$

这个矩阵就完全符合标准形了.

4.3 转 运 问 题

运输问题只允许把货物从供应点直接发运到需求点. 在许多情况下, 允许在供应点之间或需求点之间进行运输. 有时还可能有这样的点 (称为转运点), 货物在它们的运输中可以通过这些点从供应点转运到需求点. 具有这些特点的运输问题称为转运问题. 现在讨论转运问题, 即运输网络中存在转运点, 我们可以通过求解运输问题来求解转运问题.

例 4.3.1 设工厂 F, G, H 要运送某种货物到仓库 $\alpha, \beta, \gamma, \delta$ 去, 所有供应量、需求量及费用系数见表 4.3.1.

表 4.3.1

C	α	β	γ	δ	供应量
F	70	110	40	80	40
G	60	100	30	90	50
H	50	90	20	100	30
需求量	20	40	30	30	

现在所有这些工厂或仓库又都可作为转运点. 例如工厂 F 的货物也可先运至工厂 G, 再从那里发往各仓库. 假定在工厂与仓库间, 沿两个相反方向的运输费用是相同的, 而工厂及仓库间的运输费用为

<table>
<tr><th>C</th><th>F</th><th>G</th><th>H</th></tr>
<tr><td>F</td><td>0</td><td>20</td><td>30</td></tr>
<tr><td>G</td><td>20</td><td>0</td><td>25</td></tr>
<tr><td>H</td><td>30</td><td>25</td><td>0</td></tr>
</table>

<table>
<tr><th>C</th><th>α</th><th>β</th><th>γ</th><th>δ</th></tr>
<tr><td>α</td><td>0</td><td>50</td><td>20</td><td>20</td></tr>
<tr><td>β</td><td>50</td><td>0</td><td>40</td><td>35</td></tr>
<tr><td>γ</td><td>20</td><td>40</td><td>0</td><td>15</td></tr>
<tr><td>δ</td><td>20</td><td>35</td><td>15</td><td>0</td></tr>
</table>

要求在允许转运的条件下决定费用最小的调运方案.

解　由题设可知每个工厂或仓库都可成为转运点, 因此这七处既可作为发点, 又可作为收点. 不妨把 $M = \sum a_i = \sum b_j = 120$ 作为每一点假设的转运量. 例如工厂 F 的需求量可视为 $M = 120$, 供应量为 $40 + M = 160$. 当然, 实际转运量可能少于 120, 但这关系不大, 因为流量 x_{11} 并不产生任何外部流, 而工厂 F 真正的转运量是 $120 - x_{11}$.

这样, 等价的运输问题中各点的供应量和需求量可见下表的右侧与下方所示.

	F	G	H	α	β	γ	δ	供应量
F	120					40		160
G		120				50		170
H			120			30		150
α				120				120
β					120			120
γ				20	40	30	30	120
δ							120	120
需求量	120	120	120	140	160	150	150	

所有的费用系数由前面几张表获得. 于是可用本章 4.1 节所介绍的解运输问题的方法算出这个问题的最优解, 它们便是上表内的数据 (空格皆为零值), 其含义是: 先将三个工厂的货物全部运到仓库 γ, 然后再从仓库 γ 按各仓库的实际需量转运出去, 这样的方案费用最小.　□

对一般的转运问题, 可把节点分成纯发点、纯收点及既可发又可收的转运点三类. 把纯发点与转运点皆作为发点, 其供应量为净供应量加上一个足够大的正数 M(例如 $\sum a_i$), 并把纯收点与转运点皆作为收点, 其需求量为净需求量加上 M. 再规定各转运点到其自身的费用系数为零, 然后就可求解等价的运输问题, 从而得到转运问题的解.

习 题 4

1. 某 3×4 运输问题, 其 c_{ij} 表、及 a_i, b_j, 如表 4.1 所示. 试用西北角法则求初始调运方案, 再求最优方案.

表 4.1 c_{ij}, a_i, b_j 表

c_{ij}	B_1	B_2	B_3	B_4	供应量 a_i
A_1	5	8	7	3	7
A_2	4	9	10	7	8
A_3	8	4	2	9	3
需求量 b_j	6	6	3	3	

2. 某 3×5 运输问题的产销量及单位运价如表 4.2 所示, 求最优调运方案.

表 4.2 c_{ij}, a_i, b_j 表

c_{ij}	B_1	B_2	B_3	B_4	B_5	供应量 a_i
A_1	10	15	20	20	40	50
A_2	20	40	15	30	30	100
A_3	30	35	40	55	25	150
需求量 b_j	25	115	60	30	70	

3. 已知某运输问题的产销量及最优调运方案由表 4.3 给出, 表 4.4 给出的是单位运价 c_{ij}. 试确定表 4.4 中 k 的取值范围.

表 4.3 最优调运方案 a_i, b_j 表

	B_1	B_2	B_3	B_4	供应量 a_i
A_1		5		10	15
A_2	0	10	15		25
A_3	5				5
需求量 b_j	5	15	15	10	

表 4.4 c_{ij} 表

	B_1	B_2	B_3	B_4
A_1	10	1	20	11
A_2	12	k	9	20
A_3	2	14	16	18

4. 在表 4.5 中, 给出某 4×4 运输问题的一个最优运输方案及 a_i, b_j 的值, 表 4.6 给出了 c_{ij} 的值, 试证本题为具有无穷多最优解问题, 且找出两个不同的最优解.

表 4.5　最优调运方案 a_i, b_j 表

	B_1	B_2	B_3	B_4	供应量 a_i
A_1	4	14			18
A_2			24		24
A_3	2		4		6
A_4			7	5	12
需求量 b_j	6	14	35	5	

表 4.6　c_{ij} 表

	B_1	B_2	B_3	B_4
A_1	9	8	13	14
A_2	10	10	12	14
A_3	8	9	11	13
A_4	10	7	11	12

5. 已知某运输问题的供求平衡表和单位运价表如表 4.7 所示.

表 4.7

产地＼销地	B_1	B_2	B_3	B_4	B_5	B_6	产量
A_1	2	1	3	3	3	5	50
A_2	4	2	2	4	4	4	40
A_3	3	5	4	2	4	1	60
A_4	4	2	3	1	2	2	31
销量 b_j	30	50	20	40	30	11	

(1) 求最优调运方案;

(2) 单位运价表中的 c_{12}, c_{35}, c_{41} 分别在什么范围内变化时, 上面求出的最优方案不变?

6. 某厂拟用五台机床加工五种零件, 其加工费 (元) 如表 4.8 所示. 若每台机床只限加工一种零件, 则应如何分配任务才能使总加工费最少?

表 4.8

机床＼零件	1	2	3	4	5
1	4	1	8	4	2
2	9	8	4	7	7
3	8	4	6	6	3
4	6	5	7	6	2
5	5	5	4	3	1

7. 五名游泳运动员的四种泳姿的百米最好成绩如表 4.9 所示. 应从中选哪四个人组成一个 4×100 米混合泳接力队?

表 4.9

泳姿 ＼ 人	甲	乙	丙	丁	戊
蝶泳	$1'06''8$	$57''2$	$1'18''$	$1'10''$	$1'07''4$
仰泳	$1'15''6$	$1'06''$	$1'07''8$	$1'14''2$	$1'11''$
蛙泳	$1'27''$	$1'06''4$	$1'24''6$	$1'09''6$	$1'23''8$
自由泳	$58''6$	$53''$	$59''4$	$57''2$	$1'02''4$

8. 五人翻译五种外文的速度 (印刷符号/小时) 如表 4.10 所示. 若规定每人专门负责一个语种的翻译工作, 那么, 试解答下列问题:

(1) 应如何指派, 使总的翻译效率最高?

(2) 若甲不懂德文, 乙不懂日文, 其他数字不变, 则应如何指派?

(3) 若将效益阵中各数字都除以 100, 然后解, 问最优解有无变化? 为什么?

表 4.10

人 ＼ 语种	英	俄	日	德	法
甲	900	400	600	800	500
乙	800	500	900	1000	600
丙	900	700	300	500	800
丁	400	800	600	900	500
戊	1000	500	300	600	800

9. 分配甲、乙、丙、丁 4 人去完成 5 项任务. 已知每人完成各项任务的时间如表 4.11 所示. 由于任务数多于人数, 故规定其中有一个人可兼成 2 项任务, 其余 3 人每人完成 1 项任务, 试确定使总花费时间最少的分配方案.

表 4.11

人 ＼ 时间 ＼ 任务	A	B	C	D	E
甲	25	29	31	42	37
乙	39	38	26	20	33
丙	34	27	28	40	32
丁	24	42	36	23	45

10. 在甲、乙、丙、丁、戊五人中挑选四人去完成四项工作. 已知每人完成各项工作的时间如表 4.12 所示, 规定每项工作只能由一个人去单独完成, 每个人最多承担一项工作. 又规定对甲必须保证分配一项工作, 丁因某种原因不能承担第四项工作. 在满足上述条件下, 问如何分配, 使完成四项工作总的花费时间为最少?

表 4.12

时间 \ 任务 \ 人	甲	乙	丙	丁	戊
1	10	2	3	15	9
2	5	10	15	2	4
3	15	5	14	7	15
4	20	15	13	6	8

11. 已知甲、乙两处分别有 70 吨和 55 吨物资外运, A, B, C 三处各需要物资 35 吨, 40 吨, 50 吨, 物资可以直接运达目的地, 也可以经某些点转运, 已知各处之间的距离 (千米) 如表 4.13~表 4.15 所示. 试制定一个最优调运方案.

表 4.13

终 \ 始	甲	乙
甲	0	12
乙	10	0

表 4.14

终 \ 始	A	B	C
甲	10	14	12
乙	15	12	18

表 4.15

终 \ 始	A	B	C
A	0	14	11
B	10	0	4
C	8	12	0

12. 一个航空公司可以从三个供应点购买汽油, 每个供应点的最大供应量分别为 $2k, 6k$ 和 $6k$. 该公司有三个地点需要补给汽油, 需求量分别为 $5k, 3k$ 与 $2k$. 从每个供应点到每个需求点的每 k 单位汽油的价格 (包括运费在内) 如表 4.16 所示.

表 4.16

	需求点		
	R	S	T
供 A	2	3	1
应 B	4	2	5
点 C	1	8	9

试为该航空公司考虑一个付费最少的购买方案.

13. 考虑问题

$$\min \quad \sum_{i=1}^{m}\sum_{j=1}^{n} c_{ij}x_{ij}$$

$$\text{s.t.} \quad \sum_{j=1}^{n} x_{ij} = a_i, \quad i = 1, \cdots, m,$$

$$\sum_{i=1}^{n} p_{ij}x_{ij} = b_j, \quad j = 1, \cdots, n,$$

$$x_{ij} \geqslant 0, \quad i = 1, \cdots, m; j = 1, \cdots, n,$$

其中每个 $p_{ij} > 0$. 试推广运输问题的算法来求解这个问题.

第5章 网络优化

分析许多重要的最优化问题时, 如果所研究的系统中含有有限个研究的对象, 同时还要考虑对象之间的相互关系, 一个简单并且常用的方法就是利用图形或网络表示法. 用点表示系统中的对象, 用点之间的连线表示对象之间的相互关系. 通过对图的研究和网络分析, 找出规律性的东西, 达到研究系统的目的. 图论与网络分析 (graph theory and network analysis) 是近几十年来运筹学领域中发展迅速且十分活跃的一个分支, 它能直观地描述实际问题并广泛应用于许多科学领域. 图论与网络分析的内容十分丰富, 本章介绍图论和网络的基本概念以及图论在路径问题、网络流问题和网络计划技术 (统筹方法) 等领域的应用.

5.1 基本网络概念

本章研究网络中的图和流, 该领域提供了一类广泛的线性规划应用的基础. 我们将讨论网络与线性规划之间的关系. 下面先给出一些基本图论和网络术语的概念.

定义 5.1.1 一个图包含个数有限的称为结点 (node) 的元素, 以及连接这些节点的弧 (arc). 用 $G(V, E)$ 来表示图, 其中 V 是结点集, E 是弧集.

一个图的结点通常标号为 $1, 2, 3, \cdots, n$. 一个弧连接结点 i 和 j, 通过无序的对 (i, j) 来表示. 一个图的典型表示如图 5.1.1 所表示, 结点用圆圈来表示, 每个圆圈内的数字用来记结点的标号. 弧用结点间的连线来表示.

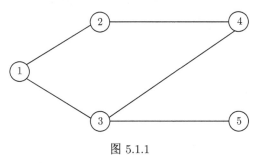

图 5.1.1

一个连接结点 i 和 j 的链由一系列连接这两个结点的弧组成, 此序列的形式为

$$(i, k_1), (k_1, k_2), (k_2, k_3), \cdots, (k_m, j).$$

在图 5.1.1 中, $(1,2),(2,4),(4,3)$ 是连接结点 1 和 3 的链. 若沿着一个链所指定的
运行方向 —— 记从结点 i 到结点 j —— 此时有向链称为 i 到 j 的路. 一个圈是一
个从结点 i 返回到结点 i 的链. 在图 5.1.1 中, 链 $(1,2),(2,4),(4,3),(3,1)$ 是图中的
圈. 若链中所含的弧均不相同, 称为简单链, 若所含的顶点不相同, 称为初等链.

如果任何两个结点都存在着一条链, 那么称该图为连通图. 图 5.1.1 是连通图.

网络优化问题中主要的研究兴趣是有向图, 其中每条弧都给定方向. 在这种情
况下, 一条弧就是有序的对 (i,j), 并且称此弧是从结点 i 到结点 j 的. 在图中从结
点 i 到结点 j 的弧采用箭头来指定方向, 见图 5.1.2. 在有向图中, 两结点间可能有
双向弧来连接它们, 这时用双弧来表示. 路和圈的记号能直接应用于有向图. 另外,
如果存在一条从结点 i 到 j 的路, 那么称结点 j 是从结点 i 可以达到的.

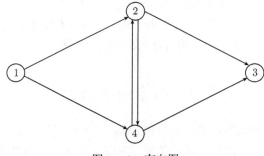

图 5.1.2   有向图

可以用结点-弧的关联矩阵表示有向图的特征. 一般地, 设 $V = \{v_1, \cdots, v_m\}$,
$E = \{e_1, \cdots, e_n\}$, 引进网络 $m \times n$ 结点-弧关联矩阵 A(node-arc incidence matrix),
其元素 a_{ij} 按如下规则取值:

$$a_{ij} = \begin{cases} 1, & \text{结点} v_i \text{是弧} e_j \text{的起点,} \\ -1, & \text{结点} v_i \text{是弧} e_j \text{的终点,} \\ 0, & \text{其他.} \end{cases} \quad (5.1.1)$$

这样, 可以写出图 5.1.2 的关联矩阵如下:

$$\begin{array}{c} \\ 1 \\ 2 \\ 3 \\ 4 \end{array} \begin{array}{cccccc} (1,2) & (1,4) & (2,3) & (2,4) & (4,2) & (4,3) \\ \left[\begin{array}{cccccc} 1 & 1 & & & & \\ -1 & & 1 & 1 & -1 & \\ & & -1 & & & -1 \\ & -1 & & -1 & 1 & 1 \end{array} \right] \end{array}.$$

在上图中, 最左边一列表示结点 1, 2, 3, 4; 最上面一行表示该图的 6 条弧: $e_1 =$
$(1,2), e_2 = (1,4), e_3 = (2,3), e_4 = (2,4), e_5 = (4,2), e_6 = (4,3)$. 在弧 (i,j) 的下方,

+1 表示对应的结点 i 的位置, -1 表示对应的结点 j 的位置. 这样的关联矩阵包含了图的所有信息, 且在计算机中容易存储, 因此这种表示方式在数值计算中是十分有用的.

网络流问题有广泛应用, 一个网络可以表示运输系统、通信系统、管道系统、或者分配系统. 从结点 i 到结点 j 的网络流 (flow) 用数 x_{ij} 表示, $((x_{ij}) \geqslant 0)$, 它是对应于有向弧 (i, j) 的流. 因此, 对于网络中的每一条弧, 都存在一个变量. 特别地, 除非结点是发点和收点, 流量在中间结点既不能创造也不能流失, 即流入一个中间结点的全部流量必须等于此结点全部流出的流量. 因此对于结点 i, 我们有

对于发点 i, 流出量 $-$ 流入量 $=$ 供应量;

对于收点 i, 流出量 $-$ 流入量 $= -$ 需求量;

对于中间结点 i, 流出量 $-$ 流入量 $= 0$.

在许多应用中, 有些结点被设计成收点或者发点.

对于有 n 个结点 (发点、收点和中间结点共 n 个) 的网络流问题, 我们有一般的网络流模型:

$$
\begin{aligned}
\min \quad & \sum_{i=1}^{n} \sum_{j=1}^{n} c_{ij} x_{ij} \\
\text{s.t.} \quad & \sum_{j=1}^{n} x_{ij} - \sum_{k=1}^{n} x_{ki} = b_i, \ \text{对于结点} i, \\
& x_{ij} \geqslant 0, \quad \forall (i, j).
\end{aligned} \tag{5.1.2}
$$

其中, c_{ij} 为价值系数 (单位流量的费用);

$b_i > 0$ 表示在结点 i 处有 b_i 个单位的供应量;

$b_i < 0$ 表示在结点 i 处有 $(-b_i)$ 个单位的需求量;

$b_i = 0$ 表示第 i 个结点是中间结点.

现在, 我们考虑 5 个结点、9 条弧的网络流问题. 其中, 对于结点 1, 供应量为 50; 对于结点 2, 需求量为 40; 结点 3 是中间结点; 对于结点 4, 供应量为 10; 对于结点 5, 需求量为 20. 上述网络流问题对应的线性规划模型为

$$
\begin{aligned}
\min \quad & 5x_{12} + x_{13} + 2x_{24} + 6x_{25} + 3x_{32} + 4x_{34} + 5x_{35} + 2x_{43} + 7x_{45} \\
\text{s.t.} \quad & x_{12} + x_{13} = 50, \\
& x_{24} + x_{25} - x_{12} - x_{32} = -40, \\
& x_{32} + x_{34} + x_{35} - x_{13} - x_{43} = 0, \\
& x_{43} + x_{45} - x_{24} - x_{34} = 10, \\
& -x_{25} - x_{35} - x_{45} = -20, \\
& x_{ij} \geqslant 0, \quad \forall (i, j).
\end{aligned}
$$

这个线性规划问题写成单纯形表的形式为

	x_{12}	x_{13}	x_{24}	x_{25}	x_{32}	x_{34}	x_{35}	x_{43}	x_{45}
50	1	1	0	0	0	0	0	0	0
−40	−1	0	1	1	−1	0	0	0	0
0	0	−1	0	0	1	1	1	−1	0
10	0	0	−1	0	0	−1	0	1	1
−20	0	0	0	−1	0	0	−1	0	−1

　　许多实际的网络流问题或者其特殊情形均可转化为这类网络流规划问题, 如以下介绍的几个问题.

　　1. 运输问题 (transportation problem)

　　第 4 章已叙述, 这是最小费用流问题的一个特例. 它没有转运点 (中间结点), 所有结点分成收点与发点两类, 各发点之间没有弧相连, 各收点之间也没有弧相连, 用图论的术语来说, 其网络图是一个偶图 (bipartite graph). 在运费和供求量给定的条件下考虑从某些工厂到某些商店的运输方案, 以使总的运费最小, 就是这样的运输问题.

　　2. 转运问题 (transshipment problem)

　　如果在运输问题中允许有若干收发量的平衡的转运点 (中间结点) 存在, 则称为转运问题.

　　3. 分配问题 (assignment problem)

　　这是运输问题的一个特例. 其中收点与发点的个数相同, 每个结点的收量或发量均为 1, 而且各弧上的流量只能为 0 或 1. 这类问题的实际背景是要把 n 件活分配给 n 个工人去做, 每人做一件活, 而使总的工时 (或费用) 最少.

　　4. 最小费用流问题 (minimal cost flow problem)

　　给出一个网络的每条弧流量的上界 u_{ij} 和单位流量的费用 $c_{ij} \geqslant 0$, 求可行流量的总费用最小, 即为最小费用流问题.

　　5. 最短路问题 (shortest path problem)

　　已知一网络上各弧的长度, 要求出从图上给定的结点 v_s 到结点 v_t 的最短的通路. 这个问题可以转化成最小费用流问题. 事实上只要把费用系数 c_j 取为弧 e_j 的长度. 令发点量和收点量分别为 $b_s = 1$, $b_t = -1$, 其余的 $b_i = 0$, 即把单位货物从 v_s 流到 v_t, 而其余结点皆为转运点. 各弧上的流量上界 u_j 可取为 1, 或者更简单地取为 $u_j = +\infty$, 从而取消上界限制. 这样给定各参数值后求解最小流问题, 求出的流程路线必定是最短路.

6. 最大流问题 (maximum flow problem)

对一个给出的网络的每条弧规定一个流量的上界, 再求从结点 v_s 至 v_t 的最大流量, 即是最大流问题.

5.2 最短路问题的算法

对于每条弧 (i, j), 值 c_{ij} 表示从结点 i 到结点 j 在此弧上的长度. 通常在结点 i 和结点 j 之间有多条路, 其中路长最短的称为最短路. 解最短路问题的算法通常针对 $c_{ij} \geqslant 0$, 对任意 $(i, j) \in E$. 我们的目的是寻找从结点 1 至结点 m 在有向图内的一条最短路. 定义 $Q(i)$ 是从结点 1 至结点 i, $i = 2, \cdots, m$ 的最短路的长度, 并且 $Q(1) = 0$. 设 $(j_1, j_2, \cdots, j_m)$ 是 $(1, 2, \cdots, m)$ 的一个排列使得 $j_1 = 1$ 且

$$0 = Q(j_1) \leqslant Q(j_2) \leqslant \cdots \leqslant Q(j_m).$$

在 $k - 1$ 步迭代时, 确定 j_k 和 $Q(j_k)$. 当 $j_k = m$ 时, 算法终止.

最短路算法的一个原则是: 若 $P^* = (j_1, \cdots, j_m)$ 是从结点 1 到结点 m 的最短路, 设 j_k 是这个最短路上的一个结点, 则由 j_1 沿着 P^* 到 j_k 的路也是从 j_1 到 j_k 的最短路.

一般步 设 $S_k = \{j_1, j_2, \cdots, j_k\}$, $R_k = V \setminus S_k$, 对于所有 $i \in R_k$,

$$d_k(i) = \begin{cases} \min\limits_{j \in S_k} \{Q(j) + c_{ji}\}, & \text{存在} (i, j) \in E, \\ \infty, & \text{其他}, \end{cases} \tag{5.2.1}$$

并且令

$$d_k(i^*) = \min_{i \in R_k} d_k(i). \tag{5.2.2}$$

式 (5.2.1) 中的 $d_k(i)$ 能逐次计算. 特别地, 因为 $S_k = S_{k-1} \bigcup \{j_k\}$, 故

$$d_k(i) = \min\{d_{k-1}(i), Q(j_k) + c_{j_k i}\}, \quad \text{对于所有} i \in R_k. \tag{5.2.3}$$

算法 5.2.1 (最短路算法)

步 1. 初始化. 令 $k = 1, S_k = \{1\}, R_k = \{2, \cdots, m\}, d_k(1) = 0$.
   若 $(1, i) \in E$, 令 $d_k(i) = c_{1i}$; 若 $(1, i) \notin E$, 令 $d_k(i) = \infty$.
   令 $P(i) = 1, \forall i \neq 1$, 这里 $P(i)$ 是用于识别一条最短路的弧.

步 2. 令 $d_k(i^*) = \min\limits_{i \in R_k} d_k(i)$. 计算 $Q(i^*)$.
   若 $i^* \neq m$, 令 $R_{k+1} = R_k \setminus \{i^*\}$, 并转步 3.
   若 $i^* = m$, 令 $Q(m) = d_k(i^*)$, 转步 4.

步 3. 对于所有 $i \in R_{k+1}$,

令 $d_{k+1}(i) = \min\{d_k(i), d_k(i^*) + c_{i^*i}\}$.

若 $d_{k+1}(i) = d_k(i^*) + c_{i^*i}$, 则令 $P(i) = i^*$.

令 $k := k+1$, 转步 2.

步 4. 求最短路. 令 $j = P(i^*)$ 且记 (j, i^*) 为最短路中的一条弧.

若 $j = 1$, 算法终止. 若 $j \neq 1$, 转步 5.

步 5. 记 $i^* = j$, 转步 4.

注　算法中步 4 给出最短路的一条弧 (j, i^*).

例 5.2.1　考虑图 5.2.1. 其中 c_{ij} 是弧 (i, j) 的长度, 用最短路算法寻找结点 1 与结点 6 间的一条最短路.

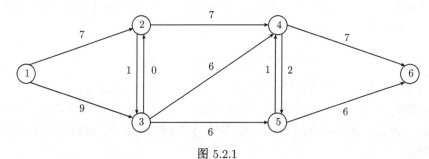

图 5.2.1

解　**步 1：** 初始化. $k := 1, S_1 = \{1\}, R_1 = \{2, 3, 4, 5, 6\}, d_1(1) = 0, d_1(2) = 7, d_1(3) = 9, d_1(4) = d_1(5) = d_1(6) = \infty$. 令 $P(i) = 1, i = 2, \cdots, 6$.

步 2： $i^* = 2, Q(2) = 7, R_2 = R_1 \setminus \{i^*\} = \{3, 4, 5, 6\}$.

步 3： $d_2(3) = 8, P(3) = 2, d_2(4) = 14, P(4) = 2$. 对于 $i = 5, 6, d_2(i) = d_1(i)$. $k := 2$.

步 2： $i^* = 3, Q(3) = 8, R_3 = \{4, 5, 6\}$.

步 3： $d_3(5) = 14, P(5) = 3$. 对其他 $i \in R_3, d_3(i) = d_2(i)$. $k := 3$.

步 2*： $i^* = 4, 5, Q(4) = Q(5) = 14$, 取 $R_4 = \{6\}$.

步 3： $d_4(6) = 20$, 取 $P(6) = 5$. 令 $k := 4$.

步 2： $i^* = 6, Q(6) = d_4(6) = 20$.

步 4： $j = P(6) = 5$, 记 $(j, i^*) = (5, 6)$ 为最短路中的一条弧.

步 5： $i^* = j = 5$.

步 4： $j = P(5) = 3$, 记 $(j, i^*) = (3, 5)$ 为最短路中的一条弧.

步 5： $i^* = j = 3$.

步 4： $j = P(3) = 2$, 记 $(j, i^*) = (2, 3)$ 为最短路中的一条弧.

步 5： $i^* = j = 2$.

步 4: $j = P(2) = 1$, 记 $(j, i^*) = (1, 2)$ 为最短路中的一条弧. 这时 $j = 1$, 算法终止. 从而路 $(1, 2, 3, 5, 6)$ 为所求的最短路, 路长为 $7 + 1 + 6 + 6 = 20$. □

注 在执行步 2* 时, 式 (5.2.2) 有两个解. 这里我们取了一条最短路, 但我们也可以寻找从结点 1 至结点 m 的所有最短路.

5.3 最大流问题

本节讨论最大流网络规划问题, 即从一个给定的发点到一个收点, 在满足弧的流量约束的条件下, 决定可能最大的可能流. 在网络应用中, 我们常常假设在各种弧中有允许的流量上界, 此即容量网络的概念. 在实际物流问题中, 例如城市 A 和城市 B 之间有若干条道路通行, 且每条道路允许通行的物流量不能超过该路段的容量. 问如何安排运输计划使从城市 A 到城市 B 的物流量最大? 许多的输油管道、水管道、飞机航线、通信线路也是这类最大流问题.

定义 5.3.1 容量网络是给网络中某些弧分配非负容量, 它是在那些弧中定义的最大允许流量. 弧 (i, j) 的容量记为 u_{ij}.

考虑一个容量网络问题, 发点和收点分别记为结点 1 和 m, 所有其他结点必须满足流量平衡条件, 即流入这些结点的流量和等于流出这些结点的流量和, 我们称之为该结点处的净流量为零. 发点必有发量而收点必有进量. 发点发出的流量和等于网络的总流量 f; 收点流入的流量和等于网络的总流量 f. 一系列满足这些条件的弧流称为值 f 的网络流. 最大流问题是在这样的网络中求一组可行流 $\{x_{ij}\}$ 使得网络的总流量 f 达到最大. 当表示成线性规划问题时, 我们有如下形式:

$$\max \quad f \tag{5.3.1}$$

$$\text{s.t.} \quad \sum_{j=1}^{n} x_{1j} - \sum_{j=1}^{n} x_{j1} - f = 0, \tag{5.3.2}$$

$$\sum_{j=1}^{n} x_{ij} - \sum_{j=1}^{n} x_{ji} = 0, \quad i \neq 1, m, \tag{5.3.3}$$

$$\sum_{j=1}^{n} x_{mj} - \sum_{j=1}^{n} x_{jm} + f = 0, \tag{5.3.4}$$

$$0 \leqslant x_{ij} \leqslant u_{ij}, \quad i, j = 1, 2, \cdots, m. \tag{5.3.5}$$

满足上述约束条件的流 $\{x_{ij}\}$ 称为可行流. 用结点-弧关联矩阵的表示形式来表示 (5.3.1)～(5.3.5). 设向量 x 的分量是弧流 x_{ij}, x_{ij} 为结点 i 到结点 j 的弧段内的流量, u_{ij} 是这段弧的流量上限 (容量), A 是对应的结点-弧关联矩阵. 又设 e 是一个向量, 维数等于结点的数目, 它相应于结点 1 的分量为 $+1$, 相应于结点 m 的分量为 -1, 相应于其他结点的分量都为零. 由此, 最大流问题 (5.3.1)～(5.3.5) 可以写成

$$\max \quad f$$

$$\text{s.t.} \quad Ax - fe = 0, \tag{5.3.6}$$

$$0 \leqslant x \leqslant u.$$

该问题的系数矩阵等于结点–弧关联矩阵加上流变量 f 的附加列. (5.3.6) 可以用单纯形法来求解.

例 5.3.1 某石油公司需要通过管道从结点 1 到结点 5 运送石油. 各段管道的容量如表 5.3.1 所示. 求每小时通过该管道输送石油的最大流.

表 5.3.1

弧	容量
(1, 2)	2
(1, 3)	3
(2, 3)	3
(2, 4)	4
(4, 5)	1
(3, 5)	2

解 设 x_{ij} 表示从结点 i 到结点 j 的流量, 根据流量平衡条件, 若设 x_{51} 是人工弧 (5,1) 的流量, 则 x_{51} 就是从发点 1 到收点 5 的总流量 f. 于是, 可列出如下线性规划问题:

$$
\begin{aligned}
\max \quad & f \\
\text{s.t.} \quad & x_{12} + x_{13} && && && -f = 0, \\
& -x_{12} && + x_{23} + x_{24} && && = 0, \\
& -x_{13} - x_{23} && && + x_{35} && = 0, \\
& && -x_{24} + x_{45} && && = 0, \\
& && -x_{45} && -x_{35} && +f = 0,
\end{aligned}
\tag{5.3.7}
$$

$$0 \leqslant x_{12} \leqslant 2,$$
$$0 \leqslant x_{13} \leqslant 3,$$
$$0 \leqslant x_{23} \leqslant 3,$$
$$0 \leqslant x_{24} \leqslant 4,$$
$$0 \leqslant x_{45} \leqslant 1,$$
$$0 \leqslant x_{35} \leqslant 2.$$

调用线性规划的单纯形算法程序得到

$$z = 3, \quad x_{12} = 2, \quad x_{24} = 1, \quad x_{23} = 1,$$

$$x_{13} = 1, \quad x_{45} = 1, \quad x_{35} = 2, \quad f = x_{51} = 3.$$

从而每小时输送石油的最大流为 3(万桶). 输送路线为:

通过路 1—2—3—5 运送 1(万桶); 通过路 1—2—4—5 运送 1(万桶); 通过路 1—3—5 运送 1(万桶). □

对于极大流问题, 著名的 Ford-Fulkerson 算法是非常有效的. 在容量网络中, 设 $\{x_{ij}\}$ 是一组可行流. 若 $x_{ij} = u_{ij}$, 则弧 (i, j) 称为饱和弧; 若 $x_{ij} < u_{ij}$, 则弧 (i, j) 称为不饱和弧; 若 $x_{ij} = 0$, 则弧 (i, j) 称为零流弧; 若 $x_{ij} \neq 0$, 则弧 (i, j) 称为非零流弧. 所谓可扩链是指该链上每一条向前弧 (该点为起点的弧) 均为不饱和弧, 而每一条向后弧 (指向该点的弧) 均为非零弧.

定理 5.3.1 在容量网络中, 可行流 x^* 是最大流的充分必要条件是不存在关于 x^* 的可扩链.

著名的 Ford-Fulkerson 最大流算法就是依据这个定理提出的. 在这个算法中要解决两个问题:

(1) 给出一个可行流, 如何知道它是一个最大流?

(2) 如果一个可行流不是最优的, 我们如何修改这个流从而得到一个新的改善的流?

我们采用标号法来解决这两个问题. 设

$$I = \{(i, j) \mid x_{ij} < u_{ij}\},$$
$$R = \{(i, j) \mid x_{ij} > 0\}.$$

又设与已给标号但未作检查的结点 i 相邻、且未给予标号的结点的集合为 J_i. 标号规则如下:

(1) 如果结点 i 是已标号的, 结点 j 是未标号的, 弧 $(i, j) \in I$, 则标号结点 j 和弧 (i, j). 在这种情形, 弧 (i, j) 称为向前弧 (forward arc).

(2) 如果结点 j 未标号, 结点 i 已标号, 且弧 $(j, i) \in R$, 则标号结点 j 和弧 (j, i). 在这种情形, 弧 (j, i) 称为向后弧 (backward arc).

(3) 继续上述标号过程直到收点被标号为止, 或者直到没有结点可以被标号.

情形 (1) 和 (2) 判断可行流是否可扩. 在情形 (3) 的第一种情形, 如果收点 m 被标号 (i, c_m), 则在此路相应的弧上增加 (减少) 流 c_m, 用这个增量修改可行流使得可行流得到改善. 在情形 (3) 的第二种情形, 如果不存在需要标号的结点, 即不存在可扩链, 则最大流达到.

在算法中, 在结点 j 的标号对中, 第一个标号表示其是从哪个结点得到的; 第二个标号表示弧流 x_{ij} 可能的增量, 用 c_j 表示.

算法 5.3.1 (最大流算法 (Ford-Fulkerson 算法))

步 1. 置所有 $x_{ij} = 0$, 令 $f = 0$.

步 2. 标号发点 1 为 $(0, \infty)$, 所有其他结点都未标号.

步 3. 选取已标号的结点 i 作检查, 记此结点为 (i, c_i).

对于所有未标号结点 j, 如果弧 (i,j) 满足 $x_{ij} < u_{ij}$, 则用 (i,c_j) 标号结点 j, 并标号弧 (i,j), 这里 $c_j = \min\{c_i, u_{ij} - x_{ij}\}$.

对于所有未标号结点 j, 如果存在弧 (j,i) 满足 $x_{ji} > 0$, 则用 (i,c_j) 标号结点 j, 并标号弧 (j,i), 其中 $c_j = \min\{c_i, x_{ji}\}$.

步 4. 重复步 3, 直至或者收点 m 被标号, 或者不存在需要标号的结点. 在后者情况, 现行解是最优的.

步 5. (扩展): 如果收点 m 被标号 (i,c_m), 那么, 在此路上的每条弧增加流 c_m. 返回步 2.

这个算法的有效性是相当明显的.

定理 5.3.2　最大流算法最多有限次迭代收敛.

证明省略.

下面我们来看一个最大流问题的例题.

例 5.3.2　求图 5.3.1 所示网络的最大流 (弧 (i,j) 旁的数字为 u_{ij} 值).

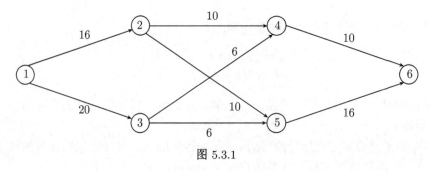

图 5.3.1

解　以零流为初始流, 即令每条弧上的流量为零. 用标号法求可扩链 (弧 (i,j) 旁的数偶为 $[x_{ij}, u_{ij}]$), 而顶点上面的数偶为分配标记 $(\pm i, c_i)$, $\pm$ 号表示前 (后) 置点.

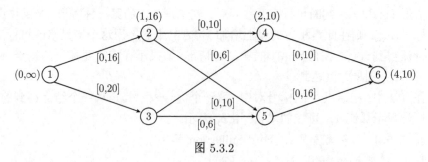

图 5.3.2

令 $k=1$. 令 $x_{ij} = 0, f := 0$. 给发点 1 标号 $(0, \infty)$. 给弧 $(1,2)$ 标号 $[x_{12}, u_{12}] = [0,16]$. 弧 $(1,2) \in I$ 向前弧, 给结点 2 标号 $(i,c_j) = (1,c_2) = (1,16)$. 因为 $j = 2 <$

$6 = m$, 重复步 3, 选取已标号的结点 2 作检查, $J_2 = \{4, 5\}$. 考虑弧 $(2, 4)$ 和结点 4. 因为 $x_{24} = 0 < u_{24} = 10$, 故弧 $(2, 4) \in I$ 是向前弧. 给结点 4 标号 $(i, c_j) = (2, c_4) = (2, 10)$. 考虑结点 4, $J_4 = \{6\}$. 考虑弧 $(4, 6)$ 和结点 6. 因为 $x_{46} = 0 < u_{46} = 10$, 故弧 $(4, 6) \in I$ 是向前弧. 给结点 6 标号 $(i, c_j) = (4, c_6) = (4, 10)$. 这样收点 6 已被标号, 得到标号链 $C = (1, 2) - (2, 4) - (4, 6)$, 即图 5.3.2 中 $v_1 v_2 v_4 v_6$, 其中每一条弧都是向前弧, 这是一个可扩链. 我们可以增加 C 中每一条弧一个可行流增量

$$\Delta = \min\{16, 10, 10\} = 10.$$

修改后得到新的流 (图 5.3.3),

$$x_{12} = x_{24} = x_{46} = 10, \quad f := f + \Delta = 0 + 10 = 10.$$

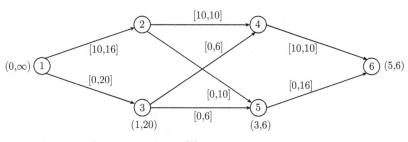

图 5.3.3

令 $k = 2$. 给发点 1 标号 $(0, \infty)$. 给弧 $(1, 3)$ 标号 $[x_{13}, u_{13}] = [0, 20]$. 弧 $(1, 3) \in I$ 向前弧, 给结点 3 标号 $(i, c_j) = (1, c_3) = (1, 20)$. 因为 $j = 3 < 6 = m$, 重复步 3, 对已标号的结点 3 作检查, $J_3 = \{4, 5\}$. 考虑标号弧 $(3, 5)$ 和结点 5. 因为 $x_{35} = 0 < u_{35} = 6$, 故弧 $(3, 5) \in I$ 是向前弧. 给结点 5 标号 $(i, c_j) = (3, c_5) = (3, 6)$. 对已标号的结点 5 作检查, $J_5 = \{6\}$. 考虑标号弧 $(5, 6)$ 和结点 6. 因为 $x_{56} = 0 < u_{56} = 16$, 故弧 $(5, 6) \in I$ 是向前弧. 因为

$$c_6 = \min\{c_5, u_{56} - x_{56}\} = \min\{6, 16\} = 6,$$

故给结点 6 标号 $(i, c_j) = (5, c_6) = (5, 6)$. 这样收点 6 已被标号. 得到标号链 $C = (1, 3) - (3, 5) - (5, 6)$, 即 $v_1 v_3 v_5 v_6$, 其中每一条弧都是向前弧, 这是一个可扩链. 我们可以增加 C 中每一条弧一个可行流增量 $\Delta = \min\{20, 6, 6\} = 6$. 修改后得到新的流 (图 5.3.4),

$$x_{13} = x_{35} = x_{56} = 6, \quad f := f + \Delta = 10 + 6 = 16.$$

令 $k = 3$. 给发点 1 标号 $(0, \infty)$. 给弧 $(1, 2)$ 标号 $[x_{12}, u_{12}] = [10, 16]$. 因为 $x_{12} = 10 < u_{12} = 16$, 故弧 $(1, 2) \in I$ 是向前弧. 由于

$$c_2 = \min\{c_1, u_{12} - x_{12}\} = \min\{\infty, 16 - 10\} = 6,$$

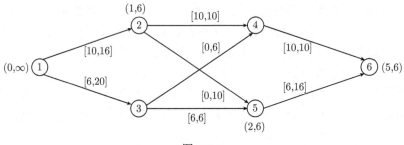

图 5.3.4

故结点 2 标号为 $(i, c_j) = (1, c_2) = (1, 6)$. 因为 $j = 2 < 6 = m$, 重复步 3, 考虑结点 2, $J_2 = \{4, 5\}$. 考虑标号弧 $(2, 5)$ 和结点 5. 因为 $x_{25} = 0 < u_{25} = 10$, 故弧 $(2, 5) \in I$ 是向前弧. 因为

$$c_5 = \min\{c_2, u_{25} - x_{25}\} = \min\{6, 10\} = 6,$$

故给结点 5 标号为 $(i, c_j) = (2, c_5) = (2, 6)$. 再考虑标号弧 $(5, 6)$ 和结点 6. 因为 $x_{56} = 6 < u_{56} = 16$, 故弧 $(5, 6) \in I$ 是向前弧. 因为

$$c_6 = \min\{c_5, u_{56} - x_{56}\} = \min\{6, 10\} = 6,$$

故给结点 6 标号 $(i, c_j) = (5, c_6) = (5, 6)$. 这样收点 6 已被标号. 得到标号链 $C = (1,2)—(2,5)—(5, 6)$, 即 $v_1 v_2 v_5 v_6$, 其中每一条弧都是向前弧, 这是一个可扩链. 我们可以增加 C 中每一条弧一个可行流增量

$$\Delta = \min\{6, 6, 6\} = 6.$$

修改后得到新的流 (图 5.3.5),

$$x_{12} = 16, \quad x_{25} = 6, \quad x_{56} = 12, \quad f := f + \Delta = 16 + 6 = 22.$$

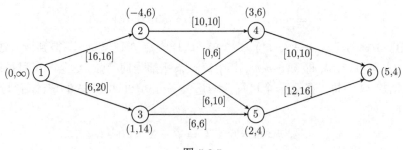

图 5.3.5

令 $k = 4$. 给发点 1 标号 $(0, \infty)$. $J_1 = \{2, 3\}$, $[x_{13}, u_{13}] = [6, 20]$. 因为 $x_{13} = 6 < u_{13} = 20$, 故弧 $(1, 3) \in I$ 是向前弧. 由于 $c_3 = 20 - 6 = 14$, 故结点 3 标号为

$(i, c_j) = (1, c_3) = (1, 14)$. 因为 $j = 3 < 6 = m$, 重复步 3, 对已标号的结点 3 作检查, $J_3 = \{4, 5\}$. $[x_{34}, u_{34}] = [0, 6]$, 弧 $(3, 4) \in I$ 是向前弧. 因为

$$c_4 = \min\{c_3, u_{34} - x_{34}\} = \min\{14, 6\} = 6,$$

故给结点 4 标号为 $(i, c_j) = (3, c_4) = (3, 6)$.

考虑结点 4, 注意到 $x_{ji} = x_{24} = 10 > 0$, 结点 4 已标号, 结点 2 未标号, 故弧 $(j, i) = (2, 4) \in R$ 是向后弧. 我们可以标号弧 $(2, 4)$ 和结点 2. 这时,

$$c_j = c_2 = \min\{c_i, x_{ji}\} = \min\{6, 10\} = 6.$$

故结点 2 的标号为 $(-i, c_j) = (-4, c_2) = (-4, 6)$, 这里 "$-$" 表示向后.

再考虑结点 2, $J_2 = \{5\}$. $(2, 5) \in I$ 是向前弧, 故 $[x_{25}, u_{25}] = [6, 10]$,

$$c_5 = \min\{c_2, u_{25} - x_{25}\} = \min\{6, 4\} = 4,$$

故结点 5 的标号为 $(i, c_j) = (2, 4)$.

对于结点 5, $J_5 = \{6\}$. 弧 $(5, 6) \in I$ 是向前弧, 故 $[x_{56}, u_{56}] = [12, 16]$,

$$c_6 = \min\{c_5, u_{56} - x_{56}\} = \min\{4, 4\} = 4,$$

故结点 6 的标号为 $(i, c_j) = (5, 4)$. 这样收点 6 已被标号. 得到可扩标号链 $C = (1, 3) - (3, 4) - (4, 2) - (2, 5) - (5, 6)$, 即 $v_1 v_3 v_4 v_2 v_5 v_6$, 其可行流增量为

$$\Delta = \min\{14, 6, 6, 4, 4\} = 4.$$

修改后得到新的流 (见图 5.3.6), 该链中更新的弧流为

$$x_{13} = 10, \quad x_{34} = 4, \quad x_{42} = -6, \quad x_{25} = 4, \quad x_{56} = 16.$$

更新后的流量为 $f := f + \Delta = 16 + 6 = 22$.

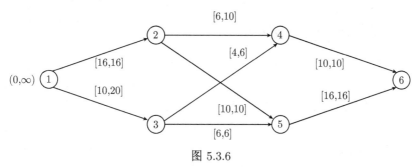

图 5.3.6

此时不再存在可扩链, 故已经找到最大流

$$x_{12}^* = 16, \quad x_{13}^* = 10, \quad x_{24}^* = 6, \quad x_{34}^* = 4,$$

$$x_{25}^* = 10, \quad x_{35}^* = 6, \quad x_{46}^* = 10, \quad x_{56}^* = 16,$$

而最大流量 $f^* = 26$. □

5.4 网络计划技术 (统筹方法)

随着生产技术的迅速发展, 工程规模越来越大, 科学实验过程越来越复杂. 工程和科学实验等工作包含了越来越多的工序与生产环节, 工序之间、生产环节之间的关系错综复杂, 其中, 有些工序需要同时进行, 有些工序须在某些工序之前进行, 而有些工序必须在某些工序完成之后方能进行. 因此有关的管理部门需要制订适当的计划, 安排好各工序与环节之间的关系, 以便合理地利用现有的人力、物力与资金, 在指定的工期内用尽可能短的时间顺利地完成工作. 为处理这类问题, 20 世纪 50 年代以来出现了一些以网络分析为基础的方法, 其中颇具代表性的有关键路线法 (critical path method, CPM, 美国杜邦公司在 1956 年采用) 与计划评审技术 (program evaluation and review technique, PERT, 1958 年美国海军武器局在制定研制 "北极星" 导弹计划时采用). 其后又陆续出现了图评审技术 (graphic evaluation and review technique, GERT), 风险评审技术 (venturesome evaluation and review technique, VERT) 等. 网络计划技术在我国又称为统筹法, 是对计划项目进行评价、核算, 然后选定最优计划方案的一种技术, 也是综合运用计划评价技术和关键路线法的一种先进的计划管理方法. 关键路线法是在计划项目的各项错综复杂的工作中, 找出并抓住其中的关键路线和关键工序进行计划安排的一种方法. 由此, 网络计划技术是运用工程网络图来表达计划的内容及其相互之间的关系, 通过分析、计算, 找到整个计划的主要矛盾、关键环节, 然后进行调整, 以求得完工日期、技术资源及成本的优化方案. 网络计划技术已成为管理科学与工程中不可或缺的一个重要工具.

5.4.1 计划网络图 (或工程网络图)

一项工程 (或任务) 总是由若干个工序 (或活动) 组合而成的. 各道工序之间有着一定的先后次序上的联系, 某一些工序往往要在另一些工序完成后才能开始, 而每一道工序的完成都需要一定的时间. **工程网络图**(又称**工序流程图**) 是表示整个工程计划中各工序的先后次序和所需时间的图. 为编制网络计划, 首先需绘制网络图. 网络图是由结点 (点)、弧及权所构成的有向图, 即有向的赋权图. **结点**表示一个事项 (或事件), 它是一个或若干个工序的开始或结束, 是相邻工序在时间上的分界点. 结点用圆圈和里面的数字表示, 数字表示结点的编号, 如①, ②,⋯ 等. **弧**表示一个工序, 工序是指为了完成工程项目, 在工艺技术和组织管理上相对独立的工作或活动. 一项工程由若干个工序组成, 工序需要一定的人力、物力等资源和时间. 弧用箭头线 "→" 表示. **权**表示为完成某个工序所需要的时间或资源等数据. 通常标注在箭头线下面或其他合适的位置上.

例 5.4.1 (应用关键路线法求解) 某项研制新产品工程的各个工序与所需时间以及它们之间的前后相互关系如表 5.4.1 所示.

表 5.4.1

活动	作业时间	紧后活动	正常完成进度的直接费用/千元	赶进度一天所需的费用/千元
A	8	D、E、F	40	10
B	16	G、C	60	12
C	12	—	30	6
D	6	G	10	4
E	10	H	36	8
F	14	H	80	14
G	8	H	20	6
H	6	—	30	12
合计			306	
工程的间接费用			10千元/天	

(1) 求正常完成进度的最低成本与日程, 要求编制该项工程的网络计划;

(2) 如果可以赶进度, 缩短工序的完成时间, 求该表所列工程的成本与日程, 以及在赶进度下完成工程的最低成本与日程.

根据表 5.4.1 的已知条件和数据, 绘制的网络图如图 5.4.1 所示.

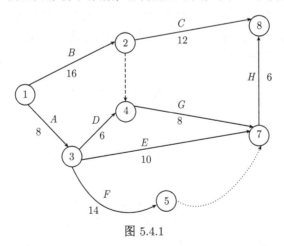

图 5.4.1

在图 5.4.1 中, 箭头线 A, B, C, D, E, F, G, H 分别代表 8 个工序, 箭头线下面的数字表示为完成该工序所需的时间 (天数). 结点①、②、⋯⋯ 、⑧分别表示某一个或某一些工序的开始和结束. 例如, 结点③表示 A 工序的结束和 D, E, F 等工序的开始, 即 A 工序结束后, D, E, F 三个工序才能开始.

在工程网络图中, 用一条弧和两个结点表示一个确定的工序. 例如, ① → ② 表示一道确定的工序 B. 工序开始的结点常以 i 表示, 称为箭尾结点. 工序结束的结点常以 j 表示, 称为箭头结点. i 称为箭尾事项, j 称为箭头事项. 工序的箭头事项与箭尾事项称为该工序的相关事项. 在一张工程网络图上, 始点和终点分别表示工程的开始和结束, 其他结点既表示上一个 (或若干个) 工序的结束, 又表示下一个 (或若干个) 工序的开始.

为正确反映工程中各个工序的相互关系, 在绘制工程网络图时, 应遵循以下规则:

工程网络图的规则

(1) 方向、时序与结点编号. 工程网络图是有向图, 按照工艺流程的顺序, 规定工序从左向右排列. 网络图中的各个结点都有一个时间 (某一个或若干个工序结束的时间), 一般按各个结点的时间顺序编号.

(2) 紧前工序与紧后工序. 例如, 在图 5.4.1 中, 只有在 A 工序结束后, D, E, F 工序才能开始. 我们称 A 工序是 D, E, F 工序的紧前工序, 而称工序 D, E, F 则是工序 A 的紧后工序.

(3) 虚工序. 为了用来表达相邻工序之间的衔接关系, 实际上并不存在而虚设的工序, 称为虚工序, 用虚箭头线 $i - \cdots \to j$ 表示. 虚工序不需要人力、物力等资源和时间.

(4) 相邻的两点之间只能有一条弧. 即一个工序用确定的两个相关事项表示, 某两个相邻结点只能是一个工序的相关事项, 在计算机上计算各个结点和各个工序的时间参数时, 相关事项的两个结点只能表示一道工序, 否则将造成逻辑上的混乱. 如图 5.4.2 的画法是错误的.

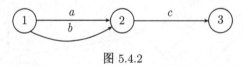

图 5.4.2

(5) 工程网络图中不能有缺口和回路. 工程网络图中除始点、终点外, 其他各个结点的前后都应有弧连接, 即图中不能有缺口, 这样网络图从始点经任何路线都可以到达终点. 否则, 将使某些工序失去与其紧后 (或紧前) 工序应有的联系. 在本节讨论的网络图中没有回路, 即不可能有循环现象. 否则, 将使组成回路的工序永远不能结束, 工程永远不能完工. 如图 5.4.3 出现的情况是错误的.

(6) 平行作业. 为缩短工程的完工时间, 在工艺流程允许的情况下, 某些工序可以同时进行, 即可采用平行作业的方式. 在有几个工序平行作业结束后转入下一个工序的情况下, 考虑到便于计算网络时间和确定关键路线, 选择在平行作业的几个工序中所需时间最长的一个工序, 直接与其紧后工序衔接, 而其他工序则通过虚工序与其后工序衔接.

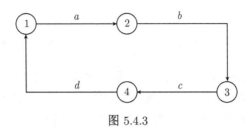

图 5.4.3

(7) 交叉作业. 为缩短工程周期, 对需要较长时间才能完成的一些工序, 在工艺流程允许的情况下, 可以不必等待工序全部结束后再转入其紧后工序, 而是分期分批的转入. 这种方式称为交叉作业.

(8) 始点和终点. 为表示工程的开始和结束, 在工程网络图中只能有一个始点和一个终点.

(9) 工程网络图的分界与综合.

(10) 工程网络图的布局. 尽可能将关键路线布置在中心位置, 尽量将紧密的工作布置在相近的位置, 并附有时间进度.

5.4.2 关键路线法 (CPM) 和时间参数计算

在工程网络图中从总开工事项到总完工事项的最长单向链称为该工程网络图的**关键路线**, 关键路线上的工序称为**关键工序**. 关键工序完工时间的提前或拖延会直接影响整个工程完工的日期, 所以关键路线是整个工程的关键所在, 找出关键路线是协调工程计划的一个重要步骤.

关键路线的方法

(1) 给工程网络图的顶点编号. 工程网络图的顶点编号的步骤如下:

算法 5.4.1

步 1. 将图中表示总开工事项的顶点标号为 1, 然后从图中删去该点和以它为起点的弧.

步 2. 在余下的图中对不作为任何弧的终点的顶点依次用余下的自然数编号, 然后去掉已编号的顶点和以它们为起点的弧.

步 3. 重复步 2, 直到只剩图中表示总完工事项的顶点, 将它编上该工程网络图的最大的号.

(2) 计算工程网络图中的时间参数.

(i) 计算最早可能开工时间: 一道工序的最早开工时间等于工程网络图中从总开工事项到该工序开工事项的最长单向链长. 它必须在该工序的各项紧前工序都完成以后才能开始. 用 $T_E(i)$ 表示事项 i 的最早可以开工时间, 它等于 1 到 i 的最

长单向链长. 基于图中顶点编号的规则, 从 1 到 i 单向链中的顶点编号都应该小于 i, 递推公式为

$$T_E(i) = \max\{T_E(h) + t(h, i) \mid \forall\, h < i,\ \text{弧}\ (h, i) \in \mathcal{A}\}, \tag{5.4.1}$$

这里 (h, i) 表示事项 i 的紧前工序, $t(h, i)$ 表示事项 h 至事项 i 的完成所需要的时间, $\mathcal{A}$ 是网络图中事项 i 的所有紧前工序的集合. 因为 $T_E(1) = 0$, 所以用递推公式可从 $T_E(1) = 0$ 出发依次从小到大计算出 $T_E(2)$, $T_E(3)$, $\cdots$. 如果总完工事项用 n 表示, 显然 $T_E(n)$ 即为完成工程所需时间, 又称总工期.

(ii) 计算最迟必须完工时间: 每道工序的最迟必须完工时间是指如果这道工序在这个时间再不完工就要影响整个工程的完工, 这个时间直接关系其后续工序能否如期开工完工. 它应该等于总工期减去该工序的完工事项到总完工事项最长单向链的长. 用 $T_L(j)$ 表示事项 j 的最迟必须完工时间. 由工程网络图的编号性质决定, 从 j 到总完工事项的单向链上的顶点编号均大于 j, 递推公式为

$$T_L(j) = \min\{T_L(k) - t(j, k) \mid \forall\, k > j,\ \text{弧}\ (j, k) \in \mathcal{A}\}. \tag{5.4.2}$$

因为 $T_L(n)$ 就是总工期, 所以 $T_L(n) = T_E(n)$. 因此, 可以从 $T_L(n)$ 出发, 利用递推公式依次从大到小计算出各道工序的最迟必须完工时间 $T_L(n-1), T_L(n-2), \cdots$, $t(j, k)$ 为紧后工序 (j, k) 的时间周期.

(iii) 计算时差: 每道工序的时差是指在不延误总工期的前提下, 它的开工日期可以机动的时间. 时差等于该工序的最迟必须完工时间与最早可以开工时间之差再减去完成该工序的时间. 用 $s(i, j)$ 表示以 i 为开工事项以 j 为完工事项的工序的时差, 则

$$s(i, j) = T_L(j) - T_E(i) - t(i, j). \tag{5.4.3}$$

工程网络图中时差为零的工序, 其开工时间是一定的, 显然这些工序就是关键工序, 由它们组成的从总开工事项至总完工事项的单向链即为关键路线.

例 5.4.2 (续) 计算计划网络图 5.4.1 中各事项的最早可能开工时间 $T_E(i)$、总工时、最迟必须完工时间、时差、以及关键路线.

解 在网络图中各事项的最早开工时间为

$$T_E(1) = 0;$$
$$T_E(2) = T_E(1) + t(1, 2) = 0 + 16 = 16;$$
$$T_E(3) = T_E(1) + t(1, 3) = 0 + 8 = 8;$$
$$T_E(4) = \max\{T_E(3) + t(3, 4), T_E(2) + t(2, 4)\} = \max\{8 + 6, 16 + 0\} = 16;$$
$$T_E(5) = T_E(3) + t(3, 5) = 8 + 14 = 22;$$

$$T_\mathrm{E}(7) = \max\{T_\mathrm{E}(4) + t(4,7), T_\mathrm{E}(3) + t(3,7), T_\mathrm{E}(5) + t(5,7)\}$$
$$= \max\{16 + 8, 8 + 10, 22 + 0\} = 24;$$
$$T_\mathrm{E}(8) = \max\{T_\mathrm{E}(2) + t(2,8), T_\mathrm{E}(7) + t(7,8)\}$$
$$= \max\{16 + 12, 24 + 6\} = 30.$$

在网络图中各事项的最迟完工时间为

$$T_\mathrm{L}(8) = 30;$$
$$T_\mathrm{L}(7) = T_\mathrm{L}(8) - t(7,8) = 30 - 6 = 24;$$
$$T_\mathrm{L}(4) = T_\mathrm{L}(7) - t(4,7) = 24 - 8 = 16;$$
$$T_\mathrm{L}(2) = \min\{T_\mathrm{L}(8) - t(2,8), T_\mathrm{L}(4) - t(2,4)\} = \min\{30 - 12, 16 - 0\} = 16;$$
$$T_\mathrm{L}(5) = T_\mathrm{L}(7) - t(5,7) = 24 - 0 = 24;$$
$$T_\mathrm{L}(3) = \min\{T_\mathrm{L}(4) - t(3,4), T_\mathrm{L}(7) - t(3,7), T_\mathrm{L}(5) - t(3,5)\};$$
$$= \min\{16 - 6, 24 - 10, 24 - 14\} = 10;$$
$$T_\mathrm{L}(1) = \min\{T_\mathrm{L}(2) - t(1,2), T_\mathrm{L}(3) - t(1,3)\} = \min\{16 - 16, 10 - 8\} = 0.$$

通常我们用带方框的数字表示最早可能开工时间, 用带三角框的数字表示最迟必须完工时间, 并将它们标于该事项旁. 上述计算结果见图 5.4.4.

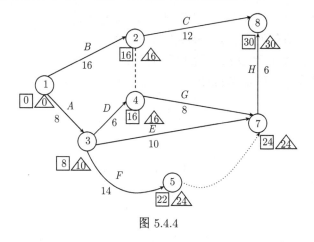

图 5.4.4

各工序的时差为

$$s(1,2) = T_\mathrm{L}(2) - T_\mathrm{E}(1) - t(1,2) = 16 - 0 - 16 = 0;$$
$$s(1,3) = T_\mathrm{L}(3) - T_\mathrm{E}(1) - t(1,3) = 10 - 0 - 8 = 2;$$
$$s(2,8) = T_\mathrm{L}(8) - T_\mathrm{E}(2) - t(2,8) = 30 - 16 - 12 = 2;$$

$$s(3,4) = T_{\mathrm{L}}(4) - T_{\mathrm{E}}(3) - t(3,4) = 16 - 8 - 6 = 2;$$

$$s(3,5) = T_{\mathrm{L}}(5) - T_{\mathrm{E}}(3) - t(3,5) = 24 - 8 - 14 = 2;$$

$$s(3,7) = T_{\mathrm{L}}(7) - T_{\mathrm{E}}(3) - t(3,7) = 24 - 8 - 10 = 6;$$

$$s(4,7) = T_{\mathrm{L}}(7) - T_{\mathrm{E}}(4) - t(4,7) = 24 - 16 - 8 = 0;$$

$$s(7,8) = T_{\mathrm{L}}(8) - T_{\mathrm{E}}(7) - t(7,8) = 30 - 24 - 6 = 0.$$

当时差 $s(i,j) = 0$ 时, 这些工序就是关键工序, 组成关键路线. 图 5.4.4 的关键工序是

$$(1,2), (2,4), (4,7), (7,8).$$

关键路线是 ① → ② --→ ④ → ⑦ → ⑧.   □

5.4.3   计划评审技术

关键路线法处理各工序的施工时间可以预先确定工程项目的施工管理与计划安排, 然而, 有的工程项目不能预先确定各工序所需的施工时间. 例如, 对一些大型的新开发工程, 新的科研攻关项目, 往往很难对它的各有关工序定出一个确切的施工时间. 一般来说, 各工序的施工时间是一个服从某种分布的随机变量. 计划评审技术旨在对这样的工程确定关键路线的可能长度 (期望长度) 及可能的最早完工日期 (期望值).

计划评审技术估计的方法   对于难于确定其所需施工时间的工序 (i,j), 估计

(1) 在最顺利情况下完成工序的时间 a;

(2) 在最不利情况下完成工序的时间 b;

(3) 在通常情况下可能完成的时间 m.

以平均值

$$E(t_{ij}) = \frac{1}{6}(a + 4m + b) \tag{5.4.4}$$

作为期望工序时间, 以

$$\sigma(t_{ij})^2 = \left(\frac{b-a}{6}\right)^2 \tag{5.4.5}$$

作为方差, 其中,

$$\sigma(t_{ij}) = \frac{b-a}{6} \tag{5.4.6}$$

称为均方差. 据此, 就可用上一节的关键路线法在有关的网络图上确定出工程的关键路线. 在关键路线上的关键工序不止一个的情况下, 整个工程的最早完工时间可以认为是一个以

$$T_{\mathrm{E}} = \sum_{(i,j) \in \mathcal{A}} E(t_{ij}) \tag{5.4.7}$$

为均值, 以

$$\sigma^2 = \sum_{(i,j)\in\mathcal{A}} \sigma(i,j)^2 \tag{5.4.8}$$

为方差的正态分布. 假定各工序的时间是相互独立的随机变量, 如果关键路线上工序较多, 就可以认为总工期 T 是服从正态分布的随机变量, 其均值 μ 是关键路线上各工序时间均值的总和, 其方差 σ^2 为关键路线上各工序时间方差之和. 为此, 可以估计出工程在一定时间 M 内完成的概率:

$$P(T \leqslant M) = \int_{-\infty}^{M} \frac{1}{\sqrt{2\pi}\sigma} \mathrm{e}^{-\frac{(x-\mu)^2}{2\sigma^2}} \mathrm{d}x = \Phi_{0,1}\left(\frac{M-\mu}{\sigma}\right), \tag{5.4.9}$$

其中 $\Phi_{0,1}(x)$ 为标准正态分布的分布函数.

5.4.4 计划网络图的优化

确定了工程网络图关键路线后, 即获得了初始的计划方案. 这时, 我们还可以根据计划的要求, 综合地考虑进度、资源利用和降低费用等目标, 对初始计划方案进行调整和完善, 即进行网络优化, 确定最优的计划方案.

(1) 时间优化: 根据对计划进度的要求, 缩短工程完工时间. 这种方法通常称为 "最小成本加快法", 即以最少的费用增加来换取整个项目工期缩短最多.

(2) 时间–资源优化: 尽量优先安排关键工序所需要的资源, 利用非关键工序的总时差, 错开时间, 拉平资源需要量的高峰.

5.4.5 资源的合理利用

例如, 从某工程网络图可知, 如果各道工序都在最早可能开工时间开工, 那么整个工程的工期内, 每个工作日所需的电力数是前高后低的, 最大值达到 21, 最小值只有 4, 电力资源的使用在整个工期内不均衡. 如果供给该工程的电力数限制在 15 天之内, 就更有必要对各工序的施工时间进行调整. 具体调整的原则是: 保证关键工序用电, 利用非关键工序的时差, 向后推迟它们的开工时间, 让用电高峰向后延伸, 从而使总电力数最大值下降. 调整时必须注意的是: 如果某一工序的开工时间向后推迟, 以它为紧前工序的工序 (除关键工序外) 的开工时间应相应推迟.

我们发现, 经过调整后, 在工程的整个工期内, 电力总数的最大值从 21 下降到 15, 前后期对电力的需求也比较均衡了. 这种利用非关键工序的时差进行合理安排, 使工程对有限的电力资源的利用达到优化的手段, 同样适合于对有限人力、材料、设备等资源的安排与调配. 在某些情况下, 如果利用上述方法进行资源均衡后, 还不能使有限的资源数确保工程在预定的工期内完工, 那就只好适当延迟工期了.

5.4.6 最优成本工期

对工程网络图进行时间成本优化的目的是联系成本因素来考虑一个适当的工期. 一项工程的总成本一般包括直接成本 (指原料、设备等直接用来完成工程任务的费用) 和间接成本 (指管理人员工资、采购费和工程施工时的经济损失等) 的总和. 工程的直接成本通常是各道工序直接成本的总和. 一般来说, 如果要缩短工序的完成时间就必须采取一定的技术措施, 相应地就要增加一部分直接成本. 完成工序所需时间和成本的关系一般呈图 5.4.5 的形式. 其中正常时间和正常成本是指用最少费用完成任务时所需的时间和成本, 突击时间和突击成本是指用最短的时间来完成任务所需的时间和成本. 时间成本曲线反映了完成一道工序的时间范围, 以及在这个范围内时间和成本的函数关系.

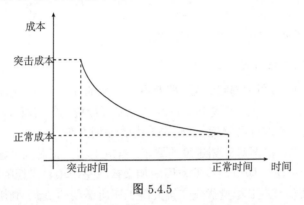

图 5.4.5

为简便起见, 通常不用成本曲线而用成本率来反映工序的时间和成本的关系. 在已知正常时间、突击时间、正常成本、突击成本的情况下,

$$成本率 = \frac{突击成本 - 正常成本}{正常时间 - 突击时间},$$

成本率代表每缩短一个单位时间所需增加的成本.

工程的工期不同, 成本也不相同. 通过对不同工期算出相应的最低直接成本并加上间接成本来找出总费用最小的工期, 或者按指定工期选择成本最低的最佳方案, 这两者是作为时间成本的优化内容.

例 5.4.3　表 5.4.2 给出了一项工程各工序的前后关系, 正常工期、最短工期、正常工期的直接费用与缩短一个单位工期直接费用的增长率. 已知工程基本的间接费用为 10 万元, 每单位工期的间接费用为 8 万元, 试确定工程的最优成本工期.

表 5.4.2

工序	紧前工序	正常工期/月	最短工期/月	正常工期费用/万元	直接增长费用/万元
A	—	3	1	17	6
B	—	5	3	18	4
C	A	3	1	15	3.2
D	A	6	3	27	4.8
E	B, C	6	1	26	7.5
F	E	2	2	10	∞

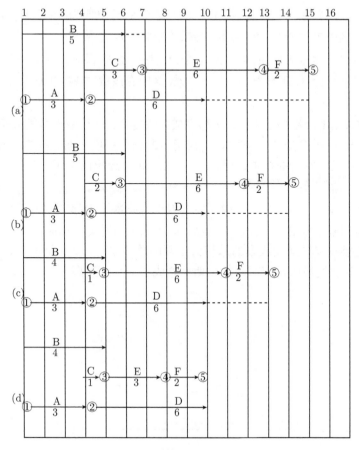

图 5.4.6

图 5.4.6 的 (a) 给出了这项工程的各工序正常工期的一个网络图. 其关键路线为 ①→②→③→④→⑤, 关键工程为 A, C, E, F. 总工期为 14 个月, 工程费用 235 万元, 其中直接费用 113 万元, 间接费用 122 万元.

在关键路线缩短费用增长率最小的关键工序的工期. 在关键工序 A, C, E, F 中工序 C 的费用增长率最小, 因而缩短它的工期. 由表 5.4.2 工序 C 可缩短至它的最短工期 1 个月. 但从图 5.4.6(a), 由于工序 B 只有 1 个月的时差, 因而在当前至多缩短 C 的工期一个月, 得图 5.4.6(b). 这时工序 B 也称为关键工序, 关键路线有两条: ①→②→③→④→⑤ 及 ①→③→④→⑤. 关键工序有 A, B, C, E, F. 总工期 13 个月, 工程费用 230.2 万元, 其中直接费用 116.2 万元, 间接费用 114 万元.

现在可以缩短工期的关键工序有 E, A, B, C, 且由于 B 也成为关键工序, 在缩短 A 或 C 的工期时应同时缩短工序 B 的工期, 因此应在关键工序 E, 平行关键工序 A 与 B, C 与 B 中选单位费用增长率最小的来缩短工期, 由表 5.4.2 应同时将工序 B 与 C 的工期缩短 1 个月, 得图 5.4.6(c). 这时总工期为 12 个月, 工程费用为 229.4 万元, 其中直接费用 123 万元, 间接费用为 106 万元.

再进一步可缩短工序 E 得工期 3 个月, 使工序 D 得时差为 0, 得图 5.4.6(d). 这时总工期为 9 个月, 工程费用 227.9 万元, 其中直接费用 145.9 万元, 间接费用 82 万元.

由图 5.4.6(d), 这时所有的工序都已成为关键工序, 且由于可缩关键平行工序 A 与 B, E 与 D 的费用增长率大于间接费用的减少程度. 进一步的缩短工期虽可能, 但却导致工程费用的增加. 因此, 由图 5.4.6(d) 给出的各工序工期安排即为该工程的最优成本工期.

上述可归纳为: 如果整个工程的决定因素是成本, 那就必须把上述直接成本与间接成本总和起来考虑. 一般来讲工程的间接成本随时间增加而增加, 是时间的线性函数. 直接成本与间接成本的总和为工程的总成本, 总成本曲线一般呈 U 字形 (图 5.4.7). 和曲线最低点相对应的工期是总成本最小的工期.

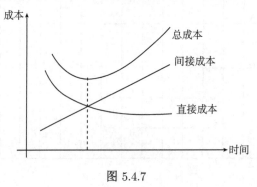

图 5.4.7

习　题　5

1. 计算图 5.1 所示从 A 到 E 的最短路径及其长度.

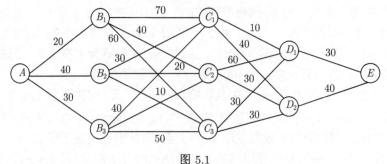

图 5.1

2. 有九个城市 $v_1, v_2, \cdots, v_9$, 其公路网如图 5.2 所示, 弧旁数字是该段公路的长度, 有一批货物从 v_1 运到 v_9, 问走哪条路最短.

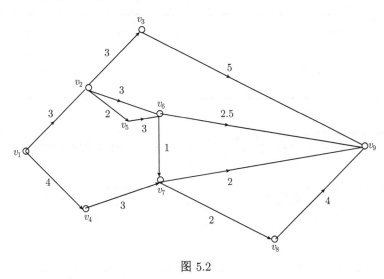

图 5.2

3. 画出表 5.1 和表 5.2 所给出工程的网络图, 并求出各工序的最早开工时间、最迟完工时间和时差. 找出关键路线.

表 5.1		
工序代号	紧前工序	工序长 (天)
A	—	3
B	A	20
C	A	10
D	B	14
E	A	8
F	B	4
G	C、F	3
H	B	10
I	D、E	5
J	G	15
K	DE	3
L	G	3
M	J、H、I	2
N	J、H、I	46
P	K、M	20

表 5.2		
工序代号	紧前工序	工序长 (天)
A	—	18
B	—	6
C	A	15
D	A	21
E	B	27
F	B	15
G	—	24
H	D、E	18
I	D、E	6
J	C、D、E	15
K	I、Q	6
L	C、Q	3
M	L、H、F、G	12
N	P、K、M	5
P	J	3
Q	C、D、E	6

4. 请根据表 5.3 绘制计划网络图.

表 5.3

工序	紧前工序	工序	紧前工序
a	—	e	b
b	—	f	c
c	a,b	g	d,e
d	a,b		

5. 对习题 3, 给出其各工序的所需时间如表 5.4. 请计算出每个工序的最早开工时间, 最晚完成时间; 找出关键工序; 找出关键路线; 并求出完成此工程项目所需最少时间.

表 5.4

工序	所需时间/天	工序	所需时间/天
a	2	e	3
b	4	f	2
c	5	g	4
d	4		

第6章 整数规划

6.1 问题的提出

在前面的线性规划问题中, 允许决策变量是分数或小数. 但某些线性规划问题常常要求部分变量或全部变量取整数值, 这类问题称为整数规划问题 (Integer Programming), 简记为 (IP).

下述例子称为集合覆盖问题, 是一类典型的整数规划问题.

(设施位置集合覆盖问题)

例 6.1.1 某地区有 6 个城市 (城市 1 ~ 6). 该地区要确定在什么地方修建消防站. 要求保证至少有一个消防站在每个城市的 15 分钟 (行驶时间) 车程内, 并希望修建的消防站最少. 表 6.1.1 中给出了在该地区的城市之间行驶时需要的时间 (单位: 分钟). 请将问题描述为一个整数规划, 并给出答案: 即该地区应当修建多少消防站以及它们所在的位置.

表 6.1.1   在某地区的城市之间行驶时需要的时间

出发 \ 到达	城市 1	城市 2	城市 3	城市 4	城市 5	城市 6
城市 1	0	10	20	30	30	20
城市 2	10	0	25	35	20	10
城市 3	20	25	0	15	30	20
城市 4	30	35	15	0	15	25
城市 5	30	20	20	15	0	14
城市 6	20	10	20	25	14	0

解   对于每个城市来说, 该地区要确定是否在那里修建消防站. 把 0–1 型变量 x_1, x_2, x_3, x_4, x_5 和 x_6 定义为

$$x_i = \begin{cases} 1, & \text{如果在城市 } i \text{ 修建消防站}, \\ 0, & \text{其他}. \end{cases}$$

因此修建的消防站的总数量是 $x_1 + x_2 + x_3 + x_4 + x_5 + x_6$, 其目标函数是极小化

$$z = x_1 + x_2 + x_3 + x_4 + x_5 + x_6.$$

该地区要求保证消防站在每个城市的 15 分钟行程内. 表 6.1.2 说明了哪些位置可以在 15 分钟或更少的时间内到达每个城市. 为了保证至少有一个消防站在城市 1 的 15 分车程内, 我们加入了约束条件

表 6.1.2   在给定城市 15 分钟行程内的城市

城市	在 15 分钟行程内的城市	城市	在 15 分钟行程内的城市
1	1, 2	4	3, 4, 5
2	1, 2, 6	5	4, 5, 6
3	3, 4	6	2, 5, 6

$$x_1 + x_2 \geqslant 1 \quad (\text{城市 1 约束条件})$$

类似地, 约束条件

$$x_1 + x_2 + x_6 \geqslant 1 \quad (\text{城市 2 约束条件})$$

保证至少有一个消防站在城市 2 的 15 分钟车程内. 按照类似的方式, 我们得到城市 3~6 的约束条件. 把这 6 个约束条件和目标函数 (以及每个变量都必须等于 0 或 1) 组合起来, 得到下列 0-1 型的整数规划:

$$\min z = x_1 + x_2 + x_3 + x_4 + x_5 + x_6$$

$$
\begin{aligned}
\text{s.t.} \quad & x_1 + x_2 & & \geqslant 1, \quad (\text{城市 1 的约束条件}) \\
& x_1 + x_2 & + x_6 & \geqslant 1, \quad (\text{城市 2 的约束条件}) \\
& x_3 + x_4 & & \geqslant 1, \quad (\text{城市 3 的约束条件}) \\
& x_3 + x_4 + x_5 & & \geqslant 1, \quad (\text{城市 4 的约束条件}) \\
& x_4 + x_5 + x_6 & & \geqslant 1, \quad (\text{城市 5 的约束条件}) \\
& x_2 \quad\quad + x_5 + x_6 & & \geqslant 1, \quad (\text{城市 6 的约束条件}) \\
& x_i = 0 \text{ 或 } 1 \quad (i = 1, 2, 3, 4, 5, 6).
\end{aligned}
$$

这个整数规划的一个最优值是 $z = 2$, 解为 $x_2 = x_4 = 1, x_1 = x_3 = x_5 = x_6 = 0$. 因此, 该地区应当修建 2 个消防站: 一个在城市 2, 一个在城市 4.

前面已经提到, 上例是一类称为集合覆盖的整数规划问题. 在集合覆盖问题中, 给定集合 (称之为集合 1) 中的每个成员必须被某个集合 (称之为集合 2) 中的一个可接受成员 "覆盖". 集合覆盖问题的目标是使覆盖集合 1 中所有成员所需要的集合 2 中的成员数量最少. 在上例中, 集合 1 是该地区中的每个城市, 集合 2 是消防站的集合. 城市 2 中的消防站覆盖城市 1, 2 和 6, 城市 4 中的消防站覆盖城市 3, 4 和 5.

例 6.1.2 考虑整数规划问题

$$
\begin{aligned}
\min \quad & z = -x_1 - x_2 \\
\text{s.t.} \quad & -2x_1 + 2x_2 \leqslant 1, \\
& 16x_1 - 14x_2 \leqslant 7, \\
& x_1 \geqslant 0, \quad x_2 \geqslant 0, \\
& x_1 \text{ 和 } x_2 \text{是整数}.
\end{aligned}
\tag{6.1.1}
$$

如果忽略整数约束条件, 而仅考虑所得到的线性规划问题

$$
\begin{aligned}
\min \quad & z = -x_1 - x_2 \\
\text{s.t.} \quad & -2x_1 + 2x_2 \leqslant 1, \\
& 16x_1 - 14x_2 \leqslant 7, \\
& x_1 \geqslant 0, \quad x_2 \geqslant 0,
\end{aligned}
\tag{6.1.2}
$$

则把 (6.1.2) 称为整数规划 (6.1.1) 的线性规划松弛. 解这个线性规划松弛得到

$$
x_{\text{LP}}^* = (7, 7.5)^{\text{T}}, \quad z_{\text{LP}}^* = -14.5.
$$

将非整数解部分舍入得到

$$
\widehat{x} = (7, 7)^{\text{T}}, \quad \widehat{z} = -14,
$$

或

$$
\overline{x} = (7, 8)^{\text{T}}, \quad \overline{z} = -15.
$$

但是, 上述两个舍入得到的点都不满足整数规划 (6.1.1) 的约束条件, 都不可行. 从计算可知, 该整数规划 (6.1.1) 的最优解是

$$
x_{\text{IP}}^* = (3, 3)^{\text{T}}, \quad z_{\text{IP}}^* = -6.
$$

这个例子说明, 一般地, 整数规划的解不能通过求解其线性规划松弛, 再进行舍入得到. 因此我们需要研究求解整数规划的算法.

整数规划有线性整数规划 (简称为整数规划) 和非线性整数规划之分, 根据变量取值的限制形式可分为:

(1) 纯整数规划 (integer programming, IP): 所有决策变量取整数值;

(2) 混合整数规划 (mixed integer programming, MIP): 部分决策变量取整数值;

(3) 0–1 整数规划 (binary integer programming, BIP): 整数变量只能取 0 或 1; 0–1 整数规划又可分为纯 0–1 整数规划和混合 0–1 整数规划.

在整数规划中有一类特殊的整数规划问题能够用单纯形法直接求解, 所得到的解都是整数解. 为此, 需要介绍 "幺模性" 的概念.

6.2 幺 模 性

线性规划的解有时候是整数, 但大部分情形并不是整数. 那么, 线性规划有整数最优解的充分必要条件是什么? 本节将回答这个问题.

考虑线性规划的约束条件

$$
Ax = b, \quad x \geqslant 0,
\tag{6.2.1}
$$

其中 A 和 b 分别为整数矩阵和整数向量. 将 A 分块,

$$A = [B, N],$$

其中 B 是非奇异矩阵, (6.2.1) 式可表示为

$$Bx_B + Nx_N = b.$$

于是,

$$x_B = B^{-1}b - B^{-1}Nx_N,$$

取 $x_N = 0$, 得到基本解

$$x = \begin{bmatrix} x_B \\ x_N \end{bmatrix} = \begin{bmatrix} B^{-1}b \\ 0 \end{bmatrix}. \tag{6.2.2}$$

由此可知, 基本解 x 是整数的充分条件是 B^{-1} 为整数矩阵.

为了导出 B^{-1} 是整数矩阵的条件, 我们现在引入幺模矩阵和全幺模矩阵.

定义 6.2.1　若整数方阵 B 的行列式的绝对值

$$D = |\det B| = 1,$$

那么整数方阵 B 叫做幺模矩阵. 若 $m \times n$ 整数矩阵 A 的每个非奇异子方阵都是幺模矩阵, 那么 A 称为全幺模矩阵.

例如,

$$B = \begin{bmatrix} 3 & 11 \\ 1 & 4 \end{bmatrix}$$

是幺模矩阵,

$$A = \begin{bmatrix} 1 & 1 & 0 \\ 1 & 0 & 1 \end{bmatrix}$$

是全幺模矩阵.

若 B 是非奇异的, 则

$$B^{-1} = B^*/\det B, \tag{6.2.3}$$

这里 B^* 是 B 的伴随矩阵. 若 B 是整数矩阵, 那么 B^* 也是整数矩阵. 从而 B 是幺模矩阵意味着 B^{-1} 是整数矩阵. 现设 (6.2.1) 中的 A 是全幺模矩阵, 则每个基矩阵 B 是幺模矩阵, 并且每个基本解 $(x_B, x_N) = (B^{-1}b, 0)$ 是整数. 这样, 可以得到下面的定理.

定理 6.2.1　如果 A 是全幺模矩阵, 那么 (6.2.1) 的每个基本解是整数.

若线性规划有不等式约束, 定理 6.2.1 可以进一步推广. 事实上, 给定约束集

$$S(b) = \{x|\ Ax \leqslant b, \ x \geqslant 0\},$$

A 是全幺模矩阵的充分必要条件是对于每个整数向量 b, S 的所有极点都是整数.

定理 6.2.2 设 A 是整数矩阵, 下面的条件是等价的:

(1) A 是全幺模矩阵.

(2) 对于任何整数向量 b, $S(b) = \{x \mid Ax \leqslant b, \ x \geqslant 0\}$ 的每一个极点都是整数.

(3) A 的每一个非奇异子方阵有整数逆矩阵.

(证明省略)

定理 6.2.1 和定理 6.2.2 是重要的, 它告诉我们: 任何线性整数规划如果有全幺模约束矩阵, 那么可以用通常的线性规划来求解它, 即如果 A 是全幺模的, 那么线性整数规划

$$\begin{aligned} \max \quad & c^{\mathrm{T}} x \\ \text{s.t.} \quad & Ax = b, \\ & x \geqslant 0, \quad x \text{是整数} \end{aligned} \tag{6.2.4}$$

可以用相应的线性规划来求解, 即求解

$$\begin{aligned} \max \quad & c^{\mathrm{T}} x \\ \text{s.t.} \quad & Ax = b, \\ & x \geqslant 0. \end{aligned} \tag{6.2.5}$$

如果 x^* 是 (6.2.5) 的最优基本解, 那么 x^* 是 (6.2.4) 的最优解. 在此情况下, (6.2.4) 中的整数约束条件是多余的. 显然, A 是全幺模矩阵的必要条件是: 对于所有 i 和 j, $a_{ij} = 0, 1, -1$. 然而, 通常并不容易事先知道一个只含有 $0, 1, -1$ 的矩阵是否是全幺模矩阵. 下面的定理给出了一个有用的充分条件.

定理 6.2.3 设整数矩阵 A 满足

$$a_{ij} = 0, 1, -1, \quad \forall i, j.$$

如果下列条件成立, 即

(1) 在每一列上不多于两个非零元素;

(2) A 的行划分成两个子集 Q_1 和 Q_2, 使得

(a) 如果某列含有两个具有同号的非零元素, 则这两个非零元所在行应分属于 Q_1 和 Q_2;

(b) 如果某列含有两个异号的非零元素, 则这两个非零元素所在行应属于同一子集里,

那么 A 是全幺模矩阵.

(证明省略)

6.3 分枝定界法

6.3.1 分枝定界法

一般的整数规划问题可写为

$$\min \quad z(x)$$
$$\text{s.t.} \quad x \in F,$$
$$x_j\text{是整数}, \quad j = 1, \cdots, n,$$

这里 F 是约束集.

首先给出用分枝定界法解整数规划的例子, 然后描述分枝定界算法.

例 6.3.1 用分枝定界法求解整数规划问题

$$\min \quad z = 3x_1 - 7x_2 - 12x_3$$
$$\text{s.t.} \quad -3x_1 + 6x_2 + 8x_3 \leqslant 12,$$
$$6x_1 - 3x_2 + 7x_3 \leqslant 8,$$
$$(\text{IP}) \qquad -6x_1 + 3x_2 + 3x_3 \leqslant 5, \qquad\qquad (6.3.1)$$
$$x_1 \geqslant 0, \ x_2 \geqslant 0, \ x_3 \geqslant 0,$$
$$x_1, \ x_2, \ x_3\text{为整数}.$$

解 设

$$F = \left\{ x \ \middle| \ \begin{array}{ll} -3x_1 + 6x_2 + 8x_3 \leqslant 12, & 6x_1 - 3x_2 + 7x_3 \leqslant 8, \\ -6x_1 + 3x_2 + 3x_3 \leqslant 5, & x_1 \geqslant 0, x_2 \geqslant 0, x_3 \geqslant 0 \end{array} \right\}.$$

于是该问题可以写成

$$\min \quad z = 3x_1 - 7x_2 - 12x_3$$
$$\text{s.t.} \quad x \in F, \qquad\qquad (6.3.2)$$
$$x_1, \ x_2, \ x_3\text{为整数}.$$

首先解 (IP) 问题相应的线性规划松弛问题 (LP),

$$(\text{LP}) \qquad \min z = 3x_1 - 7x_2 - 12x_3$$
$$\text{s.t.} \quad x \in F. \qquad\qquad (6.3.3)$$

例如用单纯形法求解, 可以得到

$$x^{(0)} = [0, 0.3, 1.3]^{\mathrm{T}}.$$

这个解有非整数分量, 故 $x^{(0)}$ 显然不是整数规划问题 (IP) 的最优解.

定界 注意到 $x = 0$ 是 (IP) 的可行解, 取上界 $z_{\mathrm{u}} = 0$.

分枝 注意到在 $x^{(0)}$ 中分量 x_2 和 x_3 是非整数的, 故任取一个不为整数的变量, 例如 x_2, 把预期的解集分成两部分 (这时 $\lfloor 0.3 \rfloor = 0$), 即

$$F \cap \{x \mid x_2 \leqslant 0\}, \quad F \cap \{x \mid x_2 \geqslant 1\}.$$

解由分枝产生的两个线性规划松弛子问题

$$\text{(LP1)} \quad \begin{array}{ll} \min & z(x) \\ \text{s.t.} & x \in F, \\ & x_2 \leqslant 0. \end{array} \qquad \text{(LP2)} \quad \begin{array}{ll} \min & z(x) \\ \text{s.t.} & x \in F, \\ & x_2 \geqslant 1. \end{array}$$

解 (LP1) 和 (LP2), 分别得到

$$x^{(1)} = [0, 0, 1.1]^{\mathrm{T}}, \quad z^{(1)} = -13.7$$

和

$$x^{(2)} = [0.7, 1, 1]^{\mathrm{T}}, \quad z^{(2)} = -17.$$

探测 由于

(a) $-\dfrac{96}{7} = z^{(1)} < z_u = 0, \quad -17 = z^{(2)} < z_u = 0$;

(b) 两个子问题都是可行的;

(c) 两个子问题的解都不是整数解,

故两个子问题都不能探明, 要继续寻找最优解.

注意到子问题 (LP1) 的解 $x^{(1)} = [0, 0, 1.1]^{\mathrm{T}}$, 故取 x_3, 把预期的解集分成两部分 (这时 $\lfloor 1.1 \rfloor = 1$), 即

$$F \cap \{x \mid x_2 \leqslant 0, \ x_3 \geqslant 2\}, \quad F \cap \{x \mid x_2 \leqslant 0, \ x_3 \leqslant 1\}.$$

解由上述分枝产生的两个线性规划松弛子问题

$$\text{(LP3)} \quad \begin{array}{ll} \min & z(x) \\ \text{s.t.} & x \in F, \\ & x_2 \leqslant 0, \\ & x_3 \geqslant 2. \end{array} \qquad \text{(LP4)} \quad \begin{array}{ll} \min & z(x) \\ \text{s.t.} & x \in F, \\ & x_2 \leqslant 0, \\ & x_3 \leqslant 1. \end{array}$$

对于 (LP3), 可行集是空集, 这个子问题不可行, 它不可能含有整数规划 (IP) 的最优解, 所以不用再考虑了.

对于 (LP4), 得到

$$x^{(4)} = [0, 0, 1]^{\mathrm{T}}, \quad z^{(4)} = -12.$$

由于 $x^{(4)}$ 是整数解, 且 $z^{(4)} = -12 < z_u = 0$. 所以, 更新 z_u 得到 $z_u = -12$, 并称 $x^{(4)} = [0, 0, 1]^{\mathrm{T}}$ 为现任解.

类似地, 再考虑 (LP2). 由于 $x^{(2)} = [0.7, 1, 1]^{\mathrm{T}}$, 故取 x_1 把预期的解集分成两部分 (这时 $\lfloor 0.7 \rfloor = 0$), 即

$$F \cap \{x \mid x_1 \geqslant 1, \ x_2 \geqslant 1\}, \quad F \cap \{x \mid x_1 \leqslant 0, \ x_2 \geqslant 1\}.$$

解由分枝产生的两个线性规划松弛子问题

$$\begin{array}{llll}
& \min \quad z(x) & & \min \quad z(x) \\
\text{(LP5)} \quad \text{s.t.} \quad & x \in F, & \text{(LP6)} \quad \text{s.t.} \quad & x \in F, \\
& x_1 \geqslant 1, & & x_1 \leqslant 0, \\
& x_2 \geqslant 1. & & x_2 \geqslant 1.
\end{array}$$

对于 (LP6), 这个子问题是不可行的, 它不可能含有整数规划 (IP) 的最优解, 所以不用再考虑了.

解 (LP5), 得到
$$x^{(5)} = [1, 1.3, 0.9]^{\mathrm{T}}, \quad z^{(5)} = -16.8.$$

由于 $x^{(5)}$ 中 x_2 和 x_3 是非整数, 故可任意选择 x_3 作分枝 (这时 $\lfloor 0.9 \rfloor = 0$, 分成 $x_3 \leqslant 0$ 和 $x_3 \geqslant 1$), 即
$$F \cap \{x \mid x_1 \geqslant 1, \ x_2 \geqslant 1, \ x_3 \leqslant 0\}$$
和
$$F \cap \{x \mid x_1 \geqslant 1, \ x_2 \geqslant 1, \ x_3 \geqslant 1\}.$$

解由分枝产生的两个线性规划松弛子问题

$$\begin{array}{llll}
& \min \quad z(x) & & \min \quad z(x) \\
\text{(LP7)} \quad \text{s.t.} \quad & x \in F, & \text{(LP8)} \quad \text{s.t.} \quad & x \in F, \\
& x_1 \geqslant 1, & & x_1 \geqslant 1, \\
& x_2 \geqslant 1, & & x_2 \geqslant 1, \\
& x_3 \leqslant 0. & & x_3 \geqslant 1.
\end{array}$$

对于 (LP8), 这是一个不可行子问题, 所以不用再考虑了.

对于 (LP7), 解得
$$x^{(7)} = [3.1, 3.6, 0]^{\mathrm{T}}, \quad z^{(7)} = -15.6.$$

由于 $x^{(7)}$ 中 x_1 和 x_2 都是非整数解, 还要继续进行. 任意选取 x_2 作分枝 (这时 $\lfloor 3.6 \rfloor = 3$, 分成 $x_2 \leqslant 3$ 和 $x_2 \geqslant 4$), 即
$$F \cap \{x \mid x_1 \geqslant 1, \ 1 \leqslant x_2 \leqslant 3, \ x_3 \leqslant 0\}$$
和
$$F \cap \{x \mid x_1 \geqslant 1, \ x_2 \geqslant 4, \ x_3 \leqslant 0\}.$$

解由分枝产生的两个线性规划子问题

$$\begin{array}{llll}
& \min \quad z(x) & & \min \quad z(x) \\
\text{(LP9)} \quad \text{s.t.} \quad & x \in F, & \text{(LP10)} \quad \text{s.t.} \quad & x \in F, \\
& x_1 \geqslant 1, & & x_1 \geqslant 1, \\
& 1 \leqslant x_2 \leqslant 3, & & x_2 \geqslant 4,
\end{array}$$

$$x_3 \leqslant 0. \qquad\qquad x_3 \leqslant 0.$$

对于 (LP10), 这是一个不可行子问题, 故不再考虑了.

对于 (LP9), 解得

$$x^{(9)} = [2, 3, 0]^{\mathrm{T}}, \quad z^{(9)} = -15.$$

这里, $x^{(9)}$ 是整数解, 且 $z^{(9)} = -15 < z_{\mathrm{u}} = -12$. 所以更新 z_{u} 为 $z_{\mathrm{u}} = -15$, $x^{(9)}$ 为新的现任解.

由于不再有未被探测的子问题存在, 所以整数规划 (IP) 的最优解就是最后的现任解 $x^{(9)}$. 从而,

$$x_{\mathrm{IP}}^* = [2, 3, 0]^{\mathrm{T}}, \quad z_{\mathrm{IP}}^* = -15.$$

归纳一下, 上面的计算过程可以表示为一个树形框图 (图 6.3.1).

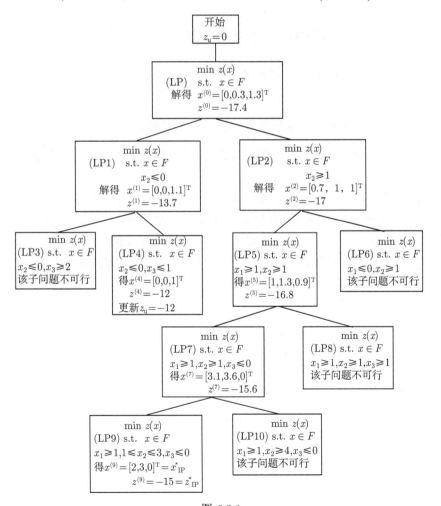

图 6.3.1

从上面的例子我们可以写出解一般整数规划的分枝定界算法.

算法 6.3.1 (分枝定界算法)

步 1. 初始步: 解原整数规划问题的线性规划松弛问题. 如果所得到的解满足整数约束, 则此解为整数规划的最优解. 停止.

步 2. 分枝: 选取解的非整数分量, 并将其分为两个较小的子集.

步 3. 定界: 对每一个新的子集, 得到目标函数在该子集上的下界 z_L.

步 4. 探测: 检查每一个子集, 确定出仍然可能包含最优点的子集, 以及不需要再考虑的子集. 如果

(a) $z_L \geqslant z_u$;

或 (b) 子集含不可行点;

或 (c) z_L 是整数可行解且 $z_L \leqslant z_u$;

则该分枝不需要再考虑. (情形 (c) 中的解 z_L 称为现任解).

令 $z_u = z_L$.

返回步 4, 探测其他子集.

步 5. 如果所有子集都探测完毕, 停止. 否则, 转步 2.

6.3.2   调用 MATLAB 中分枝定界法解 0-1 整数规划

我们以下面这个问题作为例子展示如何调用 MATLAB 中分枝定界法解 0-1 整数规划.

例 6.3.2 (背包问题)   一个旅行者, 为了准备旅行的必需物品, 要在背包里面装一些最有用的东西. 但有限制, 最多只能带 b 公斤的物品, 而每个物品又只能整件携带. 这样旅行者给每个物品规定了一定的价值, 用以表示其有用程度. 如果共有 n 件物品, 第 j 件物品重 a_j 公斤, 其价值为 c_j. 问题就变成: 在携带的物品总重量不超过 b 公斤的条件下, 携带哪些物品可以使总价值最大?

解   设 x_j 为决策变量, 且规定 x_j 为

$$x_j = \begin{cases} 1, & \text{携带第 } j \text{ 件物品}, \\ 0, & \text{不携带第 } j \text{ 件物品}, \end{cases} \quad j = 1, 2, \cdots, n,$$

则问题的数学模型为

$$\begin{aligned} \max \quad & z = \sum_{j=1}^{n} c_j x_j \\ \text{s.t.} \quad & \sum_{j=1}^{n} a_j x_j \leqslant b, \\ & x_j = 0 \text{ 或者 } 1, \ j = 1, \cdots, n. \end{aligned} \quad (6.3.4)$$

可以看到这是一个 0-1 整数规划问题. 我们可以使用 MATLAB 提供的 bintprog 函数来求解这个 0-1 整数规划.

bintprog 函数的基本调用格式为

$$[\mathrm{x},\mathrm{fval}]= \mathrm{bintprog}(\mathrm{f},\mathrm{A},\mathrm{b},\mathrm{Aeq},\mathrm{beq}),$$

它被用来求解一般的 0-1 整数规划问题

$$
\begin{aligned}
\min \quad & f^{\mathrm{T}}x \\
\mathrm{s.t.} \quad & Ax \leqslant b \\
& Aeqx = beq \\
& x \in \{0,1\}^n.
\end{aligned}
\tag{6.3.5}
$$

对于 (6.3.4), 如果 $c = (3,4,1,2,5)^{\mathrm{T}}$, $a = (1,2,3,4,5)^{\mathrm{T}}$, $b = 7$, 我们输入

$$f = [-3,-4,-1,-2,-5]^{\mathrm{T}}, \ A = [1,2,3,4,5], \ b = 7, \ Aeq = [\,], \ b = [\,],$$

执行

$$[\mathrm{x},\mathrm{fval}]= \mathrm{bintprog}(\mathrm{f}, \mathrm{A}, \mathrm{b}, \mathrm{Aeq}, \mathrm{beq}),$$

可以得到 (6.3.4) 的最优解为 $x = (1,1,0,1,0)^{\mathrm{T}}$, 最优值为 9. $\quad\square$

第7章 动态规划

动态规划 (dynamic programming) 是解决多阶段决策过程最优化的一种数学方法. 动态规划的一个显著特点在于具有明确的 (时间) 阶段性, 整个系统按某种方式可分为若干个不同的阶段 (子系统), 在每个阶段有若干种不同的方案可供选择. 系统最优决策问题要求在系统每个阶段可提供的多种方案 (决策) 中, 选择一个恰当的方案 (决策), 使整个系统达到最优的效果. 动态规划就是解决多阶段决策过程的最优化方法.

7.1 动态规划的基本原理

本章通过构造数学模型, 形成特殊的动态系统过程, 基于某种方式把整个过程分成若干个互相联系的阶段, 在其每个阶段都需要作出决策, 从而使整个过程达到最佳效果. 同时, 各个阶段决策的选择依赖于该阶段的状态以及前阶段或后阶段的变化. 各个阶段决策确定后, 组成一个决策序列, 从而形成整个过程具有前后关联的链状结构的多阶段决策过程, 称为序贯决策过程. 由此, 在解决这类问题时, 首先是如何将实际问题构造成能形成多阶段的系统, 然后在各个阶段作出最优决策, 以使得在序贯决策的状态推移进程中达到整个系统的最优决策.

现在, 先用下面的最短路问题 (问题可以分成若干互相联系的阶段) 来说明动态规划的基本思想.

例 7.1.1 最短路问题. 图 7.1.1 是一个路线网络图, 连线上的数字表示两点之间的距离 (或费用), 要求寻找一条由 A 到 E 的路线, 使距离最短 (或费用最省).

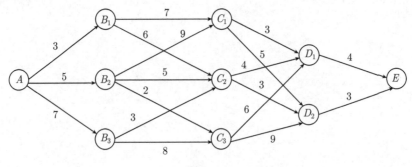

图 7.1.1

对于这样一个比较简单的问题, 可直接使用枚举法列举所有从 A 到 E 的路线, 确定出所应走的路线 (费用) 最短 (少). 但是, 一般来说, 枚举法不是一个好的方法.

用动态规划的思想, 如果已找到由 A 到 E 的最短路线是 $A \to B_1 \to C_2 \to D_2 \to E$(记作路线 L), 那么当寻求 L 中的任何一点 (如 C_2) 到 E 的最短路时, 它必然是 L 中子路线 $C_2 \to D_2 \to E$(记作 L_1). 否则, 若 C_2 到 E 的最短路是另一条路线 L_2, 则把 $A \to B_1 \to C_2$ 与 L_2 连接起来, 就会得到一条不同于 L 的从 A 到 E 的最短路. 这是不可能的. 根据最短路的这一特性, 可以从最后一段开始, 用逐步向前递推的方法, 依次求出路段上各点到 E 的最短路, 最后得到从 A 到 E 的最短路. 上述这种由系统的最后阶段逐段向初始阶段寻求最优的过程称为动态规划的逆推解法. 这揭示了动态规划求最短路的基本思想: 无论过去的状态和决策如何, 用最优化策略链中与之相应的策略序列必构成后部子过程的最优子策略. 为便于在数学上描述动态规划的思想和方法, 下面先引入动态规划中的一些基本概念.

7.1.1　动态规划的基本概念

1. 阶段 (stage)

依据具体情况将系统分成若干个相互联系的阶段, 并将各个阶段按顺序或逆序加以编号 (常用 k 表示), 描述阶段的变量称为阶段变量. 如例 7.1.1 中从 A 到 E 的路线可分为 5 个阶段, $k = 1, 2, 3, 4, 5$ 为阶段变量.

2. 状态 (state)

状态表示系统在某一阶段所处的位置或自然状态. 描述状态的变量称为状态变量, 第 k 阶段的状态变量常用 s_k 表示, 状态变量的集合用 S_k 表示. 在例 7.1.1 中, 状态就是某阶段的出发位置, 它既是该阶段某个路线的起点, 又是前一阶段某个路线的终点. 第一阶段只有一个状态就是初始位置 A, 第三阶段有三个状态, 即 C_1, C_2, C_3, 第三阶段的状态集合 $S_3 = \{C_1, C_2, C_3\}$. 最后阶段的状态就是终点 E. 显然, k 个阶段的问题通常有 $k + 1$ 个状态.

3. 决策 (decision)

当系统处于某一阶段的某个状态时, 决策者可以作出不同的决定 (或选择), 从而确定下一阶段的状态, 这种决定称为决策. 描述决策的变量称为决策变量, 常用 $d_k(s_k)$ 表示第 k 阶段当状态处于 s_k 时的决策变量, 而用 $D_k(S_k)$ 表示相应的允许决策集合, 即有 $d_k(s_k) \in D_k(S_k)$. 例如在例 7.1.1 第二阶段中, 从状态 B_2 出发, 其允许决策集合为 $D_2(B_2) = \{C_1, C_2, C_3\}$. 如选取的点为 C_2, 则 C_2 是状态 B_2 在决策 $d_2(B_2)$ 作用下的一个新的状态, 记作 $d_2(B_2) = C_2$.

4. 策略 (policy)

由系统各阶段确定的决策所形成的决策序列称为策略. 从初始状态 s_1 出发, 由系统的所有 n 个阶段的决策所形成的策略称为全过程策略, 记为

$$p_{1,n}(s_1) = \{d_1(s_1), d_2(s_2), \cdots, d_n(s_n)\}. \tag{7.1.1}$$

由系统的第 k 阶段的 s_k 状态出发至最后阶段 s_n 状态的决策过程称为全过程的后部子过程, 相应的策略称为后部子过程策略, 记为

$$p_{k,n}(s_k) = \{d_k(s_k), d_{k+1}(s_{k+1}), \cdots, d_n(s_n)\}. \tag{7.1.2}$$

所有可供选择的策略构成的集合称为策略集合, 用 P 表示, 从允许策略集合中找出达到最优效果的策略称为最优策略. 在例 7.1.1 中, $\{A, B_1, C_2, D_2, E\}$ 不仅是一个策略, 而且是一个全过程策略, 也是一个最优策略.

5. 状态转移方程 (state transition equation)

状态转移方程是描述过程由一个状态转移到另一个状态的演变过程. 若给定第 k 阶段状态 s_k, 并且若该阶段的决策变量 d_k 一经确定, 则第 $k+1$ 阶段的状态 s_{k+1} 也就完全确定, 这种对应关系为

$$s_{k+1} = T_k(s_k, d_k(s_k)), \tag{7.1.3}$$

它描述了由第 k 个阶段到第 $k+1$ 个阶段的状态转移规律, 称为状态转移方程. T_k 称为第 k 阶段的状态转移函数. 在例 7.1.1 中, 一旦决策变量 d_k 确定下来, 我们就得到了下一个状态. 事实上, 这里的状态转移方程为

$$s_{k+1} = d_k(s_k).$$

6. 阶段效益 (stage benefit)

对某一阶段的系统状态, 执行某一阶段决策所得的效益称为阶段效益, 它是整个系统总收益的一部分. 阶段效益是阶段状态和决策变量的函数, 对第 k 阶段的某一状态 s_k 执行某一决策 $d_k(s_k)$ 的阶段效益函数用 $r_k(s_k, d_k(s_k))$ 来表示. 在例 7.1.1 中的阶段效益为走完一段路程所需要的距离.

7. 指标函数和最优值函数 (objective function and optimal value function)

系统执行某一策略所产生效果的优劣可用数量指标来衡量, 它是各个阶段状态和决策的函数, 称为指标函数, 记

$$F_{k,n}(s_k, p_{k,n}) = F_{k,n}(s_k, d_k(s_k); s_{k+1}, d_{k+1}(s_{k+1}); \cdots; s_n, d_n(s_n)), \quad k = n, n-1, \cdots, 1 \tag{7.1.4}$$

表示从阶段 k 的某一状态 s_k 出发的后部子过程上的指标函数, 其中 $p_{k,n}$ 表示从状态 s_k 出发的一个子策略. 最优策略下指标函数获得的最优效益称为最优值函数, 记为

$$f_k(s_k) = \operatorname*{opt}_{p_{k,n} \in P_{k,n}} F_{k,n}(s_k, p_{k,n}), \tag{7.1.5}$$

其中, $P_{k,n}$ 表示由状态 s_k 出发的所有允许子策略集合, "opt" 为英文 optimization(最优) 的缩写, 可以依题意取 min 或 max.

8. 边值条件 (boundary value condition)

在系统决策的状态推移进程中最初的条件称为边值条件. 由系统的最后阶段逐段向初始阶段求最优的过程称为逆推解法, 边值条件为 $k = n + 1$. 由系统的最前阶段逐段向终结阶段求最优的过程称为顺推解法, 边值条件为 $k = 0$.

7.1.2 动态规划的解法

现在介绍动态规划的一种解法 —— 逆推解法. 逆推解法从最后阶段出发, 从后向前逐步递推, 一直计算到初始阶段的最优策略指标. 根据前述指标函数定义, 动态规划的逆推解法为对 $k = n, n-1, \cdots, 1$, 以求和形式来求最优策略指标. 指标函数为

$$
\begin{aligned}
F_{k,n}(s_k, p_{k,n}) &= \sum_{j=k}^{n} r_j(s_j, d_j(s_j)) \\
&= r_k(s_k, d_k(s_k)) + \sum_{j=k+1}^{n} r_j(s_j, d_j(s_j)) \\
&= r_k(s_k, d_k(s_k)) + F_{k+1,n}(s_{k+1}, p_{k+1,n}), \quad k = n, n-1, \cdots, 1,
\end{aligned}
\tag{7.1.6}
$$

其中 $r_j(s_j, d_j(s_j))$ 表示第 j 阶段的指标函数,

$$s_{j+1} = T_j(s_j, d_j(s_j)), \quad j = k, k+1, \cdots, n-1. \tag{7.1.7}$$

而最优策略指标为

$$
\begin{aligned}
f_k(s_k) &= \operatorname*{opt}_{p_{k,n} \in P_{k,n}} F_{k,n}(s_k, p_{k,n}) \\
&= \operatorname*{opt}_{\{d_k(s_k), p_{k+1,n}\}} \{r_k(s_k, d_k(s_k)) + F_{k+1,n}(s_{k+1}, p_{k+1,n})\} \\
&= \operatorname*{opt}_{\{d_k(s_k)\}} \left\{ r_k(s_k, d_k(s_k)) + \operatorname*{opt}_{p_{k+1,n} \in P_{k+1,n}} F_{k+1,n}(s_{k+1}, p_{k+1,n}) \right\}, \\
&\quad k = n, n-1, \cdots, 1.
\end{aligned}
\tag{7.1.8}
$$

由此求和指标函数的形式, 例 7.1.1 显然有边值条件

$$f_{n+1}(s_{n+1}) = 0. \tag{7.1.9}$$

从上述推导过程, 可归纳 k 阶段与 $k+1$ 阶段之间的递推关系

$$f_k(s_k) = \underset{\{d_k \in D_k(s_k)\}}{\text{opt}} \{r_k(s_k, d_k(s_k)) + f_{k+1}(d_k(s_k))\}, \tag{7.1.10}$$

因此, 一旦决策 $d_k(s_k)$ 确定下来, 就已知 $f_{k+1}(s_{k+1})$, 我们就可求出 k 阶段的最优指标值 $f_k(s_k)$. 依此类推, 可求出 $f_{k-1}(s_{k-1}), \cdots, f_1(s_1)$, 即求出了系统的最优指标值和相应的决策.

式 (7.1.10) 称为动态规划的基本方程, 边值条件为

$$f_{n+1}(s_{n+1}) = 0. \tag{7.1.11}$$

另一种常用形式是全过程和它的任一子过程的指标是它所含的各阶段的指标的乘积, 即

$$F_{k,n}(s_k, p_{k,n}) = \prod_{j=k}^{n} r_j(s_j, d_j(s_j)) = r_k(s_k, d_k(s_k)) \circ F_{k+1,n}(s_{k+1}, p_{k+1,n}),$$
$$k = n, n-1, \cdots, 1, \tag{7.1.12}$$

其相应的最优策略指标为

$$f_k(s_k) = \underset{p_{k,n} \in P_{k,n}}{\text{opt}} F_{k,n}(s_k, p_{k,n})$$
$$= \underset{\{d_k(s_k)\}}{\text{opt}} \{r_k(s_k, d_k(s_k)) \circ f_{k+1}(T_k(s_k, d_k(s_k)))\},$$
$$k = n, n-1, \cdots, 1. \tag{7.1.13}$$

对更一般的系统来说, 指标函数未必是求和或乘积形式, 但应具有可分离性, 并满足递推关系, 一般具有形式

$$F_{k,n}(s_k, p_{k,n}) = \varphi(s_k, d_k(s_k), F_{k+1,n}(T_k(s_k, d_k(s_k)), p_{k+1,n})), \tag{7.1.14}$$
$$f_k(s_k) = \underset{\{d_k(s_k)\}}{\text{opt}} \varphi(s_k, d_k(s_k), f_{k+1}(T_k(s_k, d_k(s_k)))). \tag{7.1.15}$$

在第 k 阶段, 指标函数最优策略指标为最优值, 称为最优值函数, 即 $f_k(s_k)$.

下面, 我们根据上述确定的阶段编号、状态变量、决策变量、状态转移方程、边值条件以及指标函数, 确定例 7.1.1 的最短路线, 计算步骤如下:

根据最短路线特性, 寻找最短路线的方法将从最后一段开始, 采用由后向前逐步递推的方法, 求出各点到 E 点的最短路线, 最后求得由 A 点到 E 点的最短路线. 所以, 这里介绍的动态规划的方法是从最后阶段出发, 逐段向始点方向寻找最短路线的一种方法, 故称逆推方法.

当 $k = 4$ 时, 由 D_1 到终点 E 只有一条路线, 故 $f_4(D_1) = 4$, 同理, $f_4(D_2) = 3$.

当 $k = 3$ 时, 出发点有 C_1, C_2, C_3 三个, 若从 C_1 出发, 则有两个选择, 一是至 D_1, 一是至 D_2, 则

$$f_3(C_1) = \min \left\{ \begin{array}{c} r_3(C_1, D_1) + f_4(D_1) \\ r_3(C_1, D_2) + f_4(D_2) \end{array} \right\} = \min \left\{ \begin{array}{c} 3+4 \\ 5+3 \end{array} \right\} = 7.$$

其相应的决策为 $d_3(C_1) = D_1$, 表示由 C_1 至终点 E 的最短距离为 7, 其最短路线是 $C_1 \to D_1 \to E$.

同理, 从 C_2 和 C_3 出发, 有

$$f_3(C_2) = \min \left\{ \begin{array}{c} r_3(C_2, D_1) + f_4(D_1) \\ r_3(C_2, D_2) + f_4(D_2) \end{array} \right\} = \min \left\{ \begin{array}{c} 4+4 \\ 3+3 \end{array} \right\} = 6.$$

其相应的决策为 $d_3(C_2) = D_2$.

$$f_3(C_3) = \min \left\{ \begin{array}{c} r_3(C_3, D_1) + f_4(D_1) \\ r_3(C_3, D_2) + f_4(D_2) \end{array} \right\} = \min \left\{ \begin{array}{c} 6+4 \\ 9+3 \end{array} \right\} = 10,$$

且 $d_3(C_3) = D_1$.

类似地, 可计算当 $k=2$ 时, 有

$$f_2(B_1) = 12, \quad d_2(B_1) = C_2,$$
$$f_2(B_2) = 11, \quad d_2(B_2) = C_2,$$
$$f_2(B_3) = 9, \quad d_2(B_3) = C_2.$$

当 $k=1$ 时, 出发点只有一个 A 点, 则

$$f_1(A) = \min \left\{ \begin{array}{c} r_1(A, B_1) + f_2(B_1) \\ r_1(A, B_2) + f_2(B_2) \\ r_1(A, B_3) + f_2(B_3) \end{array} \right\} = \min \left\{ \begin{array}{c} 3+12 \\ 5+11 \\ 7+9 \end{array} \right\} = 15,$$

且 $d_1(A) = B_1$, 于是获得从始点 A 至终点 E 的最短距离为 15. 为找出最短路线, 按照计算顺序, 可求出最优决策函数序列 $\{d_k\}$, 即由 $d_1(A) = B_1, d_2(B_1) = C_2, d_3(C_2) = D_2, d_4(D_2) = E$ 组成一个最优策略. 于是最短路线为 $A \to B_1 \to C_2 \to D_2 \to E$. $\square$

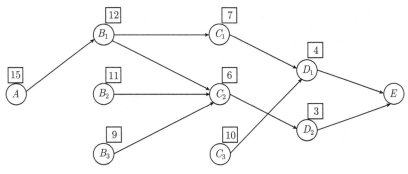

图 7.1.2

从上述例 7.1.1 的计算过程, 可知动态规划的方法与枚举法相比有以下优点:

(1) 动态规划方法比枚举法减少了许多计算量, 而且随着规模扩大, 计算量将大大地减少.

(2) 丰富了计算结果, 动态规划方法以较少的运算不仅得到从 A 至 E 的最优路线, 而且还确定了各中间点到终点 E 的最优路线.

完全类似地, 我们可以讨论顺推解法的步骤, 请读者自行练习.

7.1.3　动态规划的最优性原理和最优性定理

最优性原理是动态规划的理论基础, 它能解决许多类型的多阶段决策过程的优化问题.

动态规划的最优性定理　考虑阶段数为 n 的多阶段决策系统, 其阶段编号为 $k = 0, 1, \cdots, n-1$. 允许策略 $p_{0,n-1}^* = (d_0^*, d_1^*, \cdots, d_{n-1}^*)$ 是最优策略的充要条件是对任一个 $k, 0 \leqslant k \leqslant n-1$ 和 $s_0 \in S_0$, 有

$$
\begin{aligned}
F_{0,n-1}(s_0, p_{0,n-1}^*) = &\operatorname*{opt}_{p_{0,k-1} \in P_{0,k-1}(s_0)} \{F_{0,k-1}(s_0, p_{0,k-1}) \\
&+ \operatorname*{opt}_{p_{k,n-1} \in P_{k,n-1}(s_k^*)} F_{k,n-1}(s_k^*, p_{k,n-1})\},
\end{aligned}
\tag{7.1.16}
$$

其中 $s_k^* = T_{k-1}(s_{k-1}, d_{k-1})$, $p_{0,n-1} = (p_{0,k-1}, p_{k,n-1})$, 它是由给定的初始状态 s_0 和子策略 $p_{0,k-1}$ 所确定的 k 段状态, 当 F 是效益函数时, opt 取 max; 当 F 是损失函数时, opt 取 min.

这个最优性定理的意思是: 整体最优策略的指标函数是后部最优子策略的指标函数值与前部策略的指标函数值之和的最优值.

作为推论, 我们给出动态规划的最优性原理.

最优性原理　若允许策略 $p_{0,n-1}^*$ 是最优策略, 则对任意的 $0 < k < n-1$, 它的子策略 $p_{k,n-1}^*$ 对于以 $s_k^* = T_{k-1}(s_{k-1}^*, d_{k-1}^*)$ 为起点的 k 到 $n-1$ 子过程来说, 必是最优策略 (注意: k 段状态 s_k^* 是由 s_0 和 $p_{0,k-1}^*$ 所确定的).

最优性原理表明, 不论以前的状态和决策是什么, 剩余阶段的最优策略与以前阶段采用的决策无关. 即, 如果存在最优策略, 它的后部子策略总是最优的. 根据这样的原理, 对于多阶段决策过程的最优化问题, 可以用逆推方法, 通过逐段递推求后部最优决策的方法来求全部过程的最优决策.

7.2　动态规划模型问题

本节介绍动态规划解资源分配问题. 资源分配问题的数学模型为:

设某种原料总数量为 a, 用于生产 n 种产品, 若分配数量 x_i 用于生产第 i 种产品, 其收益为 $g_i(x_i)$, 问怎样分配才能使生产 n 种产品的总收入最大?

该问题的数学模型为

$$
\begin{aligned}
\max \quad & z = g_1(x_1) + g_2(x_2) + \cdots + g_n(x_n) \\
\text{s.t.} \quad & x_1 + x_2 + \cdots + x_n = a, \\
& x_i \geqslant 0, \ i = 1, 2, \cdots, n.
\end{aligned}
\tag{7.2.1}
$$

这是一个静态规划问题. 用动态规划方法求解这类问题, 通常将资源分配给一个或几个使用者的过程作为一个阶段, 又将问题中的变量 x_i 作为决策变量, 进行递推, 再将递推过程累计的量作为状态变量.

设状态变量 s_k 表示分配用于生产第 k 种产品至第 n 种产品的原料数量. 显然, $s_1 = a$. 决策变量 d_k 表示分配给生产第 k 种产品的原料数量, 即 $d_k = x_k$. 状态转移方程为

$$
s_{k+1} = s_k - d_k = s_k - x_k,
\tag{7.2.2}
$$

允许决策集合

$$
D_k(s_k) = \{ d_k | \ 0 \leqslant d_k = x_k \leqslant s_k \}.
\tag{7.2.3}
$$

最优值函数 $f_k(s_k)$ 表示数量为 s_k 的原料分配给第 k 种产品至第 n 种产品所得到的最大总收入. 由此, 动态规划的逆推关系为

$$
\begin{cases}
f_k(s_k) = \max\limits_{0 \leqslant x_k \leqslant s_k} \{ g_k(x_k) + f_{k+1}(s_k - x_k) \}, \quad k = n-1, \cdots, 1, \\
f_n(s_n) = \max\limits_{x_n = s_n} g_n(x_n).
\end{cases}
\tag{7.2.4}
$$

利用这个逆推关系式进行逐阶段计算, 最后得到的 $f_1(a)$ 即为所求问题的最大收入.

例 7.2.1 用动态规划的方法求解下列问题:

$$
\begin{aligned}
\max \quad & z = x_1 x_2 x_3 \\
\text{s.t.} \quad & x_1 + x_2 + x_3 = Q, \\
& x_i \geqslant 0 \, (i = 1, 2, 3).
\end{aligned}
$$

解 在阶段 n, 确定将要分配给第 n 个变量的量 x_n, s 表示阶段 1 中尚未被分配的量. 注意, 阶段变量是任一满足 $0 < s < Q$ 的实值变量.

设 $f_n(s, x_n)$ 为第 n 个变量乘积的最大值 $(n = 3)$, $f_n(s)$ 为 n 个变量乘积的最优值 $(n = 3)$, 其中 s 是剩下的要分配的量, 则递推关系为

$$
\begin{cases}
f_n(s, x_n) = x_n f_{n+1}(s - x_n), \\
f_n(s) = \max\limits_{0 \leqslant x_n \leqslant s} \{ f_n(s, x_n) \}.
\end{cases}
$$

在第 3 阶段, 当剩下三个变量时, 分配变量使得 $f_3(s) = s$, 使得 $x_3^* = s$.

在第 2 阶段, 当第二个变量和第三个变量还未被分配值时, 用定义计算 $f_2(s)$, 即

$$f_2(s) = \max_{0 \leqslant x_2 \leqslant s} [f_2(s, x_2)] = \max_{0 \leqslant x_2 \leqslant s} [x_2 f_3(s - x_2)]$$
$$= \max_{0 \leqslant x_2 \leqslant s} [x_2(s - x_2)] = \max_{0 \leqslant x_2 \leqslant s} [sx_2 - x_2^2].$$

注意到 x_2 是 0 到 s 之间的任一实数, 为了极大化函数 $h(x_2) := sx_2 - x_2^2$, 其中 $x_2 \in [0, s]$, 令 $h'(x_2) = s - 2x_2 = 0$, 得驻点 $x_2^* = \dfrac{s}{2}$, 其二阶导数 $h''(x_2) = -2 < 0$, 故 x_2^* 是极大值点. 计算得到当 $x_2^* = \dfrac{s}{2}$ 时, $f_2(s) = \dfrac{s^2}{4}$.

在阶段 1, s 要被分配的量 $s = Q$,

$$f_1(1) = \max_{0 \leqslant x_1 \leqslant 1} [f_1(Q, x_1)] = \max_{0 \leqslant x_1 \leqslant 1} [x_1 f_2(Q - x_1)]$$
$$= \max_{0 \leqslant x_1 \leqslant 1} \left[\frac{x_1(Q - x_1)^2}{4} \right] = \max_{0 \leqslant x_1 \leqslant 1} \left[\frac{x_1^3 - 2Qx_1^2 + Q^2 x_1}{4} \right].$$

为计算其最大值, 令 $g(x_1) = \dfrac{x_1^3 - 2Qx_1^2 + Q^2 x_1}{4}$, 令一阶导数 $g'(x_1) = \dfrac{3x_1^2 - 4Qx_1 + Q^2}{4}$ $= 0$, 得到

$$x_1 = Q \quad \text{或} \quad x_1 = \frac{Q}{3}.$$

当 $x_1 = Q$ 时, $g''(x_1) > 0$, 此时不取极值; 当 $x_1 = \dfrac{Q}{3}$ 时, $g''(x_1) < 0$, 此时取极大值. 计算得到当 $x_1^* = \dfrac{Q}{3}$ 时, $f_1(Q) = \dfrac{Q^3}{27}$. □

7.3　生产与存储问题

在生产和经营管理中, 经常遇到要合理地安排生产 (或购买) 与库存的问题, 既要满足社会的需要, 又要尽量降低成本费用. 生产与存储问题的最优化目标为制定生产 (或采购) 策略, 确定不同时期的生产量 (或采购量) 和库存量, 使总的生产成本费用和库存费用之和最小.

例 7.3.1　某工厂与用户签订了某项产品的供货合同, 表 7.3.1 列出了合同规定的今后四个月内的供货量. 合同规定每月的交货量必须在该月月底前交清. 已知工厂在当月若开工生产该项产品则需固定成本费 40000 元及每千件产品的生产费用 7000 元. 还已知当月生产的产品在完成交货任务后多余的产品每月千件库存费为 10000 元, 每第一个月初及第四个月末的库存量均加. 问厂方应如何安排生产使得能以最少的成本完成合同.

表 7.3.1

月份	1	2	3	4
供货量/千件	4	1	3	2

解 为建立该问题的动态规划模型, 将系统分为四个阶段, 每月初的库存量作为状态变量 s_i 的取值集合, 决策变量 $d_i(s_i)$ 为每月的生产量, 则每个阶段的状态变量与允许决策变量集合满足

$$S_1 = \{0\}, \qquad\qquad 4 \leqslant d_1(s_1) \leqslant 10,$$
$$S_2 = \{0, 1, 2, 3, 4, 5, 6\}, \qquad 5 \leqslant d_1(s_1) + d_2(s_2) \leqslant 10,$$
$$S_3 = \{0, 1, 2, 3, 4, 5\}, \qquad 8 \leqslant d_1(s_1) + d_2(s_2) + d_3(s_3) \leqslant 10,$$
$$S_4 = \{0, 1, 2\}, \qquad\qquad d_1(s_1) + d_2(s_2) + d_3(s_3) + d_4(s_4) = 10,$$
$$S_5 = \{0\},$$

用整个系统各个阶段的状态及其可能的决策来决定该决策后的阶段效益, 下列表达式给出阶段效益 (单位: 千元)

$$r_i(s_i, d_i(s_i)) = 10s_i + 7d_i(s_i) + 40\delta(d_i),$$

其中,

$$\delta(d_i) = \begin{cases} 1, & d_i \neq 0, \\ 0, & d_i = 0. \end{cases}$$

相应的状态转移方程为

$$s_{i+1} = s_i + d_i - c_i,$$

其中, c_i 为第 i 个月的供货量. 由阶段效益即可得逆推算法的指标函数

$$F_{i,4}(s_i, p_{i,4}) = \sum_{j=i}^{4} r_j(s_j, d_j(s_j)), \quad i = 4, 3, 2, 1,$$

及最优指标

$$f_i(s_i) = \min_{d_i(s_i)} \{r_i(s_i, d_i(s_i)) + f_{i+1}(s_i + d_i - c_i)\}.$$

求解过程如下:

边值条件 $f_5(0) = 0$,

$$i = 4, \qquad S_4 = \{0, 1, 2\},$$
$$f_4(0) = 54, \qquad T_4(0, 2) = 0,$$
$$f_4(1) = 57, \qquad T_4(1, 1) = 0,$$
$$f_4(2) = 20, \qquad T_4(2, 0) = 0,$$
$$i = 3, \qquad S_3 = \{0, 1, 2, 3, 4, 5\},$$

$$f_3(0) = \min \left\{ \begin{array}{l} r_3\{0, 3\} + f_4(0) \\ r_3\{0, 4\} + f_4(1) \\ r_3\{0, 5\} + f_4(2) \end{array} \right\} = 95, \qquad T_3(0, 5) = 2,$$

$$f_3(1) = \min \left\{ \begin{array}{l} r_3\{1,2\} + f_4(0) \\ r_3\{1,3\} + f_4(1) \\ r_3\{1,4\} + f_4(2) \end{array} \right\} = 98, \qquad T_3(1,4) = 2,$$

$$f_3(2) = \min \left\{ \begin{array}{l} r_3\{2,1\} + f_4(0) \\ r_3\{2,2\} + f_4(1) \\ r_3\{2,3\} + f_4(2) \end{array} \right\} = 101, \qquad T_3(2,3) = 2,$$

$$f_3(3) = \min \left\{ \begin{array}{l} r_3\{3,0\} + f_4(0) \\ r_3\{3,1\} + f_4(1) \\ r_3\{3,2\} + f_4(2) \end{array} \right\} = 84, \qquad T_3(3,0) = 0,$$

$$f_3(4) = \min \left\{ \begin{array}{l} r_3\{4,0\} + f_4(1) \\ r_3\{4,1\} + f_4(2) \end{array} \right\} = 97, \qquad T_3(4,0) = 0,$$

$$f_3(5) = 70.$$

$$i = 2, \qquad S_2 = \{0,1,2,3,4,5,6\},$$

$$f_2(0) = \min \left\{ \begin{array}{l} r_2\{0,1\} + f_3(0) \\ r_2\{0,2\} + f_3(1) \\ r_2\{0,3\} + f_3(2) \\ r_2\{0,4\} + f_3(3) \\ r_2\{0,5\} + f_3(4) \\ r_2\{0,6\} + f_3(5) \end{array} \right\} = 142, \qquad T_2(0,1) = 0,$$

$$f_2(1) = \min \left\{ \begin{array}{l} r_2\{1,0\} + f_3(0) \\ r_2\{1,1\} + f_3(1) \\ r_2\{1,2\} + f_3(2) \\ r_2\{1,3\} + f_3(3) \\ r_2\{1,4\} + f_3(4) \\ r_2\{1,5\} + f_3(5) \\ r_2\{1,6\} + f_3(6) \end{array} \right\} = 105, \qquad T_2(1,0) = 1,$$

$$f_2(2) = \min \left\{ \begin{array}{l} r_2\{2,0\} + f_3(1) \\ r_2\{2,1\} + f_3(2) \\ r_2\{2,2\} + f_3(3) \\ r_2\{2,3\} + f_3(4) \\ r_2\{2,4\} + f_3(5) \end{array} \right\} = 118, \qquad T_2(2,0) = 1,$$

$$f_2(3) = \min \left\{ \begin{array}{l} r_2\{3,0\} + f_3(2) \\ r_2\{3,1\} + f_3(3) \\ r_2\{3,2\} + f_3(4) \\ r_2\{3,3\} + f_3(5) \end{array} \right\} = 131, \qquad T_2(3,2) = 2,$$

$$f_2(4) = \min \left\{ \begin{array}{l} r_2\{4,0\} + f_3(3) \\ r_2\{4,1\} + f_3(4) \\ r_2\{4,2\} + f_3(5) \end{array} \right\} = 124, \qquad T_2(4,0) = 3,$$

$$f_2(5) = \min \left\{ \begin{array}{l} r_2\{5,0\} + f_3(4) \\ r_2\{5,1\} + f_3(5) \end{array} \right\} = 124, \qquad T_2(4,0) = 3,$$

$$f_2(6) = 130, \qquad T_2(6,0) = 5,$$

$$i = 1, \qquad S_1 = \{0\},$$

$$f_1(0) = \min \left\{ \begin{array}{l} r_1\{0,4\} + f_2(0) \\ r_1\{0,5\} + f_2(1) \\ r_1\{0,6\} + f_2(2) \\ r_1\{0,7\} + f_2(3) \\ r_1\{0,8\} + f_2(4) \\ r_1\{0,9\} + f_2(5) \\ r_1\{0,10\} + f_2(6) \end{array} \right\} = 180, \qquad T_1(0,5) = 1.$$

由 $f_1(0)=180$(千元) 知厂方在这四个月内生产的最小支出可为 180000 元, 再由状态转移方程 $T_1(0,5) = 1$, $T_2(1,0) = 0$, $T_3(0,5) = 2$, $T_4(2,0) = 0$, 可得最优生产安排为第一、第三个月各生产 5 千件, 第二、第四个月不生产.

7.4 复合系统工作可靠性问题

设某种机器的工作系统由 n 个部件串联组成, 只要有一个部件失灵, 整个系统就不能工作, 为提高系统工作的可靠性, 在每一个部件上均装有主要元件的备用件, 并且设计了备用元件自动投入装置. 显然, 备用元件越多, 整个系统正常工作的可靠性越大. 但备用元件多了, 整个系统的成本、重量、体积均相应加大, 工作效率也降低, 因此, 最优化问题是在考虑上述限制条件下, 应如何选择各部件的备用元件数, 使整个系统的工作可靠性最大.

设部件 $i(i = 1, 2, \cdots, n)$ 上装有 u_i 个备用件时, 它正常工作的概率为 $p_i(u_i)$. 因此, 整个系统正常工作的可靠性, 可用它正常工作的概率衡量, 即

$$P = \prod_{i=1}^{n} P_i(u_i).$$

设安装一个部件 i 的备用元件费用为 c_i, 重量为 w_i, 要求总费用不超过 c, 总重量不超过 w. 这样, 这个问题的静态规划模型为

$$\max \quad P = \prod_{i=1}^{n} P_i(u_i)$$

$$\text{s.t.} \quad \sum_{i=1}^{n} c_i u_i \leqslant c,$$

$$\sum_{i=1}^{n} \omega_i u_i \leqslant \omega,$$

$$u_i \geqslant 0 且为整数, \quad i = 1, 2, \cdots, n.$$

这是一个非线性整数规划问题, 其中 u_i 要求为整数, 目标函数是非线性的. 非线性整数规划是较复杂的问题, 但使用动态规划方法来解此问题还是比较容易的.

为了构造动态规划模型, 根据有两个约束条件, 就选二维状态变量, 采用两个状态变量符号 x_k, y_k 来表达, 其中,

x_k 为由第 k 个到第 n 个部件所容许使用的总费用;

y_k 为由第 k 个到第 n 个部件所容许具有的总重量.

决策变量 u_k 为部件 k 上装的备用元件数, 这里决策变量是一维的. 这样, 状态转移方程为

$$x_{k+1} = x_k - u_k c_k,$$

$$y_{k+1} = y_k - u_k w_k, \quad 1 \leqslant k \leqslant n.$$

允许决策集合为

$$D_k(x_k, y_k) = \{u_k : 0 \leqslant u_k \leqslant \min([x_k/c_k], [y_k/\omega_k])\},$$

$$\begin{cases} \max_{u_k \in D_k(x_k, y_k)} [P_k(u_k) f_{k+1}(x_k - c_k u_k, y_k - \omega_k u_k)], & k = n, n-1, \cdots, 1, \\ f_{n+1}(x_{n+1}, y_{n+1}) = 1, \end{cases}$$

边值条件为 1, 这是由于 x_{n+1}, y_{n+1} 均为零, 装置根本不工作, 故可靠性当然为 1, 最后计算得到的 $f_1(c, w)$ 即为所求得问题的最大可靠性.

该问题的特点是指标函数为连乘积形式, 而不是连加形式, 但仍满足可分离性和递推关系, 边值条件为 1 而不是零. 这由研究对象的特性所决定, 另外, 这里可靠性 $P_i(u_i)$ 是 u_i 的严格单调上升函数, 而且 $P_i(u_i) \leqslant 1$.

在这个问题中, 如果静态模型的约束条件增加为三个, 例如要求总体积不许超过 v, 则状态变量要选为三维的 (x_k, y_k, z_k), 表明静态规划问题的约束条件增加时, 对应动态规划变量维数也需要增加, 而决策变量维数可以不变.

例 7.4.1 某个厂设计一种电子设备, 由三种元件 D_1, D_2, D_3 组成, 已知这三种元件的价格和可靠性如表 7.4.1 所示. 要求在设计中所使用元件的费用不超过 105 元, 试问应如何设计使设备的可靠性达到最大 (不考虑重量的限制).

表 **7.4.1**

元件	单价/元	可靠性
D_1	30	0.9
D_2	15	0.8
D_3	20	0.5

解 按元件种类划分为三个阶段, 设状态变量 s_k 表示容许用在 D_k 元件至 D_3 元件的总费用; 决策变量 x_k 表示在 D_k 元件上的并联个数; P_k 表示一个 D_k 元件正常工作的概率, 则 $(1 - P_k)^{x_k}$ 为 x_k 个 D_k 元件不正常工作的概率, 令最优值函数 $f_k(s_k)$ 表示由状态 s_k 开始从 D_k 元件至 D_3 元件组成的系统的最大可靠性, 因而有

$$f_3(s_3) = \max_{1 \leqslant x_3 \leqslant [s_3/20]} [1 - (0.5)^{x_3}],$$

$$f_2(s_2) = \max_{1 \leqslant x_2 \leqslant [s_2/15]} \{[1 - (0.2)^{x_2}] f_3(s_2 - 15x_2)\},$$

$$f_1(s_1) = \max_{1 \leqslant x_1 \leqslant [s_1/30]} \{[1 - (0.1)^{x_1}] f_2(s_1 - 30x_1)\}.$$

由于 $s_1 = 105$, 故此问题为求出 $f_1(105)$ 即可, 而

$$f_1(105) = \max_{1 \leqslant x_1 \leqslant 3} \{[1 - (0.1)^{x_1}] f_2(105 - 30x_1)\}$$
$$= \max\{0.9 f_2(75), 0.99 f_2(45), 0.999 f_2(15)\},$$

其中

$$f_2(75) = \max_{1 \leqslant x_2 \leqslant 4} \{[1 - (0.2)^{x_2}] f_3(75 - 15x_2)\}$$
$$= \max\{0.8 f_3(60), 0.96 f_3(45), 0.992 f_3(30), 0.9984 f_3(15)\},$$

这里

$$f_3(60) = \max_{1 \leqslant x_3 \leqslant 3} [1 - (0.5)^{x_3}]$$
$$= \max\{0.5, 0.75, 0.875\} = 0.875,$$

$$f_3(45) = \max_{1 \leqslant x_3 \leqslant 2} [1 - (0.5)^{x_3}]$$
$$= \max\{0.5, 0.75\} = 0.75,$$

$$f_3(30) = 0.5,$$

$$f_3(15) = 0,$$

所以

$$f_2(75) = \max\{0.8 \times 0.875, 0.96 \times 0.75, 0.992 \times 0.5, 0.9984 \times 0\}$$
$$= \max\{0.7, 0.72, 0.496\}$$
$$= 0.72.$$

同理

$$f_2(45) = \max\{0.8 f_3(30), 0.96 f_3(15)\} = \max\{0.4, 0\} = 0.4,$$
$$f_2(15) = 0,$$

故

$$f_1(105) = \max\{0.9 \times 0.72, 0.99 \times 0.4, 0.999 \times 0\}$$
$$= \max\{0.648, 0.396\} = 0.648.$$

从而求得 $x_1^* = 1$, $x_2^* = 2$, $x_3^* = 2$ 为最优方案, 即 D_1 元件用 1 个, D_2 元件用 2 个, D_3 元件用 2 个, 其总费用为 100 元, 可靠性为 0.648. □

7.5   不确定性的采购问题

在生产和经营管理中, 经常遇到在价格波动时如何合理采购的问题. 不确定性采购问题的最优化的目标就是在不同时期的浮动价格和概率条件下, 确定采购量以使总的采购费用 (数学期望值) 最小.

例 7.5.1   某公司需要在近 5 周内采购一批原料, 估计在未来 5 周内价格有波动, 其浮动价格和概率 (可能性) 如表 7.5.1 所示. 试求各周以什么价格购入, 使采购价格最为合理? 使数学期望值最小?

表 7.5.1

单价/(千元/吨)	概 率
18	0.4
16	0.3
14	0.3

解   这里价格是一个随机变量, 是按某种已知的概率分布取值的. 用动态规划方法处理, 按采购期限 5 周分 5 个阶段, 将每周的价格看作该阶段的状态, 设 y_k 为状态变量, 表示第 k 周的实际价格.

x_k 为决策变量, 当 $x_k = 1$, 表示第 k 周决定采购; 当 $x_k = 0$, 表示第 k 周决定等待.

y_{kE} 表示第 k 周决定等待, 而在以后采取最优决策时采购价格的期望值.

$f_k(y_k)$ 表示第 k 周实际价格为 y_k 时, 从第 k 周至第 5 周采取最优决策所得的最小期望值.

因而可写出逆序递推关系为

$$f_k(y_k) = \min\{y_k, y_{kE}\}, \qquad y_k \in S_k,$$
$$f_5(y_k) = y_5, \qquad\qquad y_5 \in S_5,$$

(7.5.1)

其中 $S_k = \{18, 16, 14\}$, $k = 1, 2, 3, 4, 5$. 由 y_{kE} 和 $f_k(y_k)$ 的定义可知

$$y_{kE} = ef_{k+1}(y_{k+1}) = 0.4f_{k+1}(18) + 0.3f_{k+1}(16) + 0.3f_{k+1}(14),$$

(7.5.2)

并且得出最优决策为

$$x_k = \begin{cases} 1 \text{ (采购)}, & f_k(y_k) = y_k, \\ 0 \text{ (等待)}, & f_k(y_k) = y_{kE}. \end{cases}$$

(7.5.3)

从最后一周开始逐步向前递推计算, 具体计算过程如下:

$k = 5$ 时, 因 $f_5(y_5) = y_5$, $y_5 \in S_5$, 故有

$$f_5(18) = 18, \quad f_5(16) = 16, \quad f_5(14) = 14,$$

即在第 5 周时, 若所需的原料尚未买入, 则无论市场价格如何, 都必须采购, 不能再等. $k = 5$ 时, 由 $y_{kE} = 0.4f_{k+1}(18) + 0.3f_{k+1}(16) + 0.3f_{k+1}(14)$ 可知

$$y_{4E} = 0.4 \times 18 + 0.3 \times 16 + 0.3 \times 14 = 16.2,$$

(7.5.4)

于是, 由式 (7.5.1), 得

$$f_4(y_4) = \min_{y_4 \in S_4}\{y_4, y_{4E}\} = \min_{y_4 \in S_4}\{y_4, 16.2\}$$
$$= \begin{cases} 16.2, & y_4 = 18, \\ 16, & y_4 = 16, \\ 14, & y_4 = 14. \end{cases}$$

(7.5.5)

由式 (7.5.3) 可知, 第 4 周的最优决策为

$$x_4 = \begin{cases} 1 \text{ (采购)}, & y_4 = 16 \text{ 或 } 14, \\ 0 \text{ (等待)}, & y_4 = 18. \end{cases}$$

同理可求得

$$y_{3E} = 0.4f_{4E}(16.2) + 0.3f_{4E}(16) + 0.3f_{4E}(14)$$
$$= 0.4 \times 16.2 + 0.3 \times 16 + 0.3 \times 14 = 15.48,$$
$$f_3(y_3) = \min_{y_3 \in S_3}\{y_3, y_{3E}\} = \min_{y_3 \in S_3}\{y_3, 15.48\}$$
$$= \begin{cases} 15.48, & y_3 = 18 \text{ 或 } 16, \\ 14, & y_3 = 14. \end{cases}$$

所以

$$x_3 = \begin{cases} 1\ (\text{采购}), & y_3 = 14, \\ 0\ (\text{等待}), & y_3 = 18\ \text{或}\ 16. \end{cases}$$

进一步

$$y_{2E} = (0.4 + 0.3) \times 15.48 + 0.3 \times 14 = 15.036,$$

$$f_2(y_2) = \min_{y_2 \in S_2} \{y_2, y_{2E}\} = \min_{y_2 \in S_2} \{y_2, 15.036\}$$

$$= \begin{cases} 14, & y_2 = 14, \\ 15.036, & y_2 = 18\ \text{或}\ 16. \end{cases}$$

所以

$$x_2 = \begin{cases} 1\ (\text{采购}), & y_2 = 14, \\ 0\ (\text{等待}), & y_2 = 18\ \text{或}\ 16. \end{cases}$$

最后

$$f_{1E} = (0.4 + 0.3) \times 15.036 + 0.3 \times 14 = 14.7252,$$

所以

$$x_1 = \begin{cases} 1\ (\text{采购}), & y_1 = 14, \\ 0\ (\text{等待}), & y_1 = 18\ \text{或}\ 16. \end{cases}$$

由上述讨论可知, 最优策略为: 在第 1, 2, 3 周时, 若价格为 14 就采购, 否则, 就等待; 在第 4 周时, 价格为 16 或 14 应采购, 否则就等待; 在第 5 周时, 无论什么价格都要采购.

依照上述最优策略进行采购时, 价格 (单价) 的数学期望为

$$0.7 \times 14.7252 + 0.3 \times 14 = 14.50764. \quad \Box$$

7.6　背包问题

假设要把 n 种不同的科学设备装入一个登上月球的宇宙飞船中, 对于 $j = 1, \cdots, n$, 设 x_j 是所装载第 j 种设备的数量, $c_j > 0$ 是第 j 种设备的单件科学价值, $a_j > 0$ 是第 j 种设备的单件重量. 若整个重量的限度是 b, 那么最大化装载所选设备的科学价值的模型是

$$\begin{aligned} \max \quad & x_0 = \sum_{j=1}^{n} c_j x_j \\ \text{s.t.} \quad & \sum_{j=1}^{n} a_j x_j \leqslant b, \\ & x_j \geqslant 0\ \text{且为整数}, j = 1, 2, \cdots, n. \end{aligned} \quad (7.6.1)$$

假设上述数据都是整数, 那么这是一个整数规划问题. 这个问题在登山中称为背包问题. 下面使用动态规划来求解这个问题.

设 $f_k(y)$ 是式 (7.6.1) 中体积或重量限定为 y, 只使用前 k 项设备的最大值 $(y = 0, 1, \cdots, b; k = 1, 2, \cdots, n)$, 注意到 $f_n(b) = x_0^*$ 是式 (7.6.1) 的最大值, 则

$$
\begin{aligned}
f_k(y) = \quad &\max \quad x_0 = \sum_{j=1}^{k} c_j x_j \\
&\text{s.t.} \quad \sum_{j=1}^{k} a_j x_j \leqslant y, \\
&\quad x_j \geqslant 0 \text{ 且为整数}, j = 1, 2, \cdots, k.
\end{aligned}
\tag{7.6.2}
$$

在 (7.6.2) 中, 孤立 $x_k (k = 2, \cdots, n$ 且 $y = 0, 1, \cdots, k)$, 得到

$$
f_k(y) = \max_{x_k = 0, 1, \cdots, [y/a_k]} c_k x_k + \left[\begin{array}{l} \max \quad \sum_{j=1}^{k-1} c_j x_j \\ \text{s.t.} \quad \sum_{j=1}^{k-1} a_j x_j \leqslant y - a_k x_k, \\ \quad x_j \geqslant 0 \text{ 且为整数}, j = 1, 2, \cdots, k-1. \end{array} \right].
\tag{7.6.3}
$$

由定义, 括号内的最优值为 $f_{k-1}(y - a_k x_k)$. 由此, 对于 $k = 2, \cdots, n$ 和 $y = 0, 1, \cdots, b$, 式 (7.6.3) 可写为

$$
f_k(y) = \max_{x_k = 0, 1, \cdots, [y/a_k]} (c_k x_k + f_{k-1}(y - a_k x_k)).
\tag{7.6.4}
$$

逐次计算 (7.6.4), 并注意到 $c_1 > 0$, 于是,

$$
f_k(y) = \max_{x_k = 0, 1, \cdots, [y/a_k]} c_1 x_1 = c_1 \left[\frac{y}{a_1} \right].
\tag{7.6.5}
$$

序贯方法 给定 y 和 k, $x_k \geqslant 0$ 是 (7.6.3) 的最优解, 那么 $f_k(y) = f_{k-1}(y)$. 另一方面, 若某最优解是 $x_k > 0$, 那么最初 k 项中体积为 y 的最优背包能放在一起, 通过结合一个 k 项和最初 k 项中体积为 $y - a_k$ 的和的最优值, 由此, 对于给定的 y,

$x_k = 0 \Rightarrow f_k(y) = f_{k-1}(y)$,

$x_k > 0 \Rightarrow f_k(y) = c_k + f_k(y - a_k)$,

结合上述两式并利用 $f_0(y) = 0$, $y = 0, 1, \cdots, b$, 有序贯式 (7.6.5) 比序贯式 (7.6.4) 更好执行, 这是由于在 (7.6.5) 中最大值只涉及两个数的比较. 为求式 (7.6.5) 中 $f_k(y)$, 必须知道 $f_{k-1}(y)$ 和 $f_k(y - a_k)$, 因此 $f_k(y)$ 必须有序地以 $y = 0, 1, \cdots, b$ 来计算.

指示函数 $P_k(y)$ 定义为

$$P_k(y) = \begin{cases} 0, & f_k(y) = f_{k-1}(y), \\ 1, & f_k(y) > f_{k-1}(y). \end{cases}$$

下面介绍背包问题的算法.

算法 7.6.1

步 1. 初始值 $k = 0$, $f_0(y) = 0$, $y = 0, 1, \cdots, b$, 转步 2.

步 2. 置 $k := k+1$, 对所有 $y < a_k$, 置 $f_k(y) = f_{k-1}(y)$ 且 $P_k(y) = 0$. 设 $y = a_k$, 转步 3.

步 3. 计算 $V = c_k x_k + f_{k-1}(y - a_k)$, 若 $V > f_{k-1}(y)$, 置 $f_k(y) = V$ 且 $P_k(y) = 1$; 否则, 取 $f_k(y) = f_{k-1}(y)$ 且 $P_k(y) = 0$, 转步 4.

步 4. 若 $y < b$, 令 $y := y + 1$ 且返回步 3; 若 $y = b$, 转步 5.

步 5. 若 $k < n$, 返回步 2; 若 $k = n$, 置 $z = 0$, 转步 6.

        (z 是作为 x_k 的最优值的计数, $k = 1, \cdots, n$.)

步 6. 若 $P_k(y) = 1$, 置 $z := z + 1$ 并转步 7, 若 $P_k(y) = 0$, 转步 8.

步 7. 置 $y := y - a_k$, 返回步 6.

步 8. 置 $x_k = z$ 和 $z = 0$. 若 $k > 1$, 令 $k := k - 1$ 并且返回步 6; 若 $k = 1$, 终止.

当步 5 在最后已经执行时, $f_k(b)$ 已被计算. 步 6 至步 8 寻找 x_k 的最优解集, 若 $P_n(b) = 0$, 则 $x_n = 0$, 若 $P_n(b) = 1$, 则 $x_n \geqslant 1$. 若 $P_k(y) = 0$ 达到时, 令 $x_k = z$, 因为该算法寻找 $f_n(y)$, $y = 0, 1, \cdots, b$, 所以算法给了一个参数解.

例 7.6.1 有一辆最大运货量为 10 吨的卡车, 用以装载 3 种货物, 每种货物的单位重量及相应单位价值如表 7.6.1 所示. 应如何装载可使总价值最大?

表 7.6.1

货物编号 i	1	2	3
单位重量 t	3	4	5
单位价值 c_i	4	5	6

解 设第 i 种货物装载的件数为 x_i $(i = 1, 2, 3)$, 则问题可表示为

$$\max \quad z = 4x_1 + 5x_2 + 6x_3$$

$$\text{s.t.} \quad 3x_1 + 4x_2 + 5x_3 \leqslant 10,$$

$$x_i \geqslant 0 \text{ 且为整数}, i = 1, 2, 3.$$

按前述方式建立动态规划模型, 由于决策变量取离散值, 所以可以用列表法求解.

当 $k = 1$ 时, $f_1(s_2) = \max\limits_{\substack{0 \leqslant 3x_1 \leqslant s_2 \\ x_1 \text{为整数}}} \{4x_1\}$, 即

$$f_1(s_2) = \max_{\substack{0 \leqslant x_1 \leqslant s_2/3 \\ x_1 \text{为整数}}} \{4x_1\} = 4[s_2/3].$$

计算结果见表 7.6.2.

表 7.6.2

s_2	0	1	2	3	4	5	6	7	8	9	10
$f_1(s_2)$	0	0	0	4	4	4	8	8	8	12	12
x_1^*	0	0	0	1	1	1	2	2	2	3	3

当 $k = 2$ 时，$f_2(s_3) = \max\limits_{\substack{0 \leqslant 3x_1 \leqslant s_3/4 \\ x_2 \text{为整数}}} \{5x_2 - f_1(s_3 - 4x_2)\} = 4[s_2/3].$

计算结果见表 7.6.3.

表 7.6.3

s_3	0	1	2	3	4		5		6		7		8			9			10		
x_2	0	0	0	0	0	1	0	1	0	1	0	1	0	1	2	0	1	2	0	1	2
$c_2 + f_2$	0	0	0	4	4	5	4	5	8	5	8	9	8	9	10	12	9	10	12	13	10
$f_2(s_2)$	0	0	0	4	5		5		8		9		10			12			13		
x_2^*	0	0	0	0	1		1		0		1		2			0			1		

当 $k = 3$ 时，

$$f_3(10) = \max_{\substack{0 \leqslant x_3 \leqslant 2 \\ x_3 \text{为整数}}} \{6x_3 + f_2(10 - 5x_3)\}$$

$$= \max_{x_3 = 0,1,2} \{6x_3 + f_2(10 - 5x_3)\}$$

$$= \max\{f_2(10), 6 + f_2(5), 12 + f_2(0)\}$$

$$= \max\{13, 6 + 5, 12 + 0\} = 13,$$

此时 $x_3^* = 0$, 逆推可得全部策略为：$x_1^* = 2$, $x_2^* = 1$, $x_3^* = 0$, 最大价值为 13. □

在上面的例子中，我们只考虑了背包重量的限制，它称为"一维背包问题". 如果再增加背包体积的限制 b, 并假设第 i 种物品每件的体积为 v_i 立方米, 问应该如何装法使总价值最大? 这就是"二维背包问题", 它的数学模型为

$$\max \quad f = \sum_{i=1}^{n} c_i(x_i)$$

$$\text{s.t.} \quad \sum_{i=1}^{n} \omega_i x_i \leqslant a,$$

$$\sum_{i=1}^{n} v_i x_i \leqslant b,$$

$$x_i \geqslant 0 \text{ 且为整数}, \ i = 1, 2, \cdots, n.$$

用动态规划方法来解, 其思想方法与一维背包问题完全类似, 只是这时的状态变量是两个 (重量和体积的限制), 决策变量仍是一个 (物品的件数). 设最优值函数 $f_k(\omega, v)$ 表示当总重量不超过 ω 千克, 总体积不超过 v 立方米时, 背包中装入第 1 种到第 k 种物品的最大使用价值. 故

$$
\begin{aligned}
f_k(\omega, v) = \quad & \max \quad \sum_{i=1}^{k} c_i(x_i) \\
& \text{s.t.} \quad \sum_{i=1}^{k} \omega_i x_i \leqslant \omega, \\
& \qquad \sum_{i=1}^{k} v_i x_i \leqslant v, \\
& \qquad x_i \geqslant 0 \text{ 且为整数}, \ i = 1, 2, \cdots, k.
\end{aligned}
$$

写出顺序递推关系式为

$$
f_k(\omega, v) = \max\{c_k(x_k) + f_{k-1}(\omega - \omega_k x_k, v - v_k x_k)\},
$$
$$
0 \leqslant x_k \leqslant \min\left(\left[\frac{\omega}{\omega_k}\right], \left[\frac{v}{v_k}\right]\right), \quad 1 \leqslant k \leqslant n,
$$
$$
f_0(\omega, v) = 0.
$$

最后算出 $f_n(a, b)$ 即为所求的最大价值. □

习 题 7

1. 某工厂有 100 台机器, 拟分 4 期使用, 在每一周期有两种生产任务, 若将 x_1 台机器投入第一种生产任务, 则将余下的机器投入第二种生产任务. 根据经验投入第一种生产任务的机器在一个生产周期中将有 1/3 的机器报废. 投入第二种生产任务的机器, 在一个生产周期中将有 1/10 的机器报废. 如果在一个生产周期中, 第一种生产任务每台机器可收益 104 元, 第二种生产任务每台机器可收益 74 元. 问怎样分配机器数, 使总收益最大? 其最大收益是多少?

2. 用动态规划方法求解下列各题:

(1) max $z = 5x_1 - x_1^2 + 9x_2 - 2x_2^2$

  s.t. $x_1 + x_2 \leqslant 5$,

     $x_1, x_2 \geqslant 0$;

(2) max $z = 4x_1 + 9x_2 + 2x_3^2$

  s.t. $x_1 + x_2 + x_3 = 10$,

     $x_1, x_2, x_3 \geqslant 0$;

(3) max $z = 4x_1 + 9x_2 + 2x_3^2$

  s.t. $2x_1 + 4x_2 + 4x_3 \leqslant 10$,

$$x_1, x_2, x_3 \geqslant 0;$$

(4) max $z = x_1 x_2 x_3$

s.t. $x_1 + 2x_2 + x_3 \leqslant 9,$

$$x_1, x_2, x_3 \geqslant 0.$$

3. 有一部货车每天沿着公路给四个零售店卸下 6 箱货物, 如果各零售点因出售该货物所得利润如表 7.1 所示. 试求在各零售点卸下几箱货物, 能使获得总利润最大? 其最大利润是多少?

表 7.1

零售点 箱数	1	2	3	4
0	0	0	0	0
1	4	2	3	4
2	6	4	5	5
3	7	6	7	6
4	7	8	8	6
5	7	9	8	6
6	7	10	8	6

4. 设有某种肥料共 6 个单位重量, 准备供给四块粮田用, 其每块田施肥数量与增产粮食的对应关系表 7.2 所示, 试求对每块田施多少单位重量的肥料, 才能使总的增产粮食最多?

表 7.2

粮田 施肥	1	2	3	4
0	0	0	0	0
1	20	25	18	28
2	42	45	39	47
3	60	57	61	65
4	75	65	78	74
5	85	70	90	80
6	90	73	95	85

5. 某公司打算向它的三个营业区增设六个销售店, 每个营业区至少增设一个. 从各区赚取的利润与增设的销售店个数有关, 其数据如表 7.3 所示. 试求各区应分配几个增设的销售店, 才能使总利润最大? 其值是多少?

表 7.3

销售店增加数	A 区利润	B 区利润	C 区利润
0	100(万元)	200	150
1	200	210	160
2	280	220	170
3	330	225	180
4	340	230	200

6. 某厂在一年进行了 A, B, C 三种新产品试制. 估计在年内这三种新产品研制不成功的概率分别为 0.40, 0.60, 0.80. 厂方为促进这三种产品的研制, 决定拨 2 万元补加研制费. 假定这些补加研制费 (以万元为单位) 分配给不同新产品研制时, 估计不成功的概率分别如表 7.4 所示. 试问应如何分配这些补加研制费, 使这三种新产品都研制不成功的概率为最小?

表 7.4

研制费 \ 新产品不成功概率	A	B	C
0	0.40	0.60	0.80
1	0.20	0.40	0.50
2	0.15	0.20	0.30

7. 有 5 个工件, 先要在车床上削, 然后在钻床上钻孔. 已知各个工件在车床、钻床上的加工时间如表 7.5 所示. 试问如何安排各工件的加工顺序, 使机床加工完所有工件的加工总时间最省?

表 7.5

工件	1	2	3	4	5
车床	1.5	2.0	1.0	1.25	0.75
钻床	0.5	0.25	1.75	2.5	1.25

8. 设某商店一年分上、下半年两次进货, 上、下半年的需求情况是相同的, 需求量 y 服从均匀分布, 其概率密度为

$$f(y) = \begin{cases} 1/10, & 2 \leqslant y \leqslant 3, \\ 0, & \text{其他}. \end{cases}$$

其进货价格及销售价格在上、下半年中是不同的, 分别为 $q_1 = 3, q_2 = 2; p_1 = 5, p_2 = 4$. 年底若有剩货时, 以单价 $p_3 = 1$ 处理出售, 可以清理完剩货. 设年初存货为 0, 不考虑存储费及其他开支, 问两次各进货多少, 才能使期望利润最大? 用动态规划方法求解.

第 8 章 目 标 规 划

在实际问题中, 经常遇到需要考虑多个目标的优化问题. 线性目标规划 (goal programming) 是基于线性规划的基础, 为适应经济管理决策中多目标的极值问题而逐步发展起来的运筹学研究分支. 在处理多目标决策问题时, 目标规划并不直接去求满足这些目标的最优解, 而是通过引进偏差变量将目标转化为约束, 在使目标偏差尽可能小的情况下求解单目标的约束优化问题. 目前研究较多的有线性目标规划、非线性目标规划、线性整数目标规划、和 $0-1$ 目标规划等. 本书只涉及线性目标规划, 即每个目标函数都是决策变量的线性函数.

线性目标规划与线性规划比较, 具有下面特点:

(1) 线性规划只讨论单目标线性函数在线性约束条件下的最优化问题, 而目标规划能统筹地兼顾处理实际问题中经常出现的多目标关系, 求得更切合实际的最优解.

(2) 线性规划要求在满足所有约束条件的可行解中求最优解, 而实际问题中, 存在着互相矛盾的约束条件, 从而制约了线性规划解决问题的范围. 目标规划将克服这些互相矛盾的约束条件, 找到满意的合理解.

(3) 线性规划把约束条件都看成同样重要, 不分主次, 而目标规划将依据实际情况去确定模型, 区分主次, 进行求解.

(4) 线性规划求得精确的最优解, 可能代价昂贵, 而目标规划寻求的是满意解, 即在指定的指标值下求近似解, 实际问题可能更需这样的满意解.

目标规划可以有效地描述和解决经济管理中的许多实际问题, 其理论与方法在经济计划、生产管理、经营管理、市场分析等方面有着广泛的应用.

8.1 线性目标规划的基本概念与数学模型

本节阐述线性目标规划的基本概念, 并建立目标规划模型. 我们先看下面的例子.

例 8.1.1 某工厂生产甲、乙两种产品, 生产单位产品所需要的原材料和占用设备台时如表 8.1.1 所示, 该工厂每天拥有设备台时为 20, 原材料最大供应量为每天 22 千克, 已知生产每单位甲种产品和乙种产品可获利润分别为为 16 千元和 20 千元. 工厂在安排生产计划时, 有如下一系列考虑:

(1) 由市场信息反馈, 产品甲销售量有下降趋势, 故决定产品甲的生产量不超过产品乙的生产量.

(2) 尽可能不超过计划使用原材料, 因为超计划后, 需高价采购原材料, 使成本增加.

(3) 尽可能充分利用设备, 但不希望加班.

(4) 尽可能达到并超过计划利润 112 千元.

表 8.1.1

	甲	乙	拥有量
原材料	4	2	22(千克)
设备	2	4	20(台时)
利润 (元)	16000	20000	

显然, 这是一个多目标问题, 若设 x_1, x_2 分别为该厂每日生产甲、乙两种产品的产量, 则工厂决策者考虑的数学表达式为

$$x_1 - x_2 \leqslant 0, \tag{8.1.1}$$

$$4x_1 + 2x_2 \leqslant 22, \tag{8.1.2}$$

$$2x_1 + 4x_2 \leqslant 20, \tag{8.1.3}$$

$$16x_1 + 20x_2 \geqslant 112. \tag{8.1.4}$$

在使用目标规划描述该问题前, 首先介绍目标规划的有关概念.

8.1.1　目标规划的基本概念

1. 目标值 (理想值)

目标值是指预先给定的某个目标的期望值, 实现值或决策值是指决策变量 $x_j \, (j = 1, 2, \cdots, n)$ 选定后, 目标函数的对应值, 如式 (8.1.1)~(8.1.4) 中右端值: 0, 22, 20, 112 都是决策者分别对各个目标所赋予的期望值. 目标规划通过引入目标值和正、负偏差变量, 可以将目标函数转化为目标约束.

2. 正、负偏差变量

实现值和目标值之间会有一定的差异, 称为偏差变量, 正偏差变量表示实现值超过目标值的部分, 记为 d^+; 负偏差变量表示未达到目标值的部分, 记为 d^-. 由于在决策中, 实现值不可能既超过目标值, 又未达到目标值, 所以有

$$d^+ \times d^- = 0, \quad d^+ \geqslant 0, d^- \geqslant 0. \tag{8.1.5}$$

对每个原始目标表达式 (等式或不等式, 其右端为理想值) 的左端都加上负偏差变量 d^- 再减去正偏差变量 d^+ 后, 都变为等式. 例 8.1.1 中工厂决策者关于利润的考虑, 其原始目标式为 (8.1.4), 加上正负偏差变量后变为

$$16x_1 + 20x_2 + d^- - d^+ = 112. \tag{8.1.6}$$

在实现原始目标时, 可能有下面三种情况之一发生:

(1) 完成或超额完成规定的原始目标, 表示为 $d^+ > 0$, $d^- = 0$;

(2) 未完成规定的利润指标, 表示为 $d^+ = 0$, $d^- > 0$;

(3) 恰好完成利润指标, 表示为 $d^+ = 0$, $d^- = 0$.

3. 目标约束和绝对约束

在引入了目标值和正负偏差变量之后, 可以将原目标函数加上负偏差变量 d^-, 减去正偏差变量 d^+, 并令其等于目标值, 这样形成了一个新的函数方程, 把它作为一个新的约束条件, 加入到原问题中去, 这种新的约束条件称为目标约束.

在例 8.1.1 中, 式 (8.1.1), (8.1.3), (8.1.4) 化成目标约束即为

$$x_1 - x_2 + d_1^- - d_1^+ = 0, \tag{8.1.7}$$

$$2x_1 + 4x_2 + d_2^- - d_2^+ = 20, \tag{8.1.8}$$

$$16x_1 + 20x_2 + d_3^- - d_3^+ = 112. \tag{8.1.9}$$

绝对约束是指必须严格满足的等式或不等式约束, 如线性规划问题中的所有约束条件都是绝对约束, 不能满足绝对约束的解即为不可行解, 因此绝对约束又称硬约束. 目标规划模型中, 有时也会含有绝对约束. 但是绝对约束与目标约束从形式上讲, 也是可以转化的, 如本例中式 (8.1.2), 据题意, 它应是一个绝对约束, 但是通过如下转化:

$$4x_1 + 2x_2 + d_4^- - d_4^+ = 22, \tag{8.1.10}$$

再附加一个约束

$$d_4^+ = 0, \tag{8.1.11}$$

合起来就相当于式 (8.1.2).

一般地, 函数 $f_i(x)$ 可表示成

$$f_i(x) + d_i^- - d_i^+ = b_i. \tag{8.1.12}$$

附加约束

$$d_i^- = 0,$$

相当于绝对约束

$$f_i(x) \geqslant b_i.$$

若附加约束为

$$d_i^+ = 0,$$

相当于绝对约束

$$f_i(x) \leqslant b_i.$$

若附加约束为

$$d_i^+ = d_i^- = 0,$$

则相当于绝对约束

$$f_i(x) = b_i.$$

而附加约束 $d_i^+ = 0$, 或 $d_i^- = 0$, 或 $d_i^+ = d_i^- = 0$, 在目标规划中是采用对 d_i^-, 或 d_i^+, 或 $d_i^+ + d_i^-$ 作为目标函数求极小值来实现的 (因为 $d_i^+, d_i^- \geqslant 0$, 故极小值必为 0).

4. 优先级与权因子

在目标规划中, 多个目标之间往往有主次区别. 以首先达到的目标赋予优先级 p_1, 要求第 2 位达到的目标赋予优先级 $p_2, \cdots$. 设共有 k_0 个优先级, 则规定

$$p_1 \gg p_2 \gg \cdots \gg p_{k_0} > 0. \tag{8.1.13}$$

符号 $\gg$ 表示 "远大于", 即 p_1 的优先级远远高于 $p_2, p_3, \cdots, p_{k_0}$; p_2 的优先级远远高于 $p_3, p_4, \cdots, p_{k_0}$, 只有完成 p_1 级优化后, 再考虑 $p_2, p_3, \cdots$; 当 p_2 优化完成后, 再考虑 $p_3, p_4, \cdots$; 反之, p_2 在优化时不能破坏 p_1 级的优化值; p_3 在优化时不能破坏 p_1, p_2 级的已达到的优化值, 依此类推.

因为绝对约束是必须满足的硬约束, 相应的目标函数总是放在 p_1 级, 从而由目标约束和绝对约束中所述, 绝对约束可以化为一个目标约束加一个目标函数极小化.

在同一优先级中有几个不同的偏差变量要求极小, 而这几个偏差变量之间重要性又有区别, 这时可以用权因子来区别同一优先级中不同偏差变量的重要性. 重要性大的在偏差变量前赋予大的系数 $w^+, w^- > 0$, 而重要性小的在偏差变量前赋予小的系数 $w^+, w^- > 0$. 如

$$p_3(w_3^- d_3^- + w_3^+ d_3^+)$$

表示偏差变量 d_3^- 与 d_3^+ 处在同一优先级 p_3, 如果 $w_3^- > w_3^+$, 则 d_3^- 的重要性比 d_3^+ 大, 前者重要程度为后者的 w_3^- / w_3^+ 倍, 权因子的数值都由决策者按具体情况而定.

5. 目标规划的目标函数 —— 准则函数

目标规划中的目标函数称为准则函数, 是由各目标约束的正负偏差变量及其相应的优先级、权因子构成的函数, 对这个函数求极小值, 因为决策者的愿望总是希望尽可能缩小偏差, 使目标尽可能达到理想值, 因此目标规划的目标函数总是极小化. 有三种极小化的基本转化形式.

对 $f_i(x) + d_i^- - d_i^+ = g_i$, 要求选取一组 x, 使得

(1) 若希望 $f_i(x) \geqslant g_i$, 即 $f_i(x)$ 超过 g_i 可以接受, 否则不能接受. 这时其对应的目标函数为 $\min d_i^-$.

(2) 若希望 $f_i(x) \leqslant g_i$, 即 $f_i(x)$ 不能超过 g_i, 否则不能接受. 这时, 其目标函数为 $\min d_i^+$.

(3) 若希望 $f_i(x)$ 既不能超过 g_i, 也不能不足 g_i, 只能恰好等于 g_i, 这时其目标函数为 $\min(d_i^+ + d_i^-)$.

8.1.2 目标规划的数学模型

对于例 8.1.1 来说, 目标约束为式 (8.1.7), (8.1.8), (8.1.9), 因为工厂决策者考虑甲的生产量不能超过乙的生产量, 因此第 1 优先级为 $\min p_1 d_1^+$. 对于式 (8.1.8), 决策者希望尽可能充分利用设备, 但不希望加班. 因此对 (8.1.8) 来说, 目标函数为

$$\min p_2(d_2^+ + d_2^-).$$

对于式 (8.1.9), 工厂希望达到并超过计划利润 112000 元, 因此相应目标函数为

$$\min p_3 d_3^-.$$

这样, 对于例 8.1.1, 其目标规划的数学模型为

$$
\begin{aligned}
\min \quad & z = p_1 d_1^+ + p_2(d_2^- + d_2^+) + p_3 d_3^- \\
\text{s.t} \quad & 4x_1 + 2x_2 \leqslant 22, \\
& x_1 - x_2 + d_1^- - d_1^+ = 0, \\
& 2x_1 + 4x_2 + d_2^- - d_2^+ = 20, \\
& 16x_1 + 20x_2 + d_3^- - d_3^+ = 112, \\
& x_1, x_2 \geqslant 0, \\
& d_i^-, d_i^+ \geqslant 0, \quad i = 1, 2, 3.
\end{aligned}
\tag{8.1.14}
$$

在目标规划式 (8.1.14) 中, $4x_1 + 2x_2 \leqslant 22$ 是绝对约束.

对于有 n 个决策变量、m 个目标约束、l 个绝对约束, k_0 个优先级的目标规划,

其一般的数学模型可写成

$$
\min \quad z = \sum_{i=1}^{k_0} p_i \left[\sum_{k=1}^{m} w_{ik}^- d_k^- + w_{ik}^+ d_k^+ \right]
$$

$$
\text{s.t} \quad \sum_{j=1}^{n} a_{ij} x_j \leqslant (=, \geqslant) b_i, \quad i = 1, 2, \cdots, l,
$$

$$
\sum_{j=1}^{n} c_{ij} x_j + d_i^- - d_i^+ = g_i, \quad i = 1, 2, \cdots, m, \tag{8.1.15}
$$

$$
x_j \geqslant 0, \quad j = 1, 2, \cdots, n,
$$

$$
d_i^-, d_i^+ \geqslant 0, \quad i = 1, 2, \cdots, m.
$$

在式 (8.1.15) 中, 优先级 p_i 后的 w_{ik}^-, w_{ik}^+ 是指偏差变量 d_k^-, $d_k^+ (k = 1, 2, \cdots, m)$ 的权因子, 其中包含 $w_{ik}^{\pm} = 0$ 的情况, 即对应的偏差变量不出现在 p_i 优先级中.

综合以上分析, 目标规划建立模型的步骤为:

(1) 根据要研究的问题所提出的各目标与条件, 确定目标值, 列出目标约束与绝对约束;

(2) 根据决策者的需要将某些或全部绝对约束转化为目标约束, 这时只需给绝对约束加上负偏差变量和减去正偏差变量即可;

(3) 给各目标赋予相应的优先因子 $p_k, k = 1, \cdots, k_0$;

(4) 对同一优先级中的各偏差变量, 如果需要, 可按其重要程度不同, 赋予相应的权系数 $w_{ik}^-, w_{ik}^+, k = 1, \cdots, k_0$;

(5) 根据决策者的要求, 按下列三种情况:

(a) 恰好达到目标值, 取 $d_i^- + d_i^+, i = 1, \cdots, k_0$;

(b) 允许超过目标值, 取 $d_i^-, i = 1, \cdots, k_0$;

(c) 不允许超过目标值, 取 $d_i^+, i = 1, \cdots, k_0$.

构造一个由优先因子和权系数相应的偏差变量组成的且要求实现极小化的目标函数, 即准则函数.

8.2   线性目标规划的图解法

对于两个决策变量的目标规划问题, 可以用图解法来求解, 其操作简便, 原理一目了然, 并且有助于理解一般的目标规划问题的求解原理和过程, 具体步骤如下:

算法 8.2.1

步 1. 确定各约束条件的可行域, 即将所有约束条件 (包括目标约束和绝对约束, 暂不考虑正负偏差变量) 在坐标平面上表示出来;

步 2. 在目标约束所代表的边界线上, 用箭头标出正负偏差变量值增大的方向;

步 3. 求满足最高优先等级目标的解;

步 4. 转到下一个优先等级的目标, 在不破坏所有较高优先等级目标的前提下, 求出该优先等级目标的解;

步 5. 重复步 4, 直到所有优先等级的目标都已审查完毕为止;

步 6. 确定最优解或满意解 (理想解).

下面通过例 8.1.1 来说明目标规划图解法的原理和步骤. 作绝对约束 (硬约束): ①$4x_1 + 2x_2 = 22$ 及非负约束 $x_1 \geqslant 0$, $x_2 \geqslant 0$, 见图 8.2.1, 可行域为 $\triangle OAB$.

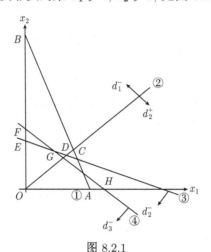

图 8.2.1

作目标约束, 先设 $d_i^- = d_i^+ = 0$. 然后提出 d_i^- 及 d_i^+ 的增加方向 (实际上是目标值减少与增加的方向), 对于例 8.1.1, 作

② $x_1 - x_2 = 0$,

③ $2x_1 + 4x_2 = 20$,

④ $16x_1 + 20x_2 = 112$,

如图 8.2.1 所示.

按优先级的次序, 逐级让目标规划 (准则函数) 中极小化偏差变量取零, 从而逐步缩小可行域, 最后找出问题的解. 对例 8.1.1, 其目标函数中第一级 p_1 是对 d_1^+ 取极小, 对直线 OC 是 $x_1 - x_2 = 0$②, 在直线②的左上方为 $d_1^+ = 0$(含直线 OC), 因此当取 $\min d_1^+ = 0$ 时, 与 $\triangle OAB$ 可行域的共同解集为 $\triangle OCB$(即在 $\triangle OCB$ 内, 既满足了绝对约束①, 也满足了第一优先级 p_1 的要求).

再考虑第二优先级 $p_2 : \min p_2(d_2^- + d_2^+)$, 因为 p_2 是对 d_2^- 及 d_2^+ 同时取极小, 此时满足条件的解只能在直线 $2x_1 + 4x_2 = 20$③上, 因此总的可行域缩小为线段 ED.

再考虑第三个优先级 $p_3 : \min p_3(d_3^-)$, 对于满足 $d_3^- = 0$ 的点, 应在直线 FH: $16x_1 + 20x_2 = 112$④的上方, 因此与线段 ED 的交集为线段 GD. 因此例 8.1.1 的解

为线段 GD 上所有的点 (无穷多个解). 由图 8.2.1 可知, G 点坐标为方程组

$$\begin{cases} 2x_1 + 4x_2 = 20, \\ 16x_1 + 20x_2 = 112 \end{cases}$$

的解: $x_1^{(G)} = 2, x_2^{(G)} = 4. D$ 点坐标为方程组

$$\begin{cases} x_1 - x_2 = 0, \\ 2x_1 + 4x_2 = 20 \end{cases}$$

的解: $x_1^{(D)} = x_2^{(D)} = \dfrac{10}{3}$. 此时 $d_1^+ = 0, d_2^- + d_2^+ = 0, d_3^- = 0$ 都已满足.

若取解为 G 点: $x_1^{(G)} = 2, x_2^{(G)} = 4$. 即生产甲种产品 2 个单位, 乙种产品 4 个单位, 而绝对约束肯定满足 $2 \times 2 + 4 < 11$, 还富余原材料 3 千克.

对产品约束式②: 因为 $d_1^+ = 0$

$$2 - 4 + d_1^- - 0 = 0.$$

所以 $d_1^- = 2$, 这表示产品甲的产量与产品乙的产量之差与理想值 0 比较尚不足 2 个单位, 也满足原先目标要求.

对目标约束③式, 因 $d_2^- = d_2^+ = 0$, 有

$$4 + 4 \times 4 + 0 = 20,$$

故在决策变量 $x_1 = 2, x_2 = 4$ 条件下, 设备台时已尽可能利用, 且也不加班.

对目标约束④式, 因 $d_3^- = 0$, 有

$$16 \times 2 + 20 \times 4 + 0 - d_3^+ = 112,$$

所以 $d_3^+ = 0$, 在 $x_1 = 2, x_2 = 4$ 计划安排下, 利润恰好为 112 千元.

若取解为 D 点: $x_1^{(D)} = x_2^{(D)} = \dfrac{10}{3}$, 即安排生产甲乙两种产品的产量均为 $\dfrac{10}{3}$(单位). 显然绝对约束仍然满足: $4 \times \dfrac{10}{3} + 2\dfrac{10}{3} = 20 < 22$, 也满足第一个目标约束式②:

$$x_1 - x_2 + d_1^- - d_1^+ = 0.$$

对于第二个目标约束式③:

$$2x_1 + 4x_2 + d_2^- - d_2^+ = 2\dfrac{10}{3} + 4 \times \dfrac{10}{3} + 0 - 0 = 20,$$

即设备台时已尽可能利用, 且不加班.

对于第三个目标约束式④:

$$16 \times \frac{10}{3} + 20 \times \frac{10}{3} + 0 - d_3^+ = 120 - d_3^+ = 112,$$

故 $d_3^+ = 4$, 这表示在当前决策变量的取值下, 利润超过理想值 8000 元.

对于在线段 GD 上的其他解, 可作同样的分析, 以便于决策者根据不同情况加以选取.

注意, 如例 8.1.1 那样, 最后能使所有优先级都达到极值的情况, 在目标规划问题中并不多见, 经常出现的情况是, 在对某一个优先级的偏差变量极小化时, 该优先级中有一个或多个偏差变量不能取零值, 否则要超出硬约束与非负约束构成的可行域 (或超出上几个优先级所构成的可行域). 此时让解极小化的偏差变量尽可能取小的值 (即使不为 0), 但仍须在可行域的解集中, 这时得到的解称为满意解而不是最优解.

8.3 线性目标规划的单纯形法

目标规划的数学模型结构与线性规划的数学模型结构没有本质区别, 所以可用单纯形法求解, 但要考虑目标规划的数学模型的以下特点:

(1) 目标规划问题的目标函数都是求极小化, 所以以检验数 $c_j - z_j \geqslant 0 (j = 1, 2, \cdots, n)$ 为最优准则;

(2) 非基变量的检验数中含有不同等级的优先因子, 即

$$c_j - z_j = \sum_{k=1}^{K} a_{kj} p_k, \quad j = 1, 2, \cdots, n.$$

因 $p_1 \gg p_2 \gg \cdots \gg p_K$, 所以从每个检验数的整体来看, 检验数的正、负首先决定于 p_1 的系数 a_{1j} 的正、负. 若 $a_{1j} = 0$, 此检验数的正、负就决定于 p_2 的系数 a_{2j} 的正、负, 下面可依此类推.

解目标规划问题的单纯形法的计算步骤如下:

算法 8.3.1

步 1. 建立初始单纯形表, 在表中将检验数行按优先因子个数分别列成 K 行, 置 $k = 1$.

步 2. 检查该行中是否存在负数, 且对应的前 $k - 1$ 行系数是否为零. 若有, 取其中最小者对应的变量为换入变量, 转步 3. 若无负数, 转步 5.

步 3. 按最小比值规则确定换出变量, 当存在两个或两个以上相同的最小比值时, 选取具有较高优先级别的变量为换出变量.

步 4. 按单纯形法进行基变换运算, 建立新的计算表, 返回步 2.

步 5. 当 $k = K$ 时, 计算结束. 表中的解即为满意解. 否则, 置 $k := k + 1$, 返回到步 2.

对于本章所讨论的线性目标规划而言, 其模型与线性规划模型具有相似的结构. 虽然在目标函数中含有表示优先等级的优先因子及正负偏差变量, 但如果把优先因子看作具有不同数量等级的若干个很大的正数, 而把正负偏差变量看作线性规划模型中的松弛变量, 便可考虑用线性规划的单纯形法来进行求解. 不过, 由于在目标规划模型的目标函数中, 带有表示不同优先等级的优先因子及权系数, 并且要求首先寻求高优先等级目标的实现, 然后才能转到下一级. 同时, 较低等级目标的实现以不破坏高等级目标实现为前提. 因此, 求解目标规划的单纯形表的形式与线性规划略有不同, 具体如表 8.3.1 所示.

表 8.3.1

| C_B | X_B | b | c_1 | c_2 | $\cdots$ | c_{n+2m} |
			x_1	x_2	$\cdots$	x_{n+2m}
c_{J1}	x_{J1}	b_{01}	e_{11}	e_{12}	$\cdots$	e_{1n+2m}
c_{J2}	x_{J2}	b_{02}	e_{21}	e_{22}	$\cdots$	e_{2n+2m}
$\vdots$	$\vdots$	$\vdots$	$\vdots$	$\vdots$		$\vdots$
c_{Jm}	x_{Jm}	b_{0m}	e_{m1}	e_{m2}	$\cdots$	e_{mn+2m}
	p_1	$-a_1$	σ_{11}	σ_{12}	$\cdots$	σ_{1n+2m}
σ_{kj}	p_2	$-a_2$	σ_{21}	σ_{22}	$\cdots$	σ_{2n+2m}
	$\vdots$	$\vdots$	$\vdots$	$\vdots$		$\vdots$
	p_K	$-a_K$	σ_{K1}	σ_{K2}	$\cdots$	σ_{Kn+2m}

在上述表格中, 所有的变量 (决策变量和偏差变量) 均用 $x_j(j = 1, 2, \cdots, n + 2m)$ 表示, 它们在目标函数中的优先等级和权系数一律用 c_j 表示; $J_1, J_2, \cdots, J_m$ 代表基变量的下标, $b_{01}, b_{02}, \cdots, b_{0m}$ 为基变量的值; 表内的元素以 e_{ij} 表示 ($i = 1, 2, \cdots, m; j = 1, 2, \cdots, n + 2m$). 这样, 表 8.3.1 的上半部与一般线性规划的单纯形表完全相同.

表 8.3.1 的下半部与一般单纯形表不同. 线性规划单纯形表只有一个检验数行, 而这里有 K 行检验数. 这是由于目标规划模型有 K 个目标优先等级, 不同等级的优先因子是不可比较的, 且目标的实现遵循由高等级往低等级的次序, 即在表 8.3.1 中表现为按目标优先等级 $p_1, p_2, \cdots, p_K$ 的次序, 从上往下排列的 K 行检验数. 因此, 检验数是一个 $K \times (n + 2m)$ 矩阵, 其中 σ_{kj} 表示 p_k 优先等级目标位于第 j 个变量下面的检验数 ($k = 1, 2, \cdots, K; j = 1, 2, \cdots, n + 2m$). 与线性规划检验数的定

义相同, 此时检验数的计算公式为

$$\sigma_{kj} = c_j - \sum_{i=1}^{m} c_{Ji} e_{ij}, \quad k = 1, 2, \cdots, K. \tag{8.3.1}$$

在上述计算结果中, 按目标优先等级次序排列的优先因子的系数, 即为第 j 个变量在各优先等级行中的检验数. 由于检验数含有不同等级的优先因子, 又因 $P_1 \gg P_2 \gg \cdots \gg P_K$, 所以从每个检验数的整体来看, 其正负首先取决于 P_1 系数的正负. 若 P_1 的系数为零, 则取决于 P_2 系数的正负, 依次类推. 检验数的具体运算过程见后边的例题.

表 8.3.1 下半部的 $a_k(k = 1, 2, \cdots, K)$ 表示第 k 个优先等级目标的达到情况, 即为目标的偏离值, 其数值为该表上部 C_B 列中 p_k 的系数与 p_k 所在行之 b 列中基变量乘积的和, 即

$$a_k = \sum_{i=1}^{r} c_{Ji} b_{0i}, \quad k = 1, 2, \cdots, K, \tag{8.3.2}$$

其中 r 为第 k 个优先等级中包含的目标个数.

目标规划的单纯形法与一般线性规划单纯形法的求解过程大体相同, 只不过由于是多个目标, 且多个目标须按优先等级的次序实现, 使其计算步骤略有区别.

例 8.3.1 试用单纯形法来求解例 8.1.1.

解 将例 8.1.1 的数学模型化为标准形:

$$
\begin{aligned}
\min \quad & z = p_1 d_1^+ + p_2 (d_2^- + d_2^+) + p_3 d_3^- \\
\text{s.t} \quad & 4x_1 + 2x_2 + x_s = 22, \\
& x_1 - x_2 + d_1^- - d_1^+ = 0, \\
& 2x_1 + 4x_2 + d_2^- - d_2^+ = 20, \\
& 16x_1 + 20x_2 + d_3^- - d_3^+ = 112, \\
& x_1, \ x_2, \ x_s, \ d_i^-, \ d_i^+ \geqslant 0, \quad i = 1, 2, 3.
\end{aligned}
$$

步 1: 取 x_s, d_1^-, d_2^-, d_3^- 为初始基变量, 列初始单纯形表, 见表 8.3.2.

表 8.3.2

c_B	x_B	b	x_1	x_2	x_s	d_1^-	p_1 d_1^+	p_2 d_2^-	p_2 d_2^+	p_3 d_3^-	d_3^+	θ
	x_s	22	4	2	1							
	d_1^-	0	1	−1		1	−1					
p_2	d_2^-	20	2	[4]				1	−1			20/4
p_3	d_3^-	112	16	20						1	−1	
	p_1						1					
$c_j - z_j$	p_2		−1	−2					2			
	p_3		−8	−10							1	

步 2: 取 $k=1$, 检查检验数的 p_1 行, 因该行无负检验数, 故转步 5.

步 5: 因 $k(=1) < K(=3)$, 置 $k \leftarrow k+1=2$, 返回到步 2.

步 2: 查出检验数 p_2 行中有 $-1, -2$; 取 $\min(-1, -2) = -2$, 它对应的变量 x_2 为换入变量, 转步 3.

步 3: 在表 8.3.2 上计算最小比值:

$$\theta = \min(22/2, -, 20/4, 112/20) = 20/4,$$

它对应的变量 d_2^- 为换出变量, 转步 4.

步 4: 进行基变换运算, 得表 8.3.3, 返回到步 2. 依此类推, 直至得到最终表为止. 见表 8.3.4.

表 8.3.3

c_j							p_1	p_2	p_2	p_3		θ
c_B	x_B	b	x_1	x_2	x_s	d_1^-	d_1^+	d_2^-	d_2^+	d_3^-	d_3^+	
	x_s	12	3		1			$-1/2$	$1/2$			
	d_1^-	5	3/2			1	-1	$1/4$	$-1/4$			
	x_2	5	1/2	1				$1/4$	$-1/4$			
p_3	d_3^-	6	[3]					-5	5	1	-1	6/5
	p_1							1					
$c_j - z_j$	p_2								1	1			
	p_3		-3						5	-5		1	

表 8.3.4

c_j							p_1	p_2	p_2	p_3		θ
c_B	x_B	b	x_1	x_2	x_s	d_1^-	d_1^+	d_2^-	d_2^+	d_3^-	d_3^+	
	x_s	3			1			2	-2	$-1/2$	$1/2$	
	d_1^-	2				1	-1	3	-3	$-1/2$	$1/2$	
	x_2	4		1				4/3	$-4/3$	$-1/6$	1/6	
	x_1	2	1					$-5/3$	5/3	1/3	$-1/3$	
	p_1							1					
$c_j - z_j$	p_2								1	1			
	p_3										1		

表 8.3.4 所示的解 $x_1^* = 2$, $x_2^* = 4$ 为例 8.1.1 的满意解. 此解相当于图 8.2.1 的 G 点. 检查表 8.3.4 的检验数行, 发现非基变量 d_3^+ 的检验数为 0, 这表示存在多重

解. 在表 8.3.4 中以非基变量 d_3^+ 为换入变量, d_1^- 为换出变量, 经迭代得到表 8.3.5. 由表 8.3.5 得到解 $x_1^* = 10/3$, $x_2^* = 10/3$, 此解相当于图 8.2.1 的 D 点, G 和 D 两点的凸线性组合都是例 8.1.1 的满意解.

表 8.3.5

	c_j						p_1	p_2	p_2	p_3		θ
c_B	x_B	b	x_1	x_2	x_s	d_1^-	d_1^+	d_2^-	d_2^+	d_3^-	d_3^+	
	x_s	1			1	-1	1	-1	1			
	d_3^+	4				2	-2	6	-6	-1	1	
	x_2	10/3		1		$-1/3$	1/3	1/3	$-1/3$			
	x_1	10/3	1			2/3	$-2/3$	1/3	$-1/3$			
	p_1						1					
$c_j - z_j$	p_2							1	1			
	p_3									1		

下面给出目标规划应用的例题.

例 8.3.2　已知有三个产地给四个销地供应某种产品, 产销地之间的供需量和单位运价, 见表 8.3.6 有关部门在研究调运方案时依次考虑以下七项目标, 并规定其相应的优先等级:

p_1 表示 B_4 是重点保证单位, 必须全部满足其需要;

p_2 表示 A_3 向 B_1 提供的产量不少于 100;

p_3 表示每个销地的供应量不小于其需要量的 80%;

p_4 表示所订调运方案的总运费不超过最小运费调运方案的 10%;

p_5 表示因交通的问题, 尽量避免安排将 A_2 的产品调往 B_4;

p_6 表示给 B_1 和 B_3 的供应率要相同;

p_7 表示力求总运费最省.

试求满意的调运方案.

表 8.3.6

产地＼销地	B_1	B_2	B_3	B_4	产量
A_1	5	2	6	7	300
A_2	3	5	4	6	200
A_3	4	5	2	3	400
销量	200	100	450	250	900/1000

表 8.3.7

产地 ＼ 销地	B_1	B_2	B_3	B_4	产量
A_1	200	100			300
A_2	0		200		200
A_3			250	150	400
虚设点				100	100
销量	200	100	450	250	900/1000

解　用表上作业法可以求得最小运费的调运方案, 见表 8.3.7. 这时最小运费为 2950 元, 再根据提出的各项目标的要求建立目标规划的模型.

供应约束

$$x_{11} + x_{12} + x_{13} + x_{14} \leqslant 300,$$
$$x_{21} + x_{22} + x_{23} + x_{24} \leqslant 200,$$
$$x_{31} + x_{32} + x_{33} + x_{34} \leqslant 400.$$

需求约束

$$x_{11} + x_{21} + x_{31} + d_1^- - d_1^+ = 200,$$
$$x_{12} + x_{22} + x_{32} + d_2^- - d_2^+ = 100,$$
$$x_{13} + x_{23} + x_{33} + d_3^- - d_3^+ = 450,$$
$$x_{14} + x_{24} + x_{34} + d_4^- - d_4^+ = 250.$$

A_3 向 B_1 提供的产品量不少于 100:

$$x_{31} + d_5^- - d_5^+ = 100.$$

每个销地的供应量不小于其需要量的 80%:

$$x_{11} + x_{21} + x_{31} + d_6^- - d_6^+ = 200 \times 0.8,$$
$$x_{12} + x_{22} + x_{32} + d_7^- - d_7^+ = 100 \times 0.8,$$
$$x_{13} + x_{23} + x_{33} + d_8^- - d_8^+ = 450 \times 0.8,$$
$$x_{14} + x_{24} + x_{34} + d_9^- - d_9^+ = 250 \times 0.8.$$

调运方案的总运费不超过最小运费调运方案的 10%:

$$\sum_{i=1}^{3} \sum_{j=1}^{4} c_{ij} x_{ij} + d_{10}^- - d_{10}^+ = 2950(1 + 10\%).$$

因交通的问题, 尽量避免安排将 A_2 的产品调往 B_4:

$$x_{24} + d_{11}^- - d_{11}^+ = 0.$$

给 B_1 和 B_3 的供应率要相同:

$$(x_{11} + x_{21} + x_{31}) - \frac{200}{450}(x_{13} + x_{23} + x_{33}) + d_{12}^- - d_{12}^+ = 0.$$

力求总运费最省:

$$\sum_{i=1}^{3}\sum_{j=1}^{4} c_{ij}x_{ij} + d_{13}^- - d_{13}^+ = 2950.$$

目标函数为

$$\min z = p_1 d_4^+ + p_2 d_5^- + p_3(d_6^- + d_7^+ + d_8^+ + d_9^+) + p_4 d_{10}^+$$
$$+ p_5 d_{11}^+ + p_6(d_{12}^- + d_{12}^+) + p_7 d_{13}^+.$$

计算结果, 得到满意调运方案, 总运费为 3360 元.　□

习　题　8

1. 某彩色电视机厂生产 A,B,C 三种规格的电视机, 装配工作在同一生产线上完成, 三种产品装配时的工时消耗分别为 6 小时, 8 小时, 10 小时, 生产线每月正常工作时间为 200 小时; 三种电视机销售后, 每台可获利分别为 500 元, 650 元和 800 元; 每月销售量预计为 12 台, 10 台和 6 台, 该厂经营目标如下:

p_1 表示利润指标为每月 1.6×10^4 元, 争取超额完成;

p_2 表示充分利用现有生产能力;

p_3 表示可以适当加班, 但加班时间不得超过 24 小时;

p_4 表示产量以预计销售量为标准.

试建立该问题的目标规划模型.

2. 某工厂用甲、乙两种原料生产 A, B 两种产品, 其单位产品消耗原料的用量、原料库存量及产品利润见表 8.1. 在制定产品生产计划时, 工厂领导认为利润目标最重要, 希望能超额完成 78500 元; 其次保证用户至少需要产品 A 650 件, 产品 B 600 件的订货; 此外希望充分利用现有库存量原料, 不够可以外购.

试建立这个问题的目标规划模型.

表 8.1

产品 原料	A	B	库存量/kg
甲	0.5	0.3	3000
乙	0.1	0.3	1800
利润/(元/kg)	7	10	

3. 在上题中, 假如工厂经过市场调查发现甲乙原料是市场上短缺物资, 价格太高, 且工厂目前资金也很紧张, 故考虑在制定生产计划时, 遵循下列目标:

(1) 不允许外购原料;

(2) 尽量完成用户订货要求;

(3) 力争完成 53600 元利润指标, 那么, 与上题相比, 新的模型有哪些变化?

4. 用作图法求下列目标规划问题的满意解:

(1) $\min \quad z = p_1 d_1^+ + p_2 d_3^+ + p_3 d_2^+$

$$\begin{aligned} \text{s.t.} \quad & -x_1 + 2x_2 + d_1^- - d_1^+ = 4, \\ & x_1 - 2x_2 + d_2^- - d_2^+ = 4, \\ & x_1 + 2x_2 + d_3^- - d_3^+ = 8, \\ & x_1, x_2 \geqslant 0, d_i^-, d_i^+ \geqslant 0 \ (i = 1, 2, 3); \end{aligned}$$

(2) $\min \quad z = p_1 d_3^+ + p_2 d_2^- + p_3 (d_1^- + d_1^+)$

$$\begin{aligned} \text{s.t.} \quad & 6x_1 + 2x_2 + d_1^- - d_1^+ = 24, \\ & x_1 + x_2 + d_2^- - d_2^+ = 5, \\ & 5x_2 + d_3^- - d_3^+ = 15, \\ & x_1, x_2 \geqslant 0, d_i^-, d_i^+ \geqslant 0 \ (i = 1, 2, 3); \end{aligned}$$

(3) $\min \quad z = p_1 d_1^+ + p_2 (d_1^- + d_2^+)$

$$\begin{aligned} \text{s.t.} \quad & x_1 + 2x_2 \leqslant 6, \\ & 2x_1 + 3x_2 + d_1^- - d_1^+ = 12, \\ & 3x_1 + 2x_2 + d_2^- - d_2^+ = 12, \\ & x_1, x_2 \geqslant 0, d_i^-, d_i^+ \geqslant 0 \ (i = 1, 2). \end{aligned}$$

5. 用单纯形法求下列目标规划的满意解.

(1) $\min \quad z = p_1 d_1^- + p_2 d_2^+ + p_3 (d_3^- + d_3^+)$

$$\begin{aligned} \text{s.t.} \quad & 3x_1 + x_2 + x_3 + d_1^- - d_1^+ = 60, \\ & x_1 - x_2 + 2x_3 + d_2^- - d_2^+ = 10, \\ & x_1 + x_2 - x_3 + d_3^- - d_3^+ = 20, \\ & x_i, d_i^-, d_i^+ \geqslant 0 \ (i = 1, 2, 3); \end{aligned}$$

(2) $\min \quad z = p_1 d_1^- + p_2 (d_2^- + d_2^+)$

$$\begin{aligned} \text{s.t.} \quad & x_1 + x_2 \leqslant 100, \\ & x_1 - x_2 + d_1^- - d_1^+ = 45, \\ & 2x_1 + 3x_2 + d_2^- - d_2^+ = 60, \\ & x_i, d_i^-, d_i^+ \geqslant 0 \ (i = 1, 2). \end{aligned}$$

第9章 对 策 论

对策论 (games theory, 又称博奕论) 是研究具有竞争性现象的数学理论和方法, 它是运筹学的一个重要分支.

1944 年, Von Neumann 和 Q. Morgenstein 完成了 *Theory of Games and Economic Behavior* 一书, 建立了对策论的理论基础. 1994 年, 诺贝尔经济学奖授予 J.E.Nash,Jr.(纳什), J.C. Harsani (哈萨尼), 和 R. Selton (泽尔腾) 三人, 表彰他们在非合作对策的平衡分析中的贡献. 2005 年, 诺贝尔经济学奖授予 R.T. Aumann 和 T.C. Schelling 二人, 表彰他们在对策论分析中在矛盾与合作的研究中的贡献. 2012 年, 诺贝尔经济学奖授予哈佛大学教授 Alvin Roth(埃尔文·罗斯) 和加州大学教授 Loyd Shapley(劳埃德·沙普利), 表彰他们基于博奕论的思想提出稳定配置和市场设计理论.

在现实生活中, 到处充满了对抗和竞争, 如军事中的敌我双方的战争、政治方面的斗争和较量、经济与商业中为争夺市场进行的竞争、体育等活动中的比赛对抗等. 在竞争中包含两个或两个以上的对手, 每一方都要努力取胜, 或取得尽可能好的结局, 但又都会遭到对手的干扰. 为了达到自己的利益和目标, 为了获得尽可能好的结局, 各方都必须考虑对手可能的决策, 从而力图选出对自己最有利的方案. 对策论为研究这类现象提供了一个有力的工具.

9.1 对策论的基本概念和二人零和对策

首先介绍最基本的矩阵对策, 它是整个对策论的基础.

矩阵对策有三个基本要素:

(1) **局中人**: 对策的参与者称为局中人.

(2) **策略**: 局中人采取的行动方案称为策略.

(3) **得失**: 一局对策结束时的结果 (如利润和损失) 称为得失. 得失不仅与该局中人自身所选择的策略有关, 而且与全体局中人所取定的一组策略有关. 所以一局对策结束时每个局中人的 "得失" 是全体局中人所取定的一组策略的函数, 通常称作**支付函数**.

在对策论中, 每个局中人各自所取的一个策略所组成的策略组称为 "局势", 于是 "得失" 是 "局势" 的函数. 如果在任一 "局势" 中, 全体局中人的 "得失" 相加总和等于零时, 这个对策就称为 "零和对策". 在两人对策中, 一个局中人的所得等于另一个局中人的所失, 即两人的得失之和为零, 这类对策就称为两人零和对策.

下面我们来分析二人零和对策的最优解.

设 I 和 II 是两个局中人. 假定 I 有 m 个策略 (又称纯策略)$S_A = \{a_1, a_2, \cdots, a_m\}$, II 有 n 个策略 (纯策略)$S_B = \{b_1, b_2, \cdots, b_n\}$. 如果根据对策的规定, 在局势 (a_i, b_j) 下 (即 I 取策略 a_i, II 取策略 b_j 时所形成的局势), I 的收益是 a_{ij}(当 a_{ij} 是负数时表示 I 有负收益), 那么 I 的收益可用表 9.1.1 表示.

表 9.1.1

I 的策略 ＼ II 的策略	b_1	b_2	$\cdots$	b_j	$\cdots$	b_n
a_1	a_{11}	a_{12}	$\cdots$	a_{1j}	$\cdots$	a_{1n}
a_2	a_{21}	a_{22}	$\cdots$	a_{2j}	$\cdots$	a_{2n}
$\vdots$	$\vdots$	$\vdots$		$\vdots$		$\vdots$
a_i	a_{i1}	a_{i2}	$\cdots$	a_{ij}		a_{in}
$\vdots$	$\vdots$	$\vdots$		$\vdots$		$\vdots$
a_m	a_{m1}	a_{m2}	$\cdots$	a_{mj}	$\cdots$	a_{mn}

由于是零和对策, 所以在局势 (a_i, b_j) 下 B 的收益是 $-a_{ij}$. 因此在这样一类对策现象中, 只要用一个局中人的支付来表示对策就可以了. 上述 I 的支付表可用矩阵表示为

$$A = \begin{bmatrix} a_{11} & a_{12} & \cdots & a_{1j} & \cdots & a_{1n} \\ a_{21} & a_{22} & \cdots & a_{2j} & \cdots & a_{2n} \\ \vdots & \vdots & & \vdots & & \vdots \\ a_{i1} & a_{i2} & \cdots & a_{ij} & \cdots & a_{in} \\ \vdots & \vdots & & \vdots & & \vdots \\ a_{m1} & a_{m2} & \cdots & a_{mj} & \cdots & a_{mn} \end{bmatrix}.$$

这个矩阵称为**支付矩阵**. 有限零和两人对策又称为**矩阵对策**, 记为 $G = \{S_1, S_2; A\}$. 当矩阵对策模型给定后, 各局中人面临的问题便是: 如何选择对自己最有利的纯策略以取得最大的收益 (或最少所失)? 下面, 用一个例子来分析各局中人应如何选择最有利策略.

例 9.1.1　求解矩阵对策 $G = \{S_1, S_2; A\}$, 其中,

$$A = \begin{bmatrix} -6 & 2 & -8 \\ 4 & 3 & 5 \\ 8 & 0 & -9 \\ -3 & 1 & 7 \end{bmatrix},$$

$$S_1 = \{a_1, a_2, a_3, a_4\}, \quad S_2 = \{b_1, b_2, b_3\}.$$

解   由矩阵 A 可以看出, 局中人 I 的最大赢得是 8, 就是说局中人 I 总希望自己取得 8, 就得出 a_3 参加对策. 然而, 局中人 II 也在考虑, 因为局中人 I 有出 a_3 的心理状态, 于是局中人 II 就想出 b_3 参入对策, 这样局中人 I 不仅不能得到 8, 反而输 9(即赢得 -9). 同样, I 也会这样想, II 有出 b_3 的心理状态, 于是 I 就会出 a_4, 结果 II 不但得不到 9, 反而要输 7. 这样, 双方通过比较, 考虑到对方会设法使自己得到最小收益, 所以就应当从最坏的方案着手, 去争取最好的结果.

对于局中人 I 来说, 所有最坏的结果, 即 A 中每一行的最小数分别是

$$-8, \quad 3, \quad -9, \quad -3.$$

在这些最坏的情况中, 最好的结果是 3. 于是, 局中人 I 要是出 a_2 参加对策, 至少可以保证收入不会少于 3. 同样的道理, 对于局中人 II 来说, 所有最坏的结果 (即 A 中每一列的最大数, 也是最多输掉的数) 分别是

$$8, \quad 3, \quad 7.$$

在这些最坏的结果中, 最好的结果 (输得最少) 是 3. 于是, 局中人 II 要出 b_2 参加对策, 那么它最多输掉 3.

局中人 I 和 II 分别选取纯策略 a_2 和 b_2 是最稳妥的, 即局势 (a_2, b_2) 能使双方满意, 达到平衡, 则对策 G 的值 $V = 3$. 为明确起见, 有时可将 V 写成 V_G. 用数学式子表达这个求解过程, 即从每一行里求出最小数, 可写成

$$\min\{-6, 2, -8\} = -8,$$
$$\min\{4, 3, 5\} = 3,$$
$$\min\{8, 0, -9\} = -9,$$
$$\min\{-3, 1, 7\} = -3.$$

再从这些最小的数中取最大的, 有

$$\max\{-8, 3, -9, -3\} = 3.$$

对于局中人 II 来说, 从每一列里取最大的, 可写成

$$\max\{-6, 4, 8, -3\} = 8,$$
$$\max\{2, 3, 0, 1\} = 3,$$
$$\max\{-8, 5, -9, 7\} = 7.$$

再从这些最大的数中取最小的, 就是

$$\min\{8, 3, 7\} = 3. \qquad \square$$

相互的竞争使对策出现一个平衡局势 (a_{i*}, b_{j*}), 这局势可为对方接受, 且对双方来说都是一个最稳妥的结果. 因此, 这种平衡局势 (a_{i*}, b_{j*}) 应分别是局中人 I 和局中人 II 的最优纯策略.

定义 9.1.1　设 $G = (S_1, S_2; A)$ 为一矩阵对策, 其中 $S_1 = \{a_1, \cdots, a_m\}$, $S_2 = \{b_1, \cdots, b_n\}$, $A = (a_{ij})_{m \times n}$. 若

$$\max_i \min_j \{a_{ij}\} = \min_j \max_i \{a_{ij}\} = a_{i*j*} \tag{9.1.1}$$

成立, 记其值为 V_G, 则称 V_G 为对策的值. 称使式 (9.1.1) 成立的纯局势 (a_{i*}, b_{j*}) 为对策 G 在纯策略意义下的解 (或鞍点, 或平衡局势), 称 a_{i*} 和 b_{j*} 分别为局中人 I 和 II 的最优纯策略 (区别于下面的混合策略).

对于能使上式成立的纯策略 (不一定唯一, 不唯一时取任何一对纯策略都可以), 对应于第 $i*$ 行第 $j*$ 列的 a_{i*}, b_{j*} 构成的局势 (a_{i*}, b_{j*}) 称为对策的解, 而 a_{i*}, b_{j*} 分别称为局中人 I 和 II 的**最优纯策略**. 显然, 在例 9.1.1 中, 对策的解为 (a_2, b_2), 对策的值为 $V_G = 3$.

例 9.1.2　求解矩阵对策 $G = \{S_1, S_2; A\}$, 其中,

$$A = \begin{pmatrix} 1 & 0 \\ -4 & 3 \end{pmatrix},$$
$$S_1 = \{a_1, a_2\}, \quad S_2 = \{b_1, b_2\}.$$

解　对于局中人 I,

$$\min\{1, 0\} = 0, \quad \min\{-4, 3\} = -4.$$

取其中最大的, 得

$$\max\{0, -4\} = 0.$$

对于局中人 II,

$$\max\{1, -4\} = 1, \quad \max\{0, 3\} = 3.$$

取其最小的, 得

$$\min\{1, 3\} = 1.$$

这样,

$$\max_i \min_j a_{ij} = 0, \quad \min_j \max_i a_{ij} = 1.$$

两者不相等, 即对策 G 的鞍点不存在, G 无解.　　　　　　　　　　□

一般地, $\max_i \min_j a_{ij} \neq \min_j \max_i a_{ij}$, 因此在纯策略意义下无解. 现在来研究在什么条件下矩阵对策 G 才有纯策略意义下的解, 或者说, 鞍点具有哪些本质特征.

定理 9.1.1 矩阵对策 $G = (S_1, S_2; A)$ 在纯策略意义下有解的充要条件是: 存在纯局势 (a_{i*}, b_{j*}), 满足

$$a_{ij*} \leqslant a_{i*j*} \leqslant a_{i*j}, \quad \forall i, j. \tag{9.1.2}$$

证明 充分性. 由式 (9.1.2), 有

$$\max_i a_{ij*} \leqslant a_{i*j*} \leqslant \min_j a_{i*j},$$

而

$$\min_j \max_i a_{ij} \leqslant \max_i a_{ij*}, \quad \min_j a_{i*j} \leqslant \max_i \min_j a_{ij},$$

所以

$$\min_j \max_i a_{ij} \leqslant a_{i*j*} \leqslant \max_i \min_j a_{ij}. \tag{9.1.3}$$

另一方面, 对任意 i, j, 由 $\min_j a_{ij} \leqslant a_{ij} \leqslant \max_i a_{ij}$, 所以

$$\max_i \min_j a_{ij} \leqslant \min_j \max_i a_{ij}. \tag{9.1.4}$$

从而由式 (9.1.3) 和式 (9.1.4), 有

$$\max_i \min_j a_{ij} = \min_j \max_i a_{ij} = a_{i*j*}, \tag{9.1.5}$$

且 $V_G = a_{i*j*}$.

必要性. 设有 i^*, j^*, 使得

$$\min_j a_{i*j} = \max_i \min_j a_{ij},$$
$$\max_i a_{ij*} = \min_j \max_i a_{ij},$$

从而由

$$a_{i*j*} = \max_i \min_j a_{ij} = \min_j \max_i a_{ij},$$

有

$$a_{ij*} \leqslant \max_i a_{ij*} = a_{i*j*} = \min_j a_{i*j} \leqslant a_{i*j}, \quad \forall i, j. \qquad \square$$

定理 9.1.1 为对策的鞍点定理. 式 (9.1.2) 的对策意义是: 一个平衡局势 (a_{i*}, b_{j*}) 应具有这样的性质: 当局中人 I 选择了纯策略 a_{i*} 后, 局中人 II 为了使其所失最少, 只能选择纯策略 b_{j*}, 否则就可能失得更多; 反之, 当局中人 II 选择了纯策略 b_{j*} 后, 局中人 I 为了得到最大的收益也只能选择策略 a_{i*}, 否则就会赢得更少. 双方的竞争在局势 (a_{i*}, b_{j*}) 下达到一个平衡状态.

例 9.1.3 设有矩阵对策 $G = (S_1, S_2; A)$, 其中

$$A = \begin{bmatrix} 8 & 7 & 9 & 7 \\ 3 & 6 & 4 & -1 \\ 9 & 7 & 10 & 7 \\ 3 & 2 & 7 & 3 \end{bmatrix},$$

求对策的解.

解 直接在 A 提供的收益表上计算, 有

$$
\begin{array}{c c c c c c}
 & b_1 & b_2 & b_3 & b_4 & \min \\
a_1 & \begin{bmatrix} 8 & 7 & 9 & 7 \end{bmatrix} & & & & 7^* \\
a_2 & \begin{bmatrix} 3 & 6 & 4 & -1 \end{bmatrix} & & & & -1 \\
a_3 & \begin{bmatrix} 9 & 7 & 10 & 7 \end{bmatrix} & & & & 7^* \\
a_4 & \begin{bmatrix} 3 & 2 & 7 & 3 \end{bmatrix} & & & & 2 \\
\max & 9 & 7^* & 10 & 7^* &
\end{array}
$$

于是

$$\max_i \min_j a_{ij} = \min_j \max_i a_{ij} = a_{i^*j^*} = 7,$$

其中 $i^* = 1, 3; j^* = 2, 4$, 故 $(a_1, b_2), (a_1, b_4), (a_3, b_2), (a_3, b_4)$ 都是对策的解, 且 $V_G = 7$. □

由例 9.1.3 可知, 一般对策的解可以是不唯一的, 当解不唯一时, 解之间的关系具有下面两条性质 (读者自行证明):

性质 9.1.1(可交换性) 若 (a_{i_1}, b_{j_1}) 和 (a_{i_2}, b_{j_2}) 是对策 G 的两个解, 则 (a_{i_1}, b_{j_2}) 和 (a_{i_2}, b_{j_1}) 也是对策 G 的解.

性质 9.1.2(无差别性) 若 (a_{i_1}, b_{j_2}) 和 (a_{i_2}, b_{j_1}) 是对策 G 的两个解, 则

$$a_{i_1 j_1} = a_{i_2 j_2}. \tag{9.1.6}$$

上面两条性质的证明留给读者作为练习. 这两条性质表明: 矩阵对策的值是唯一的, 即当一个局中人选择了最优纯策略后, 其输赢的值不依赖于对方的纯策略.

例 9.1.4 某单位采购员在秋天决定冬季取暖用煤的储量问题, 已知在正常的冬季气温条件下要消耗 15 吨煤, 在较暖与较冷的气温条件下分别要消耗 10 吨和 20 吨. 假定冬季的煤价随天气寒冷程度而有所变化, 在较暖、正常、较冷的气候条件下每吨煤价分别为 2000 元、2500 元和 3000 元, 又设秋季时煤价为每吨 2000 元. 在没有关于当年冬季准确的气象预报的条件下, 秋季储煤多少能使单位的支出最少?

解 可以将这一储量问题看成一个对策问题. 局中人 I 为采购员, 局中人 II 为大自然, 采购员有三个策略, 在秋季买 10 吨、15 吨与 20 吨, 分别记为 a_1, a_2, a_3. 大自然也有三个策略, 分别为冬季气候较暖、正常与较冷, 分别记为 b_1, b_2, b_3.

通过计算冬季取暖用煤实际费用 (为秋季购煤费用和冬季不够时再补购的费用总和), 作为局中人 I 采购员的收益, 得支付矩阵如表 9.1.2 所示.

表 9.1.2

	b_1(较暖)	b_2(正常)	b_3(较冷)
a_1(10 吨)	−20000	−32500	−50000
a_2(15 吨)	−30000	−30000	−45000
a_3 (20 吨)	−40000	−40000	−40000

在此支付表上计算, 有

$$\begin{array}{cccccc} & b_1 & b_2 & b_3 & & \min \\ a_1 & \begin{bmatrix} -20000 & -32500 & -50000 \\ -30000 & -30000 & -45000 \\ -40000 & -40000 & -40000 \end{bmatrix} & & & & -50000 \\ a_2 & & & & & -45000 \\ a_3 & & & & & -40000^* \\ \max & -20000 & -30000 & -40000^* & & \end{array}$$

得

$$\max_i \min_j a_{ij} = \min_j \max_i a_{ij} = a_{33} = -40000,$$

故 (a_3, b_3) 为对策 G 的解, $V_G = -40000$, 即秋季储煤 20 吨为最优纯策略, 这时支付冬季取暖用煤实际费用为 40000 元. □

9.2 混合策略

如前所述, 有些矩阵对策在纯策略意义下无解. 那么, 在这种情况下, 双方应如何决策呢? 这就需要对解的概念加以扩充. 下面先分析一个例子, 然后引进新的概念.

例 9.2.1 给定一个矩阵对策 $G = (S_1, S_2; A)$, 其支付矩阵为

$$A = \begin{bmatrix} 1 & 3 \\ 4 & 2 \end{bmatrix},$$

其中 $S_1 = \{a_1, a_2\}$, $S_2 = \{b_1, b_2\}$, 由于

$$\max_i \min_j a_{ij} = 2, \quad \min_j \max_i a_{ij} = 3,$$

故 $\max\limits_{i}\min\limits_{j} a_{ij} \neq \min\limits_{j}\max\limits_{i} a_{ij}$, 因而, 局中人不能仅仅选择某一个纯策略参与决策, 而只能以一定的概率随机选取各个纯策略来参与对策, 这就是 "混合策略" 的概念.

记 $P(a_i)$ 表示局中人 I 选用 a_i 的概率, $P(b_j)$ 表示局中人 II 选用 b_j 的概率, 则 $0 \leqslant P(a_i) \leqslant 1 (i=1,2)$, 且 $\sum\limits_{i=1}^{2} P(a_i) = 1; 0 \leqslant P(b_j) \leqslant 1 (j=1,2)$, 且 $\sum\limits_{i=1}^{2} P(b_j) = 1$.

为叙述简便, 令

$$x = P(a_1), \quad y = P(b_1), \quad P(a_2) = 1 - x, \quad P(b_2) = 1 - y.$$

于是得到下面的对策表 (表 9.2.1).

表 9.2.1

a_i \ b_j	b_1	b_2	$P(a_i)$
a_1	1	3	x
a_2	4	2	$1-x$
$P(b_j)$	y	$1-y$	

显然, 局中人 I 赢得 a_{ij} 的概率即纯局势 (a_i, b_j) 发生的概率为 $P(a_i, b_j)$. 由于局中人 I, II 双方相互独立的选用各自的纯策略 a_i, b_j, 因此有

$$P(a_i, b_j) = P(a_i)P(b_j). \tag{9.2.1}$$

这样, 局中人 I 的期望收益应是

$$E(x, y) = \sum_{i=1}^{2}\sum_{j=1}^{2} a_{ij} P(a_i) P(b_j)$$
$$= 1 \cdot x \cdot y + 3 \cdot x \cdot (1-y) + 4 \cdot (1-x) \cdot y + 2 \cdot (1-x) \cdot (1-y)$$
$$= -4\left(x - \frac{1}{2}\right)\left(y - \frac{1}{4}\right) + \frac{5}{2}.$$

由上式可见, 当 $x = \frac{1}{2}$ 时, $E(x, y) = \frac{5}{2}$. 这就是说, 当局中人 I 以概率 $\frac{1}{2}$ 选纯策略 a_1, 收益至少是 $\frac{5}{2}$. 因为局中人 II 当取 $y = \frac{1}{4}$ 时, 会控制局中人 I 的收益又不会超过 $\frac{5}{2}$, 所以局中人 I 并不能保证其期望值超过 $\frac{5}{2}$, 因此 $\frac{5}{2}$ 是 I 的期望值.

同样可见, 局中人 II 只有取 $y = \frac{1}{4}$ 时, 才能保证输掉不会多于 $\frac{5}{2}$. 于是, 对于此例来说, 局中人 I 分别都以概率 $\frac{1}{2}$ 选取 a_1, a_2, 局中人 II 分别以概率 $\frac{1}{4}$ 和 $\frac{3}{4}$ 选取 b_1 和 b_2, 这时对策的双方都会得到满意的结果. 以这样的方式选取策略参加对策,

是双方的最优策略.   □

从刚才计算的结果也可以看出,

$$E\left(x, \frac{1}{4}\right) \leqslant E\left(\frac{1}{2}, \frac{1}{4}\right) \leqslant E\left(\frac{1}{2}, y\right),$$

这里, 如果把 $\left(\dfrac{1}{2}, \dfrac{1}{4}\right)$ 看成是一个局势, 显然, 与 9.1 节中定理 9.1.1 的充要条件是
类似的.

下面引入混合策略的概念.

设有对策 $G = (S_1, S_2; A)$, 其中 $S_1 = \{a_1, a_2, \cdots, a_m\}$, $S_2 = \{b_1, b_2, \cdots, b_n\}$, $A = (a_{ij})_{m \times n}$. 设局中人 I 以概率 x_i 选用纯策略 a_i(满足 $x_i \geqslant 0, i = 1, 2, \cdots, m, \sum\limits_{i=1}^{m} x_i = 1$), 局中人 II 以概率 y_j 选用纯策略 b_j (满足 $y_j \geqslant 0, j = 1, 2, \cdots, n, \sum\limits_{j=1}^{n} y_j = 1$), 则

(1) 把 S_1 上的概率分布 $X = (x_1, x_2, \cdots, x_m)^{\mathrm{T}}$ 称为**局中人 I 的混合策略**, 把 S_2 上的概率分布 $Y = (y_1, y_2, \cdots, y_n)^{\mathrm{T}}$ 称为**局中人 II 的混合策略**, 称 (X, Y) 为对策的一个**混合局势**.

(2) 称数学期望

$$E(X, Y) = \sum_{i=1}^{m} \sum_{j=1}^{n} a_{ij} x_i y_j = X^{\mathrm{T}} A Y \tag{9.2.2}$$

为甲方的**期望收益**, 简称甲的**收益**, 同时又称为乙方的 (期望)损失, 而 $-E(X, Y)$ 为乙方的收益.

(3) 记

$$S_1^* = \left\{ X = (x_1, x_2, \cdots, x_m)^{\mathrm{T}} \mid x_i \geqslant 0, i = 1, 2, \cdots, m, \sum_{i=1}^{m} x_i = 1 \right\},$$

$$S_2^* = \left\{ Y = (y_1, y_2, \cdots, y_n)^{\mathrm{T}} \mid y_j \geqslant 0, j = 1, 2, \cdots, n, \sum_{j=1}^{n} y_j = 1 \right\}.$$

称 S_1^*, S_2^* 分别为局中人 I, II 的**混合策略集**, 称对策 $G^* = (S_1^*, S_2^*; E)$ 为混合策略矩阵对策, 它是纯策略矩阵对策 $G = (S_1, S_2; A)$ 的混合扩充.

(4) 若有 $X^* \in S_1^*, Y^* \in S_2^*$, 使得

$$E(X^*, Y^*) = \max_X \min_Y E(X, Y) = \min_Y \max_X E(X, Y),$$

则 X^*, Y^* 分别称为局中人 I, II 的**最优混合策略**, 简称**最优策略**; 而 (X^*, Y^*) 称为 G^* 在**混合策略意义下的解**, 简称 G^***的解**; $E(X^*, Y^*)$ 称为对策 G^* 的**值**, 记为 v^*,

即

$$v^* = \max_X \min_Y E(X,Y) = \min_Y \max_X E(X,Y) = E(X^*,Y^*). \tag{9.2.3}$$

这样, 对策 G^* 在纯策略意义下的解 (a^*, b^*) 就成为 (X^*, Y^*) 的一种特殊情况, 即局中人 I, II 双方都以概率为 1 去分别选用纯策略 a^*, b^*.

由式 (9.2.3) 可见, 局中人 I, II 双方的最优混合策略, 同最优纯策略的准则一样, 也是在 "坏中求好" 准则下定义的. 例 9.2.1 正是据此来求解的, 其解可记为 (X^*, Y^*), 其中

$$X^* = (x_1^*, x_2^*)^{\mathrm{T}} = \left(\frac{1}{2}, \frac{1}{2}\right)^{\mathrm{T}}, \quad Y^* = (y_1^*, y_2^*)^{\mathrm{T}} = \left(\frac{1}{4}, \frac{3}{4}\right)^{\mathrm{T}},$$

而对策值为 $v^* = \dfrac{5}{2}$.

矩阵对策的基本定理 现讨论矩阵对策解的存在性及其性质. 类似于定理 9.1.1 可证得矩阵对策在混合策略意义下解存在的充要条件 (读者可自行证明).

定理 9.2.1 混合局势 (X^*, Y^*) 是矩阵对策 G^* 的解的充要条件是: $X^* \in S_1^*$ 和 $Y^* \in S_2^*$, 满足

$$E(X, Y^*) \leqslant E(X^*, Y^*) \leqslant E(X^*, Y). \tag{9.2.4}$$

记

$$I = \{i \mid i = 1, 2, \cdots, m\}, \quad J = \{j \mid j = 1, 2, \cdots, n\}.$$

若局中人 I 仅仅选用纯策略 $a_i (i \in I)$, 即取

$$X = e_i = (0, \cdots, 1, \cdots, 0)^{\mathrm{T}},$$

则有

$$E(e_i, Y) = \sum_{i=1}^{m} \sum_{j=1}^{n} a_{ij} x_i y_j = \sum_{j=1}^{n} a_{ij} y_j, \quad i \in I. \tag{9.2.5}$$

类似地, 当局中人 II 仅仅选用纯策略 $b_j (j \in J)$ 时, 有

$$E(X, e_j) = \sum_{i=1}^{m} a_{ij} x_i, \quad j \in J. \tag{9.2.6}$$

当 i 遍历 I, j 遍历 J 时, 显然式 (9.2.5)~ 式 (9.2.6) 仍成立. 因此, 对任意 $X^* \in S_1^*$ 和 $Y^* \in S_2^*$, 都有

$$E(X, Y) = \sum_{i=1}^{m} E(e_i, Y) x_i = \sum_{j=1}^{n} E(X, e_j) y_j,$$

$$i = 1, 2, \cdots, m; \quad j = 1, 2, \cdots, n. \tag{9.2.7}$$

于是有下述定理.

定理 9.2.2 若存在实数 V_G 以及 $X^* \in S_1^*$ 和 $Y^* \in S_2^*$, 则 (X^*, Y^*) 是 G 的解且 $v^* = V_G$ 的充要条件是: 对任意 $i \in I$ 和 $j \in J$, 都有

$$E(e_i, Y^*) \leqslant V_G \leqslant E(X^*, e_j). \tag{9.2.8}$$

证明 设 (X^*, Y^*) 是对策 G^* 的解, 由定理 9.2.1, 式 (9.2.4) 成立. 由于纯策略是混合策略的特例, 这样式 (9.2.8) 成立. 反之, 设式 (9.2.8) 成立, 由

$$E(X, Y^*) = \sum_i E(e_i, Y^*) x_i \leqslant E(X^*, Y^*) \sum_i x_i = E(X^*, Y^*)$$

和

$$E(X^*, Y) = \sum_j E(X^*, e_j) y_j \geqslant E(X^*, Y^*) \sum_j y_j = E(X^*, Y^*)$$

即得式 (9.2.4). $\qquad\qquad\qquad\qquad\qquad\qquad\qquad\qquad\qquad\qquad\qquad\qquad\qquad\square$

定理 9.2.2 说明, 当验证 (X^*, Y^*) 是否为对策 G 的解时, 只需对由 (9.2.8) 给出的有限个 $(m \times n$ 个) 不等式进行验证, 使对解的验证大为简化. 定理 9.2.2 的一个等价形式如下:

定理 9.2.3 设 $X^* \in S_1^*$ 和 $Y^* \in S_2^*$, 则 (X^*, Y^*) 是 G^* 的解的充要条件是: 存在数 V, 使得 x^* 和 y^* 分别是不等式组

$$\begin{cases} \sum_i a_{ij} x_i \geqslant V, \quad j = 1, \cdots, n, \\ \sum_i x_i = 1, \\ x_i \geqslant 0, \quad i = 1, \cdots, m \end{cases} \tag{9.2.9}$$

和不等式组

$$\begin{cases} \sum_j a_{ij} y_j \leqslant V, \quad i = 1, \cdots, m, \\ \sum_j y_j = 1, \\ y_j \geqslant 0, \quad j = 1, \cdots, n \end{cases} \tag{9.2.10}$$

的解, 且 $V = V_G$.

定理 9.2.4 若 (X^*, Y^*) 是矩阵对策 G^* 的解, 且 V_G 是 G^* 的值, 则对每一个 $i \in I$ 和 $j \in J$ 都有

(1) 若 $x_i^* > 0$, 则 $\sum_{j=1}^n a_{ij} y_j^* = V_G$;

(2) 若 $y_j^* > 0$, 则 $\sum_{i=1}^m a_{ij} x_i^* = V_G$;

(3) 若 $\displaystyle\sum_{j=1}^{n} a_{ij}y_j^* < V_G$, 则 $x_i^* = 0$;

(4) 若 $\displaystyle\sum_{i=1}^{m} a_{ij}x_i^* > V_G$, 则 $y_j^* = 0$.

该定理反映了两个不等式组 (9.2.9) 和 (9.2.10) 及其解之间的互补松弛性, 即

$$x_i^* \left(V_G - \sum_{j=1}^{n} a_{ij}y_j^* \right) = 0, \quad i = 1, \cdots, m,$$

$$y_j^* \left(\sum_{i=1}^{m} a_{ij}x_i^* - V_G \right) = 0, \quad j = 1, \cdots, n,$$

这类似线性规划的对偶互补松弛性质.

定理 9.2.3 与定理 9.2.4 揭示了矩阵对策解的性质, 它有助于矩阵对策的求解.

定理 9.2.5　对任一矩阵对策 $G = \{S_1, S_2; A\}$, 一定存在混合策略意义下的解.

证明　由定理 9.2.2, 只要证明存在 $X^* \in S_1^*$ 和 $Y^* \in S_2^*$, 使得式 (9.2.8) 成立. 为此, 考虑如下两个线性规划问题:

(P)
$$\begin{cases} \max w \\ \displaystyle\sum_{i=1}^{m} a_{ij}x_i \geqslant w, \quad j = 1, \cdots, n, \\ \displaystyle\sum_{i=1}^{m} x_i = 1, \\ x_i \geqslant 0, \quad i = 1, \cdots, m \end{cases}$$

和

(D)
$$\begin{cases} \min v \\ \displaystyle\sum_{j=1}^{n} a_{ij}y_j \leqslant v, \quad i = 1, \cdots, m, \\ \displaystyle\sum_{j=1}^{n} y_j = 1, \\ y_j \geqslant 0, \quad j = 1, \cdots, n. \end{cases}$$

容易验证, 问题 (P) 和 (D) 是互为对偶的线性规划, 而且 $x = (1, 0, \cdots, 0)^{\mathrm{T}} \in \mathbf{R}^m, w = \min\limits_{j} a_{1j}$ 是问题 (P) 的一个可行解; $y = (1, 0, \cdots, 0)^{\mathrm{T}} \in \mathbf{R}^n, v = \max\limits_{i} a_{i1}$ 是问题 (D) 的一个可行解. 由线性规划的对偶定理可知, 问题 (P) 和 (D) 分别存在最优解 (X^*, w^*) 和 (Y^*, v^*), 且 $w^* = v^*$, 即存在 $X^* \in S_1^*, Y^* \in S_2^*$ 和数 v^*, w^*, 使得

对任意 $i = 1, \cdots, m$ 和 $j = 1, \cdots, n$, 有

$$\sum_j a_{ij} y_j^* \leqslant v^* \leqslant \sum_i a_{ij} x_i^*$$

或

$$E(e_i, Y^*) \leqslant v^* \leqslant E(X^*, e_j). \tag{9.2.11}$$

又由

$$E(X^*, Y^*) = \sum_i E(e_i, Y^*) x_i^* \leqslant v^* \sum_i x_i^* = v^*,$$

$$E(X^*, Y^*) = \sum_j E(Y^*, e_j) y_j^* \geqslant v^* \sum_j y_j^* = v^*,$$

得到 $v^* = E(X^*, Y^*) = w^*$, 故由式 (9.2.11) 知式 (9.2.8) 成立. □

定理 9.2.5 是构造性的, 不仅证明了矩阵对策解的存在性, 而且也给出了利用线性规划方法求解矩阵对策的思想.

9.3 矩阵对策的解法

9.3.1 (2×2) 对策的等式组解法

当矩阵对策的两个局中人各只有两个纯策略时, 局中人 I 的支付矩阵为

$$A = \begin{pmatrix} a_{11} & a_{12} \\ a_{21} & a_{22} \end{pmatrix}. \tag{9.3.1}$$

如果矩阵 A 不存在鞍点, 则不难证明: 各局中人的最优混合策略中的 x_i^*, y_i^* 均大于零. 于是, 由定理 9.2.5 可知, 最优混合策略由下列等式组求出:

$$\begin{cases} a_{11} x_1 + a_{21} x_2 = v, \\ a_{12} x_1 + a_{22} x_2 = v, \\ x_1 + x_2 = 1, \end{cases} \tag{9.3.2}$$

$$\begin{cases} a_{11} y_1 + a_{12} y_2 = v, \\ a_{21} y_1 + a_{22} y_2 = v, \\ y_1 + y_2 = 1. \end{cases} \tag{9.3.3}$$

事实上, 当 A 不存在鞍点时, 上述等式组一定有严格非负解, 且解的计算公式为

$$x_1^* = \frac{a_{22} - a_{21}}{(a_{11} + a_{22}) - (a_{12} + a_{21})},$$

$$x_2^* = \frac{a_{11} - a_{12}}{(a_{11} + a_{22}) - (a_{12} + a_{21})}, \tag{9.3.4}$$

$$y_1^* = \frac{a_{22} - a_{12}}{(a_{11} + a_{22}) - (a_{12} + a_{21})},$$

$$y_2^* = \frac{a_{11} - a_{21}}{(a_{11} + a_{22}) - (a_{12} + a_{21})},$$

$$V_G = v^* = \frac{a_{11}a_{22} - a_{12}a_{21}}{(a_{11} + a_{22}) - (a_{12} + a_{21})}. \tag{9.3.5}$$

例 9.3.1　求解矩阵对策 $G = \{S_1, S_2; A\}$, 其中,

$$A = \begin{bmatrix} 1 & 3 \\ 4 & 2 \end{bmatrix}.$$

解　易知 A 没有鞍点, 由公式 (9.3.4) 和 (9.3.5) 得对策的解为

$$x_1^* = \frac{2 - 4}{(1 + 2) - (3 + 4)} = \frac{-2}{-4} = \frac{1}{2},$$

$$x_2^* = \frac{1 - 3}{(1 + 2) - (3 + 4)} = \frac{-2}{-4} = \frac{1}{2},$$

$$y_1^* = \frac{2 - 3}{(1 + 2) - (3 + 4)} = \frac{-1}{-4} = \frac{1}{4},$$

$$y_2^* = \frac{1 - 4}{(1 + 2) - (3 + 4)} = \frac{-3}{-4} = \frac{3}{4},$$

$$V_G^* = \frac{1 \times 2 - 3 \times 4}{(1 + 2) - (3 + 4)} = \frac{-10}{-4} = \frac{5}{2}. \quad \square$$

9.3.2　$(2 \times n)$ 和 $(m \times 2)$ 对策的图解法

图解法只能应用于至少有一个局中人只有两种策略的对策问题, 考虑下面的 $(2 \times n)$ 对策.

$$\begin{array}{cc}
& \text{II} \\
& \begin{array}{c|cccc}
 & y_1 & y_2 & \cdots & y_n \\
\hline
x_1 & a_{11} & a_{12} & \cdots & a_{1n} \\
x_2 = 1 - x_1 & a_{21} & a_{22} & \cdots & a_{2n}
\end{array}
\end{array}$$

I

假定对策没有一个鞍点.

因为局中人 I 有两种策略, 所以得到 $x_2 = 1 - x_1; x_1 \geqslant 0, x_2 \geqslant 0$. 局中人 I 对应于局中人 II 的纯策略的期望收益如表 9.3.1 所示.

表 9.3.1

局中人 II 的纯策略	局中人 I 的期望收益
1	$(a_{11} - a_{21})x_1 + a_{21}$
2	$(a_{12} - a_{22})x_1 + a_{22}$
$\vdots$	$\vdots$
n	$(a_{1n} - a_{2n})x_1 + a_{2n}$

表 9.3.1 说明局中人 I 的平均收益随 x_1 线性变化.

按照混合策略对策的最小最大化原理, 局中人 I 应该选取使他的期望收益最小值达到最大的 x_1. 这可以通过画出如下 x_1 的函数的直线来完成 (图 9.3.1).

在图 9.3.1 中给出了一个典型的例子. 每一条直线按照它所对应的局中人 II 的纯策略来编号. 这些直线的下包络线 (用粗线段表示) 是作为 x_1 的一个函数的期望收益最小值. 在这条下包络线的最高点 (用一个点表示) 是最大最小化的期望收益, 因而也是 x_1 的最优值 $(= x_1^*)$.

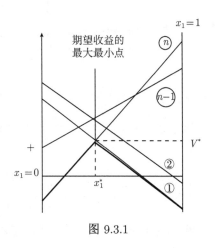

图 9.3.1

现在通过公式计算观察对策期望值的定义可以得到 II 的最优值 y_j^*. 对于上面的 $(2 \times n)$ 对策就是

$$V^* = y_1^*\{(a_{11} - a_{21})x_1^* + a_{21}\} + y_2^*\{(a_{12} - a_{22})x_1^* + a_{22}\} + \cdots$$
$$+ y_n^*\{(a_{1n} - a_{2n})x_1^* + a_{2n}\}.$$

因为 $\sum_{j=1}^{n} y_j^* = 1$, $y_j^* \geq 0$, 故所有经过最大最小点的直线 $(a_{1j} - a_{2j})x_1^* + a_{2j}$ 对应的 $y_j^* \neq 0$. 因为最大最小点是由两条直线的交点所确定的, 所以除对应于这两条直线的 y_j 以外, 可以取所有其他的 y_j 等于零.

以上的讨论显示出任何 $(2 \times n)$ 对策基本上等价于一个 (2×2) 对策. 设 y_{j_1} 和 y_{j_2} 是对应于 II 的有效策略的概率. 因为所有其余的 $y_j = 0, y_{j_2} = 1 - y_{j_1}, y_{j_1} \geq 0$ 和 $y_{j_2} \geq 0$, 所以 II 的对应于 I 的策略的期望支出如表 9.3.2 所示.

表 9.3.2

I 的纯策略	II 的期望支出
1	$(a_{1j_1} - a_{1j_2})y_{j_1} + a_{1j_2}$
2	$(a_{2j_1} - a_{2j_2})y_{j_1} + a_{2j_2}$

这两条直线作为 y_{j_1} 的函数在图 9.3.2 中画出. 因为 II 希望使它的期望支付最大值达到最小, 所以可以通过这两条直线上包络线的最小最大点来确定 $y_{j_1}^*$. 事实上, $y_{j_1}^*$ 可以直接通过求两条直线的交点来得到.

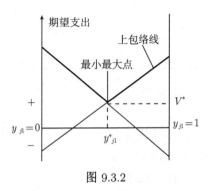

图 9.3.2

例 9.3.2 用图解法解下面的 (2×4) 对策.

$$
\begin{array}{cc|cccc}
 & & \multicolumn{4}{c}{\text{II}} \\
 & & 1 & 2 & 3 & 4 \\
\hline
\text{I} & 1 & 2 & 2 & 3 & -1 \\
 & 2 & 4 & 3 & 2 & 6
\end{array}
$$

解 这个对策没有鞍点. 我们在表 9.3.3 中给出 I 的对应于 II 的纯策略的期望收益.

表 **9.3.3**

II 的纯策略	I 的期望收益
1	$-2x_1 + 4$
2	$-x_1 + 3$
3	$x_1 + 2$
4	$-7x_1 + 6$

图 9.3.3 中画出了作为 x_1 的函数的四条直线. 最大最小值出现在 $x_1^* = \dfrac{1}{2}$ 处, 这是直线②③和④中任何两条的交点. 因此 A 的最优策略是 $\left(x_1^* = \dfrac{1}{2}, x_2^* = \dfrac{1}{2} \right)$, 而对策的值是通过把 x_1 代入任何经过最大最小点的直线方程而得到的, 这就是

$$
V^* = \begin{cases}
-1/2 + 3 = 5/2, \\
1/2 + 2 = 5/2, \\
-7(1/2) + 6 = 5/2.
\end{cases}
$$

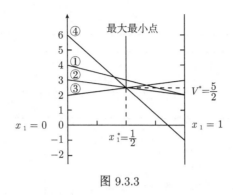

图 9.3.3

确定 II 的最优策略应该注意到有三条直线经过最大最小点, 这时 II 可以混合所有三种策略的信息. 斜率有相反符号的任何两条直线确定了一个可选择的最优解. 因此, 在 $(2, 3), (2, 4)$ 和 $(3, 4)$ 这三种组合中, 组合 $(2, 4)$ 作为非最优而被排除.

第一个组合 $(2, 3)$ 意味着 $y_1^* = y_4^* = 0$. 因此 $y_3 = 1 - y_2$, 而对应于 I 的纯策略 II 的期望支出如表 9.3.4 所示.

表 9.3.4

I 的纯策略	II 的期望支出
1	$-y_2 + 3$
2	$y_2 + 2$

于是, 由

$$-y_2^* + 3 = y_2^* + 2$$

可以确定 y_2^* (对应于最小最大点). 这样得到 $y_2^* = \dfrac{1}{2}$. 把 $y_2^* = \dfrac{1}{2}$ 代入上面所给出 II 的期望支出中, 得最小最大值是 $\dfrac{5}{2}$, 它等于所预料的对策的值 V^*.

类似地我们可以处理余下的组合 $(3, 4)$, 得到一个可选择的最优解. 组合 $(2, 3)$ 和 $(3, 4)$ 的任何加权平均也产生一个混合了所有 2, 3 和 4 三种策略的新的最优解.

例 9.3.3 用图解法解下面的 (4×2) 对策.

	II	
	1	2
1	2	4
2	2	3
3	3	2
4	-2	6

I

解 这个对策没有鞍点. 设 y_1 和 $y_2(= 1 - y_1)$ 是 II 的混合策略. 于是对应于 I 的纯策略, II 的期望支出如表 9.3.5 所示.

表 9.3.5

I 的纯策略	II 的期望支出
1	$-2y_1 + 4$
2	$-y_1 + 3$
3	$y_1 + 2$
4	$-8y_1 + 6$

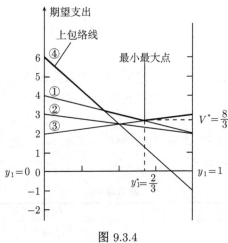

图 9.3.4

这四条直线画在图 9.3.4 中, 用上包络线的最低点来确定最小最大点. y_1^* 的值是作为直线①和③的交点而得到的. 这就是 $y_1^* = 2/3$, 而 $V^* = 8/3$.

这些直线相交在对应于 I 的纯策略 1 与 3 的最小最大点处.

这表明 $x_2^* = x_4^* = 0$. 因此, $x_3 = 1 - x_1$, 而 I 对应于 II 的纯策略的期望收益如表 9.3.6 所示.

表 9.3.6

II 的纯策略	I 的期望收益
1	$-x_1 + 3$
2	$2x_1 + 2$

点 x_1^* 是通过解 $-x_1^* + 3 = 2x_1^* + 2$ 来确定的, 这样得到 $x_1^* = 1/3$. 因此 I 的最优策略是 $x_1^* = 1/3$, $x_2^* = 0$, $x_3^* = 2/3$, $x_4^* = 0$. 所产生的 $V^* = 8/3$ 和前面相同.

*9.4　用线性规划方法解 $m \times n$ 对策

从定理 9.2.5 可知, 对策论与线性规划有着很密切的关系. 可以把每一个有限两人零和对策表示成一个线性规划. 反之也可以把每一个线性规划表示成一个对策. 本节讨论用线性规划来解对策问题, 它可用来求解大型矩阵对策.

如前所述, 局中人 I 的最优混合策略是

$$\max_{x_i} \left\{ \min \left(\sum_{i=1}^{m} a_{i1}x_i, \sum_{i=1}^{m} a_{i2}x_i, \cdots, \sum_{i=1}^{m} a_{in}x_i \right) \right\}, \tag{9.4.1}$$

约束条件为

$$x_1 + x_2 + \cdots + x_m = 1, \tag{9.4.2}$$
$$x_i \geqslant 0, \quad i = 1, 2, \cdots, m.$$

这个问题可以用线性规划表示如下. 设

$$V = \min \left(\sum_{i=1}^{m} a_{i1}x_i, \sum_{i=1}^{m} a_{i2}x_i, \cdots, \sum_{i=1}^{m} a_{in}x_i \right). \tag{9.4.3}$$

于是问题转化成

$$\max z_0 = V, \tag{9.4.4}$$

约束条件为

$$\sum_{i=1}^{m} a_{ij}x_i \geqslant V, \quad j = 1, 2, \cdots, n,$$
$$\sum_{i=1}^{m} x_i = 1, \tag{9.4.5}$$
$$x_i \geqslant 0, \quad i = 1, 2, \cdots, m.$$

在这种情况下, V 表示对策的值. 若 $V > 0$, 通过用 V 除所有 $n+1$ 个约束条件, 问题得到简化. 如果 $V < 0$, 那么不等式约束条件的方向必须改变. 如果 $V = 0$, 这个除法是不许可的. 由于不能确定 V 的正负, 可以先将一个正的常数 K 加到矩阵的所有元素上以保证对 "修改后" 的矩阵的对策的值是大于零的. 在得到最优解之后, 再减去 K 以确定对策的真正的值. 一般地说, 如果对策的最大最小值是非负的, 那么对策的值大于零 (只要没有鞍点).

因此, 假定 $V > 0$, 线性规划的约束条件变为

$$a_{11}\frac{x_1}{V} + a_{21}\frac{x_2}{V} + \cdots + a_{m1}\frac{x_m}{V} \geqslant 1,$$
$$a_{12}\frac{x_1}{V} + a_{22}\frac{x_2}{V} + \cdots + a_{m2}\frac{x_m}{V} \geqslant 1,$$
$$\cdots\cdots$$
$$a_{1n}\frac{x_1}{V} + a_{2n}\frac{x_2}{V} + \cdots + a_{mn}\frac{x_m}{V} \geqslant 1,$$
$$\frac{x_1}{V} + \frac{x_2}{V} + \cdots + \frac{x_m}{V} = \frac{1}{V}.$$

设

$$X_i = \frac{x_i}{V}, \quad i = 1, 2, \cdots, m.$$

因为

$$\min x_0 \equiv \min \frac{1}{V} = \min\{X_1 + X_2 + \cdots + X_m\},$$

问题变为

$$\min x_0 = X_1 + X_2 + \cdots + X_m, \tag{9.4.6}$$

约束条件为

$$a_{11}X_1 + a_{21}X_2 + \cdots + a_{m1}X_m \geqslant 1,$$
$$a_{12}X_1 + a_{22}X_2 + \cdots + a_{m2}X_m \geqslant 1,$$
$$\cdots\cdots \tag{9.4.7}$$
$$a_{1n}X_1 + a_{2n}X_2 + \cdots + a_{mn}X_m \geqslant 1,$$
$$X_1, X_2, \cdots, X_m \geqslant 0.$$

局中人 II 的问题是

$$\min_{y_j}\left\{\max\left(\sum_{j=1}^{n}a_{1j}y_j, \sum_{j=1}^{n}a_{2j}y_j, \cdots, \sum_{j=1}^{n}a_{mj}y_j\right)\right\}, \tag{9.4.8}$$

约束条件为

$$y_1 + y_2 + \cdots + y_n = 1, \tag{9.4.9}$$
$$y_j \geqslant 0, \quad j = 1, 2, \cdots, n.$$

这也可以表示成一个线性规划, 其方法如下:

$$\max_{Y_j} y_0 = Y_1 + Y_2 + \cdots + Y_n. \tag{9.4.10}$$

约束条件为

$$
\begin{aligned}
&a_{11}Y_1 + a_{21}Y_2 + \cdots + a_{m1}Y_m \leqslant 1, \\
&a_{12}Y_1 + a_{22}Y_2 + \cdots + a_{m2}Y_m \leqslant 1, \\
&\qquad\qquad \cdots\cdots \\
&a_{1n}Y_1 + a_{2n}Y_2 + \cdots + a_{mn}y_m \leqslant 1, \\
&\qquad Y_1, Y_2, \cdots, Y_m \geqslant 0,
\end{aligned}
\tag{9.4.11}
$$

这里

$$
y_0 = \frac{1}{V}, \quad Y_j = \frac{y_j}{V}, \quad j = 1, 2, \cdots, n.
\tag{9.4.12}
$$

注意, 实际上 II 的问题是 I 的问题的对偶, 因此一个问题的最优解自然地产生另一个问题的最优解. 可以用单纯形法来解局中人 II 的问题, 而用对偶单纯形法来解局中人 I 的问题. 选择用哪一种方法决定于哪一个问题的约束条件比较少, 而这又取决于每一个局中人纯策略的个数.

例 9.4.1 两个企业 I 和 II 生产同一种电子产品, 两个企业都想在经营管理上采取措施而获得更多的市场销售份额. 企业 I 在产品上采用的策略措施有: ①降低价格; ②提高质量; ③推出新产品. 企业 II 考虑采取的策略措施有: ①增加广告费用; ②加强售后服务; ③改进产品性能. 由于两企业财力有限, 都只能采取一个措施. 假定这两个企业所占的市场份额变动情况如表 9.4.1 所示 (正值为企业 I 所增加的市场份额, 负值为企业 I 所减少的市场份额), 试求这两个企业各自的最优策略.

表 9.4.1

企业 II 的策略 企业 I 的策略	b_1(措施 1)	b_2(措施 2)	b_3(措施 3)
a_1(措施 1)	10	-6	3
a_2(措施 2)	8	5	-5
a_3(措施 3)	-12	10	8

解 此对策无纯策略意义下的解. 因为 I 的支付矩阵 A 中有负元素, 令 $K = 12$, 把 12 加到 A 中每一个元素上得到 A':

$$
A' = \begin{bmatrix} 22 & 6 & 15 \\ 20 & 17 & 7 \\ 0 & 22 & 20 \end{bmatrix}.
$$

(注: 矩阵 A 中所有的元素都加上一个常数后, 其解等价). 建立相应的两个互为对偶的线性规划模型如下:

目标函数：$\min x_1 + x_2 + x_3$

约束条件：$22x_1 + 20x_2 \geqslant 1,$

$\qquad\qquad 6x_1 + 17x_2 + 22x_3 \geqslant 1,$

$\qquad\qquad 15x_1 + 7x_2 + 20x_3 \geqslant 1,$

$\qquad\qquad x_1 \geqslant 0, x_2 \geqslant 0, x_3 \geqslant 0,$

以及

目标函数：$\min y_1 + y_2 + y_3$

约束条件：$22y_1 + 6y_2 + 15y_3 \leqslant 1,$

$\qquad\qquad 20y_1 + 17y_2 + 7y_3 \leqslant 1,$

$\qquad\qquad 22y_2 + 20y_3 \leqslant 1,$

$\qquad\qquad y_1 \geqslant 0, y_2 \geqslant 0, y_3 \geqslant 0.$

使用线性规划的单纯形法计算可得

$$x_1 = 0.027, \quad x_2 = 0.020, \quad x_3 = 0.023,$$

$$y_1 = 0.0225, \quad y_2 = 0.0225, \quad y_3 = 0.025,$$

$$V = \frac{1}{x_1 + x_2 + x_3} = \frac{1}{0.027 + 0.020 + 0.023} = \frac{1}{0.07} = 14.29.$$

并可计算得

$$x_1' = V x_1 = 14.29 \times 0.027 = 0.3858,$$

$$x_2' = V x_2 = 14.29 \times 0.020 = 0.2858,$$

$$x_3' = V x_3 = 14.29 \times 0.023 = 0.3286,$$

$$y_1' = V y_1 = 14.29 \times 0.0225 = 0.3215,$$

$$y_2' = V y_2 = 14.29 \times 0.0225 = 0.3215,$$

$$y_3' = V y_3 = 14.29 \times 0.025 = 0.3572.$$

于是, 此对策的解为

$$X^* = (0.3858, 0.2858, 0.3286)^{\mathrm{T}},$$

$$Y^* = (0.3215, 0.3215, 0.3572)^{\mathrm{T}},$$

$$V_G = V_G' - K = 14.29 - 12 = 2.29.$$

即企业 I 的最优混合策略为出措施 1, 2, 3 的概率分别为 0.3858, 0.2858, 0.3286; 企业 II 的最优混合策略为出措施 1, 2, 3 的概率分别为 0.3215, 0.3215, 0.3572. I 的平均收益即 II 的平均损失为 2.29, 这为企业决策提供了参考解. □

习　题　9

1. 甲、乙两名儿童玩游戏. 双方可分别出拳头 (代表石头)、手掌 (代表布)、两个手指 (代表剪刀). 规则是：剪刀赢布, 布赢石头, 石头赢剪刀, 赢者得一分. 若双方所出相同, 为和局, 均不得分. 试列出儿童甲的支付矩阵.

2. 求解下列矩阵对策, 其中支付矩阵分别为

$$\text{(a)} \begin{bmatrix} -2 & 12 & -4 \\ 1 & 4 & 8 \\ -5 & 2 & 3 \end{bmatrix}; \quad \text{(b)} \begin{bmatrix} 2 & 7 & 2 & 1 \\ 2 & 2 & 2 & 4 \\ 3 & 5 & 4 & 4 \\ 2 & 3 & 1 & 6 \end{bmatrix}.$$

3. 考虑对策

		II		
		1	2	3
	1	5	50	50
I	2	1	1	0.1
	3	10	1	10

验证局中人 I 的策略 $(1/6, 0, 5/6)$ 和局中人 II 的策略 $(49/54, 5/54, 0)$ 是最优的, 并求出对策的值.

4. 用图解法解下面的对策：

$$\text{(1)} \quad \begin{array}{c} \\ A \end{array} \begin{array}{c} B \\ \begin{bmatrix} 1 & 3 & -3 & 7 \\ 2 & 5 & 4 & -6 \end{bmatrix} \end{array} \quad \text{(2)} \quad \begin{array}{c} \\ A \end{array} \begin{array}{c} B \\ \begin{bmatrix} 2 & 3 \\ 3 & 4 \\ 4 & 6 \\ 5 & 2 \end{bmatrix} \end{array}$$

5. 用公式法求解矩阵对策, 其中支付矩阵为

$$A = \begin{bmatrix} 7 & 3 \\ 4 & 6 \end{bmatrix}.$$

6. 用线性规划方法求解下列矩阵对策, 其中支付矩阵 A 为

$$\text{(a)} \begin{bmatrix} 8 & 2 & 4 \\ 2 & 6 & 6 \\ 6 & 4 & 4 \end{bmatrix}; \quad \text{(b)} \begin{bmatrix} 2 & 0 & 2 \\ 0 & 3 & 1 \\ 1 & 2 & 1 \end{bmatrix}.$$

7. 某小区两家超市相互竞争, 超市 I 有 4 个广告策略, 超市 II 也有 4 个广告策略. 已经算

出当双方采取不同的广告策略时, I 方所占的市场份额增加的百分数如下:

$$
\begin{array}{c}
\begin{array}{cccc} \beta_1 & \beta_2 & \beta_3 & \beta_4 \end{array} \\
\begin{array}{c} \alpha_1 \\ \alpha_2 \\ \alpha_3 \\ \alpha_4 \end{array}
\left[
\begin{array}{cccc}
3 & 0 & 4 & -2 \\
0 & 6 & -1 & -3 \\
4 & -2 & 3 & 5 \\
-5 & -1 & 8 & 7
\end{array}
\right].
\end{array}
$$

请把此对策问题表示成一个线性规划模型, 并求出最优策略.

8. 甲、乙两个游泳队举行包括两个项目的对抗赛. 两队各有一名健将级运动员 (甲队为李, 乙队为王), 在三个项目上的成绩都很突出. 但规则规定他们每人只许参加两项比赛, 每队的其他两名运动员可参加全部三项比赛. 已知各运动员平时成绩 (秒) 见表 9.1. 假定各运动员在比赛中正常发挥水平, 又设比赛的第一名得 5 分, 第二名得 3 分, 第三名得 1 分. 问教练员应如何决定让自己队的健将参加哪两项比赛, 可使本队得分最多?

表 9.1

	甲队			乙 队		
	A_1	A_2	李	王	B_1	B_2
100 米蝶泳	59.7	63.2	57.1	58.6	61.4	64.8
100 米仰泳	67.2	68.4	63.2	61.5	64.7	66.5
100 米蛙泳	74.1	75.5	70.3	72.6	73.4	76.9

第 10 章 决 策 分 析

决策论 (decision theory) 是一门帮助人们进行科学决策的理论. 决策问题通常分为三种类型: 确定型、随机型、不确定型. 确定型决策是在决策环境完全确定的条件下进行的, 因而决策的结果也是确定的. 例如在前面所讲的线性规划问题就是属于确定情况下的决策问题. 随机型和不确定型情况下的决策都是在决策环境不是完全确定的情况下进行决策. 随机型决策又称为风险型决策, 是对各种自然状态可能发生的概率为已知的条件下的决策; 而不确定型的决策对于各种自然状态发生的概率是一无所知的, 决策者只能靠主观倾向进行决策.

确定型决策问题具备下述条件:

(1) 存在一个明确的决策目标.

(2) 只存在一个确定的自然状态, 或虽然存在多个可能发生的自然状态, 但通过调查分析, 最后可确定只有一个状态会发生.

(3) 存在两个或两个以上的行动方案.

(4) 每个行动方案在确定的自然状态下其益损值是已知的 (或可求出).

前面介绍过的线性规划问题、动态规划问题都属于确定型的单目标决策问题. 因此, 本章主要介绍随机型决策和不确定型决策的相关方法.

10.1 随机型决策方法

10.1.1 基本概念

决策是指决策者为了实现预定的目标, 根据一定的条件, 提出实现目标的各种行动方案, 并针对每一方案在实施中可能面临的客观状态, 运用适当的决策准则与方法, 比较各方案的优劣, 从中选出最优方案或较满意的方案加以实施的过程.

随机型决策问题应具备以下几个条件:

(1) 有且只有一个决策目标 (如收益较大或损失较小), 这类问题称为单目标决策;

(2) 存在两个或两个以上的行动方案;

(3) 存在两个或两个以上的自然状态;

(4) 决策者通过计算、预测或分析估计等方法, 可以确定各种自然状态未来出现的概率;

(5) 每种行动方案在不同自然状态下的益损值可以计算出来.

下面, 我们举例来说明随机决策问题.

例 10.1.1   某工厂生产某种产品, 有 I, II, III 三种方案可供选择. 根据经验, 该产品的市场销路有好、一般、差三种状态, 它们发生的概率分别为 0.2, 0.5, 0.3. 第 i 种方案在第 j 种状态下的收益值 S_{ij} 见表 10.1.1, 如 $S_{13} = 15$ 万元, 即采用第 I 种方案生产、销路为第三种状态 (销路差) 时, 其收益值为 15 万元/年. 问该工厂管理者应该采用何种方案生产, 使收益期望值最大?

表 10.1.1   收益值 S_{ij} / 万元

自然状态 θ_j 及概率 $p(\theta_j)$ 决策 A_i	θ_1(产品销路好) $p(\theta_1) = 0.2$	θ_2(产品销路一般) $p(\theta_2) = 0.5$	θ_3(产品销路差) $p(\theta) = 0.3$
A_1(按 I 种方案生产)	50	30	15
A_2 (按 II 种方案生产)	40	35	25
A_3 (按 III 种方案生产)	32	36	28

从上面的例子, 可以看到一般的随机决策问题含有以下几个要素:

1. 自然状态

决策问题中不受决策者主观影响的客观情况, 称为自然状态或客观状态, 简称为状态. 一般地, 记自然状态集为 $\Theta = \{\theta_1, \theta_2, \cdots, \theta_n\}(n \geqslant 2)$, 这里 θ_j 为第 j 个状态变量. 例 10.1.1 中产品销路好 (θ_1), 产品销路一般 (θ_2), 产品销路差 (θ_3), 是该问题的自然状态集.

2. 状态概率

各自然状态出现的概率, 称为状态概率, 记作 $P_j = P(\theta_j)$. 与自然状态集合 $\{\theta_1, \theta_2, \cdots, \theta_n\}$ 相应的状态概率集合可记作 $\{P(\theta_1), P(\theta_2), \cdots, P(\theta_n)\}$, 状态概率满足

$$\sum_{j=1}^{n} P(\theta_j) = 1.$$

3. 策略

可供决策者进行决策的各个行动方案称为策略或方案. 所有可供选择的方案集合称为决策集: $\{A_1, A_2, \cdots, A_m\}(m \geqslant 2)$, 其中 $A_i(i = 1, 2, \cdots, m)$ 为第 i 个决策方案.

在例 10.1.1 中的决策集为 $\{A_1 = $ 按 I 种方案生产, $A_2 = $ 按 II 种方案生产, $A_3 = $ 按 III 种方案生产$\}$.

4. 益损值和益损矩阵

益损值是行动方案 A_i 在状态 θ_j 下的经济收益或损失值. 将益损值按第 i 个方案 A_i 在第 j 种状态下的次序构成的矩阵称作益损矩阵 $M = (S_{ij})$, 记作

$$M = \begin{bmatrix} S_{11} & S_{12} & \cdots & S_{1n} \\ S_{21} & S_{22} & \cdots & S_{2n} \\ \vdots & \vdots & & \vdots \\ S_{m1} & S_{m2} & \cdots & S_{mn} \end{bmatrix}. \tag{10.1.1}$$

如效益值取作正数, 则损失值就取作负数. 例 10.1.1 中,

$$M = \begin{bmatrix} 50 & 30 & 15 \\ 40 & 35 & 25 \\ 32 & 36 & 28 \end{bmatrix}.$$

5. 益损函数与决策模型

决策的目标要能够度量判断, 度量决策目标值的函数称为益损函数 S. 益损函数是决策变量 A_i 与状态分布 θ_j 的函数, 记为

$$S = F(A_i, \theta_j), \quad i = 1, 2, \cdots, m; j = 1, 2, \cdots, n. \tag{10.1.2}$$

10.1.2 最优期望益损值决策准则

随机型决策一般采用最优期望益损值作为决策准则, 称为期望值法. 概率中的数学期望定义为 (随机变量为 x)

$$E(x) = \sum_{i=1}^{n} p_i \cdot x_i, \tag{10.1.3}$$

其中 p_i 是 $x = x_i$ 时的概率. 把每个行动方案 A_i 看成是离散型随机变量, 把第 i 个方案 A_i 在第 j 种自然状态 θ_j 下的益损值记为 S_{ij}, 则第 i 个方案 A_i 的益损期望值为

$$E(A_i) = \sum_{j=1}^{n} p_j \cdot S_{ij}, \quad i = 1, 2, \cdots, m. \tag{10.1.4}$$

式 (10.1.4) 表示行动方案 A_i 在各种不同状态下的益损平均值 (可能平均值).

所谓期望值法, 就是把各个行动方案的期望值求出来, 进行比较. 如果决策目标是收益最大, 则期望值最大的方案为最优方案,

$$\max_i E(A_i) = \sum_{j=1}^{n} p_j \cdot S_{ij}, \quad i = 1, 2, \cdots, m. \tag{10.1.5}$$

如果决策目标是损失最小, 则期望值最小的方案是最优方案,

$$\min_i E(A_i) = \sum_{j=1}^n p_j \cdot S_{ij}, \quad i = 1, 2, \cdots, m. \tag{10.1.6}$$

现在计算例 10.1.1. 首先算出每一个策略的收益期望值:

$$E(A_1) = 0.2 \times 50 + 0.5 \times 30 + 0.3 \times 15 = 29.5,$$
$$E(A_2) = 0.2 \times 40 + 0.5 \times 35 + 0.3 \times 25 = 33,$$
$$E(A_3) = 0.1 \times 32 + 0.5 \times 36 + 0.3 \times 28 = 32.8.$$

可知 $E(A_2) = 33$ 为最大收益期望值, 故应采用策略 A_2(按第 II 种方案生产). 计算结果可用表 10.1.2 表示.

表 10.1.2　收益值 S_{ij}

行动方案	概率自然 状态 $p(\theta)$	θ_1(产品 销路好 $p(\theta_1) = 0.2$	θ_2(产品 销路一般 $p(\theta_2) = 0.5$	θ_3(产品 销路差 $p(\theta_3) = 0.3$	$E(A_i)$
A_1 按 I 种方案生产		50	30	15	29.5
A_2 按 II 种方案生产		40	35	25	33← max
A_3 按 III 种方案生产		32	36	28	32.8

10.1.3　决策树法

决策树是一种树状图, 决策树法是运用树状图方法来作出决策, 它是决策分析中经常采用的一种方法. 对于较为复杂的决策问题, 决策者在作出抉择和采取行动之前要权衡各种可能发生的情况, 还需想到未来发展的各种可能性. 这时用决策树方法来表达决策问题中先后各个阶段之间的联系, 清晰明了, 形象直观, 前后从属关系一目了然.

决策树图一般由四种元素组成 (图 10.1.1).

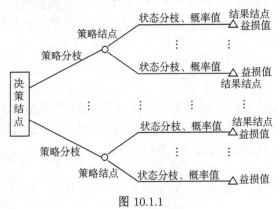

图 10.1.1

1. 决策结点

在决策树图中, 决策结点以矩形符号 □ 表示, 决策者需要在决策结点处进行决策 (即方案选择). 从决策结点引出的每一分枝, 都是策略分枝. 分枝数反映可能的行动方案数. 为了表明方案的差别, 可以在引出分枝的线段上标明方案的内容. 最后选中的策略 (方案) 的期望益损值要写在决策结点的上方, 未被选上的方案要 "剪枝".

2. 策略结点 (方案结点)

在决策树图中, 策略结点用符号 ○ 表示, 位于策略分枝的末端, 其上方的数字为该策略的期望益损值. 由策略结点引出的分枝称为状态分枝 (又称概率分枝), 每一个策略结点引出的分枝数即为可能出现的状态数. 为了表明状态的差别, 在每条分枝上标明各自自然状态的内容与其出现的概率.

3. 结果结点

在决策树图中, 结果结点用符号 △ 表示, 它是状态分枝的末梢, 其旁边的数字是相应策略在该状态下的益损值.

4. 分枝

分枝有策略分枝 (方案分枝) 与状态分枝 (概率分枝) 两种. 最终决策求出后, 未被选上的策略分枝要 "剪枝".

决策树图是从左向右逐步画出的, 然后将原始数据标在相应的位置上, 画出决策树后, 再反向从右向左计算各策略结点的期望益损值, 并标在相应的策略结点上. 最后再根据最优期望益损值决策准则, 对决策结点上的各个方案进行比较、抉择, 并把决策结果标在图上. 对没被选中的分枝进行 "剪枝".

利用表 10.1.2 的数据作出的决策树如图 10.1.2 所示.

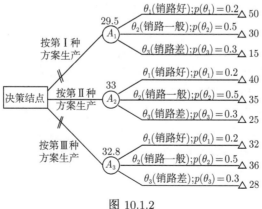

图 10.1.2

这个决策树指明了一个随着时间发展的自然过程. 首先, 公司必须作出它的决策 ($A_1, A_2,$ 或 A_3), 然后执行它的行动方案, 某种自然状态 ($\theta_1, \theta_2,$ 或 θ_3) 将出现, 结果节点旁的数字就是该执行方案在相应自然状态下的收益值.

再将各方案节点上的期望值加以比较, 选取最大的收益期望值 33 写在决策点的上方, 选定第 II 种生产方案 A_2, 其他两种方案删去, 此为剪枝方案.

上述是单级决策, 有些复杂的决策问题, 包括两级以上的决策, 可以依序连贯的分次解决, 称为序贯决策. 下面给出一个较为复杂的例子.

例 10.1.2   某厂研制出一种新产品 (销售预期 7 年). 估计该产品前 2 年销路好的概率是 0.6; 若前两年销路好, 则后 5 年销路好的概率为 0.9, 否则后 5 年销路好的概率为 0.2. 拟定了三种备选方案: 一是大规模生产, 二是小规模生产, 这两种情况所需一次性投资额以及以后每年盈利情况如表 10.1.3 所示. 三是前 2 年先小规模生产, 然后再决定后 5 年是否追加投资 30 万元以便大规模生产. 该厂应如何决策?

解   使用决策树法. 首先, 从左至右画树建模, 如图 10.1.3 所示.

表 10.1.3   盈利/万元

状态 方案	销路好	销路差	一次性投资 /万元
大规模生产	30	−5	50
小规模生产	10	4	20

在图 10.1.3 中, a_1, a_2 分别表示大、小规模生产, a_3 表示前两年小规模生产而后五年视情况再作决定; S_1, S_2 分别表示销路好和坏. 由于产品销售预期为七年, 按其销路好坏情况分为前两年、后五年两段, 因此树上的收益值也分段计算: 后五年收益值即树梢处所标数字, 前两年收益值即结点②③④处所引出的状态分枝下 △ 右旁的数字. 另外, 树上各方案分枝下右旁所标负数表示应减去的相应的投资额.

其次, 从右至左逐点计算收益期望值并比较选优. 先计算⑪ ～⑬ 四个方案结点处的收益期望值并标于方案上; ⑪ ⑬ 两点处的收益期望值还要减去追加投资额 30 万元, 所得差值标于 △ 上方. 然后分别在决策点 9, 10 处按期望最大准则比较选优, 剪去非优方案分枝, 并将最优方案的收益期望值标于决策点上; 再计算方案点⑤～⑧处的收益期望值并标于方案点上, 结点⑤～⑩上的数字都是后五年的收益期望值, 分别加上前两年的收益值 (即每点左旁处的数字), 所得的和数标于相应的状态分枝的上方; 再利用这些分别计算方案结点②③④处的收益期望值并标于方案结点上, 然后各自减去每点左旁处的数字 (即一次性投资额), 则得到三个方案 a_1, a_2, a_3 七年的期望纯利:

$$E(a_1) = 65.5; \quad E(a_2) = 33.8; \quad E(a_3) = 67.1.$$

这样, 在决策点 1 处根据期望值准则比较选优, 最终选定 a_3, 同时剪去 a_1, a_2 两个方案分枝, 将 a_3 的收益期望值 67.1 标于决策点的上方.

第三, 从结点 1 出发, 沿未剪的分枝从左至右巡视, 就可得出结论: 前两年先小规模生产, 若销路好则追加投资 30 万元在后五年大规模生产, 否则后五年仍小规模生产. 这样, 收益期望值最大, 为 $z^* = 67.1$ 万元.　□

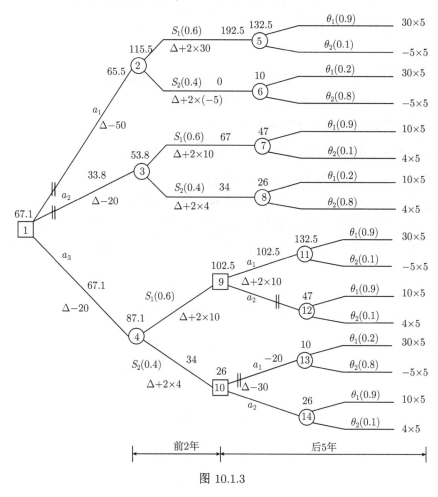

图 10.1.3

10.2　不确定型决策

在决策过程中, 有时并不知道各种客观状态出现的概率, 也没有概率分布的信息可以利用, 因而难以应用随机型决策模型. 这时需要依据决策者的决策偏好进行决策. 在这种情况采用不确定型决策.

不确定型决策所运用的信息通常排成一个矩阵数表, 它的 "行" 表示可能的行动方案 A_i, 它的 "列" 表示方案可能出现的状态 S_j. a_{ij} 表示对应于第 i 种行动方案 A_i 和第 j 种未来状态 S_j 的可能的结果 (收益或亏损).

$$
\begin{array}{c|cccc}
 & S_1 & S_2 & \cdots & S_n \\
\hline
A_1 & a_{11} & a_{12} & \cdots & a_{1n} \\
A_2 & a_{21} & a_{22} & \cdots & a_{2n} \\
\vdots & \vdots & \vdots & & \vdots \\
A_m & a_{m1} & a_{m2} & \cdots & a_{mn}
\end{array}
$$

这种表示方法是进行各种不确定型决策的基础.

对于不确定型决策, 存在多种判别标准.

10.2.1   最大最小准则 (Max–Min 准则, 小中取大准则)

某些决策者从最不利的角度去考虑问题, 先选出每个方案在不同自然状态的最小收益值, 再从这些最小收益中选取一个最大值, 从而确定最优行动方案, 故此准则称为小中取大准则, 又称悲观准则, 它是保守悲观论者偏爱的决策方法.

使用决策函数 $u(\cdot)$, 根据决策矩阵, 确定每个策略 A_i 可能得到的最坏结果, 即

$$u(A_i)= \min_{1\leqslant j\leqslant n} a_{ij}, \quad i=1,2,\cdots,m \tag{10.2.1}$$

$$=\min\{a_{i1},a_{i2},\cdots,a_{in}\}, \quad i=1,\cdots,m, \tag{10.2.2}$$

则最优方案 A_{i*} 应满足

$$u(A_{i*}) = \max_{1\leqslant i\leqslant m} u(A_i) = \max_{1\leqslant i\leqslant m} \min_{1\leqslant j\leqslant n} a_{ij}. \tag{10.2.3}$$

例 10.2.1   设某决策问题的决策收益表如表 10.2.1 所示.

表 10.2.1

方案	状态				$\min a_{ij}$
	S_1	S_2	S_3	S_4	
A_1	8	10	12	20	8*
A_2	4	8	14	22	4
A_3	10	16	6	10	6
A_4	6	14	14	16	6
A_5	6	10	10	10	6

用小中取大准则求最优方案.

解 由式 (10.2.1) 可得

$$u(A_1) = \min\{8, 10, 12, 20\} = 8,$$
$$u(A_2) = \min\{4, 8, 14, 22\} = 4,$$
$$u(A_3) = \min\{10, 14, 6, 10\} = 6,$$
$$u(A_4) = \min\{6, 14, 14, 16\} = 6,$$
$$u(A_5) = \min\{6, 10, 10, 10\} = 6.$$

由式 (10.2.3), A_1 为最优方案,

$$u(A_1) = \max_{1 \leqslant i \leqslant 5} u(A_i) = 8. \quad \square$$

10.2.2 最大最大准则 (Max–Max 准则, 大中取大准则)

有些决策者从最有利的结果去考虑问题, 先找出每个方案在不同自然状态下最大的收益值, 再从这些最大收益值中选取一个最大值, 相应的方案为最优方案. 此准则称为大中取大准则, 又称乐观准则, 它是爱冒风险的乐观主义者偏爱的决策方法.

仍以例 10.2.1 为例, 我们有

$$u(A_1) = \max\{8, 10, 12, 20\} = 20,$$
$$u(A_2) = \max\{4, 8, 14, 22\} = 22,$$
$$u(A_3) = \max\{10, 16, 6, 10\} = 16,$$
$$u(A_4) = \max\{6, 14, 14, 16\} = 16,$$
$$u(A_5) = \max\{6, 10, 10, 10\} = 10.$$

由

$$u(A_2) = \max_{1 \leqslant i \leqslant 5} u(A_i) = 22$$

得到最优方案为 A_2.

10.2.3 等可能性准则 (Laplace 准则)

有些决策者把各自然状态下发生的可能性都看成是相同的, 即每个自然状态发生的概率都是 $\dfrac{1}{\text{事件数}}$, 再由此计算各行动方案的收益期望值, 然后在所有这些期望值中选择最大者, 以其对应的行动方案为最优方案.

仍以例 10.2.1 为例, 这时状态数 $m = 4$, 根据等可能性准则, 则有

$$u(A_1) = \frac{1}{4}(8 + 10 + 12 + 20) = 12.5,$$

$$u(A_2) = \frac{1}{4}(4 + 8 + 14 + 22) = 12,$$

$$u(A_3) = \frac{1}{4}(10 + 16 + 6 + 10) = 10.5,$$

$$u(A_4) = \frac{1}{4}(6 + 14 + 14 + 16) = 12.5,$$

$$u(A_5) = \frac{1}{4}(6 + 10 + 10 + 10) = 9.0.$$

又由

$$u(A_1) = u(A_4) = \max_{1 \leqslant i \leqslant 4} u(A_i) = 12.5,$$

以及

$$u(A_1) - \min_{1 \leqslant j \leqslant 4} a_{1j} = 12.5 - 8 = 4.5,$$

$$u(A_4) - \min_{1 \leqslant j \leqslant 4} a_{4j} = 12.5 - 6 = 6.5.$$

由于 A_1 比 A_4 偏差小, 可知最优方案为 A_1.

10.2.4　折衷值准则

此准则为大中取大准则和小中取大准则之间的折衷, 故称为折衷值准则. 决策者根据以往经验, 确定一个乐观系数 $\alpha(0 \leqslant \alpha \leqslant 1)$, 利用公式

$$u(A_i) = \alpha \max_{1 \leqslant j \leqslant n} a_{ij} + (1 - \alpha) \min_{1 \leqslant j \leqslant n} a_{ij}, \quad i = 1, \cdots, m, \tag{10.2.4}$$

然后从 $u(A_i)$ 中选择最大者为最优方案, 即

$$u(A_{i*}) = \max_{1 \leqslant i \leqslant m} \left(\alpha \max_{1 \leqslant j \leqslant n} a_{ij} + (1 - \alpha) \min_{1 \leqslant j \leqslant n} a_{ij} \right). \tag{10.2.5}$$

显然, 当 $\alpha = 1$ 时, 即为大中取大准则; 当 $\alpha = 0$ 时, 即为小中取大准则.

仍考虑例 10.2.1, 取 $\alpha = 0.8$, 则 $1 - \alpha = 0.2$, 于是,

$$u(A_1) = 0.8 \times 20 + 0.2 \times 8 = 17.6,$$

$$u(A_2) = 0.8 \times 22 + 0.2 \times 4 = 18.4,$$

$$u(A_3) = 0.8 \times 14 + 0.2 \times 6 = 12.4,$$

$$u(A_4) = 0.8 \times 16 + 0.2 \times 6 = 14.0,$$

$$u(A_5) = 0.8 \times 10 + 0.2 \times 6 = 9.2.$$

可知, 最优方案为 A_2.

当 $\alpha = 0.6$ 时, 可知最优方案为 A_1; 而当 $\alpha = 0.5$ 时, 最优方案仍为 A_1. 当 α 取不同值时, 反映了决策者对客观状态估计的乐观程度不同, 因而决策的结果也就不同. 一般地, 当条件比较乐观时, α 可取得大些; 反之, α 应取得小些.

10.2.5 后悔值准则 (Min–Max 准则)

后悔值准则是由经济学家沙万奇 (Savage) 提出的, 故又称沙万奇准则. 决策者制定决策之后, 若由于决策不当, 造成情况未能符合理想, 必将后悔. 这个方法是将各自然状态下的最大收益值定为理想目标, 并将该状态中的其它值与最高值之差称为未达到理想目标的后悔值, 然后从各方案中的最大后悔值中取出一个最小的, 其相应的方案被选作最优方案. 后悔值准则的具体计算步骤为:

(1) 首先根据收益矩阵算出决策者的 "后悔矩阵", 该矩阵的元素 (称为后悔值)b_{ij} 是相应于决策 A_i 与状态 S_j 的后悔值, 定义为

$$b_{ij} = \max_{1 \leqslant i \leqslant m} a_{ij} - a_{ij}, \quad j = 1, \cdots, n, \tag{10.2.6}$$

其中 $\max_{1 \leqslant i \leqslant m} a_{ij}$ 是决策者在状态 S_j 下获得的最大收益.

(2) 对每个决策 A_i 决定可能产生的最大后悔值 $r(A_i)$,

$$r(A_i) = \max_{1 \leqslant j \leqslant n} b_{ij} \quad i = 1, \cdots, m. \tag{10.2.7}$$

所选的最优方案应使

$$r(A_{i*}) = \min_{1 \leqslant i \leqslant m} r(A_i) = \min_{1 \leqslant i \leqslant m} \max_{1 \leqslant j \leqslant n} b_{ij}. \tag{10.2.8}$$

仍以例 10.2.1 为例, 计算出后悔值矩阵如表 10.2.2.

表 10.2.2

b_{ij} 方案	状态				$\max\limits_{1 \leqslant j \leqslant n} b_{ij}$
	S_1	S_2	S_3	S_4	
A_1	2	6	2	2	6
A_2	6	8	0	0	8
A_3	0	0	8	12	12
A_4	4	2	0	6	6
A_5	4	6	4	12	4*

根据 (10.2.8) 得最优方案为 A_5.

综上所述, 根据不同决策准则得到的结果并不完全一致, 处理实际问题时可同时采用几个准则来进行分析和比较, 再作最后抉择. 表 10.2.3 给出对例 10.2.1 利用

不同准则进行决策分析的结果. 一般来说, 被选中多的方案应予以优先考虑, 例如表 10.2.3 中方案 A_1 和 A_2 可优先考虑.

表 10.2.3

	决 策 方 案				
	A_1	A_2	A_3	A_4	A_5
最大最小准则	√				
最大最大准则		√			
折衷值准则 ($\alpha = 0.8$)		√			
等可能性准则	√				
后悔值准则					√

10.3　马尔可夫分析法

10.3.1　马尔可夫链

假定一个系统, 在任意时刻具有有限个状态, 而且只在相互离散的某些时刻发生状态的转移, 则称此系统是状态离散的, 时间亦是离散的. 如果系统由状态 i 转移到状态 j 的概率, 只依赖于状态 i 和 j 本身, 而与系统的状态是怎样由过去转移到 i 的历史无关 (即与系统中状态 i 前面的状态无关), 则称此随机过程为马尔可夫过程. 状态离散, 时间也离散的马尔可夫过程称为马尔可夫链. 可用条件概率 p_{ij} 表示系统由状态 i 转移到状态 j 的概率, 简称转移概率. 系统状态总的转移情况可用一个状态转移概率矩阵 P 表示:

$$P = \begin{bmatrix} p_{11} & p_{12} & \cdots & p_{1n} \\ p_{21} & p_{22} & \cdots & p_{2n} \\ \vdots & \vdots & & \vdots \\ p_{n1} & p_{n2} & \cdots & p_{nn} \end{bmatrix},$$

式中, n 表示系统在任意时刻状态的个数, 而且

$$0 \leqslant p_{ij} \leqslant 1, \quad \sum_{j=1}^{n} p_{ij} = 1, \quad i = 1, 2, \cdots, n.$$

若存在正整数 m 使得矩阵 P^m 的元素均为正数, 则称 P 为正规随机矩阵. 状态转移概率矩阵 P 可以对马尔可夫链的统计特性进行完整的描述.

例如, 天气模型是简单的马尔可夫链模型. 用下雨和天晴两种状态描述每天的天气. 设状态 S_1 表示下雨, 状态 S_2 表示天晴. 对某地区经过长期观察后可得出如下状态转移概率: 如果今天下雨, 那么明天仍下雨的概率为 $\dfrac{1}{2}$, 天晴的概率也是 $\dfrac{1}{2}$;

如果今天天晴, 那么明天下雨的概率为 $\frac{1}{4}$, 天晴的概率为 $\frac{3}{4}$. 据此, 状态转移概率为

$$p_{11} = \frac{1}{2}, \qquad p_{12} = \frac{1}{2},$$
$$p_{21} = \frac{1}{4}, \qquad p_{22} = \frac{3}{4}.$$

于是状态转移概率矩阵为

$$P = \begin{bmatrix} \dfrac{1}{2} & \dfrac{1}{2} \\ \dfrac{1}{4} & \dfrac{3}{4} \end{bmatrix}.$$

因为矩阵 P 完整地描述了马尔可夫链的特性, 故在已知今天天气的条件下, 要了解五天以后下雨的概率是多少, 可以用矩阵 P 来计算.

令 $S_i(n)$ 表示系统经过 n 次状态转移后处于状态 i 的概率. 设 $S_1(n)$ 表示下雨的概率, $S_2(n)$ 表示天晴的概率, 天气状态概率为 $S(n) = (S_1(n), S_2(n))$. 假定今天 $(n = 0)$ 下雨, 则 $S_1(0) = 1, S_2(0) = 0$, 初始状态概率 $S(0) = (1, 0)$. 于是明天 $(n = 1)$ 的天气状态概率为

$$S(1) = S(0)P = (1, 0) \begin{bmatrix} \dfrac{1}{2} & \dfrac{1}{2} \\ \dfrac{1}{4} & \dfrac{3}{4} \end{bmatrix} = \left(\frac{1}{2}, \frac{1}{2} \right),$$

后天 $(n = 2)$ 的天气状态概率为

$$S(2) = S(1)P = \left(\frac{1}{2}, \frac{1}{2} \right) \begin{bmatrix} \dfrac{1}{2} & \dfrac{1}{2} \\ \dfrac{1}{4} & \dfrac{3}{4} \end{bmatrix} = \left(\frac{3}{8}, \frac{5}{8} \right),$$

即

$$S(1) = S(0)P, \quad S(2) = S(0)P^2, \quad \cdots, \quad S(n) = S(0)P^n.$$

以此类推, 并将所得结果列于表 10.3.1.

表 10.3.1

n	0	1	2	3	4	5	6	$\cdots$
$S_1(n)$	1	0.5	0.375	0.34375	0.33594	0.33398	0.33350	$\cdots$
$S_2(n)$	0	0.5	0.625	0.65625	0.66406	0.66602	0.66650	$\cdots$

从表 10.3.1 可以看出, 当 n 增加时, $S_1(n)$ 趋近于 $\frac{1}{3}$, $S_2(n)$ 趋近于 $\frac{2}{3}$. 如果初

始状态不是下雨而是天晴, 即 $S(0) = (0, 1)$, 可用同样的递推方法重复上述运算, 结果列于表 10.3.2.

表 **10.3.2**

n	0	1	2	3	4	5	6	$\cdots$
$S_1(n)$	0	0.25	0.3125	0.328125	0.33203	0.33301	0.33325	$\cdots$
$S_2(n)$	1	0.75	0.6875	0.671875	0.66767	0.66699	0.66675	$\cdots$

比较两表可以发现, 不管系统初始状态如何, 最后的状态概率总是 $S_1(n)$ 趋向 $\dfrac{1}{3}$, $S_2(n)$ 趋向 $\dfrac{2}{3}$. 这类极限状态概率不依赖于系统初始状态的马尔可夫过程, $\lim\limits_{n \to \infty} S(n) = S$. 换句话说, 这类马尔可夫链经历一定时间的状态转移后, 最终达到与初始状态完全无关的一种平稳状态, 我们称这类马尔可夫链具有遍历性.

可以证明若 P 为正规随机矩阵, 则存在一个稳态概率向量 S, 使得

$$P^{\mathrm{T}} S = S, \quad S = (S_1, S_2), \quad S_i > 0,$$

此稳态概率向量 S 就是 $S(n)$ 的极限状态概率向量.

用 $S_1 + S_2 = 1$ 取代 $P^{\mathrm{T}} S = S$ 中的某一个方程, 得

$$
\begin{cases}
\dfrac{1}{2} S_1 + \dfrac{1}{4} S_2 = S_1, \\[2mm]
\dfrac{1}{2} S_1 + \dfrac{3}{4} S_2 = S_2, \\[2mm]
S_1 + S_2 = 1,
\end{cases}
$$

解此联立方程组, 得

$$S_1 = \frac{1}{3}, \quad S_2 = \frac{2}{3}.$$

这个结果与表 10.3.1 和表 10.3.2 用递推计算所得结果完全一致.

10.3.2 马尔可夫分析法

马尔可夫分析法是利用某一系统的现在状况及其发展动向去预测该系统未来的状况, 常常用于预测企业的发展规模、产品销售情况、顾客流向等.

例 10.3.1 某商店对前一天来店分别购买 A, B, C 品牌巧克力的顾客各 100 名的购买情况进行了统计 (每天都购买一盒), 数据列在表 10.3.3 中. 假定一位顾客在第一天购买了品牌为 A 的巧克力, 试问他在第三天购买品牌为 B 的巧克力的概率是多少? 一个月后他购买品牌 B 的巧克力的概率是多少?

表 10.3.3

		本次购买的品牌		
		A	B	C
前次购买	A	20	50	30
	B	20	70	10
的品牌	C	30	30	40

解 该顾客第一天购买品牌为 A 的巧克力, 由统计表可知, 第二天购买品牌为 A, B, C 巧克力的可能性分别为 $20/100, 50/100, 30/100$; 第三天购买的情况为: 把第二天购买的情况作为前次购买的情况, 把第三天购买的情况作为本次购买的情况. 由表中第二列可知, 当第二天购买 A 时, 第三天购买 B 的可能性为 $50/100$; 当第二天购买 B 时, 第三天也购买 B 的可能性为 $70/100$; 当第二天购买 C 时, 第三天购买 B 的可能性为 $30/100$. 故当第一天购买品牌 A 时, 第三天购买品牌 B 的概率为

$$P = 0.2 \times 0.5 + 0.5 \times 0.7 + 0.3 \times 0.3 = 0.54. \quad \square$$

下面用马尔可夫链求解此题.

设 X_m 表示该顾客在第 m 天购买的巧克力品牌, 则 X_m 是一个随机变量. 它可能取值为 A, B, C, 这些值组成了随机变量 X_m 的状态集 $\{A, B, C\}$. 状态转移的间隔时间为 1 天. 随着时间推移, X_m 形成 $\{X_1, X_2, \cdots, X_m, \cdots\}$ 的随机变量序列. 不妨认为顾客在每次购买巧克力时, 只对他前次所吃品牌的巧克力有印象, 因此该随机变量序列是一个马尔可夫链, 可以用马尔可夫链来描述顾客对巧克力的需求状况. 将表 10.3.3 的统计情况用百分数表示于表 10.3.4.

表 10.3.4

	A	B	C
A	$p_{11}=0.2$	$p_{12}=0.5$	$p_{13}=0.3$
B	$p_{21}=0.2$	$p_{22}=0.7$	$p_{23}=0.1$
C	$p_{31}=0.3$	$p_{32}=0.3$	$p_{33}=0.4$

写成矩阵形式为

$$P = \begin{bmatrix} p_{11} & p_{12} & p_{13} \\ p_{21} & p_{22} & p_{23} \\ p_{31} & p_{32} & p_{33} \end{bmatrix} = \begin{pmatrix} 0.2 & 0.5 & 0.3 \\ 0.2 & 0.7 & 0.1 \\ 0.3 & 0.3 & 0.4 \end{pmatrix}.$$

矩阵 P 为该马尔可夫链的转移概率矩阵. 第一天在购买品牌为 A 的条件下, 第二天购买品牌 A, B, C 的概率分别为 $0.2, 0.5, 0.3$, 即矩阵 P 的第一行的数值,

$$(p_{11}, p_{12}, p_{13}) = (0.2, 0.5, 0.3).$$

第三天购买品牌 B 的巧克力的概率, 由前边计算得

$$0.54 = 0.2 \times 0.5 + 0.5 \times 0.7 + 0.3 \times 0.3$$

$$= (0.2, 0.5, 0.3) \begin{bmatrix} 0.5 \\ 0.7 \\ 0.3 \end{bmatrix},$$

即矩阵 P 的第一行与第二列对应数值乘积之和, 可表示为

$$(p_{11}, p_{12}, p_{13}) \begin{bmatrix} p_{12} \\ p_{22} \\ p_{32} \end{bmatrix}.$$

第一天购买的情况到第三天经过两次状态转移, 由二步转移矩阵

$$P^2 = \begin{bmatrix} 0.2 & 0.5 & 0.3 \\ 0.2 & 0.7 & 0.1 \\ 0.3 & 0.3 & 0.4 \end{bmatrix} \begin{bmatrix} 0.2 & 0.5 & 0.3 \\ 0.2 & 0.7 & 0.1 \\ 0.3 & 0.3 & 0.4 \end{bmatrix} = \begin{bmatrix} 0.23 & 0.54 & 0.23 \\ 0.21 & 0.62 & 0.17 \\ 0.24 & 0.48 & 0.28 \end{bmatrix}$$

可知, 在最后的矩阵中, 第一行表示在第一天顾客购买 A 的条件下, 第三天购买品牌 A, B, C 的概率分别为 0.23, 0.54, 0.23; 第二行表示在第一天顾客购买 B 的条件下, 第三天购买品牌 A, B, C 的概率分别为 0.21, 0.62, 0.17; 第三行表示在第一天顾客购买 C 的条件下, 第三天购买品牌 A, B, C 的概率分别为 0.24, 0.48, 0.28.

由于该转移概率矩阵 P 是正规随机矩阵, 故存在一个稳态概率向量 $S = (S_1, S_2, S_3)^{\mathrm{T}}$, 使得

$$P^{\mathrm{T}} S = S.$$

用 $S_1 + S_2 + S_3 = 1$ 取代 $P^{\mathrm{T}} S = S$ 中的第三个方程, 得到

$$\begin{cases} 0.2S_1 + 0.2S_2 + 0.3S_3 = S_1, \\ 0.5S_1 + 0.7S_2 + 0.3S_3 = S_2, \\ S_1 + S_2 + S_3 = 1. \end{cases}$$

解此方程组得稳态概率向量

$$S = (S_1, S_2, S_3)^{\mathrm{T}} = (0.22, 0.57, 0.21)^{\mathrm{T}}.$$

因为均匀马尔可夫链在经历一定时间的状态转移后, 最终达到与初始状态完全无关的一种平稳状态, 故顾客一个月后的购买情况, 可按平稳状态处理. 由稳定概率向量 S 可知, 一个月后购买品牌 A, B, C 巧克力的概率分别为 0.22, 0.57, 0.21, 即不管该顾客一个月前购买的是何种品牌的巧克力, 此时购买品牌 A, B, C 巧克力的转移概率分别为 0.22, 0.57, 0.21.   □

习 题 10

1. 某面包店出售新鲜面包, 根据资料, 每天面包需求量服从表 10.1 中的概率分布.

表 10.1

θ_j	100	150	200	250	300
$P(\theta_j)$	0.20	0.25	0.30	0.15	0.10

该面包店新鲜面包每个售价 0.45 元, 进价是 0.25 元, 如果当天销售不完, 则在当天关门前以每个 0.15 元处理. 现假定该面包店进货量仅取表 10.1 中某一值, 试用期望益损值确定每天的最佳进货量.

2. 某一季节性商品必须在该季节前把商品生产出来, 若需求量为 D 时, 生产 x 件商品可获得利润 (元) 为

$$(利润)f(x) = \begin{cases} 2x, & 0 \leqslant x \leqslant D, \\ 3D - x, & x > D. \end{cases}$$

根据以往资料, D 有 5 个可能的取值: 1000 件, 2000 件, 3000 件, 4000 件, 5000 件, 并且它们的概率都是 0.2. 生产者希望商品的生产量也是上述数字中的一个. 问:

(1) 若生产者追求最大的期望利润, 他应该选择多大的生产量?

(2) 若生产者选择遭受损失的概率最小, 他应选择多大的生产量?

3. 一工厂计划生产某种产品, 预计该产品的销路有好、一般及差三种状况, 其概率分别为 0.3, 0.5, 0.2. 而生产该产品有三种方案: 大批量、中批量、小批量生产. 它们在三种销路状态下的收益分别为: 20, 10, 6; 14, 14, 8 及 10, 10, 10; 单位为万元. 试画出此问题的决策树, 且依最大期望效益作出决策.

4. 已知某公司面对四种自然状态时采取三种备选行动方案的收益如表 10.2 所示.

表 10.2

方案 \ 自然状态	Q_1	Q_2	Q_3	Q_4
A_1	15	8	0	-6
A_2	4	14	8	3
A_3	1	4	10	12

假定不知道各种自然状态出现的概率, 请分别用以下五种方法求出最优行动方案:

(1) 最大最小准则;

(2) 最大最大准则;

(3) 等可能性准则;

(4) 折衷值准则, $\alpha = 0.6$;

(5) 后悔值准则.

5. 根据以往的资料, 一家面包店所需要的面包数 (即面包当天的需求量) 为下面各个数量中的一个:

120, 180, 240, 300, 360.

但不知其分布概率. 如果面包当天没有销售掉, 则在当天结束时以每个 0.10 元处理给饲养场. 设新面包的售价为每个 1.20 元, 每个面包的成本为 0.50 元, 假设进货量限定为需求量中的某一个,

(1) 作出面包进货问题的收益矩阵;

(2) 分别用最大最小准则、最大最大准则, 后悔值准则以及折衷值准则 ($\alpha = 0.7$) 进行决策;

(3) 假如根据以往的经验, 每天的需求量的分布概率如表 10.3 所示, 请用期望值法求出面包店的最优进货方案.

表 10.3

需求量	120	180	240	300	360
概率	0.1	0.3	0.3	0.2	0.1

6. 某书店希望订购最近出版的新书. 根据以往经验, 该店新书的销售量可能为 50, 100, 或 200 本. 若新书的进价为每本 4 元, 销售价为每本 6 元, 如果一定时期内卖不完, 处理价为每本 2 元.

(1) 试建立本问题的益损值矩阵;

(2) 分别用最小最大准则、最大最大准则、等可能性准则及后悔值准则决定该书店订购新书的数量.

第11章 存 储 论

存储论 (inventory theory) 是研究存储系统的性质、运行规律以及如何寻找最优存储策略的一门学科. 它是运筹学的一个重要分支, 寻求合理的存储量是现代化企业管理中的一个重要课题. 本章首先引入存储系统的基本概念, 然后介绍一些常见的存储模型及其解法.

11.1 存储系统的基本概念

11.1.1 存储系统

物资的存储按其目的的不同, 可分为三种类型:

(1) 生产存储, 目的是为了维持正常生产而储备的原材料或半成品;

(2) 产品存储, 目的是企业为了满足其他生产部门的需要而存储的半成品或成品;

(3) 供销存储, 目的是指存储在供销部门的各种物资, 直接满足顾客的需要.

无论哪种类型的存储系统, 都可归结为图 11.1.1 所示的模式.

图 11.1.1

根据生产和销售对物资的需求, 必须从存储点取出物资, 造成存储量下降, 形成存储系统的输出. 随着输出而减少的存储物资必须要得到补充, 相应地对存货的补充是存储系统的输入. 一个存储系统的需求可以分成确定性的和随机性的. 企业进行有计划的生产过程中对某一种原材料的需求量往往可用一个均衡的确定量来表示, 但在商店的销售活动中, 市场对商品的需求量常常带有很大的随机性, 它不能用确定量来表示, 只能用一个随机变量来描述. 当需求为均衡的定量时, 在输出期间库存点的存货量是随时间递减的线性函数. 如图 11.1.2 所示.

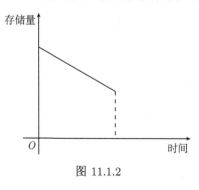

图 11.1.2

系统存货的补充 (输入) 方式可以通过向外界订货、采购, 或者由内部自行生产. 在向外界订货时, 从发出订单到收到货物可能需要一定的时间, 这段时间称为

拖后 (交货) 时间或超前 (订货) 时间.

11.1.2 存储总费用

存储总费用是衡量系统的存货控制得好坏的主要因素. 存储系统支出的费用大致包括订货费、存储费、缺货费三项.

(1) **存储费**: 包括存储物资所占用资金应付的利息、物资的存储损耗、折旧和降价、保险费、仓库及设备的维修费、保险费、存储物资的保养费、搬运费等, 记每存储单位物资在单位时间所需花费的费用为 c_1(元 / 件 · 时间).

(2) **订货费**: 订货费是指为补充库存, 办理每次订货所发生的有关费用, 包括订货过程中的手续费、通讯费、差旅费、材料费等. 订货费只与订货次数有关, 而与订购或生产的数量无关, 记每次的订货费为 c_3 元.

(3) **缺货损失费**: 一般是指由于存储供不应求时所引起的损失. 如失去销售机会的损失、停工待料的损失以及不能履行合同而缴纳的罚款等. 衡量缺货损失费有两种方式, 一种缺货费与缺货数量的多少和缺货时间的长短有关, 如成正比, 一般以缺货一件为期一年造成的损失赔偿费来表示; 另一种缺货费仅与缺货数量有关而与缺货时间长短无关, 这时以缺货一件造成损失赔偿费来表示. 记单位物资缺货单位时间的损失费为 c_2(元 / 件 · 时间).

由于缺货损失费涉及丧失信誉带来的损失, 所以它比存储费、订货费更难于准确确定, 要根据具体要求分析计算, 将缺货造成的损失数量化. 不同的存储系统的存储总费用是不尽相同的, 在建立模型之前应先搞清哪些费用应纳入存储模型中.

11.1.3 存储策略

存储论要解决多少时间补充一次 (即周期). 确定每次对存储系统的存货补充量和补充时机的方法 (策略) 称为存储策略. 常用的存储策略有以下三种:

(1) t_0**循环策略**: 每隔 t_0 时间补充存储量 Q, 使库存水平达到 S. 这种策略方法有时称为经济批量法.

(2) (s, S)**策略**: 每当存储量 $x > s$ 时不补充, 当 $x \leqslant s$ 时补充存储, 补充量 $Q = S - x$, 使库存水平达到 S, 其中 s 称为最低库存量.

(3) (t_0, s, S)**混合策略**: 每经过 t_0 时间检查存储量 x, 当 $x > s$ 时不补充, 当 $x \leqslant s$ 时补充存储, 补充量 $Q = S - x$, 使库存水平达到 S.

11.1.4 目标函数

通常取平均费用函数或平均利润函数为目标函数 (随机时取期望). 选择的最优策略应使平均费用达到最小, 或使平均利润达到最大.

确定存储策略时, 首先要把实际问题中某些复杂的条件加以简化, 将能反映问题的本质抽象为数学模型. 然后对模型用数学方法加以研究, 得出数量的结论. 存储问题经过长期研究, 已经有一些行之有效的模型. 由于存在各种不同的输入和输出, 从而构成不同的存储系统. 常用的存储模型有两类:

(1) 确定性存储模型, 即模型中的数据皆为确定的数值;

(2) 随机性存储模型, 即模型中含有随机变量.

下面将按确定性和随机性分类, 分别介绍一些常用的存储模型, 并给出相应的最优存储策略.

11.2　确定性存储模型

本节讨论需求量为确定的存储模型. 确定性存储模型的最优存储策略应使得系统的存储总费用达到最小.

11.2.1　经济订货批量模型

本存储系统的模型特点是:

(1) 用户具有连续的、均匀的需求, 其需求率 (单位时间的需求量) 为常数 D, 以致存储量总是以常数需求比例不断地衰减.

(2) 当存储量降至零时, 可以立即得到补充, 即订货就立即交货.

(3) 缺货损失费为无穷大, 即不允许缺货.

(4) 每次订货量不变, 记为 Q, 订货费不变, 记为常数 c_3.

(5) 单位存储费不变, 记为常数 c_1.

显然, 存储量可以用一个线性函数 $Q - Dt$ 来近似. 存储量系统的变化情况如图 11.2.1 所示.

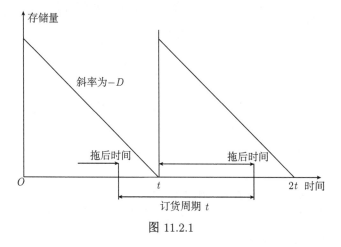

图 11.2.1

由于不会出现缺货, 模型不考虑缺货损失费. 因此, 设时间间隔 t 内平均总费用 $C(t)$, 其由存储费、订货费和成本费三项单位时间平均费用之和构成. 现分别计算间隔时间 t 内的存储费、订货费和成本费如下:

(1) 存储费: 由每隔 t 时间补充一次存储, 那么订货量必须满足 t 时间的需求 Dt, 记订货量为 Q, 则 $Q = Dt$. 在 t 时间内的总存储量为 $\int_0^t Dt \mathrm{d}t = \frac{1}{2}Dt^2$. 由于单位存储费为 c_1, 故 t 时间的存储费为 $\frac{1}{2}c_1 Dt^2$.

(2) 订货费: 因为订货费只与订货次数有关而和时间 t 无关, 订货费为 c_3.

(3) 成本费: 设货物单价为 K, 在时间 t 内, 成本费为订货量 $Q = Dt$ 与单价之积, 即 $K \cdot Dt$.

上述存储费、订货费和成本费三项之和在时间 t 内的平均总费用为

$$C(t) = \frac{1}{t}\left[\frac{1}{2}c_1 Dt^2 + c_3 + KDt\right] = \frac{1}{2}c_1 Dt + \frac{c_3}{t} + KD. \tag{11.2.1}$$

t 取何值时 $C(t)$ 最小, 只需对式 (11.2.1) 利用微积分求最小值的方法求出, 令

$$\frac{\mathrm{d}C(t)}{\mathrm{d}t} = \frac{1}{2}c_1 D - \frac{c_3}{t^2} = 0,$$

得

$$t^* = \sqrt{\frac{2c_3}{c_1 D}}. \tag{11.2.2}$$

因为

$$\frac{\mathrm{d}^2 C(t)}{\mathrm{d}t^2} = \frac{2c_3}{t^3} > 0 \quad (\text{当} t > 0 \text{时}),$$

所以, 当 $t^* = \sqrt{\frac{2c_3}{c_1 D}}$ 时, $C(t)$ 达到最小值, 即每隔 t^* 时间订货一次, 可使平均总费用 $C(t)$ 最小. t^* 称为最佳订货周期. 最佳订货量为

$$Q^* = Dt^* = \sqrt{\frac{2c_3 D}{c_1}}. \tag{11.2.3}$$

式 (11.2.3) 即为存储论中著名的经济订货批量公式, 或经济批量公式. 将 t^* 的计算公式 (11.2.2) 代入式 (11.2.1), 得最小平均总费用为

$$C^* = C(t^*) = \sqrt{2c_1 c_3 D} + KD. \tag{11.2.4}$$

从费用曲线 (图 11.2.2) 也可求出 t^* 和 C^*. 公式 (11.2.2) 是选 t 作为存储策略变量推导出来的. 如果选订货批量 Q 作为存储策略变量, 也可以推导出上述结果, 感兴趣的读者可以自己完成.

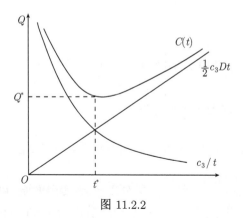

图 11.2.2

Q^* 与货物单价 K 无关, 由于 Q^* 与 c_1, c_3, D 是平方根的关系, 所以 Q^* 对参数不太敏感, 即当参数有较小的估计误差时, Q^* 的相应误差更小, 故 Q^* 的稳定性较好, 因而在工业和管理中应用很广.

例 11.2.1　某厂今年采取自行批量选订某种产品的元件 30000 只, 每次订货费用为 50000 元, 该元件厂购价为每只 500 元, 全年保管费为购价的 20%.

(1) 试求该厂今年对该元件的最佳存储策略及费用;

(2) 若明年拟将这种产品的产量提高一倍, 则所需元件的订购批量应比今年增加多少? 订购次数又为多少?

(3) 若生产有滞后性, 时间为 $t = 3$ 天, 则应如何组织生产 (一年生产时间为 300 天)?

解　(1) 依题意取一年为时间单位, 知: 订货费 $c_3 = 50000$ 元 / 次, 单价 $K = 500$ 元 / 只, $D = 30000$ 只 / 年, 单位存储费 $c_1 = 0.2K = 0.2 \times 500 = 100$(元 / 只 / 年).

由 (11.2.3), (11.2.2), (11.2.4) 得

$$Q^* = \sqrt{\frac{2 \times 50000 \times 30000}{100}} \approx 5477(只),$$
$$t^* = \frac{5477}{30000} \approx 0.183(年),$$
$$C^* = \sqrt{2 \times 50000 \times 100 \times 30000} + 500 \times 30000 \approx 15548000(元/年).$$

而全年订购次数为

$$n^* = \frac{1}{t^*} = \frac{1}{0.183} \approx 5.46(次).$$

由于 n^* 须为正整数, 故还应比较 $n = 5$ 与 $n = 6$ 时的全年费用.

若 $n = 5$, 则

$$t = \frac{1}{n} = \frac{1}{5}, \quad Q = \frac{30000}{5} = 6000.$$

代入式 (11.2.1), 得

$$C_5 = \frac{1}{2} \times 100 \times 6000 + 50000 \times 5 + 500 \times 30000 = 15550000(元/年).$$

类似地, 当 $n = 6$ 时的全年费用为

$$C_6 = \frac{1}{2} \times 100 \times 5000 + 50000 \times 6 + 500 \times 30000 = 15550000(元/年).$$

由于两者费用相等, 故 $n = 5$ 和 $n = 6$ 均可. 但为实用方便, 可取 $n = 6$, 这样每两个月订货一次, 每次订购批量为 5000 只, 全年费用为 15550000 元, 比最优值 C^* 略多 2000 元.

(2) 由式 (11.2.3) 知道, 明年订购批量应为今年的 $\sqrt{2}$ 倍, 订购次数也为今年的 $\sqrt{2}$ 倍, 从而有

$$Q^* = \sqrt{2} \times 5477 \approx 7746(只), \quad n^* = \sqrt{2} \times 5.46 \approx 7.72(次).$$

比较 $n = 7$ 与 $n = 8$ 时的费用 (请读者完成), 结果为 $n = 8, Q = 7500(只)$. 若没学过经济批量模型, 很可能会认为明年订购批量为今年的 2 倍.

(3) 若生产有滞后性, 时间为 $t = 3$ 天, 则库存量应在降到一定的限度前订购组织生产, 订购时间为提前 3 天, 订购点为 $s^* = \dfrac{3 \times 30000}{300} = 300(只)$, 即库存量应在降到 300 只时, 立即订购. □

上例表明, 经济批量公式给出了直观的订货批量 Q 与需求 D 之间的关系, 即: 经济批量 Q 与需求量 D 的平方根成正比. 当需求 D 增大时, 订货批量需随 D 的平方根而增大. 所以, 经济批量公式又称平方根公式. 如果例 11.2.1 中的 D 扩大为 120000 单位, 即为原来的 4 倍, 相应的经济批量 Q^* 一定是 10954 单位, 即为原来的 2 倍, 而不是像需求一样扩大至 4 倍.

11.2.2 生产批量模型

现在讨论存货补充不是向外界购买而是由内部生产 (一段时间内均衡) 补充的存储系统, 它称为生产批量模型. 如果每次订货批量为 Q, 单位时间的生产量为 P, 单位时间的需求量为 $D(D < P)$, 不允许缺货, 于是系统在存货为零时开始生产, 在生产时间段 T 内, 库存量以速度 $P - D$ 上升, 在生产批量 Q 完成后停止生产, 库存量以速度 D 下降. 系统中存储量的变化情况可用图 11.2.3 表示.

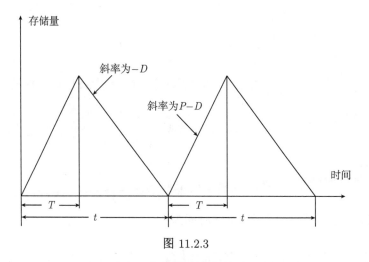

图 11.2.3

因为供货速率为 $D(D < P)$, 供货持续时间为 T, 订货量为 Q, 则 $P = Q/T$. 在 $[0, T]$ 时间区间内, 存储量以 $P - D$ 的速度增加, 在 $[T, t]$ 时间区间内, 存储量以速度 D 减少, T 与 t 皆为待定数. 从图 11.2.3 易知

$$(P - D)T = D(t - T),$$

即 $PT = Dt$, 也就是说 T 时间内的供应量等于 t 时间内的需求量, 由此得

$$T = \frac{D}{P}t. \tag{11.2.5}$$

t 时间内平均存储量为 $\frac{1}{2}(P - D)T$, t 时间内所需的存储费为 $\frac{1}{2}c_1(P - D)Tt$. 又订货费为 c_3, 类似于费用函数 (11.2.1), 可略去成本费 KD, 则单位时间的平均总费用为

$$C(t) = \frac{1}{t}\left[\frac{1}{2}c_1(P - D)Tt + c_3\right].$$

将 (11.2.5) 代入上式, 得

$$C(t) = \frac{1}{2P}c_1(P - D)Dt + \frac{c_3}{t}.$$

为使总费用最小, 先求导数, 再令 $\dfrac{\mathrm{d}C(t)}{\mathrm{d}t} = 0$, 得

$$\frac{\mathrm{d}C(t)}{\mathrm{d}t} = \frac{1}{2P}c_1(P - D)D - \frac{c_3}{t^2} = 0.$$

解得

$$t^* = \sqrt{\frac{2c_3}{c_1 D}}\sqrt{\frac{P}{P - D}}. \tag{11.2.6}$$

同样因为

$$\frac{\mathrm{d}^2 C(t)}{\mathrm{d}t^2} = \frac{2c_3}{t^3} > 0 \quad (\text{当} t > 0 \text{时}),$$

故当 $t^* = \sqrt{\dfrac{2c_3}{c_1 D}} \sqrt{\dfrac{P}{P - D}}$ 时, $C(t)$ 达到最小值, 则 t^* 为最佳订货周期. 最佳订货批量为

$$Q^* = Dt^* = \sqrt{\frac{2c_3 D}{c_1}} \sqrt{\frac{P}{P - D}}, \tag{11.2.7}$$

最小平均费用为

$$C^* = C(t^*) = \sqrt{2c_1 c_3 D} \sqrt{\frac{P - D}{P}}. \tag{11.2.8}$$

利用 t^* 可求出最优供货 (生产) 持续时间为

$$T^* = \frac{D}{P} t^* = \sqrt{\frac{2c_3 D}{c_1 P (P - D)}}. \tag{11.2.9}$$

将公式 (11.2.6)~(11.2.8) 与公式 (11.2.2),(11.2.3),(11.2.4) 相比较可以看出, 生产批量模型中的 t^* 和 Q^* 是经济订货批量模型中的 t^* 和 Q^* 的 $\sqrt{\dfrac{P}{P - D}}$ 倍, 而这因子是大于 1 的, 即生产批量模型的最优订货周期和最优批量都较经济订货批量模型大, 而费用反而是它的 $\sqrt{\dfrac{P - D}{P}}$ 倍, 即费用反而减少了. 当 $P \to \infty$ 时, 由 (11.2.9) 式易知, $T^* \to 0$, 而 Q^*, t^* 和 C^* 与经济订货批量模型的相应公式都一致.

例 11.2.2 承接例 11.2.1, 假设元件厂每天只能供给该厂 1000 只元件 (一年生产时间为 365 天), 试求该厂今年对该元件的最优存储策略及费用.

解 由题意知,

$$P = 1000 \text{只/天} = 365000 \text{只/年},$$

其他数据同例 11.2.1 一样, 则

$$\frac{P}{P - D} = \frac{365000}{365000 - 30000} \approx 1.08955, \qquad \frac{P - D}{P} = \frac{365000 - 30000}{365000} \approx 0.9178.$$

由式 (11.2.7)~(11.2.9) 可得,

$$Q^* = \sqrt{\frac{2 \times 50000 \times 30000}{100 \times 0.9178}} \approx 5717 (\text{只}),$$

$$t^* = \frac{5717}{30000} \approx 0.19 (\text{年}),$$

$$T^* = \frac{5717}{365000} \approx 0.016 (\text{元/年}),$$

$$C^* = \sqrt{2 \times 50000 \times 100 \times 30000 \times 0.9178} + 500 \times 30000 \approx 15524730 (\text{元/年}).$$

这里 C^* 为考虑平均成本费 KD 的最小平均总费用. 由于

$$n^* = \frac{1}{t^*} = \frac{1}{0.19} \approx 5.26(次),$$

因为不是整数, 故可比较 $n=5$ 与 $n=6$ 时的运营费用 (请读者完成), 结果为 $n=5$ 更为合适, 我们有

$$t = \frac{1}{n} = \frac{1}{5}(年) = 73(天),$$
$$Q = 6000(只)(或 T = 6(天)),$$
$$C = 15525340(元/年).$$

故今年订货 5 次 (每隔 73 天订购一次), 每次订购 6000 只元件.   □

比较例 11.2.1 和例 11.2.2 可知, 非即时补充优于即时补充, 可降低存储量及运营费用.

11.2.3   允许缺货的经济批量模型

在有些情况下存储系统允许缺货, 即可以在存储量降为零后再等待一段时间然后订货, 这样虽然可以减少订货次数从而减少订货费的支出, 但缺货要支付缺货费, 所以缺货太多也会造成损失. 本模型的假设条件除允许缺货外, 其余条件皆与模型一 (经济批量模型) 相同. 设单位存储费为 c_1, 每次订货费为 c_3, 单位缺货损失费为 c_2, 需求率为 D, 一订货就到货. 求使平均总费用最小的最佳存储策略.

存储量的变化如图 11.2.4 所示.

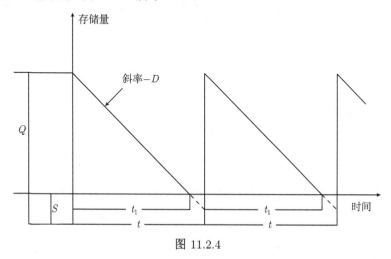

图 11.2.4

假设最初存储为 S, 可以满足 t_1 时间内的需求, t_1 时间内的平均存储量为 $S/2$.

在 $(t - t_1)$ 时间内的存储量为零, 平均缺货量为 $D(t - t_1)$. 由于 S 仅能满足 t_1 时间的需求, 故 $S = Dt_1$. 在时间 t 内所需的缺货损失费为

$$\frac{1}{2}c_2 D\left(t - t_1\right)^2 = \frac{1}{2}c_2 \frac{\left(Dt - S\right)^2}{D}.$$

因为订货费为 c_3, 根据单位时间的平均总费用应是存储费、缺货损失费和订货费之和的单位时间平均费用, 故有

$$C\left(t, S\right) = \frac{1}{t}\left[c_1 \frac{S^2}{2D} + c_2 \frac{\left(Dt - S\right)^2}{2D} + c_3\right].$$

式中有两个变量 t 和 S, 利用多元函数求极值的方法求 $C(t, S)$ 的最小值, 即联立求解 $\dfrac{\partial C\left(t, S\right)}{\partial S} = 0, \dfrac{\partial C\left(t, S\right)}{\partial t} = 0$, 可得最佳订货周期和最佳库存量分别是

$$t^* = \sqrt{\frac{2c_3}{c_1 D}}\sqrt{\frac{c_1 + c_2}{c_2}}, \quad S^* = \sqrt{\frac{2c_3 D}{c_1}}\sqrt{\frac{c_2}{c_1 + c_2}}. \tag{11.2.10}$$

平均总费用的最小值为

$$C^* = C\left(t^*, S^*\right) = \sqrt{2c_1 c_3 D}\sqrt{\frac{c_2}{c_1 + c_2}} \tag{11.2.11}$$

最佳订货批量

$$Q^* = Dt^* = \sqrt{\frac{2c_3 D}{c_1}}\sqrt{\frac{c_1 + c_2}{c_2}}. \tag{11.2.12}$$

最大缺货量记为 q^*,

$$q^* = Q^* - S^* = \sqrt{\frac{2Dc_1 c_3}{c_2\left(c_1 + c_2\right)}}. \tag{11.2.13}$$

若所缺的货不需要补充, 则最佳订货批量就是 S^*.

将此模型与不允许缺货的模型比较可知, 允许缺货造成的差别仅在订货周期 t^* 和订货量 Q^* 是不允许缺货的 $\sqrt{\dfrac{c_1 + c_2}{c_2}}$ 倍, 而费用却缩减到它的 $\sqrt{\dfrac{c_2}{c_1 + c_2}}$. 由此可见, 如果允许缺货, 采取适当的存储策略会比不允许缺货时的费用少些. 如果缺货费 c_2 很大, 那么相当于该系统不允许缺货, 这时 $\sqrt{\dfrac{c_2}{c_1 + c_2}}$ 和 $\sqrt{\dfrac{c_1 + c_2}{c_2}}$ 都趋于 1, 从而 t^*, C^*, S^* 和 Q^* 都和不允许缺货的经济批量公式一致.

例 11.2.3 承接例 11.2.1, 若允许元件缺货, 且每只全年缺货费为购价的 10%, 试求最优策略、最大缺货量及最小费用.

解 由题意知

$$c_2 = 0.1K = 0.1 \times 500 = 50(\text{元}/\text{只} \cdot \text{年}).$$

由式 (11.2.10)~(11.2.13) 得

$$t^* = \sqrt{\frac{2 \times 50000 \times (100 + 50)}{100 \times 50 \times 30000}} \approx 0.3162(\text{年}),$$

$$t_1^* = \frac{50}{100 + 50} \times 0.3162 = 0.1054(\text{年}),$$

$$S^* = 30000 \times 0.1054 = 3162(\text{只}),$$

$$Q^* = 30000 \times 0.3162 = 9486(\text{只}),$$

$$q^* = 9486 - 3162 = 6324(\text{只}),$$

$$C^* = \sqrt{\frac{2 \times 50000 \times 100 \times 50 \times 30000}{100 + 50}} + 500 \times 30000 \approx 15316230(\text{元}/\text{年}).$$

因全年订购次数为

$$n^* = \frac{1}{t^*} = \frac{1}{0.3162} \approx 3.16(\text{次})$$

非整数, 故比较 $n = 3$ 和 $n = 4$ 时的 C 值: (1) 若 $n = 3$, 则 $t = \dfrac{1}{3}$, 代入下式

$$f(t) = \frac{1}{t}\left[c_1 \frac{S^2}{2D} + c_2 \frac{(Dt - S)^2}{2D} + c_3\right] + KD \tag{11.2.14}$$

得

$$f\left(\frac{1}{3}\right) = 15316670(\text{元}/\text{年}).$$

若 $n = 4$, 则 $t = \dfrac{1}{4}$, 代入式 (11.2.14) 得

$$f\left(\frac{1}{4}\right) = 15325000(\text{元}/\text{年}).$$

故取 $n = 3$, 即全年订货 3 次, 每隔四个月订货一次, 每次订购批量为

$$Q = 30000 \times \frac{1}{3} = 10000(\text{只}).$$

最高存储水平为

$$S = Dt_1 = 30000 \times \frac{50}{100 + 50} \times \frac{1}{3} \approx 3333(\text{只}).$$

最大缺货量为

$$q = 10000 - 3333 = 6667(\text{只}).$$

全年运营费用为 15316670 元. $\square$

*11.3　随机存储模型

在随机型存储系统中, 由于需求量的变化存储费用也相应发生变化, 存储总费用是以随机变量的函数的形式出现, 并非是一个确定的函数. 这时一个基本的决策标准就是期望存储总费用最小化 (或期望利润最大化).

11.3.1　单周期随机型模型

随机连续的单周期存储模型　需求是随机连续的单周期存储模型, 是指在满足一个特定周期的需要的条件下作一次性订货的最优订货策略. 设有某种单周期需求的物资, 需求量 r 为连续型随机变量, 已知其概率密度为 $\varphi(r)$, 每件物品的成本为 u 元, 售价为 v 元 $(v > u)$, 如果当期销售不出去, 下一期只得降价处理, 设处理价为 w 元 $(w < u)$. 求最佳订货批量 Q^*.

这样, 满足需求后系统中的存货量和缺货量应为需求量 r 的函数, 记存货量为

$$H(r) = \begin{cases} Q - r, & r \leqslant Q, \\ 0, & r > Q; \end{cases}$$

缺货量为

$$P(r) = \begin{cases} 0, & r \leqslant Q \\ r - Q, & r > Q. \end{cases}$$

如果订货量大于需求量 $(Q \geqslant r)$, 其赢利的期望值为

$$\int_0^Q [(v - u)\, r - (u - w)\, (Q - r)]\, \varphi(r)\, \mathrm{d}r.$$

如果订货量小于需求量 $(Q \leqslant r)$, 其赢利的期望值为

$$\int_Q^\infty [(v - u)\, Q \varphi(r)]\, \mathrm{d}r.$$

故总利润的期望值为上述两部分的和,

$$
\begin{aligned}
C(Q) &= \int_0^Q [(v - u)\, r - (u - w)\, (Q - r)]\, \varphi(r)\, \mathrm{d}r + \int_Q^\infty [(v - u)\, Q \varphi(r)]\, \mathrm{d}r \\
&= -uQ + (v - w) \int_0^Q rQ \varphi(r)\, \mathrm{d}r + v \left[\int_Q^\infty Q \varphi(r)\, \mathrm{d}r - \int_0^Q Q \varphi(r)\, \mathrm{d}r \right] \\
&= (v - u)\, Q + (v - w) \int_0^Q rQ \varphi(r)\, \mathrm{d}r - (v - w) \int_0^Q Q \varphi(r)\, \mathrm{d}r.
\end{aligned}
$$

利用含有参变量积分的求导公式, 即

$$\frac{\mathrm{d}}{\mathrm{d}t} \int_a^{b(t)} f(x,t)\,\mathrm{d}x = \int_a^b f_t'(x,t)\mathrm{d}x + f(b,t)\frac{\mathrm{d}b(t)}{\mathrm{d}t},$$

代入 $C(Q)$ 求导并令 $\dfrac{\mathrm{d}C(Q)}{\mathrm{d}Q}=0$, 得

$$\frac{\mathrm{d}C(Q)}{\mathrm{d}Q} = (v-u) + (v-w)Q\varphi(Q) - (v-w)\left[\int_0^Q \varphi(r)\,\mathrm{d}r + Q\varphi(Q)\right]$$

$$= (v-u) - (v-w)\int_0^Q \varphi(r)\,\mathrm{d}r = 0.$$

解得

$$\int_0^Q \varphi(r)\,\mathrm{d}r = \frac{v-u}{v-w}. \tag{11.3.1}$$

记 $F(Q) = \displaystyle\int_0^Q \varphi(r)\,\mathrm{d}r$, 则有

$$F(Q) = \frac{v-u}{v-w}.$$

又因

$$\frac{\mathrm{d}^2 C(Q)}{\mathrm{d}Q^2} = -(v-w)\varphi(Q) < 0,$$

故由式 (11.3.1) 求出的 Q^* 为 $C(Q)$ 的极大值点, 即 Q^* 是使总利润的期望值最大的最佳经济批量.

上面的方法是讨论总利润的期望值最大化, 也可以使用另外一种方法来讨论损失的期望最小化. 记需求量为 r 时平均盈利为 $PE(r)$, 这是一个常量, 可知问题的平均盈利是常数, 它为最大总利润的期望值与最小损失的期望值之和. 设总利润的期望值为 $E[C(Q)]$, 而损失的期望值为 $E[W(Q)]$, 那么有下列式子成立:

$$E[C(Q)] + E[W(Q)] = PE(r).$$

将上式的第二项移至等式的右面, 取 max 和 min 值, 得到

$$\max E[C(Q)] + \min E[W(Q)] = PE(r). \tag{11.3.2}$$

上式表明了由总利润期望最大与损失期望最小所得出的 Q 值是相同的, 从而单周期模型也可以从极小化损失期望来推导.

例 11.3.1　某书店经营某种杂志, 每册进价 16 元, 售价 20 元, 如过期, 处理价为 10 元. 根据多年统计表明, 需求服从均匀分布, 最高需求量 $b = 1000$, 最低需求量 $a = 500$, 问应进货多少才能保证期望利润最高?

解　由概率论可知, 均匀分布的概率密度为

$$\varphi(r) = \begin{cases} \dfrac{1}{b-a}, & a \leqslant r \leqslant b, \\ 0, & \text{其他}. \end{cases}$$

由式 (11.3.1), 得

$$F(Q) = \frac{v-u}{v-w} = \frac{20-16}{20-10} = 0.40,$$

即

$$\int_0^Q \varphi(r)\, \mathrm{d}r = 0.40.$$

又

$$\int_0^Q \varphi(r)\, \mathrm{d}r = \int_a^Q \frac{1}{b-a}\, \mathrm{d}r = \frac{Q-a}{b-a},$$

所以

$$\frac{Q-500}{1000-500} = 0.40$$

由此解得最佳订货批量为 $Q^* = 700$ 册.　□

随机离散分布的单周期模型　现在讨论需求是随机离散的单周期存储模型. 类似于随机连续的单周期存储模型的讨论方法, 可通过最大化总利润的期望值来进行, 也可通过最小化损失的期望值来进行. 现推导赢利的期望值最大化, 读者可以自行推导损失的期望值最小化.

分两种情况讨论:

(1) 当供大于求 $(Q \geqslant r)$ 时, 这时销售 r 件物品, 可赚 $(v-u)r$. 未销售的物资降价处理后, 每份损失 $(u-w)$, 共损失 $(u-w)(Q-r)$. 因此, 赢利的期望值为

$$\sum_{r=0}^Q [(v-u)r - (u-w)(Q-r)] P(r).$$

(2) 当供不应求 $(Q < r)$ 时, 这时只有 Q 件货物可供销售, 故可赚 $(v-u)Q$, 无滞销损失, 因此, 赢利的期望值为

$$\sum_{r=Q+1}^\infty (v-u)Q P(r).$$

总赢利的期望值为

$$C(Q) = \sum_{r=0}^Q [(v-u)r - (u-w)(Q-r)] P(r) + \sum_{r=Q+1}^\infty (v-u)Q P(r).$$

最佳订购批量 Q^* 应满足

$$C(Q^*) \geqslant C(Q^*+1), \tag{11.3.3}$$

$$C(Q^*) \geqslant C(Q^*-1). \tag{11.3.4}$$

现从式 (11.3.4) 出发进行推导, 有

$$
\begin{aligned}
C(Q) &= \sum_{r=0}^{Q} [(u-v)r - (u-w)(Q-r)] P(r) + \sum_{r=Q+1}^{\infty} (v-u)QP(r) \\
&\geqslant \sum_{r=0}^{Q+1} [(v-u)r - (u-w)(Q+1-r)] P(r) \\
&\quad + \sum_{r=Q+2}^{\infty} (v-u)(Q+1)P(r).
\end{aligned}
$$

经化简后, 得

$$(v-u)\left[1 - \sum_{r=0}^{Q} P(r)\right] - (u-w)\sum_{r=0}^{Q} P(r) \leqslant 0,$$

即满足

$$\sum_{r=0}^{Q} P(r) \geqslant \frac{v-u}{v-w}. \tag{11.3.5}$$

同理, 从 (11.3.3) 出发进行推导, 得

$$\sum_{r=0}^{Q-1} P(r) \leqslant \frac{v-u}{v-w} \leqslant \sum_{r=0}^{Q} P(r). \tag{11.3.6}$$

由此可以确定最佳订购批量 Q^*. 式 (11.3.6) 和连续分布的 (11.3.1) 是一致的.

从以上求解可以看到, 单周期存储模型中损失最小的期望值与赢利最大的期望值是不同的, 但确定最佳订购批量的条件是相同的, 无论从哪种情况来考虑, 最佳订购批量是一个确定的数值. 另外, 本模型有一个严格的约定, 即两次订货之间没有联系, 都看作为独立的一次订货, 这也是单周期模型的含义. 这种存储策略也称为定期定量订货.

例 11.3.2 设某货物的需求量在 17 件至 26 件之间, 已知需求量 r 的概率分布如表 11.3.1 所示.

表 11.3.1

需求量 r	17	18	19	20	21	22	23	24	25	26
概率 $P(r)$	0.11	0.18	0.24	0.13	0.10	0.08	0.06	0.04	0.04	0.02

并知其成本为每件 150 元, 售价为每件 300 元, 处理价为每件 60 元. 问应进货多少才能使总利润的期望值最大?

解　此题属于单周期需求是离散随机变量的存储模型. 由式 (11.3.6), 得

$$\sum_{r=17}^{Q-1} P(r) \leqslant \frac{300-150}{300-60} \leqslant \sum_{r=17}^{Q} P(r),$$

即

$$\sum_{r=17}^{Q-1} P(r) \leqslant 0.625 \leqslant \sum_{r=17}^{Q} P(r).$$

因为 $P(17)=0.11, P(18)=0.18, P(19)=0.24, P(20)=0.13$, 所以

$$P(17)+P(18)+P(19)=0.53 < 0.625,$$
$$P(17)+P(18)+P(19)+P(20)=0.66 > 0.625.$$

故最佳订货批量 $Q^*=20$ 件.　□

例 11.3.3　上例中, 若因缺货造成的损失为每件 750 元的话, 问最佳经济批量又该是多少?

解　凡售出一件商品的获利数, 应看成是有形的获利与潜在的获利数之和, 在公式 (11.3.6) 中, 若令

$$k = v - u \quad 表示每出售一件物品的获利,$$
$$h = u - \omega \quad 表示每处理一件物品的损失,$$

则式 (11.3.6) 可写成

$$\sum_{r=0}^{Q-1} P(r) \leqslant \frac{k}{k+h} \leqslant \sum_{r=0}^{Q} P(r). \tag{11.3.7}$$

对于本题,

$$k = (300-150) + 750 = 900, \quad h = 150 - 60 = 90,$$

由式 (11.3.7),

$$\sum_{r=17}^{Q-1} P(r) \leqslant \frac{300}{300+30} \leqslant \sum_{r=17}^{Q} P(r).$$

通过计算累计概率, 可得

$$Q^* = 24(件).　□$$

11.3.2 多周期随机型存储模型

对于多周期随机存储问题来说, 要解决的问题仍然是何时订货及每次订多少货的问题. 由于多周期随机存储问题较前面介绍的确定性存储问题和单周期随机存储问题更为复杂和更为广泛, 在实际应用中, 存储系统的管理人员往往要根据不同物资的需求特点及货源情况而采取不同的存储策略. 本节主要针对多周期存储模型的特点, 介绍 (s, S) 策略. 这里只讨论需求是随机连续的多周期 (s, S) 模型, 而需求是随机离散的多周期 (s, S) 存储模型也可类似讨论.

设货物的单位成本为 K, 单位存储费为 c_1, 单位缺货损失费为 c_2, 每次订货费为 c_3, 需求 r 是连续的随机变量, 概率密度为 $\varphi(r)$, 分布函数为 $F(a) = \int_0^a \varphi(r)\,\mathrm{d}r$ $(a > 0)$, 初期存储量为 I. 设订货量为 Q, 问如何制定最佳订货批量使损失的期望值最小 (或赢利的期望值最大)?

本阶段所需的各种费用设为:

(1) 订购费: $c_3 + KQ$;

(2) 存储费: 当需求 $r < I + Q$ 时, 未能售出的部分应存储起来, 故应付存储费. 当 $r \geqslant I + Q$ 时, 不需要付存储费. 于是所需存储费的期望值为

$$\int_0^S c_1(S - r)\varphi(r)\,\mathrm{d}r,$$

其中 $S = I + Q$ 为最大存储量.

(3) 缺货损失费: 当需求 $r > I + Q$ 时, $(r - S)$ 部分需付缺货损失费, 其期望值为

$$\int_S^\infty c_2(r - S)\varphi(r)\,\mathrm{d}r.$$

本阶段所需总费用的期望值为订购费、存储费和缺货损失费三项之和, 即

$$C(S) = c_3 + KQ + \int_0^S c_1(S - r)\varphi(r)\,\mathrm{d}r + \int_S^\infty c_2(r - S)\varphi(r)\,\mathrm{d}r$$

$$= c_3 + K(S - I) + \int_0^S c_1(S - r)\varphi(r)\,\mathrm{d}r + \int_S^\infty c_2(r - S)\varphi(r)\,\mathrm{d}r.$$

为求 $C(S)$ 的极小值, 先 (利用含参变量积分的求导公式) 求导数, 并令 $\dfrac{\mathrm{d}C(S)}{\mathrm{d}S} = 0$,

$$\frac{\mathrm{d}C(S)}{\mathrm{d}S} = K + c_1 \int_0^S \varphi(r)\,\mathrm{d}r - c_2 \int_S^\infty \varphi(r)\,\mathrm{d}r = 0.$$

解得

$$\int_0^S \varphi(r)\,\mathrm{d}r = \frac{c_2 - K}{c_1 + c_2}. \tag{11.3.8}$$

令 $F(S) = \int_0^S \varphi(r)\,\mathrm{d}r$, 即

$$F(S) = \frac{c_2 - K}{c_1 + c_2},$$

记 $N = \dfrac{c_2 - K}{c_1 + c_2}$, 并称为临界值. 因为概率密度为 $\varphi(r) > 0$, 则

$$\frac{\mathrm{d}^2 C(S)}{\mathrm{d}S^2} = \varphi(S) > 0, \quad S > 0,$$

得出本阶段的存储策略. 可先由式 (11.3.8) 确定 S 的值, 再由 $Q^* = S - I$ 确定最佳订货批量.

下面再讨论确定 s 的方法.

本模型中有订货费 c_3, 如果本阶段不订货, 就可以节省订货费 c_3. 因此我们设想是否存在一个数 $s(s \leqslant S)$ 使下面的不等式成立

$$Ks + c_1 \int_0^S (s - r)\varphi(r)\,\mathrm{d}r + c_2 \int_S^\infty (r - s)\varphi(r)\,\mathrm{d}r$$

$$\leqslant c_3 + KS + c_1 \int_0^S (S - r)\varphi(r)\,\mathrm{d}r + c_2 \int_S^\infty (r - S)\varphi(r)\,\mathrm{d}r. \quad (11.3.9)$$

与式 (11.3.8) 的分析类似, 必能找到一个使式 (11.3.9) 成立的最小的 r 作为 s. 相应的存储策略是: 每阶段初期检查存储量, 当库存 $I < s$ 时需订货, 订货数量为 Q, $Q = S - I$; 当库存 $I \geqslant S$ 时, 本阶段不订货. 这属于定期订货但订货量不确定的情况.

例 11.3.4　某商店经销某种电子产品, 每台进货价为 40000 元, 单位存储费为 600 元, 如果缺货, 商店为了维护自己的信誉, 以每台 43000 元向其他商店进货后再卖给顾客, 每次订购费为 50000 元. 根据统计资料分析, 这种产品的销售量服从在区间 $[75, 100]$ 内的均匀分布, 即

$$\varphi(r) = \begin{cases} \dfrac{1}{25}, & 75 \leqslant r \leqslant 100, \\ 0, & \text{其他.} \end{cases}$$

初期无库存. 试确定最佳订货量及 s, S.

解　此题属于需求是连续随机变量的多周期 (s, S) 模型, 已知

$$K = 40000, \quad c_1 = 600, \quad c_2 = 43000, \quad c_3 = 50000, \quad I = 0,$$

临界值为 $N = \dfrac{c_2 - K}{c_1 + c_2} = \dfrac{43000 - 40000}{600 + 43000} \approx 0.069.$

由式 (11.3.8), 有

$$\int_0^S \varphi(r)\mathrm{d}r = \int_{75}^S \frac{1}{25}\mathrm{d}r = 0.069.$$

所以,

$$\frac{1}{25}(S - 75) = 0.069, \quad S = 76.7.$$

最佳订购批量

$$Q^* = S - I = 76.7 - 0 \approx 77(台).$$

再求 s 的值, 可先将不等式 (11.3.9) 视为等式求解, 即

$$40000s + 600\int_{75}^S (s - r)\frac{1}{25}\mathrm{d}r + 43000\int_S^{100}(r - s)\frac{1}{25}\mathrm{d}r$$
$$= 50000 + 40000 \times 76.7 + 600\int_{75}^{76.7}(76.7 - r)\frac{1}{25}\mathrm{d}r$$
$$+ 43000\int_{75}^{76.7}(r - 76.7)\frac{1}{25}\mathrm{d}r.$$

经积分和整理后, 得方程

$$87.2s^2 - 13380s + 508258 = 0.$$

解此方程, 得

$$s = 84.292 \quad 或 \quad s = 67.147.$$

由于 $84.292 > S = 76.7$, 不合题意, 应舍去. 所以取 $s = 67.147 \approx 70(台)$.

因此这个问题的最优策略是: 最佳订购批量 $Q^* = 77(台)$, 最大库存量 $S = 77(台)$, 最低库存量 $s = 70(台)$. □

本章介绍的确定型和随机型存储模型, 是在特定条件下进行讨论的, 而实际问题常常会与这些假设条件有差异, 因此, 应用存储模型时要注意根据实际背景进行修正. 有些存储模型还可以用线性规划、动态规划、微分方程等方法进行讨论, 其推导的思路基本都与本章所述类似.

习 题 11

1. 某货物每月的需求量为 1200 件, 每件订货的固定订货费为 45 元, 单位货物每月的保管费为 0.30 元, 求最佳订货量及订货间隔时间. 如果拖后时间为 4 天, 确定什么时候发出订单.

2. 某企业每年对某种零件的需求量为 20000 件, 每次订货的固定订货费为 1000 元, 该零件的单价为 30 元, 每个零件每年的保管费为 10 元, 求最优订购批量及最小存储总费用.

3. 某工厂每天可以 A 型产品 5000 件, 组织一次生产的固定生产成本为 1000 元, 每年对该产品的需求量为 720000 件, 一件 A 型产品存储一年的存储费为 6 元, 一年以 360 天计, 求最佳生产批量.

4. 某工厂向外订购一种零件以满足每年 3600 件的需求, 每次外出订购需耗费 10 元, 每件零件每年要付存储费 0.8 元, 若零件短缺, 每年每件要付缺货费 3.2 元, 求最佳订货量和最大缺货量.

5. 某货物的需求量是单位时间内需要 50 件, 采用对外订货满足需求, 每次订货的固定订货费为 400 元. 允许缺货, 但公司的策略是缺货不得超过 20 件. 由于预算的限制, 每次订货不得超过 200 件, 求在最优条件下单位存储费 c_1 和单位缺货费 c_2 的关系.

6. 某厂为了满足生产的需要, 定期的向外单位订购一种零件, 假定订货后供货单位能即时供应. 这种零件平均日需求量为 100 个, 每个零件一天的存储费为 0.02 元, 订购费一次为 100元. 假定不允许缺货, 求最佳订购批量、订购间隔时间和单位时间总费用.

7. 某报社定期补充纸张的库存量, 所用新闻纸以大型卷筒进货, 每次订货费用 (包括采购手续、运输费等) 为 25 元, 购价如下:

买 1~9 筒, 单价为 12.00 元,

买 10~49 筒, 单价为 10.00 元,

买 55~99 筒, 单价为 9.50 元,

买 100 筒以上, 单价为 9.00 元.

报社印刷车间的消耗率是每周 32 筒, 储存纸张的费用 (包括保险、占用资金的利息) 为每周每筒 1 元. 试求最佳订货批量及每周最小费用.

8. 一个单周期的随机型模型, 需求量的概率密度为

$$\varphi(x) = \begin{cases} 1/5, & 5 \leqslant x \leqslant 10, \\ 0, & \text{其他}. \end{cases}$$

假设 $h = 1, p = 5, c = 3, K = 5$. 求最优订货策略.

9. 某厂对某种材料每月需求量的概率如表 11.1 所示.

表 11.1

需求量/吨	50	60	70	80	90	100	110	120
概率	0.50	0.10	0.15	0.25	0.20	0.100	0.10	0.05

每次订货费为 500 元, 购置费为每吨 1000 元; 每吨材料每月保管费为 50 元, 缺货费为1500 元.

(1) 试求最优存储策略;

(2) 若该厂上月末库存这种材料 50 吨, 则本月运营费用为多少? 又若上月末库存量为 70吨呢? 这两种情况下各应采用什么存储策略?

10. 商店经销一种电子产品, 根据过去的经验, 这种电子产品的月销售量服从在区间 $[5, 10]$ 内的均匀分布, 即

$$\varphi(r) = \begin{cases} 1/5, & 5 \leqslant r \leqslant 10, \\ 0, & \text{其他.} \end{cases}$$

每次订购费为 5 元, 进价每台 3 元, 存储费为每台每月 1 元, 单位缺货损失费为 5 元, 初期存货 $I = 10$ 台, 求订货策略.

第12章　遗传算法

12.1　遗传算法简介

遗传算法 (genetic algorithms, GA) 是一种模拟生物在自然环境中的进化规律而形成的求解最优化问题的概率搜索算法, 它由美国密歇根大学的 John H. Holland 教授在 20 世纪 70 年代首先提出. 遗传算法作为一种求解复杂最优化问题的全局搜索算法, 当前在工程设计、人工智能、计算机科学、自动控制、商业和金融等许多领域得到了广泛的应用.

遗传算法是根据自然界中生物进化的"适者生存"这一基本规律设计的. 生物在自然界延续生存的过程中, 优胜劣汰, 品质不断得到改良, 以适应其生存的环境, 这种生命现象称为生物的进化. 生物进化的基本过程可以用图 12.1.1 来表示. 从这个图中可以看出, 生物的某个群体, 经自然环境的选择淘汰, 一部分群体被淘汰了, 另一部分群体被保留生存下来, 称为种群. 种群中的个体经过婚配产生新的群体, 称为子代群体, 生物在进化过程中可能因为变异, 在子群体中会产生新的个体 (可能更优, 当然也可能有劣质的新个体). 从新的群体, 又可以形成新一轮的进化循环. 经过生物学家的研究, 生物遗传和进化的过程有以下几个特点:

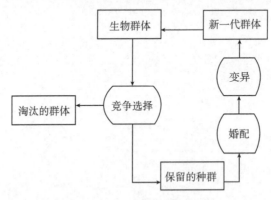

图 12.1.1　生物进化示意图

(1) 生物的遗传信息由基因组成, 基因包含在其染色体中, 染色体控制并决定生物遗传的性状;

(2) 基因在染色体中按一定的规律排列, 遗传与进化的过程发生在染色体上;

(3) 生物的繁殖过程是由基因的复制过程完成, 细胞在分裂时, 遗传物质 DNA

经复制转移到新细胞中, 新细胞继承旧细胞的基因;

(4) 显现新性状的物体是由于同源染色体的交叉或染色体的变异而产生的;

(5) 优良的染色体或基因比差的染色体或基因有更多的机会遗传到下一代.

考虑最优化问题

$$
\begin{cases}
\max & f(x), \\
\text{s.t.} & x \in \mathcal{F},
\end{cases}
\tag{12.1.1}
$$

其中 $f(x)$ 为目标函数. 这里我们以求函数 $f(x)$ 的最大值作为目标, 在许多的实际问题中, 目标有可能是求目标函数 $F(x)$ 的最小值, 这时可通过令 $f(x) = -F(x)$ 把求最小目标值的问题转化为求最大目标值的问题, $x = (x_1, \cdots, x_n)^{\mathrm{T}}$ 为 n 维决策变量, $\mathcal{F}$ 为可行解的集合, 它由各种可能的约束条件所确定. 同第 1 章和第 3 章的最优化算法类似, 遗传算法作为一种求解最优化问题 (12.1.1) 的全局搜索算法, 它也是一类迭代算法, 但却有许多本质上的不同:

(1) 前述章节的最优化迭代算法是单点迭代法, 即从一个迭代点 (一般为可行点) 开始经迭代产生一个更令人满意的迭代点. 而遗传算法的运算对象是包含多个个体的集合, 称为群体, 因而遗传算法是群体迭代法, 它从一个包含多个单点的群体开始经迭代产生一个更令人满意的包含多个点的群体.

(2) 单点迭代法一般采用迭代公式产生新的迭代点, 如牛顿法, 拟牛顿法, 单纯形法等, 而遗传算法采用模拟生物遗传和进化的遗传操作产生新的迭代群体. 图 12.1.2 给出了遗传算法从一个群体经遗传操作产生新群体的图示. 从图中可以看出, 遗传操作完全类似于生物遗传的过程, 包含选择运算, 交叉运算和小概率变异运算.

(3) 前述章节的最优化算法直接以问题的决策变量为运算对象, 而遗传算法以问题决策变量的编码作为运算对象. 编码决定了个体染色体的排列方式, 从而使得对群体的交叉, 变异等遗传操作成为可能.

图 12.1.2 遗传算法的遗传操作

遗传操作中的选择、交叉与变异, 一般采用如下的运算:

选择运算: 根据当前群体中各个个体的适应度 (有关适应度的计算将在后面介绍), 按一定的规则择优选择一些个体 (一般为偶数个) 作为种群, 以便进一步进行交叉 (婚配) 和变异的运算 (某些个体被选中的次数可能是多次, 而不止一次). 群体中未被选上的个体则被从进一步的遗传操作中淘汰.

交叉运算: 对种群中的个体进行随机配对, 并对每一对配对个体按一定的概率在设定的交叉位置交换它们的部分染色体 (如进行交叉变换, 得两个新个体, 如不进行交叉变换, 两个原有的个体 (称为父代个体) 将被作为新群体中的临时个体).

变异运算: 对由临时个体形成的群体中每个个体, 以某一概率 (称为变异概率) 改变其一个或几个位置上 (称为基因位) 的编码值 (称为基因值).

下面我们用一个简单的例子, 模拟遗传算法计算的基本步骤来具体说明什么是遗传算法. 考虑下述最优化问题:

$$\begin{cases} \max & f(x) = x_1^2 + \dfrac{1}{2}(7 - x_2)^2, \\ \text{s.t.} & x_1 \in \{0, 1, 2, 3, 4, 5, 6, 7\}, \\ & x_2 \in \{0, 1, 2, 3, 4, 5, 6, 7\}. \end{cases}$$

对于这一问题, 由于决策变量的取值为 $x_i \in \{0, 1, 2, 3, 4, 5, 6, 7\}$, $i = 1, 2$, 我们采用 3 位二进制编码法则就可以完全确定问题的搜索空间, 表 12.1.1 给出了 x_i, $i = 1, 2$ 的取值与 3 位二进制编码之间的对应关系, 每个 3 位二进制编码称为遗传基因.

表 12.1.1 x_i 的取值与二进制码对应表

x_i	0	1	2	3	4	5	6	7
二进制码	000	001	010	011	100	101	110	111

设群体规模取为 4, 即每个群体由 4 个个体组成. 初始群体由随机产生, 产生的 4 个个体为, 第一个体 $x_1 = 2, x_2 = 2$, 第二个体为 $x_1 = 5, x_2 = 3$, 第三个体为 $x_1 = 3, x_2 = 6$, 第四个体为 $x_1 = 4, x_2 = 7$. 表 12.1.2 给出了初始群体的组成及相应的个体编码 (染色体).

表 12.1.2   初始群体编码

序号	x_1	x_2	个体编码
1	2	2	010010
2	5	3	101011
3	3	6	011110
4	4	7	100111

接下来的步骤为计算群体中各个体的适应度用于评定群体中各个体的优劣程度. 对于本例, 由于目标函数取正值, 而且以最大为目标, 因此我们就以目标函数在各个编码个体所对应的可行解的函数值作为每个个体在群体中的适应度, 并以群体中最大的目标函数值作为群体的适应度. 表 12.1.3 给出了初始群体各个体的适应度 $f_i, i = 1, 2, 3, 4$, 群体适应度 $\max\{f_i, i = 1, 2, 3, 4\}$, 以及每个个体相对适应度

$$r_i = \frac{f_i}{\displaystyle\sum_{i=1}^{4} f_i}, \quad i = 1, 2, 3, 4.$$

表 12.1.3　初始群体的适应度和每个个体的相对适应度

序号	x_1	x_2	个体编码	f_i	r_i
1	2	2	010010	16.5	0.2200
2	5	3	101011	33	0.4400
3	3	6	011110	9.5	0.1267
4	4	7	100111	16	0.2133
群体适应度				33	

在有了初始群体每个个体的相对适应度之后, 我们可以对初始群体中的个体进行随机淘汰选择以生成初始种群. 选择的原则是相对适应度越高的个体有更多的机会入选种群. 如果把各个体的相对适应度 (所有个体的相对适应度之和为 1) 看作获取入选种群机会的概率, 那么根据轮盘赌博的原理, 概率大 (相对适应度高) 的在轮盘上应占有更大的扇面 (图 12.1.3), 因而有更多的入选种群的机会 (次数). 表 12.1.4 的第 2 列给出了各个体经产生随机数 (相应于转轮盘) 所获得的入选次数 (2 号个体入选了 2 次, 1 和 4 两个个体各入选 1 次, 3 号个体未能入选被淘汰), 表的第 3 列按顺序给出了每次选择的结果.

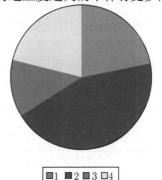

■1 ■2 ■3 □4

图 12.1.3　适应度区域示意

表 12.1.4　对初始群体遗传操作运算结果

序号	入选次数	入选结果	配对, 交叉点	交叉结果	变异位置	变异结果
1	1	101011	1-2,2	100111	4	100011
2	2	100111		101011	2	111011
3	0	010010	3-4,5	010011	不变异	010011
4	1	101011		101010	5	101000

入选种群的个体确定之后的遗传操作为交叉运算, 该过程包括对种群的个体进行随机配对, 然后对配对的两个个体随机确定是否进行交叉运算, 以及如何进行交叉运算, 随机确定交叉点的位置. 表 12.1.4 的第 4 列给出了配对的结果, 以及所配对随机确定的交叉位置. 从表中看出, 对 1-2 配对所确定的交叉位置为第 2 位, 即把该两个个体第 2 位以后的所有基因按相同的顺序互相交换. 如此交换的结果见表 12.1.4 第 5 列的前两个编码. 在这个例子中所生成的两个个体实际上还是原来的两个个体, 也就是说, 两个父代个体未经交叉直接进入, 成为下一代两个临时个体. 对 3-4 配对所确定的随机交叉位置为第 5 位, 配对交叉后生成两个不同的染色体作为新一代群体的两个临时个体, 结果见表.

紧接交叉运算的是变异运算, 也就是对经交叉运算生成的新群体的每个临时个体, 随机确定是否要进行变异运算以及变异发生的所在位置. 表 12.1.4 的第 6 列给出了对各个体变异与否的结果, 以及相应的变异位置. 对于给定的变异位置将个体在该位置的编码值取相反的值, 即或者将原来的 1 变异为 0, 或者将原来的 0 变异为 1. 表 12.1.4 的第 7 列给出了变异的结果.

至此, 新一代群体已经产生, 我们需要判定是应该停止进一步的迭代运算, 还是要继续进行迭代. 有关终止迭代的准则我们将在下节介绍. 对于这个例子, 由于我们知道其最优值为 73.5, 在目前还没取得最优值的情况下我们应进行进一步的迭代. 对第二次迭代首先要对所得新群体中的每个个体进行解码以得到每个个体所代表的问题的可行解, 以便得出相应的可行解, 计算目标函数值得出每个染色体的适应度. 解码的过程, 首先把每个染色体的 6 位长的编码切断为两个 3 位长的二进制编码 (遗传基因), 再把每个 3 位长的二进制编码 (遗传基因) 转换为对应的十进制数, 以得出对应的变量 x_1 和 x_2 的取值, 解码的结果见表 12.1.5 的第 3 列. 迭代的整个过程完全类似于第 1 次迭代的过程, 表 12.1.5 给出了第二次迭代的整个过程. 至新的群体产生时我们已得到了所给例子的全局最优解 $x_1 = 7, x_2 = 0$.

表 12.1.5　　第 2 次迭代结果

序号	个体编码	(x_1, x_2)	f_i	r_i	入选次数	入选结果	配对, 交叉点
1	100011	(4,3)	24	0.17	1	101000	1-2,3
2	111011	(7,3)	57	0.4	2	111011	
3	010011	(2,3)	12	0.08	0	111011	3-4,2
4	101000	(5,0)	49.5	0.35	1	100011	
群体适应度			57				

序号	交叉结果	变异位置	变异结果	(x_1, x_2)	f_i	r_i
1	101011	2	111011	(7,3)	57	0.26
2	111000	不变异	111000	(7,0)	73.5	0.33
3	110011	6	110010	(6,2)	48.5	0.22
4	101011	5	101001	(5,1)	43	0.19
群体适应度					73.5	

上述这么一个简单例子在于帮助大家对遗传算法有一个感性的认识, 在下一节我们将学习遗传算法的一般格式. 在本节的最后, 我们给出涉及遗传算法的几个基本术语.

在遗传算法中, 称可行的决策变量 $x = (x_1, x_2, \cdots, x_n)^{\mathrm{T}}$ 为个体的表现型, $x = (x_1, x_2, \cdots, x_n)^{\mathrm{T}}$ 的编码形式用字符串 $X = X_1 X_2 \cdots X_n$ 表示, 其中 X_i, $i = 1, 2, \cdots, n$ 称为遗传基因, 每个遗传基因所有可能的取值称为等位基因, 根据所用编码方法的不同, 等位基因可以是整数, 也可以是实数, 甚至可以是一个纯粹的符号. 字符串 $X = X_1 X_2 \cdots X_n$ 称为染色体, 又称为个体的基因型. 一般说来个体的表现型和基因型是一一对应的. 与所有的表现型个体对应的所有染色体组成染色体空间. 在上述二进制编码的例子中, 一个染色体由两个遗传基因组成, 每个遗传基因占有三个编码位置, 每个位置的取值或为 0, 或为 1, 而表 12.1.1 的第 2 和第 4 两列给出了每个遗传基因可取值的所有等位基因, 例如 $x = (3,5)^T$ 就是一个个体的表现型, 与其对应的基因型为 $X = 011101$, 它是一个染色体, 011 和 101 各是其一个遗传基因.

对染色体空间中的每一个染色体, 根据问题的目标确定一个适应度. 适应度的确定一般要求越接近问题目标函数最优值的染色体, 其适应度应越高. 一个遗传算法就是选定一种适当的编码技术, 将由问题的所有可行解形成的解空间转换成染色体空间, 再根据生物遗传和进化的过程在染色体空间中应用选择, 交叉和变异等遗传操作对染色体进行搜索, 产生适应度越来越高的群体, 直至求得对应于最优目标值的染色体, 再将该染色体进行解码, 求得原最优化问题的全局最优解.

12.2 遗传算法的基本格式

根据 12.1 节的分析和示例, 可以看出, 遗传算法需要根据所讨论的最优化问题的特点, 选择合适的编码技术, 将问题的可行解空间转换成染色体空间, 并根据问题的目标对染色体空间中的每个染色体个体选择合适的适应度. 在此基础上, 在染色体空间通过模拟生物的遗传和进化进行遗传运算, 以便对染色体空间按照适应度递增的要求进行群体搜索, 产生适应度越来越高的群体, 直至找到问题的全局最优解或近似全局最优解. 根据所选编码技术, 适应度指标, 遗传运算的不同, 形成了许多形形色色适用于不同问题求解的遗传算法, 但是所有这些遗传算法都服从于一个基本的格式, 本节介绍遗传算法的这一基本格式.

下面介绍基本的遗传算法.

算法 12.2.1

步 1(预处理步). 确定编码, 解码方法, 设定适应度指标, 确定选择运算, 交叉运算和变异运算的操作, 设置算法参数值;

步 2(初始步). 随机产生初始群体, 记为 $\mathcal{X}_1$, 给定群体中每个个体的编码 (染色体), 置代数参数 $k = 1$;

步 3(适应度计算). 计算群体 $\mathcal{X}_k$ 中每个个体的适应度, 相对适应度及群体适应度;

步 4(终止检验). 如果终止的条件没有得到满足, 转步 5; 否则对群体 $\mathcal{X}_k$ 中适应度最高的个体解码, 得出与其相对应的表现型个体, 记为 x^*, 作为问题的最优解输出;

步 5(选择运算). 对群体 $\mathcal{X}_k$ 中的个体按照其各自的适应度, 进行选择运算, 形成种群, 记为 Q_k;

步 6(交叉运算). 对种群 Q_k 中的个体进行随机配对, 对每对配对的两个体按设定的交叉概率在确定的交叉点进行交叉运算形成临时群体, 记为 $\tilde{Q}_k$;

步 7(变异运算). 对临时群体 $\tilde{Q}_k$ 中的每一个体按设定的变异概率在确定的变异点作交叉运算, 形成新一代群体, 记为 $\mathcal{X}_{k+1}$, 置 $k := k+1$, 转步 3.

下面的图 12.2.1 给出了基本遗传算法的流程图. 在流程图中我们没有像上述算法的叙述中引用了种群集合及经交叉运算后的临时群体, 而是直接从群体 P_k 中按选择算法随机选择两个父代个体进行交叉运算和变异运算后生成两个新一代群体, 直止新一代群体中个体的个数达到预先指定的群体规模. 从上面基本遗传算法的迭代格式, 我们可以看出在应用一个遗传算法之前, 要对遗传算法的几个构成要素进行设计. 这些构成要素包括:

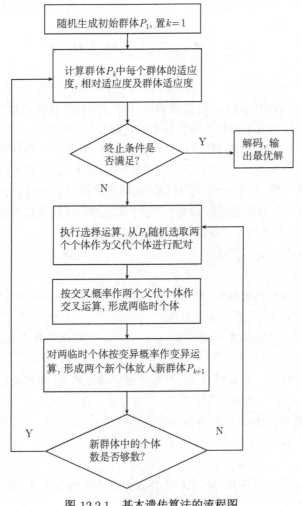

图 12.2.1　基本遗传算法的流程图

(1) 确定染色体的编码和解码方案;

(2) 对每个染色体选用适当的适应度函数以评判不同个体的优劣;

(3) 遗传运算的设计, 包括选择运算, 交叉运算和变异运算;

(4) 确定算法的参数, 包括群体的规模、进化的代数、交叉概率和变异概率等;

(5) 算法终止的准则, 终止准则应根据问题对最优解的要求和计算效率这两个方面的要求综合考虑.

我们将在本节介绍除构成要素 (3) 外的其他构成要素, 而把构成要素 (3) 放在下一节加以介绍.

12.2.1　染色体编码和解码方法

编码是设计遗传算法时首先要解决的问题. 由于遗传算法不直接对优化问题的决策变量进行操作, 而是对对应于可行解 $x = (x_1, x_2, \cdots, x_n)^{\mathrm{T}}$ 的字符串 $X = X_1 X_2 \cdots X_n$ (染色体) 进行选择、交叉、变异等遗传操作, 因此首先需要设计把问题可行解转换成可遗传操作的字符串的方法, 称为编码方法.

(1) 不同的编码方法决定表现型个体的不同排列形式.

(2) 编码方法的确定也决定了解码的方法. 尽管在上述遗传算法的基本格式中, 我们只在算法的最后一步涉及解码过程, 但事实上在大多数遗传算法中, 对染色体适应度计算同问题的目标函数值相关联, 因此在每个群体中每个染色体适应度的计算都要涉及解码, 以计算同该染色体相对应的表现型个体的函数值.

(3) 编码方法的确定还涉及在染色体上进行的遗传操作: 选择运算、交叉运算和变异运算的设计. 因此编码设计是影响遗传算法性能和效率的重要因素.

迄今为止遗传算法已经有了很多的编码方法, 适用于最优化问题求解的编码方法有二进制编码、浮点数编码等.

1. 二进制编码

二进制编码由于其解码和遗传操作运算的简单, 已成为遗传算法中使用最广泛的一种编码方法. 二进制编码将问题的可行解转换成一个由 0 和 1 组成的字符串来表示. 由二进制编码所确定的染色体的长度取决于对问题求解的精度要求. 设决策变量中某分量可行的取值区间为 $[a, b]$, 在二进制编码所表示的同决策变量对应的染色体中该分量对应的二进制编码 (称为遗传基因) 的长度为 ℓ 位, 则遗传基因总共有 2^{ℓ} 个等位基因, 它们是

$$
\begin{aligned}
0000 \cdots 00000 = 0 \quad &\longrightarrow \quad a \\
0000 \cdots 00001 = 1 \quad &\longrightarrow \quad a + h \\
0000 \cdots 00010 = 2 \quad &\longrightarrow \quad a + 2h \\
\vdots \qquad\qquad &\qquad\quad \vdots \qquad \vdots \\
1111 \cdots 11111 = 2^{\ell} - 1 \quad &\longrightarrow \quad b
\end{aligned}
$$

其中

$$h = \frac{b-a}{2^\ell - 1} \tag{12.2.1}$$

为该决策变量相邻的两个取值之间的间隔, 也是求解最终所得最优解的精度. 由此可以看出, 在采用二进制编码对决策变量在区间 $[a,b]$ 的取值作转换时, 遗传基因的位长 ℓ 取决于区间的长度 $(b-a)$ 以及对求解精度 h 的要求.

在对二进制编码进行解码时, 假定决策变量的取值区间为 $[a,b]$, 遗传基因的位长为 ℓ. 设遗传基因的表达式为:

$$X: \quad c_\ell c_{\ell-1} \cdots c_2 c_1,$$

其中 c_i, $i = 1, 2, \cdots, \ell$ 的取值或为 0, 或为 1, 则该遗传基因所对应的决策变量的取值由下述解码公式确定

$$x = a + \sum_{i=1}^{\ell} 2^{i-1} c_i h, \tag{12.2.2}$$

其中 h 由式 (12.2.1) 给出.

对于 n 维的决策向量 $x = (x_1, x_2, \cdots, x_n)^{\mathrm{T}}$, 如果对第 i 个变量进行二进制编码所需的遗传基因的位长为 ℓ_i, 则表示决策变量 x 取值的染色体 $X = X_1 X_2 \cdots X_{n-1} X_n$ 的长度为

$$L = \sum_{i=1}^{n} \ell_i,$$

相应的染色体空间将包含 2^L 个染色体.

对于离散的组合最优化问题, 如整数规划问题, 决策变量取离散的值, 采用二进制编码时, 需要根据变量所取离散值的多少来确定每个遗传基因的位长. 例如变量 x_1 可行的取值为区间 $[1,1024]$ 内所有整数值, 可以看出这个区间内共有 1024 个整数, 为了用二进制编码表示所有这 1024 个整数, 二进制编码的位长 ℓ 应满足

$$2^\ell \geqslant 1024,$$

由此得 $\ell = 10$, 也就是相应的遗传基因的位长应为 10 才能用二进制编码完整地表达这 1024 个整数, 这时我们有

$$
\begin{array}{ccc}
0000000000 = 0 & \rightarrow & 1 \\
0000000001 = 1 & \rightarrow & 2 \\
0000000010 = 2 & \rightarrow & 3 \\
\vdots & \vdots & \vdots \\
1111111111 = 1023 & \rightarrow & 1024
\end{array}
$$

二进制编码具有编码, 解码运算简单, 交叉和变异等操作便于实现的特点, 因而得到广泛的应用. 但二进制编码也有其自身的不足: ①对于连续优化问题, 由于遗传算法的随机特性, 局部搜索能力较差, 造成即使已得到在最优解邻近的点, 却不能很快的收敛于最优解的局面. ② 存在求解精度与计算工作量之间的冲突, 由于连续变量与二进制编码之间存在误差, 如果每个遗传基因所用的二进制编码的位长短, 则误差就大, 可能达不到求解的精度要求, 如按求解的精度要求, 则可能要求每个遗传基因采用比较长的二进制位长, 这样就会导致染色体空间呈指数增长, 使得遗传算法的性能下降. 例如: 设决策变量 x 有 50 个分量 (这是一个规模偏小的最优化问题), 每个变量允许取值的区间为 $[1,10]$, 如果对每个变量采用 10 位长的二进制编码, 则求解结果的精度只有

$$\frac{10-1}{2^{10}-1} = 0.0088.$$

如果要求所得结果精度达到小数点后 5 位, 则每个遗传基因的二进制位长至少为 20 位, 这是因为

$$2^{19} = 524288 < \frac{10-1}{0.00001} = 900000 < 2^{20} = 1048576.$$

这样每个染色体必须用 $50 \times 20 = 1000$ 位长的二进制编码的字符串来表示, 在此情况下染色体空间的规模为 2^{1000}, 在这样大规模的染色体空间中寻求目标取最优的染色体, 其效率可想而知. 要知道这样的变量只有 50, 每个变量取值区间为 $[1,10]$ 的最优化问题不能算作一个中大规模的最优化问题.

2. 浮点数编码法

浮点数编码法是针对二进制编码法的上述不足提出来的, 它直接用决策变量的实际取值作为编码, 因而又被称为真值编码法, 每个染色体的长度等于决策变量的个数. 例如: 考虑一个有三个变量的连续最优化问题, 三个变量的取值区间分别为

$$x_1 \quad [1,10],$$
$$x_2 \quad [3.5, 8.9],$$
$$x_3 \quad [0, 100],$$

则对于一个可行解 $x = (3.55, 8.76, 86.57)^{\mathrm{T}}$, 其用浮点数编码表示的染色体为

$$X = 3.55|8.76|86.57.$$

这个染色体的长度为 3, 3.55 是相应于变量 x_1 的一个编码 (等位基因), 相应于这个遗传基因的所有等位基因是区间 $[1,10]$ 内的所有可能的浮点数.

12.2.2 适应度计算

对于生物的遗传与进化, 适应度用于表示生物个体对生存环境的适应程度, 对环境的适应程度高的生物, 其生存的概率高; 对环境的适应度低的生物, 其生存的概率会低. 在遗传算法中, 适应度起着类似的作用, 适应度用于表示群体中的每个个体接近于目标的程度, 同样适应度高的个体被入选种群的机会就高, 适应度低的个体入选种群的机会就少, 这是因为作为寻求最优目标的过程, 由于适应度高的个体会接近于我们所需要的目标, 由它们经过交叉, 变异等遗传运算所获得的新一代具有高适应度的概率会很高. 由此可以看出对群体中的基因型 (染色体) 个体选用合适的适应度也是遗传算法设计的关键之一. 度量染色体个体适应度的函数称为适应度函数.

1. 简单适应度函数

对目标为求最大的最优化问题, 最简单的适应度函数直接取为每个染色体个体 X 所对应的表现型个体 x 的目标函数值, 即有

$$F(X) = f(x), \tag{12.2.3}$$

这里 X 表示染色体个体, x 表示与染色体 X 对应的表现型个体, $F(X)$ 表示染色体的适应度, $f(x)$ 表示优化问题中的目标函数 f 在点 x 的取值. 采用这样的适应度函数构造简单, 使用方便, 但只适用于目标函数都取正值的求最大值的最优化问题. 对于目标函数值可能出现负值的求最大的最优化问题, 可以对个体的适应度计算作如下的改进:

$$F(X) = \begin{cases} f(x) - c, & f(x) > c, \\ 0, & f(x) \leqslant c, \end{cases} \tag{12.2.4}$$

以确保个体适应值的非负性, 这里 c 或者为一个预先取定的小的数, 或者取为到当前为止的最小目标函数值. 而对于求目标函数最小值的最优化问题, 适应度函数可以取下面的形式:

$$F(X) = \begin{cases} M - f(x), & f(x) < M, \\ 0, & f(x) \geqslant M, \end{cases} \tag{12.2.5}$$

这里 M 或为一个预先取定的比较大的一个数, 或为到当前为止的最大目标函数值.

2. 加速适应度函数

采用上述适应度函数尽管简单, 但并非对所有的场合都能使用, 对于一些优化问题, 当某个群体的所有表现型个体所对应的目标函数值相差不大的时候, 个体间的适应度有可能相差不显著, 由此造成的后果是各个个体的相对适应度, 即每个个

体生存概率近似相等, 由此造成选择运算的困难. 下面的问题可以说是这样一个例子. 考察一个变量的最优化问题

$$\max\{1 + \ln(x/3) \mid x \in [1, 2]\}.$$

我们把区间 [1,2] 分成 31 个相等的区间, 每个区间长度为 $h = 1/31 = 0.0323$, 这样区间 [1,2] 内共有 32 个点, 我们可以用 5 位长的二进制编码串表示一个染色体, 下面的表 12.2.1 给出了某代群体中 4 个个体的按上述适应度函数确定的个体适应度和相对适应度. 从中可以看出每个个体的适应度和相对适应度都十分接近.

表 12.2.1 某群体的个体适应度与相对适应度

序号	个体编码	x	适应度	相对适应度
1	10011	1.6129	0.37942	0.2172
2	11001	1.8065	0.4928	0.2820
3	10101	1.6774	0.4186	0.2396
4	10111	1.7419	0.4564	0.2612

克服上述不足的一个方案为采用下述的加速适应度函数

$$F(X) = \begin{cases} \dfrac{1}{f_{\max} - f(x)}, & f(x) < f_{\max}, \\ M > 0, & f(x) = f_{\max}, \end{cases} \tag{12.2.6}$$

这里 $f_{\max}$ 为当前的最优目标函数值, M 为一个事先选定的充分大的数. 对表 12.2.1 的群体采用式 (12.2.6) 的适应度函数后所得的每个个体的适应度与相对适应度如表 12.2.2 所示, 其中取 $M = 35$. 这时我们看到, 对每个个体而言, 无论是个体的适应度, 还是相对适应度都有了明显的差别.

表 12.2.2 群体个体的加速适应度与相对适应度

序号	个体编码	x	$f(x)$	加速适应度	相对适应度
1	10011	1.6129	0.37942	8.82	0.104
2	11001	1.8065	0.4928	35	0.413
3	10101	1.6774	0.4186	13.49	0.159
4	10111	1.7419	0.4564	27.50	0.324

3. 排序适应度函数

排序适应度函数通过对群体中的个体按目标函数值从小到大的次序进行排序, 再按排序的结果按下式

$$F(i) = \frac{2i}{m(m+1)}, \quad i = 1, 2, \cdots, m, \tag{12.2.7}$$

计算每个个体的适应度, 这个适应度也就是每个个体的相对适应度, 这里 i 表示经排序后排在第 i 位的个体. 表 12.2.3 给出了表 12.2.1 中的个体采用排序适应度函数后的适应度 (相对适应度).

表 12.2.3　群体个体的加速适应度与相对适应度

序号	个体编码	x	$f(x)$	排序结果	相对适应度
1	10011	1.6129	0.37942	1	0.10
2	11001	1.8065	0.4928	4	0.40
3	10101	1.6774	0.4186	2	0.20
4	10111	1.7419	0.4564	3	0.30

12.2.3　算法参数的选取

同所有的算法一样, 遗传算法在执行之初也需要对相关的参数值作出合理的选择, 参数值的不同选取将影响算法的性能. 针对不同的遗传算法, 实际使用的参数可能略有不同, 但下述这几个参数却对所有的遗传算法都是共同的关键参数, 这些参数为: 染色体的字符串长度、群体规模、交叉概率和变异概率.

1. 染色体字符串长度

从前面的分析可知, 在用二进制编码时, 字符串长度的选择影响对问题求解的精度, 字符串长度短, 染色体空间小, 计算简单, 但求解的精度低. 如果要提高求解的精度, 就要增加字符串的长度, 这会导致染色体空间呈指数增长, 以及计算工作量增加. 为提高计算效率可以采用字符串长度可变动的方法, 或者采用对编码区域作调整的办法, 即先对大的区域用较短的位长编码确定一个小的区域, 再对这个小的区域用位长较长的字符串进行重新编码.

2. 群体的规模

群体的规模是影响算法优化性能和效率的因素之一, 群体规模小, 算法对每个群体的运算速度会比较快, 但却不能提供足够多的采样点, 降低了群体的多样性, 使得算法的性能变差, 甚至可能出现早熟等问题. 另一方面, 如群体规模过大, 尽管增加了优化所需要的信息, 使算法的性能得到改善, 但算法的运算工作量却会成倍增加, 导致算法收敛时间变长. 对群体规模一个值得推荐的选取方法为 (见徐成贤等《现代优化计算方法》)

$$m = 2^{\delta/2}, \quad \delta = \frac{(L-1)(1-P_s)}{P_c}, \tag{12.2.8}$$

其中 m 表示群体中个体的数目, L 为每个个体编码的位长, P_s 为选择过程中生存的概率, P_c 为交叉概率. 由于 $\delta = O(L)$, 当个体编码的位长增加时, 既导致染色体空间呈指数增长, 同时也要求群体的规模呈指数增长, 以适应染色体空间的增长, 这将带来计算时间的急剧增加. 目前通常用的方法取 m 为个体编码位长的一个适当的倍数, 如 $m \in [L, 2L]$.

当然, 群体规模在算法进行的过程中是可以改变的. 例如在迭代进行的过程中, 如出现连续几代无进展或进展不大的情况, 可以考虑适当扩大群体规模, 以增大优化所需的信息量. 而当出现解的改进十分令人满意的时候可以考虑适当地减小群体规模以减少每次进展所需的计算工作量.

3. 交叉概率

交叉概率是用于控制交叉运算的概率, 如记交叉概率为 P_c, 则经选择运算产生的种群将有 $m \times P_c$ 个个体进行交叉运算, $(1 - P_c) \times m$ 个个体不经交叉运算直接进入新群体的临时群体, 其中 m 为种群的规模, 它是一个偶数. 如果 $P_c = 1$, 则群体中的每一个个体都要进行交叉运算, 新的群体将完全不同于旧群体, 这样做的结果是每进行一次遗传操作, 种群将完全得到更新, 但也有其不足, 就是原来已经得到的具有高适应度染色体的优良结构将很快被丢失. 如果 P_c 的取值太小, 种群经交叉运算的就很少, 其结果就是每次遗传所得到的进展会很小. 对交叉概率可以考虑的取值范围为 $P_c \in [0.5, 0.99]$.

4. 变异概率

变异操作是遗传与进化的基本运算之一, 其作用在于群体经交叉运算后, 通过变异运算进一步增大群体的多样性, 变异概率在于控制经交叉后临时群体中所有染色体每个字符位变异的可能性. 设群体的规模为 m, 每个染色体的字符串位长为 L, 则总共有 $m \times L$ 个字符位可进行变异操作, 如用 P_m 表示变异的概率, 则将有 $m \times L \times P_m$ 个字符位发生变异, 而 $(1 - P_m) \times m \times L$ 个字符位将不进行变异运算. 变异概率太大, 则会使得遗传算法变成一个实质上的随机搜索算法, 变异概率太小, 则算法产生新个体的能力以及使某些在前期丢失的好的基因信息无法得到恢复, 而且还可能出现群体的某个字符位始终保持不变的现象. 通常的取值范围为 $P_m \in [0.001, 0.05]$.

12.2.4 算法的终止准则

由于优化问题的最优目标值一般是未知的, 我们需要根据算法进展过程中所提供的信息来判断算法所取得的近似最优解对真实最优解的接近程度, 据此来设置相应算法的终止准则, 以便及时终止算法的迭代过程, 避免不必要的重复运算.

最简单的终止准则为设定一个最大的遗传代数 T, 算法在遗传至该设定的最大遗传代数 T 时停止, 并输出当前适应度最大的表现型个体作为问题的近似最优解. T 的取值范围为 $T \in [100, 1000]$. 这种方法的最大优点是简单, 但很可能不准确.

　　另一个算法终止准则称为自适应评价准则, 它是通过监控遗传进化过程中目标值的进展情况来判定是否终止进一步的迭代. 如设群体的规模为 m, 记 f_{tj} 为第 t 代群体的第 j 个染色体所对应的目标值,

$$f_t^* = \max\{f_{tj}, \ j = 1, 2, \cdots, m\}$$

表示第 t 代群体的最优目标值, 而

$$f(t) = \frac{1}{m} \sum_{j=1}^{m} f_{tj}$$

表示第 t 代群体的平均目标值, 用

$$b(t) = \max\{f_1^*, f_2^*, \cdots, f_{t-1}^*, f_t^*\}$$

表示到第 t 代为止的最优目标值, 则自适应终止准则可以有下述三种选择:

　　(1) 连续几代的最优目标值的进展都很小, 即有

$$|f_t^* - f_{t-k}^*| \leqslant \epsilon, \tag{12.2.9}$$

其中 $\epsilon > 0$ 为预先给定的一个小的正数, t 为当前的遗传代数, k 表示连续的代数, 如 $k \in [4, 8]$.

　　(2) 连续几代的平均目标值的进展都很小, 即

$$\frac{1}{k} \sum_{j=0}^{k-1} |f(t-j) - f(t-j-1)| \leqslant \epsilon, \tag{12.2.10}$$

其中 k, ϵ 的意义同上.

　　(3) 连续几代 $b(t)$ 的进展都很小或无进展, 即有

$$|b(t) - b(t-k)| \leqslant \epsilon. \tag{12.2.11}$$

在使用上述三种可供选择的终止准则时, 对不同问题由于目标函数值绝对值大小的不同, 对 ϵ 的要求会不同. 一种可以避免这种问题的解决方案为采用每次遗传的相对进展, 即用下面的三个准则来分别代替准则 (12.2.9)~(12.2.11),

$$\frac{|f_t^* - f_{t-k}^*|}{\max\{|f_t^*|, |f_{t-k}^*|\}} \leqslant \epsilon, \tag{12.2.12}$$

$$\frac{1}{k} \sum_{j=0}^{k-1} \frac{|f(t-j) - f(t-j-1)|}{\max\{|f(t-j)|, |f(t-j-1)|\}} \leqslant \epsilon, \tag{12.2.13}$$

$$\frac{|b(t) - b(t-k)|}{\max\{|b(t)|, |b(t-k)|\}} \leqslant \epsilon. \tag{12.2.14}$$

另一个可供选用的自适应终止准则为当当前群体所有个体目标值波动的方差小于一个预先指定的值, 即有

$$\sigma^2(t) \leqslant \epsilon, \tag{12.2.15}$$

其中

$$\sigma^2(t) = \frac{1}{m-1} \sum_{j=1}^{m} (f_{tj} - f(t))^2.$$

具体选用什么样的终止准则要根据具体问题的特性, 所采用的遗传算法的性能, 以及对求解精度的要求作综合的考虑, 当然也可以选用几个合适的终止准则形成组合准则来使用.

12.3 遗 传 运 算

本节将介绍遗传算法的另一个关键要素, 即遗传操作的具体运算, 图 12.2.2 给出了遗传运算的图示, 遗传运算包含三个主要的运算过程: 选择运算、交叉运算和变异运算. 本节将对执行这三个运算的有关主要方法作介绍.

12.3.1 选择运算

选择运算的目的在于从当前的群体中按一定的规则选取一定数量的个体作为种群, 以便把所选种群中的个体作为父本, 经过接下来的交配 (交叉运算) 和变异操作产生新一代的群体. 根据遗传进化的基本原理, 对自然环境适应性高的个体会有更多的机会生存, 品质优良的个体有可能产生适应性更高的个体, 因此种群的一般选择原则是适应度高的个体应该有更多的机会入选种群. 随着对选择运算的研究, 目前有很多不同的选择运算方法, 下面介绍比例选择法、排序选择法和联赛选择法.

1. 比例选择法

比例选择就是前面提到过的轮盘赌法则. 这是一种按个体适应度的大小确定其入选概率的选择方法, 适应度高的个体入选概率要高于适应度低的个体. 设群体的规模为 m, 当前的群体为 $\mathcal{X}_k = \{X_1^{(k)}, X_2^{(k)}, \cdots, X_m^{(k)}\}$, 个体 $X_i^{(k)}$ 的适应度为 $F_{ki} = F(X_i^{(k)}) \geqslant 0$, $i = 1, 2, \cdots, m$, 则个体 $X_i^{(k)}$ 在每一次选择时入选种群的概率为

$$P_i = \frac{F_{ki}}{D}, \ i = 1, 2, \cdots, m, \tag{12.3.1}$$

其中

$$D = \sum_{j=1}^{m} F_{kj}.$$

在进行选择时, 每次随机产生一个均匀分布的随机数 $\xi \in (0,1)$, 确定指标 ℓ 满足

$$\frac{\sum\limits_{j=1}^{\ell-1} F_{kj}}{D} < \xi \leqslant \frac{\sum\limits_{j=1}^{\ell} F_{kj}}{D}, \tag{12.3.2}$$

则个体 $X_\ell^{(k)}$ 将被入选种群. 再次产生一个随机数 $\xi \in (0,1)$, 可以再确定一个入选种群的个体, 重复这个过程, 直至入选种群的个体数满足要求为止.

下面我们给出一个例子说明比例选择算法的操作过程. 表 12.3.1 的第 2,3 两列分别给出了由 8 个个体组成的群体, 以及每个个体的适应度, 第 4 列为每个个体的相对适应度, 也就是每个个体在每次选择时能入选群体的概率, 第 5 列是按式 (12.3.2) 计算的到该个体为止的所有个体 (包括其自身) 的相对适应度之和. 第 6 列为每次选择时所产生的位于 (0,1) 的随机数 ξ, 第 7 列给出的是按式 (12.3.2) 所确定的入选种群的个体, 种群要求的个体数为 8, 因而作了 8 次选择. 从表中的结果可以看出适应度较高的 5 个个体 X_2, X_3, X_5, X_6 和 X_8 都被入选了种群, 只不过入选的次数不同, 个体 X_5 尽管其适应度不是最高的, 但入选了 4 次, 其他 4 个个体 X_2, X_3, X_6 和 X_8 各入选 1 次.

表 12.3.1　比例选择算法的操作过程

k	个体	个体适应度	个体相对适应度	$\sum_1^k$	产生的随机数	入选个体
1	X_1	0.01	0.000469	0.000469	0.250121	X_3
2	X_2	4.20	0.196998	0.197467	0.542266	X_5
3	X_3	2.75	0.128987	0.326454	0.443775	X_5
4	X_4	0.86	0.040338	0.366792	0.603007	X_6
5	X_5	3.75	0.175891	0.542683	0.444315	X_5
6	X_6	5.80	0.272045	0.814728	0.037240	X_2
7	X_7	1.55	0.072702	0.887430	0.995472	X_8
8	X_8	2.40	0.112570	1.000000	0.375141	X_5

2. 排序选择法

比例选择法根据群体中每个个体的适应度来确定其入选种群的概率, 因此要求每个个体的适应度必须非负, 这对于以目标函数值作为个体适应度, 且出现负函数值的情况必须采用某些变换以产生非负的个体适应度. 排序选择法则不同, 它可以不要求个体的适应度非负, 而只是根据当前群体中个体适应度的相对大小进行排序, 然后按预先确定的法则, 基于个体的这个排序对每个个体分配一定的入选种群的概率. 当然, 适应度高的个体入选种群的概率要高于适应度低的个体的入选概率, 所有个体入选种群的概率之和为 1. 在对群体中每个个体的入选概率确定之后, 再用轮盘赌的方式选择入选种群的个体.

对群体中每个个体入选概率的分配需要根据对具体问题的分析和理解, 设计一种分配法则, 一般有线性分配方式和非线性分配方式, 最方便也是最常用的是线性分配方式.

设群体规模为 m, 当前的群体为 $\mathcal{X}_k = \{X_1^{(k)}, X_2^{(k)}, \cdots, X_m^{(k)}\}$, 已经按其适应度从大到小的次序排列, 即有

$$F_{k1} \geqslant F_{k2} \geqslant \cdots \geqslant F_{km}.$$

假设所需选择的种群规模为 m, 我们期望适应度最高的个体 $X_1^{(k)}$ 有 β_1 次入选机会, 则个体 $X_1^{(k)}$ 能入选种群的期望概率应为

$$P_1 = \frac{\beta_1}{m}.$$

再设适应度最差的个体 $X_m^{(k)}$ 入选种群的期望次数为 $\beta_m(\leqslant \beta_1)$, 则个体 $X_m^{(k)}$ 能入选种群的期望概率为

$$P_m = \frac{\beta_m}{m}.$$

当按线性方式确定每个个体入选种群的期望概率时, 适应度介于最高适应度和最低适应度之间的个体, 其入选种群的期望次数由 β_1 和 β_m 之间的等差序列来确定, 即有

$$\beta_j = \beta_1 - (j-1)\Delta\beta, \quad j = 2, 3, \cdots, m-1,$$

其中

$$\Delta\beta = \frac{\beta_1 - \beta_m}{m-1}.$$

由此得出每个个体入选种群的概率为

$$P_i = \frac{1}{m}\left[\beta_1 - \frac{\beta_1 - \beta_m}{m-1}(j-1)\right], \quad j = 1, 2, \cdots, m. \tag{12.3.3}$$

式 (12.3.3) 给出了排序选择法按线性分配方式对群体中的个体进行入选概率分配的方式, 但具体的概率分配还取决于对适应度最高的个体期望入选次数和对适应度最差的个体期望入选次数的设定. 由于要求

$$\sum_{j=1}^{m} P_j = 1,$$

我们有

$$\sum_{j=1}^{m} \beta_j = m. \tag{12.3.4}$$

由于

$$
\begin{aligned}
\sum_{j=1}^{m} \beta_j &= \sum_{j=1}^{m} \left[\beta_1 - \frac{\beta_1 - \beta_m}{m-1}(j-1) \right] \\
&= m\beta_1 - \frac{\beta_1 - \beta_m}{m-1} \sum_{j=1}^{m-1} j \\
&= m\beta_1 - \frac{\beta_1 - \beta_m}{m-1} \frac{m(m-1)}{2} = \frac{m(\beta_1 + \beta_m)}{2},
\end{aligned}
$$

由 (12.3.4) 得

$$
\beta_1 + \beta_m = 2. \tag{12.3.5}
$$

式 (12.3.5) 给出了 β_1 和 β_m 的选取法则. 由于要求 $P_j \geqslant 0$, $j = 1, 2, \cdots, m$, 对 β_m 的选取必须有 $\beta_m \geqslant 0$. 因此 β_1 的取值区间为 $0 \leqslant \beta_1 \leqslant 2$. 如果取 $\beta_m = 0, \beta_1 = 2$, 即适应度最低的个体入选种群的期望次数为 0. 而当 $\beta_m = 1, \beta_1 = 1$ 时, 群体中每个个体入选种群的机会是均等的, 都为 $1/m$, 称这种选取方式为按均匀分布的随机选择. 表 13.3.2 给出了对表 13.2.1 中的群体采用排序选择法进行选择操作所得的结果, 这里我们取 $\beta_1 = 2, \beta_8 = 0$. 从表中的结果可以看出入选的个体还是集中于适应度最高的五个个体 X_2, X_3, X_5, X_6 和 X_8, 只不过入选的次数为 X_2 两次, X_3 三次, X_5, X_6, X_8 各一次.

表 12.3.2　排序选择算法的操作过程与选择结果

k	个体	个体适应度	排序结果	分配的入选概率	$\sum_1^k$	产生的随机数	入选个体
1	X_1	0.01	8	0.000000	0.000000	0.057698	X_2
2	X_2	4.20	2	0.214286	0.214286	0.907497	X_8
3	X_3	2.75	4	0.142857	0.357143	0.255659	X_3
4	X_4	0.86	7	0.035714	0.392857	0.771134	X_6
5	X_5	3.75	3	0.178571	0.571429	0.012504	X_2
6	X_6	5.80	1	0.250000	0.821429	0.259009	X_3
7	X_7	1.55	6	0.071429	0.892857	0.494466	X_5
8	X_8	2.40	5	0.107143	1.000000	0.301455	X_3

3. 联赛选择法

联赛选择法类似于竞技比赛中的淘汰选择机制, 把每组比赛的最优秀者入选种群, 只不过每次进行竞选的对手是从当前群体中随机选取的, 每个个体有多次入选比赛的机会. 也就是说, 联赛选择法在每次选取时, 先从当前的群体中随机选取指定数量, 设为 γ 个个体, 再从这 γ 个个体中选取适应度最高的个体入选种群. 重复这个过程, 直至入选种群的个体达到所求的规模数为止. 可以看出联赛选择法方法十分简单, 它只要随机选择 γ 个个体, 并对所选取的 γ 个个体的适应度大小进行比较运算, 而不需要任何数值计算.

联赛选择算法(设所需的种群规模为 m) 对 $j = 1, 2, \cdots, m$ 重复下述选择过程, 置 $j = 1$:

(1) 从群体 $\mathcal{X}_k = \{X_1, X_2, \cdots, X_m\}$ 中随机选取 γ 个个体, 记为 $\mathcal{S}_j = \{X_{j_1}, X_{j_2}, \cdots, X_{j_\gamma}\}$;

(2) 从 $\mathcal{S}_j$ 中选择适应度最高的个体进入种群;

(3) $j := j + 1$, 转步 (1).

在上述联赛选择算法中, γ 称为联赛规模, 通常, 联赛的规模取为 2. 表 12.3.3 给出了对表 12.3.1 中的个体采用联赛选择法的过程及所得的结果, 取 $\gamma = 2$.

表 12.3.3 联赛选择算法的操作过程与选择结果

k	个体	个体适应度	随机选取的个体对	入选个体
1	X_1	0.01	[2,6]	X_6
2	X_2	4.20	[2,7]	X_2
3	X_3	2.75	[1,3]	X_3
4	X_4	0.86	[4,7]	X_7
5	X_5	3.75	[2,4]	X_2
6	X_6	5.80	[1,5]	X_5
7	X_7	1.55	[1,5]	X_5
8	X_8	2.40	[1,2]	X_2

12.3.2 交叉运算

在对当前的群体经过选择运算确定了种群之后, 下一步的运算就是所谓的交叉运算. 交叉运算的作用在于模仿自然界中有性繁殖的基因重组过程, 通过对种群中的个体进行随机配对, 再对每一对配对的父代个体选择适当的交叉基因位置 (一个或多个), 然后对两个个体按确定的交叉位置互相交换某些基因串. 交叉运算的目的在于将两个父代个体的优良基因遗传给后代个体, 以便产生出更优良的后代个体. 这是一个在染色体空间中向适应度更高的个体的搜索过程. 交叉运算包括下述三个步骤:

(1) 对种群中的个体进行随机配对;

(2) 对每一对配对的个体, 确定进行交叉操作的交叉位置;

(3) 根据交叉概率, 实施交叉操作.

对于配对, 一般的遗传算法都采用随机配对的方法, 即从种群中随机抽取两个父代个体进行配对, 并把已配对的个体从进一步的随机配对中删除. 也就是说, 每次配对后的两个个体不会再在以后的配对过程中出现. 由此过程可以看出在通常的遗传算法中, 每一代群体的规模一般是偶数, 而选择算法所确定的种群的规模一般等于群体的规模.

在解决了种群的配对问题之后, 交叉运算的主要工作在于染色体交叉位置的确定, 以及是否要进行基因串的交换和怎样进行基因串的交换. 对于是否要进行交叉操作, 可以由事先设定的交叉概率 P_c 来确定 (见上节). 对每一对配对的个体, 随机产生一个在 $(0,1)$ 之间均匀分布的随机数 ξ, 如果 $\xi < P_c$, 则不对该对种群个体进行交叉操作, 否则就要对该对种群个体进行交叉操作.

根据染色体所用编码方法的不同, 交叉运算的方法有所不同. 对于二进制编码和十进制编码常用的交叉运算有单点交叉, 多点交叉和均匀交叉.

1. 单点交叉

单点交叉根据配对的两个个体的字符串长度, 随机选取一个交叉位置, 再把这两个个体在指定交叉位之后的字符串相互交换, 产生两个新一代个体. 设两个经配对的染色体 X^1 和 X^2 的字串分别为

$$X^1 = c_1^1 c_2^1 \cdots c_L^1, \quad X^2 = c_1^2 c_2^2 \cdots c_L^2,$$

字符串的长度为 L, 则我们可以随机产生一个位于区间 $[1, L-1]$ 的整数, 设为 $N(1 \leqslant N \leqslant L-1)$, 则 N 就是随机确定的交叉位, 再把染色体 X^1 和 X^2 的位于 c_N^1 和 c_N^2 之后的字符串互相交换得到如下两个新的个体:

$$\bar{X}^1 = c_1^1 c_2^1 \cdots c_N^1 c_{N+1}^2 c_{N+2}^2 \cdots c_L^2, \quad \bar{X}^2 = c_1^2 c_2^2 \cdots c_N^2 c_{N+1}^1 c_{N+2}^1 \cdots c_L^1.$$

单点交叉操作简单, 破坏个体个性和降低个体适应度的可能性比较小. 但单点交叉运算的效果同交叉位置的选择有关, 涉及的信息量相对较小, 交叉位置选择得不好会带来较大的偏差, 而染色体尾部的字符串总是要被交换 (如果进行交叉运算的话). 一种改进的方案为采用多点交叉.

2. 多点交叉

多点交叉是指在染色体的编码中随机设置多个交叉点, 设为 K 个, 再根据交叉点的位置把两个父代个体的染色体分成 $K+1$ 段, 再把两个染色体位于偶数段的字符串相互交换产生两个新一代个体.

设两个经配对的染色体 X^1 和 X^2 的字符串分别为

$$X^1 = c_1^1 c_2^1 \cdots c_L^1, \quad X^2 = c_1^2 c_2^2 \cdots c_L^2,$$

字符串的长度为 L. 设随机产生的 K 个交叉点为

$$1 \leqslant N_1 < N_2 < \cdots < N_K \leqslant L-1.$$

则每个个体染色体的整个字符串的指标被分成下面 $K+1$ 个区段,

$$W_k = \{N_{k-1}+1, N_{k-1}+2, \cdots, N_k\}, \quad k = 1, 2, \cdots, K+1,$$

其中 $N_0 = 0, N_{K+1} = L$. 记新一代个体的字符串为

$$\bar{X}^1 = \bar{c}_1^1 \bar{c}_2^1 \cdots \bar{c}_L^1, \quad \bar{X}^2 = \bar{c}_1^2 \bar{c}_2^2 \cdots \bar{c}_L^2,$$

则交换运算可由下述两式给出

$$\bar{c}_i^1 = \begin{cases} c_i^2, & i \in W_k,\ k\ \text{是偶数}, \\ c_i^1, & \text{其他}, \end{cases} \tag{12.3.6}$$

$$\bar{c}_i^2 = \begin{cases} c_i^1, & i \in W_k,\ k\ \text{是偶数}, \\ c_i^2, & \text{其他}. \end{cases} \tag{12.3.7}$$

下面的图示给出了设置两个交叉点和三个交叉点时的交叉操作.

$$c_1^1 \cdots c_{N_1}^1 | c_{N_1+1}^1 \cdots c_{N_2}^1 | c_{N_2+1}^1 \cdots c_L^1 \qquad c_1^1 \cdots c_{N_1}^1 | c_{N_1+1}^2 \cdots c_{N_2}^2 | c_{N_2+1}^1 \cdots c_L^1$$
$$\to$$
$$c_1^2 \cdots c_{N_1}^2 | c_{N_1+1}^2 \cdots c_{N_2}^2 | c_{N_2+1}^2 \cdots c_L^2 \qquad c_1^2 \cdots c_{N_1}^2 | c_{N_1+1}^1 \cdots c_{N_2}^1 | c_{N_2+1}^2 \cdots c_L^2$$

两个交叉点的交叉运算

$$c_1^1 \cdots c_{N_1}^1 | c_{N_1+1}^1 \cdots c_{N_2}^1 | c_{N_2+1}^1 \cdots c_{N_3}^1 | c_{N_3+1}^1 \cdots c_L^1$$
$$c_1^2 \cdots c_{N_1}^2 | c_{N_1+1}^2 \cdots c_{N_2}^2 | c_{N_2+1}^2 \cdots c_{N_3}^2 | c_{N_3+1}^2 \cdots c_L^2$$
$$\downarrow$$
$$c_1^1 \cdots c_{N_1}^1 | c_{N_1+1}^2 \cdots c_{N_2}^2 | c_{N_2+1}^1 \cdots c_{N_3}^1 | c_{N_3+1}^2 \cdots c_L^2$$
$$c_1^2 \cdots c_{N_1}^2 | c_{N_1+1}^1 \cdots c_{N_2}^1 | c_{N_2+1}^2 \cdots c_{N_3}^2 | c_{N_3+1}^1 \cdots c_L^1$$

三个交叉点的交叉运算

一般常用两个交叉点的交叉操作, 但是对于实际中的连续最优化问题, 如采用二进制编码, 建议交叉点数一般不少于问题的决策变量的个数.

3. 均匀交叉

均匀交叉又称一致交叉, 是多点交叉的一种特殊形式. 所谓均匀交叉是指对两个配对的染色体的每一个基因位上的字符按相同的概率进行均匀的随机交换. 设两个经配对的染色体 X^1 和 X^2 的字符串分别为

$$X^1 = c_1^1 c_2^1 \cdots c_L^1, \quad X^2 = c_1^2 c_2^2 \cdots c_L^2,$$

字符串的长度为 L. 在对这两个配对的字符串作均匀交叉操作时, 按下述步骤进行 L 次比较和运算产生两个新个体 $\bar{X}^1, \bar{X}^2$.

均匀交叉运算: 对 $i = 1, 2, \cdots, L$ 作下述操作:

(1) 随机产生一个在区间 $(0,1)$ 均匀分布的随机数 ξ;

(2) $\bar{c}_i^1 = \begin{cases} c_i^1, & \xi < 1/2, \\ c_i^2, & \xi \geqslant 1/2, \end{cases}$ $\bar{c}_i^2 = \begin{cases} c_i^2, & \xi < 1/2, \\ c_i^1, & \xi \geqslant 1/2. \end{cases}$

下面的图示给出了 $L = 10$ 的两个染色体经均匀交叉操作后所产生的两个新个体, 其中中间的行向量表示每次随机产生的在 $(0,1)$ 均匀分布的随机数.

$$c_1^1 c_2^1 c_3^1 c_4^1 c_5^1 c_6^1 c_7^1 c_8^1 c_9^1 c_{10}^1 \qquad\qquad c_1^1 c_2^1 c_3^2 c_4^2 c_5^2 c_6^1 c_7^2 c_8^2 c_9^2 c_{10}^1$$

$$(0.1, 0.3, 0.6, 0.7, 0.9, 0.3, 0.8, 0.6, 0.5, 0.4)$$

$$c_1^2 c_2^2 c_3^2 c_4^2 c_5^2 c_6^2 c_7^2 c_8^2 c_9^2 c_{10}^2 \qquad\qquad c_1^2 c_2^2 c_3^1 c_4^1 c_5^1 c_6^2 c_7^1 c_8^1 c_9^1 c_{10}^2$$

下面再介绍一下双个体凸组合交叉运算和多个体凸组合交叉运算, 它们适用于采用浮点数编码的染色体.

4. 双个体凸组合交叉

双个体凸组合又称双个体算术交叉, 它要求参与组合的个体为两个已从种群中经配对的个体, 再选定一个组合系数 $\lambda \in (0, 1)$, 新一代的两个个体由这两个个体的不同凸组合生成. 设两个经配对的染色体 X^1 和 X^2 的字符串分别为

$$X^1 = c_1^1 c_2^1 \cdots c_L^1, \quad X^2 = c_1^2 c_2^2 \cdots c_L^2,$$

字符串的长度为 L, 则两个新一代个体 $\bar{X}^1$ 和 $\bar{X}^2$ 各基因位的字符由下式确定

$$\bar{c}_i^1 = \lambda c_i^2 + (1 - \lambda) c_i^1, \quad i = 1, 2, \cdots, L, \tag{12.3.8}$$

$$\bar{c}_i^2 = \lambda c_i^1 + (1 - \lambda) c_i^2, \quad i = 1, 2, \cdots, L, \tag{12.3.9}$$

组合系数 $\lambda \in (0, 1)$ 可以随机产生.

5. 多个体凸组合交叉

多个体凸组合交叉又称多个体算术交叉, 它要求参与组合的个体多于两个, 可以是三个或更多. 进行凸组合的父代个体同样可以从种群中随机选取. 以由三个父代个体组成的凸组合为例, 设 X^1, X^2 和 X^3 为三个已选定的进行凸组合的个体, 则三个新一代个体可以由下述表达式产生:

$$\bar{c}_i^1 = \alpha c_i^1 + \beta c_i^2 + \gamma c_i^3, \quad i = 1, 2, \cdots, L, \tag{12.3.10}$$

$$\bar{c}_i^2 = \alpha c_i^2 + \beta c_i^3 + \gamma c_i^1, \quad i = 1, 2, \cdots, L, \tag{12.3.11}$$

$$\bar{c}_i^3 = \alpha c_i^3 + \beta c_i^1 + \gamma c_i^2, \quad i = 1, 2, \cdots, L, \tag{12.3.12}$$

其中 $\alpha \in (0,1), \beta \in (0,1), \gamma \in (0,1)$, 且 $\alpha + \beta + \gamma = 1$. 当然, 由于参于组合个体的增多, 形成新一代个体的组合方式增多, 上面的 (12.3.10)~(12.3.12) 只给出了其中的一种组合方式. 下面给出的是另一种可能的方式:

$$\bar{c}_i^1 = \alpha c_i^1 + \beta c_i^2 + \gamma c_i^3, \quad i = 1, 2, \cdots, L, \tag{12.3.13}$$

$$\bar{c}_i^2 = \alpha c_i^2 + \beta c_i^1 + \gamma c_i^3, \quad i = 1, 2, \cdots, L, \tag{12.3.14}$$

$$\bar{c}_i^3 = \alpha c_i^3 + \beta c_i^2 + \gamma c_i^1, \quad i = 1, 2, \cdots, L. \tag{12.3.15}$$

可以看出随着参于组合的父代个体的增加, 可供选择的组合方式将随之增多, 我们只要从中选取一个组合方式即可.

12.3.3 变异运算

变异运算是模拟自然界的生物在进化过程中, 其染色体的某个基因位上的基因发生突变产生新染色体的现象设计的. 如果说交叉运算的功能在于在整个染色体空间中进行全局搜索, 那么变异运算的作用在于改善遗传算法的局部搜索功能, 因为通过小概率的变异运算, 对经交叉运算生成的染色体在极少的几个基因位上进行变异操作类似于优化算法的局部搜索, 从而改善算法的局部搜索功能. 因而变异运算是交叉运算的一个补充. 变异运算的另一个作用, 它可以防止算法的早熟现象, 如果群体经过若干代单纯的交叉进化, 群体内个体的适应度可能非常接近, 导致群体多样性的消失. 通过增加变异运算来对个体的某些基因位进行变异, 形成基因的突变以产生新的有显著区别的个体, 以增进群体的多样性.

对群体中每个个体的变异运算包括变异与否的确定、变异位置的确定以及如何进行基因值的替换.

对于选定的基因位进行基因值变异时, 根据编码方式的不同基因值替换的方式会有所不同. 对于二进制编码, 由于每个基因位的取值要么为 0, 要么为 1, 只有两种可能, 因此在变异时或者把原来的 0 替换为 1, 或者把原来的 1 替换为 0. 设对于经交叉产生的新个体为 $\bar{X}$, 现已确定要对 $\bar{X}$ 的第 k 位基因作变异运算, 记变异后形成的个体为 $\hat{X}$, 则具体的运算可表示为

$$\hat{c}_i = \begin{cases} 1 - \bar{c}_i, & i = k, \\ \bar{c}_i, & i \neq k. \end{cases} \tag{12.3.16}$$

对于浮点数编码, 设所确定的变异位处的基因的取值区间为 $[a,b]$, 则该基因位经变异后的取值为在区间 $[a,b]$ 随机确定的一个数, 具体的取值表达式为

$$\hat{c}_k = a + \xi(b - a), \tag{12.3.17}$$

其中 ξ 为在区间 $[0,1]$ 内随机产生的均匀分布的随机数, ξ 也可以服从其他的分布, 如高斯分布、柯西分布等.

对于染色体中每个基因位是否要进行变异操作由事先确定的变异概率 P_{m} 确定. 设种群中的个体经交叉运算后产生的新个体为 $\bar{X} = \bar{c}_1 \bar{c}_2 \cdots \bar{c}_k \cdots \bar{c}_{L-1} \bar{c}_L$, 变异后的新个体为 $\hat{X}$, 则对于其中的每一个基因位的变异操作可由下式确定:

$$\hat{c}_k := \begin{cases} \bar{c}_k, & \text{如果 } \xi \leqslant P_{\mathrm{m}}, \\ \mathrm{Var}(\bar{c}_k), & \text{其他}, \end{cases} \tag{12.3.18}$$

其中 $\hat{c}_k = \bar{c}_k$ 表示不进行变异操作, $\hat{c}_k$ 仍然取基因位的原有值; $\hat{c}_k = \mathrm{Var}(\bar{c}_k)$ 表示进行变异操作, 具体的取值根据所用编码方法的不同而不同. $\xi \in [0,1]$ 是随机产生的均匀分布的随机数.

对于变异概率 P_{m}, 前面我们已经指出, 变异概率太大, 使得每个基因位经常发生变异, 其结果使得遗传算法变成一个实质上的随机搜索算法; 变异概率太小, 则算法产生新个体的能力以及使某些在前期丢失的好的基因信息无法得到恢复, 而且还可能出现群体的某个基因位始终保持不变的现象. 通常的取值范围为 $P_{\mathrm{m}} \in [0.001, 0.05]$.

在上述确定群体的所有个体实施变异运算时, 需要对每一个个体的每一个基因位产生一个随机数 ξ, 再同事先给定的变异概率 P_{m} 作比较, 以确定是否对该基因位进行变异. 设群体的规模为 m, 每个个体有 L 个基因位, 则对整个群体完成变异运算需要 mL 次上述这样的操作. 由于变异是小概率事件, P_{m} 的值很小, 因而在这 mL 次操作中, 不进行变异运算的期望值为 $mL(1 - P_{\mathrm{m}})$. 也就是说这 mL 次操作的后果是大约有 $mL(1 - P_{\mathrm{m}})$ 次对基因位不作变异, 即对大部分个体不需要进行变异操作. 考虑到这种情况, 为减少计算工作量的浪费, 提高算法的计算效率, 可以采用下述方法进行改进.

对群体中某个选定的个体首先判定是否要对它进行变异操作, 如不需要进行变异, 则直接将这个个体不经变异放入下一代群体, 再从经交叉操作产生的群体中选取另一个个体判断是否要进行变异操作. 如要对所选个体进行变异操作, 再对该个体的每一个基因位进行是否进行变异运算的判断, 并对要变异的基因位作变异运算. 由于每个基因位发生变异的概率为 P_{m}, 不发生变异的概率为 $1 - P_{\mathrm{m}}$, 则整个个体所有 L 个基因位都不发生变异的概率为 $(1 - P_{\mathrm{m}})^L$, 即每个个体发生变异的概率为

$$\hat{P}_{\mathrm{m}} = 1 - (1 - P_{\mathrm{m}})^L.$$

设经交叉运算后产生的群体为 $\bar{\mathcal{X}}_k = \{\bar{X}_j^{(k)}, \ j = 1, 2, \cdots, m\}$, 则对 $\bar{\mathcal{X}}_k$ 中个体 $\bar{X}_j^{(k)}$ 判定是否要进行变异运算可按下述法则进行. 如果随机生成的随机数 $\xi \in [0,1]$ 满

足 $\xi \leqslant \hat{P}_{\mathrm{m}}$, 则需对个体 $\bar{X}_j^{(k)}$ 的每一个基因位作进一步的判定, 以确定需要变异的基因位.

由于变异的方式发生了变化, 对于需要做变异操作的个体确定具体变异基因位置所用的变异概率也要作相应的调整, 以确保整个群体期望的变异基因的个数在新的变异方式下保持不变. 在原有的变异方式下, 期望的基因变异个数为 mLP_{m}. 在新的方式下, 期望的变异个体为 $m\hat{P}_{\mathrm{m}} = m(1 - (1 - P_{\mathrm{m}})^L)$, 设对变异个体的每个基因位确定的变异概率为 P'_{m}, 则整个群体期望的基因变异个数为 $m\hat{P}_{\mathrm{m}}LP'_{\mathrm{m}} = mL(1 - (1 - P_{\mathrm{m}})^L)P'_{\mathrm{m}}$. 令其等于 mLP_{m} 得

$$P'_{\mathrm{m}} = \frac{P_{\mathrm{m}}}{1 - (1 - P_{\mathrm{m}})^L}.$$

总结上述过程, 可以得出下述对群体 $\bar{\mathcal{X}}_k$ 作变异运算的全过程:

步 1. 置 $\mathcal{X}^{k+1} = \phi$, 给出变异概率 P_{m}, 计算 $\hat{P}_{\mathrm{m}}$ 和 P'_{m}, 令 $j = 1$;

步 2. 从 $\bar{\mathcal{X}}_k$ 中选取 $\bar{X}_j^{(k)}$, $\bar{\mathcal{X}}_k = \bar{\mathcal{X}}_k \setminus \{\bar{X}_j^{(k)}\}$;

步 3. 生成随机数 $\xi \in [0, 1]$; 如果 $\xi > \hat{P}_{\mathrm{m}}$, $\mathcal{X}_{k+1} = \mathcal{X}_{k+1} \cup \{\bar{X}_j^{(k)}\}$, 转步 5;

步 4. 如果 $\xi \leqslant \hat{P}_{\mathrm{m}}$, 对 $i = 1, 2, \cdots, L$ 执行下述运算生成 $\hat{X}^j$,

$$\hat{c}_i^j := \begin{cases} \bar{c}_i^j, & \xi \leqslant P'_{\mathrm{m}}, \\ Var(\bar{c}_i^j), & \text{其他}, \end{cases} \tag{12.3.19}$$

令 $\mathcal{X}_{k+1} = \mathcal{X}_{k+1} \cup \{\hat{X}^j\}$;

步 5. 置 $j = j + 1$, 转步 2.

12.4 遗传算法的基本收敛理论

在前面三节我们介绍了遗传算法的基本格式, 以及同遗传算法有关的运算和操作, 本节我们简要介绍遗传算法的基本收敛理论, 包括模式理论和遗传算法的收敛性.

1. 模式理论

模式理论从算法结构的角度论述遗传算法的收敛性. 我们以二进制编码为例来给出模式定理. 先引入模式的概念. 考察本章第 1 节表 12.1.3 中初始群体的序号为 2 的染色体, 表 12.1.5 中第 2 代群体中同样序号为 2 的个体, 以及表 12.1.5 中第 3 代群体中同样序号为 2 的个体.

$$101011 \quad \rightarrow \quad 111011 \quad \rightarrow \quad 111000$$

第 1 代　　　第 2 代　　　第 3 代

它们在前 4 个基因位都有一个共同的结构 1**0, 其中 * 所在的基因位称为通用基因位, 在这个例子里, 它可以是 0 值, 也可以是 1 值, 对此我们不予考虑, 而取值已确定的基因位称为确定基因位, 如本例中的第 1 基因位 (确定取值为 1) 和第 4 基因位 (确定取值为 0). 从表 12.1.3~ 表 12.1.5 我们还可以看出, 第 2 代群体的 2 号个体是从第 1 代群体的 2 号个体经交叉变异产生的, 其适应度要高于前者的适应度, 而第 3 代的 2 号个体是从第 2 代的 2 号个体经交叉变异产生的, 其适应度也进一步得到了提高. 称染色体的这样一个结构特征为染色体的一个模式, 通常用字母 H 表示模式. 因此模式表示了在染色体空间中具有相似结构特征的编码串的染色体的一个子集. 在一个确定的染色体空间中可以有许多不同的模式, 例如, 在上述例子中, $H = *10*$ 是一个模式, $H = 1**0$ 也是一个模式, 但我们关注的是每代群体中适应度较高的个体所具有的特征模式.

模式 H 中从左到右第一个确定基因位到最后一个确定基因位之间的距离称为模式的定义长度, 记为 $\delta(H)$. 例如, $\delta(1**0**) = 3$, $\delta(0*0*1*) = 4$. 模式中具有确定基因位的数目称为模式的阶, 记为 $O(H)$. 例如, $O(1**0**) = 2$, $O(0*0*1**) = 3$.

模式定理　　在遗传算法中, 经选择、交叉和变异运算的作用, 那些定义长度短, 阶数低, 平均适应度高于群体平均适应度的模式将随着代数的进化呈指数增长.

2. 遗传算法的收敛性

模式定理定量地给出了具有特定结构模式的染色体在遗传算法的选择、交叉和变异操作之后数量变化的基本规律, 但并不能确定遗传算法经过连续的遗传进化一定收敛于问题的全局最优解. 遗传算法收敛性理论则主要分析研究遗传算法的收敛性. 然而学习和理解遗传算法的收敛性需要随机过程的马尔可夫链的知识, 以及有关特殊矩阵, 如非负矩阵、正矩阵、随机矩阵、不可约矩阵等有关矩阵的基本知识. 为此我们在这里不加证明地只给出两个有关遗传算法收敛性的结果. 对证明感兴趣的读者可参阅文献 (李敏强等, 2000).

结论 1　　设交叉概率和变异概率满足 $0 \leqslant P_c \leqslant 1, 0 < P_m < 1$, 则简单遗传算法不能确保收敛于全局最优解 (即算法收敛于全局最优解的概率小于 1).

结论 2　　对于每代在选择、交叉和变异运算后, 再采用保留当前最好解策略的简单遗传算法, 将以概率 1 收敛于全局最优解.

这里所谓的保留当前最好解的策略是指当前群体中适应度最高的个体将不参于交叉、变异运算, 而直接用它替换了本代群体经选择、交叉和变异运算后生成的下一代群体中适应度最低的个体, 从而使上一代适应度最高的个体直接保留至下一代的策略.

12.5 使用 MATLAB 中的遗传算法程序求解约束优化

MATLAB 中的程序 ga 是利用遗传算法来求解约束优化问题:

$$
\begin{aligned}
\min \quad & F(x) \\
\text{s.t.} \quad & Ax \leqslant b, \quad Aeqx = beq, \\
& c(x) \leqslant 0, \quad ceq(x) = 0, \\
& lb \leqslant x \leqslant ub.
\end{aligned}
\tag{12.5.1}
$$

其基本调用格式为

x = GA(FITNESSFCN, NVARS, A, b, Aeq, beq, lb, ub, NONLCON),

其中 FITNESSFCN 为目标函数的 m 函数, NVARS 为 x 的维数, NONLCON 为非线性约束的 m 函数.

例 12.5.1   利用 ga 函数求解非线性约束优化问题:

$$
\begin{aligned}
\min \quad & x_1 + x_2^2 + x_3^3 \\
\text{s.t.} \quad & x_1 + x_2 \leqslant 5, \\
& x_1 - x_3 = 4, \\
& x_2 x_3 + x_1 \leqslant 0, \\
& x_3 \geqslant 0.
\end{aligned}
$$

解   我们建立两个 m 文件分别对应目标函数和非线性约束函数, 它们具体格式如下:

```
function  y=fun(x)
y=x(1)+x(2)^2+x(3)^3;
```

这是目标函数对应的 m 文件;

```
function  [c, ceq]=confun(x)
c=x(2)*x(3)+x(1);
ceq=[ ];
```

这是非线性约束函数的 m 文件.

再输入参数A=[1, 1, 0], b=5, Aeq=[1,0, -1], beq=4, lb=[-inf, -inf, 0]', ub=[ ], NVARS=3, 执行

```
x = GA('fun', NVARS, A, b, Aeq, beq, lb, ub, 'confun'),
```

得到最优解为

$$x = (4.2052, -21.2012, 0.2054)^{\mathrm{T}},$$

最优值是 453.7028.   □

第 13 章　预测预报与时间序列处理方法

13.1　预测预报的一些基本概念

在人类社会生活的许多领域, 我们经常会遇到预测预报 (forecasting and prediction) 问题, 如气象、交通运输、经济金融和水文等. 在预测预报将来发生的某个事件时, 预测预报人员需要根据同该事件有关的过去和现在的信息 (时间序列)进行分析, 再根据相关时间序列的分布特征, 选择或研究设计合适的预测预报模型,估计预报模型中必要的参数, 然后利用模型对将来要发生的事件作出预测预报, 并对预测预报的可信程度作出评估.

时间序列 (time series) 是随机变量在过去一段时间内实现的记录, 具体地说是指观察或测量某随机变量所记录下来的一串按时间先后顺序排列的数据序列. 某股票或资产在过去一段时间内每个工作日的收盘价, 某城市在过去一段时间的日最高气温, 某品牌电视机过去一年间的月销售量都是时间序列的例子. 预报人员之所以能依据时间序列进行预报, 在于他们经过分析认为, 一个时间序列必定存在一种或几种可以被观察到的发展趋势或分布结构特征, 并且在一定的时期内继续这种趋势、分布和特征, 分析的作用在于发现、确定并估计这些趋势、分布和特征.

时间序列是一个动态的数据集合, 它的一个重要特征是所谓的**稳定性**. 一个时间序列称为稳定的, 如果它的统计特性, 如均值和方差, 在整个时间区间内基本保持不变. 如果一个时间序列不是稳定的, 就称为非稳定时间序列. 图 13.1.1 和图 13.1.2分别给出了稳定时间序列和非稳定时间序列的例子.

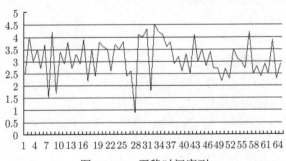

图 13.1.1　平稳时间序列

时间序列可能包含的发展趋势和模式特征可以分为下列三类:

(1) 时间趋势和长期趋势: 一个时间序列如果在一段时间内有随时间变化呈上

升或下降的趋势, 则称该时间序列具有时间趋势. 下面的图 13.1.3 和图 13.1.4 分别表示了两个具有时间趋势的序列, 其中图 13.1.3 所显示的序列具有随时间呈线性增长的特征, 而图 13.1.4 所显示的序列具有非线性单调下降的趋势.

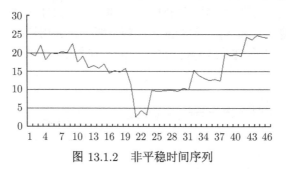

图 13.1.2 非平稳时间序列

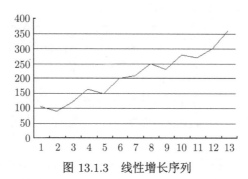

图 13.1.3 线性增长序列

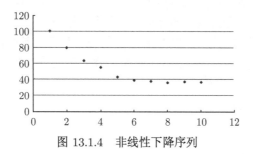

图 13.1.4 非线性下降序列

时间趋势反映了一组因子对该时间序列的影响, 例如, 某股票价格时间序列的时间趋势的变化可能由下列因素中的一个或几个因素所引起的, 企业管理的改进、新技术的引用、产品的升级换代、市场利率的变动、同行业或同类产品的竞争、投资者的增减、国家调控政策的影响等.

一个具有时间趋势的时间序列一般是不稳定的, 一个不具有时间趋势的序列是稳定的时间序列.

长期趋势: 一个时间序列, 如果它前期的观测值能随机地影响它后期的值, 则称其具有长期趋势. 一个具有长期趋势的时间序列可以是稳定的, 也可以是不稳定的. 当这种趋势是相对于它的均值而言, 则序列是稳定的, 当这种趋势同它的时间趋势有关, 则是非稳定的.

(2) 周期特征: 具有周期特征的时间序列按一定的时间长度 (2~10 年乃至更长) 周期性地出现上升和下降, 周期的长度等于两个相邻周期的波峰与波峰或波谷与波谷之间的时间跨度. 图 13.1.5 给出了一个具有周期特征的时间序列, 其时间周期为 8 年.

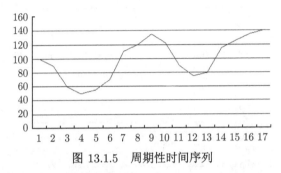

图 13.1.5　周期性时间序列

周期性时间序列一般出现在商业领域和经济领域, 如服装类产品的销量, 由于服装的用途或款式的流行程度反映出周期性, 一个国家或地区经济的发展也会呈现出周期的特性.

(3) 季节特征: 季节特征的序列类似于周期特征的时间序列, 只不过在一年内完成一个周期. 季节性特征一般是由于气候和习惯等因素引起的. 例如在一个四季分明的地方, 月平均气温就具有明显的季节特征, 又如一个地区的降雨量也具有季节特征. 对于不同的时间序列, 如果有季节特征, 季节特征数有可能是不同的, 有的时间序列一年内有四个 "季", 有的时间序列一年内可能有 6 个 "季", 或 12 个 "季". 图 13.1.6 给出了一个有季节特征的时间序列.

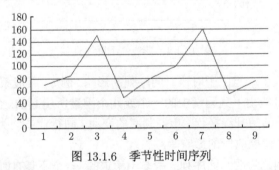

图 13.1.6　季节性时间序列

一个时间序列可能包含上面的某一个趋势或特征, 也可能同时包含几个趋势和特征, 当然也可能不包含任何这些趋势和特征. 一个没有任何可识别的趋势或规律特征的时间序列称为不规则的时间序列, 引起不规则的原因一般是一些无法预测的非常事件, 如地震、战争、台风、火灾、车祸等. 对一个不规则时间序列, 其将来值的最好预报值可能就是它的平均值, 因为这样的预报可使其平均的预报误差取最小值. 一个具有特定趋势和分布特征的时间序列, 也可能包含有某些不规则振动的因素. 正确地分析和确定时间序列所具有的趋势和特征, 对于选择合理的预测预报模型和方法是相当重要的.

利用时间序列对将来的事件进行预测预报, 需要根据时间序列的模式和分布特征选用合适的预测预报模型和方法, 本章将学习两类基本的预测预报模型和方法: 外插法 (extrapolation methods) 和因果预报法 (causal forecasting methods). 13.2~13.4 节将介绍外插预报法, 这类方法的预报模型具有下列一般形式

$$y_{T+1} = \phi(y_T, y_{T-1}, \cdots, y_1), \tag{13.1.1}$$

其中 $y_T, y_{T-1}, \cdots, y_1$ 表示随机变量 Y 在当前 (y_T) 和过去一段时间实现值的时间序列, y_{T+1} 是需要预报的随机变量 Y 在将来时间 $T+1$ 的一个可能值, 函数 $\phi(\cdot)$ 称为预报模型, 它确定了随机变量 Y 在时刻 $T+1$ 的估计值对其自身过去已知值 $y_T, y_{T-1}, \cdots, y_1$ 的一个依赖 (函数) 关系. 外插预报法就是从一个时间序列的过去值来预测预报该时间序列的将来值, 具体地, 13.2 节介绍移动平均预报模型, 13.3 节介绍指数平滑预报模型, 13.4 节介绍分解预报模型.

因果预报模型具有如下我们熟知的形式:

$$y = f(x), \tag{13.1.2}$$

其中 y 称为因变量, x 称为自变量 (可以是单个自变量, 也可以是多个自变量), $f(x)$ 确定了变量 y 对变量 x 的依赖关系. 具体地说, 因果预报法通过利用两个或多个时间序列过去的数据来估计因变量对自变量的关系, 并据此来预报因变量的将来值. 13.5~13.7 节将介绍因果预报法, 其中 13.5 节介绍回归预报模型, 13.6 节介绍结合了外插和回归两种技术的复合预报模型, 13.7 节介绍蒙特卡罗模拟方法.

所有需要进行预测预报的问题都存在不同程度的不确定性, 这是由于在大多数时间序列中或多或少存在一些无法解释和不可预测的不规则成分. 不确定性的存在必然会影响进行预测预报的精度. 如果这些不规则成分在时间序列中的作用比较小, 那么只要对时间序列的模式特征分析得正确, 就能对该序列的将来值作比较精确的预报. 如果这些不规则成分在时间序列中有相当的影响, 预报的精度就要受到很大的限制.

预测预报的精度用预测预报误差来度量. 设 $y_1, y_2, \cdots, y_n$ 为一时间序列已知观测值的一部分, 记 $\hat{y}_1, \hat{y}_2, \cdots, \hat{y}_n$ 为用一个选定的预测预报模型对 这一时间序列

进行预报所得的预报值, 则称

$$e_t = y_t - \hat{y}_t \tag{13.1.3}$$

为该预报模型对预报 $\hat{y}_t$ 的预报误差. 模型的预报误差常用均方差 (mean square error, MSE)

$$\text{MSE} = \frac{\sum\limits_{t=1}^{n} e_t^2}{n} = \frac{\sum\limits_{t=1}^{n} (y_t - \hat{y}_t)^2}{n} \tag{13.1.4}$$

来度量, 或者用平均绝对偏差 (mean absolute deviation, MAD)

$$\text{MAD} = \frac{\sum\limits_{t=1}^{n} |e_t|}{n} = \frac{\sum\limits_{t=1}^{n} |y_t - \hat{y}_t|}{n} \tag{13.1.5}$$

来度量. 如果把上述两个误差求和表达式中的每一项看作对误差 e_t 的惩罚, 那么这两种预报误差度量方法的不同在于 MSE 对大的预报误差项的惩罚要比小的误差项的惩罚大得多, 例如, 对于 $e_t = 2$ 有 $e_t^2 = 4$, 而对于 $e_t = 4$ 有 $e_t^2 = 16$, 4 倍于前者. 因此当一个预报员选用 MSE 作为其预报误差的度量时, 他不太希望有大的预报误差 $|e_t|$ 出现. 图 13.1.7 给出了 MAD 与 MSE 的一个比较. 从图中可以看出预报方法 A 有较大的 MAD, 而预报方法 B 有较大的 MSE, 其原因就在于预报方法对于数据 39 的预报产生了一个大的预报误差 5, 尽管它对前两个数据的预报误差都只有 0.5.

B	C	D	E	F	G	H
	观察值	预报值	预报误差	MAD	MSE	
预报方法A	30	28.5	1.5	1.5	2.25	
	33	30	3	3	9	
	39	41	−2	2	4	
	和值			6.5	15.25	
		MAD = 2.16667				
		MSE = 5.08333				
预报方法B	30	29.5	0.5	0.5	0.25	
	33	32.5	0.5	0.5	0.25	
	39	44	−5	5	25	
	和值			6	25.5	
		MAD = 2				
		MSE = 8.5				

图 13.1.7　MAD 与 MSE 的比较

在选择预测预报方法时, 首先选定衡量预报误差的度量 MSE 或 MAD, 再在几个可供选择的预报方法中选择预报精度高的模型和方法. 这可以用先验预测法进行比较, 也就是对需要预测的时间序列一组已知的观察数据用选定的预测模型分别进行预测预报, 并计算他们各自的预报精度, 从中选取预报精度高的预报模型和方法. MAD 和 MSE 的另一个作用是它们可用于对所使用的预报模型进行监控, 以便及时发现模型存在的缺陷, 进行修正. 在对一个时间序列选择了一个模型进行预报时, 由于各种各样的原因, 我们不可能及时地完全发现它的所有趋势和特征, 我们所选择的预报模型是经过分析判定了它的若干趋势和特征后确定的. 然而随着预报的进行, 时间序列的趋势和特征由于某些原因会发生突然改变, 以反映出其他的趋势特征, 这时用原来的模型进行预报, 精度会明显地下降, 其反映就是用于衡量预报精度的 MAD 或 MSE 也会变大. 当发生这种情况的时候, 我们有必要及时对预报模型或参数作出调整和修改, 以便保证预报的精确度.

13.2 移动平均预报模型

移动平均模型提供了一种最简单的预测预报方法, 它适用于具有长期趋势的平稳时间序列, 它基于这样一个前提, 对所考虑的时间序列, 将来值的最好估计应是该序列近期若干个观察值的平均值. 因此, 移动平均预报模型具有形式

$$\hat{y}_{t+1} = \frac{y_{t-k+1} + \cdots + y_{t-1} + y_t}{k}, \tag{13.2.1}$$

其中 y_t 是时间序列在时间 t 的观察值, $\hat{y}_{t+1}$ 是在时间 t 所做的对时间序列在时间 $t+1$ 的预报值, k 是模型中包括的近期已知观察值的个数. 在用这个模型进行连续预报的时候, 要用时间序列最新的 k 个观察值, 具体说, 当我们在时间 $t+1$ 已获得序列的观察值 y_{t+1} 后, 对序列在时间 $t+2$ 的值作预报时所用的模型为

$$\hat{y}_{t+2} = \frac{y_{t-k+2} + \cdots + y_t + y_{t+1}}{k}. \tag{13.2.2}$$

可以看出, 在上述模型中所包含的序列的已知数据始终是最新的 k 个, 而不是随着观察值的增加而增加, 这也是为什么称该模型为移动平均预报模型的原因.

在用移动平均模型进行预报时存在一个如何选取 k 值大小的问题, 即在模型中究竟应该用多少个观察值. 对此有两种可供选择的方法确定 k 的大小:

(1) 由预报人员对时间序列做分析确定适当的 k 值. 如果预报人员感到该时间序列具有明显的长期趋势, 那么在均值计算中可以包括较多的观察值, 即 k 取较大的值. 如果预报员感到该时间序列的趋势是短期的, 即数据有较多的转折点, 那么在均值计算中应包含相对少的观察值, 即 k 应取较小的值.

(2) 一种比较科学的方法是另选择一个使预报精度尽可能高 (或说使预报的误差 MSE 或 MAD 尽可能小) 的 k 值, 当然, 这就需要对不同的 k 值, 构造相应的移动平均模型进行预报, 再计算它们各自的预报精度, 从中选出使预报精度最高的 k 值用于实际的预报. 但是, 在用这一方法确定最优的 k 值时, 对不同 k 值预报精度的计算应在同一时间区间内进行, 因为对不同区间内计算的预报精度缺少可比性.

表 13.2.1 的第二列给出了某品牌电视机在过去 24 周的销量记录, 图 13.2.1 显示该时间序列有一个慢速增长的趋势, 因此我们选用移动平均模型对该电视机下周的销量作预测. 表 13.2.1 的第 3~7 列分别给出了 $k = 2, 3, 4, 5, 6$ 时的预测结果 (因电视机数为整数, 表中所得为 4 舍 5 入的结果), 其中第 25 行的结果是 5 种情况下对下一周电视机销量的预测, 这几列第 25 行以上的预报结果是用于计算不同 k 值下模型的预报精度 (均方差), 但真正用于比较精度计算的是表中部两条横线 (7~24 行) 之间的预报结果, 这是因为在这个时间段内所有的 k 都有相应的预报结果. 从表中的结果可以看出, 对这个时间序列, 用移动平均模型进行预报应取 $k = 2$ 为好, 因为这时的均方差最小 MSE=304.5.

表 13.2.1　移动平均预报模型

周数	周销量	2MA	3MA	4MA	5MA	6MA
1	143					
2	152					
3	161	148				
4	139	157	152			
5	137	150	151	149		
6	174	138	146	147	146	
7	142	156	150	153	153	151
8	141	158	151	148	153	151
9	162	142	152	149	147	149
10	180	152	148	155	151	149
11	164	171	161	156	160	156
12	171	172	169	162	158	161
13	206	168	172	169	164	160
14	193	189	180	180	177	171
15	207	200	190	184	183	179
16	218	200	202	194	188	187
17	229	213	206	206	199	193
18	225	224	218	212	211	204
19	204	227	224	220	214	213
20	227	215	219	219	217	213
21	223	216	219	221	221	218
22	242	225	218	220	222	221
23	239	233	231	224	224	225

续表

周数	周销量	2MA	3MA	4MA	5MA	6MA
24	266	241	235	233	227	227
25		253	249	243	239	234
25		304.5	323.9	365.1	467.44	556.5

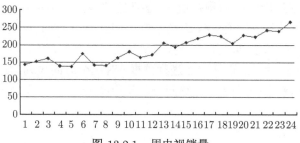

图 13.2.1 周电视销量

多数的时间序列, 往往不止有一种趋势或特征, 对于既有长期趋势, 又有时间趋势的时间序列的预测预报可以使用双移动平均预报模型. 双移动平均模型需要两次利用简单的移动平均模型以确定时间序列中的长期趋势因子 s_t 和时间趋势因子 d_t.

双移动平均预测预报模型取线性形式

$$\hat{y}_{t+\tau} = s_t + d_t \times \tau, \tag{13.2.3}$$

其中 τ 为我们所要预测预报的时间提前量. 利用双移动平均模型进行预报的过程如下:

(1) 计算时间序列 $\{y_t\}_1^T$ 的一次移动平均序列 $\{a'_t\}_k^T$,

$$a'_t = \frac{y_{t-k+1} + y_{t-k+2} + \cdots + y_{t-1} + y_t}{k}, \quad t = k, k+1, \cdots, T,$$

其中 k 为包含在移动平均计算中的观察值数目, T 为观察期内已知的观察值数目.

(2) 计算移动平均序列 $\{a'_t\}_k^T$ 的 (二次) 移动平均序列 $\{b'_t\}_{2k-1}^T$,

$$b'_t = \frac{a'_{t-k+1} + a'_{t-k+2} + \cdots + a'_t}{k}, \quad t = 2k-1, 2k, \cdots, T.$$

(3) 利用移动平均序列 $\{a'_t\}$ 和 $\{b'_t\}$ 估计时间序列的长期趋势因子和时间趋势因子

$$s_t = 2a'_t - b'_t, \quad d_t = \frac{2}{k-1}(a'_t - b'_t). \tag{13.2.4}$$

(4) 利用这两个因子进行预报

$$\hat{y}_{t+\tau} = s_t + d_t \times \tau.$$

对观察期内已知观察值 y_t 的预报取 $\tau = 1$, 这是用于估计模型预报的精度. 对超出观察期的预报, τ 的取值根据预报的需要确定, 可以是 $1, 2, 3, \cdots$.

表 13.2.2 给出了用双移动平均模型进行预报的一个例子, 其中第二列给出的是某报刊在过去 24 周的发行记录 (单位为千份), 图 13.2.2 显示该时间序列包含有明显的时间趋势和长期趋势, 我们取 $k = 3$ 的双移动平均模型进行预报. 表中的 $\hat{y}_6 = 236$ 是用在时间 $t = 5$ 的 s_t, d_t 以及 $\tau = 1$ 预报的. 可以看出用双移动平均模型进行预报, 第一个可预报的时间为 $t = 2k - 1$, 是对 y_{2k} 的预报 $\hat{y}_{2k}$(已经 4 舍 5 入). 表中最后一列为预报值 $\hat{y}_t$, 对观察期内 $(t = 6 \sim t = 24)$ 的预报都取 $\tau = 1$, 其结果用于估计预报精度 (MSE). 对这一时间序列该模型的预报精度为 MSE=1078.68. 超出观察期的两个预报值都是用时间 $t = 24$ 的 s_{24} 和 d_{24} 作预报得出的, $\hat{y}_{25}$ 取 $\tau = 1$, 而 $\hat{y}_{26}$ 取 $\tau = 2$ 进行预报. 对这个时间序列, 如果我们用 $k = 3$ 的简单移动平均模型进行预报, 计算同一时间跨度 $(t = 6 \sim t = 24)$ 的预报均方差, 得 MSE=1460.26.

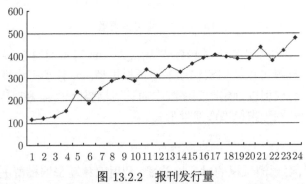

图 13.2.2　报刊发行量

当采用双移动平均模型进行预测预报时, 同样有一个选取最优 k 值的问题. 这可以通过对不同的 k 值进行与表 13.2.2 相同的计算, 比较相应的预测精度, 从中选取使预报误差最小的 k 作为实际预报时移动平均中所取观察值的数目. 事实上, 当取 $k = 2$ 时, 在时间区间 $t = 6 \sim t = 24$ 内, 双移动平均模型预报的均方差为 MSE=1488.05.

根据移动平均的定义, 展开双移动平均序列中二次移动平均序列 b'_t 可以发现双移动平均序列事实上是一个简单的加权移动平均序列. 可以 $k = 3$ 为例, 有

$$a'_3 = \frac{y_1 + y_2 + y_3}{3},$$
$$a'_4 = \frac{y_2 + y_3 + y_4}{3},$$
$$a'_5 = \frac{y_3 + y_4 + y_5}{3},$$
$$a'_6 = \frac{y_4 + y_5 + y_6}{3},$$
$$b'_5 = \frac{a'_3 + a'_4 + a'_5}{3} = \frac{1}{9}[y_1 + 2y_2 + 3y_3 + 2y_4 + y_5],$$
$$b'_6 = \frac{a'_4 + a'_5 + a'_6}{3} = \frac{1}{9}[y_2 + 2y_3 + 3y_4 + 2y_5 + y_6].$$

由此可以看出 $k = 3$ 的二次移动平均序列 b'_t 是一个权数为 $1/9, 2/9, 3/9, 2/9$ 和 $1/9$ 的简单的 $k = 5$ 加权移动平均序列, 权数之和为 1. 对于任意 $k > 0$ 的双移动平均二次序列 b'_t 是权数为

$$\frac{1}{k^2}, \frac{2}{k^2}, \cdots, \frac{k-1}{k^2}, \frac{k}{k^2}, \frac{k-1}{k^2}, \cdots, \frac{2}{k^2}, \frac{1}{k^2}$$

的 $2k - 1$ 项简单加权移动平均.

表 13.2.2　双移动平均预报模型

周数 (t)	发行量 (y_t)	a'_t	b'_t	s_t	d_t	$\hat{y}_t$
1	115					
2	123					
3	130	122.67				
4	156	136.33				
5	240	175.33	144.78	205.89	30.56	
6	190	195.33	169.00	221.67	26.33	236
7	256	228.67	199.79	257.56	28.89	248
8	288	244.67	222.89	266.44	21.78	286
9	305	283.00	252.11	313.89	30.89	288
10	290	294.33	274.00	314.67	20.33	345
11	340	311.67	296.33	327.00	15.33	335
12	310	313.33	306.44	320.22	6.89	342
13	355	335.00	320.00	350.00	15.00	327
14	328	331.00	326.44	335.56	4.56	365
15	365	349.33	338.44	360.22	10.89	340
16	390	361.00	347.11	374.89	13.89	371
17	405	386.67	365.67	407.67	21.00	389
18	395	396.67	381.44	411.89	15.22	429
19	389	396.33	393.22	399.44	3.11	427
20	389	391.00	394.67	387.33	−3.67	403
21	440	406.00	397.78	414.22	8.22	384
22	380	403.00	400.00	406.00	3.00	422
23	425	415.00	408.00	422.00	7.00	409
24	480	428.33	415.44	441.22	12.89	429
25						454
26						467
MSE						1078.68

13.3　指数平滑预报模型

简单移动平均预报模型具有简单、易于使用的特点, 有时的预报精度也相当好, 但是它把包括在均值计算中的 k 个观察数据同等看待 (权重相同, 同为 $1/k$), 这常

常有悖于这样一个现实, 即在这些观察值中, 近期的观察值对将来值的影响一般要大于远期观察值对将来值的影响, 换句话说, 在取均值时, 对不同时期的观察值应取不同的权重, 即对近期的观察值的权重要大于对远期观察值的权重.

指数平滑预报模型是一种给不同时期的观察值赋不同权重的预测预报模型, 它对最新的观察值赋于最大的权重, 对其他观察值依据它们离预报时间的近远依次降低权重, 给最早期观察值的权重最小. 简单指数平滑预报模型是一种易于使用的模型, 其形式为

$$\hat{y}_{t+1} = \alpha y_t + (1 - \alpha)\hat{y}_t, \tag{13.3.1}$$

其中 y_t 是时间序列在预报时间 t 已知的实际观察值, $\hat{y}_t$ 是由预报模型在时间 $t-1$ 对时间序列在时间 t 的预报值,α 称为指数平滑因子 $(0 < \alpha < 1)$. 从模型看出, 指数平滑模型利用模型在时间 $t-1$ 对序列的预报值 $\hat{y}_t$ 和序列在时间 t 的实际观察值 y_t 的一个凸组合作为对序列在时间 $t+1$ 的预报值.

为理解指数平滑模型对不同观察值赋不同权重的特点, 我们把指数平滑模型展开得

$$\begin{aligned}
\hat{y}_{t+1} &= \alpha y_t + (1-\alpha)\hat{y}_t \\
&= \alpha y_t + (1-\alpha)[\alpha y_{t-1} + (1-\alpha)\hat{y}_{t-1}] \\
&= \alpha y_t + \alpha(1-\alpha)y_{t-1} + (1-\alpha)^2 \hat{y}_{t-1} \\
&= \cdots \\
&= \alpha y_t + \alpha(1-\alpha)y_{t-1} + \alpha(1-\alpha)^2 y_{t-2} + \cdots \\
&\quad + \alpha(1-\alpha)^{t-1}y_1 + (1-\alpha)^t \hat{y}_1. \tag{13.3.2}
\end{aligned}$$

由此可以看出, 指数平滑预报模型实际上是所有已知观察值的加权平均, 权重分别为

$$\alpha, \alpha(1-\alpha), \alpha(1-\alpha)^2, \cdots, \alpha(1-\alpha)^k, \cdots.$$

以时间的先后次序单调递减, 即对最新的观察值 y_t, 其权重为 α, 对第二新的观察值 y_{t-1}, 其权重为 $\alpha(1-\alpha)$, 依次递减, 直至最早期的观察值 y_1, 其权重 $\alpha(1-\alpha)^{t-1}$ 最小.

在具体使用指数平滑预报模型时, 用户必须要提供一个初始的预报值 $\hat{y}_1$, 并确定平滑因子 α 的一个值. 对于初始预报值 $\hat{y}_1$, 有下列两种方案可供考虑: ①简单地取 $\hat{y}_1 = y_1$, 即首个观察值; ②把 $\hat{y}_1$ 取为部分或全部已知观察值的平均值. 当平滑指数因子 α 的取值接近 1 或时间序列包含较多的观察值时, $\hat{y}_1$ 的这两种取法对最终的预报结果影响不大, 这是因为两种取法, 最终都收敛于同一结果. 但是当平滑指数因子 α 的值接近于 0, 或已知观察值的数据序列较短的时候, 不同的初始值 $\hat{y}_1$

会导致不同的预报结果. 究竟采用哪种初始值的取法给出的预报结果比较理想, 还没有一定的选取准则, 具体的取法取决于预报人员的经验和对问题的分析和理解. 至于平滑因子 α 值的选取, 一般的原则是选用使预报误差小的 α, 这就需要对不同的 α 值用模型进行预报, 并计算各自的预报误差 (MAD 或 MSE), 再从中选取使误差最小的 α 值用于实际的预测, 这样做的一个直接后果是需要大量的计算.

表 13.3.1 给出了对表 13.1.1 中的时间序列用指数平滑模型取不同 α 值进行预报的结果, 对这 4 个给定的 α 值, 初始预报值我们都选用 $\hat{y}_1 = y_1$. 为同表 13.1.1 的结果作比较, 预报误差的计算我们还是选用 MSE, 且计算 MSE 的时间跨度还是 $t = 6 \sim t = 24$. 可以看出, 在取 $\alpha = 0.654$ 时, 指数平滑模型的预报误差 MSE=297 要小于移动平均模型在 $k = 2$ 时的预报误差 MSE=304.5. 事实上, 对于这个时间序列而言, $\alpha = 0.654$ 是使指数平滑模型的预报均方差取近似最小值的参数 α 的值.

对于上述时间序列在用指数平滑模型预报时, 如果其他参数值不变, 但初始预报值取为所有已知观察值的均值, 即有 $\hat{y}_1 = 189$, 预报的结果分别为: $\alpha = 0.1$ 时, $\hat{y}_t = 212$, 预报均方差 MSE=1536.94; $\alpha = 0.5$ 时, $\hat{y}_{25} = 251$, 预报均方差 MSE=312.67; $\alpha = 0.654$ 时, $\hat{y}_{25} = 256$, 预报均方差 MSE=297; $\alpha = 0.9$ 时, $\hat{y}_{25} = 263$, 预报均方差 MSE=316.28. 可以看出, 除 $\alpha = 0.1$ 的预报结果同表 13.3.1 的结果略有区别外, 其他 α 值的预报结果 (包括预报的均方差) 都同表 13.3.1 的结果一样.

表 13.3.1   用指数平滑预报模型进行预报

周数 (t)	周销量 (y_t)	$\alpha = 0.1$	$\alpha = 0.5$	$\alpha = 0.654$	$\alpha = 0.9$
1	143	143	143	143	143
2	152	143	143	143	143
3	161	144	148	149	151
4	139	146	155	157	160
5	137	145	147	145	141
6	174	144	142	140	137
7	142	147	158	162	170
8	141	147	150	149	145
9	162	146	146	144	141
10	180	148	154	156	160
11	164	151	167	172	178
12	171	152	166	167	165
13	206	154	169	170	170
14	193	159	188	194	202
15	207	162	191	193	194
16	218	167	199	202	206
17	229	172	209	212	217
18	225	178	219	223	228
19	204	183	222	224	225

续表

周数 (t)	周销量 (y_t)	$\alpha = 0.1$	$\alpha = 0.5$	$\alpha = 0.654$	$\alpha = 0.9$
20	227	185	213	211	206
21	223	189	220	221	225
22	242	192	222	222	223
23	239	197	232	235	240
24	266	201	236	238	239
25(预报值)		208	251	256	263
MSE		1536.94	312.67	297	316.28

与移动平均预报模型一样, 指数平滑模型也有双指数平滑模型用于对既有长期趋势, 又有时间趋势的时间序列进行预报. 双指数平滑模型的预报模型同为 (13.2.3) 式, 但估计因子 s_t 和 d_t 要利用两次指数平滑序列. 其预报的过程如下:

(1) 计算时间序列 $\{y_t\}_1^T$ 的指数平滑序列

$$a_t' = \alpha y_t + (1 - \alpha)a_{t-1}', \quad t = 1, 2, \cdots, T; \tag{13.3.3}$$

(2) 计算序列 $\{a_t'\}_1^T$ 的指数平滑序列 (二次指数平滑)

$$b_t' = \alpha a_t' + (1 - \alpha)b_{t-1}', \quad t = 1, 2, \cdots, T; \tag{13.3.4}$$

(3) 计算趋势因子 s_t 和时间因子 d_t,

$$s_t = 2a_t' - b_t', \quad t = 1, 2, \cdots, T, \tag{13.3.5}$$

$$d_t = \frac{\alpha}{1 - \alpha}(a_t' - b_t'), \quad t = 1, 2, \cdots, T; \tag{13.3.6}$$

(4) 进行预报

$$\hat{y}_{t+\tau} = s_t + d_t \times \tau. \tag{13.3.7}$$

需要再次提醒的是, 在用式 (13.3.5) 作预报时, 对观察期内 y_t 的预报取 $\tau = 1$, 这样的预报结果仅用于估计预报的精度; 对观察期以后将来时间的预报, τ 的取值可以是 1,2,3 或其他的正整数值, 取决于所需预报的时间提前量.

对双指数平滑模型 (13.3.5), 若把 s_t 与 d_t 的表达式直接代入, 可直接得到 a_t' 和 b_t' 表示的预报公式

$$\hat{y}_{t+\tau} = \left(2 + \frac{\alpha\tau}{1 - \alpha}\right)a_t' - \left(1 + \frac{\alpha\tau}{1 - \alpha}\right)b_t'. \tag{13.3.8}$$

当用双指数平滑模型进行预报时, 用户需要提供两个初始预值 a_0' 和 b_0'. 一般情况下, 可以用时间序列 $\{y_t\}$ 的第一个观察值 y_1 作为双指数平滑的初始值, 即取 $a_0' = y_1$ 和 $b_1' = y_0$. 一个值得推荐的确定初始值 a_0' 和 b_0' 的方法为对部分观察值进

行线性回归确定. 由于预报模型 (13.3.5) 具有线性形式, 可以把 s_t 和 d_t 看成是由线性回归所得的参数估计 (斜率和截距), 由式 (13.3.5) 和 (13.3.6) 得

$$a'_t = s_t - \frac{1-\alpha}{\alpha}d_t, \tag{13.3.9}$$

$$b'_t = s_t - 2\frac{1-\alpha}{\alpha}d_t. \tag{13.3.10}$$

因此, 如果对序列 $\{y_t\}$ 的部分或全部观察值进行线性回归所得的参数估计记为 s_0(截距) 和 d_0(斜率), 则由上述两式得

$$a'_0 = s_0 - \frac{1-\alpha}{\alpha}d_0, \quad b'_0 = s_0 - 2\frac{1-\alpha}{\alpha}d_0. \tag{13.3.11}$$

也就是说, 可以用由上式确定的 a'_0 和 b'_0 作为双指数平滑预报模型的初始值. 如果选用 $\{y_t\}$ 的部分观察值进行线性回归, 可以选用其初期一定数量的观察值.

表 13.3.2 给出了对表 13.2.2 的第 2 列的时间序列用双指数平滑模型预报的结果, 指数平滑的初始值由式 (13.3.11) 确定, 其中的 s_0 和 d_0 由序列 $\{y_t\}$ 的前 6 个数据用线性回归确定, 即有

$$s_0 = 83.8, \quad d_0 = 21.486.$$

表中的预报结果 (已经 4 舍 5 入) 是取 $\alpha = 0.25$ 时计算所得, 事实上它是使预报均方差取最小的 α 值, 预报的均方差取自时段 $t = 6 \sim t = 24$, 以便与表 13.2.2 的结果比较. 表 13.3.3 给出了 α 不同取值的预报均方差.

比较表 13.2.2 和表 13.3.2 的结果可以看出双指数平滑模型的预报精度要略低于双移动平均模型的预报精度, 因为双移动平均模型 $(k = 2)$ 的预报均方差为 MSE=1078.68, 而双指数平滑模型的预报均方差为 MSE=1159.47. 需要指出的是, 不能通过这一个例子就认为双移动平均模型的预报要好于双指数模型的预报. 也有不少例子表明, 用双指数平滑模型的预报要优于双移动平均模型的预报. 对于一个既有长期趋势又有时间趋势的时间序列, 究竟选用这两个模型中的哪一个, 取决于哪一个的预报精度高. 当然对于一个模型, 还有参数选取的问题, 即对于双移动平均模型, 需要选取模型中所包括的观察值的数目 k, 而对于双指数平滑平均模型则需要确定参数 α 值的最优选取.

在上述双指数平滑模型中, 两个指数平滑模型中的平滑参数的取值是相同的. 事实上, 存在双参数的双指数平滑预报模型, 感兴趣的读者可参阅 Bowerman 和 O'Connel 的著作, 在这里我们只给出双参数双指数平滑预报模型.

(1) 计算时间序列 $\{y_t\}$ 的一次平滑序列

$$a'_t = \alpha y_t + (1-\alpha)(a'_{t-1} + b'_{t-1}); \tag{13.3.12}$$

(2) 计算序列 $\{a'_t\}$ 的平滑序列

$$b'_t = \beta[a'_t - a'_{t-1}] + (1 - \beta)b'_{t-1};\tag{13.3.13}$$

(3) 作预报

$$\hat{y}_{t+\tau} = a'_t + b'_t \times \tau.\tag{13.3.14}$$

这里 α 和 β 为在区间 (0,1) 内取值的参数.

表 13.3.2   双指数平滑预报模型

周数 (t)	发行量 (y_t)	a'_t	b'_t	s_t	d_t	$\hat{y}_t$
0		19.34	−45.11	83.8	21.49	
1	115	43.26	−23.02	109.54	22.09	
2	123	61.19	−6.45	128.84	22.55	132
3	130	76.64	10.46	142.83	22.06	151
4	156	89.98	27.01	152.96	20.99	165
5	240	106.49	42.75	170.23	21.25	174
6	190	139.87	58.68	221.05	27.06	191
7	256	152.40	78.98	225.82	24.47	248
8	288	178.30	97.33	259.26	27.00	250
9	305	205.72	117.58	293.87	29.38	286
10	290	230.54	139.61	321.47	30.31	323
11	340	245.41	162.35	328.47	27.68	352
12	310	269.06	183.11	355.00	28.65	356
13	355	279.29	204.60	353.99	24.90	384
14	328	298.22	223.27	373.17	24.98	379
15	365	305.66	242.01	369.32	21.22	398
16	390	320.50	257.92	383.07	20.86	391
17	405	337.87	273.57	402.18	21.44	404
18	395	354.66	289.64	419.67	21.67	424
19	389	364.74	305.90	423.59	19.62	441
20	389	370.81	320.61	421.00	16.73	443
21	440	375.35	333.16	417.55	14.07	438
22	380	391.52	343.71	439.32	15.94	432
23	425	388.64	355.66	421.62	11.00	455
24	480	397.73	363.90	431.55	11.27	433
25(预报)						443
MSE						1159.47

表 13.3.3   不同 α 值双指数平滑预报模型预报结果比较

	$\alpha = 0.2$	$\alpha = 0.25$	$\alpha = 0.3$	$\alpha = 0.4$
预报值 $(\hat{y}_{25})$	453	443	437	433
预报精度 (MSE)	1253.79	1159.47	1168.95	1398.37

13.4 季节型时间序列预报的分解模型

在这一节我们要学习对具有长期趋势和季节特征的时间序列预报的方法 —— 分解模型预报法. 对于一个既有长期趋势, 又有季节特征的时间序列, 分解模型的一般数学形式可表示为

$$y_t = f(T_t, S_t, I_t), \tag{13.4.1}$$

其中 y_t 表示时间序列在周期 t 的值, T_t 表示在周期 t 的趋势因子, S_t 表示在周期 t 的季节因子, I_t 表示在周期 t 的不规则因子. 在预报时需要选定预报模型 $f(\cdot, \cdot, \cdot)$, 并对有关的因子作出估计. 常见的分解预报模型有加法模型和乘法模型, 其中加法模型具有形式

$$y_t = T_t + S_t + I_t, \tag{13.4.2}$$

乘法模型具有形式

$$y_t = T_t \times S_t \times I_t. \tag{13.4.3}$$

加法模型一般适用于季节的波动相对平稳的季节型时间序列, 而乘法模型适用于季节的波动不平稳的时间序列, 即季节的波动随着序列水平的上升而增加, 随着序列水平的下降而减少. 由于大多数具有季节特征的经济时间序列其季节的波动是不平稳的, 我们在本节要学习两个乘法预报模型.

第一个介绍的乘法分解预报模型用于最简单的季节型时间序列的预测预报, 这类季节型时间序列既无时间趋势又无长期趋势, 是一类稳定的季节型时间序列. 图 13.4.1 给出了这一类时间序列的一个例子. 对这一类时间序列进行预报的乘法模型为

$$\hat{y}_{cL+j} = \bar{y}(c)r_j, \quad j = 1, 2, \cdots, L, \ c = 1, 2, \cdots, C, \tag{13.4.4}$$

其中 $\bar{y}(c)$ 为时间序列 $\{y_t\}$ 在周期 c 的期望值 (平均值), r_j 是第 j 个季节的季节因子, C 为周期数, L 为每个周期内的季节数. 例如, 以年为周期的季节型时间序列, 如果取月为一个季, 则每周期有 12 个季, 如果以春夏秋冬分季, 则每周期有 4 个季. 图 13.4.1 是一个每年有 12 个季的季节型时间序列. 在应用模型 (13.4.4) 进行预报时, 关键在于给出季节因子的估计. 下面我们给出用模型 (13.4.4) 进行预报的基本步骤.

季节预报模型一

(1) 计算观察期内时间序列每个周期的平均值

$$\bar{y}(c) = \frac{\sum_{i=1}^{L} y_{L(c-1)+i}}{L}, \quad c = 1, 2, \cdots, C; \tag{13.4.5}$$

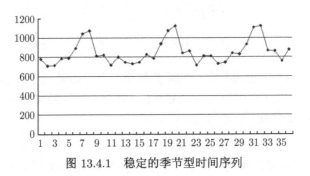

图 13.4.1　　稳定的季节型时间序列

(2) 对观察期内的每个观察值计算其季节因子

$$s_t = \frac{y_t}{\bar{y}(c)}, \quad t = L(c-1)+1, \cdots, L(c-1)+L, \ c = 1,2,\cdots,C; \tag{13.4.6}$$

(3) 对每个季节计算其季节因子的平均值

$$r'_j = \frac{\displaystyle\sum_{c=0}^{C-1} s_{Lc+j}}{C}, \quad j = 1,2,\cdots,L; \tag{13.4.7}$$

(4) 计算标准化的季节因子

$$r_j = \frac{r'_j}{\displaystyle\sum_{i=1}^{L} r'_i/L}, \quad j = 1,2,\cdots,L; \tag{13.4.8}$$

(5) 进行预报

$$\hat{y}_{cL+j} = \bar{y}(c)r_j, \quad j = 1,2,\cdots,L, \ c = 1,2,\cdots,C. \tag{13.4.9}$$

对平均取得的季节因子 r'_j, 标准化的作用在于标准化后的季节因子 r_j 的和恰好等于一个周期内的季节数 L. 这是因为无季节因素存在的情况下, 每个观察值的季节因子都为 1, 因而总数为 L. 在用模型 (13.4.9) 进行预报时, $\bar{y}(c)$ 取的是上个周期的平均值, 即对第 2 周期预报时, 用第一周期的平均值, 对第 3 周期预报时用第 2 周期的平均值. 如果为了估计预报的误差, 需要对第 1 周期作预报, 由于没有更早周期的数据及相应的平均值, 则可以用第一周期的平均值 $\bar{y}(1)$ 对第 1 周期作预报. 表 13.4.1 给出了用上述模型对图 13.4.1 所示时间序列作预报的过程. 从表中的结果可以看出, 对观察期内第 1,2 两个周期的预报, 由于同样采用第一个周期观察值的平均值 $\bar{y}(1) = 829.33$ 和相同的季节因子 (表中第 1 周期的 r_j 列), 因而这两个周期的预报结果是相同的, 第 3 个周期的预报采用了 $\bar{y}(2) = 851.17$. 对第 4 个周期的预报才是真正意义上的对将来一年各季度 (12 个) 值的预报, 他用到了最近一年

(第 3 周期) 所有观察值的平均值 $\bar{y}(3) = 875.08$. 预报误差的计算用了第 2,3 两个周期预报的均方差 MSE=665.3.

表 13.4.1　稳定的季节型时间序列的预报

t	(y_t)	$\bar{y}(c)$	s_t	r_j	$\hat{y}_t$	t	(y_t)	$\bar{y}(c)$	s_t	r_j	$\hat{y}_t$
1	782		0.94	0.92	760	25	811		0.93		780
2	709		0.85	0.85	705	26	732		0.84		724
3	715		0.86	0.86	717	27	745		0.85		735
4	788		0.95	0.96	798	28	844		0.96		819
5	794		0.96	0.95	784	29	833		0.95		804
6	893		1.08	1.08	897	30	935		1.07		921
7	1046		1.26	1.26	1049	31	1110		1.27		1076
8	1075		1.30	1.30	1079	32	1124		1.28		1107
9	812		0.98	0.99	818	33	868		0.99		839
10	822		0.99	1.00	826	34	860		0.98		848
11	714		0.86	0.86	712	35	762		0.87		730
12	802	829.33	0.97	0.97	808	36	877	875.08	1.00		830
13	748		0.88		760	37					802
14	731		0.86		705	38					744
15	748		0.88		717	39					756
16	827		0.97		798	40					842
17	788		0.93		784	41					827
18	937		1.10		897	42					947
19	1076		1.26		1049	43					1107
20	1125		1.32		1078	44					1138
21	840		0.99		818	45					863
22	864		1.01		826	46					872
23	717		0.84		712	47					751
24	813	851.17	0.96		808	48					853
MSE											665.3

第二个要介绍的季节型时间序列的预报模型适用于具有长期趋势的稳定季节型时间序列的预报, 预报模型为

$$\hat{y}_{cL+j} = a_{cL+j} r_j, \quad j = 1, 2, \cdots, L, \ c = 0, 1, \cdots, C-1, \tag{13.4.10}$$

其中 C, L 分别为观察期内的周期数和每个周期内的季节数, r_j 为标准化后的季节因子, a_{cL+j} 为在时间 $cL+j$ 的趋势因子. 为确定和估计时间序列中的趋势因子, 需要采用上一节介绍的二次指数光滑技术.

季节预报模型二

(1) 利用季节预报模型一的前 3 步计算每个季节因子的平均值 r'_j, $j = 1, 2,$

$\cdots, L.$

(2) 进行下列二次指数光滑运算:

(i) 对 $c = 1, 2, \cdots, C$ 作一次指数光滑计算时间序列除去季节因素后的趋势因子

$$a_{L(c-1)+j} = \alpha \frac{y_{L(c-1)+j}}{r'_{L(c-1)+j}} + (1-\alpha)a_{L(c-1)+j-1}, \quad j = 1, 2 \cdots, L; \tag{13.4.11}$$

(ii) 对 $c = 1, 2, \cdots, C-1$ 作二次光滑计算第一周期后各周期的季节因子

$$r'_{Lc+j} = \beta \frac{y_{L(c-1)+j}}{a_{L(c-1)+j}} + (1-\beta)r'_{L(c-1)+j}, \quad j = 1, 2, \cdots, L; \tag{13.4.12}$$

(3) 计算 $r' = \sum_{j=1}^{L} r'_j / L$, 并将最后一个观察周期的季节因子标准化

$$r_j = \frac{r'_j}{r'}, \quad j = 1, 2, \cdots, L; \tag{13.4.13}$$

(4) 计算预报值

$$\hat{y}_{cL+j} = a_{cL+j}r_j, \ j = 1, 2, \cdots, L; \ c = 0, 1, \cdots, C-1, \tag{13.4.14}$$

$$\hat{y}_{CL+j} = a_{CL} \times r_j, \ j = 1, 2, \cdots, L. \tag{13.4.15}$$

在上述算法的执行过程中有下列几点需要考虑:

(一) 可取时间序列第 1 周期的平均值作为步 (2)(i) 的一次光滑的初始值.

$$a_0 = \bar{y}(1) = \sum_{t=1}^{L} y_t / L$$

(二) 趋势因子和季节因子的计算过程如下: 由步 (1) 计算第 1 周期的季节因子 $r'_j, \ j = 1, 2 \cdots, L$, 接着由步 (2)(i) 计算第 1 周期的趋势因子 $a_j, \ j = 1, 2, \cdots, L$, 然后由步 (2)(ii) 用第 1 周期的 $r'_j, \ a_j, \ j = 1, 2, \cdots, L$ 计算第 2 周期的季节因子 $r'_{L+j}, \ j = 1, 2, \cdots, L$. 然后再回到步 (2) (i) 计算第 2 周期的趋势因子 a_{L+j}, 如此循环执行步 (2)(i) 和 (ii), 以得出观察期内各周期时段的趋势因子 a_j 和季节因子 r'_j.

(三) 光滑指数 α 和 β 的取值区间为 $(0,1)$, 取值的原则是应使预报的精度尽可能高.

表 13.4.2 给出了用季节预报模型二进行预报的过程, 该时间序列包含了 3 个已知的观察周期, 每个周期有 12 个观察值 (季节), 需要对下一个周期进行预报. 表中的计算顺序, 先计算每个周期的均值, $\bar{y}(1), \bar{y}(2), \bar{y}(3)$, 再计算每个观察值的季节因子 $s_t, \ t = 1, 2, \cdots, 36$, 接着计算每个季节的季节因子的平均值作为 $r'_j, \ j = 1, 2, \cdots, 12$,

然后用这些 r'_j 计算相应的 a_j, $j = 1, 2, \cdots, 12$, 其中 a_0 取为 $\bar{y}(1) = 569.83$. 接着可以进行第 2 周期 $r'_{13}, \cdots, r'_{24}$ 的计算和 $a_{13}, \cdots, a_{24}$ 的计算. 再对第 3 周期的 r'_j, a_j, $j = 25, \cdots, 36$ 进行计算, 标准化 r'_j, $j = 25, \cdots, 36$ 得预报需要的季节因子 r_j(存放在 r_t 列的第 3 周期), 最后根据模型 (13.4.14) 和 (13.4.15) 对观察期内和观察期后的周期进行预报, 其中对观察期内进行预报主要用于检验预报的精度.

表 13.4.2 稳定的季节型时间序列的预报

t	(y_t)	$\bar{y}(c)$	s_t	r'_t	a_t	r_t	$\hat{y}_t$	t	(y_t)	$\bar{y}(c)$	s_t	r'_t	$a_t \circ$	r_t	$\hat{y}_t$
1	501		0.88	0.88	569.49		505	25	555		0.90	0.90	589.70	0.87	523
2	488		0.86	0.84	570.41		479	26	523		0.85	0.86	591.82	0.84	497
3	504		0.88	0.88	570.68		513	27	532		0.86	0.92	590.69	0.90	531
4	578		1.01	1.01	570.73		581	28	623		1.01	1.04	591.64	1.02	602
5	545		0.96	0.96	570.20		552	29	598		0.97	0.99	593.08	0.97	594
6	632		1.11	1.11	570.14		634	30	683		1.11	1.13	593.98	1.11	661
7	728		1.28	1.26	570.90		714	31	774		1.25	1.28	595.29	1.25	744
8	725		1.27	1.27	570.80		728	32	780		1.26	1.30	595.72	1.28	760
9	585		1.03	1.01	571.64		579	33	609		0.99	1.03	595.10	1.01	603
10	542		0.95	0.97	570.13		558	34	604		0.98	1.00	596.12	0.98	583
11	480		0.84	0.85	569.76		474	35	531		0.86	0.85	599.14	0.83	498
12	530	569.83	0.93	0.94	568.93		529	36	592	617	0.96	0.95	601.63	0.93	560
13	518		0.87	0.88	570.89		506	37							534
14	489		0.83	0.85	571.04		479	38							505
15	528		0.89	0.88	573.75		516	39							541
16	599		1.01	1.01	575.52		586	40							612
17	572		0.97	0.96	577.77		559	41							582
18	659		1.11	1.11	579.43		644	42							669
19	739		1.25	1.27	579.51		724	43							752
20	758		1.28	1.27	581.23		741	44							767
21	602		1.02	1.02	582.01		590	45							609
22	587		0.99	0.95	585.40		573	46							589
23	497		0.84	0.84	585.82		487	47							500
24	558	592.17	0.94	0.93	587.06		546	48							560
MSE															330.88

表中所得的预报结果是取 $\alpha = 0.1$ 和 $\beta = 0.9$ 得到的. 从表中可以看出, 预报的均方差为 MSE=330.88(从第 2~3 两个周期的数据得出), 预报的精度是相当令人满意的.

13.5 回归预报模型

从本节开始我们要介绍因果预报模型. 在很多的实际问题中某个变量 (因变

量) 的值依赖于一个或多个其他变量 (称为独立变量) 的值, 例如, 产品的销量可能同产品的价格有关, 产品的生产成本同生产的总量有关. 而对于一些时间序列来说可能同时间因素有关, 例如, 一个地方的日气温的数据、月平均气温、降雨量等. 如果因变量和独立变量之间呈线性关系, 可以用线性回归来估计这种关系, 得出线性关系模型进行预报. 对一些因变量和独立变量之间具有非线性关系的时间序列, 可以采用适当的转换技术对数据作必要的转换, 使转换后的数据呈线性关系, 用线性回归估计这种线性关系, 再作逆变换得出预报模型. 本节我们将以时间为独立变量的具有时间趋势的时间序列为例介绍相关的回归预报模型.

线性回归模型假定具有时间趋势的时间序列在每一个相同时段内的改变量 (增或减) 是一个常量, 因此预报模型具有形式

$$\hat{y}_t = \alpha + \beta t, \tag{13.5.1}$$

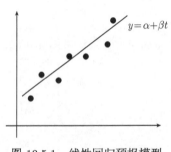

图 13.5.1　线性回归预报模型

其中 α 称为截距, β 称为斜率, 它就是时间序列在每一个时段内改变量的估计值, $\hat{y}_t$ 为由此线性回归预报模型对时间序列 y_t 在时间 t 的预报值. 图 13.5.1 给出了一个可以应用线性回归模型的例, 图中黑点表示数据点, 直线表示回归模型 $y = \alpha + \beta t$. 在用线性回归模型对时间序列进行预测预报时, 需要先由时间序列已知的观察值估计模型中的参数 α 和 β. 设时间序列已知的观察值为

$$y_1, y_2, \cdots, y_T.$$

这里假定每两个观察值之间的时间隔是相同的, 记

$$\epsilon_t = y_t - \alpha - \beta t, \ t = 1, 2, \cdots, T \tag{13.5.2}$$

为预报模型 (13.5.1) 对时间序列 $\{y_t\}_1^T$ 的预报误差, 则线性回归模型 (13.5.1) 中参数 α 和 β 的选取应使在观察期内的所有预报误差的平方和取最小值, 即 α 和 β 应是下列最优化问题

$$\min f(\alpha, \beta) = \sum_{t=1}^T \epsilon_t^2 = \sum_{t=1}^T [y_t - \alpha - \beta t]^2 \tag{13.5.3}$$

的最优解. 一般称问题 (13.5.3) 为线性最小二乘问题. 根据最优解的一阶必要条件,

可以求得问题 (13.5.3) 的最优解为

$$\beta = \frac{\sum\limits_{t=1}^{T} ty_t - n\bar{t}\bar{y}}{\sum\limits_{t=1}^{T} t^2 - n\bar{t}^2}, \quad \alpha = \bar{y} - \beta\bar{t}, \tag{13.5.4}$$

其中 $\bar{y}$ 和 $\bar{t}$ 分别为时间序列 $\{y_t\}_1^T$ 和 $\{t\}_1^T$ 的均值, 即

$$\bar{y} = \sum\limits_{t=1}^{T} y_t/T, \quad \bar{t} = \sum\limits_{t=1}^{T} t/T.$$

在常用的计算机软件包里, 如 Minitab, Excel 等都包含有线性回归的计算函数, 例如在 Excel 软件中统计类函数

$$\mathrm{INTERCEPT}(y_t, t), \quad \mathrm{SLOPE}(y_t, t)$$

就是分别用来计算回归参数 α 和 β 的.

上述线性回归模型 $\hat{y}_t = \alpha + \beta t$ 描述的是时间序列 $\{y_t\}$ 对于时间 $\{t\}$ 的线性依赖关系, 即 $\{t\}$ 也是一个时间序列. 对于一般的情形, 如果时间序列 $\{y_t\}$ 与另一时间序列 $\{x_t\}$ 存在线性依赖关系, 这样的关系可以用线性回归模型

$$\hat{y}_t = \alpha + \beta x_t, \tag{13.5.5}$$

其中的回归参数 α 和 β 由下列线性最小二乘问题:

$$\min \quad f(\alpha, \beta) = \sum\limits_{t=1}^{T} (y_t - \alpha - \beta x_t)^2 \tag{13.5.6}$$

确定, 其中 $\{y_t\}_1^T$ 和 $\{x_t\}_1^T$ 是两时间序列同期已知的观察值. 与式 (13.5.4) 类似, 最优的回归参数为

$$\beta = \frac{\sum\limits_{t=1}^{T} x_t y_t - n\bar{x}\bar{y}}{\sum\limits_{t=1}^{T} x_t^2 - n\bar{x}^2}, \quad \alpha = \bar{y} - \beta\bar{x}, \tag{13.5.7}$$

其中

$$\bar{y} = \sum\limits_{t=1}^{T} y_t/T, \quad \bar{x} = \sum\limits_{t=1}^{T} x_t/T$$

分别为时间序列 $\{y_t\}_1^T$ 和 $\{x_t\}_1^T$ 的均值.

为判断回归模型的精度, 可以通过计算

$$R^2 = 1 - \frac{\displaystyle\sum_{t=1}^{T}(y_t - \alpha - \beta t)^2}{\displaystyle\sum_{t=1}^{T}(y_t - \bar{y})^2} \tag{13.5.8}$$

进行相关性检验. 可以证明有 $0 \leqslant \sum_{t=1}^{T}(y_t - \alpha - \beta t)^2 \leqslant \sum_{t=1}^{T}(y_t - \bar{y})^2$. 如果 $R^2 = 1$, 表明 $\epsilon_t = y_t - \alpha - \beta t = 0$ 对所有 $t = 1, 2, \cdots, T$ 都成立, 即回归模型完全正确; 如果 $R^2 = 0$, 表明 $\sum_{t=1}^{T}\epsilon_t^2$ 取最大值, 等于 $\sum_{t=1}^{T}(y_t - \bar{y})^2$, 回归模型完全没有反映 y_t 对 t 的依赖关系, 这时用平均值 $\bar{y}$ 作为预报值要好于所得回归模型的预报值; 如果 $0 < R^2 < 1$, 表明用回归模型作预报有一定的误差, 而 R^2 的值反映了所得回归模型对时间序列 y_t 的解释程度, R^2 的值越接近 1, 解释程度越高, 用回归模型预报的精度越高.

表 13.5.1 给出了用线性回归模型进行预报的一个例子, 表中的第 2 列给出了某玩具生产企业过去 10 周每周生产某种玩具的数量 (单位: 打), 第 3 列给出的是每周生产这种玩具的费用, 现在需要预测该企业下周生产这种玩具 65 打的费用. 图 13.5.2 给出了这两个时间序列关系的图示. 从图可以看出, 费用时间序列 c_t 同生产数量序列 p_t 有着近于线性的依赖关系, 因此我们用线性回归模型预测下周的生产费用.

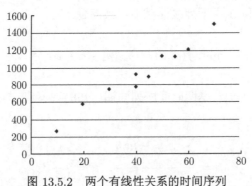

图 13.5.2   两个有线性关系的时间序列

根据式 (13.5.7) 求得回归参数值为

$$\beta = 18.79, \quad \alpha = 129.54.$$

因此预报模型为

$$\hat{c}_t = 129.54 + 18.79 p_t, \tag{13.5.9}$$

预报的结果见表 13.5.1, 相关性检验得 $R^2 = 0.96$, 这表明预报模型 (13.5.9) 较好地反映了生产费用 c_t 对生产数量 p_t 的线性依赖关系.

表 13.5.1　线性回归模型的预报

t	(p_t)	c_t	$\hat{c}_t$	$(c_t - \hat{c}_t)^2$	$(c_t - \bar{c})^2$
1	10	267.8	317.49	2468.85	423944
2	20	580.5	505.43	5635.20	114521.3
3	30	753.6	693.38	3626.86	27327.4
4	40	782.5	881.32	9765.61	18607.69
5	45	898.4	975.29	5912.59	420.66
6	50	1135.6	1069.27	4400.25	46954.26
7	60	1210.8	1257.21	2153.9	85199.77
8	55	1130.5	1163.24	1071.77	44770.33
9	70	1503.6	1445.16	3415.86	341862.4
10	40	925.8	881.32	1978.37	47.47
11	65		1351.18		
和				40429.26	1103656
R^2		0.96			

对于一些具有特殊的非线性关系的时间序列, 如 $y = \gamma_0(1 + \gamma_1)^t$, $y = \gamma_0 e^{\gamma_1 x}$, $y = \gamma_0 + \gamma_1(\ln x)$ 等, 我们可以选择适当的变量变换, 把非线性关系转换成线性关系, 再用线性回归确定模型中参数的最优选择, 得出最终的非线性预报模型. 下面以呈指数增长的时间序列为例, 给出确定预报模型

$$\hat{y}_t = \hat{y}_0(1 + \gamma)^t \tag{13.5.10}$$

的过程, 其中 $\hat{y}_0$ 表示对时间序列在时间 $t = 0$ 的预报值, γ 为指数增长率, $\hat{y}_t$ 为对时间序列在时间 t 的预报值. 图 13.5.3 给出了一个指数增长时间序列的例子. 模型 (13.5.10) 是一个关于时间 t 呈指数关系的非线性模型, 我们可以通过采用自然对数变换把它转换成关于 t 的线性模型. 对模型 (13.5.10) 的两边取自然对数得

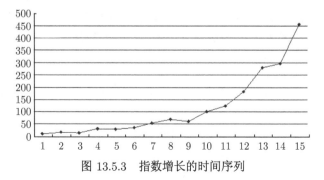

图 13.5.3　指数增长的时间序列

$$\ln(\hat{y}_t) = \ln(\hat{y}_0) + \ln(1+\gamma)t. \tag{13.5.11}$$

令 $\hat{z}_t = \ln(\hat{y}_t),\ \alpha = \ln(\hat{y}_0),\ \beta = \ln(1+\gamma)$ 得

$$\hat{z}_t = \alpha + \beta t, \tag{13.5.12}$$

这是一个 z_t 关于 t 的线性模型, 参数 α 和 β 的最优值可利用对已知观察序列 $\{y_t\}_1^T$ 的对数序列 $\{z_t\}_1^T = \{\ln(y_t)\}_1^T$ 进行线性回归确定. 应用指数增长预报模型 (13.5.10) 对时间序列 $\{y_t\}$ 进行预报的过程如下:

指数增长预报模型

(1) 计算已知时间序列 $\{y_t\}_1^T$ 的自然对数序列 $\{z_t\}_1^T = \{\ln(y_t)\}_1^T$;

(2) 对时间序列 $\{z_t\}_1^T$ 关于时间序列 $\{t\}_1^T$ 进行线性回归, 确定模型 (13.5.12) 中参数 α 和 β 的最优估计值;

(3) 应用模型 (13.5.12) 对时间序列 z_t 进行预报得 $\hat{z}_t$;

(4) 从预报值 $\hat{z}_t$ 得时间序列 y_t 的预报值

$$\hat{y}_t = e^{\hat{z}_t}. \tag{13.5.13}$$

如果需要进一步确定指数增长因子 γ 的估计值, 可以由

$$\gamma = e^{\beta} - 1 \tag{13.5.14}$$

确定.

表 13.5.2 给出了用指数增长预报模型进行预报的过程, 表中第一列给出的是时间序列 $\{t\}_0^{14}$, 第 2 列给出的是时间序列 $\{y_t\}_0^{14}$, 第 3 列给出的是 y_t 的对数序列 $\{z_t\}_0^{14}$. 对 z_t 关于 t 进行线性回归得参数的估计值为

$$\alpha = 2.41, \quad \beta = 0.254.$$

由此得对序列 z_t 作预报的线性模型

$$\hat{z}_t = 2.41 + 0.254t.$$

预报结果在表中第 4 列给出 (其中 $t = 15$ 时的预报值是对将来值的预报, 对 $t = 0 \sim t = 14$ 的预报用于估计预报的精度). 表中最后一列是对 y_t 的预报结果, 它由式

$$\hat{y}_t = e^{\hat{z}_t}$$

确定. 指数增长因子为 $\gamma = e^{0.254} - 1 = 0.29$. 这一预报的相关性检验得出的结果为

$$R^2 = 1 - \frac{\displaystyle\sum_{t=0}^{14}(y_t - \hat{y}_t)^2}{\displaystyle\sum_{t=0}^{14}(y_t - \bar{y})^2} = 0.97,$$

说明所得预报模型较好地反映了 y_t 对 t 的指数依赖关系. 预报的均方差为 MSE= 968.

表 13.5.2　指数增长模型的预报

t	y_t	$z_t = \ln(y_t)$	$\hat{z}_t$	$\hat{y}_t$
0	11	2.40	2.41	11.13
1	17.5	2.86	2.66	14.35
2	15.5	2.74	2.92	18.49
3	31	3.43	3.17	23.84
4	29	3.37	3.43	30.73
5	36	3.58	3.68	39.61
6	55	4.01	3.93	51.05
7	69	4.23	4.19	65.81
8	60	4.01	4.44	84.82
9	101	4.62	4.69	109.33
10	123	4.81	4.95	140.92
11	182	5.20	5.20	181.65
12	280	5.63	5.46	234.14
13	296	5.69	5.71	301.80
14	456	6.12	5.96	389.01
15			6.22	501.42
MSE				968.00

表 13.5.3 给出了一些常见的适用于对具有时间趋势进行预报的特殊非线性预报模型可以采用的变量变换, 变换后模型中的参数可用线性回归技术估计, 表中还给出了相应的预报模型.

表 13.5.3　若干非线性预报模型的变换方法

可选的函数关系 $y = f(x)$	变量的变换	估计参数	预报 $\hat{z}_t$	预报 $\hat{y}_t$
$y = \gamma_0 x^{\gamma_1}$	对数变换 $(\ln(x_t), \ln(y_t))$	$\alpha = \ln(\gamma_0),\ \beta = \gamma_1$	$\hat{z}_t = \alpha + \beta \ln(x_t)$	$\hat{y}_t = \exp(\hat{z}_t)$
$y = \gamma_0 e^{\gamma_1 x}$	对数变换 $(x_t, \ln(y_t))$	$\alpha = \ln(\gamma_0),\ \beta = \gamma_1$	$\hat{z}_t = \alpha + \beta x_t$	$\hat{y}_t = \exp(\hat{z}_t)$
$y = \gamma_0 + \gamma_1 \ln(x)$	对数变换 $(\ln(x_t), y_t)$	$\alpha = \gamma_0, \beta = \gamma_1$		$\hat{y}_t = \alpha + \beta \ln(x_t)$
$y = x/(\gamma_0 + \gamma_1 x)$	倒数变换 $(1/x_t, 1/y_t)$	$\alpha = \gamma_1,\ \beta = \gamma_0$	$\hat{z}_t = \alpha + \beta/x_t$	$\hat{y}_t = 1/\hat{z}_t$
$y = e^{\gamma_0 + \gamma_1/x}$	对数和倒数变换 $(1/x_t, \ln(y_t))$	$\alpha = \gamma_0,\ \beta = \gamma_1$	$\hat{z}_t = \alpha + \beta/x_t$	$\hat{y}_t = \exp(\hat{z}_t)$

13.6　复合预报模型

本节将给出两个把外插模型和回归模型结合在一起使用的复合预测预报模型, 这类模型适用于对非稳定的季节型时间序列的预测预报, 也就是说这类时间序列除具有季节特征外, 还有时间趋势, 乃至长期趋势. 图 13.6.1 给出了非稳定季节型时间序列的一个例子.

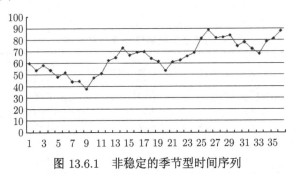

图 13.6.1　非稳定的季节型时间序列

具有时间趋势的季节型时间序列预报的预测预报模型的形式为

$$\hat{y}_t = g_t \times r_t = a_0(1+\gamma)^t r_t, \quad t = 1, 2, \cdots, L, \tag{13.6.1}$$

其中 r_t $(t = 1, 2, \cdots, L)$ 为时间序列的季节因子, g_t 为时间序列的时间趋势因子, 在这个模型中我们用指数增长模型

$$g_t = a_0(1+\gamma)^t \tag{13.6.2}$$

估计时间趋势因子, γ 为指数增长率. 对于不同类型的具有时间趋势的季节型时间序列, 时间趋势因子可以有不同的选取方式, 表 13.10 中给出的是一些可供选择的例子. 应用模型 (13.6.1) 进行预报需要用到外插技术和线性回归技术, 具体的预报过程如下.

复合预报模型一

(1) 应用上节的指数增长预报模型估计时间序列 $\{y_t\}_1^T$ 的时间趋势因子

$$g_t = a_0(1+\gamma)^t, \quad t = 1, 2, \cdots, T;$$

(2) 对观察期内的每一观察值计算其季节因子

$$s_t = y_t/g_t, \quad t = 1, 2, \cdots, T;$$

(3) 对每一个季节, 计算其季节因子的平均值

$$r'_j = \sum_{k=0}^{C-1} s_{Lk+j}/C, \quad j = 1, 2, \cdots, L;$$

其中 C 为观察期内的周期数, L 为每一周期内的季节数.

(4) 标准化季节因子

$$\bar{r} = \sum_{j=1}^{L} r'_j/L, \quad r_j = r'_j/\bar{r}, \ j = 1, 2, \cdots, L;$$

(5) 进行预报

$$\hat{y}_t = g_t \times r_t, \ t = 1, 2, \cdots, T, \quad \hat{y}_{T+j} = g_T \times r_j, \ j = 1, 2, \cdots, L,$$

对 $t = 1, 2, \cdots, T$ 的预报值用于估计预报的误差, 对 $t = T + j, \ j = 1, 2, \cdots, L$ 用于预报时间序列的未来一个周期的值. 表 13.6.1 给出了用复合预报模型一进行预报的过程. 表中第 2 列为时间序列 $\{y_t\}_1^{36}$(共 3 个周期, 每个周期有 12 个季), 要预报的是下一个周期 (表中第 4 周期)y_t 的值. 表中第 3 列为 y_t 的对数值, 对 z_t 关于时间 t 进行线性回归得 $\hat{z}_t$ 的预报模型

$$\hat{z}_t = 3.858 + 0.016t.$$

表 13.6.1　复合预报模型一的预报

t	y_t	$z_t = \ln(y_t)$	$\hat{z}_t$	g_t	s_t	r_t'	r_t	$\hat{y}_t$
1	59.5	4.086	3.874	48.151	1.236			55.63
2	53.6	3.982	3.890	48.932	1.095			57.56
3	58.1	4.062	3.907	49.726	1.168			55.83
4	53.7	3.983	3.923	50.533	1.063			55.11
5	47.7	3.865	3.939	51.353	0.929			53.58
6	51.8	3.947	3.955	52.186	0.993			51.29
7	43.5	3.773	3.971	53.033	0.820			48.65
8	44.1	3.773	3.987	53.893	0.818			45.25
9	37.2	3.616	4.003	54.768	0.679			44.10
10	47.0	3.850	4.019	55.657	0.844			50.24
11	51.0	3.932	4.035	56.560	0.902			53.02
12	62.0	4.127	4.051	57.477	1.079			59.02
13	64.8	4.171	4.067	58.410	1.109			67.48
14	73.2	4.293	4.084	59.358	1.233			69.83
15	67.0	4.205	4.100	60.321	1.111			67.73
16	69.2	4.237	4.116	61.300	1.129			66.86
17	69.6	4.243	4.132	62.295	1.117			64.99
18	63.8	4.156	4.148	63.305	1.008			62.21
19	61.3	4.116	4.164	64.333	0.953			59.01
20	53.2	3.974	4.180	65.376	0.814			54.89
21	60.8	4.108	4.196	66.437	0.915			53.49
22	62.8	4.140	4.212	67.515	0.930			60.94
23	66.1	4.191	4.228	68.611	0.963			64.31
24	69.1	4.236	4.245	69.724	0.991			71.59
25	81.6	4.402	4.261	70.856	1.152	1.166	1.155	81.86
26	88.7	4.485	4.277	72.005	1.232	1.187	1.179	84.70
27	81.9	4.405	4.293	73.174	1.119	1.133	1.123	82.16
28	82.5	4.413	4.309	74.361	1.109	1.100	1.091	81.10

续表

t	y_t	$z_t = ln(y_t)$	$\hat{z}_t$	g_t	s_t	r_t'	r_t	$\hat{y}_t$
29	84.0	4.431	4.325	75.568	1.112	1.053	1.043	78.84
30	74.8	4.315	4.341	76.794	0.974	0.991	0.983	75.47
31	78.3	4.361	4.357	78.040	1.003	0.925	0.917	71.59
32	72.1	4.278	4.373	79.306	0.909	0.847	0.840	66.58
33	67.9	4.218	4.389	80.593	0.843	0.812	0.805	64.89
34	78.4	4.362	4.406	81.901	0.957	0.911	0.903	73.92
35	80.9	4.393	4.422	83.230	0.972	0.946	0.937	78.02
36	87.8	4.475	4.438	84.580	1.038	1.036	1.027	86.85
37								97.72
38								99.50
39								94.97
40								92.25
41								88.24
42								83.12
43								77.59
44								71.01
45								68.10
46								76.34
47								79.28
48								86.85
MSE								12.59

第 4 列是 z_t 的预报值 $\hat{z}_t$, 第 5 列得时间序列 y_t 的时间趋势因子 $g_t = \exp(\hat{z}_t)$, 第 6 列执行上述预报模型的第 (2) 步得每一观察值 y_t 的季节因子 s_t, 第 7,8 两列分别计算平均的季节因子和标准化的季节因子, 最后一列给出预报结果 $\hat{y}_t$. 预报的均方差在最后一行给出, 即有 MSE=12.59, 预报的精度比较满意.

另一个复合预测预报模型适用于既有时间趋势, 又有长期趋势的季节型时间序列的预测预报. 该预报模型的预报形式为

$$\hat{y}_{T+j} = (a_T + b_T \times j)r_j, \quad j = 1, 2, \cdots, L, \tag{13.6.3}$$

其中 a_T 为当前时刻的长期趋势因子, b_T 为当前时刻的时间趋势因子, r_j 为季节因子, L 为一个周期内的季节数, $\hat{y}_{T+j}$, $j = 1, 2, \cdots, L$ 为对未来一个周期各季的预报值. 当采用上述预报模型进行预测预报时, 需要用到三次指数光滑技术来估计时间序列的长期趋势因子 a_j, 时间趋势因子 b_j 和季节因子 r_j. 具体预报过程如下.

复合预报模型二

(1) 应用复合预报模型一的步 (1) 估计序列的时间趋势 g_j, $j = 1, 2, \cdots, T$; 再用该预报模型的步 (2) 至步 (4) 计算标准化的季节因子, 把它们记为第一观察周期

的 r'_j, $j = 1, 2, \cdots, L$;

(2) 进行一次光滑估计时间序列的长期趋势因子 a_j

$$a_j = \alpha \frac{y_j}{r'_j} + (1-\alpha)(a_{j-1} + b_{j-1}), \quad j = 1, 2, \cdots, T;$$

(3) 进行二次光滑估计时间序列的时间趋势因子 b_j

$$b_j = \beta(a_j - a_{j-1}) + (1-\beta)b_{j-1}, \quad j = 1, 2, \cdots, T;$$

(4) 进行三次光滑估计第一周期以后各观察周期的季节因子 r'_j

$$r'_j = R\frac{y_{j-L}}{a_{j-L}} + (1-R)r'_{j-L}, \quad j = L+1, \cdots, T;$$

(5) 将最后一个观察周期内的季节因子标准化

$$\bar{r} = \sum_{j=T-L+1}^{T} r'_j/L, \quad r_j = r'_j/\bar{r}, \ j = T-L+1, \cdots, T;$$

(6) 进行预报, 对观察期内的观察值进行预报 (用于计算预报误差)

$$\hat{y}_{cL+j} = (a_{cL+j} + b_{cL+j}) \times r_j, \quad j = 1, 2, \cdots, L, \ c = 0, 1, \cdots, C-1;$$

对未来一个周期进行预报

$$\hat{y}_{T+j} = (a_T + b_T \times j) \times r_j, \quad j = 1, 2, \cdots, L.$$

说明　(i) 在预报过程的步 (2) 和步 (3) 进行指数光滑时, 需要提供时间序列长期趋势因子和时间趋势因子的初始值 a_0 和 b_0, 这可以分别取第一观察周期的平均值作为 a_0, 取步 (1) 内时间趋势 g_2 和 g_1 的差作为 b_0, 即有

$$a_0 = \frac{y_1 + y_2 + \cdots + y_L}{L}, \quad b_0 = g_2 - g_1.$$

(ii) 指数光滑参数 α, β 和 R 的选取, 应尽可能使预报的均方差取最优或较小的值.

(iii) 在第 (1) 步之后的计算顺序是在第 (2),(3) 步先用第一观察周期的 r'_j 计算第一观察周期的 a_j 和 b_j, 接着在步 (4) 用第一观察周期的 r'_j 和 a_j 计算第二观察周期的 r'_j, 然后再重复步 (2) 和 (3) 的过程计算第二观察周期的 a_j 和 b_j. 重复这一过程, 直至完成对所有观察期内的计算, 最后, 执行步 (5) 和 (6) 的计算.

　　表 13.6.2 给出了对表 13.6.1 的时间序列用复合预报模型二进行预报的过程和结果. 其中的第 3 列第一周期的 r'_j, $j = 1, 2, \cdots, L$ 直接取自表 13.6.1 的第 3 周期的 r_t(第 8 列), 第 4 列的 $a_0 = (y_1 + \cdots + y_{12})/12 = 50.767$, $b_0 = g_2 - g_1 = 48.932 - 48.151 = 0.781$, 其余的中间数据 a_j, b_j, r'_j 按算法确定的过程和顺序进行计算. 计算过程中所用的参数值为 $\alpha = 0.9$, $\beta = 0.2$, 以及 $R = 0.15$. 第 6 列 r_t 在第 3 周期的值是预报时所用的季节因子, 它们由同周期第 3 列的 r'_t 标准化后得到. 最后一列为模型预报的结果, 其中第 4 周期是对未来一周期的预报, 它们由式

$$\hat{y}_{36+j} = (a_{36} + b_{36} \times j) \times r_j, \quad j = 1, 2, \cdots, 12$$

计算得出, $a_{36} = 85.691$, $b_{36} = 0.763$, 季节因子在第 6 列给出. 第 1~3 周期的预报结果用于估计预报的精度, 预报的均方差为 MSE=1.27. 可以看出, 用复合预报模型二的预报要优于复合预报模型一, 因为前者的预报 MSE=1.27, 而后者的预报 MSE=12.59.

表 13.6.2　复合预报模型二的预报

t	y_t	r'_t	a_t	b_t	r_t	$\hat{y}_t$
0			50.767	0.781		
1	59.5	1.155	51.506	0.773		60.32
2	53.6	1.176	46.236	-0.436		53.83
3	58.1	1.123	51.151	0.634		58.20
4	53.7	1.091	49.492	0.176		54.17
5	47.7	1.043	46.115	-0.535		47.52
6	51.8	0.983	51.996	0.748		51.91
7	43.5	0.917	47.953	-0.210		43.74
8	44.1	0.840	52.047	0.651		44.26
9	37.2	0.805	46.853	-0.518		37.32
10	47.0	0.903	51.50	0.515		46.96
11	51.0	0.937	54.168	0.946		51.70
12	62.0	1.027	59.855	1.894		63.44
13	64.8	1.155	56.656	0.875		66.38
14	73.2	1.174	61.879	1.745		74.78
15	67.0	1.125	59.973	1.015		68.54
16	69.2	1.090	63.247	1.467		70.58
17	69.6	1.042	66.589	1.842		71.35
18	63.8	0.985	65.151	1.186		65.28
19	61.3	0.916	66.876	1.294		62.45
20	53.2	0.841	63.766	0.413		53.91
21	60.8	0.803	74.523	2.482		62.02
22	62.8	0.904	70.215	1.124		64.41
23	66.1	0.938	70.557	0.967		67.09
24	69.1	1.028	67.639	0.190		69.69

续表

t	y_t	r'_t	a_t	b_t	r_t	$\hat{y}_t$
25	81.6	1.154	70.447	0.714	1.154	82.10
26	88.7	1.175	75.047	1.491	1.175	89.96
27	81.9	1.124	73.254	0.834	1.124	83.26
28	82.5	1.090	75.500	1.091	1.091	83.56
29	84.0	1.042	80.183	1.830	1.043	85.51
30	74.8	0.984	76.620	0.751	0.984	76.14
31	78.3	0.916	84.676	2.212	0.916	79.60
32	72.1	0.840	85.959	2.026	0.840	73.90
33	67.9	0.805	84.681	1.366	0.805	69.31
34	78.4	0.903	86.774	1.511	0.903	79.71
35	80.9	0.938	86.466	1.147	0.938	82.18
36	87.8	1.027	85.691	0.763	1.027	88.82
37						99.75
38						102.51
39						98.87
40						96.78
41						93.32
42						88.83
43						83.39
44						77.10
45						74.55
46						84.25
47						88.25
48						97.44
MSE						1.27

13.7 蒙特卡罗模拟

蒙特卡罗模拟由于简单、直观、容易理解和易于实现, 是一种在各领域得到广泛应用的方法. 蒙特卡罗模拟方法的基本思想是, 通过分析时间序列随机变化的特性和分布特征, 建立相关时间序列变化行为的随机概率模型, 并估计模型中与时间序列相关的统计参数, 代入模型中, 据此对时间序列的未来行为进行大量的随机模拟, 得出时间序列在未来指定时间取值的一个分布, 最后取模拟所得分布的期望值 (平均值) 作为时间序列在将来指定时间取值的预报值.

应用蒙特卡罗模拟包括下述四个步骤:

(1) 分析要预测的时间序列已知观察值的随机分布特性, 确定其所满足的随机分布, 如正态分布、几何分布、指数分布等, 据此建立时间序列变化的随机概率模型;

(2) 利用时间序列已知的观察值估计模型中与时间序列相关的参数, 如正态分布的均值和方差、指数分布的参数 λ 等;

(3) 把步 (2) 所得的参数估计应用于时间序列行为变化的随机概率模型, 产生步 (1) 所选定的随机分布的随机数, 模拟时间序列在未来某一指定时间的值;

(4) 重复执行步 (3) 很多次 (如 5000~10000 次), 得时间序列在未来指定时间取值的一个分布, 取该分布的均值 (所有模拟值的平均值) 作为时间序列在未来指定时间的预测值.

下面以预测某资产在未来某时间的价格为例来说明应用蒙特卡罗模拟的上述过程.

首先分析资产的价格行为. 一般认为并假定资产的价格行为服从对数正态分布. 由于资产价格取非负值, 假定资产价格服从对数正态分布要比服从通常意义下的正态分布更合理, 这是因为如采用正态分布来模拟资产的价格变化有可能产生负的价格.

设资产在时刻 t 的价格为 P_t, $P_{t+\Delta t}$ 为经过时间间隔 Δt 后资产的价格, 称资产价格 P_t 服从对数正态分布, 是指资产价格的对数, 或等价地在时段 Δt 内资产的对数 (几何) 收益率 $r_{\Delta t}$ 呈正态分布, 即有

$$\ln \frac{P_{t+\Delta t}}{P_t} = r_{\Delta t} \tag{13.7.1}$$

呈正态分布, 记该正态分布的均值为 $\mu \Delta t$, 方差为 $\sigma^2 \Delta t$, 其中 μ 和 σ 分别为该资产年收益对数的均值与标准差 (有关它们的估计将在下面介绍). 由式 (13.7.1) 得

$$P_{t+\Delta t} = P_t \exp(r_{\Delta t}), \tag{13.7.2}$$

此式给出了资产价格变化的随机概率模型, 其中收益率 $r_{\Delta t}$ 是服从以 $\mu \Delta t$ 为均值, $\sigma^2 \Delta t$ 为方差的正态分布的随机变量. 利用正态分布与标准正态分布之间的转换关系

$$z = \frac{r_{\Delta t} - \mu \Delta t}{\sigma \sqrt{\Delta t}}, \tag{13.7.3}$$

其中 z 为服从标准正态分布的随机变量, 由此得

$$r_{\Delta t} = \mu \Delta t + \sigma z \sqrt{\Delta t}. \tag{13.7.4}$$

代入式 (13.7.2) 得反映资产在时刻 $t + \Delta t$ 价格的随机概率模型

$$P_{t+\Delta t} = P_t \exp(\mu \Delta t + \sigma z \sqrt{\Delta t}), \tag{13.7.5}$$

这里 μ 为资产的年对数收益率, σ 为资产年收益率分布的标准差, z 是服从标准正态分布的随机数. 注意式 (13.7.5) 是从式 (13.7.3) 转换后得到的反映资产价格变化的随机概率模型. 我们正是用这一式子来模拟资产在未来时间的可能价格或价格分布, 所不同的是用式 (13.7.5) 进行模拟时, 所要产生的随机数是服从标准正态分布的随机数 z, 而不是服从 $\mu\Delta t$ 为均值, $\sigma^2\Delta t$ 为方差的正态分布的随机数 $r_{\Delta t}$. 这是因为所有的计算机软件都带有生成标准正态分布随机数的函数.

在用式 (13.7.5) 模拟资产在未来某个时间的价格以及价格的可能分布之前, 第 2 步要估计模型中与资产的价格时间序列有关的统计参数 μ 和 σ^2. 我们将在本节稍后进行介绍. 先考虑蒙特卡罗模拟的第 3 步, 用模型 (13.7.5) 进行模拟. 考虑这样一个例子, 已知某资产现行的市场价格为 $P_0 = 40$ 元, 该资产年收益对数分布的均值和标准差分别为 $\mu = 15\%$ 和 $\sigma = 0.30$, 要求模拟该股票两个工作日后的价格, 以及价格的分布 (以一年有 250 个工作日计算). 两个工作日的时间间隔为

$$\Delta t = 2/250 = 0.008,$$

由式 (13.7.5) 通过随机产生标准正态分布的随机数 z 的值, 就可得到股票在 2 个工作日后不同的价格. 例如, 随机产生的 z 值为 $z = 0.1236$, 则有

$$P_{\Delta t} = 40 \times \exp[0.15 \times 0.008 + 0.3 \times 0.1236 \times \sqrt{0.008}] = 40.1811;$$

如随机产生的 z 值为 $z = -0.8705$, 则有

$$P_{\Delta t} = 40 \times \exp[0.15 \times 0.008 - 0.3 \times 0.8705 \times \sqrt{0.008}] = 39.1234;$$

重复上述模拟过程很多次, 即通过随机产生足够数量的标准正态分布的随机数 z 代入式 (13.7.5) 以模拟生成大量的资产价格, 得到资产在两个工作日后价格的分布. 还是以上述例子为例, 但为简单起见, 把 Δt 简化为 $\Delta t = 1, A\#P_0 = 1$, 得模拟式

$$S_1 = \exp(\mu + \sigma z) = \exp(0.15 + 0.3z).$$

表 13.7.1 给出了从标准正态分布中随机产生 1000 个 z 值所得股票价格的分布情况, 其中第 1 列给出了资产价格的取值区间, 每个区间的宽度为 0.15, 第 2 列给出了随机模拟产生的资产价格落在每个区间内的数目. 从表中可以看出, 没有小于 0.45 的资产价格, 这反映了对数正态分布的一个重要特征 —— 对数正态分布只取正值, 如果采用正态分布的假定进行模拟有可能产生负的价格, 这是不符合实际的.

表 13.7.1　模拟所得的资产价格分布

价格区间	资产价格个数	价格区间	资产价格数目
$[0, 0.15]$	0	$[0.30, 0.45]$	0
$[0.15, 0.30]$	0	$[0.45, 0.60]$	8

续表

价格区间	资产价格个数	价格区间	资产价格数目
$[0.60, 0.75]$	70	$[1.50, 1.65]$	74
$[0.75, 0.90]$	132	$[1.65, 1.80]$	53
$[0.90, 1.05]$	162	$[1.80, 1.95]$	25
$[1.05, 1.20]$	181	$[1.95, 2.10]$	16
$[1.20, 1.35]$	139	$[2.10, 2.25]$	10
$[1.35, 1.50]$	113	$[2.25, 2.40]$	5

　　图 13.7.1 给出了这一价格分布的直方图, 由此可以清楚地看出对数正态分布曲线的形状. 事实上, 模拟的次数越多, 所得的股票价格的分布越接近于真实的对数正态分布.

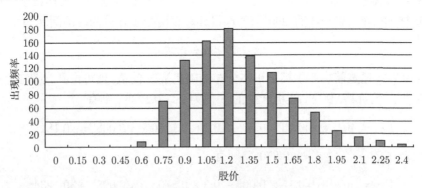

图 13.7.1　模拟股票价格频率分布直方图

　　在具体用式 (13.7.5) 模拟资产价格时, 通常要把模拟的整个时段分成若干个小的时间区间, 对每个时间区间递推使用式 (13.7.5) 得出资产在整个时段内价格的一个走势, 由此得出资产在未来指定时间的一个价格. 假设需要模拟某资产一年以后的价格及其分布, 已知资产年收益对数的均值和波动性. 假定一年有 250 个工作日, 则资产价格从第 t 日到第 $t+1$ 日的变化可由下式模拟:

$$P_{t+1} = P_t \exp(\mu \Delta t + z\sigma \sqrt{\Delta t}), \quad t = 0, 1, \cdots, 249, \tag{13.7.6}$$

其中 $\Delta t = 1/250$. 从资产现行的市场价格 P_0 开始, 利用上式反复模拟 250 次得出该资产在这一年内的一个价格走势 (每个工作日一个价格) 以及一年后的一个价格 P_{250}. 表 13.7.2 给出了一次模拟的部分数据, 其中 t 表示第 t 个工作日, z 表示产生的标准正态分布的随机数, P_t 为模拟的价格, $t = 250$ 时的 P_t 即为模拟所得的资产一年后的一个价格. 反复模拟所需要的次数, 如 1000, 或 10000 次, 就可以得到 1000 或 10000 个价格走势, 以及 1000 个或 10000 个一年后价格的估计, 从而得出一年后的价格分布.

表 13.7.2 模拟的资产价格走势

t	z	P_t	t	z	P_t
0	$\cdots$	40	$\cdots$	$\cdots$	$\cdots$
1	-1.842	39.33	246	0.597	42.65
2	1.037	39.74	247	-1.285	42.15
3	0.736	40.05	248	0.997	42.58
4	1.802	40.76	249	1.634	43.27
5	0.068	40.81	250	-0.885	42.94
$\cdots$	$\cdots$	$\cdots$			

模拟的最后一个步骤就是对多次模拟所得资产的多个价格取平均值, 并把其取为资产在未来指定时间的一个价格的预测值, 即有

$$\hat{P}_t = \sum_{j=1}^{m} \tilde{P}_j / m, \tag{13.7.7}$$

其中 $\hat{P}_t$ 是对资产在将来时间 t 的价格的预测值, $\tilde{P}_j$ 为第 j 次模拟所得到的资产在将来时间 t 的价格, m 为总的模拟次数.

为估计模拟所得预报价格 $\hat{P}_t$ 的误差, 需要计算模拟所得的价格分布的方差

$$\sigma_{\tilde{P}_t}^2 = \frac{\sum_{j=1}^{m}(\tilde{P}_j - \hat{P}_t)^2}{m}, \tag{13.7.8}$$

由此可得预报价格 $\hat{P}_t$ 的方差为

$$\sigma_{\hat{P}_t}^2 = \frac{\sigma_{\tilde{P}_t}^2}{m}, \tag{13.7.9}$$

即预报价格 $\hat{P}_t$ 的方差等于模拟所得价格分布的方差用模拟次数 m 来除. 预报价格 $\hat{P}_t$ 的标准差为

$$\sigma_{\hat{P}_t} = \sqrt{\frac{\sigma_{\tilde{P}_t}^2}{m}}. \tag{13.7.10}$$

此式表明, 要使模拟结果的精度提高 (标准差 $\sigma_{\hat{P}_t}$ 减小), 必须增加模拟次数, 即要使 $\sigma_{\hat{P}_t}$ 减小 1/10, 模拟的次数必须增加 100 倍, 这也就是为什么采用蒙特卡罗模拟需要进行大量模拟 (上万次) 的原因.

除了增加模拟次数以提高模拟预测结果的精度, 还可以采用对偶变量技术来达到降低模拟次数提高模拟精度的效果. 对偶变量法就是在产生随机数进行模拟时把同一随机分布互为对偶的两个随机数同时选择进行模拟, 利用这两个随机数的负相关性, 生成严格负相关的模拟结果, 达到减小模拟结果的方差. 在上述例子中, 如

果我们随机产生了一个标准正态分布的随机数 z 用式 (13.7.5) 进行模拟, 那么, 与其对偶的标准正态分布的随机数 $-z$ 也会被用于式 (13.7.5) 进行模拟. 设 $\hat{P}_{t1}$ 是用一组随机数 z 模拟后的模拟价格分布取得的平均值, $\hat{P}_{t2}$ 是用另一组随机数模拟后的模拟价格取得的平均值, 而 $\hat{P}_t$ 表示由所有模拟所得价格的平均值, 则有

$$\hat{P}_t = \frac{\hat{P}_{t1} + \hat{P}_{t2}}{2},$$

这时 $\hat{P}_t$ 的方差可表示为

$$\sigma_{\hat{P}_t}^2 = [\sigma_{\hat{P}_{t1}}^2 + \sigma_{\hat{P}_{t2}}^2 + \sigma_{\hat{P}_{t1}\hat{P}_{t2}}]/4,$$

如果第二组的随机数为第一组随机数 z 的对偶 $-z$, 则由于 $\hat{P}_{t1}$ 与 $\hat{P}_{t2}$ 负相关, 两者之间的协方差 $\sigma_{\hat{P}_{t1}\hat{P}_{t2}}$ 取负值, 因而这时的预报方差 $\sigma_{\hat{P}_t}^2$ 小于两组随机数不负相关时的预报方差. 这就是对偶变量法减少模拟次数提高模拟精度的过程和原理.

　　在资产价格呈对数正态分布的假定下, 式 (13.7.5) 的另一个作用是在某一给定的置信水平 (记为 α) 下, 可以预期资产价格变动的范围. 对于标准正态分布而言, z 的取值在范围 $-1.96 \leqslant z \leqslant 1.96$ 内的可能性是 97.5%, 因此在 97.5% 的置信水平下, 由式 (13.7.5) 模拟确定的资产经时间 Δt 后价格的变动范围为

$$P_t \exp(\mu\Delta t - 1.96\sigma\sqrt{\Delta t}) \leqslant P_{t+\Delta t} \leqslant P_t \exp(\mu\Delta t + 1.96\sigma\sqrt{\Delta t}), \tag{13.7.11}$$

以上述例子为例, 在 97.5% 的置信水平下, 股票价格在第 2 个工作日的波动范围为

$$P_2 \leqslant 40\exp(0.15 \times 0.004 + 0.3 \times 1.96 \times \sqrt{0.004}) = 41.54,$$

$$38.56 = 40\exp(0.15 \times 0.004 - 0.3 \times 1.96 \times \sqrt{0.004}) \leqslant P_2,$$

即有

$$38.52 \leqslant P_2 \leqslant 41.54.$$

此式的意义在于表明, 资产在第 2 个工作日的价格位于区间 (38.52, 41.54) 的概率为 97.5%. 因此, 对于给定的置信水平 α, 由标准正态分布表可确定随机变量 z 的取值范围, 例如对于 $\alpha = 95\%$, 有 $-1.64 \leqslant z \leqslant 1.64$, 把所得 z 取值的上下界分别代替式 (13.7.11) 中的 -1.96 和 1.96 即可得出该置信水平下估计的资产价格的变动范围.

　　在资产价格呈对数正态分布的假设下, 要模拟预测资产的价格或资产价格的走势, 必须要正确估计资产年收益对数的均值 μ 及其波动性 σ, 这可由资产价格的历史数据来估计. 由式 (13.7.5) 有

$$\ln\left(\frac{P_{t+\Delta t}}{P_t}\right) = \mu\Delta t + z\sigma\sqrt{\Delta t}.$$

由于随机变量 z 服从标准正态分布, 即均值 $E[z]=0$, 方差 $\mathrm{VaR}[z]=1$, 因而有

$$E\left[\ln\left(\frac{P_{t+\Delta t}}{P_t}\right)\right]=E[\mu\Delta t+z\sigma\sqrt{\Delta t}]=\mu\Delta t\,,\qquad(13.7.12)$$

$$\mathrm{VaR}\left[\ln\left(\frac{P_{t+\Delta t}}{P_t}\right)\right]=\mathrm{VaR}[\mu\Delta t+z\sigma\sqrt{\Delta t}]=\sigma\Delta t\,,\qquad(13.7.13)$$

由此可得从资产价格的历史数据估计 μ 和 σ 的公式

$$\mu=\frac{E[\ln(P_{t+\Delta t}/P_t)]}{\Delta t},\quad\sigma^2=\frac{\mathrm{VaR}[\ln(P_{t+\Delta t}/P_t)]}{\Delta t},\qquad(13.7.14)$$

即通过计算对数收益序列 $\ln(P_{t+\Delta t}/P_t),t=1,2,\cdots,n$ 的均值 $E[\ln(P_{t+\Delta t}/P_t)]$ 和方差 $\mathrm{VaR}[\ln(P_{t+\Delta t}/P_t)]$, 再除以时间区间的长度 Δt, 就可得资产年收益对数的均值 μ 和方差 σ^2. 由式 (13.7.14) 可以看出, 当 Δt 适当小时, $\mu\Delta t$ 表示投资者对很短一个时期内的期望收益, 因而又称其为资产的瞬时期望收益, $\sigma\sqrt{\Delta t}$ 表示资产收益在一个很短时期内的波动性, 又称资产收益的瞬时波动性.

　　从上面的分析讨论可以看到, 在确定了资产价格变动的随机分布和随机概率模型之后, 资产收益的期望收益和波动性的估计对正确预测资产的未来价格和价格分布起重要作用, 因此要求对期望收益和波动性的估计应尽可能的精确. 这涉及对资产价格历史样本数据合理选取和处理的问题. 理论上, 在其他情况保持相同的条件下, 资产价格数据的样本数越大, 估计得到的期望收益和波动性会越好. 但是实际上, 过分陈旧的资产价格数据, 对估计资产的未来价格或价格走势基本上没有什么实质性的贡献. 因此, 一个通用的选取样本数的准则为用于估计瞬时期望收益和瞬时波动性的时间跨度应大致等于应用这一估计的时间长度. 具体说, 如果我们要用式 (13.7.5) 来估计资产在未来一年内的价格走势, 我们可以选用该资产在过去一年内价格的历史样本数据来进行估计.

参 考 文 献

胡运权, 郭耀煌. 2007. 运筹学教程. 北京: 清华大学出版社

蓝伯雄, 程佳惠, 陈秉正. 1997. 管理科学 (下)—— 运筹学. 北京: 清华大学出版社

李敏强, 寇纪淞, 林丹等. 2002. 遗传算法的基本理论与应用. 北京: 科学出版社

邱菀华, 冯允成, 魏法杰等. 2004. 运筹学教程. 北京: 机械工业出版社

孙文瑜, 徐成贤, 朱德通. 2010. 最优化方法. 2 版. 北京: 高等教育出版社

魏国华, 傅家良, 周仲良. 1987. 实用运筹学. 上海: 复旦大学出版社

徐成贤, 陈志平, 李乃成. 2002. 近代最优化方法. 北京: 科学出版社

袁亚湘. 1993. 非线性规划数值方法. 上海: 上海科学技术出版社

袁亚湘, 孙文瑜. 1997. 最优化理论与方法. 北京: 科学出版社

张建中, 许绍吉. 1990. 线性规划. 北京: 科学出版社

朱德通. 2003. 最优化模型与实验. 上海: 同济大学出版社

Bazara M S, Sherali H D, Shetty C M. 2006. Nonlinear Programming: Theory and Algorithms. 3rd ed. New York: John Wiley & Sons

Dantzig G B. 1963. Linear Programming and Extensions. Princeton: Princeton University Press

Ecker J G, Kupferschmid M. 1988. Introduction to Operations Research. New York: John Wiley & Sons

Fletcher R, Reeves C M. 1964. Function minimization by conjugate gradients. Computer Journal, 7: 149-154

Fletcher R. 1987. Practical Methods of Optimization. 2nd ed. Chichester: John Wiley & Sons

Hestenes M R, Stiefel E. 1952. Method of conjugate gradient for solving linear system. J. Res. Nat. Bur. Stand., 49: 409-436

Hillier F S, Lieberman G J. 2010. Introduction to Operations Research. 9th ed. New York: McGraw–Hill Higher Education

Luenberger D G. 1984. Introduction to Linear and Nonlinear Programming. 2nd ed. Boston: Addison-Wesley

McCormick G P. 1983. Nonlinear Programming: Theory, Algorithms, and Applications. New York: John Wiley & Sons

Nocedal J, Wright S J. 1999. Numerical Optimization. New York: Springer

Sun W, Yuan Y, 2006. Optimization Theory and Methods: Nonlinear Programming. New York: Springer

Winston W L. 1991. Operations Research: Applications and Algorithms. 2nd ed. Boston: PWS-Kent Publishing Company